页岩气水平井分段多簇压裂返排优化理论与技术

曾凡辉　等著

科学出版社

北京

内 容 简 介

本书在广泛调研国内外页岩水平井压裂及返排相关理论与技术的基础上，结合四川盆地页岩储层的特殊性，对页岩水平井多簇射孔竞争起裂及扩展、压裂液与页岩作用机制、压裂液自吸及返排规律、体积压裂水平井渗流机理、支撑剂回流规律和返排制度控制优化等方面的理论和技术最新进展进行全面、系统的阐述。本书对清晰地认识页岩储层压裂技术关键，把握页岩压裂的来龙去脉，展望未来发展趋势具有重要指导意义。

本书适合非常规油气勘探开发的相关技术和管理人员，以及从事压裂相关工作的大专院校师生参考使用。

图书在版编目(CIP)数据

页岩气水平井分段多簇压裂返排优化理论与技术 / 曾凡辉等著. — 北京：科学出版社，2021.4

ISBN 978-7-03-067044-1

Ⅰ. ①页… Ⅱ. ①曾… Ⅲ. ①油页岩−水平井−油层水力压裂−研究 Ⅳ. ①TE243

中国版本图书馆 CIP 数据核字 (2020) 第 244825 号

责任编辑：罗 莉 / 责任校对：彭 映
责任印制：罗 科 / 封面设计：义和文创

科学出版社 出版

北京东黄城根北街16号
邮政编码：100717
http://www.sciencep.com

四川煤田地质制图印刷厂印刷
科学出版社发行 各地新华书店经销

*

2021 年 4 月第 一 版 开本：787×1092 1/16
2021 年 4 月第一次印刷 印张：28 3/4
字数：755 000

定价：348.00 元
（如有印装质量问题，我社负责调换）

页岩气水平井分段多簇压裂返排优化理论与技术

作 者 名 单

曾凡辉　张　涛　任文希

序

    页岩气是一种重要的非常规油气资源,页岩储层具有超低孔特低渗特征,采用水平井钻完井后需要通过水力压裂改造才能获得经济产量。页岩气勘探、钻井具有难度,但最难的是如何持续高效地将页岩气开采出来。系统考虑页岩压裂前参数优化、压裂液与页岩作用过程管理以及压后返排协同优化是提高页岩气开发效果亟待解决的难题。

    本专著是一本系统介绍页岩气水平井分段多簇竞争起裂与扩展优化、压裂液与页岩作用机制、多尺度非线性渗流机理、压裂后返排控制优化研究成果和现场应用的专业图书。本书首先建立了考虑渗流-应力-流量动态分配耦合的多簇射孔竞争起裂和扩展模型,提出了多裂缝均衡扩展和改进交替压裂形成复杂裂缝网络的有效调控方法;研究了页岩水化过程中孔隙结构动态演化、水锁解除机制和主控因素,明确了页岩压裂的合理焖井时间;研究了页岩水平井分段多簇压裂后多重介质中多尺度基质及压裂缝网渗流和气-水两相非稳态产能预测模型,优化了压裂缝网结构参数;建立了储层-裂缝-井筒-油嘴耦合的流动模型,编制了压裂返排制度优化设计软件,实现对页岩气压裂水平井返排制度优化和实时控制。

    本书作者对页岩气压裂技术的发展具有开阔视野和进行了深入思考。通过开展页岩气一体化理论研究和压裂实践,能够使读者获得页岩水平井分段多簇压裂理论和技术的新认识,对未来深层、复杂区块页岩气勘探开发和压裂具有较大参考价值。

    该书的出版,不仅可为中国页岩气的高效压裂开发提供重要的技术指导,而且也可为国内外从事相关研究的科技人员提供有价值的参考资料。

    在该书出版之际,特为之作序以示祝贺,并希望该书内容能够在推动中国页岩气压裂工程科学研究与实践方面发挥应有作用。

陈掌星

加拿大卡尔加里大学终身教授

加拿大皇家科学院院士、工程院院士

2021 年 3 月 11 日

前　言

页岩气是常规油气资源的重要接替，中国页岩气储量丰富、勘探开发潜力巨大。水平井多段多簇射孔、大规模滑溜水、大排量施工以"打碎储层"形成裂缝网络为目标的压裂改造是页岩气开发的核心技术。如何从系统工程角度出发整合页岩压裂前参数优选、压裂液与页岩作用过程管理以及压后返排协同优化是提高页岩气压裂效果亟待解决的难题。

本专著以页岩气水平井分段多簇竞争起裂与扩展优化、压裂液与页岩作用机制、多尺度非线性渗流机理、压裂后返排控制优化等为主要内容。为了保证内容的完整性和系统性，第1章简要介绍页岩气资源概况、四川盆地页岩储层特征以及页岩压裂技术发展现状；第2章、第3章首先建立了考虑渗流-应力-流量动态分配的耦合多簇射孔竞争起裂和裂缝扩展模型，提出了多簇裂缝均衡扩展和改进交替压裂形成复杂裂缝网络的有效调控方法；第4章研究了页岩水化过程中孔隙结构动态演化、水锁解除机制和主控因素，明确了页岩水化的合理焖井时间；第5章考虑有机质、无机质润湿差异性、微纳孔滑移效应、孔径及迁曲度分形等特征，建立了页岩自吸、返排流动能力计算方法，为页岩自吸量预测、压后返排提供指导；第6章、第7章首先建立了多重介质多尺度基质和压裂缝网表观渗透率计算模型；进一步采用空间和时间离散技术，建立了基质系统-缝网系统耦合的页岩气压裂水平井气-水两相非稳态产能预测模型，优化了压裂缝网参数；第8章考虑支撑剂在水力裂缝中气液两相流动时的受力情况，通过建立支撑剂回流模型和分析影响主控因素，并提出了降低支撑剂回流的控制措施。第9章在建立储层-裂缝-井筒-油嘴耦合的流动模型，编制了页岩气水平井体积压裂后返排制度优化设计软件，实现对页岩气压裂水平井返排制度定量优化和实时控制。

本书受到国家自然基金"深层页岩气压裂多裂缝的竞争起裂及扩展"（编号：51874250）和国家科技重大专项"页岩气井体积压裂后返排制度研究"（编号：2016ZX05037-004）的联合资助。本书在对每一个问题进行研讨时，都论述了目前研究的不足，在研究内容和思路上有进一步创新。书中既有较为扎实的理论研究，也有对现场应用的初步探讨，突出了理论指导实践的学术思想。

本书的分工如下：第1章、第2章、第3章、第4章、第5章、第7章、第9章由曾凡辉教授撰写，第8章由张涛副教授撰写，第6章由任文希博士撰写，全书由曾凡辉教授统稿定稿。在本专著的成书过程中，张宇、张蕾、杨波、彭凡、王小魏、唐波涛等在技术研究、资料整理、绘图等方面付出了辛勤的劳动，作者在此表示特别的感谢。鉴于作者知识水平和研究领域的局限，书中疏漏之处在所难免。敬请读者批评指正，作者衷心感谢。

著者

2021 年 3 月

目　　录

第1章 绪 论

能源安全影响到国家的经济发展和社会稳定,世界各国通过各种渠道解决自身的能源问题,其中最重要的渠道就是寻找替代能源。页岩气是指主体位于暗色泥页岩或高碳泥页岩中,以吸附或游离状态为主要存在方式的天然气聚集[1],是天然气生成之后在烃源岩层内就近聚集的结果,表现为典型的"原地"成藏模式。我国页岩气资源丰富,是目前经济技术条件下天然气工业化勘探的重要领域和目标。页岩气勘探开发对我国确保能源安全、减缓天然气供需矛盾、调整和优化能源结构、保障国民经济和社会持续发展具有重要的现实意义。

1.1 页岩气概念及聚集机理

页岩气分布具有地质影响因素多样性的特点,其分布变化特点受生气作用、吸附特点及赋存条件等因素影响,如构造背景与沉积条件、泥页岩厚度与体积、有机质类型与丰度、热演化史与有机质成熟度、孔隙度与渗透率、断裂与裂缝、构造运动与现今埋藏深度等因素,它们均是影响页岩气分布并决定其是否具有工业勘探开发价值的重要因素。页岩气藏属于典型的非常规油气藏。非常规油气藏是指目前还不能完全用常规方法技术进行勘探、开发与加工的部分油气资源,主要根据一些特殊的标准来划分,如最大基质渗透率界限、非常规技术的使用及开采的困难程度(如极地地区或深水地区),这些标准随着油气工业的进步而变化,并且不同的人对非常规理解不同,因此其主观性比较强。鉴于此,美国地质调查局在油气资源评价中引入了连续型油气藏的概念。将油气藏分为常规圈闭油气藏和非常规圈闭油气藏,非常规圈闭油气藏又分为连续型油气藏和非连续型油气藏。常规圈闭油气藏指单一闭合圈闭油气聚集,圈闭界限清楚,具有统一的油气水边界与压力系统。连续型非常规圈闭油气藏与常规圈闭油气藏本质上的区别在于圈闭界限是否明确、范围是否稳定、是否具有统一的油气水边界与压力系统。也可以说前者是"无形"或"隐形"圈闭,以大规模储集体形式出现,后者是"有形"或"显形"圈闭,圈闭边界明确[2]。

1.1.1 页岩

页岩是指由粒径小于 0.003 9 mm 的碎屑、黏土、有机质等组成的,具页状或薄片状层理的、容易碎裂的一类细粒沉积岩(表 1-1)。美国一般将粒径小于 0.003 9 mm 的细粒沉积岩统称为页岩[3]。

表 1-1 常用碎屑岩分类简表

颗粒粒径(mm)	>2	0.062 5~2	0.003 9~0.062 5	<0.003 9	
				无纹层、无页理	有纹层、有页理
岩石类型	砾岩	砂岩	粉砂	泥岩	页岩

页岩由碎屑矿物和黏土矿物组成，碎屑矿物包括石英、长石、方解石等，黏土矿物包括高岭石、蒙脱石、伊利石、水云母等。碎屑矿物和黏土矿物的含量不同是导致各类页岩差异明显的主要原因。富有机质页岩是形成油气的主要岩石类型，主要包括碳质页岩和黑色页岩。富有机质页岩含有大量的有机质与细粒、分散状黄铁矿、菱铁矿等，有机质含量通常为 3%~15% 或更高，常具有极薄层理。

页岩在自然界分布广泛，沉积岩中页岩约占 55%。常见的页岩类型有黑色页岩、碳质页岩、油页岩、硅质页岩、铁质页岩和钙质页岩等。

黑色页岩：含有较多有机质与细粒、分散状黄铁矿、菱铁矿的页岩，层理一般较好。有机质含量达 2%~10% 或更高，很少有化石，常具有极薄层理，外貌有时与碳质页岩相似，区别在于黑色页岩不染手。黑色页岩一般形成于气候温湿、缺氧、富含硫化氢的较闭塞海湾和湖泊的较深水环境的滞留水体中，是形成页岩气的最主要的页岩类型。黑色页岩出露地表后，常因其中的黄铁矿风化而使岩石表面及解理裂隙变成淡红色。

碳质页岩：一种含有大量已碳化的有机质的页岩，有机质呈细分散状均匀分布于岩石中，含量一般为 10%~20%，黑色、染手，灰分大于 30%，一般很难做燃料。常含有大量植物化石，是湖泊、沼泽环境下的产物，常见于煤层的顶板与底板。

油页岩：含一定量的干酪根(大于 10%)，颜色以黑棕色、浅黄褐色等为主，一般说来，含有机质越多，颜色越深。其特点是比一般的页岩轻，而且有弹性，易燃，并发出沥青味及流出油珠。油页岩属于页岩的范畴，但具有腐泥煤的特征，也有人把它叫作"高灰分的腐泥煤"。油页岩主要是在闭塞海湾或湖泊环境中，由低等植物(如藻类)及浮游生物的遗体在隔绝空气的还原条件下形成的，常与生油岩系或含煤岩系共生。

硅质页岩：一般页岩中的 SiO_2 平均含量约为 58%，硅质页岩中由于还含有较多的玉髓、蛋白石等，SiO_2 含量在 85% 以上，并常保存有丰富的硅藻、海绵和放射虫化石，所以一般认为硅质页岩中的硅质来源与生物有关，有的也可能与海底喷发的火山灰有关。

铁质页岩：含少量铁的氧化物、氢氧化物等，多呈红色或灰绿色，在红层和煤系地层中较常见。

钙质页岩：含 $CaCO_3$，含量不超过 25% 的页岩。钙质页岩分布广，常见于陆相、过渡相的红色岩系中，也可见于海相的钙泥质岩系中。

此外，还有混入一定砂质成分的页岩，称为砂质页岩，砂质页岩根据所含的砂质颗粒大小，分为粉砂质页岩和砂质页岩两类。

页岩形成于陆相、海相及海陆过渡相沉积环境中，如前所述，黑色富有机质页岩主要形成于有机质丰富、缺氧的闭塞海湾、潟湖、湖泊深水区、欠补偿盆地及深水陆棚等沉积环境中；碳质页岩常与煤系伴生，一般出现在煤层顶板、底板或者夹层中，以湖泊、沼泽沉积环境为主。石炭纪—二叠纪、三叠纪—侏罗纪和古近纪—新近纪是中国地质史上 3 次主要的成煤期,发育了多套与煤系伴生的碳质页岩。从震旦纪到中三叠纪,中国南方地区发育了广泛的海相沉积,分布面积达 200 余万平方千米,累计最大地层厚度超过 10 km,形成了上震旦统(陡山沱组)、下寒武统、上奥陶统(五峰组)—下志留统(龙马溪组)、中泥盆统(罗富组)、下石炭统、下二叠统(栖霞组)、上二叠统(龙潭组和大隆组)、下三叠统(青龙组)8 套以黑色页岩为主体特点的烃源岩层系。晚古生代克拉通海陆交互及陆相煤系地层富含有机质泥页岩,在华北地区、华南地区和准噶尔盆地分布广泛。

常规油气的勘探是以砂岩、碳酸盐岩及火山岩等储层为目标,尽管所钻探的数百万口油气井大量钻遇了暗色有机质页岩层段,并且在其中发现了丰富的油气显示或工业油气流,但因为页岩基质孔隙度小于 10%,渗透率小于 1×10^{-3} μm^2,储集有机质的页岩一直被当作烃源岩层或阻挡油气运移的封盖层,只有小部分裂缝非常发育的储层被当作裂缝性油气藏开发。随着北美页岩气商业开发的成功,从页岩中发现了大量的天然气资源,人们逐渐认识到暗色富有机质页岩可以大量生气、储气,形成自生自储式天然气聚集。页岩中有机孔隙、粒间孔隙及颗粒孔隙等发育,可以有效储集油气,是油气勘探开发的新领域。与此同时,石英、长石、方解石等脆性矿物含量高的富有机质黑色页岩具有层理发育、易产生裂缝的特点,而其中的粉砂岩、砂岩等夹层能够有效改善页岩的储、渗能力,填充的天然裂缝在水力压裂作用下形成裂缝,从而大幅度地提高了页岩气井的产量。自然界中,页岩分布十分广泛,估计页岩气资源储量可能是煤层甲烷或致密砂岩气储量的 2 倍,因此页岩气具有很广阔的勘探前景。

1.1.2　页岩气

根据 Curtis[4] 对页岩气的描述性界定,认为页岩气系统基本上是由生物成因气、热成因气或生物-热成因气两者混合构成的连续型天然气聚集,并以大面积含气、隐蔽圈闭机理、可变的盖层岩性和较短的烃类运移距离为特征。页岩气既可以储存在天然裂缝和粒间孔隙内的游离气,也可以是干酪根和页岩颗粒表面的吸附气,或者是干酪根和沥青中的溶解气。页岩气与其他类型气藏相比存在较大差异,页岩气成因多样,赋存方式复杂,成藏机理特殊。综合 Curtis[4]、张金川等[1]国内外学者对页岩气的研究和描述,可以将页岩气系统内涵及主要属性归纳如下。

(1)在页岩气藏中,天然气不仅存在于暗色泥页岩或高碳泥页岩中,也存在于夹层状的粉砂岩、粉砂质泥岩、泥质粉砂岩甚至砂岩地层中,是天然气生成之后在源岩层内就近聚集的结果,表现出典型的“原地”成藏特征,页岩既是烃源岩,又是储集层或盖层,表现为多元特征。也就是说,页岩气是存在于富含有机质的泥页岩层系中的天然气,而不是仅局限于某一单纯的富含有机质的泥页岩层中的天然气。

(2)页岩气系统是由生物成因气、热成因气或生物-热成因气混合构成的连续型非常规天然气聚集。

(3)由于储层特殊,页岩气以多种相态存在,但以吸附和游离状态为主,少量为溶解气。其中,吸附作用是页岩气的重要成藏机理之一。

(4) 以储层大面积含气、隐蔽圈闭、致密低孔低渗、可变盖层岩性、零距离和短距离烃类运移、无明显气水界面为特征。

(5) 从某种意义上讲页岩气藏形成是天然气在烃源岩中大规模滞留的结果，表现为典型的自生自储或自封盖的"原地"成藏模式。

1.1.3　页岩气聚集机理

常规天然气在储集层中以游离状态为主，以吸附状态存在的少，而页岩气主要以吸附状态(一般大于 50%)和游离状态赋存于低孔隙度、低渗透率的页岩储集层中，所以其富集因素不同于常规天然气。页岩气的生气层是页岩层，储集层也是页岩层(或页岩中的粉砂质泥页岩夹层等)，页岩气的运移始终限制在页岩中，因此页岩气的运移具有距离短的特点。总的来说，页岩中生成的天然气一部分将赋存在页岩层表现出典型的吸附机理，且当生气量达到一定规模的调整运移时表现出典型的活塞式运聚机理，同时有一部分天然气运移出页岩表现出典型的置换式运聚机理。

张金川等[1]认为，页岩中的天然气除在孔隙水、干酪根有机质及液态烃中的溶解作用机理外，从生烃初期的吸附聚集到大量生烃时期的活塞式运聚，再到生烃高峰期的置换式聚集，均体现出页岩气自身构成了完整的天然气成藏机理序列和模式。这一系列的有机质演化过程，促使页岩中的天然气赋存相态发生了从典型吸附到游离的演变过程。因此页岩气的成藏机理可认为是将煤层气(典型吸附气成藏原理)、深盆气(含盆地中部气)和常规气(典型的置换式运聚机理)的运移、聚集和成藏过程联系在一起，并且页岩气成藏过程中的零距离或极短距离的运移使其具有典型煤层气、致密砂岩气和常规圈闭气成藏的多重机理意义，在特征上表现为典型的过渡性质。张金川等[1]、陈更生等[5]将页岩气的成藏分为 3 个阶段：第一阶段是天然气的生成和吸附及溶解过程，具有与煤层气大致相同的成藏机理；第二阶段是吸附气量达到饱和时，富余气体解吸或直接充注到页岩基质孔隙中(也不排除少量直接进入微裂缝中)，富集机理类似于孔隙型储层的成藏聚集机理；第三阶段是随着大量气体的生成，页岩基质孔隙内温度、压力升高，高压使页岩内部沿应力集中面、岩性接触面或脆性薄弱面产生微裂缝，这时部分天然气就可原地保存在这类微裂缝中，形成以游离相为主的天然气聚集。经过上述 3 个阶段后，最终富集形成页岩气藏。

随着天然气的不断生成，越来越多的游离相天然气不能继续滞留于页岩内部，从而产生以生烃膨胀作用为基本动力，以裂缝为运移通道的逸散作用。通常与页岩间互出现的储层主要为粉-细砂岩类，它具有低孔低渗的特点，限定了天然气运移方式为活塞式排水。这种气水排驱方式从页岩开始，可在页岩边缘产生深盆气或盆地中部气的聚集。此时，天然气的聚集已经超越页岩本身，不论是页岩还是薄互层的砂岩储层都显示为普遍饱含气的特点。假如生气量持续增加，则天然气分布和成藏范围可进一步扩大，并以浮力作用促使天然气以置换方式向外运移，直至遇到渗透率较高的常规储层，形成常规圈闭的天然气藏，应该说，此时已进入第三阶段(成藏时期)。至此，就形成了从页岩气藏→致密砂岩气藏(含深盆气和盆地中部气藏)→常规气藏的成藏序列。

陈更生等[5]在页岩气藏成藏机理中除指出页岩气的形成兼具煤层吸附气和常规天然

气两者的特征外，还强调了页岩气藏自生自储的含油气系统，并认为页岩气藏与常规气藏的气源虽然相似，但两者在演化过程中存在差异，主要揭露了页岩气藏是作为烃源岩的页岩持续生气、不间断供气和连续聚集成藏而形成的。生烃、排烃、运移、聚集和保存的全过程都在烃源岩内完成。页岩往往集生、储、盖于一体，具多元特征。研究表明，烃源岩中生成的油气能否排除，其关键所在是生烃量必须大于岩石和有机体对烃类的吸附量，同时还必须克服页岩微孔隙强大的毛细管吸附等作用。因此，烃源岩所生成的油气只有部分被排除，仍有大量烃类滞留于烃源岩中。刘成林等[6]强调页岩气藏形成后，晚期由于构造作用的影响，可形成大量的裂缝，裂缝一方面有利于游离态页岩气的发育，另一方面可能导致页岩气的散失，因此将导致页岩气成藏调整。综上所述，页岩气的形成过程涉及以下机理。

(1) 生气膨胀力。生气膨胀力是由页岩气温度变化和势能变化引起的机械膨胀力。页岩中的生气膨胀力同时对页岩、地层水和天然气产生作用。

(2) 活塞式运聚机理。与通常条件相反，如果地层岩石足够致密，储层孔隙半径足够狭小，则当压力较大的天然气充注其中时，天然气与孔隙壁之间所形成的束缚水膜厚度就足够薄，阻断了地层水穿越天然气所在孔隙段的流动，运移过程中天然气顶、底界的地层水之间无法通过自由流动(地层水介质的非连续性条件)来实现势能交换，气水排驱或天然气的运移过程服从活塞式原理，表现为天然气从底部对地层水的整体推移作用，边、底水无以存在，浮力作用无法产生，出现天然气位于地层水之下的气水倒置分布关系，当气柱的高度规模足够大时，形成典型意义上的活塞式运聚。

(3) 置换式运聚机理。如果天然气的生成量继续增加，则彼此连通性较差的裂隙网络组合构成较大的裂缝(运移高速通道)，浮力作用促使天然气以置换形式向泥页岩层外运移，为常规圈闭气的气藏打开了通道。该阶段孔隙度比以前明显增大，呈游离态的天然气占优势地位，同时扩散作用也有很大的提高，表现为常规天然气运聚机理。

1.2　世界页岩气勘探开发历程

页岩气的勘探开发已有近 200 年的历史，目前正迈入快速发展期。据统计，在全世界 142 个盆地中存在超过 688 处的页岩气资源。其主要分布在北美、中亚和中国、拉美、中东和北非、俄罗斯等地区，预计全球页岩气资源量约为 $455.9 \times 10^{12} \, m^3$ (表 1-2)，约为当前世界常规天然气探明总储量的 2.46 倍。

2011 年美国能源信息署发布研究报告对除美国以外的全球 14 个区域 32 个国家的 48 个页岩气盆地和近 70 个页岩气储层进行了资源评价，指出全球页岩气技术可采储量将超过 $187.40 \times 10^{12} \, m^3$，而中国、美国、阿根廷、墨西哥和南非的页岩气技术可采储量居世界前五位，分别为 $36.08 \times 10^{12} \, m^3$、$24.39 \times 10^{12} \, m^3$、$21.90 \times 10^{12} \, m^3$、$19.27 \times 10^{12} \, m^3$ 和 $13.73 \times 10^{12} \, m^3$。目前，在美国、加拿大、法国、德国、新西兰、澳大利亚、匈牙利、波兰、瑞典、英国、印度和中国等国家，都发现相当规模的页岩气储量，而美国、加拿大、中国等是世界上页岩气勘探开发程度较高或资源量较大的国家。

表 1-2　世界各地区非常规天然气资源量预测表[7]

地区	页岩气($10^{12}m^3$)	煤层气($10^{12}m^3$)	致密气($10^{12}m^3$)	合计($10^{12}m^3$)	页岩气比例(%)
北美	108.7	85.4	38.8	232.9	47
拉美	59.9	1.1	36.6	97.6	61
中欧+西欧	15.5	7.7	12.2	35.4	44
俄罗斯	17.7	112	25.5	155.2	11
中东+北非	79.9	1.1	45.5	126.5	63
中亚+中国	99.8	34.4	10	144.2	69
太平洋地区	65.5	13.3	20	98.8	66
其他亚太地区	8.9	1.1	21	31	29
全世界	455.9	256.1	209.6	921.6	49

1.2.1　美国

美国页岩气资源丰富，在其本土的 48 个州均有分布。据美国能源信息署 2011 年最新资料，美国页岩气技术可采储量为 $24.39\times10^{12}m^3$。目前，美国主要有 5 套具有商业开发价值的页岩气系统，即沃思堡(Fort Worth)盆地密西西比系巴尼特(Barnett)页岩、阿巴拉契亚(Appalachian)盆地泥盆系俄亥俄(Ohio)页岩、密歇根(Michigan)盆地泥盆系安特里姆(Antrim)页岩、伊利诺伊(Illinois)盆地的泥盆系新奥尔巴尼(New Albany)页岩和圣胡安(San Juan)盆地白垩系刘易斯(Lewis)页岩。美国页岩气工业发展过程如下。

(1) 纽约市西部肖托夸(Chautauqua)县，产层为阿巴拉契亚盆地泥盆系页岩，井深仅 8 m。

(2) 1926 年在阿巴拉契亚盆地泥盆系成功地实现了页岩气的商业性开发，东肯塔基和西弗吉尼亚气田成为当时世界上最大的气田。

(3) 20 世纪 70 年代，美国能源部联合其他高等院校和科研院所实施了东部页岩气工程项目(主要研究和开发地区是阿巴拉契亚、密歇根和伊利诺伊盆地)。20 世纪 80 年代初，美国天然气研究所对东部页岩气进行了系统研究，工作重点是对页岩气的资源量进行较详细的评价。

(4) 在国家有关政策扶助、天然气价格、开发技术进步等因素的推动下，20 世纪 70 年代中期美国页岩气步入规模化发展阶段，70 年代末期页岩气产量为 $1.96\times10^8m^3$；2000 年美国 5 个主要页岩气产区生产井数量达到 28 000 口，页岩气年产量约为 $122\times10^8m^3$。

进入 21 世纪后，美国页岩气产量大幅度增长，处于快速发展阶段，钻井数量和产量不断攀升。2007 年页岩气生产井数量达到 42 000 口，年产量接近 $450\times10^8m^3$，约占美国天然气总产量($5596.57\times10^8m^3$)的 8%。

1.2.2　加拿大

加拿大页岩气资源也十分丰富，且资源分布面积广、涉及地质层位多，主要为分布在西部地区不列颠哥伦比亚省东北部的霍恩河(Horn River)盆地泥盆系马斯夸(Muskwa)

页岩气聚集带和魁北克省奥陶系尤蒂卡(Utica)页岩气聚集带。据世界能源委员会 2010 年估计，加拿大西部两个主要盆地 [霍恩河盆地和蒙特尼(Montney)深盆地] 的页岩气资源量为 $39.08×10^{12}$ m³，可采资源量约为 $6.80×10^{12}$ m³。有的报道称，加拿大 2003 年开始页岩气开采，2005 年产量已超过 $8.5×10^{8}$ m³。加拿大页岩气勘探开发主要表现在以下几个方面。

(1)加拿大对页岩气的研究和勘探主要集中在西部沉积盆地(西加盆地的不列颠哥伦比亚东部和阿尔伯塔地区)的上白垩统、侏罗系、三叠系和泥盆系地层中。预测该区页岩气资源量约为 $24.3×10^{12}$ m³。目前西加盆地油气勘探重点已转向页岩气的勘探与开发，并已有多家公司加盟。

(2)对东部新斯科舍省和新不伦瑞克省若干盆地的密西西比系霍顿组湖相页岩烃源岩做了研究和评价。认为霍顿组可形成有效页岩气和页岩油的成藏组合。其甲烷含量为 $70~300$ cuft(1 cuft=0.028 3 m³)，成熟度为 0.7 %～2.5 %，达到成熟到高成熟、过成熟阶段。

(3)2004 年，加拿大页岩气区域评价列入能源发展目标。截至 2006 年，不列颠哥伦比亚油气委员会已核准的白垩系和泥盆系试验区达到 22 个。据估算，加拿大页岩气资源量超过 $28.3×10^{12}$ m³。

(4)西加盆地位于不列颠哥伦比亚省中部的蒙特尼页岩、马斯夸页岩已获得商业天然气产量，有的已投入试采。马斯夸页岩气井的最初日产量为 $5.7×10^{4}~24.9×10^{4}$ m³，表现为压裂级数越多，产量越高。位于魁北克省的尤蒂卡页岩和科雷恩(Corraine)页岩只有少数气井进行了产量测试，其中一口井的初产量为 $2.83×10^{4}$ m³/d。业内人士认为，如果采用水平井和多级压裂技术，将获得更高的产能。估算该页岩组的可采天然气储量可达到 $1.13×10^{12}$ m³。

与美国相比，加拿大页岩气开发还处于初级阶段，大规模的商业性开采还尚未进行。但目前已有许多公司投入大量资金，应用先进技术在阿尔伯塔、不列颠哥伦比亚、萨斯喀彻温、魁北克、安大略、新斯科舍等地区开展页岩气资源勘探，页岩气将有望成为加拿大重要的天然气资源之一。

1.2.3　中国

我国页岩气资源也很丰富，在四川盆地、鄂尔多斯盆地、渤海湾盆地、江汉盆地、吐哈盆地、塔里木盆地、准噶尔盆地等含油气盆地及其周缘，浅埋的暗色(泥)页岩大面积发育，有机碳含量高，具有页岩气成藏的有利地质条件。同时，在我国南方寒武系、志留系、二叠系等古老地层分布区的页岩气勘探前景亦不可忽视。

(1)页岩气在中国并不陌生，自 1667 年第一次在四川盆地的邛 1 井发现天然气以来，就不断有页岩气被发现，尤其是 20 世纪 60 年代以来，已在松辽、渤海湾、四川、鄂尔多斯、柴达木等陆上含油气盆地中发现了页岩气或泥页岩裂缝油气藏。但到 20 世纪末，我国尚未对页岩气资源进行全面评估和开展以页岩气为勘探目标的勘探开发工作。

(2)2004 年以来，中国石油勘探开发研究院和中国地质大学借鉴国外页岩气的成功勘探开发经验，查阅、搜集了大量国外页岩气勘探开发的资料和文献，开展了我国页岩气资源调查与成藏地质条件评价和研究。中国石化勘探开发研究院也先后在 2003 年和 2007 年翻译了近 20 万字有关页岩气的资料。这些都对促进我国页岩气的研究起到了积极的推动作用。

(3) 2006 年中国石油对外合作经理部与美国页岩气开发专家在北京举办了"页岩气研讨会"并组织开展了"中国页岩气资源评价与有利勘探领域优选"研究。

(4) 中国石油与国外具有页岩气勘探开发经验的公司合作开展了联合研究。例如,2007 年与美国新田公司签署了"威远地区页岩气联合研究"协议,并与沃斯堡盆地页岩气生产最具实力的戴文公司签署了联合研究合同。同时在四川宜宾地区实施了一口页岩气试探井,设计井深为 200 m。该井于 2008 年 11 月完井。

(5) 由原国土资源部油气资源战略研究中心组织的"全国油气资源战略选区调查与评价国家专项"第二批项目中设立了"中国重点地区页岩气资源潜力及有利区带优选"项目。研究工作由中国石油勘探开发研究院和中国地质大学(北京)联合承担。该项目于 2009 年启动,2013 年完成。另外,页岩气的工作也得到了国家自然科学基金和国家重点基础研究发展规划(973)项目的联合资助。

(6) 中国石化在 2009 年 6 月下发了《中国石化南方页岩气勘探选区登记原则、评价方法及标准》。于 2009 年 7 月在江西九江召开了"中石化页岩气评价选区汇报会",会上有关单位介绍了评价选区工作的开展情况。西南局根据总公司的部署对川西拗陷(中段)和其他所属区块(井研—犍为、资阳丹山—东峰场、阆中—南部)有利页岩气发育区进行了初步的选区和评价工作。

(7) 2009 年 10 月,国土资源部油气资源战略研究中心在重庆市綦江区启动了中国首个页岩气资源勘查项目,正式开始页岩气的勘探开发。2009 年 11 月中旬,时任美国总统奥巴马访华,使中美两国在能源领域的合作再度升温,其中也涉及中美两国页岩气勘探开发的合作问题。这表明页岩气已引起我国最高领导层和有关部门的高度重视。2009 年 11 月下旬,国土资源部油气资源战略研究中心、中国地质大学联合在重庆市彭水县连湖镇启动了国内第一口页岩气勘探井。

(8) 2010 年 8 月,我国首个专门从事页岩气开发的科研机构——国家能源页岩气研发(实验)中心在中国石油勘探开发研究院廊坊分院揭牌。

1.2.4 其他地区

自 2005 年以来,页岩气的勘探开发逐渐由北美扩展到了全球,目前世界各国均在着手进行页岩气研究、页岩气资源潜力评价和勘探开发先导试验。2007 年欧洲启动了由行业资助、德国国家地质实验室协助的为期 6 年的欧洲页岩气项目,期望通过该项目的实施,搜集有关欧洲地区的页岩样品、钻井测试和地震资料,建立欧洲黑色页岩数据库,对欧洲页岩气资源潜力进行评价与有利盆地优选。目前,在 5 个盆地发现了富有机质黑色页岩,初步估算页岩气资源量至少在 30×10^{12} m^3 以上。埃克森美孚、戴文、道达尔、康菲、壳牌等至少 40 家企业在欧洲寻找页岩气。挪威石油(Equinor)、切萨皮克(Chesapeake)、萨索尔(Sasol)等公司对南非的页岩气前景进行了联合评价,并取得了卡鲁(Karoo)盆地的页岩气资源探矿权。澳大利亚海滩(Beach)石油公司在大洋洲 7 个盆地发现了富有机质页岩,前期评价资源潜力大,计划对库珀(Cooper)盆地的页岩气进行开发,已在新西兰获得单井工业性突破。

1.3　中国页岩气及页岩气藏特征

1.3.1　页岩气特征

1.3.1.1　页岩分布

海相页岩在中国有广泛的发育和分布,层位上集中出现在古生界,从早寒武世开始以来,先后形成了 10 多套特点各异、连续发育和区域分布的优质页岩层系。其中,仅在距今 290 Ma 的古生代时期内就形成了 8 套广泛发育的海相、海陆过渡相黑色页岩,它们多与碳酸盐岩或其他碎屑岩共生,具有延伸时代长、发育层系多、地域分布广、构造改造强烈及后期保存多样化等特点,其累计最大地层沉积厚度超过 10 km,陆上沉积面积达到 330 $\times 10^4 \, km^2$。这些页岩埋藏浅、变动强,常规油气藏难以形成,而页岩气则可构成主要的资源类型。

除川西拗陷以外,具有页岩气资源潜力的中生界陆相暗色泥页岩主要发育在中国北方地区,整体上表现为较大范围内的连续性,总体上具有发育层位多、单层厚度大等特点;新生界暗色泥页岩地层则主要分布在北方区的东部,具有相对明显的分隔、多套、层厚等特点。此外,中-新生代时期也有少量的非陆相页岩发育,局部出现于中国的南方及西藏自治区等地区,增加了页岩分布的多样性。

1.3.1.2　页岩生气

由于沉积环境在地质历史上的多重复杂变化,海相、海陆过渡相及陆相背景下形成的多种类型有机质均有发育。暗色泥页岩沉积类型多样,从海相碳酸盐岩台地相到海陆过渡浅水相再到陆相湖盆沼泽相沉积,极大地丰富了页岩及其中的有机质类型。受板块结构及地质演变的复杂特点影响,上述页岩的有机质类型、含量、生气能力和特点变化也差别明显。

中国南方地区沉积厚度巨大并经历了多期次构造运动,后期改造、抬升剥蚀作用强烈。地史时期内的深埋作用导致古生界海相烃源岩热演化程度高,如下寒武统烃源岩镜质体反射率 R_o 在大部分地区都大于 3.0 %,局部地区高达 7.0 %;下志留统烃源岩镜质体反射率 R_o 集中在 2.0 %～3.0 %,个别地区高达 6.0 %;二叠系烃源岩镜质体反射率 R_o 集中在 1.0 %～2.0 %,局部地区可达 3.3 %。结合区域统计结果分析认为,古生界黑色页岩与中生界泥页岩具有大致相同的有机质丰度,大部分地区或盆地总有机碳含量平均值达到 2.0 %,而新生界泥页岩有机质含量总体较低且变化较快。平面上,西北地区不同时代泥页岩总有机碳含量平均值最高。宏观上,中国产气页岩具有典型的高有机质丰度、高热演化程度及高后期变动程度的"三高"特点。

1.3.1.3 页岩气资源

根据页岩气聚集机理和中美页岩气地质条件相似性对比结果,认为中国页岩气富集的地质条件优越,具有与美国大致相同的页岩气资源前景及开发潜力。张金川 2019 年以 2008 年估算结果为基础,采用成因法、统计法、类比法及德尔菲法进行补充估算,中国页岩气可采资源量约为 $26 \times 10^{12} \, \text{m}^3$,较 2008 年的 $23.5 \times 10^{12} \, \text{m}^3$ 略大,主要原因是补充统计了上次未参加计算的盆地或地区的数据。由于本次计算中仍未对不同地区和盆地的所有可能页岩气层位进行计算,故计算结果仍然只表示了主要层位所可能代表的页岩气资源量。这一结果进一步逼近美国的页岩气资源量,故从理论上讲,当我国所投入的页岩气勘探及研究工作量与美国大致相当时,我国的页岩气可采资源量也将有可能达到与美国基本相同的水平。补充后的计算结果表明,南方、西北及青藏地区各占我国页岩气可采资源总量的 46.8 %、43 % 和 1.3 %;古生界、中生界和新生界各占我国页岩气资源总量的 66.7 %、26.7 % 和 6.6 %。

1.3.2 页岩气藏特征

1.3.2.1 地质特征

页岩气藏与盆地中心气、致密砂岩气、煤层气等同属于连续型气藏,连续型气藏的特征在页岩气藏中基本都存在。在此基础上,陈更生等[5]总结出了页岩气最具代表性的几个基本地质特征。

(1)成藏时间早。常规油气藏中聚集的油气是在水动力的作用下运移而来的,即油气的生成地和储存地不属于同一地质体,烃源层、储层和盖层三者既相互关联又相对独立。而页岩气藏则不同,作为烃源岩的页岩集生、储、盖于一体,自身构成一个独立的成藏系统。页岩气藏是烃源岩(富有机质页岩)在一系列地质作用下生成的大量烃类,部分被排出、运移到渗透性岩层(如砂岩、碳酸盐岩)中聚集形成构造、岩性等常规油气藏,部分则仍滞留在烃源岩中原地聚集而形成的。因此,页岩气藏的形成时间在任何含油气盆地的所有油气藏中应该是最早的。

(2)无明显圈闭。传统上的常规油气均聚集在圈闭中,圈闭是油气藏形成的基础,决定着油气藏的基本特征及勘探方法。页岩气藏虽在字面上还称为藏,实则没有藏的边界,即页岩气不是聚集在某个圈闭中成藏的,而是在盆地中已经进入生气窗范围内的所有烃源岩中皆可成藏。常规油气藏,即使是岩性油气藏,都是在一定的构造背景下形成的,而页岩气藏不受构造因素的控制。

(3)储层超致密。页岩是由大量黏土矿物、有机质及细粒碎屑(粒径小于 0.003 9 mm)组成的、很容易碎裂的一类沉积岩。研究表明,页岩的原始孔隙度可达 35% 以上,随埋藏深度的增加,原始孔隙度迅速降低,在埋深 2 000 m 以后,孔隙度仅残留 10% 或更低。据美国对含气页岩的统计,页岩岩心孔隙度为 4%~6.5%(测井孔隙度为 4%~12%),平均为 5.2%;渗透率一般为 $(0.001 \sim 2) \times 10^{-3} \, \mu\text{m}^2$,平均为 $40.9 \times 10^{-6} \, \mu\text{m}^2$。但在断裂带或裂缝发育带,页岩储层的孔隙度可达 11%,渗透率达 $2 \times 10^{-3} \, \mu\text{m}^2$。

(4) 气体赋存状态多样。页岩气主要由吸附气和游离气组成。吸附气赋存于有机质颗粒与黏土颗粒表面，与煤层气相似；游离气则赋存于页岩基质孔隙和天然裂缝中，与常规天然气相似。

图 1-1 所示为美国页岩气藏中气体组成的统计结果，表明不同地质条件下形成的页岩气藏中吸附气与游离气的含量存在较大差别。页岩气藏中吸附气含量较高，变化范围较大。页岩含气量最高的(如巴尼特页岩气藏)可达 10 m³/t，最低(如刘易斯页岩气藏)不足 1 m³/t，含气量平均为 3.81 m³/t。其中，吸附气含量最低为 16%，最高达 70%。吸附气含量的变化主要受岩石组成、有机质含量、地层压力、裂缝发育程度等因素影响。

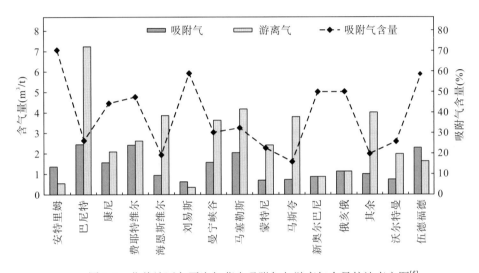

图 1-1 北美地区各页岩气藏中吸附气与游离气含量统计直方图[5]

(5) 页岩需具有一定的生烃条件。按油气有机成因理论，有机质在整个热演化过程中均可生成天然气。有机质演化进入生气窗后，生气量剧增，应是具有商业价值的页岩气藏的主要形成阶段。根据北美地区页岩气勘探开发经验，页岩气藏勘探开发的最有利目标是有效厚度大于 15 m、有机碳含量大于 2%、热演化程度处于生气窗范围内的页岩。

需要指出的是，页岩有效厚度的下限不是一个固定值，其随着页岩气藏钻、完井技术的进步而变化。北美在页岩气藏开发的早期是打直井，当时确定的页岩有效厚度下限值为 30 m。目前，由于水平井钻井技术和水力压裂、分段压裂等完井技术的成功应用，页岩有效厚度下限值已下降至 10~15 m。将来在技术进一步提高、开发成本不断降低的情况下，只要是在技术允许范围内的页岩厚度都会是有效厚度。

(6) 页岩气藏较易保存。与常规油气藏相比，页岩气藏不易遭受破坏，这主要是基于以下 3 个方面因素：首先，页岩气藏多形成于盆地区域构造低部位或盆地中心，这是由页岩地层的沉积特征所决定的；其次，页岩气藏为不间断供气、连续聚集成藏，页岩气藏即使在遭受构造运动后局部有所抬升，但在烃源岩分布的较大范围内，仍部分处于油气持续演化状态，对整个页岩气藏保持不间断持续供气、连续聚集，从而弥补因构造活动可能造成的部分散失；最后，页岩气藏中 16%~80% 的气体以吸附状态存在，即使游离气散失殆尽，吸附气也可保存下来，不至于使整个气藏遭到完全破坏。因此，即使在构造油气藏破坏严重的盆地或区带，仍有勘探开发页岩气藏的前景。

（7）与常规油气共生共处。在含油气盆地中，形成页岩气藏的页岩往往都是盆地中的主力源岩或重要源岩，且呈大面积区域分布。因此，页岩气藏分布面积一般与有效烃源岩面积相当或一致。而且，页岩气藏与常规油气藏在紧邻构造隆起、大型斜坡区等部位是相伴生的。从区域构造上看，页岩气藏往往分布在构造低部位、凹陷或盆地中心。

（8）页岩气的聚集和产量明显受裂缝系统控制。裂缝既是储集空间，也是油气渗流通道。在构造应力作用下，泥页岩可形成大小不等、分布不均的裂缝或裂缝群；而泥页岩本身脱水、收缩、干裂和异常高压也能产生细小微裂缝。但早期形成的天然裂缝往往被后期的矿物所填充，对天然气储存贡献有限。

1.3.2.2　与其他油气藏的差异

在前期的研究工作中，我国研究者通常使用"泥页岩油气藏"、"泥岩裂缝油气藏"及"裂缝油气藏"等术语对页岩油气藏进行描述和研究，并在主体上将油气藏理解为"聚集于泥页岩裂缝中的游离相油气"。也就是说，油气的存在主要受裂缝控制而较少考虑到其中的吸附作用。显然以往这种传统的"泥页岩裂缝性油气藏"的概念与美国现今的页岩气在内涵上并不完全相同，后者强调了天然气赋存的吸附机理和天然气的聚集成藏。张金川等[8]分析了传统泥页岩油气藏与典型页岩气的异同点（表1-3）。从表1-3中可见，现今的页岩气在概念、成因、赋存介质及聚集方式等方面都具有较强的特殊性，特别是对吸附机制和成藏特点的认识，更是丰富了天然气成藏的多样性，扩大了天然气勘探的领域与范围。

表1-3　传统泥页岩油气与典型页岩气的异同点[8]

项目	特点		共性
	泥页岩裂缝油气	页岩气	
界定	赋存于泥页岩裂缝中的油气	同时以吸附和游离状态赋存于以泥页岩为主的地层中的天然气	泥岩或页岩地层中含烃
天然气成因	热成熟	从生物气到高成熟、过成熟气	热成熟产气为主
赋存介质	泥岩或页岩裂缝	泥页岩及其砂岩夹层中的裂缝、孔隙、有机质等	泥岩或页岩裂缝
赋存相态	游离	游离+吸附	游离
主控因素	构造裂缝	各类裂缝、有机碳含量、有机质成熟度等	裂缝
理论模式	岩石破裂理论、幕式理论、浮力理论	吸附理论、活塞式与置换式复杂理论	岩石破裂理论、复杂成藏理论
成藏特点	以油为主的原地、就近或异地聚集	以气为主的原地聚集	近邻或烃源岩内部成藏
保存特点	良好的封闭和保存条件	抗破坏（构造运动）能力较强	适当保存
生产特点	采收率高、产量递减快	采收率低，生产周期长	特殊开发技术

自 20 世纪 60 年代以来，我国陆续在松辽、渤海湾及苏北、江汉、四川、酒西、柴达木、吐哈等盆地发现了泥页岩油气藏，并在这方面做了一些研究工作。表 1-4 列出了我国裂缝性泥页岩油气藏特征的对比[9]。从表 1-4 中可以看出，该类油气藏大多位于生油窗内，以产油为主。

表 1-4　中国裂缝性泥页岩油气藏对比表[9]

构造位置	层位	沉积环境	烃类型	干酪根类型	R_o(%)	压力系数	实例
临清拗陷东濮凹陷	Es_3	湖相	油	I～II_1	0.9～1.12	约 1.85	文 300
济阳拗陷沾化凹陷	Es_3	湖相	油	I	> 0.45	1.53～1.8	罗 19、新义深 9
松辽盆地古龙凹陷	K_2qn	湖相	油	I～II_1	> 1.0	1.19～1.51	哈 16、英 12
柴达木盆地芒崖拗陷	N_1-N_2，E_3^2	湖相	油	II	0.51～0.82		油泉子、南翼山、高家涯
四川盆地川西拗陷	J_2s	湖相	气	III，少量 I 和 II	0.5～1.04	1.7～1.9	孝泉 110

20 世纪 80 年代，我国研究者对泥页岩油气藏形成条件和分布特点、泥岩中高压带油气的生成、页岩气储层特征及储集空间、泥质岩开启裂隙的成因机理等一系列问题做了探讨，指出高压区及超高压区、盐岩分布区和构造转换带是寻找该类油气藏的有利地区；稳定的泥岩标志层可以作为勘探泥页岩油气藏的有利层段；油气分布主要受裂缝系统的控制。有的研究则认为，泥岩裂缝性油气藏的成藏机理服从流体封存箱理论和流体异常高压机制的复合作用。斜坡带的断鼻构造部位是发育裂缝性泥页岩油气圈闭的最有利位置。

近年来，很多相关单位开展这一领域的研究工作，并取得了显著进展，发表了不少探索性的文章。已有越来越多的研究者赞同 Curtis[4] 提出的观点，即吸附作用是页岩气聚集的基本属性之一，并逐渐注意和强调页岩气在成藏机理及其分布规律上的特殊性，认识到页岩气是一种极具勘探潜力和前景的非常规天然气类型。同时有的研究者[6,8,10]进一步探讨了页岩气的成藏机理及分布特点，指出了这些气藏在生、储、排烃及运移、聚集、压力特征、分布规律等成藏要素间的关系和差异，丰富了页岩气理论体系(表 1-5)。

表 1-5　典型聚集类型天然气藏基本特征表[6,8,10]

项目	煤层气	页岩气	根缘气/深盆气	常规储层气	水溶气	天然气水合物/地压气
界定	主要以吸附状态聚集于煤系地层中的天然气	主要以吸附和游离状态聚集于泥/页岩系统中的天然气	不受或部分不受浮力作用控制、以游离相聚集于致密储层中的天然气	浮力作用影响下，聚集于储层顶部的天然气	地层水中具有工业勘探开发规模的天然气	以笼状结构存在且具有似冰状特点的固态天然气
天然气来源	生物气或热成熟气	生物气或热成熟气	热成熟气为主	多样化	生物气或热成熟气	多样化
储集介质	煤层及其中的碎屑岩夹层	泥/页岩及其间的砂质岩夹层	致密储层及其间的泥、煤质夹层	孔隙性砂岩、裂缝性碳酸盐岩等	常规储层中的地层水	相对高压、低温环境中的地层水

项目	煤层气	页岩气	根缘气/深盆气	常规储层气	水溶气	天然气水合物/地压气
天然气赋存	85%以上为吸附，其余为游离和水溶	20%~85%为吸附，其余为游离和水溶	吸附气量小于20%、砂岩底部含气、气水倒置	各种圈闭的顶部高点，不考虑吸附影响因素	充填或水合于地层水中	笼状封存于水分子之间
成藏主要动力	分子间吸附作用力等	分子间作用力、生气膨胀力、毛细管力等	生气膨胀力、毛细管力、静水压力、水动力等	浮力、毛细管力、水动力等	分子间充填及水合作用力等	分子间充填及水合作用力等
成藏机理特点	吸附平衡	吸附平衡、游离平衡	生气膨胀力与阻力平衡	浮力与毛细管力平衡	溶解平衡	温压关系及其平衡
成藏条件	生气煤岩、形成工业聚集的其他条件	生气泥/页岩、裂缝等工业规模聚气条件	直接上覆于生气源岩之上的致密储层	输导体系、圈闭等	区域封闭性、滞留的地层水、温压条件	相对的高压低温环境、天然气来源
运聚特点	初次运移成藏	以初次运移成藏为主	初次-二次运移成藏	二次运移成藏	以二次运移成藏为主	二次运移成藏
成藏条件和特点	自生自储	自生自储	致密储层与烃源岩大面积直接接触	运移路径上的圈闭	邻近烃源岩的压力封闭区域	逸散通道上的相对低温高压区
主控地质因素	煤阶、成分、埋深等	成分、成熟度、裂缝等	气源、储层、源储关系等	气源、输导、圈闭等	温度、压力、气源等	气源、温度与压力
成藏时间	煤成气开始生成之后	天然气开始生成之后	致密储层形成和天然气大量生成之后	圈闭形成和天然气开始运移之后	天然气开始运移和封闭环境形成后	低温高压环境及气源条件满足后
分布特点	具有生气能力的煤岩内部	盆地古沉降—沉积中心及斜坡	盆地斜坡、构造深部位及向斜中心	构造较高部位的多种圈闭	烃源岩与区域盖层间的封闭区	极地及海底等
成藏及勘探有利区	3 000 m 以浅的煤岩成熟区、高渗带	4 000 m 以浅的页岩裂缝带	紧邻烃源岩储层中的"甜点"	正向构造（圈闭）的高部位	运移方向上的高异常压力区	成藏条件满足区内的天然气来源区

1.3.3　四川盆地页岩气藏地质特征

1.3.3.1　区域构造特征

1. 大地构造背景

四川盆地的大地构造位置处于扬子准地台上偏西北一侧，是扬子准地台的一个次级构造单元。印支期已具盆地雏形，后经喜马拉雅运动全面褶皱形成现今构造面貌。盆地具明显的菱形边框，西北和东南两条边界稍长，呈北东向延伸，相互平行，比较整齐；东北和西南边界略有弯曲，主要是北西向，但向东西方向偏转，四条边界遥相对应，盆地轮廓清晰，与周边不同构造区易于区分。环绕盆地外围，靠西北和东北一侧是龙门山、大巴山台缘褶皱带；西南和东南一侧是滇、黔、川、鄂台皱带，自东而西可再划分出八面山褶皱带、娄山断褶带和峨眉山—凉山块断带等次一级构造单元，并在构造和地形上形成了四川盆地周缘的山地。

四川盆地的基地岩系为中新元古界。根据航磁成果和周边露头资料分析，盆地的基底结构具有明显的三分性。盆地中部的磁场特征表现为宽缓的正异常区，范围从西南方向的峨眉山、峨边一带，经简阳、南充至开州以东，斜穿盆地中部呈北东向延伸。盆地的西北部除德阳均为负异常区，其北段可与大巴山负异常区相连，反映这一带的基底可能与米仓山、大巴山地区的火地垭群相当，南端也为磁场降低的负异常区，可能与峨边群及包括下震旦统苏雄组、开建桥组在内的火山岩系相当。盆地的东南部，除石柱为正异常外，其余地区均为负异常背景，组成基底的岩石主要是变质沉积岩系。上述基底的分带特征总体上反映了盆地内部基底硬化程度的差异和主要呈北东方向展布的构造格局。它对后期沉积盆地的发展，隆起与拗陷的配置，以及盖层褶皱的强度都有较明显的影响。盆地中部属硬性基底，是相对的隆起带，沉积盖层相对较薄，地史上稳定性较强，盆地的西北和东南两侧属柔性基底，是拗陷带，沉积地层厚度较大。

2. 构造旋回和构造演化

前震旦纪地槽经过晋宁运动回返，包括其后的澄江运动，使扬子准地台固结，从此进入地台发展阶段。受川中稳定基底控制，四川盆地在地史上升降运动虽然较为频繁，但自震旦纪以来总体是以下沉为主，从基底算起，追溯其发展过程可以划分出 6 个主要构造运动时期，如图 1-2 所示。其构造演化特征如下。

1) 扬子旋回

扬子旋回包括晋宁运动和澄江运动，以晋宁运动最为重要。晋宁运动是发生在震旦纪以前的一次强烈构造运动，它使前震旦纪地槽褶皱回返，使会理群、峨边群、火地垭群、板溪群等发生变质，并伴有岩浆侵入，扬子准地台普遍固结成为统一基底。晋宁运动还形成了安宁河、龙门山、城口等深断裂，这些深断裂控制了扬子准地台的西部和北部边界，成为后期发展中地台和地槽的分界线。

澄江运动发生在早震旦世中晚期，代表性界面是大凉山一带列古六组与开建桥组间的平行不整合。经深井钻探发现，在盆地腹部上震旦统的下伏地层也是一套火山喷发岩或岩浆侵入岩。川中女基井为紫红色英安质霏细斑岩，钻厚 88 m（未见底），初步认为可与川西南下震旦统苏雄组对比，威远两口深井为花岗岩，其岩性与峨眉山花岗岩体相似，属早震旦世澄江期产物，由此看来，早震旦世的火山喷发运动和岩浆侵入已延至盆地的西部和川中腹部，从而使前震旦系基底复杂化。

2) 加里东旋回

加里东旋回是指早震旦世的冰碛层开始到志留纪的构造运动，主要有 3 期：第一期在震旦纪末（桐湾运动），表现为大规模抬升，灯影组上部广遭剥蚀，与寒武系间为假整合接触；第二期在中晚奥陶世之间，但在四川盆地表现不明显；第三期在志留纪末（晚加里东运动），是一次涉及范围广而且影响深远的地壳运动，这次运动使江南古陆东南的华南地槽区全面回返，下古生界褶皱变形。在扬子准地台内部虽然没有见到明显的褶皱运动，但是大型的隆起、拗陷及断块的升降活动比较突出，如乐山—龙女寺古隆起。

乐山—龙女寺古隆起是加里东运动在地台内部形成的、影响范围最广的一个大型隆起，自西向东从盆地西南向东北方向延伸，基本上代表了北东东向的一组构造，它的形成可能与基底隆起有关。加里东期乐山—龙女寺古隆起不仅与盆地中部刚性基底隆起带有相同的构造走向，而且在平面位置上也与之大体符合，具有延伸范围广、幅度大的特点。组成该隆起核部的最老地层为震旦系及寒武系，外围拗陷区为志留系。

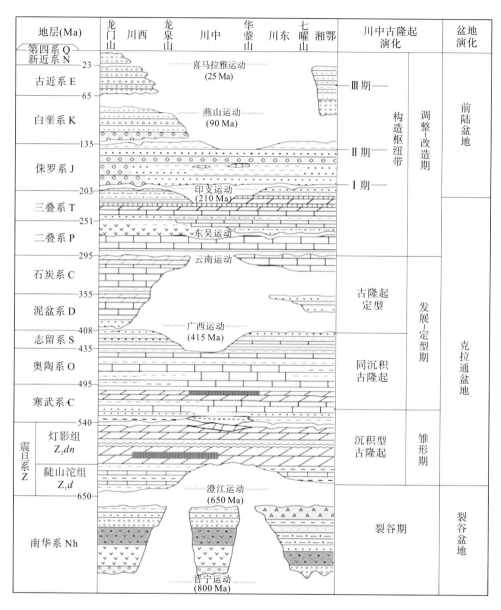

图1-2 四川盆地年代构造演化模式图

3) 海西旋回

海西旋回是古生代的第二个旋回构造，影响到四川盆地范围的运动主要有志留纪末的广西运动、泥盆纪末的云南运动和早晚二叠世之间的东吴运动，其性质皆属升降运动，造成地层缺失和上下地层间呈假整合接触。经过加里东运动，以四川、黔北为主体的上扬子古陆和康滇古陆连为一体，持续抬升，盆地内除川东地区有中石炭统外，广泛缺失泥盆系和石炭系，只有地台边缘的龙门山地区和康滇古陆东缘才有发育的泥盆系和石炭系。

发生在早晚二叠世之间的东吴运动，使扬子准地台在经历和早二叠世海盆沉积后再次抬升成陆地，上、中二叠统在广大地区内呈假整合接触。从中二叠统后期剥蚀情况看，抬升幅度较大的地区在大巴山和龙门山一带；康滇古陆前缘相对较弱，保留地层较全。此外，在晚二叠世早期还有张裂运动，盆地西南部和康滇古陆可见到大规模的玄武岩，盆地内部沿龙泉山、华蓥山及川东部分高陡构造带上也发现有玄武岩和辉绿岩体，说明当时断裂活动的规模较大。

4）印支旋回

印支旋回是指三叠纪以来到侏罗纪以前的构造运动。印支旋回最早的构造运动对四川盆地的影响可能在中三叠世初就开始了，反映在进入中三叠世以后海盆的沉积方向与早三叠世相比发生了很大改变。表现特别明显的主要有两期：一期发生在中三叠世末（早印支运动）；另一期发生在晚三叠世末（晚印支运动）。早印支运动以抬升为主，早中三叠世闭塞海结束，海水退出上扬子准地台，从此大规模海侵基本结束，代之以四川盆地为主体的大型内陆湖盆开始出现，是区内由海相沉积转为内陆湖相沉积的重要转折时期，早印支运动还在盆地内出现了北东向的大型隆起和拗陷，以华蓥山为中心的隆起带抬升幅度最大，南段称为泸州古隆起，北段称为开江古隆起。三叠纪末，晚印支运动来临，这次运动在西侧的甘孜—阿坝地槽区变形异常强烈，使三叠系及其下伏的古生代地层全部回返，褶皱变形，并伴有中酸性岩浆侵入，形成区域性地层变质。伴随地壳上升，使上三叠统遭受剥蚀，形成上下地层沉积间断。经历了晚印支运动后，地槽区升起成山，盆地西北一侧的古陆连成一体，从而使四川盆地的西部边界更加明确和固定下来。

5）燕山旋回

燕山旋回是指侏罗纪以来至白垩纪末的构造运动。燕山旋回是陆相沉积盆地发育的主要阶段，当时盆地范围可能遍及整个上扬子准地台，而且有几个沉积中心，如四川、西昌、楚雄等，四川盆地受燕山旋回各构造幕运动影响，在侏罗纪、白垩纪发展阶段的总趋势是盆地周边地区开始褶皱回返，古陆崛起，沉积盆地范围逐步向内压缩，其间各古陆前缘的沉降中心时有迁移，但受川中稳定基底制约，围绕乐山—龙女寺一带的中间隆起呈环状分布。

6）喜马拉雅旋回

喜马拉雅旋回是指白垩纪晚期以来主要发生在新生代的构造运动。四川盆地内喜马拉雅旋回至少有两次重要的构造运动：一次发生在新近纪以前（早喜马拉雅运动）；这是一次影响极其深远的构造运动，是四川盆地和局部构造形成的主要时期，它使震旦纪至古近纪以来的沉积盖层全面褶皱，并把不同时期不同地域的褶皱和断裂连成一体，从此盆地的构造格局基本定型；另一次发生在新近纪以后，第四纪以前（晚喜马拉雅运动），这在川西表现得十分清楚，大邑砾岩有很强烈的构造变动就是这次运动的证据，经过这次运动，早喜马拉雅期形成的构造进一步得到加强和改造，最终定型构成现今四川盆地的构造面貌。第四纪以来，新构造运动仍在发展，除龙门山前以沉降为主外，其余均间歇性抬升，接受新的剥蚀夷平。

1.3.3.2 区域地层分布特征

1. 地层划分与对比

四川盆地沉积地层发育基本齐全,从震旦系至侏罗系都有不同程度的分布。从下至上共发育了 6 套主要的页岩层系,分别为寒武系筇竹寺组、奥陶系大乘寺组/大湾组、奥陶系五峰组—志留系龙马溪组、二叠系龙潭组、三叠系须家河组和侏罗系自流井组,其中海相页岩主要有筇竹寺组、大乘寺组/大湾组和五峰组—龙马溪组。过去不仅在这 3 套泥质烃源岩的上下碳酸盐岩层中发现了常规天然气藏,而且在钻经黑色页岩的一些井中也见到了丰富的油气显示,少数钻井经中途测试或完井测试获得了低产或工业气流。根据目前的勘探现状,五峰组—龙马溪组海相页岩发育层段是主要的页岩气生产目的层,表 1-6。

表 1-6 长宁威远地区钻遇地层简表

界	系	统	组	代号	主要岩性	厚度(m)	构造旋回
	侏罗系	中统	沙溪庙组	J_2s			燕山旋回
		下统	凉高山组	J_1l	紫红、灰绿、深灰色泥岩,灰绿色粉砂岩,黑色页岩及薄层灰岩	0~425.6	
			自流井组	$J_1dn—J_1m$ (大安寨段—马鞍山段)			
				J_1d (东岳庙段)			
				J_1z (珍珠冲段)			
上古生界	三叠系	上统	须家河组	T_3x	细中粒石英砂岩及黑灰色页岩不等厚互层夹薄煤层	0~434.5	印支旋回
		中统	雷口坡组	T_2l	深灰、褐灰色泥-粉晶云岩及灰质云岩,灰、深灰、浅灰色粉晶灰岩,云质泥岩,夹薄层灰白色石膏	0~106.5	
		下统	嘉陵江组	T_1j	泥-粉晶云岩及泥-粉晶灰岩、石膏层,夹紫红色泥岩、灰绿色灰质泥岩	0~541	
			飞仙关组	T_1f	紫红色泥岩,灰紫色灰质粉砂岩,泥质粉砂岩及薄层浅褐灰色粉晶灰岩,底部泥质灰岩夹页岩及泥岩	0~487	
	二叠系	上统	长兴组	P_2ch	灰色含泥质灰岩及浅灰色灰岩,中下部为黑灰色、深褐灰色灰岩、泥质灰岩夹页岩	0~60.5	海西旋回
			龙潭组	P_2l	上部为灰黑色页岩、黑色碳质页岩夹深灰褐色凝灰质砂岩及煤,中部为深灰、灰色泥岩夹深灰褐、灰褐色凝灰质砂岩,下部为灰黑色页岩、碳质页岩夹黑色煤及灰褐色凝灰质砂岩,底为灰色泥岩(含黄铁矿)	0~142	
		中统	茅口组	P_1m	为浅海碳酸盐岩沉积,褐灰、深灰、灰色生物灰岩	0~306	

界	系	统	组	代号	主要岩性	厚度(m)	构造旋回
			栖霞组	P_1q	浅灰色及深褐灰色灰岩、深灰色灰岩含燧石	0~133	
			梁山组	P_1l	灰黑色页岩	0~21	
下古生界	志留系	中统	韩家店组	S_2h	灰色、绿灰泥岩、灰质泥岩夹泥质粉砂岩及褐灰色灰岩	0~619	
		下统	石牛栏组	S_1s	顶部为灰色灰质粉砂岩，上部为深灰色灰质页岩、页岩及灰色灰质泥岩夹灰色灰岩、泥质灰岩，中部为灰色灰岩，下部为灰色泥质灰岩	0~375	加里东旋回
			龙马溪组	S_1l	上部为灰色、深灰色页岩，下部灰黑色、深灰色页岩互层，底部见深灰褐色生物灰岩	0~525	
	奥陶系	上统	五峰组	O_3w	灰黑色泥岩、白云质页岩、泥灰岩	0~13	
		中统	临湘—宝塔组	O_2b	上部为深灰色灰岩、生物灰岩	0~35.92	

根据李伟等[11]对志留系的分区清理工作，结合地层层序及接触关系、岩性组合、古生物组合等特征将志留系划分为大巴山—华蓥山、龙门山、渝东南、川西南、川南 5 个地层小区，各区地层划分对比情况参见表 1-7。

表 1-7　四川盆地及周边地区志留系划分对比方案[11]

系		统	阶	大巴山—华蓥山	龙门山	渝东南	川西南		川南
	上覆地层			P_1	D_2g/P_1l	P_1	P_1		P_1
志留系	上统		普里多利统		车家坝组				
		拉德洛统	卢德福德阶						
			戈斯特阶		金台组（上红层）				
	中统	文洛克统	侯默阶			回星哨组	回星哨组		回星哨组
			申伍德阶	韩家店组	宁强组（纱帽群）	韩家店组	大关组（底为下红层）		韩家店组
	下统	兰多弗里统	特里奇阶	小河坝组	罗惹坪组	小河坝组	石牛栏组	罗惹坪段	石牛栏组
								彭家院段	
			埃隆阶	龙马溪组	龙马溪组	龙马溪组	龙马溪组		龙马溪组
			鲁丹阶						
	下伏地层			O_3w 五峰组	O_3b 宝塔组		O_3w 五峰组		

四川盆地长宁地区龙马溪组与上覆石牛栏组地层呈整合接触，龙马溪组整体属于陆棚相沉积，岩性以(泥)页岩为主，钙质、粉砂质较重，含大量厌氧型笔石生物化石，少量浅水生物(腹足、三叶虫、棘皮等)，靠近龙马溪组顶界碎屑组分增加，岩性为灰质粉砂质页

岩；石牛栏组整体属于碳酸盐台地相沉积，底界主要岩性为灰质粉砂岩与灰黑色泥岩不等厚互层，浅水的钙质成分增加，含大量浅水生物(腹足、棘屑等)。

威远地区龙马溪组与上覆地层下二叠统梁山组呈假整合接触。威远地区位于川中古隆起东南缘，龙马溪期，威远及古隆起(水下)为陆棚相沉积；泥盆纪—石炭纪，威远以北的古隆起(水上)龙马溪组—石炭系地层完全抬升剥蚀，剥蚀规模甚至持续到早二叠纪初期，威远地区及以东二叠系梁山组直接不整合覆盖于龙马溪组地层之上；岩性以(泥)页岩为主，龙马溪组顶界粉砂质成分重，岩性为灰色、灰绿色薄层粉砂质泥岩与泥质粉砂岩互层；梁山组整体属于碳酸盐斜坡相沉积，底界岩性以碳质泥页岩为主，含煤线，梁山组在威远地区厚度为 2~6 m，远离剥蚀区厚度增大；梁山组之上为栖霞组碳酸盐台地相，含大量浅水生物(腹足、棘屑等)。

四川盆地龙马溪组底界统一与上奥陶统五峰组地层呈整合接触，岩性界线为五峰组顶部的观音桥段介壳灰岩。晚奥陶世五峰期水体上升，四川盆地沉积一套深水硅质页岩，含大量硅质生物化石(海绵骨针)和笔石，为深水陆棚相沉积；晚五峰期—早龙马溪期全球发生短暂间冰期，海水迅速下降，盆地内沉积一套以赫南特贝—达尔曼虫类浅水生物群为主的观音桥段泥灰岩；进入早龙马溪期，冰期结束，海水迅速增加，盆地受周缘持续推覆作用，使得龙马溪期广泛发育沉积一套富含有机质笔石的页岩。通过长宁宁 203 井岩心观察，划分出 8 个笔石带，笔石含量丰富，种类多样。

龙马溪组地层内部根据层序地层特征自下而上划分为龙一段和龙二段。龙一段地层以灰黑色钙质页岩、黑色页岩夹黄铁矿、钙质条带为主，中上部页理欠发育，底部页理发育。威远地区龙一段地层保存完整，厚度为 140~240 m，区域分布稳定，可对比性强。

龙一段根据岩性特征、层序地层特征和电性特征自下而上划分为龙一¹亚段和龙一²亚段。龙一¹亚段为一套富有机质黑色碳质页岩，发育大量形态各异的笔石群，页理发育，富含黄铁矿结核及黄铁矿充填水平缝，厚度为 36~48 m。

龙一²亚段出现大段砂泥质互层或夹层岩性组合，沉积构造有风暴岩、钙质结核、平行层理，笔石数量少，厚度为 100~150 m。

2. 龙马溪组页岩小层划分

龙一¹亚段为持续海退的进积式反旋回，利用岩石学特征、沉积构造特征、古生物和电性特征将其由上至下进一步划分为龙一¹d、龙一¹c、龙一¹b 和龙一¹a 等 4 个小层(表1-8)。

表 1-8　五峰组—龙马溪组小层划分特征表

地层			特征	厚度范围 (m)
组	段	小层		
龙马溪组	龙二段		龙二段底部灰黑色页岩与下覆龙一段黑色页岩-灰色粉砂质页岩相间的韵律层分界，长宁旋回界限明显，威远 DEN 界限明显	100~250
	龙一段	龙一²亚段	岩性以龙一²亚段底部深灰色页岩与下伏五峰组—龙一段灰黑色页岩分界，GR、AC 整体低于五峰组—龙一段，DEN 整体高于五峰组—龙一段，五峰组—龙一段整体高于2%	100~150

续表

地层			特征	厚度范围 (m)
组	段	小层		
龙马溪组	龙一段	龙一亚段	d	厚度大，GR 为相对 c 小层低平的箱型，140～180API，AC、CNL 低于 c 小层，DEN 高于 c 小层，TOC 低于 c 小层	6～25
			c	标志层，黑色碳质、硅质页岩，GR 陀螺型凸出于 d、b 小层，160～270API，高 AC，低 DEN，TOC 与 GR 形态相似	3～9
			b	厚度较大，黑色碳质页岩，GR 相对 c、a 小层低平(类)箱型特征，与 d 小层类似，GR 为 140～180API，TOC 分布稳定，低于 a、c 小层	4～11
			a	标志层，黑色碳质、硅质页岩，GR 在底部出现龙马溪组内最高值，为 170～500API，TOC 为 4%～12%，GR 最高值下半幅点为 a 底界	1～4
	五峰组			顶界为观音桥段介壳灰岩，厚度不足 1 m，以下为五峰组碳质硅质页岩；界限为 GR 指状尖峰下半幅点，高 GR 划入龙马溪组，长宁地区高 GR，威远地区低 GR	0.5～15

注：DEN：补偿密度；GR：伽马；AC：声波时差；TOC：总有机碳；CNL：补偿中子。

1）龙一¹d 小层

龙一¹d 小层岩性以灰黑色粉砂质页岩、灰黑色钙质页岩为主，为灰质-粉砂质泥棚沉积，含少量黄铁矿结核；笔石欠发育，种类较少，个体较小。GR 在 d 小层与 c 小层界线处发生明显突变，向上钟型降低，为 30～60 API，d 小层内部呈箱型稳定分布，范围为 140～180 API，平均为 160 API；RT 在 d 小层与 c 小层界线向上有个小幅度抬升，d 小层顶部有一段小幅度振荡变化，威远地区特征不明显，平均在 25 Ω/m 左右；AC 在 d 小层与 c 小层界线向上明显降低，d 小层内部平均为 85 μs/f(1f=1.8288m)；DEN 在界线处明显抬升，进入 d 小层后逐渐增大，平均为 2.56 g/cm³；CNL 与 AC 特征类似，d 小层平均值为 0.2 v/v。TOC 变化特征与 GR 类似，在 d 小层与 c 小层界线明显降低，d 小层内部分布稳定，为 1.8%～2.1%；孔隙度与 AC 特征类似，d 小层与 c 小层界线明显降低 1%，d 小层内部分布稳定，为 5%～7%；含气量在底界降低，d 小层内部为箱型稳定分布，平均为 3.6～4.5 m³/t；泊松比-弹性模量脆性指数在界线处小幅升高，总体变化不明显，d 小层内部平均为 45%～54%；矿物组分中碳酸盐岩变化是划分 d 小层的另一个特征，在长宁地区 d 小层碳酸盐岩降低，是龙一¹亚段最少的小层，仅 2%，而威远地区相反，进入 d 小层显著增大，是龙一¹亚段最多的小层(10%)，硅质矿物变化不大，黏土矿物长宁要高于威远地区。

2）龙一¹c 小层

龙一¹c 小层作为全区第一个标志层(另一个为 a 小层)，具有区域对比性好、分布稳定等特征。c 小层与 b 小层岩性分界特征不明显，均以黑色碳质笔石页岩为主，为碳质泥棚相沉积，含大量黄铁矿纹层、方解石条带；笔石非常丰富，种类多，个体大小各异。

GR 在 c 小层与 b 小层界线处发生明显突变,向上漏斗型增大,c 小层 GR 形态类似陀螺型分布,范围为 160～270 API,平均为 200 API;RT 在 c 小层内部小幅振荡降低,平均在 16 HMM 左右;AC 与 GR 类似,在 c 小层与 b 小层界线向上漏斗型增大,c 内部平均为 90 μs/f;DEN 在 c 小层与 b 小层界线变化不明显,平均为 2.5 g/cm³;CNL 与 AC 特征类似,c 小层为漏斗型增大,平均为 0.2 v/v。TOC 变化特征与 GR 类似,在 c 小层与 b 小层界线向上明显漏斗型增大,c 小层内 TOC 普遍在 4%～6% 之间;孔隙度与 AC 特征类似,c 小层与 b 小层界线向上漏斗型增大,c 小层内部普遍在 5%～8% 之间,平均为 6.5%;含气量与孔隙度类似,c 小层平均为 5～8 m³/t;泊松比-弹性模量脆性指数在长宁地区小幅降低,平均在 50% 以上,而威远地区小幅升高,但总体在 55% 以下;矿物组分中硅质矿物含量显著降低,普遍为 40%,碳酸盐矿物含量增大(15%),黏土含量变化不大。

3) 龙一¹b 小层

龙一¹b 小层位于两个标志层之间,顶底界线较为清晰,在岩性特征上与 c、a 小层区别不大,以黑色碳质页岩为主,笔石丰富,黄铁矿及方解石结核分布,沉积特征为相对海平面降低的碳质泥棚相沉积。GR 为稳定的(类)箱型分布,为 140～180 API,平均为 160 API;RT 在 b 小层为箱型分布,特征不明显;AC 为箱型分布,c 小层内部平均为 80 μs/f;DEN 也为箱型分布,平均为 2.4 g/cm³;CNL 为箱型分布,平均为 0.1 v/v。TOC、孔隙度、含气量及泊松比-弹性模量脆性指数变化特征与 GR 类似箱型稳定变化,TOC 在 3%～5% 之间变化,平均为 3.7%,孔隙度 4%～6%,平均为 5%;含气量在长宁地区平均为 4%,威远地区为 6%;矿物组分中碳酸盐矿物含量在长宁地区较高(14.4%),威远仅为 5.5%;硅质矿物两地类似(55%),黏土矿物长宁地区较低(20%),威远地区为 40%。

4) 龙一¹a 小层

龙一¹a 小层作为全区第二个标志层,具有区域对比性较好、分布较为稳定等特征。a 小层与 b 小层岩性分界特征不明显,均以黑色碳质笔石页岩为主,为碳质泥棚相沉积,含大量黄铁矿纹层、方解石条带;笔石非常丰富,种类多,个体较大。GR 在 a 小层底部出现龙一¹a 亚段最高值,向上钟型降低,范围为 170～500 API;a 小层的 RT 在长宁地区向上小幅增大,平均在 100 HMM 左右,威远地区向上小幅降低,平均为 40 HMM;AC 在 a 小层为指状特征,平均为 80 μs/f;DEN 是划分 a 小层的另一个重要依据,是龙一¹ 亚段内密度值最低的小层,呈反指状特征,密度为 2.1～2.5 g/cm³;CNL 在长宁地区向上呈钟型减小,平均为 0.1 v/v,威远地区为平直型略增大(0.2 v/v)。TOC 变化特征与 GR 类似,a 小层是龙一¹ 亚段分布最高值,TOC 普遍 4%～12%,平均为 7%;孔隙度与 AC 特征类似,向上逐渐降低,长宁地区孔隙度(4.4%)普遍低于威远地区(6.4%);含气量向上逐渐降低,威远地区含气量(9 m³/t)普遍比长宁地区高(5 m³/t);泊松比-弹性模量脆性指数变化不明显;矿物组分中碳酸盐矿物在 a 小层特征明显,a 小层向上含量急剧降低,为 0～30%,硅质矿物含量为 50% 左右,黏土含量为 20%,黄铁矿含量较大(4%)。

总体而言,4 个小层厚度变化趋势一致,表现为远离剥蚀线厚度增大;d 小层厚度最大,平均厚度在 25 m 以上,a、b、c 小层均在 10 m 以下;与长宁地区小层厚度对比,威远地区除 b 小层外,其余小层均大于长宁地区,表 1-9。

表 1-9　威远与长宁地区各五峰组—龙一¹亚段小层厚度对比表

威远地区			长宁地区		
层位	地层厚度(m)		层位	地层厚度(m)	
	范围	平均		范围	平均
d	22.1~27.8	25.4	d	6.4~27	15.7
c	4.8~9.2	7.0	c	3.5~7.5	5.0
b	3.2~9.6	5.9	b	4.6~11	8.8
a	1.7~5.5	3.9	a	1.3~2.4	1.9
五峰组	0.5~15.6	5.2	五峰组	2~13	5.6

3. 五峰组—龙马溪组页岩沉积分布

野外露头与钻井资料均显示,纵向上龙马溪组由黑色、灰黑色及深灰色页岩、粉砂质页岩组成,向上粉砂质逐渐增多,碳质逐渐减少,颜色也由黑色逐渐变灰至灰绿色,顶部夹薄层状或透镜状的泥灰岩。龙马溪组下部含非常丰富的笔石,向上笔石逐渐减少。另外,还可见三叶虫、腕足等化石。该组中下部还普遍见有分散状的黄铁矿晶粒和黄铁矿结核。在四川盆地及其周边的大多数地区,龙马溪组大多数由两部分组成,下部为黑色、灰黑色"碳质"笔石页岩,最底部多为产雕笔石带的笔石页岩。在大多数地区,它与下伏含赫南特贝-达尔曼虫(Hirnantia-Dalmanitina)动物群的上奥陶统观音桥层呈整合接触。由于观音桥层很薄,故本项目将上奥陶统五峰组黑色页岩包含在龙马溪组中一并研究。上部与下部相比,粉砂质或砂质明显增多,多为灰-灰绿色、褐黄色页岩、粉砂质页岩、粉砂岩夹细砂岩,川南—黔北一带还夹有少量的薄层状或透镜状灰岩。

区域上,五峰组—龙马溪组黑色页岩的分布也明显受古陆和沉积环境的控制。盆地西部康滇古陆、中西部逐渐抬升的乐山—龙女寺古隆起及盆地南部的黔中古陆的三面夹持,使得川南—川东南一带的黑色页岩极为发育,其厚度一般分布在 100~300 m。向古陆方向,黑色页岩厚度逐渐变薄,甚至缺失。此外,在川东北的开江—巫溪一带,黑色页岩的厚度也达到了 100~400 m。

根据浅井资料和实钻页岩气井资料,高伽马富有机质黑色页岩一般发育在五峰组和龙马溪组的底部。高伽马黑色页岩厚度则相对分布稳定,一般分布为 40~50 m。在盆地南缘的长宁—黔北一带,由于受黔中古陆的影响,龙马溪组底部黑色页岩的发育情况可能差异很大。有的完全不见黑色碳质页岩(如黔中古陆北缘的遵义董公寺、湄潭兴隆场和石阡雷家屯),有的黑色页岩很薄,有的却很厚(如松坎韩家店)。

晚奥陶世五峰期到早志留世龙马溪期,四川的沉积环境也经历了从缺氧或贫氧较宁静的滞流深水环境逐渐演化到水体动荡、物质更替频繁、还原作用较弱的浅水环境。梁狄刚等[12]对中国南方龙马溪组不同笔石组合的研究结果表明,不同的笔石组合可以反映不同的水深。下志留统龙马溪组的笔石组合从底部向上,其个体一般由雕笔石、尖笔石、直笔石和锯笔石等个体较大、生活水体较深(一般在 60m 水深以下)的笔石组合逐步向弓笔石、耙笔石等个体较小、生活水体较浅(一般在 60 m 水深以上)的笔石组合演化,而且在整个沉积环境变化过程中伴随着泥页岩中的砂质、钙质含量增多,颜色变浅,有机质含量明显下降的现象。在龙马溪组岩心中，从五峰组—龙马溪组底部向上，均可观察到泥页岩颜色由黑变灰、笔石化石由多变少直至缺失、水动力由弱增强的现象，如图 1-3 所示。此外，在龙马溪组底部的黑色页岩中，黄铁矿多富集成层或呈结核状，如图 1-4 所示。

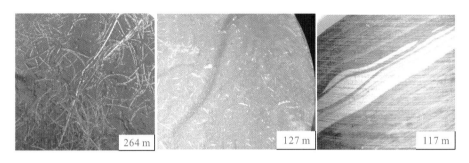

图 1-3　兴文麒麟 1 井龙马溪组底部黑色页岩与中上部泥岩岩心对比照片

图 1-4　宁 201 井龙马溪组底部 2504.04～2504.88 m 黑色页岩中的黄铁矿层与结核照片

　　五峰组广泛发育于扬子区和江南区，其沉积厚度不大但横向分布相当稳定，一般仅数米，个别地区可达数十米（如自深 1 井、座 3 井和盘龙 1 井的五峰组厚度分别达到 26.5 m、28 m 和 40 m），主要岩性为黑色笔石页岩和放射虫硅质岩。五峰组以发育浮游生物为特征，页岩中产大量笔石。硅质岩中富含放射虫，呈分散状分布于纹层状泥质硅质岩中，个体较大，多呈球形，囊壁厚而简单。与放射虫共生的还有硅质海绵，以十字骨针和三轴六射骨针为主，属六射海绵纲。根据五峰组的主要岩类特征和古生物特征，结合区域分布情况来看，一般认为其沉积环境应属于与大洋连通的深水相，其古地理位置应位于陆架区之外，而不是"台盆"之类的浅海盆地。然而，在相当大的区域内，五峰组顶部有被称为浅水介壳相沉积的观音桥层存在。观音桥层厚度不大，研究区内大多小于 1 m，岩性多为泥灰岩，富含腕足类及三叶虫，即著名的赫南特贝-达尔曼虫动物群，部分地区还含有珊瑚、棘皮类、腹足类和腕足类等典型的浅水生物化石，因此观音桥层通常都被认为是典型的浅水介壳相沉积。

　　早志留世早期，研究区广泛沉积了微层理发育的黑色、灰黑色碳质页岩、粉砂质泥页岩，生物以笔石为主，偶见海绵骨针、球形浮游生物等，其他门类生物则少见，笔石、黄铁矿丰富呈聚集式保存分布，伽马值和有机碳含量极高，层理构造不发育，多属海水流动不畅、平静、较深水的陆棚沉积环境。龙马溪中晚期，海侵范围还有所扩大，上扬子海的南部海岸线不同程度地向南推移。与此同时，乐山—龙女寺古隆起继续抬升，其范围进一步扩大，宝兴龙门等地露出海面成为陆地。该时期沉积了钙质成分显著增加的灰色、灰绿色页岩、砂质页岩，而且笔石明显减少，保存状态逐渐变为分散式。龙马溪晚期的沉积环境逐渐变为正常浅海，普遍接受了浅海相砂质页岩、页岩、瘤状灰岩及灰岩的沉积。笔石几乎绝迹，介壳类、腕足类、三叶虫等逐渐增加，到最后期珊瑚、层孔虫和海百合等开始大量繁生，由此进入了桥沟—石牛栏造礁期。

奥陶系沉积结束后，扬子地台大部分为陆表海，其东南部为江南古陆，南部由黔中隆起、康滇古陆及滇桂古陆连成一片成为滇黔桂大陆，康滇古陆北端为半岛，其西部和西北部与巴颜喀喇—秦岭海相接，北部与秦岭海槽相连。根据下志留统龙马溪组单井相分析，并结合沉积相单因素可知，龙马溪组沉积时川南和川东南地区夹持在几个古陆之间，其西南和正南面有康滇古陆与黔中隆起连成一片的古大陆，其东南面有江南古陆，西北部则是沉积期间一直不断抬升扩大的川中乐山—龙女寺古隆起。受几大古陆或隆起的影响，在龙马溪组沉积的早期便在蜀南一带形成了一个类似于隔绝海湾的较深水、平静的滞流海盆，其西部仅通过一个狭窄细长的通道与巴颜喀喇—秦岭海相通。该相区中的沉积物多由黑色、灰黑色页岩组成，而后逐渐过渡为灰色钙质泥岩和薄层状灰岩互层直至灰岩夹钙质泥岩。生物组合上，由笔石聚集式逐渐变为分散式，然后介壳类逐渐出现，增多到生物造礁期的过程。夹持在古陆之间和蜀南之间的大部分区域，则主要为浅水陆棚相沉积。南部海岸线可能大致在云南宁南—巧家、贵州镇雄—毕节—金沙—遵义—湄潭连线附近。

1.3.3.3　龙马溪组优质页岩特征和分布

页岩是最常见的一类沉积岩，它在地壳表层广泛存在，但并非所有的页岩均能成为优质页岩。通过综合研究分析认为，通常只有有机碳含量大于 2%，成熟度大于 1.3%，伽马值大于 150 API，孔隙度大于 3%，含气量大于 2.0 m^3/t 的页岩才能称为优质页岩。基于此标准，四川盆地下志留统龙马溪组页岩只有底部数十米才是优质页岩。

1. 地球化学特征

1）有机质丰度

有机质丰度的表征参数主要包括有机碳含量(TOC)、氯仿沥青"A"及总烃。本次主要采用有机碳含量对五峰组-龙马溪组龙一^{1}亚段含气的有机质丰度进行表征与评价。《页岩气资源/储量计算与评价技术规范》中将有机碳含量划分为特高(≥4%)、高(2%~4%)、中(1%~2%)、低(<1%)4 个级别。

长宁页岩气田五峰组—龙一段页岩气层段中，五峰组—龙一^{1}亚段最高，实测为3.0%~4.2%。通过对长宁地区 7 口评价井进行实验分析统计认为，五峰组—龙一^{1}亚段有机碳含量单井平均值在 3% 以上(表 1-10)。宁 203 井五峰组—龙一^{1}亚段(2495.2~2526.0 m) 有机碳含量普遍大于 2.0%，最高可达 7.5%，平均为 3.4%。而龙一^{2}亚段有机碳含量明显变小，为 0.2%~1.6%，平均为 0.8%(表 1-11)。

表 1-10　长宁区块五峰组—龙一^{1}亚段有机碳含量实测值

井名	层段	有机碳含量实测平均值(%)	样品数/个
宁 201	五峰组—龙一^{1}亚段	3.5	30
宁 203	五峰组—龙一^{1}亚段	3.4	32
宁 208	五峰组—龙一^{1}亚段	3.7	13
宁 209	五峰组—龙一^{1}亚段	3.3	33
宁 210	五峰组—龙一^{1}亚段	3.1	40
宁 211	五峰组—龙一^{1}亚段	4.2	30
宁 212	五峰组—龙一^{1}亚段	3.0	12

表 1-11　宁 203 井五峰组—龙一^{1}亚段有机碳含量分层统计表

地层	亚段	小层	井深(m)	厚度(m)	样品数(个)	平均(%)	最大(%)	最小(%)
龙马溪组一段	2		2403.63~2495.2	91.57	152	0.8	1.6	0.2
	1	d	2495.2~2504.6	9.4	11	2.4	2.8	1.9
		c	2504.6~2512.1	7.5	4	4.4	5.3	2.3
		b	2512.1~2519.8	7.7	12	3.5	4.1	3.2
		a	2519.8~2521.5	1.7	3	5.2	7.5	3.7
五峰组			2521.5~2526.0	4.5	2	3.9	4.7	3.1
五峰组—龙一^{1}亚段						3.4	7.5	1.9

纵向上，长宁区块表现为五峰组—龙一^{1}亚段有机碳含量最高。龙一^{1}亚段 a 小层有机碳含量最高，其次为 c 小层，然后为五峰组和 b 小层，d 小层最低，如图 1-5 所示。

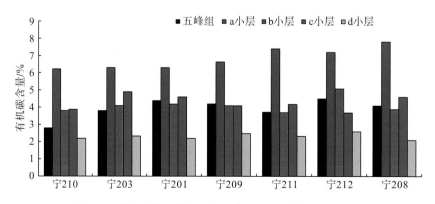

图 1-5　长宁区块五峰组—龙一^{1}亚段小层有机碳含量统计图

平面上，长宁地区有机碳含量在五峰组和龙一^{1}亚段各小层展布特征有差异。总体上，宁 211 井、宁 208 井有机碳含量最高，其次为宁 212 井、宁 201 井、宁 203 井、宁 209 井，宁 210 井相对偏低。

威远区块 6 口井样品分析表明，五峰组—龙一 ¹ 亚段单井平均有机碳含量分布为
1.3%～4.5%，a 小层有机碳含量最高。五峰组有机碳含量分布为 0.4%～3.6%，a 小层有机
碳含量分布为 2.1%～8.1%，b 小层有机碳含量分布为 2.4%～2.7%，c 小层有机碳含量分
布为 2.1%～5.1%，d 小层有机碳含量分布为 0.5%～5.6%。

威远 6 口评价井中有机碳含量大于等于 2.0%的样品频率高，占总样品数的 77.4%，
主要分布为 2%～5%，如图 1-6 所示。通过岩心标定测井得到的有机碳含量解释结果，
单井五峰组—龙一 ¹ 亚段优质页岩(有机碳含量大于 2%)有机碳含量平均值主要分布为
2.6%～3.6%，平均为 3.2%。总体反映区内主要为中-高有机碳含量，有利于页岩气的
形成。

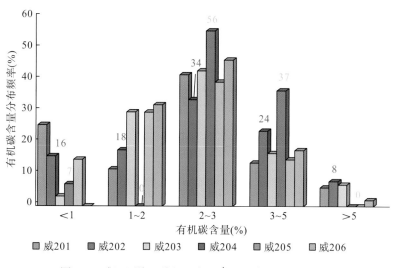

图 1-6　威远区块五峰组—龙一 ¹ 亚段实验数据统计直方图

纵向上，威远区块单井各小层平均测井有机碳含量高低依次为龙一 ¹a 小层(6.6%)、
五峰组(4.1%)、龙一 ¹c 小层(3.6%)、龙一 ¹b 小层(3.2%)、龙一 ¹d 小层(2.6%)，如
图 1-7 所示。威 202 井和威 204 井均表现为龙一 ¹a 小层有机碳含量最高，其次为龙一 ¹c
小层。平面上，威远区块五峰组—龙一 ¹ 亚段有机碳含量均大于 2.5%，位于高值区，往
其他方向有机碳含量逐渐降低，由威 202 井向威 204 井逐渐升高，到达威 204 井为最
大值，再往东威 205 井急剧降低。

2)有机质类型

不同类型的干酪根都可以生成天然气，干酪根的类型不仅影响烃源岩的产量，而且不
同类型的干酪根吸附能力也不同。宁 201 井五峰组—龙一 ¹ 亚段岩心样品通过干酪根镜
检腐泥组含量平均大于 80%，为典型 Ⅰ 型干酪根，局部为Ⅱ₁型，见表 1-12。威 201 井
岩心样品干酪根镜检结果表明，腐泥组含量平均值为 85%，为 Ⅰ 型干酪根，见表 1-13。

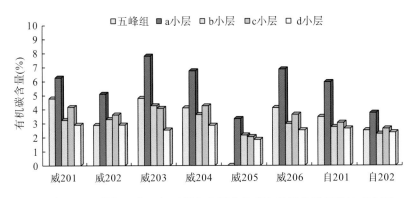

图1-7 五峰组—龙一¹亚段各小层有机碳含量测井解释统计直方图

表1-12 宁201井五峰组—龙一¹亚段干酪根显微组分分析数据表

层位		井深(m)	组分含量(%)					类型
			腐泥组	沥青组	壳质组	镜质组	惰质组	
五峰组—龙一¹亚段	d	2495.3～2503.72	83.9	14.5	0	0.1	1.5	I
	c	2504.62～2511.9	80.7	16.4	0	0.8	2.1	I、II₁
	b	2512.75～2519.5	82.8	16.2	0	0.3	0.7	I、II₁
	a	2521.27	90	10	0	0	0	I
	五峰组	2522.21～2524.4	89.3	10.7	0	0	0	I

表1-13 威201井干酪根显微组分分析数据表

层位	井深(m)	组分含量(%)					类型
		腐泥组	沥青组	壳质组	镜质组	惰质组	
龙一²亚段	1383.05～1383.21	83	17	—	—	—	I
	1429.63～1429.79	90	10	—	—	—	I
	1490.31～1490.39	89	11	—	—	—	I
龙一¹亚段d	1505.97～1506.03	78	22	—	—	—	I
龙一¹亚段b	1540.03～1540.08	84	16	—	—	—	I
五峰组	1548.46～1548.60	83	17	—	—	—	I
五峰组	1553.10～1553.35	88	12	—	—	—	I

3）有机质热演化程度

有机质成熟度是评价有机质热演化程度的一项指标。干酪根的镜质体反射率是最直观的表征有机质成熟度的参数，其划分有机质热演化阶段的标准见表1-14。在下古生界的烃源岩中没有镜质体，因此无法用镜质体反射率来评价下古生界烃源岩的成熟度。岩心和薄片观察显示，在下古生界的烃源岩中有固体沥青存在，固体沥青是原油成气后留下的残余物，国内外专家研究了固体沥青与镜质体反射率的相关关系，并拟合了沥青反射率和镜质体反射率之间的换算公式，因此可以用沥青反射率换算镜质体反射率来评价下古生界烃源岩的成熟度。

表 1-14　烃源岩热演化阶段划分

成熟阶段 划分	未成熟		成熟期		高成熟		过成熟期	
			低成熟	成熟	早期	晚期	早期	晚期
镜质体反射率 /%	0.0	0.5	0.8	1.3	1.6	2.0	3.5	5.0

根据分析化验资料并参考四川盆地 3 次资评结果，宁 201 井五峰组—龙马溪组一段成熟度平均为 2.60%，达到过成熟阶段。威远区块威 201 井五峰组—龙马溪组一段成熟度平均为 2.1%，达到过成熟阶段，见表 1-15。

表 1-15　威 201 井沥青反射率测定数据表

编号	样品井深(m)	层位	测定点数	沥青反射率(%)	镜质体反射率(%)
1	1383.79		11	2.15	1.78
2	1430.37	龙一 2 亚段	8	2.37	1.93
3	1491.05		7	2.67	2.13
4	1506.71	龙一 1 亚段 d	13	2.7	2.15
5	1540.77	龙一 1 亚段 b	11	2.79	2.21
6	1549.2	五峰组	15	2.84	2.25
7	1553.84		11	2.86	2.26

平面上，长宁区块属于川南地区高成熟区域，镜质体反射率均达到高—过成熟阶段，以产干气为主。整体上，长宁背斜核部有机质热演化程度最高，往西北方向逐渐变低。威远区块镜质体反射率均大于 2.0%，由西向东逐渐增大，最高达 2.7%。工区内镜质体反射率为 2.1%～2.5%，由威 202 井向威 204 井逐渐增大。

2. 岩石矿物组成

岩石矿物组成特征对页岩储层含气性、物性和造缝能力均具有重要影响，因此，岩石矿物组成是页岩储层评价的一个重要内容。一般认为，石英、长石、碳酸盐矿物等矿物含量越高，黏土矿物含量越低，岩石脆性越强，在外力作用下更容易形成天然裂缝和诱导裂缝，有利于天然气渗流。因此，脆性矿物含量是页岩气富集高产的重要影响因素之一。

而黏土矿物作为泥页岩的主要成岩矿物，其类型组合、相对含量等特征又对页岩储层成岩演化、物性特征及含气性等产生重要影响。黏土矿物的孔隙体积和比表面积较大，其吸附能力较强，因此页岩气不仅可以吸附于有机质表面，还可以吸附在黏土矿物表面，并且在有机碳含量接近和压力相同的情况下，黏土含量高的页岩所吸附的气体量要比黏土含量低的页岩高，而且随着压力的增大，差距增大。

通过 X 衍射显示，长宁地区五峰组—龙一 1 亚段主要矿物为石英、长石、方解石、白云石、黄铁矿和黏土等，其中黏土矿物主要为伊利石、伊蒙混层和绿泥石，如图 1-8 所示。

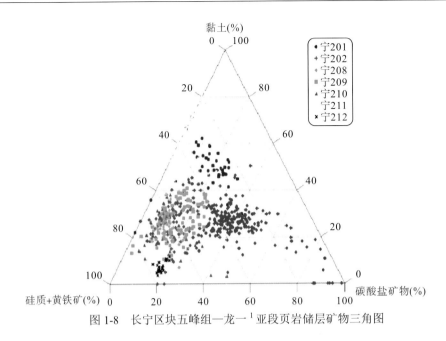

图 1-8　长宁区块五峰组—龙一¹亚段页岩储层矿物三角图

长宁区块五峰组—龙一¹亚段脆性矿物单井平均值在 70% 以上，以硅质矿物为主，显示了良好的可压裂性特征，见表 1-16。

表 1-16　长宁区块五峰组—龙一¹亚段岩石矿物含量实测值

井名	层段	脆性矿物实测平均值(%)	样品数(个)
宁 201	五峰组—龙一¹亚段	78.6	30
宁 203	五峰组—龙一¹亚段	77	32
宁 208	五峰组—龙一¹亚段	76.5	13
宁 209	五峰组—龙一¹亚段	72.5	33
宁 210	五峰组—龙一¹亚段	72	40
宁 211	五峰组—龙一¹亚段	74	30
宁 212	五峰组—龙一¹亚段	74.6	12

长宁区块宁 201 井黏土含量相对较低，平均为 24.5%，黏土矿物以伊利石、绿泥石和伊蒙混层为主，膨胀性矿物含量少，压裂时可不加入防膨剂，见表 1-17。

表 1-17　长宁区块宁 201 井五峰组—龙一¹亚段小层黏土矿物含量统计表

地层	亚段	小层	样品数(个)	伊利石平均(%)	绿泥石平均(%)	伊蒙混层平均(%)
	2		166	59.5	34.5	6
龙马溪组一段	1	d	18	62	32.2	5.8
		c	13	54	19	27
		b	20	59.6	9.5	30.9
		a	6	78.5	15.2	6.3
五峰组			5	51	32	17

纵向上，长宁页岩气田五峰组—龙一段页岩气层段中，都表现为五峰组—龙一¹亚段脆性矿物含量最高。对长宁地区 7 个评价井五峰组和 4 小层测井脆性矿物进行统计分析认为，a 小层脆性矿物含量总体高于其他小层，其次为 b 小层，五峰组和 c 小层脆性矿物相当，d 小层最低，其中五峰组和 c 小层平均脆性矿物均高于 55%，如图 1-9 所示。

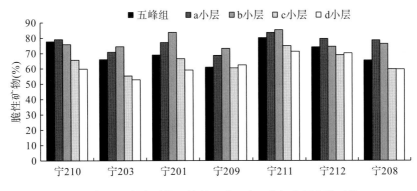

图 1-9　长宁区块五峰组—龙一¹亚段各小层参数对比

威远区块五峰组—龙一¹亚段主要为呈薄层或块状产出的暗色或黑色细颗粒的泥页岩，它们在化学成分、矿物组成、古生物、结构和沉积构造上丰富多样。储层岩石类型主要为含放射虫碳质笔石页岩、碳质笔石页岩、含骨针放射虫笔石页岩、含碳含粉砂泥页岩、含碳质笔石页岩及含粉砂泥岩。五峰组—龙一¹亚段 X 衍射数据表明，页岩主要矿物为石英、长石、方解石、白云石、黏土和黄铁矿等，黏土矿物包括伊利石、伊蒙混层和绿泥石等。

通过岩心数据分析，威远区块五峰组—龙一¹亚段单井脆性矿物(石英、长石、碳酸盐矿物)含量为 72%～84.2%，平均为 78.1%(表 1-18)，威远区块五峰组—龙一¹亚段黏土矿物含量总体较低，单井平均含量为 27.2%，在纵向上的变化特征与脆性矿物含量有"镜像"的特征，具有从下至上逐渐升高的特点。

表 1-18　威 202 井五峰组—龙一¹亚段脆性矿物含量分层统计表

地层	小层	井深(m)	厚度(m)	样品数(个)	石英(%)	长石(%)	碳酸盐矿物(%)	脆性矿物(%)
龙一¹亚段	d	2540.56～2559.42	18.86	21	41.7	5.9	27.1	74.7
	c	2560.31～2564.27	3.96	5	40.6	5.9	25.5	72
	b	2565.26～2568.46	3.2	4	45.9	12.3	21.1	79.3
	a	2568.96～2573.88	4.92	6	47.6	5.7	30.9	84.2
五峰组		2574.92～2581.95	7.03	9	43.9	0	37.9	81.8
五峰组—龙一¹亚段		2540.56～2581.95	41.39	45	41.4	7.0	29	77.4

威远区块五峰组—龙一¹亚段黏土矿物以伊利石为主，单井含量为 36.9%～62.4%，平均超过 50%，其次为伊蒙混层(26.5%～50.6%)，绿泥石次之(12.5%～26.2%)，不含膨胀性矿物高岭石。威 202 井黏土矿物同样以伊利石为主，平均为 51.9%，其次为伊蒙混层，平均为 30.3%，绿泥石次之，平均为 17.8%，不含高岭石。威 204 井 a、b 小层未

取心，c、d 小层黏土矿物含量以伊蒙混层为主，为 29%～85%，平均为 50.6%，其次为伊利石(8%～89%)，平均为 36.9%，绿泥石(4%～28%)次之，平均为 12.5%，不含高岭石，具体见表 1-19。

表 1-19　威远区块五峰组—龙一¹亚段黏土矿物组分

井名	井深(m)	层位	伊利石(%)	伊蒙混层(%)	高岭石(%)	绿泥石(%)	间层比(%)	样品数(个)
威 201	1506.03～1557.55	五峰组 d 小层	53.8	26.5	—	19.7	10	37
威 202	2540.56～2581.95	五峰组 d 小层	51.9	30.3	—	17.8	10	44
威 203	3139.19～3178.42	c、d 小层	62.4	25	—	12.6	10	30
威 204	3498.981～3525.52	c、d 小层	36.9	50.6	—	12.5	10	27
威 205	3675.55～3704.47	五峰组 d 小层	45.8	28	—	26.2	10	20

纵向上，威远区块单井各小层平均测井脆性矿物含量高低依次为五峰组(73.9%)、龙一¹亚段 a 小层(69.1%)、龙一¹亚段 b 小层(62.4%)、龙一¹亚段 c 小层(59.6%)、龙一¹亚段 d 小层(58.5%)，如图 1-10 所示。威 202 井龙一¹亚段 a 小层脆性矿物含量最高，其次为五峰组；威 204 井脆性矿物含量在龙一¹亚段 a 小层最高。平面上，威远区块五峰组—龙一¹亚段脆性矿物含量均大于 50%，向威 201 井以北逐渐降低，向威 205 以东方向快速降低并出现低值区，向南(自贡地区)逐渐升高。

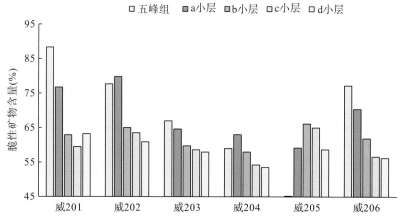

图 1-10　威远区块五峰组—龙一¹亚段(有机碳含量大于 2%)脆性矿物测井对比直方图

3. 物性特征

对常规储层而言，储层孔渗条件是储层评价的核心内容，孔、渗条件是油气高产的一个决定性因素。而对致密的页岩气而言，孔、渗条件仍是评价页岩储层的一个重要内容。页岩气勘探开发经验表明，页岩储层基质渗透率、微裂缝渗透率和压裂诱导主裂缝的渗透率是影响气体渗流过程的主要因素，也是影响页岩气产能的主要因素之一。页岩储层孔隙多以微孔为主，孔径较小，贝尼特页岩的孔喉小于 100 nm，多为 10 nm 左右的孔隙。页岩储层中的原生孔隙系统一般由十分微细的孔隙组成，具有极大的内表面积，这些内表面积可以吸附大量气体。因而，页岩气藏中的天然气除游离气外，还有相当一部分是以吸附方式存在的吸附气。由此可见，在页岩储层评价中，孔隙类型和孔隙结构特征也是一个重要内容。

1）页岩储层孔隙度特征

长宁区块五峰组—龙一^{1}亚段单井平均实测孔隙度为 2.0%～6.8%，总体平均为5.4%，见表 1-20。

表 1-20　长宁区块五峰组—龙一^{1}亚段孔隙度实测值

井名	层段	孔隙度实测平均值(%)	样品数(个)
宁 201	五峰组—龙一^{1}亚段	6.8	30
宁 203	五峰组—龙一^{1}亚段	5.3	32
宁 209	五峰组—龙一^{1}亚段	6.0	33
宁 210	五峰组—龙一^{1}亚段	4.8	40
宁 211	五峰组—龙一^{1}亚段	5.5	30
宁 212	五峰组—龙一^{1}亚段	2.0	12
平均	五峰组—龙一^{1}亚段	5.4	—

纵向上龙一^{1}亚段 c 小层和 d 小层孔隙度最大，宁 201 井平均孔隙度最大，都表现为孔隙度较高，测井解释孔隙度为 3.2%～5.9%，如图 1-11 所示。平面上，宁 201 井和宁 211 井孔隙度最高，其次为宁 203 井和宁 210 井，宁 212 井相对偏低。

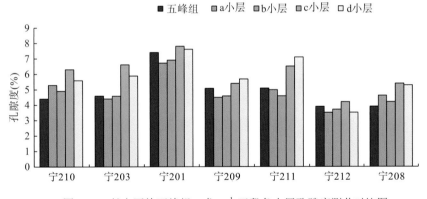

图 1-11　长宁区块五峰组—龙一^{1}亚段各小层孔隙度测井对比图

通过对威远地区 6 口井五峰组—龙一^{1}亚段岩心样品进行分析，孔隙度分布在3.8%～7.4%，平均孔隙度达到 5.91%，其中 85% 以上的样品孔隙度分布在 3%～8%范围内，如图 1-12 所示。通过岩心实验数据标定后的测井孔隙度解释较为可靠，6 口井单井平均孔隙度为 4.9%～7.9%，平均为 6.1%。

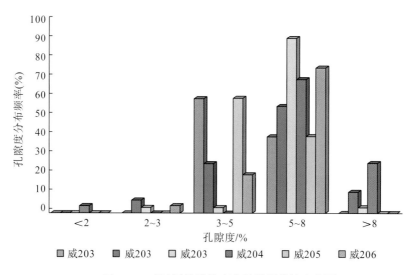

图 1-12　威远区块孔隙度实验数据统计直方图

纵向上，各小层孔隙度平均值均在 3% 以上，a 小层平均孔隙度最高，其次为 c 小层、b 小层、d 小层，五峰组孔隙度相对最低，如图 1-13 所示。平面上，威远区块孔隙度整体较高，均大于 5%，工区内五峰组—龙一^{1}亚段孔隙度分布在 5.2%～7.9%，威 204 井最高。平面上，威 204 井达到最大值，向区域周边逐渐降低。

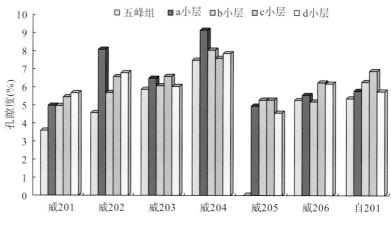

图 1-13　威远区块五峰组—龙一^{1}亚段各小层孔隙度测井对比图

2）页岩储层含气饱和度特征

长宁区块优质页岩储层含气饱和度较高，单井平均含气饱和度分布在 50%～70%。平面上，长宁区块西南部及东北部含气饱和度较高。威远区块整体含气饱和度较高，分布在 44.45%～77.15%，平均达 60.2%。

3）页岩储层渗透率特征

页岩储层实际孔隙度与致密砂岩相比并不低，但是单个孔隙体积却非常微小。由于孔隙空间狭小，分子平均自由程变短，因此，在裂缝不发育的情况下，大多数页岩的渗透能力非常差，即使是同一页岩在不同深度或压力条件下，渗透率差异也非常明显。

通过页岩渗透率测定仪测得长宁区块实测平均单井基质渗透率为 $2.36 \times 10^{-6} \sim$ 1.25×10^{-3} mD，平均为 1.02×10^{-4} mD，见表 1-21。蜀南地区五峰组—龙一^{1}亚段孔隙度与渗透率的相关性较差，水平渗透率远大于垂直渗透率，分析认为连通的孔隙并非页岩气运移的主要通道，页岩的层理缝和微裂隙是影响页岩渗透率的重要因素。

表 1-21　长宁区块页岩渗透率测试成果表

区块	井名	渗透率范围(mD)	平均渗透率(mD)
长宁	宁 201	$3.18 \times 10^{-5} \sim 2.42 \times 10^{-4}$	1.48×10^{-4}
	宁 203	$1.09 \times 10^{-5} \sim 4.50 \times 10^{-5}$	1.07×10^{-4}
	宁 208	$5.21 \times 10^{-6} \sim 7.15 \times 10^{-4}$	7.14×10^{-5}
	宁 209	$2.36 \times 10^{-6} \sim 1.25 \times 10^{-3}$	1.06×10^{-4}
	宁 210	$2.13 \times 10^{-5} \sim 1.48 \times 10^{-4}$	9.74×10^{-5}
	宁 211	$9.50 \times 10^{-5} \sim 6.02 \times 10^{-4}$	8.35×10^{-5}
	宁 212	$5.30 \times 10^{-5} \sim 2.96 \times 10^{-4}$	1.03×10^{-4}
	平均		1.02×10^{-4}

通过对威远区块 5 口井 74 个岩心样品进行分析(表 1-22)，测得的页岩基质渗透率分布在 $5.19 \times 10^{-6} \sim 6.02 \times 10^{-4}$ mD。通过对威 203 井水平与垂向渗透率进行测定，水平渗透率远大于垂向渗透率(表 1-23)，这可能与页岩水平层理发育相关。

表 1-22　威远区块页岩基质渗透率测试成果表

区块	井名	样品数(个)	渗透率范围(mD)	平均渗透率(mD)
威远	威 201	7	$2.89 \times 10^{-5} \sim 7.31 \times 10^{-5}$	4.35×10^{-5}
	威 202	8	$1.06 \times 10^{-5} \sim 5.25 \times 10^{-4}$	1.50×10^{-4}
	威 203	7	$5.19 \times 10^{-6} \sim 6.14 \times 10^{-5}$	2.34×10^{-5}
	威 204	30	$9.50 \times 10^{-5} \sim 6.02 \times 10^{-4}$	3.83×10^{-4}
	威 205	22	$9.50 \times 10^{-5} \sim 4.76 \times 10^{-4}$	2.05×10^{-4}

表 1-23　威 203 井五峰组—龙一^{1}亚段水平与垂向渗透率对比

岩心深度(m)	层位	垂向渗透率(mD)	水平渗透率(mD)	水平/垂向
$3172.83 \sim 3173.06$	龙一^{1}b	0.0014	0.5288	377.7
$3174.59 \sim 3174.79$	龙一^{1}b	0.00075	0.9556	1274.1

总的来说，长宁、威远区块龙马溪组一段基质渗透率多集中在几到几百纳达西范围内。根据北美页岩气勘探开发经验，当页岩基质渗透率大于 10^{-6} mD 时，裂缝性质决定产能，长宁、威远区块龙马溪组一段基质渗透率平均值在 $1.22 \times 10^{-5} \sim 2.54 \times 10^{-4}$ mD 范围内，因而裂缝性质对产能具有决定性影响。长宁、威远各井在龙马溪组一段储层内，孔隙度和基质渗透率在纵向分布上具有近似的变化趋势，具有一定的相关性，但相关性较弱。

4) 页岩储层储集空间特征

页岩储层中储集空间类型主要包括基质微孔隙及裂缝。由于颗粒细小，页岩中孔隙系统多以微纳米级孔隙为主。

(1) 基质孔隙。

按基质孔隙类型划分方案,示范区内扫描电镜下观察到的基质孔隙类型主要包括有机质微孔隙、黏土矿物层间微孔隙、残余原生孔隙及溶蚀孔。

① 有机质微孔隙。有机质微孔隙是页岩储层中一种主要的孔隙类型,是在生烃过程中由于有机质体积收缩而在有机质中形成的微孔隙。通过扫描电镜观察发现,有机质微孔隙主要发育于示范区内富含有机质的龙一^{1}亚段,一般呈蜂窝状;经氩离子抛光后观察,可见大量有机质孔隙,最大可达上百纳米,如图 1-14 所示。

 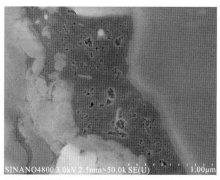

(a)宁 209 井龙马溪组有机质中蜂窝状微孔隙　　(b)宁 203 井龙马溪组有机质微孔隙(样品经氩离子抛光)

图 1-14　龙马溪组有机质微孔隙

② 残余原生孔隙。残余原生孔隙是指受脆性矿物颗粒支撑,颗粒间未被充填的孔隙。在页岩中,由于石英、长石、方解石、白云石等脆性矿物以分散状镶嵌于黏土矿物与有机质中,大多不能形成颗粒支撑,因此原生孔隙残余较少,主要存在于少量的脆性矿物颗粒或晶粒之间及脆性矿物颗粒与黏土之间。

此类孔隙在示范区龙马溪组内普遍可见,一般表现为自生矿物晶间孔隙,如莓球状黄铁矿晶间孔,碎屑颗粒与黏土之间呈面接触,并残余粒间孔隙,碎屑颗粒与自生矿物之间的粒间残余孔隙(较少见),如图 1-15 和图 1-16 所示。

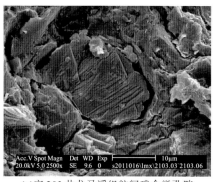 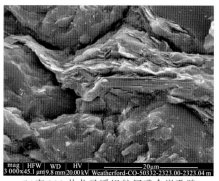

(a)宁 203 井龙马溪组粒间残余微孔隙　　　　(b)宁 209 井龙马溪组粒间残余微孔隙

图 1-15　龙马溪组粒间残余微孔隙

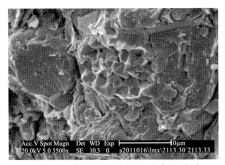
(a)宁 203 井龙马溪组粒间残余微孔隙

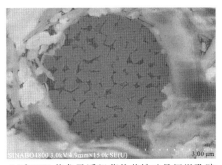
(b)宁 209 井龙马溪组莓状黄铁矿晶间微孔隙
（样品经氩离子抛光）

图 1-16　龙马溪组粒间、晶间残余微孔隙

③黏土矿物层间微孔隙。黏土矿物层间微孔隙在示范区龙马溪组页岩储层中大量分布，主要是指黏土矿物在转化过程中析出大量层间水而在层间形成的微裂缝。前面提到，示范区龙马溪组处于中成岩阶段 B 期及晚成岩阶段，黏土矿物以伊利石、伊蒙有序混层及绿泥石为主。长宁区块蒙脱石向伊利石转化程度高，伊蒙间层比一般在 10%左右；威远区块转化程度稍低，一般为 10%～40%。因而，示范区龙马溪组大量发育因黏土矿物转化而形成的黏土矿物层间微孔隙。扫描电镜下观察如图 1-17 所示。主要表现为纹层状黏土矿物层间隙、片状黏土矿物形成的片间隙等。此类孔隙在示范区整个龙马溪组均普遍可见。

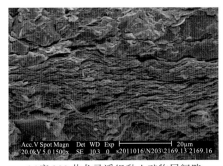
(a)宁 203 井龙马溪组黏土矿物层间隙

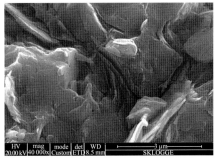
(b)宁 203 井龙马溪组黏土矿物片间隙

图 1-17　宁 203 井龙马溪组黏土矿物层间微孔隙

④溶蚀微孔隙。溶蚀微孔隙是指因溶蚀作用而形成的微孔隙。随着地层埋深的增加和成岩后生作用的增强，当成岩流体的化学性质与岩石中各组分不能达到一种化学平衡时，常常发生不稳定矿物的溶蚀作用，其中长石颗粒是极为常见的被溶蚀组分，方解石也常发生溶蚀而形成溶蚀孔。该类孔隙主要发育在龙马溪组龙一^{1}亚段，如图 1-18 所示。

(2)裂缝。

页岩储层中存在双重孔隙介质，即基质孔隙及裂缝。天然裂缝的发育程度很大程度上决定了页岩气产能，前面在分析渗流特征时提到，美国研究者提出当页岩基质渗透率大于 10^{-6} mD 时，裂缝性质决定产能，而示范区内龙马溪组页岩储层平均渗透率一般在 10^{-5}～10^{-4} mD 范围内，因此，对示范区内页岩储层裂缝进行研究是储层评价的一项重要内容。

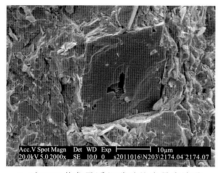 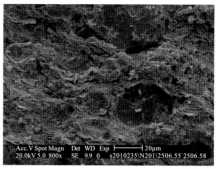

(a)宁 201 井龙马溪组碳酸盐岩晶内溶孔   (b)宁 203 井龙马溪组碳酸盐岩晶内溶蚀微孔隙

图 1-18   龙马溪组碳酸盐岩溶蚀微孔隙

裂缝一般是指岩石受力发生破裂作用而形成的不连续面，同一时期，相同应力作用产生的方向大体一致的裂缝称为裂缝组。通过野外露头观察、岩心描述及岩石薄片鉴定、扫描电镜观察，在长宁、威远区块龙马溪组页岩储层中观察到的裂缝按主控地质因素及发育特点等可分为构造缝、层间页理缝、层间滑移缝、成岩收缩微裂缝和有机质演化异常压力缝。长宁、威远区块龙马溪组多见构造缝和层间缝。

宁 209 井龙马溪组岩心观察和薄片鉴定发现，裂缝主要发育在龙马溪组底部。以层间水平缝和高角度构造缝为主，多被方解石和石膏充填，部分被石英充填。根据岩心天然裂缝统计，威 202 井五峰组—龙一^{1}亚段天然裂缝极为发育，主要以 1 mm 以内缝宽的微裂缝组成，总裂缝密度达 3.6～92 条/m，以水平缝和斜交缝为主，多被方解石或黄铁矿不完全充填，如图 1-19 所示。

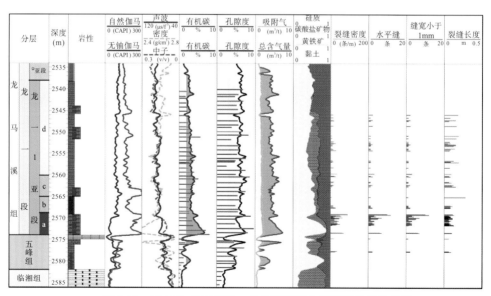

图 1-19   威 202 井五峰组—龙马溪组取心段裂缝分布柱状图

纵向上，龙一^{1}亚段 a 小层裂缝密度最大，为 37.8 条/m，其次为五峰组(20 条/m)，c 小层、b 小层、d 小层依次降低，见表 1-24。

表 1-24　威 202 井取心段五峰组—龙一^{1}亚段裂缝参数统计表

层段	裂缝密度/(条/m)
龙一^{1}亚段 d 小层	13.5
龙一^{1}亚段 c 小层	15
龙一^{1}亚段 b 小层	14.6
龙一^{1}亚段 a 小层	37.8
五峰组	20

4. 含气性评价

1）页岩含气量特征

页岩含气量是指每吨页岩中所含天然气折算到标准温度和压力条件下（101.325 kPa，0 ℃）的天然气总量。页岩含气量是评价一个地区能否进行页岩气商业开发的重要参数。

运用解吸法对长宁区块宁 203 井、宁 209 井进行含气量测试：宁 203 井含气量最高约为 4.1 m^3/t，宁 209 井含气量最高约为 3.4 m^3/t。纵向上来看，龙马溪组下部层段含气量总体高于上部层段。

运用解吸法对威远区块威 201 井、威 202 井进行含气量测试：威 201 井含气量最高，约为 5.01 m^3/t，龙一^{1}亚段含气量一般在 2%以上，平均为 2.78 m^3/t，而上部层段含气量一般小于 1 m^3/t；威 202 井在龙一^{1}亚段，实测含气量为 2.75～6.1 m^3/t，平均含气量为 3.86 m^3/t。

2）含气性的影响因素

（1）有机质丰度与含气性的关系。

有机质对吸附气和游离气具有双重贡献作用，是控制页岩储层含气性的关键因素。随着有机碳含量增大，含气量大体呈增大的趋势，但同一有机碳含量对应的含气量变化亦较大，说明其他因素对含气量也有重要影响。有机碳含量与兰氏体积线性相关性好，有机碳含量越高，岩石吸附能力越强；不同井之间，由于温度、镜质体反射率和矿物组成等参数的不同，吸附能力差别较大，如图 1-20 和图 1-21 所示。

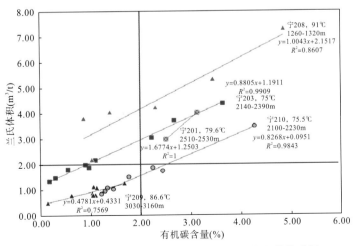

图 1-20　长宁区块有机碳含量与兰氏体积的关系图

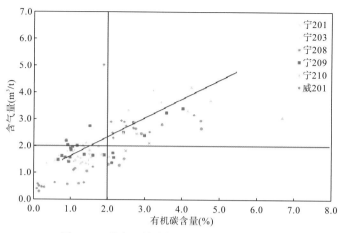

图 1-21　长宁区块有机碳含量与含气量的关系图

（2）保持条件与含气性的关系。

①剥蚀作用。剥蚀作用在距剥蚀线 20 km 以内对含气量影响较大，距剥蚀线越近含气量越低，20 km 以上控制不明显，如图 1-22 所示。

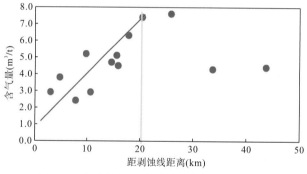

图 1-22　蜀南地区距剥蚀线距离与含气量的关系图

②埋藏深度。埋深小于 3 500 m 时，埋深对含气量影响较大，一般呈正相关关系；埋深大于 3 500 m 时，相关关系不明显，如图 1-23 所示。

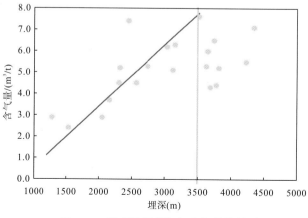

图 1-23　蜀南地区埋深与含气量的关系图

③断裂作用。根据富顺—永川 10 口水平井水气比与断层关系的研究，距断层距离越近，水气比越高，距断层距离大于 700 m 时，水气比明显下降；古 205-H2 井水平段距断层 1 060 m 取得 $30×10^4m^3/d$ 的高产。

深大断裂局部影响页岩储层含气性，主要影响范围在 2～3 km 以内；中小断裂对含气量影响范围有限，焦石坝区块焦页 6-2 HF 井和焦页 6-3 HF 井距中小断层 0～500 m 亦取得高产。宁 201 井区 H6-3 井、H2-5 井、H3-6 井、H3-4 井距中小断裂 640～3 300m(H6-3 井距离宁 38 断层 1.45 km；H2-5 井距离东侧小断层 270 m；H3-6 井距离西侧小断层 640 m；H3-4 井距离南边小断层 1 km；H3-4 井距离宁 39 断层 3.3 km)，均取得高产。

埋藏生烃过程中上、下封隔层具有阻挡作用。长宁主体区块处在构造相对稳定区，页岩储层段顶底板均为致密隔挡层，原油裂解气和储集层经深埋后抬升但保存状态始终较好，形成超压"富气封存箱"。

1.3.3.4　示范区优质页岩分布

1) 优质页岩纵向展布特征

储层综合评价表明，长宁、威远页岩气产业化示范区内龙马溪组页岩储层位于龙马溪组底部。从页岩气评价井储层厚度统计情况来看，长宁区块优质页岩储层厚度一般在 21～43 m 范围内变化；威远区块各页岩气评价井优质页岩储层厚度在 16～42 m 范围内变化。

2) 优质页岩横向展布特征

长宁区块页岩气评价井中，宁 212 井储层厚度最大，储层厚度为 43 m。受剥蚀区影响，自南向北，宁 201 井、宁 203 井、宁 208 井及宁 210 井储层厚度分别为 26.5 m、23 m、21 m、36 m，整体上看，具有自西向东、由南至北，储层厚度逐渐增加的趋势，但由于受长宁背斜核部剥蚀区的影响，示范区内自剥蚀区向四周储层厚度逐步增加。威远地区页岩气评价井储层厚度变化范围为 16～43 m。威 201 井、威 202 井、威 203 井、威 204 井、威 205 井一线，储层厚度自剥蚀区向东呈逐渐增加趋势，威 204 井厚度最大，为 43 m，向东至威 205 井由于含气量降低，储层厚度变薄。平面上，威远地区龙马溪组页岩储层厚度平面展布具有自西向东呈逐渐增厚趋势，至威 203 井、威 204 井一线，储层厚度达最大值，向东由于含气量降低，储层(有机碳含量大于等于 2%)厚度降低，威 205 井储层厚度最小。

1.4　页岩压裂技术发展历程

1.4.1　国外页岩压裂技术发展历程

美国是全球页岩气勘探开发最早、技术水平最高的国家，对页岩气的研究有较长的历史，其在页岩气开发方面做了大量工作，目前已进入页岩气开发的快速发展阶段。

1821 年，美国钻出第一口页岩气井，成为世界上最早进行页岩气勘探开发的国家[13]。然而，由于开采难度大、成本高，在很长一段时间内，页岩气大规模开发并不具备可行性。

随着压裂技术的进步，页岩气商业化开发逐渐成为可能。总的来说，页岩压裂技术的发展历程可分为探索起步、快速发展及大规模推广应用 3 个阶段[14]。

探索起步阶段(1978~1997 年)：1978 年，美国《国家天然气政策法》重启了美国页岩气的开发进程，当时主要依靠硝化甘油爆炸增产改造技术实现量产；1981 年，美国页岩气井首次实施压裂改造并取得成功，验证了水力压裂技术开发页岩气的可行性，页岩气开发实现了历史性突破。

快速发展阶段(1997~2002 年)：1997 年，米切尔(Mitchell)公司首次将清水压裂液应用于页岩气开发；1999 年，重复压裂应用于页岩气开发，增产效果显著；2002 年，戴文公司对密西西比州沃思堡地区的 7 口页岩气水平井进行了压裂实验，取得巨大成功，为实现页岩气的大规模商业化开发奠定了基础。

大规模推广应用阶段(2002 年至今)：水平井成功后，页岩气水平井数量迅速增加，2004 年，水平井分段压裂+清水压裂的压裂工艺得到迅速推广，广泛应用于页岩气开发中；2005 年，国外进行了水平井同步压裂技术实验，进而发展为"工厂化"压裂模式。美国页岩气开发中以得克萨斯州沃思堡盆地的巴尼特页岩开发技术最成熟、商业化程度最高，其压裂技术发展历程如图 1-24 所示。

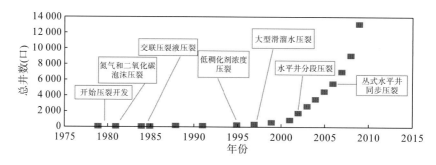

图 1-24 巴尼特页岩气储层压裂技术发展历程

随着页岩气储层压裂技术的大规模推广应用，美国页岩气产量由 2006 年的 $278.92\times10^8\,m^3$ 快速增长到 2012 年的 $2\,653.28\times10^8\,m^3$，平均年增长率为 46.6%，且 2013 年产量达到 $2\,764\times10^8\,m^3$(约占美国天然气总产量的 40%)。页岩气产量的增加改变了美国天然气结构比例，影响了全球能源供给的格局。

受美国页岩气取得巨大成功的影响，加拿大迅速由初期勘探研究阶段进入商业开发初步阶段，是世界上第二个进行页岩气勘探与商业开发的国家。加拿大发展速度较快的原因是其地质结构与美国西部地区类似，可直接移植并应用美国的成熟技术。

1.4.2 我国页岩压裂技术发展历程

我国页岩气勘探开发以长宁—威远国家级页岩气示范区、涪陵国家级页岩气示范区为典型代表。2006 年，中国石油西南油气田在国内率先开展页岩气地质综合评价与野外地质勘查；2010 年，中国石油在长宁—威远示范区完成了中国第一口页岩气直井——威 201 井的压裂施工并成功获气；2011 年 7 月，中国石油完成了国内第一口页岩气水平井的分段压裂；2013 年，开展了国内第一个页岩气水平井组平台工厂化压裂。我国页岩气压裂技术经过 4 个阶段的发展，在消化和吸收引进技术的基础上，通过自主攻关与试验，形成了基于各页岩气区块地质特征的集压裂设计技术、水平井分段工艺、可回收滑溜水压裂液体系、关键分段工具、分簇射孔工艺于一体的页岩气体积压裂关键技术。页岩气体积压裂技术的发展历程可分为 5 个主要阶段。

1.4.2.1　直井压裂阶段

为进一步探明威远地区页岩气资源的分布状况，积累页岩气勘探开发经验，西南油气田在威远县新场镇部署了我国第一口页岩气井——威 201 井，并于 2009 年 12 月 18 日成功开钻。作为中石油针对页岩气开发的第一口评价井，威 201 井以直井方式完井，完钻井深为 2 840 m，待压裂施工段为下志留统龙马溪组(1 503.6～1 543.3 m)与下寒武统筇竹寺组(2 652.0～2 704.0 m)，标志着我国页岩气进入实质性勘探开发阶段。

在该井压裂改造之前，我国从未专门针对页岩储层开展加砂压裂设计、施工，相关工艺技术、施工经验缺乏，因此该井基本沿袭了北美页岩气压裂的设计理念、参数。此阶段，北美针对直井的大型压裂技术工艺主要体现出"两大、两小"的特征，压裂液体系以滑溜水为主[15]。其中，"两大"是指：①大排量，即施工排量大于 10 m³/min；②大液量，即单井注入液量为 2 271～5 678 m³。"两小"是指：①小粒径支撑剂，其粒径一般为 70/100 目和 40/70 目，并以陶粒为主；②低砂比，平均砂液比为 3%～5%，最高砂液比不超过 10%。最终，该井对筇竹寺组注入地层总液量为 1 800.51 m³，支撑剂为 16.7 m³，套管压力为 63.5～64.4 MPa，施工排量为 6.4 m³/min，最高砂浓度为 58 kg/m³。龙马溪组注入地层总液量为 2 035.94 m³，支撑剂为 102.2 m³，套管压力为 36.1～40.0 MPa，施工排量为 10.1～10.2 m³/min，最高砂浓度为 244 kg/m³。

通过威 201 井筇竹寺组和龙马溪组两次大型直井压裂施工，增加了对页岩储层改造工艺技术适应性的认识，检验了压裂设备的能力。该井压裂试气成功后，陆续开展了宁 201 井、宁 203 井等直井压裂施工，为下一阶段页岩气水平井多段压裂改造积累了宝贵经验，揭开了中国页岩气体积压裂的序幕。通过页岩气直井压裂改造作业，中国石油初步形成了针对川渝地区页岩气储层特征的体积压裂设计方法，初步建立了我国页岩气体积压裂的基本技术路线。

1.4.2.2　引进国外压裂技术阶段

富有机质页岩极为致密，基质渗透率普遍小于 $1×10^{-4}$ mD，采用水平井+分段压裂技术是美国页岩气实现商业化开发的最主要原因。通过威 201 井大型水力压裂证实，直井压裂方式无法满足页岩气商业开采的要求。为此，2011 年中石油部署了国内第一口页岩气水平井——威 201-H1 井、长宁区块第一口页岩气水平井——宁 201-H1 井，其水平段长度分别为 1 079 m、1 190 m，完钻层位为龙马溪组，主要钻探目的是评价该区下志留统龙马溪组页岩气水平井产能状况，试验并形成适用的水平井钻完井配套技术。

我国在页岩气水平井分段压裂之前，仅开展过数口直井(如威 201 井、宁 201 井、宁 203 井)的大型压裂试验，因此对于分簇射孔技术、分段压裂施工参数、施工步骤等均只能借鉴北美的成功经验。在此阶段，北美针对页岩气水平井压裂的主要设计理念主要体现在以下几个方面。

(1) 分簇射孔技术。为尽可能沟通、激活更多天然裂缝，形成更加复杂的裂缝系统与更大的改造体积，北美采用了分簇射孔技术，每段分 4～6 簇射孔，每簇长度为 0.46～0.77 m，簇间距为 20～30 m，孔密度为 16～20 孔/m，孔径为 13 mm，相位角为 60° 或 180°。

(2) 分段压裂技术施工参数。施工排量为 12.7～19.0 m^3/min，滑溜水为主要压裂液体系，每段用量为 2 000～5 000 m^3，支撑剂用量为 60～190 m^3。

在总结直井压裂技术的基础上，借鉴北美水平井分簇、多段压裂经验，开展水平井压裂技术，此阶段处于水平井压裂技术探索、试验阶段。主要设计思路如下：①按照大致均分的思路进行分段，段长为 80～100 m；②大排量、大液量、高前置液比、小粒径支撑剂、低砂浓度、段塞式注入；③入井材料以滑溜水为主，100 目石英砂+40/70 目低密中强度陶粒；④首段连续油管射孔，后续段电缆泵送桥塞+分簇射孔联作工艺；⑤微地震实时监测；⑥开展自主研发的滑溜水、复合桥塞现场试验；⑦开展拉链压裂和同步压裂现场试验。主要设计压裂参数如下：分段数主要为 12～17 段；单段长度主要为 80～100 m；每段 3 簇；簇长为 1 m；簇间距主要为 20～35 m，孔密度为 16 孔/m；单段液量为 1 800 m^3 左右；单段砂量为 80～120 t；排量为 10～12 m^3/min。

威 201-H1 井作为中国第一口页岩气水平井，2011 年 5 月 25 日至 7 月 2 日，通过 24h 不间断作业，完成了 11 段压裂施工作业，本次压裂施工应用了井下微地震监测技术，对现场施工方案进行了即时调整，优化了施工段数、射孔参数和施工规模。现场施工实现了即供、即配、即注连续施工工艺，泵注压力最高达 69 MPa，注入排量最高为 17.2 m^3/min，平均为 16 m^3/min，注入 100 目石英砂 102.26 m^3、40～70 目石英砂 482.37 m^3，挤入地层酸量为 91.65 m^3、降阻水量为 23 563.74 m^3，总液量为 23 655.39 m^3，主压裂泵注时间为 1 817 min。

宁 201-H1 井是长宁区块第一口页岩气水平井。2012 年 4 月 10 日至 4 月 18 日，根据现场情况，由设计施工 12 段调整为实际施工 10 段，最终压裂施工泵注液量为 21 605 m^3，支撑剂为 568.12 t，最高砂浓度为 163 kg/m^3，最大排量为 11.9 m^3/min。通过本井压裂实践，实现了水平井分段压裂设计技术、连续油管+射孔枪射孔工艺、电缆+射孔枪分簇射孔、复合桥塞坐封分隔、大液量大排量高泵压泵注、连续混配、桥塞钻磨及井下微地震监测等多种工艺协同配合，成功实施了水平井分段压裂施工。

通过威 201-H1 井、宁 201-H1 井等我国最早一批页岩气水平井压裂作业，创造了国内页岩气水平井压裂段数最多、泵注压力最高、单井用液量最大、施工排量最大、连续施工时间最长等多项纪录，为压裂工艺、压裂设备、大型压裂施工现场组织管理及相关配套措施积累了宝贵经验，标志着我国初步建立了页岩气水平井分段压裂工艺方法，为我国水平井体积压裂技术大规模推广奠定了基础。同时，宁 201-H1 井压裂后测试产量达 15×10^4 m^3/d，成为国内第一口具有商业价值的页岩气井，揭示了中国页岩气水平井分段压裂技术的工业前景。

1.4.2.3　自主研制压裂技术阶段

尽管通过引进国外技术与理念，已成功开展数口页岩气直井(如威 201 井、宁 201 井)与水平井(如威 201-H1 井、宁 201-H1 井等)的压裂作业，但针对我国页岩气地面与储层复杂地质、工程特征的主体压裂技术尚未形成，且同时面临压裂费用高、单井产量低等实现商业化开发的难题。为此，中国石油在前期成功经验的基础上，选择自主发展路线，通过威 204 井、威 205 井、长宁 H2 平台、长宁 H3 平台等先导性试验，基本确定了关键施工参数，建立了适合川南山区、丘陵等复杂地面条件的拉链式工厂化压裂模式，如长宁 H3 平台历时 7.6 天，总共进行 24 段拉链式作业，平均每天压裂 3.2 段；形成了"大液量、大排量、小粒径支撑剂、低砂浓度"的水平井压裂设计方法，确定了复合桥塞+电缆传输分簇射孔联作的分段压裂改造工艺，通过持续攻关研究，实现了分簇射孔技术及可钻式复合桥塞关键工具国产化，并解决了降阻剂性能、连续混配、返排液回收再利用等技术难题，实现了压裂液国产化。

通过持续的压裂攻关研究与现场试验，成功压裂了一批高产井，如 YS108 H1-1 井、长宁 H2-2 井测试产量分别为 $20.9 \times 10^4 \, \mathrm{m}^3/\mathrm{d}$、$21.0 \times 10^4 \, \mathrm{m}^3/\mathrm{d}$，且试验水平井平均测试产量达 $11.2 \times 10^4 \, \mathrm{m}^3/\mathrm{d}$，较第二阶段大幅提高，标志着突破了页岩气压裂技术关。

1.4.2.4　技术完善及推广应用阶段

在先导试验阶段，大规模体积压裂后单井测试产量差异大，尽管两口井获得 $20 \times 10^4 \, \mathrm{m}^3/\mathrm{d}$ 以上测试产量，但有 60% 试验水平井测试产量低于 $10 \times 10^4 \, \mathrm{m}^3/\mathrm{d}$，仍面临主体技术不完善、高产模式不明确、技术可复制性差等商业化开发难题。为进一步提高体积压裂后裂缝的复杂程度，获得更高的压后产量，中国石油按照地质工程一体化的理念深化地质认识，开展参数优化试验，其主要做法如下：①结合三维地质模型和测井解释成果，优化压裂设计；②提高施工排量、缩短分段段长；③开展压裂液、分段工具等试验，以提高缝内净压力、增加作业时效。通过一年技术攻关，形成了自主主体工艺及关键参数，长宁区块平均单井测试产量达 $23.6 \times 10^4 \, \mathrm{m}^3/\mathrm{d}$，最高测试产量为 $35.0 \times 10^4 \, \mathrm{m}^3/\mathrm{d}$，井均可采储量达 $1.15 \times 10^8 \, \mathrm{m}^3$，并在 2016 年如期建成长宁—威远国家级页岩气示范区，有效支撑了 3 500 m 以浅页岩气规模效率开发。

同时，为进一步完善相关技术，围绕提高单井产量和可采储量，开展了以密切割分段多簇、高强度加砂为代表的新工艺试验。通过攻关，长宁区块页岩气井平均段长已缩短至 51 m，用液强度达 36 m³/m，加砂强度增大至 2.2 t/m。现场试验表明，密切割+高强度加砂试验井微地震解释压后改造体积为同平台最高，且压后测试产量、累计产量及每百米累计产量均处于同平台最高值，证实了该压裂新工艺的显著增产效果。

坚持地质工程一体化理念与工艺技术不断优化，长宁区块 Ⅰ 类井(测试产量为 $20 \times 10^4 \sim 30 \times 10^4 \, \mathrm{m}^3/\mathrm{d}$)比例达 68%、Ⅱ 类井(测试产量为 $10 \times 10^4 \sim 20 \times 10^4 \, \mathrm{m}^3/\mathrm{d}$)比例为 28%，单井最高测试产量达 $62.02 \times 10^4 \, \mathrm{m}^3/\mathrm{d}$，标志着长宁—威远示范区已突破规模效益开发的体积压裂技术瓶颈。

1.4.2.5 深层压裂技术突破阶段

中国石油矿权范围内页岩气资源丰富,主要集中在 3 500 m 以深,如川南页岩气 3 500 m 以深资源量占比为 86%,深层资源的有效动用是实现中国石油页岩气中长期发展规划的重要基础。通过项目攻关、试验和推广应用,3 500 m 以浅开发技术成熟,有力支撑了页岩气规模效益开发,但对于 3 500 m 以深页岩气主体压裂技术尚未形成,其难点主要体现在以下几个方面:①高地层破裂压力、高水平应力差及高闭合压力,导致压裂施工压力高,难以形成复杂缝网,且裂缝导流能力保持难度大;②现有压裂、射孔、液体、排采设备不能满足高施工压力(大于 100 MPa)、高温(140 ℃)等深层条件,以及井深超过 6 000 m 时连续油管作业能力受限。

在 3 500 m 以浅压裂主体技术的基础之上,西南油气田按地质工程一体化思路加深地质认识,探索针对性工艺技术。通过大量技术攻关与现场试验,已初步形成适合于 3 500 m 以深的页岩气压裂主体技术,具体表现在如下几个方面:①采用密切割分段、大排量施工、低黏滑溜水及暂堵转向等工艺技术,实现了深层复杂裂缝网络压裂目标;②采用高强度加砂、大粒径高强度支撑剂,基本满足了深层裂缝导流能力需求;③通过大液量、高排量施工,有效提高了深层页岩气储层的改造体积。截至 2020 年 3 月,西南油气田深层页岩气已完成钻井压裂 64 口井,平均测试产量为 $25 \times 10^4 \, \text{m}^3/\text{d}$,不同区块压裂后均获高产井,如泸州区块泸 203 井(垂深大于 3 800 m)最高测试产量达 $137.9 \times 10^4 \, \text{m}^3/\text{d}$,渝西区块足 203 井(垂深大于 4 100 m)最高测试产量达 $21.3 \times 10^4 \, \text{m}^3/\text{d}$,后续实施的阳 101 H1-2 井、阳 101 H2-8 井、阳 101H4-5 井压后均获得高产,实现了深层页岩气压裂技术的复制推广,深层页岩气开发取得实质性突破。

1.5 页岩气水平井体积压裂机理及返排研究现状

1.5.1 页岩气水平井多簇竞争起裂与缝网扩展

通过分段多簇射孔实现多簇裂缝间应力扰动叠加,进而改善水力裂缝形态,并扩大裂缝控制区域,最终增大改造体积。然而理论研究和现场产液剖面测试表明,由于深层页岩地应力、孔隙度及渗透率等非均质性,以及应力阴影造成的屏蔽作用[16,17],导致压裂过程中流量分配不均。为了实现页岩压裂多裂缝都能起裂和有效延伸,最大限度地获得缝网改造体积,需要进一步对水平井多簇射孔起裂与扩展问题开展研究。尚希涛等[18]提出由于水平井分段压裂存在裂缝先后起裂的问题,先起裂延伸裂缝会产生诱导应力场,改变原地应力,并干扰后续裂缝的起裂和延伸。作者基于弹塑性力学理论和岩石最大拉应力破坏准则,在井筒原地应力分布的基础上,建立了考虑诱导应力的井筒地应力分布和破裂压力计算模型。研究结果表明,随着裂缝间距逐渐增大,各簇间的诱导应力干扰变小。Baihly 等[19]、Jeffrey 等[20]通过研究发现,由于应力阴影造成的屏蔽作用,使得射孔簇并不都能够同时起裂和扩展。Wu 等[21]通过数值模拟研究表明,针对均质各向同性地层,水力裂缝簇间距越小,越会限制裂缝在宽度方向延伸,通过合理地设计射孔参数有助于形成多裂缝的同时起裂。尹建等[22]指出，对于水平井分段压裂，先压裂缝的诱导应力场对水平井筒周围应力分布有较大影响。先起裂延伸裂缝诱导应力场并非都对后续裂缝起裂产生负面效果，簇间距在一定范围内时诱导应力场会增大储层的起裂压力；而超过特定值时，诱导应力场反而会降低起裂压力。李志超[23]选择水平井定向射孔水力裂缝为研究对象，对此开展起裂数值模拟研究，分析了原地应力差和射孔方位角对裂缝起裂的影响，在此基础上探讨两簇裂缝同时起裂的可能性和条件。研究结果表明，当井筒内注入压力大于 15.2 MPa，射孔方位角为 30°、40°和 60°时，两簇裂缝可以实现同时起裂延伸。赵金洲等[24]基于位移不连续法，建立了水平井分段多簇诱导应力数学模型，研究诱导应力场对起裂压力的影响。研究结果表明，簇间距与裂缝起裂压力呈负相关关系。潘林华等[25]基于有限元理论，建立了水平井套管完井分段多簇射孔的三维起裂模型。分析了页岩气水平井分段多簇压裂起裂压力的影响因素。研究结果表明，当射孔簇间距较小时，中间射孔簇干扰较大，会导致中间射孔簇无法起裂。Lecampion 等[26]假设井眼为套管水泥环胶结，水平井眼方向沿着最小水平主应力，各径向裂缝平行，为张性裂缝，在每个压裂段内分 3~8 簇，簇间距为 10~30 m，建立了均质各向同性地层平行径向水力裂缝的起裂数值模型。计算结果表明，裂缝中的流量分配是同时起裂的关键；3 个射孔簇流量均分，当诱导应力远小于射孔孔眼摩阻（诱导应力与射孔孔眼摩阻的比值远小于 1）时，裂缝可以同时起裂延伸。何青等[27]认为水平井多簇裂缝的起裂与扩展存在竞争干扰机制，储层非均质性、施工排量、压裂液黏度和簇间距等参数对多簇裂缝竞争起裂有直接的影响，其中簇间距影响最为显著。Li 等[28]建立了一个三维（3 D）流体力学耦合有限元模型，以研究水平井分段压裂过程中多个射孔簇同时起裂与扩展，重点阐述了射孔摩阻对多簇裂缝延伸的影响。基于建立的模型，开展参数分析，以说明射孔参数和应力阴影对多个射孔簇同时起裂扩展的影响。研究结果表明，足够大的射孔孔眼压降可以抵消多裂缝之间的应力阴影，并有助于多裂缝的均匀扩展。Liu 等[29]基于扩展有限元（extended finite element method，XFEM），建立了多孔介质中非平面裂缝同时起裂与扩展的数值模型。在此模型中，以总注入量动态计算流入每条裂缝的液量，并分析注入排量和射孔摩阻对裂缝起裂与扩展的影响。研究结果表明，原地应力差是控制裂缝扩展的主要因素。Tang 等[17]基于现场测试和高斯序列随机生成的纵横波数据，根据经验公式和理论模型建立模拟器计算与裂缝起裂有关的各种岩石力学参数，如弹性模量、泊松比、单轴抗压强度、孔隙度和渗透率等，由此考虑页岩压裂过程中非均质性的影响。结果表明，在深层页岩气压裂时，储层非均质性、地应力差异和应力阴影作用增强，使得裂缝竞争协同作用更加显著。Long 等[30]考虑分段多簇压裂中流体的均衡分配、由于射孔侵蚀引起的射孔压降及在射孔侵蚀期间，排出系数 C_d 和孔径 D 随时间实时增大，建立了一个依赖于磨损机制的射孔-侵蚀模型，并将模型运用到非平面水力压裂模拟器中。计算结果表明，在地应力较高区域应该增大射孔数量，有利于减少射孔压降，从而增加流体的吸入量，最终实现流体均匀分布和裂缝同时起裂延伸。Duan 等[31]基于离散元理论建立了多簇裂缝同时起裂与扩展模型。研究了原地应力状态和众多输入参数对裂缝延伸轨迹的影响。计算结果表明，储层非均质性放大了应力屏蔽效应，并在裂缝间产生相互作用。较高的有效应力各向异性会抵消部分应力阴影效应，并迫使裂缝向最大应力方向延伸，从而产生相对较长的平行裂缝。增加簇间距可以在某种程度上减轻应力阴影效应。注入速率和流体黏度对裂缝间的相互作用影响较小。综上,近年来各专家学者针对水平井分段多簇起裂压力展开研究,大多假设储层物性和地应力均质各向同性,通过调节射孔孔眼压降,实现各簇同时起裂。针对深层页岩,储层物性非均质和地应力差异加剧,再加上裂缝起裂延伸过程中诱导应力的影响,由此导致各簇很难同时起裂延伸。目前,页岩多裂缝起裂与扩展模型都假设所有射孔簇同时起裂扩展,尚未全面考虑多簇射孔起裂次序、地应力差异、物性非均质及先起裂簇产生的诱导应力对多簇射孔竞争起裂与扩展的影响,同时也没有将起裂与扩展一体化考虑。

基于低孔、低渗及天然裂缝比较发育的特征,水平井钻井和多段压裂是有效开发这类储层的关键技术。目前通常是利用封隔器或者桥塞等工具将数千米水平井段分割成多个压裂段,在同一压裂段内采用多簇射孔后进行水力压裂。利用同一压裂段内水力裂缝产生的诱导应力,以及充分扰动天然裂缝提高水力裂缝复杂程度可以显著改善非常规储层压裂水平井的产量。目前提高同一压裂段内水力裂缝复杂程度的施工方法有常规同时压裂和交替压裂。

其中,常规同时压裂是指同一个压裂段内 3 个或多个射孔簇的射孔参数相同。这里以 3 个射孔簇为例,通过对 3 个射孔簇进行同时射孔,然后 3 个射孔簇形成的水力裂缝同时延伸和扩展,需要两个步骤来完成,如图 1-25 所示。第一步,对同一个压裂段内的 3 个射孔簇采用相同的射孔参数(射孔密度、射孔孔径、射孔深度)进行射孔〔图 1-25(a)〕;第二步,对同一个压裂段内的 3 个射孔簇同时进行注液、压裂,每簇射孔形成 1 条裂缝。随着注液时间增加,裂缝长度增加,直到达到预期的裂缝长度停止施工〔图 1-25(b)〕。

图 1-25 常规同时压裂法步骤示意图

交替压裂法由哈里伯顿公司率先提出,基本原理是在同一个压裂段内多次射孔形成多个射孔簇,每次射孔后对该簇射孔进行压裂形成 1 条裂缝。压裂的次序如图 1-26 所示。该方法需要 4 个步骤才能完成压裂施工,并且为了实现预期的压裂次序,需要配合专门的连续油管和特殊水力封隔器等设备。

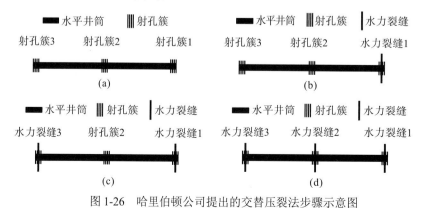

图 1-26 哈里伯顿公司提出的交替压裂法步骤示意图

上述常规同时压裂法由于是在压裂水平井同一压裂段内多个射孔簇同时延伸和扩展，其缺点在于没有充分利用水力裂缝产生的诱导应力，水力压裂的裂缝可能只会形成平面裂缝，或者只会在远离水平井筒的区域才会形成复杂裂缝，不能够充分释放非常规储层的生产潜力。交替压裂法能够显著增加裂缝的复杂程度，大幅度提高产量。其缺点在于需要专门的作业工具(如连续油管配合特殊的机械封隔等)；由于每次只压裂一簇射孔及需要精确控制每次的作业位置，显著增加了作业时间、大幅度提高了作业费用。如何在降低作业风险和施工成本的基础上实现水平井压裂形成复杂缝网、提高缝网的形成能力是水平井压裂中需要解决的关键问题。

1.5.2　页岩压裂液水化作用机理

页岩储层的岩石孔隙结构是影响页岩气藏储集能力和开采效果的主要因素[32]。页岩是由矿物和有机质等成分组成的，矿物成分以石英和黏土矿物为主。其中，黏土矿物主要包括蒙脱石、伊利石、绿泥石及高岭石[33]。页岩储集空间以有机质孔、黏土矿物粒间孔等微纳米尺度孔为主，决定了页岩储层中吸附气、游离气并存[34]。游离气与无机质大孔隙、裂缝和裂隙有关，而吸附气仅与有机质有关。Schettler 等[35]通过对美国泥盆系页岩大量测井曲线进行分析，认为 50% 的页岩气储存在孔隙中，岩石孔隙是页岩气的主要储存场所。页岩气储层孔径较小，有机质和无机质孔隙呈现"串联关系"，而且黏土矿物粒间孔发育，多呈狭缝状[36]；有机质孔隙发育程度较高，但无机质含量分布广泛，有机质被大量无机质"包裹"[37]。一般而言，黏土粒间孔位于大孔到介孔，远大于黏土层内孔和有机质微孔[38]。微纳米孔隙大量存在，特别是与微米级孔隙相连接的纳米孔隙网络共同控制了页岩气的运移[39]。页岩气的产出需要经历解吸—扩散—渗流串流过程，纳米孔隙内吸附气解吸—扩散过程慢、游离气扩散—渗流阻力大，导致页岩气井不通过压裂难以有效开发[40]。水力压裂过程中沟通这些孔隙是有效动用页岩储集层的关键[41]。水化作用是水渗透到岩土体的矿物结晶格架中或水分子附着到可溶性岩石的离子上，使岩石结构发生微观、细观及宏观改变[42]。页岩与压裂液的化学效应通过改变页岩矿物成分，降低岩体颗粒间的联结力和摩擦力；同时增大矿物颗粒粒间孔隙水压力，对微孔隙尖端产生劈裂作用，导致页岩纳米孔隙结构发生显著改变。因而研究页岩气储层水力压裂过程中不同尺度微观、超微观孔隙和裂隙结构特征的变化规律对页岩气勘探开发具有重要意义。

页岩的水化能力普遍高于常规储层，除了由于页岩富含有机质、黏土矿物及发育有大量微裂缝，还与矿物成分和结构、阳离子交换能力、比表面积和水饱和度、压裂液矿化度等因素紧密相关。页岩储层的超低初始水饱和度[43]，加上页岩亲水特性及纳米级毛细管使得毛管力巨大，导致页岩储层很容易吸水[44]。页岩储层黏土矿物中普遍发育有微裂缝，加上黏土矿物极强的亲水性，压裂液优先自吸进入黏土孔内，黏土矿物发生水化破坏页岩微观结构，尤其是蒙脱石、伊利石具有较大的比表面积和渗吸能力，水化作用增强[45]。石秉忠等[46]采用 CT 成像技术和电镜扫描等手段，研究了实验时间为 2 h 的硬脆性泥页岩水化过程中裂缝的发展规律及其对岩石的破坏，指出毛细管效应使页岩内部矿物水化、黏土矿物遇水膨胀产生的不均匀应力是微裂缝产生的重要原因。卢运虎等[47]采用扫描电镜、岩石力学实验对水基钻井液浸泡 3 天、12 天后的深部页岩强度变化规律开展了研究,证实水化作用能够破坏伊利石等的层间结构而产生微裂缝。隋微波等[48]基于 4 种不同类型页岩露头岩样,对比了水化前及水化 3 天和水化 6 天的实验,应用场发射扫描电镜定点研究了页岩水化前后的微观结构变化,发现页岩水化后出现溶蚀孔隙和矿物脱落,平均孔径变大,微裂缝不断发展成宏观裂缝并相互贯通。薛华庆等[49]利用场发射扫描电镜、微米 CT 扫描对室温条件下页岩样品在蒸馏水中饱和 24 h 水化作用前、后的页岩样品进行微观表征:水化作用可增加页岩内的裂缝条数及宽度,原生裂缝越发育,水化作用越强。康毅力等[50]定量分析了页岩水化过程中黏土矿物晶层微观作用力特征,认为压后焖井过程中充分利用页岩水化作用可使微裂缝萌生及扩展,进一步改造页岩储层物性。以上研究认为,黏土矿物在页岩水化过程中起主要作用,页岩水化后改善了裂缝孔隙结构和连通性,有助于页岩气井的生产。然而,也有一部分学者持相反观点。Hower[51]指出压裂液侵入页岩后导致地层溶液离子浓度发生改变,使得黏土颗粒脱落和微粒运移堵塞纳米孔喉道导致储层渗透率降低,并指出黏土矿物中蒙脱石和伊利石的水化作用对渗透率影响最为明显。孙则朋等[52]采用 X 衍射、场发射扫描电镜和低温氮气吸附等实验手段,对比研究了不同类型页岩与压裂液反应前与反应 72 h 后页岩矿物组成、孔体积和比表面积的变化,指出黏土矿物发生水化膨胀与崩解分散,充填和堵塞了微小孔隙。Farah 等[53]认为由于孔径细小使得毛管力巨大,页岩水化导致黏土膨胀、运移堵塞裂缝面,降低了孔隙结构的连通性。

页岩储层黏土有机质含量高、纳米孔发育、孔隙结构复杂,不同矿物与压裂液差异水化作用后导致纳米孔隙结构变化显著;受研究尺度、量化程度等限制,前人研究页岩水化时通常将页岩作为一个整体开展研究,实验结果受到研究样品的局限。多数实验是在常温下进行,很少考虑水岩化学反应影响;主要是采用扫描电镜、低温氮气吸附、CT 成像技术等手段,仅局限于对宏观裂缝与微米级微观结构进行表征,很少涉及纳米、微米孔隙、微裂缝全孔径段结构在水化过程中的动态演化规律;页岩水化模拟时间普遍偏短(最长仅为 72 h),远没有达到页岩气水平井压裂作业实际水化时间长度[28]。

为了模拟真实环境下压裂液水化对页岩孔隙结构的影响,对四川龙马溪组页岩开展了模拟储层温度下(90 ℃)压裂液自吸与页岩相互作用实验。通过电镜、氮气吸附法、高压压汞、CT 扫描对比了水化 0 天、5 天、10 天、20 天后样品颗粒形态、孔径分布、比表面积等孔隙结构的宏观演变过程,对不同页岩孔隙结构的变化原因进行剖析;在前人研究的基础上,开展了水化作用强烈的蒙脱石、伊利石单黏土矿物水化实验,对比不同黏土矿物的水化特征,根据不同黏土矿物页岩水化对页岩微观结构改变能力的影响,分析页岩水化内在机理。研究结果为滑溜水压裂液充分利用黏土水化、加强压裂液对储层改造效果、合理利用焖井时间,以及为压裂液的合理选择提供了科学依据。

1.5.3　页岩储层压裂液自吸—返排机理

页岩有机质和黏土矿物在强制自吸过程中,除了受到共同的多种管径毛细管分布、非圆形管特征、边界滑移效应、毛管力、强制自吸外力等影响,黏土矿物还会受到渗透压的影响。这些因素的叠加使页岩自吸研究变得异常复杂。目前用来预测储层岩石自吸量的数学模型通常没有区别考虑页岩有机质和黏土矿物不同的自吸受力特征。Lucas-Washburn 假设为单根圆形直毛细管、准平衡、充分发展的不可压缩牛顿流体层流状态，考虑静水压力和毛管力，建立了 Lucas-Washburn（L-W）自吸模型[54]，该模型仅适用于单根圆形直毛细管在毛管力作用下的自吸预测分析；Benavente 等[55]通过引入岩石迂曲度 τ 和孔隙形状因子 δ，改进了 L-W 模型，上述模型只适合单根毛细管自吸量计算。事实上，页岩是由不同尺寸的毛细管组成的多孔介质，岩石最大孔径大于最小孔径两个数量级以上。为了研究多孔介质岩石的自吸规律，Cai 等[56]、Mortensen 等[57]基于 Hagen-Poiseulle 定律，借鉴 L-W 模型的思路，通过引入分形理论描述多孔介质孔隙特征，建立了毛管力、重力作用下的分形自吸模型。但是在他们的计算模型中，假设压裂液在毛细管中流动时满足连续性基本假设、压裂液的滑移效应及强制外力作用，从而造成计算结果误差较大[58]。

在页岩储层压裂施工结束压裂液返排后期，储层中将会出现气-水两相流动。Chang 和 Yortsos 提出了一个分形模型计算裂缝性储层的渗透率，但所提出的渗透率模型中的输运指数和分形维数之间的关系未知，需要通过其他方法确定。Adlert 通过数值模拟表明，实际多孔介质中的渗透率与孔隙度和分形维数有关，然而其并没有给出渗透率的定量表述。Yu 等假设每根毛细管用润湿和非润湿相流体部分填充，提出了一种基于分形的非饱和双分散多孔介质相对渗透率的解析表达式；Xu 等[59]使用分形方法描述了多孔介质结构，研究了非饱和储层的基质渗透率；Guarracino 使用了经典的分形对象对裂缝网络进行建模并估算裂缝岩石的非饱和渗透率；Jobmann 和 Billaux 使用分形维数来描述岩体性质，并设计了一种计算含有黏土的储层渗透率计算方法。然而上述储层气水相对渗透率模型均没有同时考虑液体在多孔介质流动过程中的滑移效应、纳米管内水黏度随管径的变化，以及润湿角的影响，也没有考虑致密储层孔径分布特征、含气饱和度和含水饱和度归一性、应力敏感、气体真实效应、受限气体黏度、束缚水饱和度及气水两相含水迂曲度的影响，从而无法获得储层条件下真实的气水两相渗透率，这些局限性对页岩气藏的高效开发造成了严重影响。

1.5.4　页岩储层动态表观渗透率研究

1.5.4.1　页岩气赋存方式

页岩孔隙类型和孔径分布决定了页岩的储集能力，对页岩气采出程度有着重要影响[60]。页岩气藏储层孔隙结构复杂，气体赋存方式多样。国内外学者对页岩储层的微观孔隙结构和气体赋存机理进行了大量研究。Curtis 等[61]通过研究安特里姆页岩得出页岩气以储存于孔隙及微裂缝中的游离气为主，吸附气含量次之。此外，干酪根和水中溶解了少量页岩气。Gale 等[62]认为页岩储层可分为基质系统和裂缝系统两部分，储层主要含有吸附气和游离气。生产过程中，裂缝会随着孔隙压力的降低而逐渐闭合，裂缝渗透率由此降低。Wang 等[63]认为页岩储层孔隙类型包括无机孔、有机孔、天然裂缝和次级裂缝 4 种。其中，有机孔可以吸附甲烷，是气体的主要储存空间。他还指出有机质孔隙表面疏水，只有甲烷等碳烃化合物才能渗流通过，有机孔中的流动为单相气体渗流。邹才能等[64]研究我国页岩气形成条件时指出，页岩储层以微纳米级孔隙为主，孔隙度为 4%～6%，主要孔隙类型包括基质孔隙(粒间孔、粒内溶孔、晶间孔)、有机质孔隙和微裂缝。Loucks 等 [37] 在前人分类方法的基础上,将泥页岩基质孔隙分为粒间孔隙、粒内孔隙、有机孔和天然裂缝 4 种类型,其中有机质内发育了大量有机孔。刘文平等[65]研究四川盆地龙马溪组页岩时,将川南页岩储层储集空间分为有机孔、无机孔(包括晶间孔、粒内孔、粒间孔等)和裂缝。高和群等[66]认为页岩储层中气体以吸附态为主,有些储层中的吸附态气体甚至超过 80%,并且页岩中吸附气含量与有机质含量密切相关。Montgomery 等[67]研究巴尼特页岩得出页岩气中吸附气含量的变化范围为 20%~80%。

1.5.4.2　页岩储层孔隙含水特征

页岩储层的原始含水饱和度一般高于常规气藏。现场资料显示,美国巴尼特盆地、马塞勒斯盆地页岩储层原始含水饱和度分别为 25%~35%、12%~35%,中国川南地区页岩储层原始含水饱和度甚至达到 40%~46%[3,43]。国内外学者对页岩孔隙中含水饱和度对气藏储渗能力的影响做了一定的研究。Boyer 等[68]通过致密岩石分析(tight rock analysis, TRA)技术测量出页岩黏土结合水分可达样品总体积的 2.6%~7.2%,且该水分含量影响到页岩孔隙度的测量。Ross 等[69]通过页岩吸附实验分析指出,在较干燥的环境中,具有一定含水饱和度的页岩吸附能力降低 30%~70%,表明孔隙中的水相会严重影响页岩气的吸附与储存。Dehghanpour 等[70]通过页岩润湿性实验测试表明,水滴与页岩接触角为 27°~50°,页岩有机孔与无机孔的含水特征差异明显。Korb 等[71]通过核磁共振实验分析表明,有机孔表面疏水,孔隙内几乎不含水;水主要赋存于无机孔中。无机孔表面通常表现为强亲水,存在一层水膜。Wu 等[72] 开展了纳米孔隙内两相流动实验,实验结果表明,孔隙含水饱和度对气相流动能力影响显著,当孔隙含水饱和度达到 40% 时,气体有效流动半径显著减小,渗透率与不含水时相比下降 20% 以上。李靖等[73]在前人研究的基础上,进一步指出页岩无机孔存在一层紧密排列的水膜,气体在其中的流动为束缚水条件下的气相流动,气体在有机孔中的流动为纳米孔隙内的单相气体流动。

综上所述,页岩气藏储层孔隙结构主要包括有机孔、无机孔和天然裂缝;页岩气主要以游离气和吸附气的形式存在,溶解气的含量很低;储层孔隙中含水会严重影响页岩气吸附和流动能力,进而影响页岩气产能。由于页岩气的特殊赋存机理,单一的达西线性渗流方式无法描述多重孔隙介质下页岩气的渗流过程[74],同时,有机孔和无机孔不同的含水特征导致建立页岩气渗流数学模型更加困难。

1.5.4.3　页岩储层动态表观渗透率

页岩气藏岩石致密,渗透率低,储层孔隙-裂缝结构复杂,页岩气在孔隙和裂缝中渗流时存在多尺度流动状态[45]。页岩中发育大量纳米孔隙,而纳米孔隙中气体的流动与常规气藏的达西线性流动不同。国内外学者一般认为页岩气在纳米孔隙中的流动包括黏性流、滑脱流和克努森扩散,并基于此建立了储层动态表观渗透率模型。Ali Beskok 等[75]基于圆管流假设,提出了一个适用于不同流动阶段的流量预测模型,并通过实验数据验证了该模型的可靠性,但该模型所含经验系数较多,且在壁面处的气体流速预测存在较大偏差。Yu 等[76]根据分形理论建立起了岩石等多孔介质中不同孔隙的管径、毛细管长度、(平均)

迂曲度特征计算模型，在此基础上建立气体在毛细管中处于滑脱流阶段的质量传输方程。但是该模型不能考虑页岩气的解吸与表面扩散作用。Javadpour 等[77]考虑页岩气体黏性流、克努森扩散和滑脱效应 3 种运移机理，建立了页岩纳米孔气体运移模型，并通过实验结果验证了模型的正确性。Javadpour[74] 在之前研究的基础上，考虑扩散、吸附的影响，重新建立了气体表观渗透率模型。研究结果表明，孔隙尺寸越小，岩石表观渗透率与达西渗透率的差异越大。因此，在纳米孔隙中各种运移机制对页岩气渗流的影响不能忽略。Civan 等通过数值模拟方式，将 Beskok-Karniadakis 模型用来模拟页岩气在纳米孔隙中的运移，研究了不同运移机理对页岩渗透率的影响程度，但在模型中采用了平均孔隙半径进行研究，与真实岩心具有不同半径孔隙的实际不符。Azom 等[78]考虑了真实气体属性，在 Javadpour [77]运移模型的基础上建立了更适合页岩气藏储层条件的纳米孔运移模型。Rahmanian 等[79]考虑连续流动与克努森扩散，建立了气体运移模型，该模型中对于两种不同运移机理的流量贡献采用 Aguilera 提出的经验公式，但经验公式中的未知系数需要通过实验获得，实用性受限。Singh 等[80]将气体对流传质和菲克扩散线性叠加起来，提出了无经验系数的表观渗透率模型，但该模型仅适用于压力较低的情况。Wu 等考虑滑脱流动和克努森扩散，通过分子碰撞概率来计算不同运移机理的权重系数，之后 Wu 又在先前模型的基础上分别考虑气体表面扩散和真实气体效应，对页岩气体运移模型进行了完善。龙川[81]考虑页岩气在纳米孔隙中的多尺度流动，采用贡献系数的方式，建立了基质孔隙表观渗透率模型。但该模型仍然只考虑了单根毛细管中页岩气的多尺度流动，不能有效描述不同流动横截面积毛细管的耦合作用。

页岩储层压裂改造后，气体在缝网区的流动与基质区有较大差异，对缝网裂缝气体流动能力的描述大多建立在表观渗透率的基础之上。目前部分学者通过对页岩单条裂缝进行研究建立了裂缝表观渗透率模型。吴克柳等[82]通过耦合连续流和滑脱流传输机理，建立了页岩储层微裂缝表观渗透率计算模型，该模型未考虑应力敏感效应导致微裂缝变窄。随着页岩气井生产，缝网区应力敏感效应十分明显[82,83]。传统的应力敏感模型多以试验拟合为主，常采用指数式或幂指数模型描述渗透率随孔隙压力的变化[83,84]，这样的模型含有较大的经验成分，普适性差且需要大量实验数据支撑。Robertson 等[85]从弹性力学的角度出发，将微裂缝储层划分为立方网格，研究了应力敏感对岩石微裂缝宽度变化的影响，但是并没有对页岩裂缝中的气体流动特性开展研究。Zeng 等[59]综合考虑页岩气在不同尺度微裂缝中的流动机理，运用弹塑性力学、解吸附理论，建立了考虑页岩微裂缝缝宽动态变化的气体质量传输模型，但是该模型仅能用于单裂缝，在计算复杂裂缝网络渗透率方面具有一定的局限性。以上模型均未将研究尺度扩展到整个缝网区域，不能反映缝网不同宽度裂缝的综合特征。目前，国内外针对复杂缝网渗透率的研究主要基于双重介质模型和离散裂缝模型[60]。在双重介质模型中，基质裂缝均匀分布构成渗流区域，基质裂缝间存在窜流，但裂缝与基质均匀分布的假设与实际缝网差异很大。离散裂缝模型通过流量等效原理将缝网处理成低维交错裂缝，可以表征不同位置不同形态的裂缝分布，但是缺乏对缝网真实气体流动的研究。王晨星[86]在前人研究的基础上，采用蒙特卡洛随机建模方法，基于实际缝网特征建立二维离散裂缝网络模型，在此基础上推导了压裂水平井缝网表观渗透率模型，但是该模型仅对缝网展开研究，不能反映缝网中气体流动的复杂机理。为将裂缝研究尺度扩大到整个缝网，李玉丹等[87]基于平板模型，引入分形理论建立了页岩缝网表观渗透率模型，但是该模型仅考虑压降下介质变形和滑脱效应，对气体在不同尺度裂缝中的滑脱流、克努森流和表面扩散等多种流动机理考虑不够全面，同时未考虑气体黏度等参数随压力变化。

综上所述，孔隙压力变化将会导致应力敏感、解吸附效应，从而对孔隙半径产生影响。然而目前的表观渗透率模型没有全面考虑页岩气在不同流态下多重运移机理的综合作用，也没有考虑纳米孔隙中含水饱和度、应力敏感等因素对毛细管管径的影响。同时，已有的页岩气表观渗透率模型多是将单一纳米管中的流动特征视作岩心尺度来研究，没有考虑实际岩样中不同大小孔隙的分布。

1.5.5 页岩气水平井体积压裂渗流规律研究

1.5.5.1 页岩气水两相流动规律

体积压裂时页岩储层被注入了大量压裂液，但是现场返排数据显示页岩气井返排率极低，大部分页岩储层返排率低于 50%。例如，美国伊格尔·福特(Eagle Ford)盆地的返排率为 20%，海恩斯维尔(Haynesville)盆地页岩气井返排率仅为 5%[88]；我国涪陵地区部分页岩气井返排率甚至低至 3%[89]。压裂液的大量滞留不仅可能对页岩储层造成巨大的伤害，还使得页岩气井在从返排到投产后的一段时间内在缝网区都存在气水两相渗流。然而，目前通过返排数据分析缝网改造效果也主要采用经验公式，关于页岩体积压裂后的气水两相渗流机理及多相流动对产量的影响规律尚不明确。

在缝网系统中，裂缝早期饱和了水和自由气。随着生产过程中压力不断下降，吸附气从基质中解吸出来并运移到裂缝中。因此，水相饱和度、水相相对渗透率、气相饱和度和气相相对渗透率随着生产时间的增加而改变。缝网系统中的气相和水相饱和度沿裂缝不断改变。由于页岩储层特殊的孔隙结构和多孔介质中两相渗流规律的复杂性，国内外学者主要采用数值模拟的方法来研究页岩返排过程中的气水两相流动规律。Wu 等[90]在前人研究的基础上，考虑多组分吸附，建立了页岩气等效介质模型，认为裂缝中流体只有达西流动，但是在实际生产过程中，裂缝中还存在非达西流动。尹虎等[91]采用有限差分法建立了页岩气藏气水两相渗流数学模型，但模型只是简单地对吸附气的解吸和扩散进行了表征，没有考虑页岩气复杂的多尺度运移规律，也未考虑压裂液返排后储层的含水特征，与实际情况差异较大。王怀龙[92]采用有限差分法，考虑页岩气在基质孔隙中的解吸、扩散过程和裂缝中的达西渗流，建立页岩气藏压裂水平井气水两相流动模型，但模型没有考虑滑脱和应力敏感等效应。薛永超等[93]利用返排数据，根据裂缝系统物质平衡方程与气水两相流线性扩散方程，建立了页岩气井早期两相流返排数学模型。模型从理论上可以根据返排数据估算水力裂缝参数，但不能用此模型进行页岩气井的产能预测，也不能分析页岩气的多重运移机理。张庆福等[94]在前人研究的基础上，采用多尺度混合有限元法建立了离散裂缝两相渗流数值模型。该方法同传统数值方法相比，计算量大幅度减小。但模型只对裂缝中的两相渗流规律进行了分析，没有考虑页岩基质的复杂的渗流机理。谢川[95]假设了基质系统仅存在气体，裂缝系统中同时存在气体和水，建立了考虑动态滑脱的气水两相渗流数值模型。

但模型没有考虑基质多尺度运移机制对表观渗透率的影响，裂缝系统也仅考虑达西渗流。刘洪[96]认为页岩气生产时首先在微纳米孔隙中运移，再由基质系统向裂缝系统窜流，最后由裂缝系统进入井筒。基于页岩气的赋存机理，建立了考虑扩散、滑脱和应力敏感的页岩储层气水两相渗流数值模型，并采用有限差分的方法求解。模型假设基质中不含水，裂缝系统中的水质来自外界。但该模型没有考虑基质多重介质和吸附气解吸对储层表观渗透率的影响，缝网系统也没有考虑高速非达西效应。郭小哲等[97]认为气水两相渗流只存在于裂缝系统中，采用差分离散和方程组系数线性化(Gauss-Seidel 迭代)处理，建立了考虑解吸附扩散、滑脱的气水两相渗流数值模型，模型考虑了基质中的多尺度渗流规律，且在裂缝系统中考虑了应力敏感，但其假设储层渗透率不变，与实际情况不符。

通过调研发现，数值方法分析气水两相流动时主要包括双重介质模型(在油藏模拟器中实现双重孔隙度和双重渗透率的方法)、离散裂缝模型和嵌入式离散裂缝模型。其中，双重介质模型不能明确地模拟复杂裂缝网络。目前大多数学者采用数值模拟方法对页岩基质储层的两相渗流规律进行了研究，有的考虑了页岩气解吸、扩散等运移机制。但上述模型忽略了页岩气井压裂后缝网改造体积对两相流动的影响。

由于数值模拟方法的数据存在前期处理困难、求解难度大等缺陷，国内外学者也在积极探索用半解析法来分析页岩气压裂水平井的气水两相渗流问题。Bustin 等[98]应用Harpalani[99]建立的气水两相渗透率模型对页岩气藏气水两相流动进行了模拟研究，给出了相应的气水相对渗透率预测公式。模拟结果表明，原始含水饱和度主要影响气井的初期产量，随原始含水饱和度升高，气井初期日产气量降低；不同原始含水饱和度条件下气井的后期产量差异不大；原始含水饱和度对气井累计产气量影响较小。Ilk 等[100]对页岩压裂井早期返排数据展开了系统的研究，并对返排数据进行了全面的讨论与分析，表明可以通过压裂液的返排数据分析水力裂缝参数。Clarkson 等[101]首次对页岩压裂水平井多相返排数据进行了定量分析，得到水力裂缝宽度、裂缝长度、缝网改造体积等裂缝参数，并根据多相流物质平衡方程推导了气水两相渗流的解析模型。但是，该模型由煤层气的产量预测模型推导而来，需要增加朗缪尔体积和缝网改造体积才能得到合理的产量。Williams-Kovacs 等[102]认为在致密储层短期返排期间，基质区域的含水饱和度恒定不变，并给出了缝网改造区含水饱和度公式。因此，基质区域的气体饱和度被认为是一个常数。在裂缝系统中，由于含水饱和度的变化，气相和水相的有效渗透率也是不断变化的。Adefidipe 等[103]根据物质平衡方程研究了体积压裂水平井返排后的产能预测，但是模型没有考虑页岩气解吸、扩散、滑移和非达西效应等多重运移机理。Ezulike 等[104]在前人研究的基础上，基于双重介质模型和相渗曲线推导了页岩气井多相线性渗流的半解析模型，用于分析返排数据和进行气井产能预测。但是他们所建立的模型没有考虑复杂的裂缝网络，也没有考虑页岩气的解吸效应。Yang 等[105]基于物质平衡方程提出了页岩气体积压裂水平井非稳态产能预测模型。该模型耦合了基质中气体的单相渗流和缝网系统的气水两相渗流模型，但模型忽略了页岩解吸附对储层孔渗的影响，也没有考虑复杂裂缝形态对产量的影响。Yang 等[106]在前人研究的基础上，提出了一种耦合页岩基质和裂缝系统中两相渗流的半解析模型。该模型采用节点分析的方法，将裂缝网络离散成多个裂缝段和连接节点，然后通过耦合各点的毛管力来耦合两相渗流，并重点考虑裂缝几何形状对产量的影响。但模型没有考虑基质中气体解吸和滑脱，没有建立表观渗透率模型；裂缝系统中也忽略了高速非达西效应。

可以看出，由于多相渗流的复杂性，目前关于页岩气井体积压裂后气水两相渗流的研究较少。部分学者采用数值计算方法来求解两相流动模型，但他们的模型普遍忽略了页岩基质多尺度运移机制的影响和裂缝中的高速非达西效应，尤其是没有考虑页岩解吸效应对储层表观渗透率的影响。此外，采用数值模拟方法研究压裂水平井多相渗流问题不可避免地存在使用的参数多、迭代次数多、计算时间长等缺陷，采用数值方法求解也不能全面考虑页岩气的多尺度运移机制。值得一提的是，上述页岩气井气水两相渗流模型都假设了基质系统为气体单相渗流，裂缝系统才存在气水两相流动。这是因为基质纳米孔隙直径很小，外界水分子难以进入。如果水相仅来自压裂液，那么只有裂缝系统中同时存在气体和水。即使存在水相渗吸现象，由于基质区域束缚水饱和度很高，少量渗吸进入的水相仍为束缚水状态，因此可以认为基质中只存在天然气单相渗流，两相渗流仅仅发生在裂缝系统中[97]。

1.5.5.2 页岩气藏压裂水平井渗流模型研究

目前，研究页岩气藏压裂水平井渗流模型的方法主要有数值模拟方法和半解析方法。

1. 数值模拟方法

数值模拟方法可以处理复杂边界和多相渗流问题，在页岩气产能预测方面得到了广泛的运用。数值解法主要包括有限差分、有限元、边界元法等，这些方法都需要对包含内外边界的研究区域进行网格化处理，对数据统计要求较高。Wu 等[107]考虑页岩储层渗流过程中出现的解吸、滑脱和高速非达西渗流，建立了页岩气藏不稳定渗流产能模型，并通过数值模拟对现场压力测试数据进行了解释和分析。孙海[108]考虑页岩气体黏性流、克努森扩散及吸附气解吸附和表面扩散作用，采用离散裂缝方法处理复杂裂缝系统，并通过有限元方法求解了数学模型。Wang 等[109]采用朗缪尔等温吸附方程描述吸附气体的降压解吸效应，在此基础上建立了页岩气藏双孔双渗模型，并利用有限差分方法进行了求解。模型利用实际井动态参数进行计算，结果显示在生产中后期时，由于整体压力较低，改造体积系统中的流动会表现出滑脱效应。柯玉彪[110]考虑不同缝网形态，利用拉普拉斯变换和贝塞尔函数建立页岩气压裂水平井产能模型，分析了缝网形态对产能的影响。但该模型未考虑页岩气藏基质多尺度渗流特征，也忽略了缝网改造区含水饱和度对渗流的影响。可以看出，通过数值方法求解页岩气产能预测模型，可以考虑复杂的裂缝形态及多相流情况，但其使用的参数多，数据前期处理困难，求解过程常常遇见计算速度慢、结果不收敛等问题，导致预测的准确性差。

2. 半解析方法

半解析方法大多通过源函数实现储层渗流的有效求解，采用时间、空间离散技术，将压裂井整个阶段的生产离散成若干时间微元段内点源的生产问题进行研究。Medeiros 等基于源函数方法和格林函数，考虑天然裂缝的影响，分别建立了致密砂岩储层和页岩储层的不稳定渗流模型，并进行了流态划分，但忽略了解吸—扩散的影响。Yao 等[111]采用点源函数方法，考虑裂缝有限导流能力，建立了页岩气藏多级压裂水平井渗流模型，该模型通过附加压缩系数的方法考虑页岩气解吸附作用，但没有考虑页岩多种微观运移机理对模拟结果的影响。Teng 等[112]考虑页岩气藏多重运移机制和复杂裂缝形态，具体包括页岩气体在干酪根体积中的扩散作用，有机质和黏土矿物表面的吸附气解吸，基质孔喉中的滑脱黏性流及天然裂缝达西渗流。同时考虑了有限导流能力裂缝、应力敏感效应和裂缝任意倾角对压力及产量动态曲线的影响，线源函数、拉普拉斯变换、扰动法、数值离散方法、高斯消元法和 Stehfest 数值反演等方法用于求解半解析模型，并将模拟结果与巴尼特实际生产数据进行了对比，验证了模型的可靠性，研究结果表明水力裂缝导流能力对生产动态影响作用最大。韩国庆等[113]应用拉普拉斯变换、镜像原理及叠加原理等方法，建立了页岩气分段压裂水平井半解析模型。模型考虑页岩储层有基质和裂缝系统组成，但忽视缝网系统中的气水两相流动。龙川[81]基于封闭箱形气藏点源函数，重点考虑页岩气藏多尺度运移规律和缝网离散段相互干扰，建立基质—缝网耦合的压裂水平井非稳态产能模型。但该模型中的储层的表观渗透率模型是基于单根毛细管流动建立的，与岩心具有不同大小的孔隙的事实不符，也没有区分有机孔和无机孔。此外，该模型没有考虑缝网区域气水两相流动特征。

综上所述，目前国内外学者针对页岩气压裂水平井产能模型做了大量研究。其中，半解析方法相对于其他方法在求解多尺度非稳态产能模型时具有参数处理容易、计算效率高、可以处理复杂裂缝和复杂流态渗流问题等独特的优势。然而，目前采用半解析方法研究页岩气产能模型时大多没有全面考虑页岩气解吸、扩散、滑脱、渗流等尺度运移机理对储层表观渗透率的影响，在裂缝系统中也忽略了高速非达西流动。同时，目前的渗流模型基本都假设为单相气体渗流，没有考虑裂缝系统中复杂两相流动的影响，而这与现场页岩气井压后返排及生产过程中长期产水的事实不符。因此，亟须建立考虑多尺度流动作用下的页岩气压裂水平井气水两相渗流模型，为页岩气井压后返排特征的分析及产量预测提供理论依据。

1.5.6　页岩气水平井体积压裂返排制度优化

1.5.6.1　页岩气压裂液返排工艺

成功的压裂施工就是使支撑剂最少回流，以保证最大化压裂裂缝的导流能力，同时能够将注入地层的压裂液最大可能地排除，提高压裂液返排效率，减少对储层的污染。压裂施工结束后，裂缝闭合时开始进行压裂液的返排过程，因此返排结束后裂缝导流能力的大小取决于返排效果的好坏，而裂缝导流能力又是直接影响压后页岩气井产能的重要因素。因此，国内外研究人员对压裂液返排形成了 3 种具有代表性的返排观点[114]。

1. 控制返排

控制返排又称小排量早期返排，最早是由 Robinson 等[115]于 1988 年提出。该理论认为返排过程应采用小油嘴排液，从而降低支撑裂缝闭合应力。Robinson 等研究发现，支撑剂回流不但会严重影响裂缝导流能力，而且还会对近井筒地带储层渗透性造成伤害。而高速返排或不合理的油嘴尺寸是导致支撑剂回流的最直接原因。因此，排液初期压裂液未完全破胶，建议采用小排量返排，直到裂缝降压闭合。除此之外，返排期间闭合应力快速增加，支撑剂破碎增加，也会严重影响裂缝导流能力，减少支撑剂破碎的方法是维持地层闭合应力始终在支撑剂最大允许应力范围内。因此，排液初期必须严格控制返排速度，建议通过选择不同的放喷油嘴来改变压裂液返排流速。

2. 强化返排

强化返排工艺是 E1y 等[116]在 1990 年提出的，它是一种与小排量早期返排完全相反的返排措施，裂缝闭合时间较短。在裂缝闭合前，由于支撑剂浓度较高，返排过程中不容易回流，所以返排前期能够采用较大油嘴进行；当裂缝闭合后，先用小排量试排，在保证地层不出砂的情况下，逐渐增大排量，快速返排。整个返排过程由于裂缝快速闭合使压裂液在地层里的停留时间缩短，从而减小了压裂液对地层的伤害。研究表明，这种强化返排做法能有效地提高低渗透油气藏的返排程度，很适合低渗特低渗地层。但是也具有极易形成支撑剂"砂堤"，近井筒带极易形成"裂缝尖端"的缺点。因此，对于易出水地层不宜采取强化返排方式，不具普遍性。

3. 反向脱砂返排

Mukherjee 等[117]率先提出了反向脱砂工艺。反向脱砂工艺就是使压裂液在井筒附近脱砂并快速排出的过程。相比于小排量早期返排、强化返排，该方法的优点主要表现在：通过尾追树脂包裹支撑剂等措施来控制支撑剂的回流，在井筒脱砂后，使得近井筒带支撑剂的填充得到了极大的改善，提高了支撑缝的无因次导流能力；快速返排缩短了压裂液在地层的停留时间，减小了对地层的伤害；同时支撑剂不会在裂缝前端沉积，不会妨碍裂缝的延伸，有利于形成比较长的支撑缝。目前国内主要采取的返排工艺是先关井使压力扩散，当裂缝闭合后，通过控制油嘴大小控制返排流量进行放喷。这种程序与早期小流量返排工艺相近，但是不同之处在于后者不经过扩散压力，而是直接以小油嘴返排[118]。常规压裂返排措施在低渗致密气藏中的应用效果并不理想，主要是因为压裂过程对储层的不可逆伤害大。因此，经过长期的探索实践，发展了一些高效返排的技术。

1) 压裂液强化破胶技术

压裂施工过程压裂液满足有较强的携砂能力及抗热剪切稳定性的同时，又可在施工后迅速彻底破胶返排。对不同压裂阶段使用不同浓度的破胶剂，即采用分段破胶技术，使压裂液的破胶时间与施工时间相一致。从而既能保证压裂液的造缝与悬砂能力，又能缩短压裂液破胶时间实现快速返排，减少压裂液对地层的伤害。

2) 纤维网络加砂压裂工艺

纤维网络加砂压裂工艺的原理是通过加入纤维，使之与裂缝中的支撑剂交联形成网状结构，保证支撑剂在裂缝中的充填，减少支撑剂回流。该压裂工艺能够形成较好的支撑剂沉降剖面，增加裂缝的有效长度，保证裂缝的导流能力；同时压裂液的快速返排减少了对裂缝及地层渗透率的伤害[119]。

3) 液氮增能助排工艺

目前，液氮增能助排工艺已经运用于国内外众多油田。施工过程中，将一段高压氮气打入压裂液的前置液中，再用携砂液和顶替液将氮气段塞推入较远处地层，在压后返排时高压氮气迅速膨胀提供一定的高压弹性能量，有效补充地层返排能量，驱替压裂液进入井筒，显著提高低压地层压裂液返排率,提高加砂压裂的效果。甚至高压液氮还能够保证返排过程压裂井的完全自喷返排,而不用进行抽汲返排,大大缩短了排液时间,提高了生产时效[18]。

4)"纤维+液氮"工艺

针对低压地层压裂液返排效率低的问题,为了保证不出砂的同时最大限度地增加压裂液返排压差,提高返排速度,提出了一种"纤维+液氮"的返排工艺。该方法在川西低渗致密油气藏的先导性试验中,返排率都不低于 60%,并且返排速度较高、增产效果极为明显,取得了极大成功。

综上,目前在国内页岩气返排研究中,针对其返排方式与工艺尚未存在统一定论,也没有完全明确的标准与方法。现目前比较流行的返排工艺也只是通过现场实际经验摸索而来,只能宏观定性判断,还不能完全对其最优返排参数进行准确量化,其普遍性较强,针对性较弱,主要是因为没有从页岩气井气液两相流动机理和特征上进行详细的分析研究。

1.5.6.2　页岩气支撑剂回流模型研究

目前,国内外大部分学者主要进行了页岩的储层特征、页岩气的数值模拟、产能分析及压裂后压裂液的返排特征分析和处理等方面的相关研究。国内外仅少数学者进行了页岩储层裂缝内气液两相流返排模型的机理研究。傅英[120]针对压裂气井裂缝内支撑剂回流机理模型展开了研究,在考虑毛管力、裂缝闭合应力、气体拖曳力的基础上,结合"砂拱"模型分析了单相气体对裂缝内支撑剂的作用机理,并计算了临界流速。李耀等[121]分析了气井裂缝内出砂的机理,认为流体黏度、返排速度、气液两相流动、闭合应力及突然开关井作业是出砂的根源,并结合组合模量经验公式确定出砂类型,计算了气体单相流动时裂缝临界携砂气量。李波等[122]将出砂分为地层出砂和裂缝出砂两类,并对苏里格气田气井出砂进行了深入的机理研究,表明裂缝中压力梯度过大,流体产生的拖曳力容易破坏缝口支撑剂的稳定性,造成大量出砂,并用经验公式计算了气井临界携砂速度。

综上,目前国内外大部分学者对返排模型的研究主要局限于砂岩储层。只有少部分学者进行了页岩储层特征、页岩气数值模拟、产能分析及压后压裂液返排特征分析和处理等方面的研究。而极少部分学者针对页岩气储层建立的返排模型,仅有裂缝中的单相流动规律或采用大量的经验公式来表征压裂页岩"出砂"现象。由于页岩返排乃至以后的生产过程中长期含水,气液两相流动无论是在裂缝中还是井筒内都会使返排机理变得复杂,因此,针对页岩储层裂缝内气液两相对支撑剂回流作用机理的研究几乎是一片空白。

1.5.6.3　页岩气井返排过程中气液两相管流研究

页岩气井返排过程中,页岩气与压裂液从裂缝流入井筒后,历经水平井水平段、造斜段、垂直段,最终通过油嘴,返排至地面,在井筒中流动过程为典型的气液两相管流,其在井筒中的流动规律与单相气流相差甚远,流动机理也变得非常复杂。根据气液流量、速度的差别,气液两相流流态多种多样。其划分界限也没有严格区分。目前,学者基本都是以现场流体通过实验的方式,在不同气液比下改变油管尺寸来观察气液两相流流型,进而针对该区域做出经验图版推荐。但气液两相管流在国际上公认的流态为分层流、间歇流、泡状流、环雾流[123] 4 种。Poettmann 等[124]提出了水平管气液两相流压降计算方法,他们利用空气与煤油、苯等混合物通过改变管径的实验测定管子沿程阻力系数来计算两段压降，得到持气率、持液率与单相流体经过管子的压降比的关系图版，并提出了计算水平管压降的经验公式。Baker[125] 认为气液两相管流中由于其在管子中流型不同，它们所产生的压降也不同，因此他率先提出了先判断流型再计算压降的思路。后来，Baker 总结前人的实验研究，分析大量数据，得到了泡状流、团状流、层状流、波状流、冲击流、环状流、雾状流 7 种流态的经验公式。Dukler 等[126] 对水平管压降机理进行了研究，提出了无量纲的力矩平衡方程式，并对气液两相流流型转变进行了判断，提出了判别准则，并绘制了流态分布图。Xiao 等[127] 参照前人的结果，对水平井筒气液两相流进行了分析，他们在前人研究的基础上将流型划分为分层流、环状流、间歇流、泡状流 4 种，并提出了水平井筒气液流型的划分标准及各种流型的压降机理方程式。王琦[128] 从气泡运动的水动力学特征出发，建立了斜井中的段塞流模型，克服了以 Brill 方法为代表的经验模型精度低、适应性不强等缺陷，并运用斜管中的漂流移动方法提出了新的判断准则，修正了泰特图版。赵鹏等[129] 通过垂直管流动实验，发现要实现液滴夹带率的动态平衡，环雾流中液滴沉降率与液膜雾化率必须相等。因此，在此基础上考虑管壁与液膜之间的摩擦力，提出了计算环雾流压降的新模型，并验证了该模型具有更好的适应性。综上，学者对水平管、垂直管、倾斜管压降方面都进行了大量的研究，取得了显著的成果。但是在结合页岩气开发领域，大多数学者都选取比较粗糙的经验公式，而且针对页岩气水平井典型的"三段式"井型也没有提出统一的流型判别方法，尤其是在造斜段，很多学者在计算压降时，简单地将其处理成倾斜管，这也与实际情况是不相符的。

随着全球页岩气开发的蓬勃发展，关于压裂后返排这一关键问题越来越被重视。尤其近年来，针对该问题，国内外专家开展了大量的研究，但对其流动机理研究较少。而页岩气井裂缝中区别于常规砂岩而独有的气液两相流对支撑剂的受力影响显著。故本书在防止页岩气井压后返排过程中支撑剂回流，增加支撑剂在裂缝中的充填程度，提高压裂裂缝的导流能力的基础上，以减少压裂液对储层的伤害为目标，考虑支撑剂在页岩气井主缝中气液两相流动时的受力情况，建立支撑剂回流模型，并优化最大油嘴尺寸，达到在不同气液比的气液两相流动情况下，通过控制井口的油压进而控制支撑剂回流的目的。

参 考 文 献

[1] 张金川, 金之钧, 袁明生. 页岩气成藏机理和分布 [J]. 天然气工业, 2004, 24(7): 15-18.

[2] 邹才能, 贾进华, 侯连华, 等. "连续型"油气藏及其在全球的重要性: 成藏、分布与评价 [J]. 石油勘探与开发, 2009, 36(6): 669-682.

[3] 《页岩气地质与勘探开发实践丛书》编委会. 中国页岩气地质研究进展 [M]. 北京: 石油工业出版社, 2011.

[4] Curtis J B. Fractured Shale-Gas systems [J]. AAPG Bulletin, 2002, 86(11): 1921-1938.

[5] 陈更生, 董大忠, 王世谦, 等. 页岩气藏形成机理与富集规律初探 [J]. 天然气工业, 2009, 29(5): 17-21.

[6] 刘成林, 葛岩, 范柏江, 等. 页岩气成藏模式研究 [J]. 油气地质与采收率, 2010(5): 5-9, 115.

[7] 《页岩气地质与勘探开发实践丛书》编委会. 北美地区页岩气勘探开发新进展 [M]. 北京: 石油工业出版社, 2009.

[8] 张金川, 聂海宽, 徐波, 等. 四川盆地页岩气成藏地质条件 [J]. 天然气工业, 2008, 28(2): 151-156.

[9] 李新景, 胡素云, 程克明. 北美裂缝性页岩气勘探开发的启示 [J]. 石油勘探与开发, 2007, 34(4): 392-400.

[10] 刘树根. 四川盆地及周缘下古生界富有机质黑色页岩: 从优质烃源岩到页岩气产层 [M]. 北京: 科学出版社, 2014.

[11] 李伟, 余华琪, 邓鸿斌. 四川盆地中南部寒武系地层划分对比与沉积演化特征 [J]. 石油勘探与开发, 2012(6): 681-690.

[12] 梁狄刚, 郭彤楼, 陈建平, 等. 中国南方海相生烃成藏研究的若干新进展(二)南方四套区域性海相烃源岩的地球化学特征 [J]. 海相油气地质, 2009, 14(1): 1-15.

[13] 李世臻, 乔德武, 冯志刚, 等. 世界页岩气勘探开发现状及对中国的启示 [J]. 地质通报, 2010(6): 142-148.

[14] 王永辉, 卢拥军, 李永平, 等. 非常规储层压裂改造技术进展及应用 [J]. 石油学报, 2012, 33(1): 149-158.

[15] 陈作, 薛承瑾, 蒋廷学, 等. 页岩气井体积压裂技术在我国的应用建议 [J]. 天然气工业, 2010, 30(10): 30-32.

[16] Wu K, Olson J, Balhoff M T, et al. Numerical Analysis For Promoting Uniform Development of Simultaneous Multiple Fracture Propagation in Horizontal Wells [C]. SPE Annual Technical Conference and Exhibition. Houston, Texas, USA; Society of Petroleum Engineers, 2015.

[17] Tang H, Li S, Zhang D. The effect of heterogeneity on hydraulic fracturing in shale [J]. Journal of Petroleum Science & Engineering, 2018, 162(1): 292-308.

[18] 尚希涛, 何顺利, 刘广峰, 等. 水平井分段压裂破裂压力计算 [J]. 石油钻采工艺, 2009, 31(2): 96-100.

[19] Baihly J D, Malpani R, Edwards C, et al. Unlocking The Shale Mystery: How Lateral Measurements and Well Placement Impact Completions and Resultant Production [C]. Tight Gas Completions Conference. San Antonio, Texas, USA; Society of Petroleum Engineers. 2010.

[20] Jeffrey R G, Bunger A, Zhang X. Constraints on simultaneous growth of hydraulic fractures from multiple perforation clusters in horizontal wells [J]. SPE Journal, 2014, 19(4): 608-620.

[21] Wu K, Olson J E. Investigation of the impact of fracture spacing and fluid properties for interfering simultaneously or sequentially generated hydraulic fractures [J]. SPE Production & Operations, 2013, 28(4): 427-436.

[22] 尹建, 郭建春, 赵志红, 等. 射孔水平井分段压裂破裂点优化方法 [J]. 现代地质, 2014, 28(6): 1307-1314.

[23] 李志超. 页岩储层水平井水力裂缝起裂与扩展特征的数值模拟分析 [D]. 大连: 大连理工大学, 2015.

[24] 赵金洲, 陈曦宇, 刘长宇, 等. 水平井分段多簇压裂缝间干扰影响分析 [J]. 天然气地球科学, 2015, 26(3): 533-538.

[25] 潘林华, 程礼军, 张烨, 等. 页岩水平井多段分簇压裂起裂压力数值模拟 [J]. 岩土力学, 2015, 36(12): 3639-3648.

[26] Lecampion B, Desroches J. Simultaneous initiation and growth of multiple radial hydraulic fractures from a horizontal wellbore [J]. Journal of the Mechanics & Physics of Solids, 2015, 82(2): 235-258.

[27] 何青, 董光. 水平井分段多簇压裂裂缝起裂和扩展影响因素分析 [J]. 科学技术与工程, 2016, 16(2): 52-57.

[28] Li Y, Deng J, Liu W, et al. Numerical simulation of limited-entry multi-cluster fracturing in horizontal well [J]. Journal of Petroleum Science and Engineering, 2017, 152: 443-455.

[29] Liu C, Shi F, Lu D, et al. Numerical simulation of simultaneous multiple fractures initiation in unconventional reservoirs through injection control of horizontal well [J]. Journal of Petroleum Science and Engineering, 2017, 159(1): 603-613.

[30] Long G, Liu S, Xu G, et al. A Perforation-Erosion model for Hydraulic-Fracturing applications [J]. SPE Production & Operations, 2018, 33(4): 770-783.

[31] Duan K, Kwok C Y, Zhang Q, et al. On the initiation, propagation and reorientation of simultaneously-induced multiple hydraulic fractures [J]. Computers and Geotechnics, 2020(117): 1-15.

[32] Ambrose R J, Hartman R C, Diaz-Campos M, et al. Shale gas-in-place calculations part Ⅰ: new pore-scale considerations [J]. Spe Journal, 2012, 17(1): 219-229.

[33] 董大忠, 邹才能. 中国页岩气勘探开发进展与发展前景 [J]. 石油学报, 2012, 33 (1): 107-114.

[34] Pathak M, Huang H, Meakin P, et al. Molecular investigation of the interactions of carbon dioxide and methane with kerogen: Application in enhanced shale gas recovery [J]. Journal of Natural Gas Science and Engineering, 2018 (51): 1-8.

[35] Schettler J R P, Parmely C. Contributions to total storage capacity in Devonian shales [C]. Proceedings of the SPE Eastern Regional Meeting. Lexington, Kentucky, USA, Society of Petroleum Engineers, 1991.

[36] Yang Y, Yao J, Wang C, et al. New pore space characterization method of shale matrix formation by considering organic and inorganic pores [J]. Journal of Natural Gas Science and Engineering, 2015 (27): 496-503.

[37] Loucks R G, Reed R M, Ruppel S C, et al. Spectrum of pore types and networks in mudrocks and a descriptive classification for matrix-related mudrock pores [J]. AAPG bulletin, 2012, 96 (6): 1071-1098.

[38] Kuila U, Prasad M. Specific surface area and pore-size distribution in clays and shales [J]. Geophysical Prospecting, 2013, 61 (2): 341-362.

[39] 朱炎铭, 陈尚斌, 方俊华, 等. 四川地区志留系页岩气成藏的地质背景 [J]. 煤炭学报, 2010, 35 (7): 1160-1164.

[40] Sun H, Chawathe A, Hoteit H, et al. Understanding shale gas flow behavior using numerical simulation [J]. SPE Journal, 2015, 20 (1): 142-154.

[41] Zeng F, Zhang Y, Guo J, et al. Optimized completion design for triggering a fracture network to enhance horizontal shale well production [J]. Journal of Petroleum Science and Engineering, 2020 (190): 107043.

[42] 李守定, 李晓, 张年学, 等. 三峡库区宝塔滑坡泥化夹层泥化过程的水岩作用 [J]. 岩土力学, 2006, 27 (10): 1841-1846.

[43] 刘洪林, 王红岩. 中国南方海相页岩超低含水饱和度特征及超压核心区选择指标 [J]. 天然气工业, 2013, 33 (7): 140-144.

[44] Zeng F, Zhang Q, Guo J, et al. Capillary imbibition of confined water in nanopores [J]. Capillarity, 2020, 3 (1): 8-15.

[45] Larsen J W, Aida M T. Kerogen chemistry 1. Sorption of water by type II kerogens at room temperature [J]. Energy & fuels, 2004, 18 (5): 1603-1604.

[46] 石秉忠, 夏柏如, 林永学, 等. 硬脆性泥页岩水化裂缝发展的 CT 成像与机理 [J]. 石油学报, 2012, 33 (1): 137-142.

[47] 卢运虎, 陈勉, 金衍, 等. 钻井液浸泡下深部泥岩强度特征试验研究 [J]. 岩石力学与工程学报, 2012, 31 (7): 1399-1405.

[48] 隋微波, 田英英, 姚晨昊. 页岩水化微观孔隙结构变化定点观测实验 [J]. 石油勘探与开发, 2018, 45 (5): 894-901.

[49] 薛华庆, 周尚文, 蒋雅丽, 等. 水化作用对页岩微观结构与物性的影响 [J]. 石油勘探与开发, 2018, 45 (6): 1075-1081.

[50] 康毅力, 杨斌, 李相臣, 等. 页岩水化微观作用力定量表征及工程应用 [J]. 石油勘探与开发, 2017, 44 (2): 301-308.

[51] Hower W F. Influence of clays on the production of hydrocarbons [J]. Society of Petroleum Engineers of AIME, 1973, 25: 1389.

[52] 孙则朋, 王永莉, 吴保祥, 等. 滑溜水压裂液与页岩储层化学反应及其对孔隙结构的影响 [J]. 中国科学院大学学报, 2018, 5: 19.

[53] Farah N, Ding D Y, Wu Y S. Simulation of the impact of fracturing-fluid-induced formation damage in shale gas reservoirs [J]. SPE Reservoir Evaluation & Engineering, 2017, 20 (03): 532-546.

[54] Washburn E W. The Dynamics of Capillary Flow [J]. Physical Review, 1921, 17 (3): 273-283.

[55] Benavente D, Lock P, Del Cura M Á G, et al. Predicting the capillary imbibition of porous rocks from microstructure [J]. Transport in porous media, 2002, 49 (1): 59-76.

[56] Cai J, Perfect E, Cheng C L, et al. Generalized Modeling of Spontaneous Imbibition Based on Hagen-Poiseuille Flow in Tortuous Capillaries with Variably Shaped Apertures [J]. Langmuir the Acs Journal of Surfaces & Colloids, 30 (18): 5142-5151.

[57] Mortensen N A, Okkels F, Bruus H. Reexamination of Hagen-Poiseuille flow: Shape dependence of the hydraulic resistance in microchannels [J]. Physical Review, 2005, 71 (4): 057301.

[58] Yang L, Yao T, Tai Y. The marching velocity of the capillary meniscus in a microchannel [J]. Journal of Micromechanics and

Microengineering, 2004, 14 (2): 220-225.

[59] Xu D, Yu, B, Zhou M. Permeability of the fractal disk-shaped branched network with tortuosity effect[J]. Physics of Fluids, 2006, 18 (7): 078103.

[60] 杜殿发, 赵艳武, 张婧, 等. 页岩气渗流机理研究进展及发展趋势 [J]. 西南石油大学学报（自然科学版）, 2017, 39 (4): 136-144.

[61] Curtis J B. Fractured shale-gas systems [J]. AAPG Bulletin, 2002, 86 (11): 1921-1938.

[62] Gale J F W, Reed R M, Holder J. Natural fractures in the Barnett Shale and their importance for hydraulic fracture treatments [J]. AAPG Bulletin, 2007, 91 (4): 603-622.

[63] Wang F P, Reed R M. Pore Networks and Fluid Flow in Gas Shales [C]. SPE Annual Technical Conference and Exhibition. New Orleans, Louisiana; Society of Petroleum Engineers, 2009.

[64] 邹才能, 董大忠, 杨桦, 等. 中国页岩气形成条件及勘探实践 [J]. 天然气工业, 2011, 31 (12): 26-39.

[65] 刘文平, 张成林, 高贵冬, 等. 四川盆地龙马溪组页岩孔隙度控制因素及演化规律 [J]. 石油学报, 2017, 38 (02): 175-184.

[66] 高和群, 丁安徐, 陈云燕. 页岩气解析规律及赋存方式探讨 [J]. 高校地质学报, 2017, 23 (2): 285-295.

[67] Montgomery S L, Jarvie D M, A B K, et al. Mississippian Barnett shale, Fort Worth basin, north-central Texas: gas-shale play with multi–trillion cubic foot potential [J]. AAPG Bulletin, 2006, 89 (2): 155-175.

[68] Boyer C, Kieschnick J, Suarez-Rivera R. Producing gas from its source [J]. Oilfield Review, 2006, 18: 36-49.

[69] Ross D J K, Bustin R M. The importance of shale composition and pore structure upon gas storage potential of shale gas reservoirs [J]. Marine Petroleum Geology, 2009, 26 (6): 916-927.

[70] Dehghanpour H, Zubair H A, Chhabra A, et al. Liquid intake of organic shales [J]. Energy & Fuel, 2012, 26 (9): 5750-5758.

[71] Korb J P, Nicot B, Louis-Joseph A, et al. Dynamics and wettability of oil and water in oil shales [J]. Journal of Physical Chemistry C, 2015, 118 (40): 23212-23218.

[72] Wu Q, Bai B, Ma Y, et al. Optic imaging of two-phase-flow behavior in 1D nanoscale channels [J]. SPE Journal, 2014, 19 (5): 793-802.

[73] 李靖, 李相方, 陈掌星, 等. 页岩储层束缚水影响下的气相渗透率模型 [J]. 石油科学通报, 2018, 3 (2): 167-182.

[74] Javadpour F. Nanopores and apparent permeability of gas flow in mudrocks (shales and siltstone) [J]. Journal of Canadian Petroleum Technology, 2009, 48 (8): 16-21.

[75] Ali Beskok G E K. Report: a model for flows in channels, pipes, and ducts at micro and nano scales [J]. Microscale Thermophysical Engineering, 1999, 3 (1): 43-77.

[76] Yu B, Cheng P. A fractal permeability model for bi-dispersed porous media [J]. International Journal of Heat and Mass Transfer, 2002, 45 (14): 2983-2993.

[77] Javadpour F, Fisher D, Unsworth M. Nanoscale gas flow in shale gas sediments [J]. Journal gas of Canadian Petroleum Technology, 2007, 46 (10): 55-61.

[78] Azom P N, Javadpour F. Dual-Continuum Modeling of Shale and Tight Gas Reservoirs [C]. SPE Annual Technical Conference and Exhibition. San Antonio, Texas, USA; Society of Petroleum Engineers, 2012.

[79] Rahmanian M, Aguilera R, Kantzas A. A new unified diffusion——viscous-flow model based on pore-level studies of tight gas formations [J]. SPE Journal, 2012, 18 (1): 38-49.

[80] Singh H, Javadpour F. Nonempirical Apparent Permeability of Shale [C]. SPE/AAPG/SEG Unconventional Resources Technology Conference. Denver, Colorado, USA; Unconventional Resources Technology Conference, 2013.

[81] 龙川. 基于多尺度非线性渗流的页岩气压裂水平井产能研究 [D]. 成都: 西南石油大学, 2017.

[82] 吴克柳, 陈掌星. 页岩气纳米孔气体传输综述 [J]. 石油科学通报, 2016, 1(1): 91-127.

[83] Dong J J, Hsu J Y, Wu W J, et al. Stress-dependence of the permeability and porosity of sandstone and shale from TCDP Hole-A [J]. International Journal of Rock Mechanics & Mining Sciences, 2010, 47(7): 1141-1157.

[84] Dong C, Pan Z, Ye Z. Dependence of gas shale fracture permeability on effective stress and reservoir pressure: Model match and insights [J]. Fuel, 2015(139): 383-392.

[85] Robertson E P, Christiansen R L. A permeability model for coal and other fractured, sorptive-elastic media [J]. Spe Journal, 2006, 13(3): 314-324.

[86] 王晨星. 基于复杂裂缝网络页岩气产量研究 [D]. 成都: 西南石油大学, 2018.

[87] 李玉丹, 董平川, 周大伟, 等. 页岩气藏微裂缝表现渗透率动态模型研究 [J]. 岩土力学, 2018, 39: 51-59.

[88] Nicot J P, Scanlon B R. Water use for Shale-gas production in Texas, U S [J]. Environmental Science & Technology, 2012, 46(6): 3580-3586.

[89] 杨柳, 葛洪魁, 程远方, 等. 页岩储层压裂液渗吸-离子扩散及其影响因素 [J]. 中国海上油气, 2016, 28(4): 94-99.

[90] Wu Y S, Moridis G J, Bai B, et al. A Multi-Continuum Model for Gas Production in Tight Fractured Reservoirs [M]. SPE Hydraulic Fracturing Technology Conference. The Woodlands, Texas; Society of Petroleum Engineers, 2009.

[91] 尹虎, 王新海, 张芳, 等. 吸附气对气水两相流页岩气井井底压力的影响 [J]. 断块油气田, 2013, 20(1): 74-76.

[92] 王怀龙. 页岩气藏渗流理论及单井数值模拟研究 [D]. 成都: 西南石油大学, 2015.

[93] 薛永超, 张雪娇, 丁冠阳. 页岩气井返排早期气水两相流数学模型研究 [J]. 科学技术与工程, 2017, 17(24): 218-222.

[94] 张庆福, 黄朝琴, 姚军, 等. 基于多尺度混合有限元的离散裂缝两相渗流数值模拟 [J]. 科学通报, 2017(13): 1392-1401.

[95] 谢川. 页岩气井产能评价及数值模拟研究 [D]. 成都: 西南石油大学, 2015.

[96] 刘洪. 页岩气赋存与渗流机理的数值模拟研究 [D]. 成都: 西南石油大学, 2016.

[97] 郭小哲, 王晶, 刘学锋. 页岩气储层压裂水平井气-水两相渗流模型 [J]. 石油学报, 2016, 37(9): 1165-1170.

[98] Bustin A M M, Bustin R M, Cui X. Importance of Fabric on The Production of Gas Shales [C]. SPE Unconventional Reservoirs Conference. Keystone, Colorado, USA; Society of Petroleum Engineers, 2008.

[99] Harpalani S, Chen G. Influence of gas production induced volumetric strain on permeability of coal [J]. Geotechnical Geological Engineering, 1997, 15(4): 303-325.

[100] Ilk D, Currie S M, Symmons D, et al. A Comprehensive Workflow for Early Analysis and Interpretation of Flowback Data from Wells in Tight Gas/Shale Reservoir Systems [C]. SPE Annual Technical Conference and Exhibition. Florence, Italy; Society of Petroleum Engineers, 2010.

[101] Clarkson C R, Williams-Kovacs J. Modeling two-phase flowback of multifractured horizontal wells completed in shale [J]. SPE Journal, 2013, 18(4): 795-812.

[102] Williams-Kovacs J D, Clarkson C R. A modified approach for modeling two-phase flowback from multi-fractured horizontal shale gas wells [J]. Journal of Natural Gas Science Engineering, 2016(30): 127-147.

[103] Adefidipe O A, Dehghanpour H, Virues C J. Immediate Gas Production From Shale Gas Wells: A Two-Phase Flowback Model [C]. SPE Unconventional Resources Conference. The Woodlands, Texas, USA; Society of Petroleum Engineers, 2014.

[104] Ezulike D O, Dehghanpour H, Virues C J J, et al. A Flowback-Guided Approach for Production Data Analysis in Tight Reservoirs [C]. SPE/CSUR Unconventional Resources Conference-Canada. Calgary, Alberta, Canada; Society of Petroleum Engineers, 2014.

[105] Yang R, Huang Z, Li G, et al. An Innovative Approach to Model Two-Phase Flowback of Shale Gas Wells With Complex

Fracture Networks [C]. SPE Annual Technical Conference and Exhibition. Dubai, UAE; Society of Petroleum Engineers, 2016.

[106] Yang R, Huang Z, Li G, et al. A semianalytical approach to model two-phase flowback of shale-gas wells with complex-fracture-network geometries [J]. SPE Journal, 2017, 22(6): 1808-1833.

[107] Wu Y S, Wang C, Ding D. Transient pressure analysis of gas wells in unconventional reservoirs [C]. SPE Saudi Arabia Section Technical Symposium and Exhibition. Al-Khobar, Saudi Arabia; Society of Petroleum Engineers, 2012.

[108] 孙海. 页岩气藏多尺度流动模拟理论与方法 [D]. 青岛: 中国石油大学(华东), 2013.

[109] Wang J, Luo H, Liu H, et al. Variations of gas flow regimes and petro-physical properties during gas production considering volume consumed by adsorbed gas and stress dependence effect in shale gas reservoirs [C]. SPE Annual Technical Conference and Exhibition. Houston, Texas, USA; Society of Petroleum Engineers, 2015.

[110] 柯玉彪. 多重运移机制页岩气藏压裂水平井产能研究 [D]. 成都: 西南石油大学, 2016.

[111] Yao S, Zeng F, Liu H, et al. A semi-analytical model for multi-stage fractured horizontal wells [J]. Environmental Earth Sciences, 2013, 507(1): 201-212.

[112] Teng W, Jiang R, Teng L, et al. Production performance analysis of multiple fractured horizontal wells with finite-conductivity fractures in shale gas reservoirs [J]. Journal of Natural Gas Science and Engineering, 2016(36): 747-759.

[113] 韩国庆, 任宗孝, 牛瑞, 等. 页岩气分段压裂水平井非稳态渗流模型 [J]. 大庆石油地质与开发, 2017, 36(4): 160-167.

[114] 何世云, 陈琛. 加砂压裂压后排液的控砂技术 [J]. 天然气工业, 2002, 22(3): 45-46.

[115] Robinson B M, Holditch S A, Whitehead W S. Minimizing damage to a propped fracture by controlled flowback procedures [J]. Journal of Petroleum Technology, 1988, 40(06): 753-759.

[116] Ely J W, Arnold W T, Holditch S A. New techniques and quality control find success in enhancing productivity and minimizing proppant flowback [C]. SPE Annual Technical Conference and Exhibition. New Orleans, Louisiana, USA. Society of Petroleum Engineers, 1990.

[117] Mukherjee H, Brill J P. Empirical equations to predict flow patterns in two-phase inclined flow [J]. International Journal of Multiphase Flow, 1985, 11(3): 299-315.

[118] 戴江. 压裂排液求产一体化关键技术及理论研究 [D]. 秦皇岛: 燕山大学, 2008.

[119] 佚名. 纤维网络加砂压裂工艺技术先导性试验 [J]. 钻采工艺, 2008, 31(1): 10-92, 103.

[120] 傅英. 压裂气井生产过程中支撑剂回流机理研究 [D]. 西南石油大学, 2006.

[121] 李耀, 解亚鹏, 薛辉, 等. 榆林气田气井出砂机理分析及合理配产确定[J]. 石油化工应用, 2016, 35(11): 86-90.

[122] 李波, 张城玮, 梁海鹏. 苏里格气田上古气井防砂措施研究 [J]. 天然气技术与经济, 2018, 012(001): 22-24, 86.

[123] 张荣军, 孙卫. 垂直管流中的气液两相流压力计算 [J]. 西北大学学报: 自然科学版, 2007, 37(1): 123-126.

[124] Poettmann F H, Katz D L. Phase behavior of binary carbon dioxide-paraffin systems [J]. Industrial & Engineering Chemistry, 1945, 37(9): 847-853.

[125] Baker O. Design of pipelines for simultaneous flow of oil and gas [J]. Oil & Gas Journal, 1953: 53.

[126] Dukler A E, Hubbard M G. A model for gas-liquid slug flow in horizontal and near horizontal tubes [J]. Industrial and Engineering Chemistry Fundamentals, 1975, 14(4): 337-347.

[127] Xiao J J, Shonham O, Brill J P. A Comprehensive Mechanistic Model for Two-Phase Flow in Pipelines [C]. SPE Annual Technical Conference and Exhibition. New Orleans, Louisiana USA. Society of Petroleum Engineers, 1990.

[128] 王琦. 水平井井筒气液两相流动模拟实验研究 [D]. 成都: 西南石油大学, 2014.

[129] 赵鹏, 李广财, 杨沫. 气井井筒气液两相环雾流压降计算研究 [J]. 化工设计通讯, 2018, 44(6): 151.

第2章 页岩力学特征及多簇竞争起裂研究

本章以川南长宁县龙马溪组页岩露头为研究对象，基于室内实验，模拟深部页岩储层温度、应力环境，开展钻井液和酸液扰动下页岩矿物组成特征，龙马溪组页岩在工作液扰动、高温、高应力下的脆性-延性转变特征和破裂形态研究；考虑页岩原地应力、井眼诱导应力和水平井井眼轨迹等，建立了综合井筒注液、套管/水泥环力学特征、流体扰动等影响下的页岩气水平井井周应力预测模型；结合岩石吸水导致孔隙弹性系数变化、工作液扰动下的岩石力学特征和压裂液注入过程中的渗滤特征，得到了射孔孔眼周围应力分布情况；基于最大张应力理论，建立了页岩复杂工况下的渗流-应力起裂压力预测模型，并进一步基于储层物性、地应力非均质性及射孔孔眼压降，结合建立的页岩气水平井渗流-应力起裂压力预测模型，建立射孔孔眼流量动态分配模型，考虑射孔数、孔眼压降和射孔孔眼的流量分配与储层物性、地应力非均质性的匹配关系，建立水平井分段多簇裂缝竞争起裂模型。

2.1 页岩微观结构及岩石力学特征

本节模拟深部页岩储层温度、应力环境，开展钻井液和酸液扰动下页岩矿物组成特征分析，进而分析工作液扰动情况下储层孔渗变化规律，在此基础上开展页岩储层温度、应力下的三轴力学实验，为后续起裂压力模型的建立奠定基础。

2.1.1 页岩微观损伤及岩石力学实验

在钻完井过程中，为保护储层，防止页岩水化膨胀和井眼坍塌，多采用油基钻井液。而钻井液与地层长时间接触会导致井眼附近岩石强度降低和渗透性发生变化，这将直接影响后续施工，特别是压裂过程中的起裂压力预测不准，因此有必要研究地层温度和压力条件下钻井液扰动对页岩微观损伤和岩石力学性质的影响。同时针对龙马溪组页岩起裂压力较高的情况，现场多采用酸液预处理来降低起裂压力。目前针对酸处理后页岩微观结构变化及岩石力学性质对起裂压力的影响的研究较少。

2.1.1.1 实验样品

实验样品取自四川盆地南部地区长宁县下志留统龙马溪组地层新鲜露头，如图 2-1 所示。岩样主要由黑色、灰色富含笔石的碳质页岩组成，厚度为 315～357 m；龙马溪组下段与五峰组相邻，厚度为 2～13 m。

将采取的龙马溪组页岩新鲜露头通过液氮钻取制备岩样，钻取后用自封袋密封待用。基于国际岩石力学标准，尽量平行于层理方向取心，制作成Φ25 mm×50 mm 的标准岩样，如图 2-2 所示。

图 2-1　长宁县龙马溪组页岩新鲜露头

图 2-2　制备的部分岩样

本书主要研究龙马溪组页岩在钻井液和酸液扰动情况下的微观损伤机理、岩石力学特征及破坏模式。因此，尽可能满足选取的岩样在岩石组分和结构方面(即物性方面)具有相似性。同时，选取的岩样应该减少天然裂缝的存在，以便于后期开展对比实验。

为了减少岩样个体差异对实验结果的影响，本书基于声波速度测试优选实验样品。由于声波在不同介质中的传播速度不同，可以通过波速判断待选岩样之间内部结构的差异。如果各岩样的纵波、横波速度基本一致，可以判定岩样内部结构也基本一致。基于透射法测量声波速度，通过声波探头发射和接收纵波、横波，计算其波速：

$$V_p = \frac{L}{\Delta t_p - \Delta t_{p0}} \times 1000 \tag{2-1}$$

$$V_s = \frac{L}{\Delta t_s - \Delta t_{s0}} \times 1000 \tag{2-2}$$

式中，L 为岩样长度，mm；V_p、V_s 为纵波和横波速度，m/s；Δt_p、Δt_s 为纵波和横波传播时间，μs；Δt_{p0}、Δt_{s0} 为纵波和横波在探头中的传播时间，μs。

用于声波速度测试的岩心超声波参数测试系统如图 2-3 所示。该系统主要包括手摇式声波装置机架、轴向压力表、声波探头、超声波换能器控制箱、示波器、计算机及软件等。测试装置机架用于提供轴向力，顶紧探头、岩心，压力表显示轴向压力。旋转机架右端手轮，顺时针旋转是加压(右段探头向前进)，逆时针旋转是减压(右端探头向后退)。机架左端是活塞、油缸及工作压力表。通过压力表显示值乘以岩心单位面积，即可算出当前轴向力。

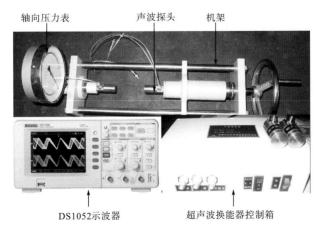

图 2-3　岩心超声波参数测试系统

在温度为 25 ℃，围压为 25 MPa 的实验条件下，对岩心进行了声波速度测试，结果如图2-4所示。测试结果表明，岩样横波速度为 3 300～3 400 m/s，纵波速度为 5 900～6 100 m/s，说明各岩样孔缝发育特征基本一致，可以推测它们的内部结构也基本一致，从而避免了岩样随机性对后续微观结构及岩石力学实验结果的影响。

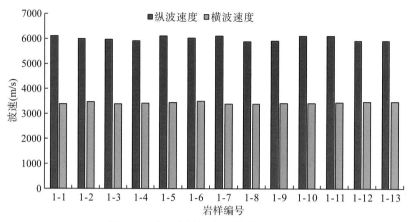

图 2-4　不同岩样纵波、横波速度测试结果

2.1.1.2　实验方案

基于选取的实验样品，本书开展的实验内容为钻井液及酸液扰动前后全岩矿物分析、损伤前后电镜扫描、孔渗测试实验和三轴压缩实验。基于各项实验测试结果分析页岩钻井液及酸液损伤后微观孔隙结构变化及岩石破坏规律，实验流程如图 2-5 所示。

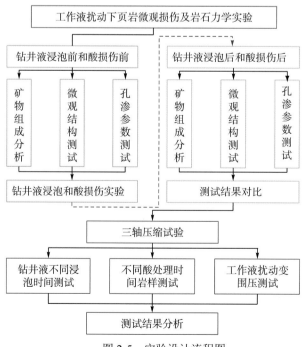

图 2-5　实验设计流程图

钻井液浸泡具体实验步骤如下：①取龙马溪组页岩 1-1～1-6 共 6 块原始干燥样品开展钻井液浸泡实验，1-1 和 1-2 号样品浸泡在蒸馏水中，1-3 和 1-4 号样品浸泡在水基钻井液滤液中，1-5 和 1-6 号样品浸泡在油基钻井液滤液中；②在温度为 70 ℃，浸泡压力为 3 MPa 的条件下对页岩进行整体浸泡 15 天；③将浸泡后的岩样取出密封待用。

为模拟现场施工条件，本书用质量分数为 15% 的盐酸对页岩进行加压饱和（图 2-6），分析不同处理时间的酸岩反应历程。

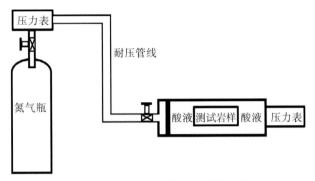

图 2-6　加压饱和实验装置简图

具体实验步骤如下：①取龙马溪组页岩 1-7～1-13 共 7 块原始干燥样品开展酸损伤实验，1-7～1-13 号样品的酸处理时间分别为 0.5 h、1 h、1.5 h、2.5 h、6 h、24 h、72 h；②在温度为 70 ℃，处理压力为 3 MPa 的条件下进行；③将处理后的岩样取出密封待用。

2.1.2　岩心矿物组成及分析

2.1.2.1　原始样品测试结果

采用 X'Pert Pro 型 X 射线衍射仪对取自龙马溪组页岩露头不同位置的 13 个试样进行钻井液和酸液处理前的全岩矿物组分和黏土矿物含量测试，结果如图 2-7 和图 2-8 所示。

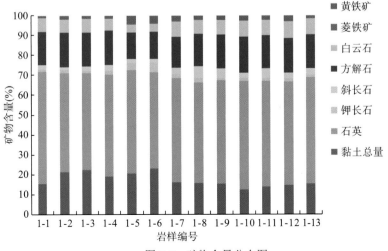

图 2-7　矿物含量分布图

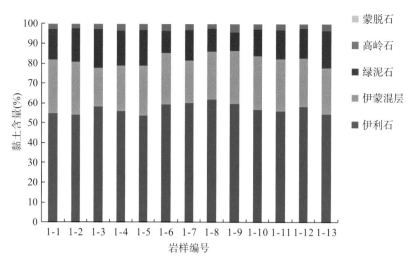

图 2-8 黏土含量分布图

测试结果表明，龙马溪组页岩矿物成分复杂，以黏土、石英和碳酸盐矿物为主。石英占比最高（平均含量为 51.84%），黏土矿物（平均含量为 17.39%）、方解石（平均含量为 16.33%）、白云石（平均含量为 6.77%）次之，同时含有少量的钾长石、斜长石和黄铁矿。黏土矿物以伊利石（平均含量为57.4%）为主，辅以伊蒙混层（平均含量为24.78%）和绿泥石（平均含量为14.88%），含有少量的高岭石（平均含量为2.94%），不含蒙脱石，具有硬脆性页岩的特征。

2.1.2.2 钻井液浸泡测试结果

选取处理岩心 1-1、1-3 和 1-5 开展不同钻井液体系浸泡前后的矿物组分测试，得到不同钻井液体系浸泡后的矿物组分和原始岩样矿物含量变化的对比图。其中，水基钻井液配方为淡水+2%膨润土+0.5%流型调节剂+3%降滤失剂+8%抑制剂+3%润滑剂+5%天然沥青+重晶石；油基钻井液配方为白油+3%有机土+7%氧化沥青+4%乳化剂+1.5%润湿剂+3%降滤失剂+7%石灰+重晶石。

图 2-9～图 2-14 所示为不同钻井液体系浸泡前后矿物组分及黏土含量变化情况。实验结果表明，蒸馏水浸泡后的岩心矿物组成基本没有发生变化；而水基钻井液浸泡之后，黏土矿物中的伊利石和伊蒙混层、石英和钾长石的含量有所降低，其余矿物的含量有所升高；油基钻井液浸泡之后，黏土矿物中的伊利石和伊蒙混层、石英和钾长石的含量也有所降低，降低的幅度相比水基钻井液更大，其余矿物的含量有所升高。这是由于页岩的造岩矿物中偏铝酸盐所占比重较大，如伊利石、石英和长石等，碱性流体侵入后会发生侵蚀化学反应[1]。

伊利石+碱液：

$$(K，H_3O^+)(Al，Mg，Fe)_2[(Si，Al)_4O_{10}](OH)_2 + OH^- \\ \longrightarrow K^+ + Al(OH)_3 + Fe^{2+} + Mg^{2+} + SiO_3^{2-} \tag{2-3}$$

钾长石+碱液：

$$K[AlSi_3O_8] + OH^- \longrightarrow K^+ + Al(OH)_3 + SiO_3^{2-} \tag{2-4}$$

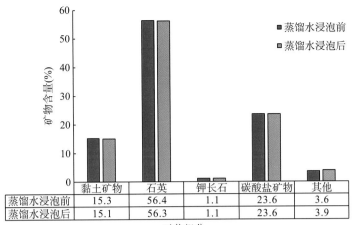

	黏土矿物	石英	钾长石	碳酸盐矿物	其他
蒸馏水浸泡前	15.3	56.4	1.1	23.6	3.6
蒸馏水浸泡后	15.1	56.3	1.1	23.6	3.9

矿物组分

图 2-9　1-1 号岩心蒸馏水浸泡前后矿物组成变化

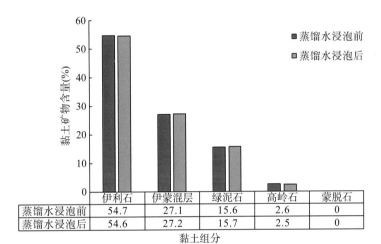

	伊利石	伊蒙混层	绿泥石	高岭石	蒙脱石
蒸馏水浸泡前	54.7	27.1	15.6	2.6	0
蒸馏水浸泡后	54.6	27.2	15.7	2.5	0

黏土组分

图 2-10　1-1 号岩心蒸馏水浸泡前后黏土组分变化

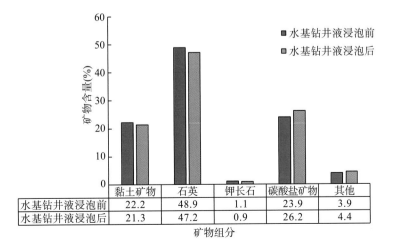

	黏土矿物	石英	钾长石	碳酸盐矿物	其他
水基钻井液浸泡前	22.2	48.9	1.1	23.9	3.9
水基钻井液浸泡后	21.3	47.2	0.9	26.2	4.4

矿物组分

图 2-11　1-3 号岩心水基钻井液浸泡前后矿物组成变化

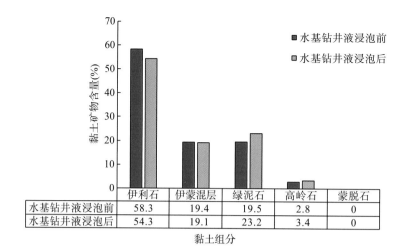

黏土组分	伊利石	伊蒙混层	绿泥石	高岭石	蒙脱石
水基钻井液浸泡前	58.3	19.4	19.5	2.8	0
水基钻井液浸泡后	54.3	19.1	23.2	3.4	0

图 2-12　1-3 号岩心水基钻井液浸泡前后黏土组分变化

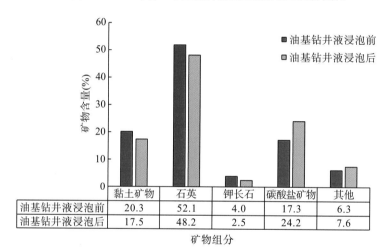

矿物组分	黏土矿物	石英	钾长石	碳酸盐矿物	其他
油基钻井液浸泡前	20.3	52.1	4.0	17.3	6.3
油基钻井液浸泡后	17.5	48.2	2.5	24.2	7.6

图 2-13　1-5 号岩心油基钻井液浸泡前后矿物组成变化

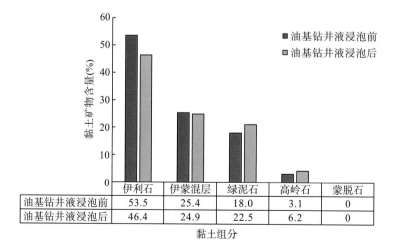

黏土组分	伊利石	伊蒙混层	绿泥石	高岭石	蒙脱石
油基钻井液浸泡前	53.5	25.4	18.0	3.1	0
油基钻井液浸泡后	46.4	24.9	22.5	6.2	0

图 2-14　1-5 号岩心油基钻井液浸泡前后黏土组分变化

石英+碱液：

$$SiO_2 + 2OH^- \longrightarrow SiO_3^{2-} + H_2O \tag{2-5}$$

上述化学反应的强烈程度会因 pH 的不同而有所不同，水基钻井液的 pH 为 9.2，而油基钻井液的 pH 为 11.8。故式(2-3)至式(2-5)所反映的化学反应在油基钻井液中比在水基钻井液中更强烈，因此油基钻井液浸泡后黏土矿物、石英和钾长石的含量比水基钻井液浸泡后低得多。

2.1.2.3　酸损伤样品测试结果

选取酸损伤岩心 1-7、1-9 和 1-11 开展酸损伤前后试样矿物组分测试，得到不同酸损伤时间的矿物组分和原始岩样矿物含量变化的对比图。

图 2-15～图 2-17 所示为相同试样酸损伤前后矿物组成变化情况。实验结果表明，随着酸损伤时间的增加，碳酸盐矿物组分含量呈下降趋势，同时随着酸岩反应时间增加，

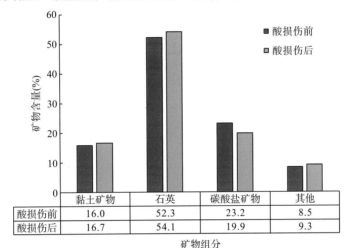

	黏土矿物	石英	碳酸盐矿物	其他
酸损伤前	16.0	52.3	23.2	8.5
酸损伤后	16.7	54.1	19.9	9.3

矿物组分

图 2-15　1-7 号岩心酸损伤 0.5 h 前后矿物组成变化

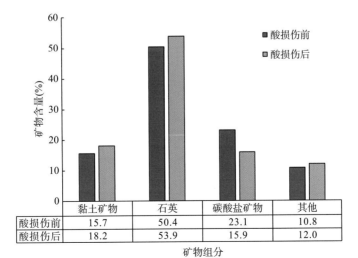

	黏土矿物	石英	碳酸盐矿物	其他
酸损伤前	15.7	50.4	23.1	10.8
酸损伤后	18.2	53.9	15.9	12.0

矿物组分

图 2-16　1-9 号岩心酸损伤 1.5 h 前后矿物组成变化

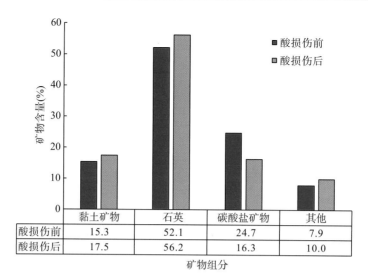

矿物组分	黏土矿物	石英	碳酸盐矿物	其他
酸损伤前	15.3	52.1	24.7	7.9
酸损伤后	17.5	56.2	16.3	10.0

图 2-17 1-11 号岩心酸损伤 6 h 前后矿物组成变化

碳酸盐矿物含量下降的速率越来越慢。主要是由于盐酸主要与方解石和白云石等碳酸盐矿物发生反应，而与黏土和石英等矿物不发生反应。因此黏土、石英和其他矿物的含量增加，碳酸盐矿物的含量减少。盐酸与方解石和白云石发生下列反应。

盐酸与方解石：

$$CaCO_3 + 2HCl \Longrightarrow CaCl_2 + H_2O + CO_2 \uparrow \tag{2-6}$$

盐酸与白云石：

$$CaMg(CO_3)_2 + 4HCl \Longrightarrow CaCl_2 + MgCl_2 + 2H_2O + 2CO_2 \uparrow \tag{2-7}$$

2.1.3　页岩微观损伤机理

运用产自美国 FEI 公司的 Quanta 450 环境扫描电子显微镜对钻井液和酸液损伤前后龙马溪组页岩露头进行微观结构观测与分析，研究钻井液和酸液扰动前后岩样表面的孔隙及矿物碎屑的变化，从而从微观角度分析工作液对岩心内部结构的破坏程度，有利于从微观角度揭示工作液扰动引起岩石力学性质变化的本质。

为减小偶然误差，本书在实验过程中将试样剖开（一分为二），一面与钻井液和酸液接触，另一面作为原样测试。测试过程中，首先将岩样烘干，制备成指甲盖大小的小岩块；然后在其表面喷金提高导电性以提高测试精度；最后将岩样固定在样品台上，观察岩样表面形态及孔隙结构。

2.1.3.1　原始岩样微观结构特征

页岩孔隙空间可以分为 3 种类型——有机孔、无机孔和微裂缝。对所取页岩露头开展电镜扫描，如图 2-18 所示，可以清晰地看到有粒间孔、溶蚀孔和晶间孔等无机孔。同时局部发育方解石和黄铁矿，这与页岩全岩矿物测试结果相一致。此外，通过扫描电镜发现微孔隙发育较好，石英和长石构成岩石骨架，黏土矿物呈片状存在于骨架颗粒之间，起胶结作用。此外，可以发现川南龙马溪组页岩黏土矿物以伊利石为主，含有少量的伊蒙混层。页岩原始岩样微观非均质性较强，颗粒轮廓较为清晰，颗粒大小参差不齐。

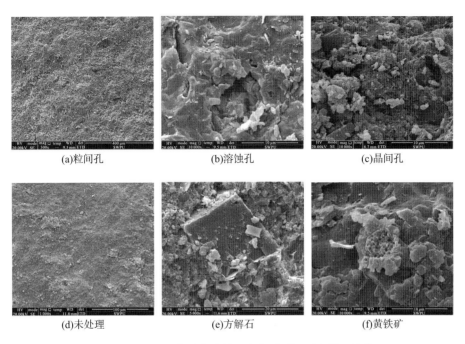

(a)粒间孔　　　　　　　(b)溶蚀孔　　　　　　　(c)晶间孔

(d)未处理　　　　　　　(e)方解石　　　　　　　(f)黄铁矿

图 2-18　工作液扰动前川南龙马溪组页岩微观结构

2.1.3.2　钻井液浸泡岩样微观结构特征

利用扫描电镜分析龙马溪组页岩与不同钻井液体系浸泡 15 天后的微观结构特征变化，如图 2-19 所示。钻井液作用前，主要发育层理缝和粒间孔，缝长均小于 10 μm。

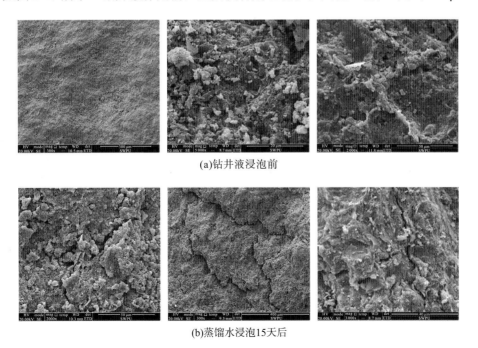

(a)钻井液浸泡前

(b)蒸馏水浸泡15天后

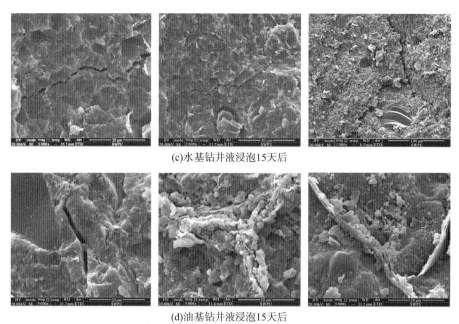

(c)水基钻井液浸泡15天后

(d)油基钻井液浸泡15天后

图 2-19　钻井液作用后页岩微观结构变化

蒸馏水作用后，出现了大面积的微裂缝，缝长也大幅度增加。主要是因为蒸馏水液相沿着微节理和微层理渗入岩心内部，黏土颗粒表面带电性，导致伊蒙混层中的蒙脱石矿物发生水化膨胀，岩石初始的层状结构被破坏，最终产生较多微裂缝。pH 为 9.2 的水基钻井液作用于页岩后，由于水基钻井液碱性较弱，与黏土矿物、石英和钾长石发生缓慢的化学反应，产生的副产物减少了孔隙的渗流空间。此外，水基钻井液会导致黏土发生水化膨胀，产生局部微裂缝。pH 为 11.8 的油基钻井液作用于页岩后，由于油基钻井液具有较强的碱性，将会与黏土矿物、石英和钾长石发生化学反应，诱导微裂缝发育，同时伴随微粒的释放，而微粒会堵塞或者架桥于裂缝狭窄处，出现图 2-19(d) 中的固相颗粒条带，降低裂缝的渗流能力。

2.1.3.3　酸损伤岩样微观结构特征

用质量分数为 15% 的盐酸溶液加压 3 MPa，温度为 70 ℃，处理 6 h 后进行岩样微观形貌测试，如图 2-20 所示。

(a)酸溶蚀　　　　　　　　(b)方解石溶蚀　　　　　　　(c)黄铁矿溶蚀

图 2-20　酸损伤后页岩微观结构变化

如图 2-20(a) 所示，龙马溪组页岩酸损伤处理后岩样表面有许多明显的溶蚀孔洞，被溶蚀的矿物多为碳酸盐矿物。如图 2-20(b) 所示，可以清晰地看见方解石填隙物被完全溶解留下了一个方形的蜂窝状微孔。如图 2-20(c) 所示，可以发现草莓状黄铁矿被溶蚀，留下了许多溶蚀孔，岩石强度下降。原始样品中碳酸盐矿物的分布决定着酸处理后页岩的微观结构，同时酸处理后出现较多的微孔洞，将会提高岩石的渗透率和孔隙度，由此影响储层的起裂压力，故酸损伤意义重大。

2.1.4　页岩试样孔渗变化规律

2.1.4.1　钻井液浸泡前后页岩试样孔渗变化

本书采用氦气孔隙度自动测试仪和基于脉冲衰减法的超低渗气体渗透率测量仪分别对原始岩样和不同钻井液体系浸泡 15 天后的岩样开展孔隙度和渗透率测试。基于玻意耳定律开展孔隙度测试；为减小克氏效应对气体渗透率测试结果的影响，设置回压为 5 MPa，围压为 10 MPa，超低渗气体渗透率测量仪的测量范围为 0.00001~0.1mD。测试结果见表 2-1。

表 2-1　龙马溪组页岩样品浸泡钻井液前后孔渗测试结果

岩样编号	钻井液类型	浸泡时间/d	渗透率(mD)	孔隙度(%)
2-1	未处理	未处理	0.000 214	2.21
	蒸馏水	15	0.032 100	7.06
2-2	未处理	未处理	0.000 245	2.36
	蒸馏水	15	0.031 850	7.91
2-3	未处理	未处理	0.000 235	2.14
	蒸馏水	15	0.032 900	7.84
2-4	未处理	未处理	0.000 194	2.78
	水基	15	0.017 460	6.62
2-5	未处理	未处理	0.000 187	3.12
	水基	15	0.016 643	6.05
2-6	未处理	未处理	0.000 264	2.45
	水基	15	0.021 648	6.62
2-7	未处理	未处理	0.000 231	2.78
	油基	15	0.003 465	5.28
2-8	未处理	未处理	0.000 219	2.33
	油基	15	0.004 380	4.31
2-9	未处理	未处理	0.000 312	3.23
	油基	15	0.007 488	5.49

图 2-21 所示为不同钻井液体系浸泡 15 天后的孔隙度变化情况；图 2-22 所示为不同钻井液体系浸泡后的岩样相对原始岩样孔隙度的增幅。

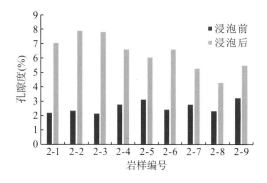

图 2-21　不同钻井液浸泡前后孔隙度变化情况

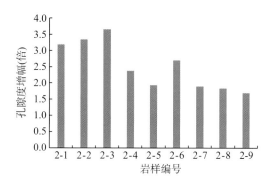

图 2-22　不同钻井液浸泡后孔隙度增幅

不同钻井液体系浸泡页岩 15 天后，总体上孔隙度都有所增大。蒸馏水浸泡后，页岩伊蒙混层中的蒙脱石矿物在毛管力作用下发生水化膨胀，诱导微裂缝发育，使孔隙空间增大，孔隙度升高，这一结果与扫描电镜结果相吻合；水基钻井液浸泡页岩后，同样页岩也会发生渗吸作用，但是由于水基钻井液 pH 为 9.2，碱性较弱，与黏土、石英和钾长石发生反应后会堵塞部分孔喉，导致孔隙度升高不明显；油基钻井液具有较强的碱性，将会与黏土矿物、石英和钾长石发生化学反应，诱导微裂缝发育，同时伴随微粒的释放，而微粒会堵塞或者架桥于裂缝狭窄处，孔隙空间增幅最小。由图 2-22 可知，蒸馏水、水基钻井液和油基钻井液浸泡后，蒸馏水孔隙度增幅最大，平均增幅为 3.4 倍；其次是水基钻井液，平均增幅为 2.34 倍；油基钻井液增幅最小，平均增幅为 1.82 倍。

图 2-23 所示为不同钻井液体系浸泡 15 天后的渗透率变化情况；图 2-24 所示为不同钻井液体系浸泡后的岩样相对原始岩样渗透率的增幅。

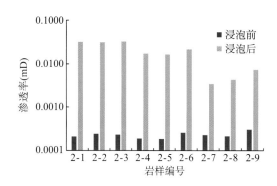

图 2-23　不同钻井液浸泡前后渗透率变化情况

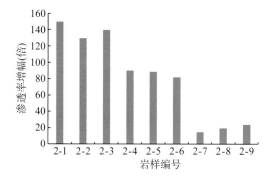

图 2-24　不同钻井液浸泡后渗透率增幅

不同钻井液体系浸泡页岩 15 天后，与孔隙度变化类似，总体上渗透率都有所增大。蒸馏水浸泡后，页岩在毛管力的作用下发生渗吸，诱导微裂缝发育，使渗流空间增大，渗透率增大，这一结果与扫描电镜结果相吻合；水基钻井液浸泡页岩后，同样页岩也会发生渗吸作用，但是由于水基钻井液 pH 为 9.2，碱性较弱，与黏土、石英和钾长石发生反应后会堵塞部分孔喉,导致渗透率增大不明显;油基钻井液具有较强的碱性,将会与黏土矿物、石英和钾长石发生化学反应,诱导微裂缝发育,同时伴随微粒的释放,而微粒会堵塞或者架桥于裂缝狭窄处,减小渗流空间,渗透率增幅最小。由图 2-28 可知,蒸馏水、水基钻井液和油基钻井液浸泡后,蒸馏水渗透率增幅最大,平均增幅为 140 倍;其次是水基钻井液,平均增幅为 87 倍;油基钻井液增幅最小,平均增幅为 20 倍。

2.1.4.2 酸损伤前后页岩试样孔渗变化

运用氦气孔隙度自动测试仪和超低渗气体渗透率测量仪分别对同一岩样不同酸损伤时间孔隙度和渗透率进行测试。测试结果见表 2-2。

表 2-2　龙马溪组页岩酸损伤孔渗测试结果

序号	酸液类型	酸损伤时间(min)	酸液质量分数(%)	渗透率(mD)	孔隙度(%)
1	未处理	未处理	未处理	0.000 221	2.34
2	未处理	未处理	未处理	0.000 236	2.56
3	未处理	未处理	未处理	0.000 268	3.12
4	盐酸	30	15	0.000 401	3.54
5	盐酸	60	15	0.000 542	3.84
6	盐酸	90	15	0.000 734	4.78
7	盐酸	150	15	0.000 781	4.91
8	盐酸	360	15	0.000 832	5.21
9	盐酸	1440	15	0.000 864	5.69
10	盐酸	4320	15	0.000 894	6.37

图 2-25 所示为酸损伤前后孔隙度测试结果;图 2-26 所示为酸损伤后岩样相对于原始岩样孔隙度增幅计算结果。

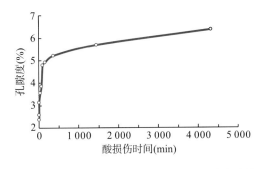
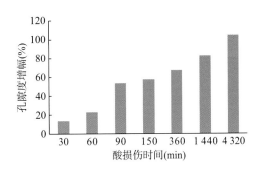

图 2-25　龙马溪组页岩酸损伤前后孔隙度变化情况　　图 2-26　龙马溪组页岩酸损伤岩样孔隙度增幅

随着酸损伤作用时间的增加,龙马溪组页岩试样孔隙度先大幅度增大,随后增速放缓,逐渐平稳。反应时间在 360min 以内时,页岩内部的方解石和白云石等碳酸盐可溶矿物与盐酸充分接触,可溶物被溶蚀留下大量孔洞和微裂缝。此后,随着时间的延续,可溶矿物溶蚀形成新孔隙的速度减慢，孔隙度增大缓慢。反应 360min 后，孔隙度增幅为 66.99%，酸损伤 1 天后的增幅为 82.37%。

图 2-27 所示为酸损伤前后渗透率测试结果；图 2-28 所示为酸损伤后岩样相对于原始岩样渗透率增幅计算结果。

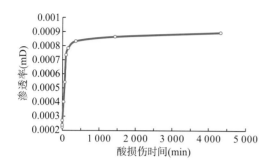
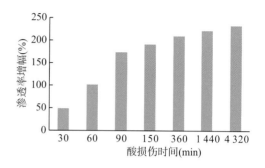

图 2-27　龙马溪组页岩酸损伤前后渗透率变化情况　　图 2-28　龙马溪组页岩酸损伤岩样渗透率增幅

与孔隙度变化类似，随着酸损伤的进行，龙马溪组页岩试样渗透率先大幅度增大，随后增速放缓，逐渐平稳。反应时间在 360min 以内时，页岩内部的方解石和白云石等碳酸盐可溶矿物与盐酸充分接触，可溶物被溶蚀留下大量孔洞和微裂缝。此后，随着时间的延续，可溶矿物溶蚀形成新孔喉的速度减慢，渗透率增大缓慢。反应 360min 后，渗透率增幅为 210.45%。

从钻井液浸泡和酸损伤实验结果可知，工作液扰动后岩样孔隙度与渗透率呈正相关关系。基于孔渗交会图（图 2-29）可以看出酸损伤前后页岩的渗透率与孔隙度均有较好的相关性，渗透率随孔隙度的变化而急剧变化。说明可溶物被溶蚀后形成许多溶蚀孔和微裂缝，而这将引起地层岩石力学的宏观变化，进而影响起裂压力的大小。

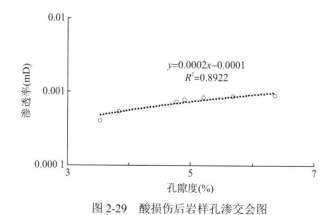

图 2-29　酸损伤后岩样孔渗交会图

2.1.5　页岩力学特征及破坏模式

本书采用不同钻井液体系（蒸馏水、水基钻井液和油基钻井液）浸泡龙马溪组页岩露头

15 天后开展三轴力学实验；同时，基于不同酸损伤时间(0 min、30 min、60 min、90 min、150 min、360 min、1440 min、4320 min)得到的实验试样开展三轴力学实验，获取弹性模量、泊松比和抗压强度等参数，并进一步分析破坏模式，为考虑工作液扰动的起裂压力计算与敏感性分析提供基础参数。

实验采用美国 GCTS 公司 RTR-1000 型三轴岩石力学测试系统。全套装置由高温高压三轴室、围压加压系统、轴向加压系统、数据自动采集控制系统四大部分组成。其中，高温高压三轴室的设计指标如下：围压为 140MPa，温度为 140℃，孔压为 140MPa，可容纳岩样的尺寸为 Φ50 mm，最大轴压为 1 000 kN，轴向应变测试范围为 5mm/mm，周向应变测试范围为 5mm/mm。围压、轴向载荷与位移、应变等信号由数据自动采集控制系统 SCN2000 Digital System Controller 采集与控制。研究区块储层埋深为 2 500 m，最小水平主应力为 60 MPa。故测试围压取 60 MPa，孔压为 31.75 MPa，岩心尺寸为 Φ25mm×50mm，实验测试温度为 70℃。

2.1.5.1　钻井液浸泡前后页岩力学特征及破坏模式

1. 岩石力学实验结果

不同钻井液体系(蒸馏水、水基钻井液和油基钻井液)浸泡 15 天后，开展三轴力学实验，得到对应的轴向差应力-应变曲线，如图 2-30 所示。

为进一步分析不同钻井液体系浸泡后对岩石弹性模量、泊松比和峰值强度的影响。从图 2-30 提取弹性模量、泊松比和峰值强度参数，如图 2-31～图 2-33 所示。

从图 2-31 可以看出，不同钻井液浸泡后弹性模量都有不同程度的降低，其中蒸馏水浸泡后弹性模量降低幅度最大，其次是水基钻井液和油基钻井液。主要是因为蒸馏水浸泡之后蒙脱石等黏土矿物发生水化膨胀，诱导微裂缝发育，导致孔隙空间增大，降低了岩石的宏观力学强度，同时水基钻井液和油基钻井液由于具有碱性，化学溶蚀了部分黏土矿物、石英和钾长石产生溶蚀孔洞和微裂缝，但是释放的微粒通过架桥堵塞部分孔喉，导致强度略低于蒸馏水浸泡。同时从图 2-32 可以看出，浸泡后泊松比略微降低，但变化不明显。从图 2-33 可以看出，岩石峰值强度的变化趋势与弹性模量一致。

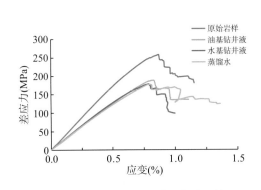

图 2-30　不同钻井液体系浸泡后三轴
差应力-应变曲线

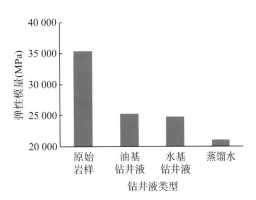

图 2-31　不同钻井液体系浸泡后三轴
实验弹性模量变化情况

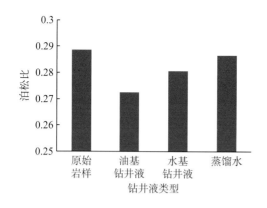

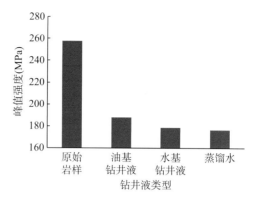

图 2-32　不同钻井液体系浸泡后三轴　　　　图 2-33　不同钻井液体系浸泡后三轴
实验泊松比变化情况　　　　　　　　　　实验峰值强度变化情况

2. 变形破坏特征分析

变形小于 1% 为脆性破坏，1%～5% 为脆性-延性过渡破坏。图 2-30 中应变为 0.8%，为典型的脆性破坏。

页岩的破裂形态基本可以分为三类[2]：张性破坏、单缝剪切破坏和多缝剪切破坏。

图 2-34 所示为不同钻井液浸泡后三轴力学实验的破坏模式。原始岩样破坏为张性破坏，破坏后岩样保持原型；而蒸馏水浸泡后，由于水化膨胀作用导致岩样表面脱落细小的颗粒，表现出剪切破坏特征；水基钻井液和油基钻井液浸泡后页岩破坏表现出明显的双缝剪切破坏，破坏裂缝贯穿整个岩样。

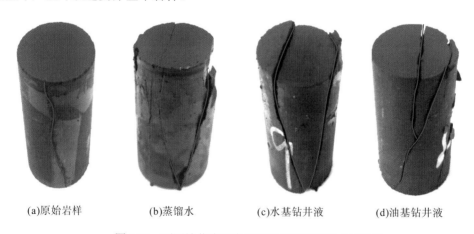

(a)原始岩样　　　　　(b)蒸馏水　　　　　(c)水基钻井液　　　　(d)油基钻井液

图 2-34　不同钻井液浸泡后页岩岩样破坏模式示意图

2.1.5.2　酸损伤前后页岩力学特征及破坏模式

1. 岩石力学实验结果

图 2-35 所示为酸损伤后三轴实验结果，测试围压取 60 MPa，孔压为 31.75 MPa，温度为 70℃。得到不同酸损伤时间下的岩石力学参数。

　　基于图 2-35 的实验结果，进一步得到酸损伤不同时间的弹性模量、泊松比和峰值强度，如图 2-36～图 2-38 所示。

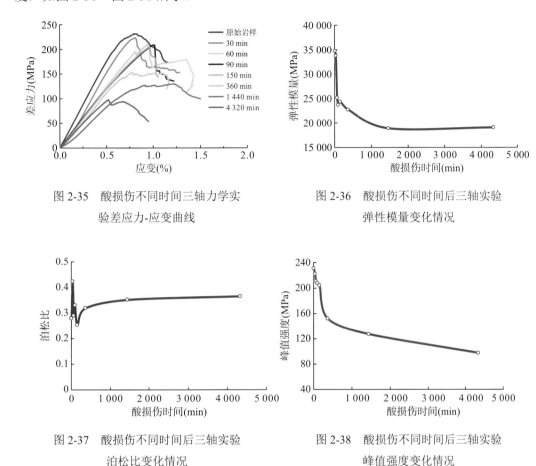

图 2-35　酸损伤不同时间三轴力学实
　　　　　验差应力-应变曲线

图 2-36　酸损伤不同时间后三轴实验
　　　　　弹性模量变化情况

图 2-37　酸损伤不同时间后三轴实验
　　　　　泊松比变化情况

图 2-38　酸损伤不同时间后三轴实验
　　　　　峰值强度变化情况

　　从图 2-36 可以看出，随着酸损伤时间的增加，弹性模量不断减小。总体上从 34 737.69 MPa 减小到 19 075.45 MPa。在 30～60 min 的 30 min 内，弹性模量减小了 8 578.22 MPa，减幅为 25.42%，减小速度为 285.94 MPa/min。在后续时间内，弹性模量减小速率减缓。

　　与弹性模量类似，随着酸损伤时间的增加，页岩试样的峰值强度不断降低，如图 2-38 所示。总体上，从 231.21 MPa 降低到 97.14 MPa，其中下降速度最快的时间段为 150～360 min 的 210 min 内，从 203.74 MPa 降低到 151.75 MPa，下降了 51.99 MPa，降幅为 25.52%，下降速率为 0.2476 MPa/min。在随后的时间里下降速度放缓。随着酸损伤的进行，泊松比（图 2-37）先减小后增大，没有明显的趋势。由此可见酸损伤后，岩石的强度有所降低，进而降低起裂压力，有利于现场实施。

　　2. 变形破坏特征分析

　　基于钻井液浸泡后岩石变形破坏特征分析可以知道，随着酸损伤的进行，变形从 0.8% 逐步增大到 1.25%，即从脆性破坏逐步演变为脆性-延性过渡破坏。

图 2-39 所示为酸损伤不同时间页岩破坏模式。原始岩样破坏后的形态为单裂缝贯穿整个岩样，主要为剪切破坏。随着酸损伤的进行，岩样的破坏模式越来越复杂，从开始的单一裂缝转变为多裂缝混杂破坏。起初还存在张性破坏，随后变成了多裂缝共轭剪切破坏。由此可见，酸损伤后页岩破坏模式变得更加复杂，有助于形成裂缝网络。

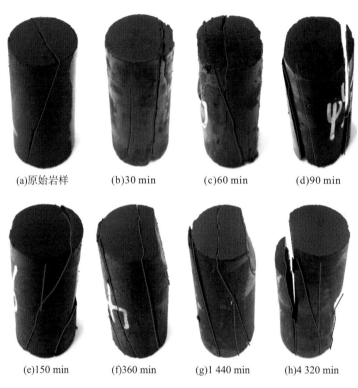

(a)原始岩样　　　(b)30 min　　　(c)60 min　　　(d)90 min

(e)150 min　　　(f)360 min　　　(g)1 440 min　　　(h)4 320 min

图 2-39　酸损伤不同时间页岩岩样破坏模式示意图

2.2　页岩气水平井多簇裂缝竞争起裂研究

基于页岩原地应力、井眼诱导应力和水平井井眼轨迹等，建立综合考虑岩石力学、套管/水泥环力学特征、流体扰动等影响下的页岩气水平井井周应力预测模型；结合钻井液和酸液扰动情况下的岩石力学特征和压裂液注入过程中的渗滤特征，基于最大张应力理论，建立复杂工况下的渗流-应力起裂压力预测模型，并进一步通过引入压力扩散方程，实现压裂过程中井底压力与地层孔隙压力的连续变化分布，分析施工排量、压裂液黏度和地层渗透率对起裂压力的影响[3]；同时基于弹性力学、流体力学、积分变换和复变函数等理论，综合考虑单簇裂缝起裂、多簇裂缝流量动态分配、先起裂射孔簇延伸和裂缝诱导应力等因素[4]，结合裂缝扩展准则，最终建立页岩气水平井多簇射孔竞争起裂与扩展一体化模型。

2.2.1　页岩气水平井渗流-应力耦合起裂模型

2.2.1.1　页岩气水平井井筒围岩应力分布

石油工程中的水力压裂通常是指当射孔孔眼中的孔隙压力增大并达到井眼最大主应力成为拉应力的临界点时，岩石破碎同时裂缝起裂的现象。这种情况取决于射孔孔眼周围的应力重新分布。龙马溪组页岩处于受压应力状态，主要是上覆岩层压力和构造应力作用。当一口井钻遇地层，压实状态下的岩屑被移除后，井眼壁面由钻井液液柱压力支撑。然而，液柱压力通常不能完全匹配原地应力条件，因此会出现应力的重新分布。Hossain 等[5]基于弹性力学理论，考虑原地应力、孔隙压力和压裂液滤失产生的附加压力，建立了射孔方式下的井筒应力分布模型，并运用最大张应力破坏准则，给出了任意角度井筒起裂压力的解析解；最后分析了井眼轨迹、射孔参数和地应力等参数对起裂压力的影响。Fallahzadeh 等[6] 在 Hossain 模型的基础上考虑了套管水泥环的影响，但是他们都忽略了压裂液注入过程中液体滤失对孔隙压力的影响，进而影响破裂压力。本书作者建立了一个改进的起裂压力计算模型，通过引入压力扩散方程耦合压力和排量关系，实现了压裂过程中井底压力与地层孔隙压力的连续变化表征[7]。为了建立数学模型，特做出以下假设。

(1)岩石属于弹性变形介质。

(2)射孔孔径远小于井筒的直径。

(3)岩石对来自射孔孔眼的压裂液是可渗透的；流体微可压缩，忽略毛细管效应。

(4)渗透性岩石中的流体渗透呈现向外径向流动，流体前沿完全被压裂液侵入。

1. 原地应力坐标变换

地层原地应力状态包含 3 个相互正交的主应力，即上覆岩层应力 σ_v、最大水平主应力 σ_H 和最小水平主应力 σ_h。水平井的井眼方位一般沿着最小水平主应力方向，故水平井的井筒轴向与垂直方向不一致，存在一个夹角，即井斜角 $\psi(\psi=\pi/2)$，而井筒轴向与最大水平主应力夹角为 $\beta(\beta=\pi/2)$，即为方位角。

许多学者研究了通过地层任意方向的钻孔周围的应力重新分布。本书提出了理论原理、变量命名和坐标系。为方便起见，本书定义了与原地应力方向相关的坐标系，以讨论该问题，如图 2-40 所示[8]。

为了便于分析水平井的地应力分布，需要将原地应力从大地坐标系(1，2，3)转换到井筒坐标系(x, y, z)上。其中，坐标轴(1，2 和 3)分别与 3 个正交的主应力(σ_v、σ_H 和 σ_h)方向一致。坐标(x, y, z)与井眼有关，并且 Oz 轴与井眼的轴线方向一致，而 Ox 和 Oy 轴位于垂直于井眼的平面中。通过使用右手定则和 3 轴旋转，可以将有旋转方位角的坐标从(1，2，3)转换为(x_1, y_1, z_1)。使用类似的方法，用 y_1 轴进一步将(x_1, y_1, z_1)转换为(x, y, z)。下面将详细阐述坐标转换过程。

任何维的旋转都可以表述为向量与合适尺寸方阵的乘积。最终旋转等价于在另一个不同坐标系下对点位置的重新表述。因此坐标系旋转角度 α 等同于将目标点围绕坐标原点反方向旋转同样的角度 α。若以坐标系的 3 个坐标轴 x、y、z 分别作为旋转轴，则点实际上只在垂直坐标轴的平面上做二维旋转。

假设三维坐标系中的某一向量 $\overrightarrow{OP}=(x_2,y_2,z_2)^{\mathrm{T}}$，其在直角坐标系中的形式如图 2-41 所示。其中，点 P 在 12 平面、13 平面和 23 平面上的投影分别为点 M、点 Q 和点 N。

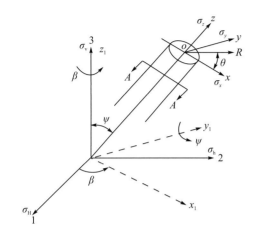

图 2-40　地应力坐标系及井筒坐标系示意图

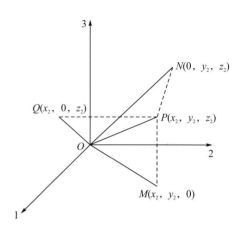

图 2-41　点在 3 个坐标平面上的投影

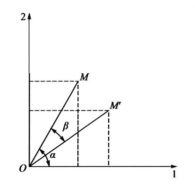

图 2-42　点在 12 平面旋转示意图

基于以上坐标变换理论，坐标变换的步骤如下。

（1）首先将坐标系（1，2，3）以 3 轴为轴，按右手定则正向旋转 β 角，转换到坐标系（x_1，y_1，z_1）。

坐标系绕 3 轴逆时针旋转 β 角，相当于在 12 平面的投影 OM 绕原点顺时针旋转 β 角到 OM'，如图 2-42 所示。

设旋转前 P 点坐标为 $(x_2,y_2,z_2)^{\mathrm{T}}$，旋转后 P' 点坐标为 $(x_2',y_2',z_2')^{\mathrm{T}}$，则点 M 的坐标为 $(x_2,y_2)^{\mathrm{T}}$，点 M' 的坐标为 $(x_2',y_2')^{\mathrm{T}}$。由此可得

$$x_2 = OM\cos\alpha \tag{2-8}$$

$$y_2 = OM\sin\alpha \tag{2-9}$$

$$x_2' = OM'\cos(\alpha-\beta) \tag{2-10}$$

$$y_2' = OM'\sin(\alpha-\beta) \tag{2-11}$$

旋转过程中 $OM=OM'$，并对式(2-10)和式(2-11)进行三角展开可得

$$x_2' = OM(\cos\alpha\cos\beta+\sin\alpha\sin\beta)=x_2\cos\beta+y_2\sin\beta \tag{2-12}$$

$$y_2' = OM(\sin\alpha\cos\beta-\cos\alpha\sin\beta)=-x_2\sin\beta+y_2\cos\beta \tag{2-13}$$

而旋转过程中 $z'=z$，由此可得旋转矩阵为

$$\boldsymbol{R}_z(\beta) = \begin{bmatrix} \cos\beta & \sin\beta & 0 \\ -\sin\beta & \cos\beta & 0 \\ 0 & 0 & 1 \end{bmatrix} \tag{2-14}$$

(2)将坐标系(x_1, y_1, z_1)以z轴为轴，按右手定则正向旋转ψ角，转换到坐标系(x, y, z)，坐标系绕z轴顺时针旋转ψ角，相当于在13平面的投影OQ绕原点逆时针旋转ψ角，同理可得此时的旋转矩阵为

$$\boldsymbol{R}_y(\psi) = \begin{bmatrix} \cos\psi & 0 & -\sin\psi \\ 0 & 1 & 0 \\ \sin\psi & 0 & \cos\psi \end{bmatrix} \tag{2-15}$$

根据式(2-14)和式(2-15)，将原地应力坐标系(1，2，3)转换到井筒坐标系(x, y, z)的过程用矩阵表示为

$$\begin{bmatrix} x \\ y \\ z \end{bmatrix} = \begin{bmatrix} \cos\psi & 0 & -\sin\psi \\ 0 & 1 & 0 \\ \sin\psi & 0 & \cos\psi \end{bmatrix} \begin{bmatrix} \cos\beta & \sin\beta & 0 \\ -\sin\beta & \cos\beta & 0 \\ 0 & 0 & 1 \end{bmatrix} \begin{bmatrix} 1 \\ 2 \\ 3 \end{bmatrix} \tag{2-16}$$

式(2-16)可进一步化简为

$$\begin{bmatrix} x \\ y \\ z \end{bmatrix} = \begin{bmatrix} \cos\beta\cos\psi & \sin\beta\cos\psi & -\sin\psi \\ -\sin\beta & \cos\beta & 0 \\ \cos\beta\sin\psi & \sin\beta\sin\psi & \cos\psi \end{bmatrix} \begin{bmatrix} 1 \\ 2 \\ 3 \end{bmatrix} \tag{2-17}$$

因此，转换后的应力分量与原地应力的转换关系为

$$\begin{bmatrix} \sigma_x^o & \tau_{xy}^o & \tau_{xz}^o \\ \tau_{yx}^o & \sigma_y^o & \tau_{yz}^o \\ \tau_{zx}^o & \tau_{zy}^o & \sigma_z^o \end{bmatrix} = [T] \begin{bmatrix} \sigma_H & & \\ & \sigma_h & \\ & & \sigma_v \end{bmatrix} [T]^T \tag{2-18}$$

式中，$[T] = \begin{bmatrix} \cos\beta\cos\psi & \sin\beta\cos\psi & -\sin\psi \\ -\sin\beta & \cos\beta & 0 \\ \cos\beta\sin\psi & \sin\beta\sin\psi & \cos\psi \end{bmatrix}$；$\sigma_x^o$、$\sigma_y^o$、$\sigma_z^o$为坐标系$(x, y, z)$下各面的法向主应力分量，MPa；$\tau_{xy}^o$、$\tau_{xz}^o$、$\tau_{yz}^o$、$\tau_{yx}^o$、$\tau_{zy}^o$、$\tau_{zx}^o$为坐标系$(x, y, z)$下各面的切应力分量，MPa。

由式(2-18)得到井眼周围的正应力分量和剪应力分量：

$$\begin{cases} \sigma_x^o = (\sigma_H\cos^2\beta + \sigma_h\sin^2\beta)\cos^2\psi + \sigma_v\sin^2\psi \\ \sigma_y^o = \sigma_H\sin^2\beta + \sigma_h\cos^2\beta \\ \sigma_z^o = (\sigma_H\cos^2\beta + \sigma_h\sin^2\beta)\sin^2\psi + \sigma_v\cos^2\psi \\ \tau_{xy}^o = (\sigma_h - \sigma_H)\cos\psi\sin\beta\cos\beta \\ \tau_{yz}^o = (\sigma_h - \sigma_H)\sin\psi\sin\beta\cos\beta \\ \tau_{zx}^o = (\sigma_H\cos^2\beta + \sigma_h\sin^2\beta - \sigma_v)\sin\psi\cos\psi \end{cases} \tag{2-19}$$

式中，σ_H、σ_h、σ_v分别为最大、最小水平主应力和垂向应力，MPa；ψ、β分别为井斜角和方位角，(°)。

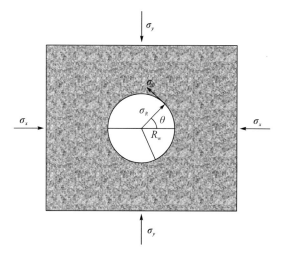

图 2-43　井筒截面应力分析

2. 原地应力场诱导应力

原地应力转换到 (x, y, z) 坐标系之后，由于井筒为圆柱形，需要进一步得到柱坐标系 (R, θ, z) 中的应力分布。在井筒受力分析过程中，规定压应力为正，拉应力为负。基于页岩储层岩石为弹性变形的特征，分析各应力分量对井筒周围应力的贡献值，运用应力叠加原理获取井筒围岩原地应力状态。为此，特选取水平井筒的一横截面及其周围的地层为研究对象，如图 2-43 所示。

1) 原地应力分量产生的应力场

基于弹性力学理论中无限大平板孔边应力集中问题的研究[9]，可获取原地应力分量 σ_x^o 产生的应力场：

$$
\begin{cases}
\sigma_R^x = \dfrac{\sigma_x^o}{2}\left(1 - \dfrac{R_w^2}{R^2}\right) + \dfrac{\sigma_x^o}{2}\left(1 + 3\dfrac{R_w^4}{R^4} - 4\dfrac{R_w^2}{R^2}\right)\cos 2\theta \\[2mm]
\sigma_\theta^x = \dfrac{\sigma_x^o}{2}\left(1 + \dfrac{R_w^2}{R^2}\right) - \dfrac{\sigma_x^o}{2}\left(1 + 3\dfrac{R_w^4}{R^4}\right)\cos 2\theta \\[2mm]
\tau_{R\theta}^x = -\dfrac{\sigma_x^o}{2}\left(1 - 3\dfrac{R_w^4}{R^4} + 2\dfrac{R_w^2}{R^2}\right)\sin 2\theta
\end{cases}
\tag{2-20}
$$

同理，σ_y^o 产生的应力场为

$$
\begin{cases}
\sigma_R^y = \dfrac{\sigma_y^o}{2}\left(1 - \dfrac{R_w^2}{R^2}\right) - \dfrac{\sigma_y^o}{2}\left(1 + 3\dfrac{R_w^4}{R^4} - 4\dfrac{R_w^2}{R^2}\right)\cos 2\theta \\[2mm]
\sigma_\theta^y = \dfrac{\sigma_y^o}{2}\left(1 + \dfrac{R_w^2}{R^2}\right) + \dfrac{\sigma_y^o}{2}\left(1 + 3\dfrac{R_w^4}{R^4}\right)\cos 2\theta \\[2mm]
\tau_{R\theta}^y = \dfrac{\sigma_y^o}{2}\left(1 - 3\dfrac{R_w^4}{R^4} + 2\dfrac{R_w^2}{R^2}\right)\sin 2\theta
\end{cases}
\tag{2-21}
$$

τ_{xy}^o 产生的应力场为

$$
\begin{cases}
\sigma_R^{xy} = \tau_{xy}^o\left(1 + 3\dfrac{R_w^4}{R^4} - 4\dfrac{R_w^2}{R^2}\right)\sin 2\theta \\[2mm]
\sigma_\theta^{xy} = -\tau_{xy}^o\left(1 + 3\dfrac{R_w^4}{R^4}\right)\sin 2\theta \\[2mm]
\tau_{R\theta}^{xy} = \tau_{xy}^o\left(1 - 3\dfrac{R_w^4}{R^4} + 2\dfrac{R_w^2}{R^2}\right)\cos 2\theta
\end{cases}
\tag{2-22}
$$

式中，σ_R、σ_θ、σ_z 分别为径向应力、周向应力和沿着井眼方向的轴向应力分量，MPa；$\tau_{R\theta}$、$\tau_{\theta z}$、τ_{Rz} 分别为剪应力，MPa；R_w、R 为井筒半径和井眼到地层中某一点的径向距

离，m；θ 为相对于 x 轴的方位角(如射孔方位角)，(°)。

2) σ_z^o、τ_{xz}^o 和 τ_{yz}^o 诱导井筒周围应力

将本问题简化为平面应变问题，即 $\varepsilon_z=0$。同时，结合胡克定律及相容方程得到正应力 σ_z^o 产生的应力为

$$\sigma_z = \sigma_z^o - v\left[2(\sigma_x^o - \sigma_y^o)\frac{R_w^2}{R^2}\cos 2\theta + 4\tau_{xy}^o\frac{R_w^2}{R^2}\sin 2\theta\right] \tag{2-23}$$

式中，v 为岩石泊松比，无因次。

非平面剪应力不会导致体积改变，即

$$\nabla^2 u_i = 0 \tag{2-24}$$

式中，$u_i(i=z,R,\theta)$ 为位移分量，m。

下面计算 τ_{xz}^o 引起的应力分量，由弹性力学理论可知：

$$u_z = \left(AR + \frac{B}{R}\right)\cos\theta \tag{2-25}$$

$$u_R = Cz\cos\theta \tag{2-26}$$

$$u_\theta = -Cz\sin\theta \tag{2-27}$$

对应的应力分量为

$$\tau_{\theta z} = -\left(E + F + \frac{H}{R^2}\right)\sin\theta \tag{2-28}$$

$$\tau_{Rz} = \left(E + F - \frac{H}{R^2}\right)\cos\theta \tag{2-29}$$

式中，A、B、C、E、F、H 为边界条件对应的常数。

边界条件：

$R = R_w$ 时，

$$\tau_{Rz} = 0 \tag{2-30}$$

$R \to \infty$ 时，

$$\begin{cases} \tau_{\theta z} = -\tau_{xz}^o\sin\theta \\ \tau_{Rz} = \tau_{xz}^o\cos\theta \end{cases} \tag{2-31}$$

将式(2-29)和式(2-28)代入式(2-30)和式(2-31)中，得到：

$$\begin{cases} \tau_{\theta z} = -\tau_{xz}^o\left(1 + \frac{R_w^2}{R^2}\right)\sin\theta \\ \tau_{Rz} = \tau_{xz}^o\left(1 - \frac{R_w^2}{R^2}\right)\cos\theta \end{cases} \tag{2-32}$$

同理，可得 τ_{yz}^o 引起的应力分量为

$$\begin{cases} \tau_{\theta z} = \tau_{yz}^o\left(1 + \frac{R_w^2}{R^2}\right)\cos\theta \\ \tau_{Rz} = \tau_{yz}^o\left(1 - \frac{R_w^2}{R^2}\right)\sin\theta \end{cases} \tag{2-33}$$

运用弹性力学线性叠加原理，将式(2-20)至式(2-33)叠加，得到原地应力在(R, θ, z)坐标系下的应力分布：

$$
\begin{cases}
\sigma_R = \dfrac{\sigma_x^o + \sigma_y^o}{2}\left(1 - \dfrac{R_w^2}{R^2}\right) + \dfrac{\sigma_x^o - \sigma_y^o}{2}\left(1 + 3\dfrac{R_w^4}{R^4} - 4\dfrac{R_w^2}{R^2}\right)\cos 2\theta + \tau_{xy}^o\left(1 + 3\dfrac{R_w^4}{R^4} - 4\dfrac{R_w^2}{R^2}\right)\sin 2\theta \\[3mm]
\sigma_\theta = \dfrac{\sigma_x^o + \sigma_y^o}{2}\left(1 + \dfrac{R_w^2}{R^2}\right) - \dfrac{\sigma_x^o - \sigma_y^o}{2}\left(1 + 3\dfrac{R_w^4}{R^4}\right)\cos 2\theta - \tau_{xy}^o\left(1 + 3\dfrac{R_w^4}{R^4}\right)\sin 2\theta \\[3mm]
\sigma_z = \sigma_z^o - \nu\left[2(\sigma_x^o - \sigma_y^o)\dfrac{R_w^2}{R^2}\cos 2\theta + 4\tau_{xy}^o\dfrac{R_w^2}{R^2}\sin 2\theta\right] \\[3mm]
\tau_{R\theta} = \dfrac{\sigma_y^o - \sigma_x^o}{2}\left(1 - 3\dfrac{R_w^4}{R^4} + 2\dfrac{R_w^2}{R^2}\right)\sin 2\theta + \tau_{xy}^o\left(1 - 3\dfrac{R_w^4}{R^4} + 2\dfrac{R_w^2}{R^2}\right)\cos 2\theta \\[3mm]
\tau_{\theta z} = \left(-\tau_{xz}^o\sin\theta + \tau_{yz}^o\cos\theta\right)\left(1 + \dfrac{R_w^2}{R^2}\right) \\[3mm]
\tau_{Rz} = \left(\tau_{xz}^o\cos\theta + \tau_{yz}^o\sin\theta\right)\left(1 - \dfrac{R_w^2}{R^2}\right)
\end{cases}
\tag{2-34}
$$

3. 套管水泥环诱导应力

对于套管射孔完井的页岩储层，由于套管固井在岩石蠕变之前，当套管内部压裂液压力施加到井筒中时，岩石发生蠕变，此时只有一部分井筒压力传递到地层。因此，套管对起裂压力的影响不可忽视。同时，套管的弹性模量明显大于水泥环和岩石的弹性模量，而岩石弹性模量与水泥环的弹性模量是相同数量级，可以将水泥环与地层统一为一个整体，只研究套管与地层这两个弹性体的相互接触问题，套管水泥环周围应力分布的俯视图如图 2-44 所示。

套管井井眼模型简化为如图 2-45 所示的空心圆柱体，外部为无限大弹性体。无限大空心圆柱体具有沿圆柱轴线的完全旋转对称性。假设以圆柱体承受应力 σ_v 作为起点，可以得出它承受内部压力 p_w 和外部应力 σ_{ro} 时的圆柱体应力表达式。外部应力始终为正，与 θ 和 z 无关。

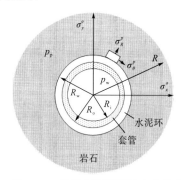

图 2-44　套管水泥环周围应力分布

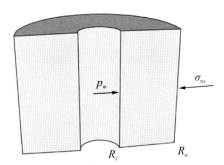

图 2-45　井筒模型示意图

选取井筒模型的任意微小单元，并建立柱坐标系，如图 2-46 所示。为了确定柱坐标系中的应力分布，从所考察的井筒模型中取出微分体对其进行分析。柱坐标系相当于笛卡

儿直角坐标系绕 z 轴旋转 θ 角度，各应力分量的正负与直角坐标中规定的一致。

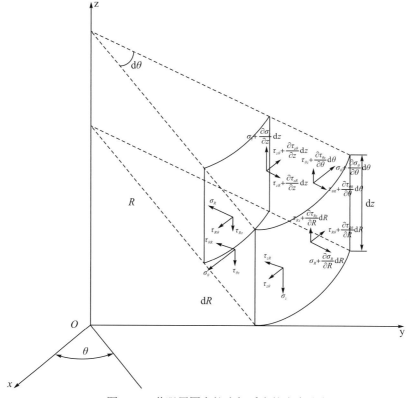

图 2-46　井眼周围在柱坐标系中的应力分布

除作用于井筒表面的力之外，还可能存在作用于井筒各部分的力，这种力称为体力。重力就是体力的一个例子。本书定义 f_R、f_θ 和 f_z 表示作用于井筒内部点 (R, θ, z) 单位质量的体力分量。根据符号约定，如果 f_R 作用在 R 的负方向上，则 f_R 是正的，对于 f_θ 和 f_z 的符号规定与 f_R 是一致的。例如，考虑密度为 ρ 的材料取微小体积 ΔV。如果 z 是垂直轴，则重力作用在这个微小体积上的体力是 $\rho f_z \Delta V = \rho g \Delta V$，其中 g 是重力加速度。

由于应力随着 θ 的变化而变化，因此结合泰勒级数展开式，取前两项，可以得到微分体各部分受力情况，如图 2-46 所示。微分体厚度为 dz，计算得到体积为 $R d\theta dR dz$。

将微分体受力投影到 R 轴上，由 $\sum F_R = 0$ 可得

$$
\begin{aligned}
&\left(\sigma_R + \frac{\partial \sigma_R}{\partial R} dR\right)(R + dR) d\theta dz - \sigma_R R d\theta dz - \left(\sigma_\theta + \frac{\partial \sigma_\theta}{\partial \theta} d\theta\right) dR dz \sin\frac{d\theta}{2} \\
&- \sigma_\theta dR dz \sin\frac{d\theta}{2} - \tau_{\theta R} dR dz \cos\frac{d\theta}{2} + \left(\tau_{\theta R} + \frac{\partial \tau_{\theta R}}{\partial \theta} d\theta\right) dR dz \cos\frac{d\theta}{2} \\
&- \tau_{z\theta} R d\theta dz \sin\frac{d\theta}{2} - \left(\tau_{z\theta} + \frac{\partial \tau_{z\theta}}{\partial z} dz\right)(R + dR) d\theta dz \sin\frac{d\theta}{2} \\
&+ \left(\tau_{zR} + \frac{\partial \tau_{zR}}{\partial z} dz\right) R d\theta dR \cos\frac{d\theta}{2} - \tau_{zR} R dR d\theta \cos\frac{d\theta}{2} + f_R \rho R dR d\theta dz = 0
\end{aligned} \tag{2-35}
$$

由于 $\mathrm{d}\theta$ 为微小量，故：

$$\sin\frac{\mathrm{d}\theta}{2}\approx\frac{\mathrm{d}\theta}{2} \tag{2-36}$$

$$\cos\frac{\mathrm{d}\theta}{2}\approx 1 \tag{2-37}$$

将式(2-35)化简后，除以 $R\mathrm{d}\theta\mathrm{d}R\mathrm{d}z$，再略去二阶微量，得 R 方向的平衡微分方程：

$$\frac{\partial\sigma_R}{\partial R}+\frac{1}{R}\frac{\partial\tau_{\theta R}}{\partial\theta}+\frac{\partial\tau_{zR}}{\partial z}+\frac{\sigma_R-\sigma_\theta}{R}+\rho f_R=0 \tag{2-38}$$

同理，可得 θ 和 z 方向的平衡微分方程：

$$\frac{1}{R}\frac{\partial\sigma_\theta}{\partial\theta}+\frac{\partial\tau_{R\theta}}{\partial R}+\frac{\partial\tau_{z\theta}}{\partial z}+\frac{2\tau_{R\theta}}{R}+\rho f_\theta=0 \tag{2-39}$$

$$\frac{\partial\sigma_z}{\partial z}+\frac{\partial\tau_{Rz}}{\partial R}+\frac{1}{R}\frac{\partial\tau_{\theta z}}{\partial\theta}+\frac{\tau_{Rz}}{R}+\rho f_z=0 \tag{2-40}$$

通过以上公式可以很清晰地看到，变形只发生在径向方向，沿轴向无变形，故该模型为平面应变问题，即 $\varepsilon_z=0$。因此，平衡方程可以简化为

$$\frac{\mathrm{d}\sigma_R}{\mathrm{d}R}+\frac{\sigma_R-\sigma_\theta}{R}=0 \tag{2-41}$$

径向有效应力和切向有效应力[10]为

$$\sigma_R'=(\lambda+2G)\varepsilon_R+\lambda\varepsilon_\theta+\lambda\varepsilon_z \tag{2-42}$$

$$\sigma_\theta'=\lambda\varepsilon_R+(\lambda+2G)\varepsilon_\theta+\lambda\varepsilon_z \tag{2-43}$$

式中，σ_R'、σ_θ' 为径向有效应力和切向有效应力，MPa；λ、G 为拉梅常量(横向拉应力/纵向拉应变)和剪切模量，MPa。ε_R、ε_θ、ε_z 为径向、切向和垂向应变，无因次。

由有效应力理论可知：

$$\sigma_R'=\sigma_R-\alpha p_\mathrm{p} \tag{2-44}$$

$$\sigma_\theta'=\sigma_\theta-\alpha p_\mathrm{p} \tag{2-45}$$

式中，σ_R、σ_θ 为径向应力和切向应力，MPa；α 为孔弹性系数，无因次；p_p 为地层孔隙压力，MPa。

同时，应变与位移 u 的关系为

$$\varepsilon_R=\frac{\partial u}{\partial R} \tag{2-46}$$

$$\varepsilon_\theta=\frac{u}{R} \tag{2-47}$$

联立式(2-41)～式(2-47)，得到用径向位移 u 代替应力的微分方程：

$$\frac{\mathrm{d}^2u}{\mathrm{d}R^2}+\frac{1}{R}\frac{\mathrm{d}u}{\mathrm{d}R}-\frac{u}{R^2}+\frac{\alpha}{\lambda+2G}\frac{\mathrm{d}p_\mathrm{p}}{\mathrm{d}R}=0 \tag{2-48}$$

对于恒定孔压，方程(2-48)可以化简为

$$\frac{\mathrm{d}^2u}{\mathrm{d}R^2}+\frac{1}{R}\frac{\mathrm{d}u}{\mathrm{d}R}-\frac{u}{R^2}=\frac{\mathrm{d}}{\mathrm{d}R}\left(\frac{\mathrm{d}u}{\mathrm{d}R}+\frac{u}{R}\right)=\frac{\mathrm{d}}{\mathrm{d}R}\left[\frac{1}{R}\frac{\mathrm{d}(Ru)}{\mathrm{d}R}\right]=0 \tag{2-49}$$

中间括号中的和可以被认为是径向和切向应变的总和，因此可以看出它是恒定不变

的。连同平面应变条件($\varepsilon_z=0$)一起，井眼周围的应力重新分布不会导致任何体积变化，即 $\varepsilon_{vol}=0$。此外，根据胡克定律［方程(2-50)］可知平均应力是恒定的。

$$K = \frac{\sigma_p}{\varepsilon_{vol}} = \lambda + \frac{2}{3}G \tag{2-50}$$

式中，K 为体积模量，MPa；ε_{vol} 为体积应变，无因次；σ_p 为平均应力，MPa。

求解方程(2-49)得其通解：

$$u = C_1 R + \frac{C_2}{R} \tag{2-51}$$

式中，C_1、C_2 为积分常数，无因次。

径向和切向应变为

$$\varepsilon_R = \frac{\mathrm{d}u}{\mathrm{d}R} = C_1 - \frac{C_2}{R^2} \tag{2-52}$$

$$\varepsilon_\theta = \frac{u}{R} = C_1 + \frac{C_2}{R^2} \tag{2-53}$$

将式(2-52)、式(2-53)、式(2-44)、式(2-45)代入式(2-42)，得

$$\sigma_R - \alpha p_p = (2\lambda + 2G)C_1 - 2G\frac{C_2}{R^2} \tag{2-54}$$

将所有 R 独立项组合在一个常量中，将 R^2 项组合在另一个常量中，得到套管水泥环的应力表达式为

$$\begin{cases} \sigma_R = \dfrac{A}{R^2} + B(1+2\ln R) + 2C \\ \sigma_\theta = -\dfrac{A}{R^2} + B(3+2\ln R) + 2C \\ \tau_{R\theta} = 0 \end{cases} \tag{2-55}$$

位移分量为

$$\begin{cases} u_R = \dfrac{1-v^2}{E} + \left[-\left(1+\dfrac{v}{1-v}\right)\dfrac{A}{R} + 2\left(1-\dfrac{v}{1-v}\right)BR(\ln R - 1) + \left(1-3\dfrac{v}{1-v}\right)BR \right. \\ \qquad \left. + 2\left(1-\dfrac{v}{1-v}\right)CR \right] + I\cos\theta + J\sin\theta \\ u_\theta = \dfrac{4BR\theta(1-v^2)}{E} + HR - I\sin\theta + J\cos\theta \end{cases} \tag{2-56}$$

式中，A、B、C、H、I、J 为任意常数，无因次；E 为弹性模量，MPa。

由式(2-55)可以得到套管水泥环的应力表达式：

$$\begin{cases} \sigma_R' = \dfrac{A'}{R^2} + 2C' \\ \sigma_\theta' = -\dfrac{A'}{R^2} + 2C' \end{cases} \tag{2-57}$$

无限大弹性体的应力表达式为

$$\begin{cases} \sigma_R = \dfrac{A}{R^2} + 2C \\[4mm] \sigma_\theta = -\dfrac{A}{R^2} + 2C \end{cases} \tag{2-58}$$

井筒内部受到均布流体压力 p_w 作用，由圣维南原理知，距离井筒无穷远处应力为 0，并且在两个弹性体接触面上受到的位移和应力值相等，得到最终的边界条件为

$$\begin{cases} \left(\sigma_R'\right)_{R=R_i} = p_w \\[2mm] \left(\sigma_R\right)_{R\to\infty} = \left(\sigma_\theta\right)_{R\to\infty} = 0 \\[2mm] \left(\sigma_R\right)_{R=R_o} = \left(\sigma_R'\right)_{R=R_o} \\[2mm] \left(u_R\right)_{R=R_o} = \left(u_R'\right)_{R=R_o} \end{cases} \tag{2-59}$$

联立式(2-57)～式(2-59)得到由套管水泥环引起的井筒和地层应力分量表达式：

$$\begin{cases} \sigma_R' = p_w \dfrac{\left[1 + (1-2\nu_c)n\right]\dfrac{R_o^2}{R^2} - (1-n)}{\left[1 + (1-2\nu_c)n\right]\dfrac{R_o^2}{R_i^2} - (1-n)} \\[8mm] \sigma_\theta' = -p_w \dfrac{\left[1 + (1-2\nu_c)n\right]\dfrac{R_o^2}{R^2} + (1-n)}{\left[1 + (1-2\nu_c)n\right]\dfrac{R_o^2}{R_i^2} - (1-n)} \\[8mm] \sigma_R = -\sigma_\theta = p_w \dfrac{2(1-\nu_c)n\dfrac{R_o^2}{R^2}}{\left[1 + (1-2\nu_c)n\right]\dfrac{R_o^2}{R_i^2} - (1-n)} \end{cases} \tag{2-60}$$

式中，$n = \dfrac{E(1+\nu_c)}{E_c(1+\nu)}$；$E$、$E_c$ 为地层和井筒的弹性模量，MPa；ν、ν_c 为地层和井筒的泊松比，无因次；σ_R、σ_R' 为地层和井筒的径向应力分量，MPa；R_o、R_i 为套管的外径和内径，m；σ_θ、σ_θ' 为地层和井筒的周向应力分量，MPa。

因此，结合式(2-60)可知，沿着径向距离，套管井周围岩石的诱导应力分布可以写成如下形式：

$$\begin{cases} \sigma_R^p = TF \dfrac{R_o^2}{R^2} p_w \\[4mm] \sigma_\theta^p = -TF \dfrac{R_o^2}{R^2} p_w \end{cases} \tag{2-61}$$

$$TF = \dfrac{\left[\dfrac{2n(1-\nu_c)}{R_o^2 - R_i^2} R_i^2\right]}{\left[1 + n\dfrac{R_i^2 + (1-2\nu_c)R_o^2}{R_o^2 - R_i^2}\right]} \tag{2-62}$$

式中，σ_R^p、σ_θ^p 为井眼周围由套管诱导产生的径向应力和周向应力，MPa；R_o、R_i 为套

管的外径和内径，m；p_w 为井底压力，MPa；TF 为传导系数，代表井眼中的压力向地层岩石中传导。

4. 页岩气水平井眼总应力分布

考虑页岩储层原地应力和套管水泥环井筒注液的影响，通过叠加原地主应力 σ_H、σ_h、σ_v 和井底压力 p_w 的综合效应，可以推导出套管井筒周围的总应力分布：

$$\begin{cases} \sigma_R^c = \sigma_R + \sigma_R^p \\ \sigma_\theta^c = \sigma_\theta + \sigma_\theta^p \\ \sigma_z^c = \sigma_z \\ \tau_{R\theta}^c = \tau_{R\theta} \\ \tau_{\theta z}^c = \tau_{\theta z} \\ \tau_{Rz}^c = \tau_{Rz} \end{cases} \tag{2-63}$$

式中，σ_R^c、σ_θ^c、σ_z^c 为径向应力、周向应力和沿着井眼方向的轴向应力，MPa；$\tau_{R\theta}^c$、$\tau_{\theta z}^c$、τ_{Rz}^c 为井眼周围的剪应力，MPa。

将式(2-34)和式(2-61)代入式(2-63)得套管井筒周围的总应力分布：

$$\begin{cases} \sigma_R^c = \dfrac{\sigma_x^o + \sigma_y^o}{2}\left(1 - \dfrac{R_w^2}{R^2}\right) + \dfrac{\sigma_x^o - \sigma_y^o}{2}\left(1 + 3\dfrac{R_w^4}{R^4} - 4\dfrac{R_w^2}{R^2}\right)\cos 2\theta + \tau_{xy}^o\left(1 + 3\dfrac{R_w^4}{R^4} - 4\dfrac{R_w^2}{R^2}\right)\sin 2\theta + TF\dfrac{R_o^2}{R^2}p_w \\[2mm] \sigma_\theta^c = \dfrac{\sigma_x^o + \sigma_y^o}{2}\left(1 + \dfrac{R_w^2}{R^2}\right) - \dfrac{\sigma_x^o - \sigma_y^o}{2}\left(1 + 3\dfrac{R_w^4}{R^4}\right)\cos 2\theta - \tau_{xy}^o\left(1 + 3\dfrac{R_w^4}{R^4}\right)\sin 2\theta - TF\dfrac{R_o^2}{R^2}p_w \\[2mm] \sigma_z^c = \sigma_z^o - \nu\left[2(\sigma_x^o - \sigma_y^o)\dfrac{R_w^2}{R^2}\cos 2\theta + 4\tau_{xy}^o\dfrac{R_w^2}{R^2}\sin 2\theta\right] \\[2mm] \tau_{R\theta}^c = \dfrac{\sigma_y^o - \sigma_x^o}{2}\left(1 - 3\dfrac{R_w^4}{R^4} + 2\dfrac{R_w^2}{R^2}\right)\sin 2\theta + \tau_{xy}^o\left(1 - 3\dfrac{R_w^4}{R^4} + 2\dfrac{R_w^2}{R^2}\right)\cos 2\theta \\[2mm] \tau_{\theta z}^c = \left(-\tau_{xz}^o\sin\theta + \tau_{yz}^o\cos\theta\right)\left(1 + \dfrac{R_w^2}{R^2}\right) \\[2mm] \tau_{Rz}^c = \left(\tau_{xz}^o\cos\theta + \tau_{yz}^o\sin\theta\right)\left(1 - \dfrac{R_w^2}{R^2}\right) \end{cases} \tag{2-64}$$

2.2.1.2　页岩气水平井射孔孔眼周围应力分布

1. 射孔孔眼产生的应力分布

在套管射孔完井的水力压裂过程中，压裂液通过射孔孔眼与地层岩石连通，因此裂缝沿着射孔孔眼的某个位置起裂。当压裂液注入井筒时，射孔孔眼和井底压力同时增加（图 2-47）。因此，确定沿射孔孔眼的应力分布至关重要。

在水力压裂过程中，射孔孔眼壁面的径向、周向、轴向和剪切应力受到射孔相位角和射孔井筒周围径向距离的影响。上述所有应力都是射孔孔眼上的远场应力，其在射孔孔道附近的岩石中产生应力的重新分布，如图 2-47(b)所示。沿着射孔孔道应力分布复杂，需要进行数值模拟[11]。然而，井眼直径远大于射孔孔眼的直径，所以射孔可近似为垂直于井眼轴的圆柱形开微米型的孔。此外，沿着射孔孔道的应力重新分布可视为平面问题，如图 2-48 所示[12]。

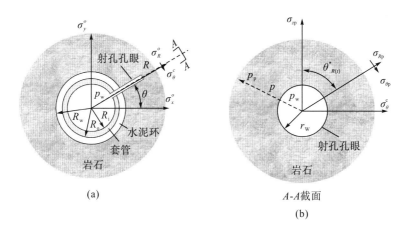

(a)

(b)

A-A截面

图 2-47 射孔孔眼周围的应力分布

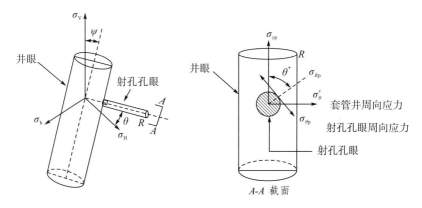

A-A 截面

图 2-48 射孔孔眼中周向应力重新分布示意图

在水力压裂开始的过程中，射孔孔道中的压力等于井筒中的压力。因此，射孔孔道和井筒被视为具有不同尺寸的两个正交的交叉孔。基于这个假定的几何形状，沿着射孔孔道的应力集中可以写成如下形式[12, 13]：

$$
\begin{cases}
\sigma_{Rp} = p_w \\
\sigma_{\theta p} = \left(\sigma_x^o + \sigma_y^o + \sigma_z\right) + 2\left(\sigma_x^o + \sigma_y^o - \sigma_z\right)\cos 2\theta^* - 2\left(\sigma_x^o - \sigma_y^o\right)\left(\cos 2\theta + 2\cos 2\theta \cos 2\theta^*\right) \\
\qquad - 4\tau_{xy}^o\left(1 + 2\cos 2\theta\right)\sin 2\theta - 4\tau_{\theta z}\sin 2\theta^* - 2p_w\left(\cos 2\theta^* + 1\right) \\
\sigma_{zp} = \sigma_R^c - \nu\left[2\left(\sigma_z - \sigma_\theta\right)\cos 2\theta^* + 4\tau_{\theta z}\sin 2\theta^*\right] \\
\tau_{\theta zp} = 2\left(-\tau_{Rz}\sin\theta^* + \tau_{R\theta}\cos\theta^*\right) \\
\tau_{R\theta p} = \tau_{Rzp} = 0
\end{cases}
\tag{2-65}
$$

式中，θ^* 为轴 σ_{zp} 投影到射孔孔眼截面之后在截面上转过的角度，(°)（图 2-48）；下标 p

为射孔孔眼。

方程(2-65)对于任何方向的射孔井眼都是有效的，并且同时考虑了原地应力、井筒、套管水泥环和射孔的影响，表达了套管水泥环和射孔井筒射孔孔道的应力重新分布[14]。

2. 流体渗滤诱导应力

本书通过引入压力扩散方程，考虑压裂过程中地层压力变化[3, 14]。当流体被注入井筒，射孔孔眼压力 p_w 和原始地层压力 p_p 将会在渗透的岩石中诱导一个外径向流动。将地层考虑为均质可渗透，同时孔隙流体的特性与压裂液一致。这样，由流体渗滤产生的应力场可以表示为[15]

$$
\begin{cases}
\sigma_{rp}^{F} = -\dfrac{\alpha(1-2\nu)}{(1-\nu)\left[R^2(t)-r_w^2\right]}\int_{r_w}^{R(t)} pr\mathrm{d}r \\[4mm]
\sigma_{\theta p}^{F} = \dfrac{\alpha(1-2\nu)}{(1-\nu)}\left[\dfrac{1}{\left[R^2(t)-r_w^2\right]}\int_{r_w}^{R(t)} pr\mathrm{d}r - p_p\right] \\[4mm]
\sigma_{zp}^{F} = \dfrac{\alpha(1-2\nu)}{(1-\nu)}\left[\dfrac{1}{\left[R^2(t)-r_w^2\right]}\int_{r_w}^{R(t)} pr\mathrm{d}r - p_p\right] \\[4mm]
\tau_{r\theta}^{F} = \tau_{rz}^{F} = \tau_{\theta z}^{F} = 0
\end{cases}
\tag{2-66}
$$

式中，上标 F 为由流体渗滤产生的诱导应力，MPa；α 为孔弹性系数，数值介于 0 和 1 之间，无量纲；$R(t)$ 为由于流体渗滤产生的扰动半径，m；r_w 为射孔孔眼半径，m；p 为地层中位置 r 处，t 时刻的孔隙压力，MPa；p_p 为地层压力，MPa；r 为地层中某一点到射孔孔眼处的距离，m。

$R(t)$ 和 p_w 共同依赖于孔隙压力变化。为了得到射孔孔眼周围总压力分布的显式表达式，必须首先计算由于流体流动导致的孔隙压力分布。当井眼在 $t=0$ 时刻开始增压且具有恒定的注入速率 Q_i 时，由于流体流过多孔岩石，导致井眼周围孔隙压力 p_p 的变化。当流体从可渗透界面渗滤时，从压力扩散方程可以获得井眼附近孔隙压力剖面的增量，并且将其处理为达西一维径向渗流，以径向坐标系表示如下[16]：

$$
\frac{\partial^2 p}{\partial r^2} + \frac{1}{r}\frac{\partial p}{\partial r} = \frac{\phi\mu c}{k}\frac{\partial p}{\partial t}
\tag{2-67}
$$

式中，k 为岩石的渗透率，μm^2；ϕ 为地层孔隙度，无因次；μ 为流体的动力黏度，mPa·s；c 为压裂液的压缩系数，MPa^{-1}；t 为液体注入的持续时间，s。

相应的初始和边界条件如下。

初始条件：

$$
t = 0, p(r) = p_p
\tag{2-68}
$$

内边界条件：

$$
r = r_w, r\frac{\partial p}{\partial r} = -\frac{1}{n_{p,i}}\frac{Q_i\mu}{2\pi kL_{p,i}}, t > 0
\tag{2-69}
$$

外边界条件：

$$
r \to \infty, p(r) = p_p, t > 0
\tag{2-70}
$$

式中，Q_i 为第 i 条裂缝压裂液注入排量，m^3/min；$n_{p,i}$ 为第 i 条裂缝射孔孔眼数，无因次；$L_{p,i}$ 为第 i 条裂缝射孔孔眼深度，m。

文献中给出了不同处理方法下不同的边界条件得到式(2-67)的解，但这些解法大多涉及复杂的积分和贝塞尔函数，计算起来不方便。因此，本书采用点源解。点源解通过对数函数和叠加来近似。注入期间井筒和地层中的孔隙压力分布的表达式如下[16-18]：

$$p(r) = p_p + \frac{Q_i \mu}{4\pi n_{p,i} k L_{p,i}} \left[-Ei\left(-\frac{\phi \mu c r^2}{4kt} \right) \right] \tag{2-71}$$

式中，Ei 为被定义的幂积分函数，其表达式为

$$Ei(-x) = -\int_x^\infty \frac{e^{-y}}{y} dy = 0.5772 + \ln x + \sum_{k=1}^\infty \frac{(-1)^k x^k}{k!k} \tag{2-72}$$

式(2-71)是方程(2-67)的基本解，当井眼半径相对于无限大地层无限小时，引入的错误可以忽略。关注注入期间的两个压力：井底压力 p_w 和地层压力 p_p。

压力分布的扰动半径 $R(t)$ 与移动前沿相关联。要解决这个问题，必须考虑时间可变，并通过以下转换来实现。首先运用式(2-71)得到不同时间和位置的地层压力分布。对于一个给定的时刻，孔隙压力将从井眼到给定的半径处减小。当孔隙压力等于原始地层压力时，该半径即为扰动半径 $R(t)$。

3. 沿射孔孔眼总应力分布

在井壁 R_w 处，射孔孔眼总应力的重新分布可以通过应力分量叠加得到：

$$\begin{cases} \sigma_{Rp} = p_w - \dfrac{\alpha(1-2v)}{(1-v)\left[R^2(t) - r_w^2\right]} \int_{r_w}^{R(t)} pr\,dr \\[3mm] \sigma_{\theta p} = \left(\sigma_x^o + \sigma_y^o + \sigma_z\right) + 2\left(\sigma_x^o + \sigma_y^o - \sigma_z\right)\cos 2\theta^* - 2\left(\sigma_x^o - \sigma_y^o\right)\left(\cos 2\theta + 2\cos 2\theta \cos 2\theta^*\right) \\[2mm] \quad\quad - 4\tau_{xy}^o(1 + 2\cos 2\theta)\sin 2\theta - 4\tau_{\theta z}\sin 2\theta^* - 2p_w\left(\cos 2\theta^* + 1\right) \\[2mm] \quad\quad + \dfrac{\alpha(1-2v)}{(1-v)}\left[\dfrac{1}{\left[R^2(t) - r_w^2\right]} \int_{r_w}^{R(t)} pr\,dr - p_p \right] \\[4mm] \sigma_{zp} = \sigma_R^c - v\left[2(\sigma_z - \sigma_\theta)\cos 2\theta^* + 4\tau_{\theta z}\sin 2\theta^*\right] + \dfrac{\alpha(1-2v)}{(1-v)}\left[\dfrac{1}{\left[R^2(t) - r_w^2\right]} \int_{r_w}^{R(t)} pr\,dr - p_p \right] \\[4mm] \tau_{\theta zp} = 2\left(-\tau_{Rz}\sin\theta^* + \tau_{R\theta}\cos\theta^*\right) \\[2mm] \tau_{R\theta p} = \tau_{Rzp} = 0 \end{cases} \tag{2-73}$$

2.2.1.3　裂缝起裂准则

张性破坏通常被用来预测裂缝起裂压力，它假设在井壁的任意一点，一旦最大主应力分量达到页岩的抗张强度时裂缝起裂，对应的 3 个主应力如下：

$$\sigma_1 = \sigma_{Rp} \tag{2-74}$$

$$\sigma_2 = \frac{1}{2}\left[\left(\sigma_{\theta p} + \sigma_{zp}\right) + \sqrt{\left(\sigma_{\theta p} - \sigma_{zp}\right)^2 + 4\left(\tau_{\theta zp}\right)^2} \right] \tag{2-75}$$

$$\sigma_3 = \frac{1}{2}\left[\left(\sigma_{\theta p} + \sigma_{zp} \right) - \sqrt{\left(\sigma_{\theta p} - \sigma_{zp} \right)^2 + 4\left(\tau_{\theta zp} \right)^2} \right] \tag{2-76}$$

通过对比式(2-74)至式(2-76)知道，σ_3 表示井壁处的最大张应力(负值)。

当流体渗滤时，页岩储层中孔隙压力增大；而注液过程中，会导致地层岩石弹性模量变化，影响孔弹性系数，后续将详细介绍孔弹性系数的获取方法，孔弹性效应会减小有效最大主应力：

$$\sigma_f = \sigma_3 - \alpha \overline{p}_{R(t)} \tag{2-77}$$

页岩有效强度 σ_f 是地层中 σ_3 孔隙压力分布的函数。在流体注入过程中的体积平衡，也遵循单位时间内压裂井的注入体积等于弹性流体在扰动区域压缩的改变量。扰动区域的平均压力为

$$\overline{p}_{R(t)} = \frac{1}{\pi\left[R^2(t) - r_w^2 \right]} \int_{r_w}^{R(t)} p \cdot 2\pi r \cdot \mathrm{d}r = \frac{2}{R^2(t) - r_w^2} \int_{r_w}^{R(t)} pr\mathrm{d}r \tag{2-78}$$

式中，σ_f 为岩石的有效强度，MPa。

最大张应力准则用来确定起裂压力：

$$\sigma_f \leqslant -\sigma_t \tag{2-79}$$

式中，σ_t 为岩石抗张强度，MPa。

裂缝起裂的方向不是沿着井眼轴线而是沿着裂缝起裂角 γ 的方向，这可以通过使用莫尔圆来确定：

$$\gamma = \frac{1}{2}\arctan\frac{2\tau_{\theta zp}}{\sigma_{zp} - \sigma_{\theta p}} \tag{2-80}$$

式中，γ 为裂缝起裂角，(°)。

2.2.1.4　孔弹性系数的获取

岩石的内部结构与普通固体材料不同，它由固体颗粒和孔隙构成。而孔隙中一般饱和有流体，因此岩石一般会受到外部和流体内部应力的共同作用，石油工程中一般采用有效应力来描述。同样，岩石的破坏也是基于有效应力理论。本书将详细阐述压裂过程中孔弹性系数的获取方法。

孔弹性系数一般都采用如下定义[10]：

$$\alpha = 1 - \frac{C_{ma}}{C_b} \tag{2-81}$$

式中，C_{ma} 为骨架体积压缩系数，MPa^{-1}；C_b 为岩石体积压缩系数，MPa^{-1}。

骨架体积压缩系数 C_{ma} 和岩石体积压缩系数 C_b 的定义如下[10]：

$$C_{ma} = \frac{1}{K_{ma}} \tag{2-82}$$

$$C_b = \frac{1}{K_b} = \frac{3(1-2\nu)}{E} \tag{2-83}$$

式中，K_{ma} 为骨架体积模量，MPa；K_b 为岩石体积模量，MPa。

将式(2-82)和式(2-83)代入式(2-81)中得

$$\alpha = 1 - \frac{E}{3K_{ma}(1-2\nu)} \tag{2-84}$$

一般认为骨架体积模量 K_{ma} 为常数。在页岩气水力压裂裂缝起裂过程中，压裂液的注入导致岩石含水增加，页岩的弹性模量 E 也发生变化，而泊松比 ν 变化较小。Yew 等[19] 通过实验测试曼科斯（Mancos）页岩不同含水量下的弹性模量和泊松比变化情况，证明了此结论。实验结果表明，弹性模量与含水量呈负相关关系，泊松比变化不大。

为得到弹性模量随含水量的变化关系，本书采用龙马溪组页岩露头，开展滑溜水压裂液渗吸实验。实验温度为 25 ℃，压力为 1 atm。首先将制备的 $\Phi 25$ mm×50 mm 标准岩样在烘干箱中干燥 24 h，然后称重，记为干燥岩样的质量 m_0；将岩样完全浸没于滑溜水压裂液（淡水+0.1%降阻剂+0.1%防膨剂+1%助排剂），然后每隔 6 h 取出一块岩样测量此时岩样质量 m，测量完后开展三轴压缩试验（围压为 40 MPa）获取弹性模量和泊松比。

页岩岩样的含水量计算公式如下：

$$\omega = \frac{m - m_0}{m_0} \times 100\% \tag{2-85}$$

式中，ω 为页岩岩样含水量，无因次；m_0 为干燥岩样质量，g；m 为不同浸水时间含水岩样质量，g。

表 2-3 为页岩岩样渗吸后三轴实验获取的弹性模量和泊松比数据。结果表明，随着含水量的增加，弹性模量降低，而泊松比变化不大。

表 2-3　页岩渗吸后弹性模量和泊松比变化

序号	干岩样质量(g)	吸水后质量(g)	含水量(%)	弹性模量(MPa)	泊松比
1	63.221	64.014	1.25	30624.9	0.278
2	64.832	65.956	1.73	28842.1	0.282
3	64.754	66.224	2.27	28488.5	0.275
4	62.821	64.589	2.81	25957.7	0.284
5	62.714	64.915	3.51	25395.5	0.292
6	63.225	66.074	4.51	19042.7	0.304

为进一步明确弹性模量与含水量的关系，特做出弹性模量随含水量变化的曲线，如图 2-49 所示。

拟合弹性模量 E 与含水量 ω 的关系，得

$$E = -2\,272.6\omega + 33\,152 \tag{2-86}$$

在计算起裂压力时，由于不同时刻地层压力分布不同，进而产生不同的扰动半径 $R(t)$。因此，压裂过程中射孔孔眼附近的含水量可以定义为某时间段注入压裂液的质量与扰动半径所波及范围内岩石质量的比值，即

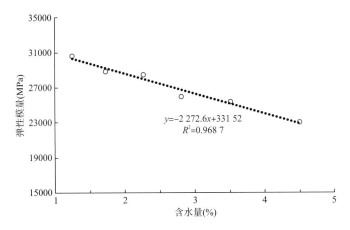

图 2-49　弹性模量随含水量变化的曲线

$$\omega = \begin{cases} \dfrac{Q_i \rho_s t}{60\pi n_{p,i}\left(R(t)^2 - r_w^2\right)L_{p,i}\rho_r}, & \omega < \dfrac{\phi\rho_s}{(1-\phi)\rho_r} \\[4mm] \dfrac{\phi\rho_s}{(1-\phi)\rho_r}, & \omega \geqslant \dfrac{\phi\rho_s}{(1-\phi)\rho_r} \end{cases} \tag{2-87}$$

式中，ρ_s 为压裂液密度，kg/m^3；ρ_r 为地层岩石密度，kg/m^3；S_w 为束缚水饱和度，%。

将式(2-86)和式(2-87)代入式(2-84)，得孔弹性系数表达式为

$$\alpha = \begin{cases} 1 - \dfrac{\dfrac{-2\,272.6 Q_i \rho_s t}{60\pi n_{p,i}\left[R(t)^2 - r_w^2\right]L_{p,i}\rho_r} + 33152}{3K_{ma}(1-2\nu)}, & \omega < \dfrac{\phi\rho_s}{(1-\phi)\rho_r} \\[6mm] 1 - \dfrac{-2\,272.6\dfrac{\phi\rho_s}{(1-\phi)\rho_r} + 33\,152}{3K_{ma}(1-2\nu)}, & \omega \geqslant \dfrac{\phi\rho_s}{(1-\phi)\rho_r} \end{cases} \tag{2-88}$$

式(2-88)孔弹性系数计算为半经验公式，如果将压裂过程中页岩弹性模量考虑为定值，即不考虑地层注液页岩吸水导致弹性模量降低，式(2-88)将简化为经典的孔弹性系数计算公式(2-84)。

求取孔弹性系数，并为模型计算提供基础参数，特开展孔弹性系数计算与影响因素分析。选取四川盆地长宁区块的 Y1 页岩气井参数作为模拟的基础参数，具体见表 2-4。

表 2-4　孔弹性系数计算基础参数

参数名	数值	参数名	数值
最大水平主应力(MPa)	72.9	井眼半径(m)	0.1
最小水平主应力(MPa)	60	射孔深度(m)	0.5
垂向应力(MPa)	63.4	孔眼半径(m)	0.005
原始地层孔隙压力(MPa)	31.75	射孔数量(个)	16
岩石弹性模量(MPa)	25 000	射孔相位角(°)	60
岩石泊松比	0.22	注入液体排量(m³/min)	4

续表

参数名	数值	参数名	数值
岩石抗张强度(MPa)	2.94	注入液黏度(mPa·s)	3
岩石密度(kg/m³)	2 650	压裂液密度(kg/m³)	1 000
岩石骨架体积模量(MPa)	26 448	地层渗透率(nD)	500
套管弹性模量(MPa)	210 000	储层厚度(m)	6
套管泊松比	0.3	综合压缩系数(10^{-4}MPa^{-1})	9.3
套管外径(mm)	139.7	孔隙度(%)	6.3
套管内径(mm)	115.4	井筒井斜角(°)	101.9
温度(℃)	97	井筒方位角(°)	90
束缚水饱和度(%)	3		

分析地层孔隙度、渗透率及压裂液施工排量对孔弹性系数的影响。基于前期开展的工作液扰动对页岩微观结构及岩石力学性质的影响实验研究,选取不同页岩孔隙度(2%、4%、6%、8%、10%)、不同渗透率(10 nD、100 nD、500 nD、1000 nD、5000 nD)及不同施工排量(1 m³/min、2 m³/min、3 m³/min、4 m³/min、5 m³/min)开展敏感性分析。

图 2-50～图 2-52 所示分别为孔隙度、渗透率和排量变化时,裂缝起裂时孔弹性系数的变化规律。随着孔隙度的增大,岩石胶结程度变弱,孔隙空间变大,弹性模量降低,进而孔弹性系数增大;随着渗透率增大,岩石孔喉增大,吸水量增加,导致弹性模量降低,孔弹性系数增大;同样,随着施工排量的增大,注入岩石中的液体增加,岩石含水量增大,导致弹性模量降低,孔弹性系数增大。

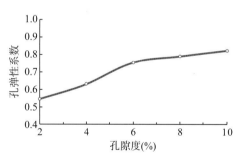

图 2-50　孔弹性系数随孔隙度的变化曲线

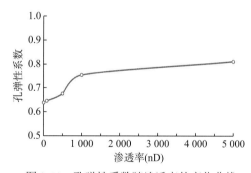

图 2-51　孔弹性系数随渗透率的变化曲线

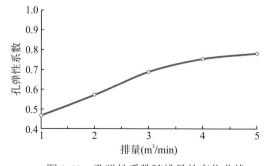

图 2-52　孔弹性系数随排量的变化曲线

2.2.1.5　模型求解步骤

将上述流体驱动裂缝问题，结合几何模型对外部载荷的响应，应用于模拟储层的有效应力和流体边界条件。已经设计了迭代算法对控制方程和边界条件进行离散。通过求解方程控制起裂过程，可以计算出对于给定的初始地层孔隙压力、压裂液黏度、岩石渗透率和注入速率诱导裂缝所需的井底压力 p_w。计算流程图如图 2-53 所示。通过完成以下步骤以连续的增量计算地层内的压力分布。

(1) 计算沿着射孔孔眼总的压力分布。式 (2-73) 中考虑井眼轨迹、原地应力、套管水泥环、射孔孔眼和流体渗滤。

(2) 估算渗透区的扰动半径 $R(t)$。干扰区域代表着地层孔隙压力的变化。地层孔隙压力仅在该区域内改变。对于某一个注入时间 t，式 (2-71) 用于计算地层中沿半径的孔隙压力分布 $p(r)$，式 (2-70) 和式 (2-71) 确定扰动半径 $R(t)$，式 (2-78) 用于计算平均压力 $\overline{p}_{R(t)}$。

(3) 将井底压力 p_w 和孔隙压力 $p(r)$ 分布代入式 (2-74) ~ 式 (2-78) 计算最大有效拉应力分量，然后检查该分量是否满足式 (2-79) 的失效准则。如果不满足失效准则，执行步骤 (4)。

(4) 计算新压力的分布 $p(r)$。更新所有运行变量，如扰动半径 $R(t)$，孔隙压力分布 p，平均压力 $\overline{p}_{R(t)}$ 和井底压力 p_w，并继续步骤 (2) 和 (3)。

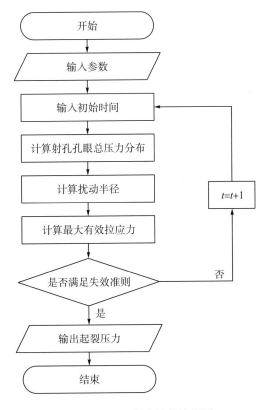

图 2-53　程序计算流程图

2.2.1.6 模型验证与影响因素分析

本书基于文献[3]中岩样真三轴实验数据开展了物模实验验证，进而运用 Hossain 等[5] 和 Fallahzadeh 等[6]的理论模型对本书建立的页岩气水平井渗流-应力起裂压力模型进行了理论模型验证，最后分析地层参数、施工参数和射孔参数对起裂压力的影响。

1. 模型验证

1）物模实验验证

运用文献[3]中的真三轴物模实验数据开展了物模实验验证，具体的模型输入参数见表 2-5。

表 2-5　物模实验验证基础参数

参数名	数值	参数名	数值
最大水平主应力(MPa)	24	井眼半径(mm)	4
最小水平主应力(MPa)	16	射孔深度(mm)	40
垂向应力(MPa)	32	孔眼半径(mm)	2
原始地层孔隙压力(MPa)	0	射孔数量	6
岩石弹性模量(MPa)	25 000	射孔相位角(°)	90
岩石泊松比	0.25	注入液体排量(cm^3/min)	5
岩石抗张强度(MPa)	4	注入液黏度(MPa·s)	100
Biot 系数	0.8	地层渗透率(mD)	1
套管弹性模量(MPa)	206 000	储层厚度(mm)	300
套管泊松比	0.3	综合压缩系数(10^{-4} MPa^{-1})	5
套管外径(mm)	12	孔隙度(%)	13.5
套管内径(mm)	8	井筒井斜角(°)	30
温度(℃)	97	井筒方位角(°)	0

test1、test2 和 test3 设置的井筒方位角都为 0°，井斜角分别为 0°、30°、60°。计算结果表明，本模型计算的结果与物模实验的相对误差分别为 1.46%、2.13% 和 1.91%，吻合度较高，从而从实验角度验证了本模型的可靠性，具体计算结果如图 2-54 所示。

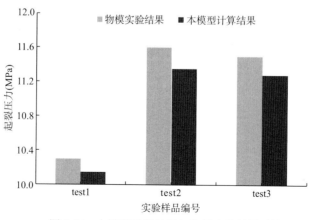

图 2-54　本模型计算结果与物模实验结果对比

2)理论模型验证

Hossain 等[5]讨论了在任意方位和井斜条件下井眼轨迹和射孔对水力压裂裂缝起裂的影响，给出了任意角度的井筒起裂压力计算公式，并对井筒上单个射孔的情况给出了解析解。Fallahzadeh 等[6]运用解析和数值模拟方法分析了任意井斜角和方位角射孔孔眼周围的应力分布，在此基础上建立了一个解析模型用于预测井眼周围射孔中的裂缝起裂压力和裂缝方位角。本书运用 Hossain 等[5]和 Fallahzadeh 等[6]的理论模型对页岩气水平井渗流-应力起裂压力模型进行了验证。

选取四川盆地长宁区块 Y1 页岩气井参数作为模拟的基础参数，目前页岩气压裂多以 3 簇为主，施工排量为 12 m³/min。由于建立的模型只考虑单簇情形，故将现场施工排量折算到单簇，即 4 m³/min，模型计算基础参数见表 2-6。

表 2-6 模型计算基础参数

参数名	数值	参数名	数值
最大水平主应力(MPa)	72.9	井眼半径(mm)	0.1
最小水平主应力(MPa)	60	射孔深度(mm)	0.5
垂向应力(MPa)	63.4	孔眼半径(mm)	0.005
原始地层孔隙压力(MPa)	31.75	射孔数量	16
岩石弹性模量(MPa)	25000	射孔相位角(°)	60
岩石泊松比	0.22	注入液体排量(m³/min)	4
岩石抗张强度(MPa)	2.94	注入液黏度(MPa·s)	3
Biot 系数	0.5	地层渗透率(nD)	500
套管弹性模量(MPa)	210000	储层厚度(m)	6
套管泊松比	0.3	综合压缩系数(10^{-4} MPa⁻¹)	9.3
套管外径(mm)	139.7	孔隙度(%)	6.3
套管内径(mm)	115.4	井筒井斜角(°)	101.9
温度(℃)	97	井筒方位角(°)	75

图 2-55 展示了本模型计算得到起裂压力随射孔深度变化与两个经典模型的对比图。本模型计算起裂压力为 73.62 MPa，实测值为 72.1 MPa，吻合度较高。图中红线代表本书所建立的模型，起裂压力基本保持在 73.62 MPa，并且随着射孔深度变化，起裂压力变化较小。此外，紫色线和红线对比结果表明渗流效应使起裂压力降低约 0.82 MPa。本书建立模型时考虑了井眼周围的流体渗滤和孔隙压力变化的影响，减少了井眼周岩的有效应力，使裂缝更容易起裂。

Hossain 模型假设裂缝在套管与射孔孔眼相交处起裂，计算得到的起裂压力为 75.26 MPa，比实测值高，这是因为 Hossain 模型没有考虑套管和压裂液渗滤而导致孔隙压力变化，即假设孔隙压力恒定不变。Fallahzadeh 模型计算结果表明，裂缝起裂压力随射孔深度的增加而增大，井筒与射孔孔眼交点存在最低起裂压力，为 72.74 MPa。然而，Fallahzadeh 模型将射孔孔眼简化为一个小的裸眼孔洞，没有考虑射孔孔眼引起的额外应力。此外，Fallahzadeh 模型没有考虑流体渗滤和套管效应。

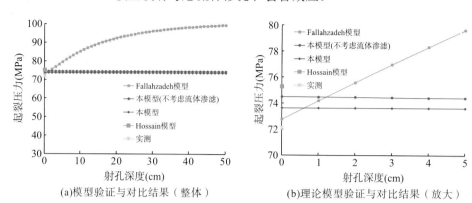

(a)模型验证与对比结果（整体）　　(b)理论模型验证与对比结果（放大）

图 2-55　理论模型验证与对比结果

2. 起裂压力影响因素分析

针对建立的页岩气水平井渗流-应力起裂压力模型，基于表 2-6 所示的基础参数，分别从地层参数、施工参数及射孔参数 3 个方面开展影响因素分析，以进一步明确单簇裂缝起裂规律，为后续研究竞争起裂奠定基础。

1）地层参数

分析地层参数对起裂压力的影响时，主要考虑压裂注液过程中页岩储层孔隙压力、页岩储层渗透率、综合压缩系数、弹性模量、泊松比及原地应力状态的变化。

（1）储层孔隙压力变化。

本书建立的起裂压力模型通过引入压力扩散方程，可以考虑注液过程中地层孔隙压力的变化。通过模型求解，分析不同注入时间下地层孔隙压力的变化情况。

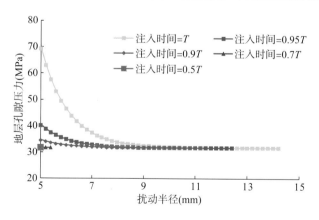

图 2-56　不同注入时间下孔隙压力随扰动半径的变化曲线

图 2-56 所示为不同注入时间下的孔隙压力随扰动半径的变线曲线。初始时刻射孔孔眼附近孔隙压力变化较小。随着注入时间的增加，射孔孔眼附近的压力变化越来越大。随着扰动半径的增大，孔隙压力显著降低。随着注入时间的增加，扰动半径增大。例如，对

于 0.95T 的注入时间(其中 T 是裂缝起裂的注入时间)，扰动半径为 7.4 mm，而裂缝起裂点的扰动半径为 9.2 mm。

(2)储层渗透率变化。

渗透率作为储层关键的物性参数,时刻影响着地层压力变化,进而影响储层起裂压力。在保持其他参数不变的前提下,设置不同系列的储层渗透率,以研究渗透率对储层起裂压力的影响。

图 2-57 所示为不同渗透率下地层孔隙压力随扰动半径变化曲线,图 2-58 为不同渗透率下起裂压力和平均地层压力变化曲线。可以看出,起裂压力随着渗透率的增大而降低。对于高渗储层,井筒中压力更容易波及周围地层,扰动半径更大,将会导致在地层中积累更高的孔隙压力。由于孔隙压力增大,产生孔弹性效应并降低起裂压力,有助于井壁破裂。这些结果与实验观察结果一致,即渗透性地层起裂压力低于非渗透地层的起裂压力[20]。

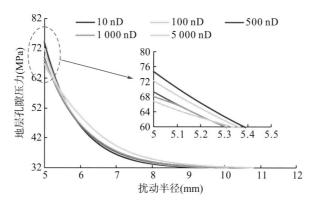

图 2-57　不同渗透率下扰动半径与孔隙压力的关系曲线

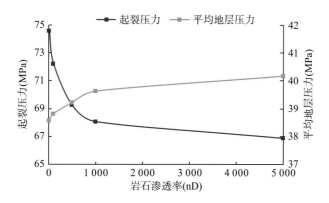

图 2-58　不同渗透率下起裂压力和平均地层压力变化曲线

(3)综合压缩系数。

压缩系数的大小就代表着能量的高低,同时也影响着导压系数,进而影响孔隙压力分布,最终影响起裂压力。本书分析 5 种不同综合压缩系数对裂缝起裂压力的影响。

图 2-59 表示不同压裂液压缩系数下裂缝起裂时扰动半径与孔隙压力分布曲线。越靠近井筒孔隙压力变化越大。对于低压缩性的压裂液,扰动半径范围内随压裂液压缩系数增

大，孔隙压力基本保持一致；扰动半径增大，孔隙压力减小。从图 2-60 可以看出，起裂压力与压裂液压缩系数呈正相关关系。另外，压裂液压缩系数对起裂压力的影响小于岩石渗透率和流体黏度的影响。裂缝起裂前，孔隙压力增大主要来源于压裂液压缩和体积损失。压缩性使孔隙压力增加幅度减小，起裂压力增幅减小。

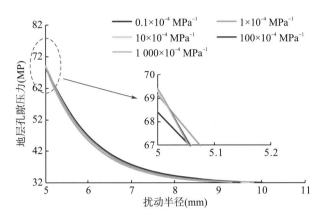

图 2-59　不同压裂液压缩系数下裂缝起裂时扰动半径与孔隙压力的关系曲线

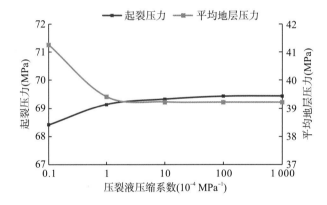

图 2-60　不同压裂液压缩系数下起裂压力和平均地层压力变化曲线

(4) 弹性模量。

基于前期页岩微观结构及岩石力学特征研究，设置不同地层弹性模量(20 000 MPa、25 000 MPa、30 000 MPa、35 000 MPa、40 000 MPa、45 000 MPa)研究其对起裂压力的影响。

图 2-61 所示为不同弹性模量下裂缝起裂时孔隙压力随扰动半径的变化曲线。计算结果表明，越靠近井筒孔隙压力变化越大。随着弹性模量的增大，孔隙压力增大的幅度减小；扰动半径增大，孔隙压力减小。

图 2-62 所示为不同弹性模量下起裂压力和平均地层压力变化情况。计算结果表明，弹性模量越大，地层岩石强度越大，扰动半径越大，故页岩起裂压力较高；而平均地层压力呈减小趋势，总体变化不大，该结果与前期实验结果一致。现场表现为龙马溪组页岩施工压力较高，可以采用酸化预处理，降低地层的岩石强度，继而降低起裂压力。

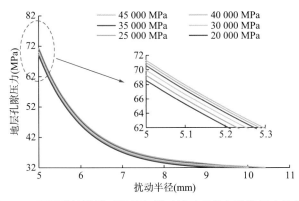

图 2-61　不同弹性模量下裂缝起裂时扰动半径与孔隙压力的关系曲线

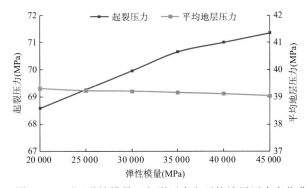

图 2-62　不同弹性模量下起裂压力和平均地层压力变化曲线

（5）泊松比。

为进一步明确岩石力学参数对起裂压力的影响，选取工作液扰动产生的不同泊松比（0.15、0.2、0.25、0.3、0.35、0.4）作为敏感性分析变量，研究泊松比变化对起裂压力的影响。

图 2-63 所示为不同泊松比下裂缝起裂时孔隙压力随扰动半径的变化曲线。计算结果表明，越靠近井筒孔隙压力变化越大。随着泊松比的增大，孔隙压力增大幅度基本一致；扰动半径增大，孔隙压力减小。图 2-64 所示为不同泊松比下起裂压力和平均地层压力变化情况。计算结果表明，泊松比越大，地层岩石横向变形越大，扰动半径越小，故页岩起裂压力较低；而平均地层压力呈上升趋势，总体变化不大，该结果与前期实验结果一致。

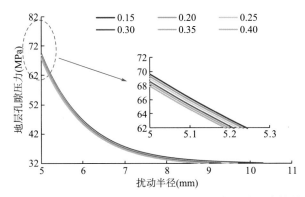

图 2-63　不同泊松比下裂缝起裂时扰动半径与孔隙压力的关系曲线

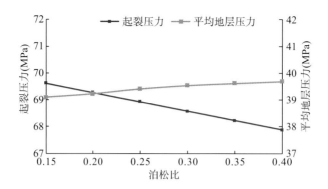

图 2-64　不同泊松比下起裂压力和平均地层压力变化曲线

（6）原地应力状态。

根据 σ_v、σ_H 和 σ_h 的相对大小，原地应力状态可以定义为正断层（$\sigma_v>\sigma_H>\sigma_h$）、逆断层（$\sigma_H>\sigma_h>\sigma_v$）及走滑断层（$\sigma_H>\sigma_v>\sigma_h$）应力状态。在这里，讨论不同应力状态定向射孔对起裂压力的影响。

图 2-65 展示了不同原地应力状态下裂缝起裂压力与射孔方位角的关系曲线。计算结果表明，在其他参数保持不变的前提下，原地应力状态对最优射孔方位影响显著。正断层应力状态（$\sigma_v>\sigma_H>\sigma_h$），最佳射孔方位为 0° 和 180°，对应起裂压力为 56.69 MPa；逆断层应力状态（$\sigma_H>\sigma_h>\sigma_v$），最佳射孔方位为 90° 和 270°，对应起裂压力为 62.77 MPa；走滑断层应力状态（$\sigma_H>\sigma_v>\sigma_h$），最佳射孔方位为 0° 和 180°，对应起裂压力为 60.61 MPa。当其他参数保持不变时，最佳射孔方位随原地应力状态的变化而变化。正断层应力状态下起裂压力值最低，而逆断层应力状态下起裂压力值最高。

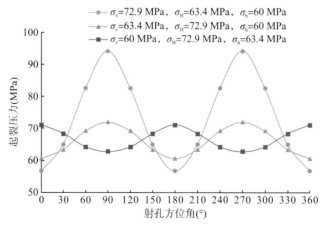

图 2-65　不同原地应力状态下裂缝起裂压力与射孔方位角的关系曲线

2）施工参数

本模型通过引入压力扩散方程来表征孔隙压力变化和流体渗滤效应对起裂压力的影响。为了更好地指导现场生产，需要进一步了解与渗滤效应相关的施工参数对起裂压力的影响。下面就详细分析压裂液黏度、压裂液排量等施工参数对页岩储层起裂压力的影响。

(1)压裂液黏度。

压裂液黏度为流体内摩擦力的表现,影响着施工过程中的起裂压力。本书选择 5 种不同压裂液黏度分析其对起裂压力的影响。

图 2-66 和图 2-67 展示了地层孔隙压力和起裂压力随扰动半径和压裂液黏度的变化情况。计算结果表明,随着黏度减小,近井有效应力降低,导致孔隙压力增大,起裂压力减小[21-23]。较低的流体黏度降低了与地层中黏性流体相关的能量损耗,因此起裂压力也较低。当使用黏度为 1 mPa·s 的压裂液时,起裂压力为 68.91 MPa;当使用黏度为 20 mPa·s 的压裂液时,起裂压力为 70.06 MPa。

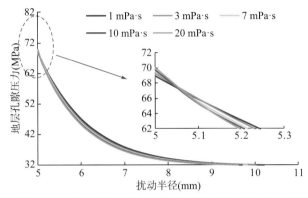

图 2-66　不同压裂液黏度下扰动半径与孔隙压力的关系曲线

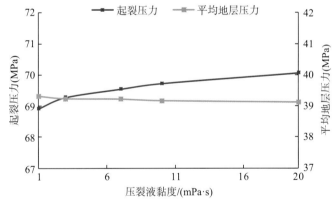

图 2-67　不同压裂液黏度下起裂压力和平均地层压力变化曲线

(2)压裂液排量。

压裂液排量作为重要的施工参数通过渗滤参数影响起裂压力。本书选取 5 种不同排量分析其对起裂压力的影响。

图 2-68 和图 2-69 展示了地层孔隙压力和起裂压力随扰动半径和压裂液排量的变化情况。计算结果表明,压裂液排量对起裂压力影响较大,排量越高,起裂压力越低[24,25]。起裂压力与排量的关系是由井筒岩石破裂前,压裂液进入储层的量和扰动半径共同决定的。大排量时,有更多的压裂液渗滤进入储层,补充地层能量,故扰动半径更小,这将导致平均地层压力比小排量时更大,起裂压力更小。

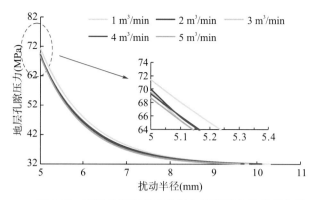

图 2-68 不同排量下扰动半径与孔隙压力的关系曲线

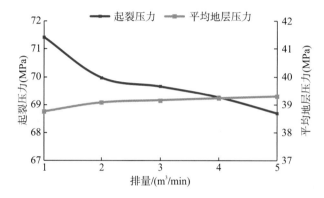

图 2-69 不同排量下起裂压力和平均地层压力变化曲线

3）射孔参数

本小节主要分析射孔方位角和射孔深度等射孔参数对起裂压力的影响。

（1）射孔方位角。

图 2-70 展示了射孔方位角对裂缝起裂压力的影响。计算结果表明，计算结果曲线关于 180° 方位角对称。最优射孔方位角为 0° 和 180°，对应的起裂压力最低；而在 90° 和 270° 时，起裂压力最高。因此，推荐沿着 0° 或者 180° 方位角射孔，可使起裂压力最低。

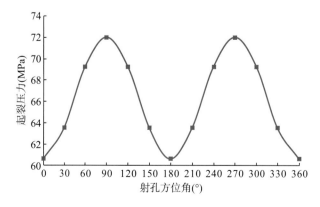

图 2-70 射孔方位角对起裂压力的影响

（2）射孔深度。

射孔深度与射孔弹的类型选择直接相关，即选择经济有效的射孔深度至关重要。

图 2-71 展示了起裂压力和起裂角随射孔深度的变化曲线。计算结果表明，随着射孔深度的增加，起裂压力基本保持不变；裂缝起裂角随着射孔深度的增加，裂缝起裂角缓慢增大，但是总体上起裂角都小于 3.5°。

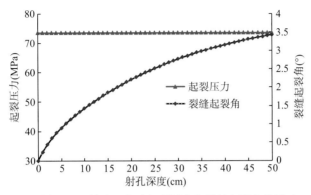

图 2-71　射孔深度对起裂压力和裂缝起裂角的影响

2.2.2　页岩气水平井分段多簇裂缝竞争起裂研究

本小节基于储层物性、地应力非均质性及射孔孔眼压降，结合建立的页岩气水平井渗流-应力起裂压力预测模型，考虑射孔数、孔眼压降和射孔孔眼的流量分配与储层物性、地应力非均质性的匹配关系，建立水平井分段多簇裂缝竞争起裂模型。

2.2.2.1　多簇裂缝竞争起裂物理模型

页岩气水平井分段多簇裂缝竞争起裂是一个非常复杂的物理过程，受多个影响因素相互干扰，主要耦合以下几个过程：①单簇裂缝起裂过程；②多簇裂缝流量动态分配；③先起裂射孔簇的延伸；④先起裂射孔簇产生的诱导应力。图 2-72 所示为页岩气水平井分段多簇裂缝竞争起裂物理模型，考虑单簇裂缝起裂、流量动态分配、先起裂射孔簇的延伸及先起裂射孔簇产生的诱导应力，建立相应的竞争起裂模型，揭示龙马溪组页岩多裂缝竞争起裂机理，研究龙马溪组页岩多裂缝起裂规律，为提高龙马溪组页岩改造体积压裂技术提供理论指导。

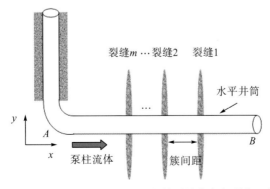

图 2-72　页岩气水平井分段多簇裂缝竞争起裂物理模型

为建立物理模型并开展进一步研究，特做出以下基本假设。

(1)压应力为正，拉应力为负。

(2)裂缝断面为均质、各向同性的弹性体，裂缝截面为椭圆形。

(3)不考虑压裂液与储层岩石作用后的化学作用。

(4)不考虑井筒储集效应的影响。

(5)水力压裂形成倾斜裂缝，裂缝与最小水平主应力之间的夹角为 α，　$0° \leqslant \alpha \leqslant 90°$。

2.2.2.2　多裂缝流量动态分配模型

建立起页岩气水平井渗流-应力起裂压力预测模型之后，需要进一步将其扩展至水平井分段多簇；而水平井分段多簇裂缝竞争起裂首先需要解决多裂缝流量动态分配问题。本书通过考虑井底压力耦合建立了流量动态分布模型。

1. 流量守恒准则

页岩气水平井分段多簇裂缝竞争起裂流量动态分配物理模型如图 2-73 所示。本示意图展示了某一段分为多簇的情形。基于基尔霍夫第一定律，在进行水平井分段多簇压裂时，压裂泵的总排量为 Q，总流量被分到各簇，每簇排量为 Q_i，流体的总排量等于所有裂缝每簇排量之和，即

$$Q = \sum_{i=1}^{m} Q_i \tag{2-89}$$

式中，Q 为压裂液注入的总排量，m^3/min。

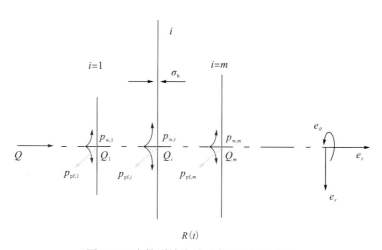

图 2-73　多簇裂缝流量动态分配物理模型

2. 压力平衡准则

基于基尔霍夫第二定律，将水平井根端(A 靶点)作为参考点，建立井筒中流体压力平衡准则，则水平井根端的压力等于各簇裂缝入口处的流体压力、射孔孔眼处的摩阻和压裂液沿井筒的压力损失之和。当某段被分为 m 簇时，便有 m 个压力平衡方程：

$$p_0 = p_{w,i} + p_{pf,i} + p_{cf,i} (i = 1, 2, \cdots, m) \tag{2-90}$$

式中，p_0 为水平井根端流体压力，MPa；$p_{w,i}$ 为第 i 条裂缝入口处流体压力，MPa；$p_{pf,i}$ 为第 i 条裂缝射孔孔眼处的摩阻，MPa；$p_{cf,i}$ 为第 i 条裂缝沿井筒的压力损失，MPa。

第 i 条裂缝入口处流体压力 $p_{w,i}$ 为未知量，后续 2.2.2.3 节将会详细介绍计算方法。射孔孔眼摩阻会影响压裂施工中压裂液压力分布，进而影响多簇裂缝起裂过程流量分配，最终影响起裂压力，是水力压裂实施过程中的重要参数。基于伯努利方程，射孔摩阻计算公式如下[24]：

$$p_{pf,i} = \frac{2.2516 \times 10^{-10} \rho_s}{n_{p,i}^2 d_{p,i}^4 C_{d,i}^2} Q_i^2 \tag{2-91}$$

式中，$d_{p,i}$ 为第 i 条裂缝射孔孔眼直径，m；$C_{d,i}$ 为第 i 条裂缝孔眼流量系数，无因次。

压裂初期，前置液不会对射孔孔眼进行冲蚀，故对孔眼流量系数 $C_{d,i}$ 影响较小，一般取 0.56。

沿井筒的压力损失与裂缝间距成正比，各条裂缝在水平井筒上的压力损失计算公式为

$$\begin{cases} p_{cf,i} = C_{cf} \sum_{j=1}^{i}(x_j - x_{j-1})Q_{w,j} \\ Q_{w,j} = Q - \sum_{k=1}^{j-1} Q_k (j>1) \\ Q_{w,j} = Q(j=1) \\ C_{cf} = \dfrac{128\mu}{\pi D^4} \end{cases} \tag{2-92}$$

式中，C_{cf} 为摩阻系数，Pa·s/m^4；x_j 为裂缝 j 到井筒根端的距离，m；$Q_{w,j}$ 为经过 j 条裂缝后剩下的体积流量，m^3/min；D 为水平井井筒直径，m。

3. 压力-流量耦合

当压裂液进入各簇时，各裂缝入口处的流体压力 $p_{w,i}$ 和原始地层压力 p_p 将会在渗透的岩石中诱导一个外径向流动，其渗流规律遵循一维达西径向渗流，如方程(2-67)所示。裂缝入口即射孔孔眼处，则各裂缝入口处的流体压力 $p_{w,i}$ 等于射孔孔眼压力 p_w。

联立式(2-89)和式(2-90)可得

$$\begin{cases} Q - \sum_{i=1}^{m} Q_i = 0 \\ p_0 = p_{w,i} + p_{pf,i} + p_{cf,i}(i=1,2,\cdots,m) \end{cases} \tag{2-93}$$

式(2-93)构成的方程组中未知量为各簇裂缝入口流量 Q_i 及水平井根端的总压力 p_0，一共有 $(m+1)$ 个方程和 $(m+1)$ 个未知量。

2.2.2.3 射孔簇裂缝延伸模型

页岩气水平井多采用分段多簇压裂的方式对储层进行充分动用，但由于地应力和储层非均质性的影响，导致并不是所有射孔簇都能同时起裂，先起裂的射孔簇会进入延伸阶段。因此，本书通过对同一压裂段内射孔参数进行优化调节，利用裂缝延伸压力和孔眼摩阻实现对裂缝起裂和延伸次序进行实时控制，实现页岩气水平井分段多簇裂缝竞争起裂，进而

提高水力裂缝复杂程度。

假设一段中有 m 簇裂缝，压裂液进入井筒后，某一簇或者部分簇先起裂，先起裂裂缝将会产生优势通道，液体多向此处汇集，先起裂裂缝进入延伸阶段。对于超低渗页岩储层，裂缝长而窄，采用经典 PKN 模型对此问题进行描述。下面以三簇为例（图 2-74），详细阐述建模过程。

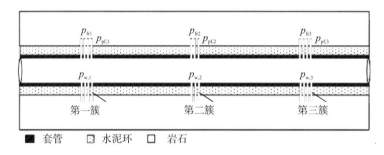

图 2-74　段内多簇射孔示意图

压裂初期，随着压裂液的不断注入，井底压力逐渐升高；基于流量动态分配，结合起裂压力预测模型计算得到各簇起裂压力。这里假设射孔簇一起裂压力最大，射孔簇三起裂压力次之，射孔簇二起裂压力最小，故井底压力首先达到射孔簇二起裂压力，此时井底压力满足：

$$p_{fr1} > p_{fr3} > p_w > p_{fr2} \tag{2-94}$$

式中，p_{fr1} 为第一簇的新计算起裂压力，MPa；p_{fr2} 为第二簇的新计算起裂压力，MPa；p_{fr3} 为第三簇的新计算起裂压力，MPa。

当第二簇起裂后，继续注入压裂液，第二簇产生的裂缝继续延伸。此时注入的压裂液主要通过第二簇孔眼进入地层，在第二簇裂缝延伸过程中，井底压力为储层最小主应力、裂缝内净压力及第二簇射孔孔眼摩阻之和，为保证第二簇持续延伸，井底压力始终低于第一簇和第三簇的起裂压力，即

$$p_{fr1} > p_{fr3} > p_w = \sigma_h + p_{net,2} + p_{pf,2} \tag{2-95}$$

式中，$p_{net,2}$ 为第二簇裂缝内流体净压力，MPa；$p_{pf,2}$ 为第二簇射孔孔眼摩阻，MPa。

显然，式（2-95）是用第二簇延伸过程计算得到的井底压力 p_w，此时的井底压力也为裂缝入口压力 $p_{w,2}$，因此可以运用式（2-95）计算得到式（2-93）中第 i 条裂缝入口处的流体压力 $p_{w,i}$。

基于裂缝延伸模型[22]，裂缝净压力与储层弹性模量、储层泊松比、压裂液黏度、压裂液注入排量、水力裂缝高度和裂缝半长有关，即

$$p_{net,2} = 0.709 \left[\frac{E^3 \mu Q_2^2}{c \left(1 - v^2\right)^3 H_f^5} \right]^{1/4} t^{1/8} \tag{2-96}$$

式中，Q_2 为第二簇的排量，m³/min；c 为综合滤失系数，m/min$^{1/2}$；H_f 为水力裂缝高度，m。

而水力裂缝长度与储层弹性模量、储层泊松比、压裂液注入排量、压裂液黏度、水力

裂缝高度和注液时间相关[22]，即

$$L_{f,2} = \frac{Q_2}{2\pi c H_f} t^{1/2} \tag{2-97}$$

水力裂缝宽度与储层弹性模量、储层泊松比、压裂液注入排量、压裂液黏度、水力裂缝高度和注液时间相关[22]，即

$$W_{f,2} = 1.418 \left[\frac{\mu Q_2^2 \left(1 - v^2\right)}{cEH_f} \right]^{1/4} t^{1/8} \tag{2-98}$$

第二簇产生的裂缝延伸一段时间后，实时判断此时井底压力与在诱导应力影响下第一簇和第三簇新计算起裂压力的大小关系，当井底压力大于第三簇的新计算起裂压力时，第三簇起裂，即

$$p_{fr1} > p_w > p_{fr3} \tag{2-99}$$

紧接着，第三簇起裂延伸，重复第二簇的起裂延伸过程。此刻，第二簇和第三簇随着注液时间的增加都在延伸，都产生诱导应力，将其叠加后得到更新后的原地应力。在新原地应力的基础上实时计算第一簇的新起裂压力和井底压力，当井底压力大于第一簇的新计算起裂压力时，第一簇起裂延伸，最终实现多簇射孔竞争起裂与扩展。

2.2.2.4　水力裂缝诱导应力模型

先起裂射孔簇产生的水力裂缝会诱导一个附加应力场，该附加应力场会改变原地应力场，并对后续裂缝起裂和延伸产生影响。而由于钻井、地应力方位和射孔的影响，导致水力压裂后形成的裂缝并不都是垂直裂缝，可能出现倾斜裂缝(裂缝与井筒方向不垂直)，因此有必要建立倾斜裂缝诱导应力模型，并将其耦合到多簇裂缝竞争起裂模型中。本节首先在均质、各向同性的二维平面水力裂缝模型的基础上，建立了水力裂缝诱导应力场模型，运用傅里叶变换和复变函数推导了诱导应力计算表达式；进而，运用坐标变换理论，基于弹性力学对应力应变分量进行分解，推导出了水力压裂倾斜裂缝的诱导应力计算公式[4]。

1. 垂直裂缝诱导应力模型

地层中有一条垂直水力裂缝(视椭圆的短半轴为零的极限情况)，长为 $2a$，作用于裂缝面上的张应力为 $-p$，该物理模型如图 2-75 所示。对应的边界条件为

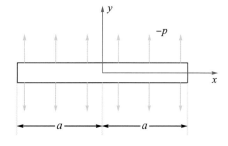

图 2-75　垂直裂缝物理模型

$$\begin{cases} 在 y=0, |x| \leqslant a 处：\sigma_y = p, \tau_{xy} = 0 \\ 在 y=0, |x| > a 处：\tau_{xy} = 0, v = 0 \\ 在 \sqrt{x^2 + y^2} \to \infty 处：\sigma_x \to 0, \sigma_y \to 0, \tau_{xy} \to 0 \end{cases} \tag{2-100}$$

基于弹性力学理论可知，上述物理模型中的平板问题属于平面应变问题，则应力应变方程为[9]

$$\begin{cases} \varepsilon_x = \dfrac{1}{E}\Big[\big(1-v^2\big)\sigma_x - \big(1+v\big)\sigma_y\Big] \\[2mm] \varepsilon_y = \dfrac{1}{E}\Big[\big(1-v^2\big)\sigma_y - v\big(1+v\big)\sigma_x\Big] \\[2mm] \gamma_{xy} = \dfrac{2\big(1+v\big)}{E}\sigma_{xy} \end{cases} \tag{2-101}$$

平衡方程如下：

$$\begin{cases} \dfrac{\partial \sigma_x}{\partial x} + \dfrac{\partial \tau_{xy}}{\partial y} = 0 \\[2mm] \dfrac{\partial \sigma_y}{\partial y} + \dfrac{\partial \tau_{xy}}{\partial x} = 0 \end{cases} \tag{2-102}$$

设 φ 为平面问题的应力函数，则

$$\sigma_x = \frac{\partial^2 \varphi}{\partial y^2}, \sigma_y = \frac{\partial^2 \varphi}{\partial x^2}, \tau_{xy} = -\frac{\partial^2 \varphi}{\partial x \partial y} \tag{2-103}$$

引入弹性力学中描述平面问题的二维双调和方程：

$$\nabla^2 \nabla^2 \varphi = 0 \tag{2-104}$$

引入傅里叶积分变换：

$$\overline{f}\big(\lambda\big) = \int_{-\infty}^{+\infty} f\big(x\big)\mathrm{e}^{-\mathrm{i}\lambda x}\mathrm{d}x, f\big(x\big) = \frac{1}{2\pi}\int_{-\infty}^{+\infty}\overline{f}\big(\lambda\big)\mathrm{e}^{\mathrm{i}\lambda x}\mathrm{d}\lambda \tag{2-105}$$

式中，$\overline{f}\big(\lambda\big)$ 为 $f\big(x\big)$ 的傅里叶变换；$f\big(x\big)$ 为 $\overline{f}\big(\lambda\big)$ 的傅里叶逆变换；i 为虚数单位。

傅里叶变换求导：

$$\overline{f^{(n)}}\big(\lambda\big) = \big(-\mathrm{i}\lambda\big)^n\overline{f}\big(\lambda\big) \tag{2-106}$$

如果 $f\big(x\big)$ 为偶函数，即 $f\big(-x\big) = f\big(x\big)$，则式（2-104）可写为

$$\overline{f}\big(\lambda\big) = \int_0^{+\infty} f\big(\eta\big)\cos\big(\lambda\eta\big)\mathrm{d}\eta, f\big(x\big)\frac{2}{\pi}\int_0^{+\infty}\overline{f}\big(\lambda\big)\cos\big(\lambda\eta\big)\mathrm{d}\lambda \tag{2-107}$$

同时，平面问题可以归为在一定的边界条件下求解双调和方程（2-103）。

由式（2-105）可得

$$\begin{cases} \displaystyle\int_{-\infty}^{+\infty}\nabla^2\varphi\mathrm{e}^{-\mathrm{i}\lambda x}\mathrm{d}x = \bigg(\frac{\mathrm{d}^2}{\mathrm{d}y^2} - \lambda^2\bigg)\int_{-\infty}^{+\infty}\varphi\mathrm{e}^{-\mathrm{i}\lambda x}\mathrm{d}x = \bigg(\frac{\mathrm{d}^2}{\mathrm{d}y^2} - \lambda^2\bigg)\overline{\varphi} \\[3mm] \displaystyle\int_{-\infty}^{+\infty}\nabla^2\nabla^2\varphi\mathrm{e}^{-\mathrm{i}\lambda x}\mathrm{d}x = \bigg(\frac{\mathrm{d}^2}{\mathrm{d}y^2} - \lambda^2\bigg)^2\overline{\varphi} = 0 \end{cases} \tag{2-108}$$

其中，

$$\overline{\varphi}\big(x,y\big) = \int_{-\infty}^{+\infty}\varphi\big(x,y\big)\mathrm{e}^{-\mathrm{i}\lambda x}\mathrm{d}x \tag{2-109}$$

式（2-108）是艾里应力函数 φ 的傅里叶积分变换。

常微分方程（2-107）的通解为

$$\overline{\varphi}\big(\lambda,y\big) = \Big[A\big(\lambda\big) + B\big(\lambda\big)y\Big]\mathrm{e}^{-|\lambda|y} + \Big[C\big(\lambda\big) + D\big(\lambda\big)y\Big]\mathrm{e}^{|\lambda|y} \tag{2-110}$$

接下来推导应力分量和位移分量的傅里叶积分变换式，根据定义：

$$\overline{\sigma}_x\left(\lambda,y\right)=\int_{-\infty}^{+\infty}\sigma_x\left(x,y\right)e^{-i\lambda x}dx=\int_{-\infty}^{+\infty}\frac{\partial^2\varphi}{\partial y^2}e^{-i\lambda x}dx=\overline{\varphi}_y''\left(\lambda,y\right) \tag{2-111}$$

$$\overline{\sigma}_y\left(\lambda,y\right)=\int_{-\infty}^{+\infty}\sigma_y\left(x,y\right)e^{-i\lambda x}dx=\int_{-\infty}^{+\infty}\frac{\partial^2\varphi}{\partial x^2}e^{-i\lambda x}dx=-\lambda^2\overline{\varphi}\left(\lambda,y\right) \tag{2-112}$$

$$\overline{\tau}_{xy}\left(\lambda,y\right)=\int_{-\infty}^{+\infty}\tau_{xy}\left(x,y\right)e^{-i\lambda x}dx=\int_{-\infty}^{+\infty}-\frac{\partial^2\varphi}{\partial x\partial y}e^{-i\lambda x}dx=i\lambda\overline{\varphi}_y'\left(\lambda,y\right) \tag{2-113}$$

因为 $\varepsilon_x=\dfrac{\partial u}{\partial x}$，$\varepsilon_y=\dfrac{\partial v}{\partial y}$，利用式(2-101)的第一式得到：

$$\frac{E}{1+v}\frac{\partial u}{\partial x}=\left(1-v\right)\sigma_x-v\sigma_y \tag{2-114}$$

式中，u、v 为 x 和 y 方向的位移，m。

对式(2-114)作傅里叶变换并利用式(2-110)和式(2-111)，得

$$\int_{-\infty}^{+\infty}\frac{\partial u}{\partial x}e^{-i\lambda x}dx=\frac{1+v}{E}\left[\left(1-v\right)\overline{\varphi}_y''+v\lambda^2\overline{\varphi}\right] \tag{2-115}$$

又由式(2-105)得

$$\int_{-\infty}^{+\infty}\frac{\partial u}{\partial x}e^{-i\lambda x}dx=-i\lambda\overline{u}\left(\lambda,y\right) \tag{2-116}$$

这里，$\overline{u}\left(\lambda,y\right)=\int_{-\infty}^{+\infty}u\left(x,y\right)e^{-i\lambda x}dx$ 是位移分量 $u\left(x,y\right)$ 的傅里叶变换。由式(2-115)和式(2-116)联立解得

$$\overline{u}\left(\lambda,y\right)=\frac{i}{\lambda}\int_{-\infty}^{+\infty}\frac{\partial u}{\partial x}e^{-i\lambda x}dx=\frac{i\left(1+v\right)}{\lambda E}\left[\left(1-v\right)\overline{\varphi}_y''+v\lambda^2\overline{\varphi}\right] \tag{2-117}$$

利用式(2-100)有

$$\frac{\partial v}{\partial x}=\frac{2\left(1+v\right)}{E}\tau_{xy}-\frac{\partial u}{\partial y} \tag{2-118}$$

对式(2-117)运用傅里叶变换得

$$\begin{aligned}\int_{-\infty}^{+\infty}\frac{\partial v}{\partial x}e^{-i\lambda x}dx&=\frac{2\left(1+v\right)}{E}\int_{-\infty}^{+\infty}\tau_{xy}e^{-i\lambda x}dx-\int_{-\infty}^{+\infty}\frac{\partial u}{\partial y}e^{-i\lambda x}dx\\&=\frac{2\left(1+v\right)}{E}i\lambda\overline{\varphi}_y'-\frac{d}{dy}\int_{-\infty}^{+\infty}ue^{-i\lambda x}dx\\&=\frac{2\left(1+v\right)}{E}i\lambda\overline{\varphi}_y'-\frac{i\left(1+v\right)}{\lambda E}\left[\left(1-v\right)\overline{\varphi}_y'''+v\lambda^2\overline{\varphi}'\right]\\&=-\frac{i\left(1+v\right)}{\lambda E}\left[\left(1-v\right)\overline{\varphi}_y'''-\left(2-v\right)\lambda^2\overline{\varphi}_y'\right]\end{aligned} \tag{2-119}$$

再利用式(2-105)得

$$\overline{v}\left(\lambda,y\right)=\int_{-\infty}^{+\infty}v\left(x,y\right)e^{-i\lambda x}dx=\frac{1+v}{\lambda^2 E}\left[\left(1-v\right)\overline{\varphi}_y'''-\left(2-v\right)\lambda^2\overline{\varphi}_y'\right] \tag{2-120}$$

式(2-110)~式(2-119)即为各应力分量和位移分量的傅里叶变换表达式。由傅里叶逆变换有

$$\varphi(x,y)=\frac{1}{2\pi}\int_{-\infty}^{+\infty}\overline{\varphi}(\lambda,y)\mathrm{e}^{\mathrm{i}\lambda x}\mathrm{d}\lambda \tag{2-121}$$

$$\sigma_x(x,y)=\frac{1}{2\pi}\int_{-\infty}^{+\infty}\overline{\varphi}_y{}'(\lambda,y)\mathrm{e}^{\mathrm{i}\lambda x}\mathrm{d}\lambda \tag{2-122}$$

$$\sigma_y(x,y)=\frac{1}{2\pi}\int_{-\infty}^{+\infty}\lambda^2\overline{\varphi}(\lambda,y)\mathrm{e}^{\mathrm{i}\lambda x}\mathrm{d}\lambda \tag{2-123}$$

$$\tau_{xy}(x,y)=\frac{1}{2\pi}\int_{-\infty}^{+\infty}\mathrm{i}\lambda\overline{\varphi}_y{}'(\lambda,y)\mathrm{e}^{\mathrm{i}\lambda x}\mathrm{d}\lambda \tag{2-124}$$

$$u(x,y)=\frac{\mathrm{i}(1+\nu)}{2\pi\lambda E}\int_{-\infty}^{+\infty}\Big[(1-\nu)\overline{\varphi}_y{}''(\lambda,y)+\nu\lambda^2\overline{\varphi}(\lambda,y)\Big]\mathrm{e}^{\mathrm{i}\lambda x}\mathrm{d}\lambda \tag{2-125}$$

$$v(x,y)=\frac{1+\nu}{2\pi E}\int_{-\infty}^{+\infty}\Big[(1-\nu)\overline{\varphi}_y{}'''(\lambda,y)-(2-\nu)\lambda^2\overline{\varphi}_y{}'(\lambda,y)\Big]\mathrm{e}^{\mathrm{i}\lambda x}\frac{\mathrm{d}\lambda}{\lambda^2} \tag{2-126}$$

然而，推导上述公式时，都假设了当 $|x|\to+\infty$ 时，各应力分量和位移分量趋于零，应力函数 $\varphi(x,y)$ 及其各阶导数也具有相同的性质。

由式 (2-121)～式 (2-125) 可知，如果求得应力函数 $\varphi(x,y)$ 的傅里叶变换 $\overline{\varphi}(\lambda,y)$，则应力场和位移场就唯一确定。$\overline{\varphi}(\lambda,y)$ 的一般形式已由式 (2-109) 给出，其余 A、B、C、D 四个量必须根据具体问题的边界条件来确定。由式 (2-99) 和式 (2-109) 可得：

$$\overline{\varphi}(\lambda,y)=\Big[A(\lambda)+B(\lambda)y\Big]\mathrm{e}^{-|\lambda|y} \tag{2-127}$$

则式 (2-122) 至式 (2-125) 通过推导变形得：

$$\sigma_x(x,y)=\frac{1}{2\pi}\int_{-\infty}^{+\infty}\Big[A(\lambda)\lambda^2+B(\lambda)|\lambda|\big(-2+|\lambda|y\big)\Big]\mathrm{e}^{\mathrm{i}\lambda x-|\lambda|y}\mathrm{d}\lambda \tag{2-128}$$

$$\sigma_y(x,y)=\frac{1}{2\pi}\int_{-\infty}^{+\infty}\lambda^2\Big[A(\lambda)+B(\lambda)y\Big]\mathrm{e}^{\mathrm{i}\lambda x-|\lambda|y}\mathrm{d}\lambda \tag{2-129}$$

$$\tau_{xy}(x,y)=\frac{\mathrm{i}}{2\pi}\int_{-\infty}^{+\infty}\lambda\Big[-A(\lambda)+B(\lambda)\big(1-|\lambda|y\big)\Big]\mathrm{e}^{\mathrm{i}\lambda x-|\lambda|y}\mathrm{d}\lambda \tag{2-130}$$

$$u(x,y)=\frac{\mathrm{i}(1+\nu)}{2\pi E}\int_{-\infty}^{+\infty}\left\{A(\lambda)\lambda+B(\lambda)\frac{|\lambda|}{\lambda}\Big[-2(1-\nu)+|\lambda|y\Big]\right\}\mathrm{e}^{\mathrm{i}\lambda x-|\lambda|y}\mathrm{d}\lambda \tag{2-131}$$

$A(\lambda)$ 和 $B(\lambda)$ 将由 $y=0$ 处的边界条件确定。令式 (2-127)～(2-130) 中的 $y=0$，然后代入边界条件式 (2-99) 得

$$\int_{-\infty}^{+\infty}\lambda^2A(\lambda)\mathrm{e}^{\mathrm{i}\lambda x}\mathrm{d}\lambda=2\pi p,|x|\leqslant a \tag{2-132}$$

$$\int_{-\infty}^{+\infty}\Big[|\lambda|A(\lambda)+(1-2\nu)B(\lambda)\Big]\mathrm{e}^{\mathrm{i}\lambda x}\mathrm{d}\lambda=0,|x|>a \tag{2-133}$$

$$\int_{-\infty}^{+\infty}\lambda\Big[-|\lambda|A(\lambda)+B(\lambda)\Big]\mathrm{e}^{\mathrm{i}\lambda x}\mathrm{d}\lambda=0,|x|\leqslant a \tag{2-134}$$

$$\int_{-\infty}^{+\infty}\lambda\Big[-|\lambda|A(\lambda)+B(\lambda)\Big]\mathrm{e}^{\mathrm{i}\lambda x}\mathrm{d}\lambda=0,|x|>a \tag{2-135}$$

由式 (2-133) 和式 (2-134) 可以推得：

$$-|\lambda|A(\lambda)+B(\lambda)=0\Rightarrow B(\lambda)=|\lambda|A(\lambda) \tag{2-136}$$

代入式 (2-131) 和式 (2-132) 得：

$$\begin{cases} \dfrac{1}{2\pi}\displaystyle\int_{-\infty}^{+\infty}\lambda^2 A(\lambda)\mathrm{e}^{\mathrm{i}\lambda x}\mathrm{d}\lambda = p,|x|\leqslant a \\[3mm] \displaystyle\int_{-\infty}^{+\infty}|\lambda| A(\lambda)\mathrm{e}^{\mathrm{i}\lambda x}\mathrm{d}\lambda = 0,|x|>a \end{cases} \tag{2-137}$$

现在只要知道 $A(\lambda)$，就可以求得问题的解。对于我们所研究的问题，可以假定 $A(\lambda)$ 为偶函数，自然 $\lambda^2 A(\lambda)$ 也是偶函数，$|\lambda|A(\lambda)$ 也是偶函数，利用式(2-106)，可以把式(2-137)改写成：

$$\begin{cases} \dfrac{2}{\pi}\displaystyle\int_{0}^{+\infty}\lambda^2 A(\lambda)\cos(\lambda x)\mathrm{d}\lambda = p,0\leqslant x\leqslant a \\[3mm] \displaystyle\int_{0}^{+\infty}\lambda A(\lambda)\cos(\lambda x)\mathrm{d}\lambda = 0,x>a \end{cases} \tag{2-138}$$

其中，

$$\cos(\lambda x)=\left(\dfrac{\pi\lambda x}{2}\right)^{1/2}J_{-\frac{1}{2}}(\lambda x)$$

引入 $\lambda^{3/2}A(\lambda)=f(\lambda)=f(\eta),\eta=a\lambda,\rho=\dfrac{x}{a}$，可得

$$g(\rho)=a\left(\dfrac{\pi a}{2\rho}\right)^{1/2}p \tag{2-139}$$

则将偶积分方程(2-137)化成标准的形式：

$$\begin{cases} \displaystyle\int_{0}^{+\infty}\eta f(\eta)J_{-\frac{1}{2}}(\eta\rho)\mathrm{d}\eta = g(\rho),0\leqslant\rho\leqslant 1 \\[3mm] \displaystyle\int_{0}^{+\infty}f(\eta)J_{-\frac{1}{2}}(\eta\rho)\mathrm{d}\eta = 0,\rho>1 \end{cases} \tag{2-140}$$

式(2-139)的解为

$$f(\eta)=\dfrac{1}{2}a^{3/2}\pi p\eta^{-1/2}J_1(\eta) \tag{2-141}$$

式中，$J_{-\frac{1}{2}}(\eta\rho)$、$J_1(\eta)$ 为贝塞尔函数，由式(2-138)和式(2-140)可知：

$$A(\lambda)=\dfrac{-\pi ap}{2}\lambda^{-2}J_1(a\lambda) \tag{2-142}$$

$$B(\lambda)=\dfrac{-\pi ap}{2}\lambda^{-1}J_1(a\lambda) \tag{2-143}$$

使用了傅里叶余弦变换公式(2-106)，可以将原先推导的式(2-126)～式(2-130)，再由傅里叶变换化成傅里叶余弦变换以后，形式上稍有变动，把 $A(\lambda)$ 和 $B(\lambda)$ 代入：

$$\sigma_x(x,y)=-ap\int_0^{+\infty}(1-\lambda y)J_1(a\lambda)\mathrm{e}^{-\lambda y}\cos(\lambda x)\mathrm{d}\lambda \tag{2-144}$$

$$\sigma_y(x,y)=-ap\int_0^{+\infty}(1+\lambda y)J_1(a\lambda)\mathrm{e}^{-\lambda y}\cos(\lambda x)\mathrm{d}\lambda \tag{2-145}$$

$$\tau_{xy}(x,y)=-apy\int_0^{+\infty}\lambda J_1(a\lambda)\mathrm{e}^{-\lambda y}\sin(\lambda x)\mathrm{d}\lambda \tag{2-146}$$

$$u(x,y)=-\dfrac{1+\nu}{E}ap\int_0^{+\infty}\lambda^{-1}(1-2\nu-\lambda y)J_1(a\lambda)\mathrm{e}^{-\lambda y}\sin(\lambda x)\mathrm{d}\lambda \tag{2-147}$$

$$v(x,y) = \frac{1+\nu}{E} ap \int_0^{+\infty} \lambda^{-1}(2-2\nu+\lambda y)J_1(a\lambda)e^{-\lambda y}\cos(\lambda x)d\lambda \tag{2-148}$$

于是，弹性体中任一点的应力和位移均可以进行计算。下面重点从断裂力学的实际需要考虑，着重将应力分量式(2-143)～式(2-145)继续化简。由式(2-143)和式(2-144)，有

$$\frac{1}{2}(\sigma_x+\sigma_y) = -pa\int_0^{+\infty} e^{-\lambda y}\cos(\lambda x)J_1(a\lambda)d\lambda \tag{2-149}$$

$$\frac{1}{2}(\sigma_y-\sigma_x) = -pay\int_0^{+\infty} \lambda e^{-\lambda y}\cos(\lambda x)J_1(a\lambda)d\lambda \tag{2-150}$$

引入复变函数(图2-76)：

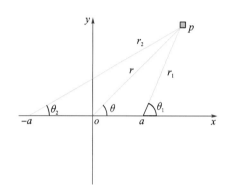

图2-76 复变函数示意图

$$z = x+iy = re^{i\theta}, z-a = r_1 e^{i\theta_1}, z+a = r_2 e^{i\theta_2} \tag{2-151}$$

则由式(2-145)和式(2-149)，有

$$\frac{1}{2}(\sigma_y-\sigma_x)+i\tau_{xy} = -pay\int_0^{+\infty} \lambda e^{i\lambda z}J_1(a\lambda)d\lambda \tag{2-152}$$

$$\frac{1}{2}(\sigma_y+\sigma_x) = -paR_e\int_0^{+\infty} \lambda e^{i\lambda z}J_1(a\lambda)d\lambda \tag{2-153}$$

引入贝塞尔函数积分：

$$\int_0^{+\infty} e^{-\gamma t}J_1(\alpha t) = \frac{1}{\alpha}\left[1-\gamma(\alpha^2+\gamma^2)^{1/2}\right] \tag{2-154}$$

$$\int_0^{+\infty} te^{-\gamma t}J_1(\alpha t)dt = \alpha(\alpha^2+\gamma^2)^{-3/2} \tag{2-155}$$

由此可得

$$\int_0^{+\infty} \lambda e^{i\lambda z}J_1(\alpha\lambda)d\lambda = a\left[a^2+(iz)^2\right]^{3/2} = -ia(r_1 r_2)^{-3/2}e^{-3i(\theta_1+\theta_2)/2} \tag{2-156}$$

$$\int_0^{+\infty} e^{i\lambda z}J_1(a\lambda)d\lambda = \frac{1}{a}-\frac{iz}{a}\left[a^2+(iz)^2\right]^{-1/2} = \frac{1}{a}\left[1-re^{i\theta}(r_1 r_2)^{-\frac{1}{2}}e^{-i(\theta_1+\theta_2)/2}\right] \tag{2-157}$$

故：

$$\frac{1}{2}(\sigma_y-\sigma_x)+i\tau_{xy} = p\frac{r}{a}\left(\frac{a^2}{r_1 r_2}\right)^{3/2}i\sin\theta e^{-3i(\theta_1+\theta_2)/2} \tag{2-158}$$

$$\frac{1}{2}(\sigma_y+\sigma_x) = -paR_e\frac{1}{a}\left(\frac{a^2}{r_1 r_2}\right)^{3/2}i\sin\theta e^{-3i(\theta_1+\theta_2)/2} \tag{2-159}$$

进一步联立式(2-157)和式(2-158)求解，并将计算结果的实部和虚部分离，便可得到应力分量的具体表达式：

$$\sigma_x = -p\frac{r}{a}\left(\frac{a^2}{r_1 r_2}\right)^{3/2}\sin\theta\sin\frac{3}{2}(\theta_1+\theta_2)-p\left[\frac{r}{(r_1 r_2)^{1/2}}\cos\left(\theta-\frac{1}{2}\theta_1-\frac{1}{2}\theta_2\right)-1\right] \tag{2-160}$$

$$\sigma_y = p\frac{r}{a}\left(\frac{a^2}{r_1 r_2}\right)^{3/2}\sin\theta\sin\frac{3}{2}(\theta_1+\theta_2)-p\left[\frac{r}{(r_1 r_2)^{1/2}}\cos\left(\theta-\frac{1}{2}\theta_1-\frac{1}{2}\theta_2\right)-1\right] \tag{2-161}$$

$$\tau_{xy} = -p\frac{r}{a}\left(\frac{a^2}{r_1 r_2}\right)^{3/2}\sin\theta\cos\frac{3}{2}(\theta_1+\theta_2) \tag{2-162}$$

基于图 2-75 所示的裂缝物理模型，可得图 2-77 所示的二维垂直裂缝诱导应力场分布示意图。

二维垂直裂缝所诱导的应力场为

$$
\begin{cases}
\sigma_x' = -p\dfrac{r}{a}\left(\dfrac{a^2}{r_1 r_2}\right)^{3/2}\sin\theta\sin\dfrac{3}{2}\left(\theta_1+\theta_2\right) - p\left[\dfrac{r}{\left(r_1 r_2\right)^{1/2}}\cos\left(\theta-\dfrac{1}{2}\theta_1-\dfrac{1}{2}\theta_2\right)-1\right] \\[3mm]
\sigma_y' = p\dfrac{r}{a}\left(\dfrac{a^2}{r_1 r_2}\right)^{3/2}\sin\theta\sin\dfrac{3}{2}\left(\theta_1+\theta_2\right) - p\left[\dfrac{r}{\left(r_1 r_2\right)^{1/2}}\cos\left(\theta-\dfrac{1}{2}\theta_1-\dfrac{1}{2}\theta_2\right)-1\right] \\[3mm]
\sigma_z' = \nu\left(\sigma_x'+\sigma_y'\right) \\[3mm]
\tau_{xy}' = -p\dfrac{r}{a}\left(\dfrac{a^2}{r_1 r_2}\right)^{3/2}\sin\theta\cos\dfrac{3}{2}\left(\theta_1+\theta_2\right)
\end{cases}
\tag{2-163}
$$

式中，p 为裂缝面上的压力，MPa；L_f 为裂缝长度，m；a 为裂缝半长，$a=L_f/2$，m。

各几何参数之间的关系如下：

$$
\begin{cases}
r = \sqrt{x^2+y^2} \\
r_1 = \sqrt{x^2+\left(y-a\right)^2} \\
r_2 = \sqrt{x^2+\left(y+a\right)^2}
\end{cases}
\tag{2-164}
$$

$$
\begin{cases}
\theta = \arctan\left(\dfrac{x}{-y}\right) \\[2mm]
\theta_1 = \arctan\left(\dfrac{x}{a-y}\right) \\[2mm]
\theta_2 = \arctan\left(\dfrac{x}{-a-y}\right)
\end{cases}
\tag{2-165}
$$

如果 θ、θ_1 和 θ_2 为负值，那么就应该分别用（$\theta+180°$）、（$\theta_1+180°$）和（$\theta_2+180°$）来代替。运用式(2-159)～式(2-164)便可以计算裂缝诱导应力的值。以上就是二维垂直裂缝诱导应力模型，下面将在此模型的基础之上建立倾斜裂缝诱导应力模型。

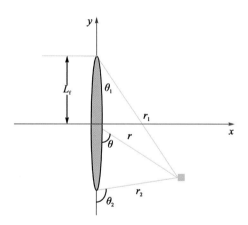

图 2-77　二维垂直裂缝诱导应力场分布示意图

2. 倾斜裂缝诱导应力

在页岩水力压裂过程中，射孔方位不处于最大水平主应力方位时，此时水力裂缝不再与最小水平井主应力垂直，产生倾斜裂缝，此时需要对倾斜裂缝产生的诱导应力进行分析。这里根据垂直裂缝的诱导应力模型，建立如图 2-78 所示的物理模型，其中 n

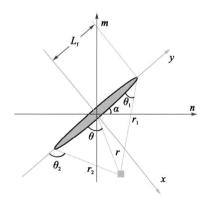

图 2-78　水力倾斜裂缝示意

为最小主应力方向，α 为裂缝与最小主应力方的夹角。根据 x、y 方向的线应变在 m、n 方向的投影，得出在 m、n 方向的线应变。利用应力应变公式，结合二维垂直裂缝的应力模型，推导出水力倾斜裂缝的应力模型。

考虑水力裂缝在 x-y、m-n 坐标体系下的位移转换关系，可得式（2-166）：

$$\begin{cases} u_m = u_y \sin\alpha - u_x \cos\alpha \\ u_n = u_x \sin\alpha + u_y \cos\alpha \end{cases} \tag{2-166}$$

式中，u_m 为 m 方向线应变，m；u_n 为 n 方向线应变，m；u_x 为 x 方向线应变，m；u_y 为 y 方向线应变，m。

坐标值关系：

$$\begin{cases} x = n\sin\alpha - m\cos\alpha \\ y = n\cos\alpha + m\sin\alpha \end{cases} \tag{2-167}$$

上述物理模型问题属于平面应变问题，基于弹性力学理论，应力应变方程如下。

x-y 坐标体系：

$$\begin{cases} u_x = \dfrac{1}{E}\left[\left(1-v^2\right)\sigma_x - v(1+v)\sigma_y\right] \\ u_y = \dfrac{1}{E}\left[\left(1-v^2\right)\sigma_y - v(1+v)\sigma_x\right] \end{cases} \tag{2-168}$$

m-n 坐标体系：

$$\begin{cases} u_m = \dfrac{1}{E}\left[\left(1-v^2\right)\sigma_m - v(1+v)\sigma_n\right] \\ u_n = \dfrac{1}{E}\left[\left(1-v^2\right)\sigma_n - v(1+v)\sigma_m\right] \end{cases} \tag{2-169}$$

将式（2-166）代入式（2-168）可得

$$\begin{cases} u_m = \dfrac{1}{E}\left[\begin{array}{l}\left(\sin\alpha - v^2\sin\alpha - v\cos\alpha - v^2\cos\alpha\right)\sigma_y \\ +\left(-v\sin\alpha - v^2\sin\alpha - \cos\alpha + v^2\cos\alpha\right)\sigma_x\end{array}\right] \\ u_n = \dfrac{1}{E}\left[\begin{array}{l}\left(\cos\alpha - v^2\cos\alpha - v\sin\alpha - v^2\sin\alpha\right)\sigma_y \\ +\left(\sin\alpha - v^2\sin\alpha - v\cos\alpha - v^2\cos\alpha\right)\sigma_x\end{array}\right] \end{cases} \tag{2-170}$$

由式（2-169）变形可得

$$\begin{cases} \sigma_m = \dfrac{E}{2}\left(\dfrac{u_n + u_m}{1 - v - 2v^2} - \dfrac{u_n + u_m}{1+v}\right) \\ \sigma_n = \dfrac{E}{2}\left(\dfrac{u_n + u_m}{1 - v - 2v^2} + \dfrac{u_n + u_m}{1+v}\right) \end{cases} \tag{2-171}$$

将式（2-170）代入式（2-171）可得

$$\begin{cases} \sigma_m = \sigma_y\left[\sin\alpha + 2\dfrac{v(v-1)}{1-2v}\cos\alpha\right] - \sigma_x\left(v + \dfrac{(v-1)^2}{(1+v)(1-2v)}\right)\cos\alpha \\ \sigma_n = \sigma_x\left[\sin\alpha + 2\dfrac{v(v-1)}{1-2v}\cos\alpha\right] + \sigma_y\dfrac{2v^2 - 2v + 1}{1-2v}\cos\alpha \end{cases} \tag{2-172}$$

将 x-y 坐标体系下（垂直裂缝）的诱导应力式(2-163)代入式(2-172)，可得 m-n 坐标体系下的诱导应力：

$$
\begin{cases}
\sigma_m = p\dfrac{r}{a}\left(\dfrac{a^2}{r_1 r_2}\right)^{\frac{3}{2}}\sin\theta\sin\dfrac{3}{2}\left(\theta_1+\theta_2\right)\left(\dfrac{1+\nu-4\nu^3}{(1+\nu)(1-2\nu)}\cos\alpha+\sin\alpha\right)\\[3mm]
\qquad -p\left[\dfrac{r}{\left(r_1 r_2\right)^{\frac{1}{2}}}\cos\left(\theta-\dfrac{1}{2}\theta_1-\dfrac{1}{2}\theta_2\right)-1\right]\left[-\dfrac{1-3\nu}{(1+\nu)(1-2\nu)}\cos\alpha+\sin\alpha\right]\\[3mm]
\sigma_n = -p\dfrac{r}{a}\left(\dfrac{a^2}{r_1 r_2}\right)^{\frac{3}{2}}\sin\theta\sin\dfrac{3}{2}\left(\theta_1+\theta_2\right)\left(-\dfrac{1}{1-2\nu}\cos\alpha+\sin\alpha\right)\\[3mm]
\qquad -p\left[\dfrac{r}{\left(r_1 r_2\right)^{\frac{1}{2}}}\cos\left(\theta-\dfrac{1}{2}\theta_1-\dfrac{1}{2}\theta_2\right)-1\right]\left[(1-2\nu)\cos\alpha+\sin\alpha\right]
\end{cases}
\tag{2-173}
$$

由胡克定律得

$$\sigma_k = \nu\left(\sigma_n+\sigma_m\right) \tag{2-174}$$

式中，k 为与 m-n 平面垂直的方向；p 为裂缝面上压力，MPa；r_1、r_2 为任意点到裂缝两端的距离，m；r 为该点到裂缝中心的距离，m；α 为裂缝与最小水平主应力的夹角，(°)。

各几何参数间存在以下关系：

$$
\begin{cases}
r = \sqrt{n^2+m^2}\\[2mm]
r_1 = \sqrt{n^2+m^2+a^2-2an\cos\alpha-2am\sin\alpha}\\[2mm]
r_2 = \sqrt{n^2+m^2+a^2+2an\cos\alpha+2am\sin\alpha}\\[2mm]
\theta = \arctan\dfrac{n\sin\alpha-m\cos\alpha}{-n\cos\alpha-m\sin\alpha}\\[3mm]
\theta_1 = \arctan\dfrac{n\sin\alpha-m\cos\alpha}{a-n\cos\alpha-m\sin\alpha}\\[3mm]
\theta_2 = \arctan\dfrac{n\sin\alpha-m\cos\alpha}{-a-n\cos\alpha-m\sin\alpha}
\end{cases}
\tag{2-175}
$$

为了验证所推导的倾斜裂缝诱导应力模型的正确性，取 $\alpha=90°$，则 $\sin\alpha=1$，$\cos\alpha=0$，式(2-172)可简化为垂直裂缝的诱导应力模型，从而验证了倾斜裂缝诱导应力模型的正确性。

2.2.3　裂缝扩展准则

多簇裂缝竞争起裂与扩展模型涉及裂缝扩展问题，而裂缝扩展准则是裂缝扩展亟须解决的核心问题之一。扩展准则需要进一步解释裂缝扩展条件和扩展方向。基于断裂力学理论，本书运用最大周向应力理论作为裂缝扩展准则。

多簇裂缝在射孔孔眼处起裂后，在井壁附近的连接可以看作是Ⅰ、Ⅱ型复合断裂问题，在这个问题中，裂缝尖端附近的应力场可以用 K_{I}、K_{II} 来表示，进而可以计算出裂缝的扩展方向。基于线弹性断裂力学理论，结合张广清等[25]的研究成果，得到 K_{I}、K_{II} 强度因子的表达式：

$$K_{\mathrm{I}} = \frac{1}{\sqrt{\pi r}} \int_{-r}^{r} \left(p_{\mathrm{net}}(x) \sqrt{\frac{r+x}{r-x}} \right) \mathrm{d}x - \frac{(\sigma_1+\sigma_3)\sqrt{\pi r}}{2} + \frac{\sigma_1-\sigma_3}{2\sqrt{\pi r}} \int_{-r}^{r} \left(\sqrt{\frac{r+x}{r-x}} \cos 2\gamma \right) \mathrm{d}x \quad (2\text{-}176)$$

$$K_{\mathrm{II}} = \frac{\sigma_1-\sigma_3}{2\sqrt{\pi r}} \int_{-r}^{r} \left(\sqrt{\frac{r+x}{r-x}} \sin 2\gamma \right) \mathrm{d}x \quad (2\text{-}177)$$

式中，K_{I} 为 I 型强度因子，$\mathrm{MPa \cdot m^{1/2}}$；$K_{\mathrm{II}}$ 为 II 型强度因子，$\mathrm{MPa \cdot m^{1/2}}$；$p_{\mathrm{net}}(x)$ 为微元段 x 产生的净压力，MPa；σ_1、σ_3 为最大主应力和最小主应力，MPa；r 为计算点到裂缝中心的距离，m。

最大周向应力理论认为，当周向应力 σ_θ 达到一定值时，裂缝发生破坏，并在最大周向应力方向上扩展。基于断裂力学理论，求得裂缝尖端处周向应力的极坐标表达式：

$$\begin{aligned}\sigma_\theta &= \frac{K_{\mathrm{I}}}{\sqrt{2\pi r}} \cos^3 \frac{\theta}{2} - \frac{3K_{\mathrm{II}}}{\sqrt{2\pi r}} \sin \frac{\theta}{2} \cos^2 \frac{\theta}{2} \\ &= \frac{1}{2\sqrt{2\pi r}} \cos \frac{\theta}{2} \left[K_{\mathrm{I}}(1+\cos\theta) - 3K_{\mathrm{II}}\sin\theta \right]\end{aligned} \quad (2\text{-}178)$$

当裂缝发生破坏时的极限周向应力为

$$\sigma_{\theta c} = \frac{1}{\sqrt{2\pi r}} K_{\mathrm{Ic}} \quad (2\text{-}179)$$

式中，$\sigma_{\theta c}$ 为极限周向应力，MPa；K_{Ic} 为岩石的断裂韧性，$\mathrm{MPa \cdot m^{1/2}}$。

联立式(2-178)和式(2-179)，当 $\sigma_\theta \geqslant \sigma_{\theta c}$ 时，裂缝扩展，即

$$\frac{1}{2} \cos \frac{\theta}{2} \left[K_{\mathrm{I}}(1+\cos\theta) - 3K_{\mathrm{II}}\sin\theta \right] \geqslant K_{\mathrm{Ic}} \quad (2\text{-}180)$$

此时，定义一个等效强度因子：

$$K_{\mathrm{e}} = \frac{1}{2} \cos \frac{\theta}{2} \left[K_{\mathrm{I}}(1+\cos\theta) - 3K_{\mathrm{II}}\sin\theta \right] \quad (2\text{-}181)$$

式中，K_{e} 为等效强度因子，$\mathrm{MPa \cdot m^{1/2}}$。

故用等效强度因子描述最大周向应力准则：

$$K_{\mathrm{e}} \geqslant K_{\mathrm{Ic}} \quad (2\text{-}182)$$

对式(2-178)求一阶导数，令其值为 0，同时保证二阶导数小于 0，得到裂缝延伸方向角(图 2-79)[27]，并得到 θ 的计算公式：

$$\theta = \arccos \left(\frac{3K_{\mathrm{II}}^2 + K_{\mathrm{I}}\sqrt{K_{\mathrm{I}}^2 + 8K_{\mathrm{II}}^2}}{K_{\mathrm{I}}^2 + 9K_{\mathrm{II}}^2} \right) \quad (2\text{-}183)$$

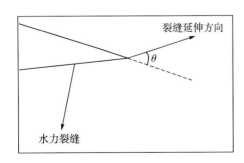

图 2-79 裂缝转向示意图

2.2.4 模型求解方法

基于井筒和射孔孔眼摩阻，耦合压力流量

关系建立水平井分段多簇流量动态分配模型；考虑储层物性非均质、地应力差异，建立先起裂射孔簇裂缝延伸模型和裂缝诱导应力模型；耦合单簇裂缝起裂、流量动态分配、先起裂射孔簇裂缝延伸及裂缝诱导应力模型，最终建立起页岩气水平井多簇射孔竞争起裂与扩展模型。根据上述流体驱动裂缝问题，得到了本书的页岩气水平井多簇射孔竞争起裂与扩展模型的编程求解思路。

(1)基础参数输入，即输入竞争起裂与扩展模型计算所需的基础参数，主要包括地层参数和施工参数两大类。地层参数主要包括三向地应力、地层压力、地层物性参数、抗张强度、泊松比、储层厚度、综合压缩系数等；施工参数主要包括压裂液黏度、施工排量、压裂液综合滤失系数、裂缝簇数、簇间距、施工时间、射孔参数及井筒参数等。

(2)获取初始流量分配 Q_i 并得到各簇的起裂次序，即首先假设一初始流量分配，并结合渗流-应力起裂压力预测模型得到各簇的起裂压力，将计算的井底压力代入方程(2-90)看是否满足压力流量平衡准则。如果满足，则记录此时的初始流量分配和起裂次序；如果不满足，则改变流量分配继续计算直到满足条件。

(3)得到各簇起裂次序的前提下，给定后续裂缝延伸的时间步长 Δt。

(4)在第一个时刻 t_1 时，假设流量分配为 Q_i，判断裂缝是否延伸。如果不延伸，则改变流量分配；如果延伸，则计算先起裂射孔簇的半缝长和净压力，先起裂射孔簇延伸的裂缝将产生诱导应力分量影响其余簇的地应力，进而影响其起裂压力。将计算得到的先起裂射孔簇产生的井底压力和未起裂射孔簇的新起裂压力代入式(2-89)和式(2-90)看是否满足流量、压力平衡准则。如果满足，则增加时间步长 Δt 开始下一时刻的计算；如果不满足，则改变流量分配继续计算直到满足条件。

(5)由此计算不同时刻先起裂射孔簇的半缝长、净压力、产生的诱导应力和未起裂射孔簇的新起裂压力，当采用起裂射孔簇计算得到的井底压力大于某一未起裂射孔簇的新起裂压力时，该射孔簇起裂并进入延伸阶段。

(6)计算施工时间，判断是否达到给定的施工时间。如果达到，则程序结束运行，进而进行后处理；如果没有达到，则返回步骤(3)，计算下一时间步长的竞争起裂情况，直到施工时间结束。

基于以上程序求解思路，运用编程软件编制本书的页岩气水平井多簇射孔竞争起裂与扩展模型程序，实现多裂缝起裂扩展动态模拟过程。其程序运行流程图如图 2-80 所示。

2.2.5　模型验证

在模型进行编程求解后，需要进一步对本书建立的模型计算结果进行验证，以确保计算结果的准确性。本书基于文献[26]中的岩样真三轴实验数据开展了多簇竞争起裂验证，同时运用 Wu 等[27]的理论模型对本书建立的页岩气水平井多簇射孔竞争起裂与扩展模型进行了多簇裂缝同时扩展验证。

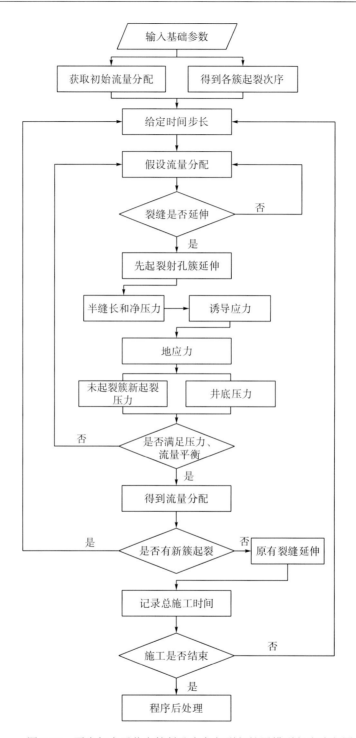

图 2-80 页岩气水平井多簇射孔竞争起裂与扩展模型程序流程图

2.2.5.1 多簇射孔竞争起裂验证

Lei[26]运用小型真三轴水力压裂模拟系统开展样品尺寸为 8 cm×8 cm×10 cm 的井下岩

样裂缝起裂和扩展实验研究。实验前，首先在岩样中间钻取直径为 1.5 cm、深度为 7.5 cm 的圆孔，保留下部 4.5 cm 深作为射孔位置，上部 3 cm 用环氧树脂代替水泥浆密封压裂管，以防止压裂液泄漏。由图 2-81 可以发现物模实验是在裸眼井中进行射孔，故进行本书模型验证时应该不考虑套管水泥环的影响。同时，为了模拟水平井，实验过程中在竖直方向加载最小水平主应力，水平方向加载垂向应力和最大水平主应力。为此，本书特选取 3 号岩样的实验数据对建立的理论模型开展多簇竞争起裂验证，实验参数见表 2-7。

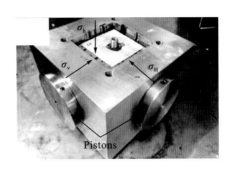

图 2-81　物模试验三向应力加载示意图

表 2-7　物模实验验证基础参数

参数名	数值	参数名	数值
最大水平主应力(MPa)	18	注入液排量(cm³/min)	0.05
最小水平主应力(MPa)	9	注入液黏度(mPa·s)	2.5
垂向应力(MPa)	20	注入液密度(kg/m³)	1000
原始地层孔隙压力(MPa)	0	井眼半径(mm)	7.5
岩石渗透率(mD)	0.017	孔眼深度(mm)	1
岩石厚度(mm)	100	孔眼半径(mm)	1
综合压缩系数(10^{-4}MPa^{-1})	5	射孔数量	3
孔隙度(%)	7.5	簇间距(mm)	10
岩石弹性模量(MPa)	19900	簇数	3
岩石泊松比	0.21	井筒井斜角(°)	90
岩石抗张强度(MPa)	5.49	井筒方位角(°)	90
Biot 系数	0.8	射孔方位角(°)	0
孔眼流量系数	0.56		

实验过程中三簇的岩石参数和射孔参数都一样。将上述实验参数输入建立的理论模型中进行计算得到各簇的起裂压力，并将计算结果与实验结果进行比较。

物模实验结果(图 2-82)表明，三簇都起裂扩展。图 2-83 中红线表示 3 号岩样在注液过程中注入压力随时间的变化情况，图中的峰值为 12.67 MPa，即破裂压力。为获取实验过程中的起裂压力，作实验过程中压力对时间的变化率随注液时间的变化曲线，即图中的紫色线。压力变化率(紫色线)与实验数据(红色线)的交点即为实验过程中的起裂压力[7]，具体值为 11.62 MPa。可以发现，起裂压力略低于破裂压力[28]，破裂是岩石宏观破坏的表现，即岩石先起裂再破裂。本模型计算结果表明，三簇同时起裂，起裂压力为 11.47 MPa，与物模实验结果(11.62 MPa)相吻合，从实验角度验证了本模型的可靠性。

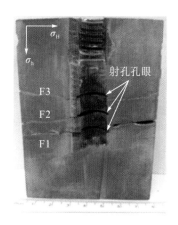

图 2-82　物模实验结果[28]

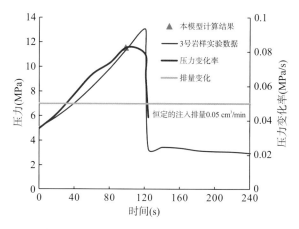

图 2-83　本模型计算结果与物模实验结果对比

2.2.5.2　多簇射孔裂缝同时扩展验证

Wu[27]运用二维位移不连续法计算诱导应力，基于均质各向同性地层，并采用最大周向应力理论作为裂缝扩展准则，进而建立了流固耦合的水力压裂扩展模型。同时，作者运用该模型进行了一系列影响因素分析，建立模型时选取其中三簇同时起裂扩展的计算结果来验证本书所建立的竞争起裂与扩展模型，以进一步验证模型的可靠性，其中模型计算的输入参数见表 2-8。

表 2-8　理论模型验证基础参数

参数名	数值	参数名	数值
最大水平主应力(MPa)	31.38	孔眼流量系数	0.56
最小水平主应力(MPa)	30.69	施工排量(m³/min)	9.5
原始地层孔隙压力(MPa)	18.25	压裂液黏度(mPa·s)	5
岩石弹性模量(MPa)	27586	簇间距(mm)	15.24
岩石泊松比	0.25	簇数	3
岩石抗张强度(MPa)	3.24	井筒井斜角(°)	90
储层厚度(m)	30.48	井筒方位角(°)	90

将表 2-8 中的基础参数输入本书建立的竞争起裂与扩展模型中进行计算。图 2-84 展示的是施工 20 min 后两个模型计算得到的裂缝延伸情况。结果表明，三簇同时起裂延伸，中间裂缝延伸 143 m，两边裂缝延伸 198 m，中间裂缝延伸比两端短，总体上与 Wu[28]模型计算结果基本吻合，从而验证了本书建立的模型的可靠性。综上所述，本书建立的页岩气水平井多簇射孔竞争起裂与扩展模型可以准确地描述裂缝竞争起裂与扩展过程。

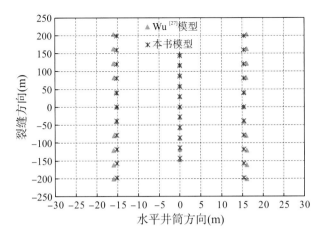

图 2-84　裂缝延伸形态对比

参 考 文 献

[1]王洪涛. 强碱三元体系对油层矿物的溶蚀特征研究[D]. 长春: 吉林大学, 2012.

[2]黄书岭. 高应力下脆性岩石的力学模型与工程应用研究[D]. 武汉: 中国科学院研究生院(武汉岩土力学研究所), 2008.

[3]Zeng F, Cheng X, Guo J, et al. Investigation of the initiation pressure and fracture geometry of fractured deviated wells[J]. Journal of Petroleum Science & Engineering, 2018(165): 412-427.

[4]曾凡辉,郭建春,李超凡. 计算页岩储层水力压裂倾斜裂缝诱导应力的方法[P]. CN105550410A,2016-05-04.

[5]Hossain M M, Rahman M K, Rahman S S. Hydraulic fracture initiation and propagation: roles of wellbore trajectory, perforation and stress regimes[J]. Journal of Petroleum Science & Engineering, 2000, 27(3-4): 129-149.

[6]Fallahzadeh S A H, Shadizadeh R S, Pourafshary P. Dealing With the Challenges of Hydraulic Fracture Initiation in Deviated-Cased Perforated Boreholes[C]. Trinidad and Tobago Energy Resources Conference. Port of Spain, Trinidad; Society of Petroleum Engineers, 2010.

[7]Zeng F, Yang B, Guo J, et al. Experimental and modeling investigation of fracture initiation from open-hole horizontal wells in permeable formations[J]. Rock Mechanics and Rock Engineering, 2019, 52(4): 1133-1148.

[8]Economides M, Nolte K. Reservoir stimulation[M]. Chichester: Wiley, 2000.

[9]徐芝纶. 弹性力学（上）(第5版)[M]. 北京: 高等教育出版社, 2016.

[10]Fjar E, Holt R M, Raaen A, et al. Petroleum related rock mechanics[M]. New York: Elsevier, 2008.

[11]Alekseenko O P, Potapenko D I, Cherny S G, et al. 3-D modeling of fracture initiation from perforated non-cemented wellbore[J]. SPE Journal, 2012, 18(3): 589-600.

[12]Zhu H Y, Deng J G, Jin X C, et al. Hydraulic Fracture Initiation and Propagation from Wellbore with Oriented Perforation[J]. Rock Mech Rock Eng, 2015, 48(2): 585-601.

[13]Li Y, Jia D, Wang M, et al. Hydraulic fracturing model featuring initiation beyond the wellbore wall for directional well in coal bed[J]. J Geophys Eng, 2016, 13(4): 536-548.

[14]Zeng F, Peng F, Zeng B, et al. Perforation orientation optimization to reduce the fracture initiation pressure of a deviated cased hole[J]. Journal of Petroleum Science and Engineering, 2019(177): 829-840.

[15]Haimson B, Fairhurst C. Hydraulic fracturing in porous-permeable materials[J]. J Pet Technol, 1968, 21(7): 811-817.

[16]Larson V C. Understanding the muskat method of analysing pressure build-up curves[J]. J Can Pet Technol, 1963, 2(3): 136-141.

[17]Chen Z X, Huan G R, Ma Y L. Computational methods for multiphase flows in porous media[J]. Math Comput, 2006, 76(260): 2253-2255.

[18]Warren J E. The behavior of naturally fractured reservoirs[J]. SPE Journal, 1963, 3(3): 245-255.

[19]Yew C H, Chenevert M E, Wang C L, et al. Wellbore stress distribution produced by moisture adsorption[J]. SPE Drilling Engineering, 1990, 5(4): 311-316.

[20]Crosby D G, Rahman M M, Rahman M K, et al. Single and multiple transverse fracture initiation from horizontal wells[J]. Journal of Petroleum Science & Engineering, 2002, 35(3): 191-204.

[21]Zoback M D, Rummel F, Jung R, et al. Laboratory hydraulic fracturing experiments in intact and pre-fractured rock.[J]. Int J Rock Mech Min Sci, 1977, 14(2): 49-58.

[22]Valko P, Economides M J. Hydraulic Fracture Mechanics[M]. Chichester: Wiley, 1995.

[23]Zeng Z. Laboratory imaging of hydraulic fractures using microseismicity[D]. Norman: The University of Oklahoma, 2002.

[24]Bunger A, Jeffrey R G, Zhang X. Constraints on simultaneous growth of hydraulic fractures from multiple perforation clusters in horizontal wells[J]. SPE Journal, 2014, 19(4): 608-620.

[25]张广清, 陈勉, 赵艳波. 新井定向射孔转向压裂裂缝起裂与延伸机理研究[J]. 石油学报, 2008, 29(1): 116-169.

[26]Lei X, Zhang S, Xu G, et al. Impact of perforation on hydraulic fracture initiation and extension in tight natural gas reservoirs[J]. Energy Technology, 2015, 3(6): 618-624.

[27]Wu K, Olson J E. Investigation of the Impact of Fracture Spacing and Fluid Properties for Interfering Simultaneously or Sequentially Generated Hydraulic Fractures[J]. SPE Production & Operations, 2013, 28(4): 427-436.

[28]Wu F, Li D, Fan X, et al. Analytical interpretation of hydraulic fracturing initiation pressure and breakdown pressure[J]. Journal of Natural Gas Science and Engineering, 2020(76): 1-13.

第3章 页岩气水平井多簇射孔竞争
起裂与扩展应用

理论研究和产液剖面测试结果表明，页岩气水平井多簇射孔部分簇并未起裂和有效延伸。为此，本章首先基于第2章建立的页岩气水平井多簇射孔竞争起裂与扩展模型，以三簇为例，模拟射孔簇附近物性非均质，开展竞争起裂与扩展规律分析，并进一步分析地层参数、射孔参数和施工参数对多簇射孔竞争起裂与扩展的影响，结合具体井层，给出了优化后的射孔参数和施工参数。针对通过调节射孔参数和施工参数仍然难以实现多簇裂缝都能起裂和有效延伸的情形，给出了安全施工及多裂缝都能起裂和有效延伸的调控方法，从而科学合理地指导现场压裂方案实施。

页岩气藏具有低孔、低渗、普遍发育有天然裂缝的特征。通过对页岩气水平井分段多簇体积压裂改造形成大规模的复杂裂缝网络带，给页岩气流动提供充分的通道，可以获得经济可采的产量和采收率。目前针对页岩气藏水平井体积压裂的技术主要有两种：①同步压裂技术，对两口及以上的水平井实施同步分段压裂，利用不同水平井间压裂形成的水力裂缝诱导应力干扰，增加压裂水平井筒间区域的裂缝密度和程度，最大限度地增加改造区域[1,2]；②水平井分段压裂技术[3,4]，对同一口水平井采用分段多簇射孔压裂，可在应力干扰区域形成有效的裂缝网络，相同改造体积条件下提高了页岩气的流动能力，增产效率高。

上述页岩储层水平井体积压裂方案①需要在两口及以上的水平井中实施，压裂方案②由于常用的水平井分段压裂技术是在同一口水平井同一压裂段内多个射孔簇同时延伸和扩展，没有充分利用同一个压裂段内形成多裂缝时产生的诱导应力。上述页岩气藏水平井体积压裂方式均没有将水力压裂过程中水力裂缝与天然裂缝交互作用，以及将水力裂缝压裂过程中产生的诱导应力形成复杂裂缝有机结合起来。在本章中，作者提出了一种更加有效的水平井体积压裂技术：通过对同一压裂段内不同射孔簇射孔密度进行优选，确保端部两簇裂缝优先起裂、中间簇裂缝随后起裂，并通过对压裂过程中排量阶梯升高的实时控制，利用裂缝延伸压力和孔眼摩阻实现对裂缝起裂次序、裂缝延伸的实时控制，该方法能够显著增加水力裂缝的复杂程度，而且不需要专门的设备，也不会增加作业时间[5,6]。

3.1 多簇射孔竞争起裂与均衡扩展研究应用

本节在第2章内容的基础上，研究了影响多簇射孔竞争起裂的主要因素，并且提出了通过射孔参数和加入暂堵剂的施工调控方法，提高页岩气水平井多簇均衡扩展的调控方法。

3.1.1　多簇射孔竞争起裂主控因素及机制

基于第 2 章建立的页岩气水平井多簇射孔竞争起裂与扩展模型,选取四川盆地长宁区块 X 页岩气井作为模拟的基础参数,以现场常用的每段射三簇为例,开展多簇裂缝竞争起裂与扩展规律分析。具体参数见表 3-1。

表 3-1　X 页岩气井多裂缝竞争起裂与扩展模型计算基础参数表

参数名	数值	参数名	数值
最大水平主应力(MPa)	72.9	套管弹性模量(MPa)	210 000
最小水平主应力(MPa)	60	套管泊松比	0.3
垂向应力(MPa)	63.4	套管外径(mm)	139.7
原始地层孔隙压力(MPa)	31.7	套管内径(mm)	115.4
第一簇渗透率(nD)	650	施工排量(m^3/min)	12
第二簇渗透率(nD)	450	压裂液黏度(mPa·s)	10
第三簇渗透率(nD)	350	压裂液密度(kg/m^3)	1 050
储层厚度(m)	30	施工时间(min)	60
综合压缩系数($10^{-4}MPa^{-1}$)	9.3	簇间距(m)	20
孔隙度(%)	5.6	簇数(簇)	3
孔眼流量系数	0.56	井眼半径(m)	0.1
岩石弹性模量(MPa)	45 000	孔眼深度(m)	0.5
岩石泊松比	0.22	孔眼半径(m)	0.005
岩石抗张强度(MPa)	2.94	射孔密度(孔/m)	16
断裂韧性($MPa·m^{1/2}$)	3.5	井筒井斜角(°)	90
Biot 系数	0.5	井筒方位角(°)	90
		射孔相位角(°)	60

图 3-1、图 3-2 模拟的是三簇射孔条件下,井底压力、第二簇和第三簇新计算起裂压力随时间的动态变化关系。

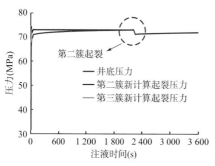

图 3-1　井底压力及新计算起裂压力

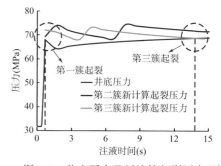

图 3-2　井底压力及新计算起裂压力(放大)

页岩水力压裂施工过程中,随着井筒逐渐注液,井底开始憋压,井底压力逐渐上升。当井底压力达到三簇中起裂压力最小簇时,该簇起裂。图 3-2 展示了前 15 s(将时间进行局部放大)的井底压力、第二簇和第三簇新计算起裂压力随时间的变化曲线。计算结果表明，在 0.66 s 时，井底压力达到第一簇的起裂压力 68.02 MPa，此时第一簇起裂；与此同时，第二簇的起裂压力为 69.37 MPa，而第三簇起裂压力为 72.12 MPa。主要原因是第一簇渗透率最大，地层吸液能力强，导致有效应力增加，使得起裂压力最小。紧接着，随着注液时间持续增加，第一簇裂缝满足扩展条件时，裂缝进行延伸，并基于第一簇裂缝延伸情况计算得到此时的井底压力。正是由于第一簇裂缝延伸产生的缝长和净压力产生了诱导应力场，该诱导应力场会影响原地应力分布，进而影响地应力大小；而地应力变化会导致未起裂簇(第二簇和第三簇)的新计算起裂压力实时发生变化，继而出现了如图 3-1 和图 3-2 所示的新计算起裂压力的震荡。当注入液体在 14 s 时，井底压力大于了第三簇的新起裂压力，此时第三簇起裂并延伸。随着时间的延续，第一簇和第三簇裂缝继续延伸，并一直影响着未起裂的第二簇裂缝的起裂压力变化。最终，在 2 210 s 时，井底压力大于了第二簇的起裂压力，第二簇起裂延伸。

图 3-3～图 3-5 展示了注液 60 min 内，3 条裂缝都起裂后，裂缝延伸过程中，裂缝半长、裂缝宽度和净压力的变化情况。在注液开始的 14 s 内，只有第一簇裂缝在延伸，裂缝半长、裂缝宽度和净压力急剧增加，变化速率较快，主要是由于 12 m³/min 的排量基本都用来扩展第一簇裂缝了。此后，第 14 s 以后，第三簇起裂扩展后，排量主要分在第一簇和第三簇，第一簇所分排量减小，故裂缝半长、裂缝宽度和净压力增加较慢；而第三簇排量急增，故而裂缝半长、裂缝宽度和净压力增加较快。在第 2 210 s 以后，第二簇起裂扩展，分得了一部分流量，导致第一簇和第三簇缝宽和净压力减小。

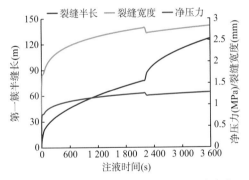

图 3-3　第一簇缝长、裂缝宽度及净压力变化

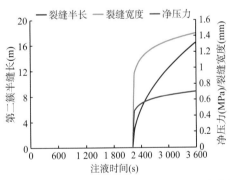

图 3-4　第二簇缝长、裂缝宽度及净压力变化

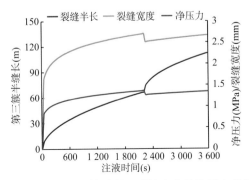

图 3-5　第三簇缝长、裂缝宽度及净压力变化

总体上,第一簇裂缝先起裂延伸,总的缝长要大于后起裂的第二、第三簇,并在施工 60 min 后,第一簇半缝长达到 126.56 m,第二簇半缝长为 16.36 m,第三簇半缝长为 112.04 m。先起裂的第一、第三簇,由于扩展时间长,且形成了优势通道,导致最后起裂的第二簇缝长很短。第一簇的裂缝宽度大于第二簇的裂缝宽度。

图 3-6 和图 3-7 分别展示了施工前 60 s 和整个施工过程中,三簇排量实时变化情况。起初第一簇起裂后,压裂液进入第一簇裂缝,第一簇分得的排量为 11.76 m³/min,第二簇和第三簇分别为 0.13 m³/min 和 0.11 m³/min。在第 14 s 以后,第三簇起裂扩展后,第一簇排量降低到 5.96 m³/min,第三簇排量上升到 5.89 m³/min,而第二簇保持 0.13 m³/min 基本不变,就这样一直延续到第二簇起裂。在 2 210 s 以后,随着第二簇起裂延伸,第二簇裂缝获得的排量为 1.78 m³/min,而第一簇和第三簇分别为 5.27 m³/min 和 4.95 m³/min。由此可知,整个施工过程中,在总排量不变的情况下,各簇排量动态分配。

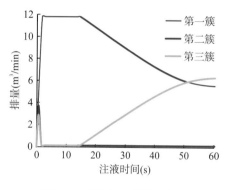

图 3-6　各簇施工排量变化(放大)

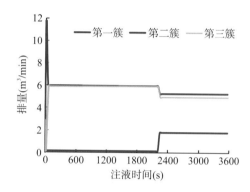

图 3-7　各簇施工排量变化

不同注液时间时最大水平主应力方向(裂缝切向)和最小水平主应力方向(裂缝法向)应力分布云图如图 3-8 和图 3-9 所示。云图中,横坐标表示水平井筒方向,纵坐标表示裂缝延伸方向,不同色度条代表着不同的应力值,单位为 MPa。

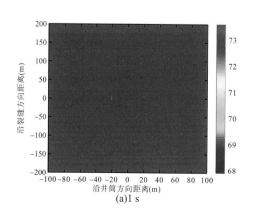

(a)1 s

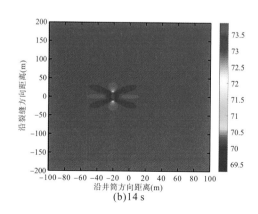

(b)14 s

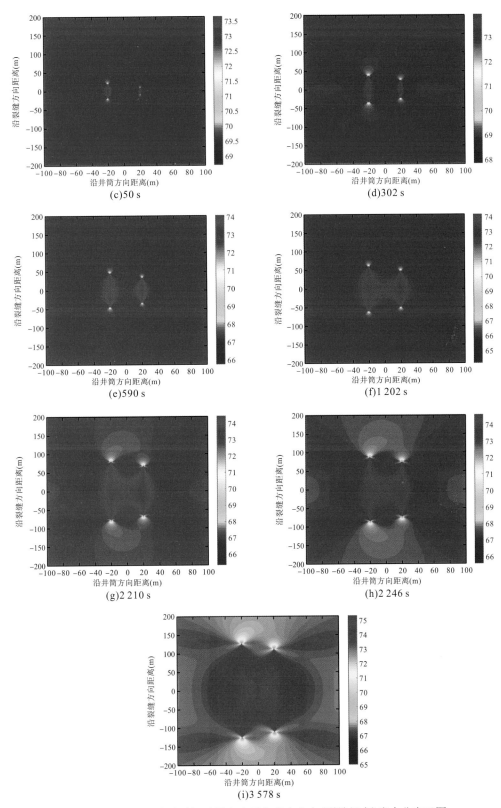

图 3-8　不同注液时间时最大水平主应力方向(裂缝切向)应力分布云图

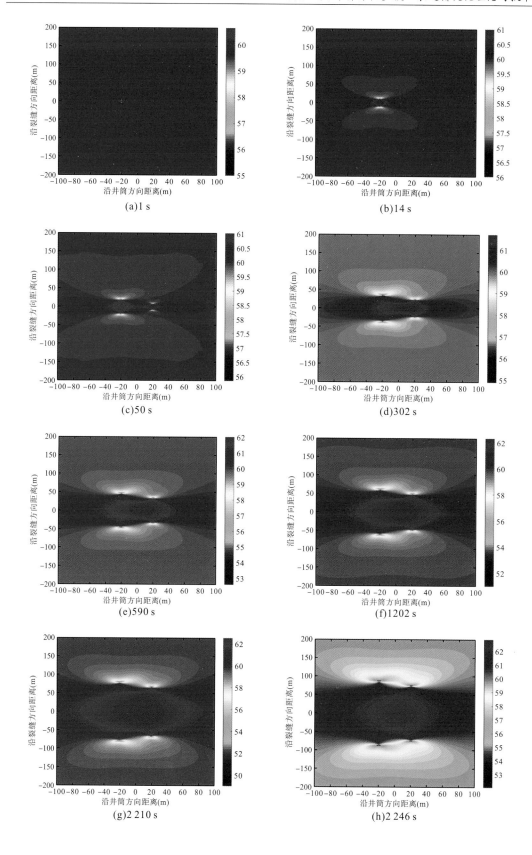

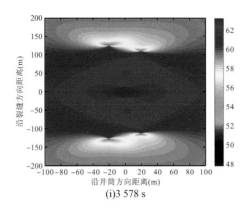

(i)3 578 s

图 3-9　不同注液时间时最小水平主应力方向(裂缝法向)应力分布云图

　　裂缝周围的诱导应力较大(暗红色)。随着距离裂缝越来越远,裂缝的切向诱导应力和法向诱导应力逐渐减小,说明诱导应力主要对裂缝周围地层产生影响,而对远处的地层几乎没有影响。同时,注意到裂缝尖端的应力较小,故而尖端的诱导应力为负值,主要是由于在裂缝尖端产生了应力集中,使得原本的压应力转变为负的拉应力。当裂缝尖端的等效应力强度因子大于岩石的断裂韧性时,裂缝向前延伸。

　　刚开始第一簇裂缝起裂扩展,诱导应力较小,影响范围也小。随着时间的延长,第三簇起裂后,裂缝切向应力影响范围在慢慢增大。在 302 s 时,第一簇和第三簇裂缝产生的裂缝切向诱导应力开始在中间叠加,继而在后续的施工时间中,叠加影响的范围变大。在 2 210 s 时,第二簇起裂扩展,影响范围进一步扩展,证实了前述未起裂簇新计算起裂压力变化的原因。

　　同时注意到,裂缝法向(即最小水平主应力方向)应力分布云图的影响范围也随时间变化逐步加大。总体上,同一时间,最小水平主应力方向应力分布云图影响范围要大于最大水平主应力方向应力分布云图。

　　为进一步探究多簇射孔竞争起裂与扩展规律,明确多簇射孔竞争起裂与扩展的影响因素。本节基于表 3-1 所示的基础参数,开展多簇射孔竞争起裂与扩展影响因素分析,研究地层参数、射孔参数和施工参数 3 类参数对竞争起裂与扩展的影响程度,从而为后续研究竞争起裂与扩展调控机制奠定基础。

3.1.1.1　地层参数

　　本书研究的地层参数主要包括储层埋深、物性非均质和裂缝方位角。下面将详细介绍这 3 类参数对多簇裂缝竞争起裂的影响。

1. 储层埋深

　　本书选取了 2 500 m、3 000 m、3 500 m、4 000 m 4 个不同储层埋深来分析其对竞争起裂的影响。具体是通过不同储层埋深对应不同的地应力条件来进行间接分析,对应关系见表 3-2。

表 3-2 储层埋深与地应力对应参数表

储层埋深(m)	最大水平主应力(MPa)	最小水平主应力(MPa)	垂向应力(MPa)
2 500	72.9	60	63.4
3 000	81.5	72	76.1
3 500	95.1	84	88.8
4 000	108.6	96	101.4

图 3-10 展示了不同埋深情况下各簇裂缝起裂时间。计算结果表明，随着储层埋深的增加，即从浅层到深层(3 500 m)再到超深层(大于 3 500 m)，地层三向应力增大，诱导应力增加，导致起裂压力进一步增大，因而裂缝总体的起裂难度增加，深层及超深层只有两簇起裂。同时第一簇和后起裂簇的起裂时间随着埋深的增加而延长。

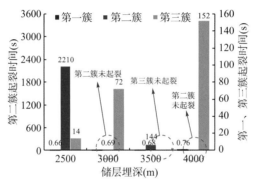

图 3-10 不同储层埋深情况下各簇裂缝起裂时间

显然，裂缝起裂延伸过程中，由于受到储层物性非均质性和诱导应力影响，压裂液主要进入已经起裂延伸的射孔簇，同时由于射孔产生孔眼沟通地层使得少量压裂液渗滤至未起裂簇，如图 3-11 所示。优先起裂的第一簇裂缝累计注液百分比最大，后起裂的射孔簇次之，最后起裂和未起裂的射孔簇累计注液百分比最小。同时，随着储层埋深的增加，第一簇累计注液百分比呈现增大趋势。这主要是因为从浅层到深层，后起裂簇的起裂时间越来越长，导致初期高排量压裂液进入第一簇的时间随埋深的增加而延长，进而使第一簇累计注液百分比呈现增大的趋势。

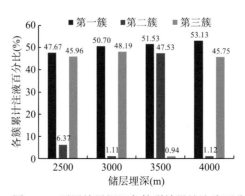

图 3-11 不同储层埋深各簇裂缝累计注液百分比

图 3-12 所示为不同储层埋深情况下最大水平主应力方向地应力分布。可以看出，随着储层埋深的增加，地应力越来越大，起裂压力增加，导致多簇射孔起裂与延伸难度增加；随着埋深的增加，先起裂的第一簇裂缝延伸长度增加，这也与图 3-11 中第一簇累计注液百分比的变化情况相一致，同时最大水平主应力的数值也相应增大。

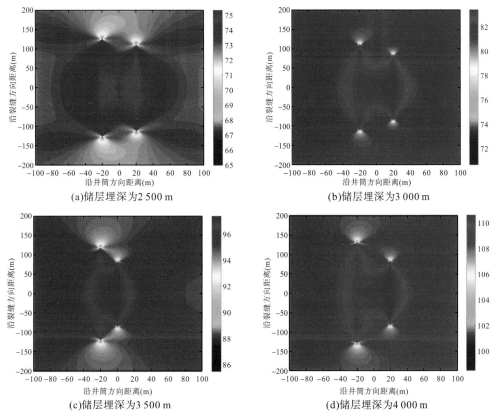

图 3-12　不同储层埋深情况下最大水平主应力方向地应力分布

2. 物性非均质

物性非均质主要影响模型计算过程中流量的动态分配，本书从渗透率分布和渗透率倍比两个角度，进一步分析储层物性非均质性对多簇射孔竞争起裂与扩展的影响。

1）渗透率分布

由于 3 个射孔簇附近渗透率不同，在假设 3 个射孔簇其他参数不变的情况下，分别选取 3 个渗透区域的 6 种不同组合，即 650 nD-450 nD-350 nD、650 nD-350 nD-450 nD、450 nD-650 nD-350 nD、350 nD-650 nD-450 nD、450 nD-350 nD-650 nD 和 350 nD-450 nD-650 nD。其中，650 nD-450 nD-350 nD 代表第一、第二和第三簇的渗透率分别为 650 nD、450 nD 和 350 nD，其余 5 种组合类推。

图 3-13 所示为不同渗透率组合下各簇裂缝起裂时间。计算结果表明，6 种不同渗透率组合情况下，各簇都能起裂。同时发现，当第二簇先起裂后，后续簇起裂时间都较短，有利于三簇裂缝的延伸。进一步探究发现，无论三簇的渗透率怎么组合，先起裂的射孔簇累

计注液百分比始终最大，并且各簇的起裂次序与各簇累计注液百分比呈正比，也就是说，先起裂射孔簇的累计注液量始终大于后起裂射孔簇的累计注液量，结果如图 3-14 所示。

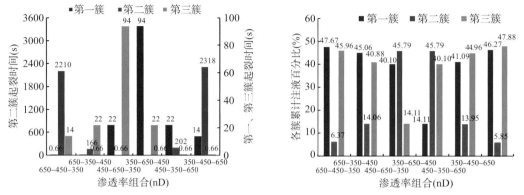

图 3-13　不同渗透率组合下各簇裂缝起裂时间　　图 3-14　不同渗透率组合下各簇裂缝累计注液百分比

　　图 3-15 展示了不同渗透率组合下最大水平主应力方向的地应力分布。可以看出，三簇都起裂延伸，优先起裂的两簇裂缝半长都在 100 m 左右，最后起裂的射孔簇缝长较短。同时，对比图 3-15(a) 和图 3-15(f) 可以发现，当中间射孔簇的渗透率取 450 nD，即中间射孔簇的渗透率数值在另外两簇之间时，最后起裂的第二簇裂缝延伸较短；对比图 3-15(b) 和图 3-15(e) 可以发现，当中间射孔簇的渗透率取 350 nD，即中间射孔簇的渗透率数值最小时，最后起裂的第二簇裂缝延伸比当中间射孔簇的渗透率取 450 nD 时略长。

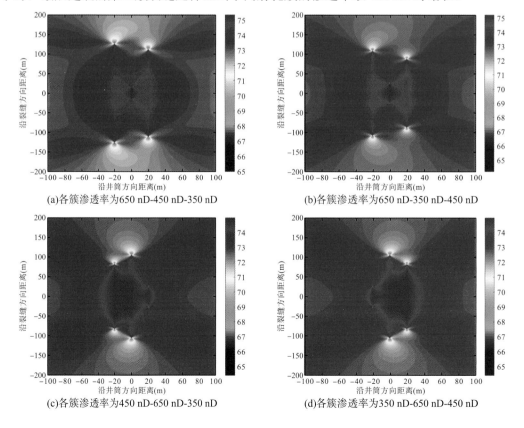

(a)各簇渗透率为650 nD-450 nD-350 nD　　　　　(b)各簇渗透率为650 nD-350 nD-450 nD

(c)各簇渗透率为450 nD-650 nD-350 nD　　　　　(d)各簇渗透率为350 nD-650 nD-450 nD

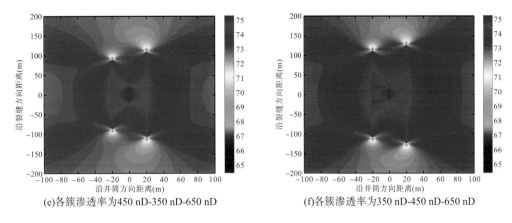

(e)各簇渗透率为450 nD-350 nD-650 nD　　　　(f)各簇渗透率为350 nD-450 nD-650 nD

图3-15　不同渗透率组合下最大水平主应力方向地应力分布

2)渗透率倍比

取 650 nD-450 nD-50 nD、650 nD-450 nD-100 nD、650 nD-450 nD-350 nD 和 900 nD-450 nD-350 nD 4 个不同渗透率组合分析渗透率倍比对多簇射孔竞争起裂与扩展的影响。这 4 个不同组合保持了中间第二簇渗透率不变,改变第一和第三簇的渗透率,将第一簇渗透率与第三簇渗透率的比值定义为渗透率倍比。显然,渗透率倍比越大,表明储层的非均质性越强。4 个不同渗透率组合的渗透率倍比分别为 13、6.5、1.86 和 2.57。

不同渗透率组合下各簇裂缝起裂时间如图 3-16 所示。计算结果表明,渗透率倍比对第一簇裂缝的起裂时间影响较小。当渗透率倍比为 13 时,第二簇未起裂;渗透率倍比越大,储层非均质性越强,射孔簇越难都起裂延伸。图 3-17 所示为不同渗透率组合下各簇裂缝累计注液百分比,渗透率组合为 650 nD-450 nD-50 nD,即渗透率倍比为 13 时,第二簇未起裂,导致注入的压裂液主要进入第一簇和第三簇,只有少量压裂液渗滤进入第二簇;总体上第二簇的累计注液量都较少。主要是因为第一簇和第三簇起裂后,产生了优势通道,压裂液进入先起裂延伸射孔簇的阻力较小,导致进入最后起裂的第二簇的累计液量较少。

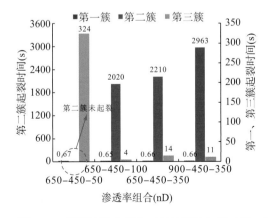

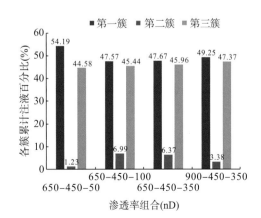

图 3-16　不同渗透率组合下各簇裂缝起裂时间　　图 3-17　不同渗透率组合下各簇裂缝累计注液百分比

图 3-18 所示为不同渗透率组合下最大水平主应力方向地应力分布。很明显地发现，渗透率组合为 650 nD-450 nD-50 nD 时，只有第一簇和第三簇起裂延伸，且这两簇裂缝延伸情况没有其余渗透率组合的延伸情况好，即延伸的缝长较短。

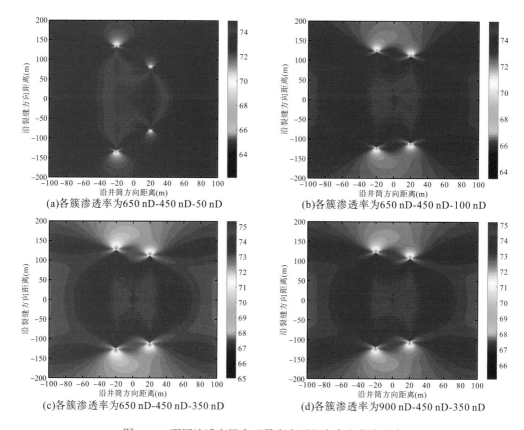

(a)各簇渗透率为650 nD-450 nD-50 nD   (b)各簇渗透率为650 nD-450 nD-100 nD

(c)各簇渗透率为650 nD-450 nD-350 nD   (d)各簇渗透率为900 nD-450 nD-350 nD

图 3-18   不同渗透率组合下最大水平主应力方向地应力分布

3. 裂缝方位角

在页岩水力压裂过程中，射孔方位不处于最大水平主应力方位或者裂缝初始延伸方向不与井筒垂直时，将产生倾斜裂缝，Lei 等[7]的实验结果也证实了存在倾斜裂缝。产生倾斜裂缝后，本书将裂缝与井筒的夹角定义为裂缝方位角，并进一步分析不同裂缝方位角 30°、45°、60°和90°对多簇射孔竞争起裂与扩展的影响。

图 3-19 所示为不同裂缝方位角下各簇裂缝起裂时间。计算结果表明，不同裂缝方位角下，先起裂的第一簇起裂时间都一样。当裂缝方位角为 60°时，第二簇未起裂，主要是因为此裂缝方位角下，先起裂的第一簇和第三簇产生的诱导应力导致第二簇的起裂压力居高不下，使得井底压力始终达不到第二簇的起裂压力。同时，其余裂缝方位角时，三簇裂缝都起裂延伸。当裂缝方位角为 30°时，第一簇起裂后，第二簇在 25 s 时起裂延伸，导致压裂液主要进入第一簇和第二簇，同时第三簇起裂时间为 97 s，累计注液百分比达到 13.86 %，如图 3-20 所示。总体上，不同裂缝方位角下，第一簇累计注液百分比都在 50 % 以下。

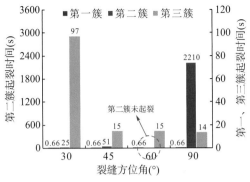

图 3-19　不同裂缝方位角下各簇裂缝起裂时间

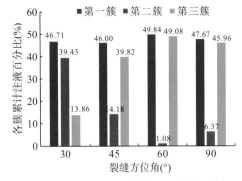

图 3-20　不同裂缝方位角下各簇累计注液百分比

图 3-21 展示了不同裂缝方位角下最大水平主应力方向地应力分布。可以看出，不同裂缝方位角下，最大水平主应力方向的地应力为 65～75 MPa，数值基本相当，在裂缝尖端产生受拉的诱导应力。裂缝方位角为 45°时，三簇裂缝起裂延伸后产生的最大水平主应力方向诱导应力影响范围最小；而裂缝方位角为 30°时，三簇裂缝起裂延伸后产生的最大水平主应力方向诱导应力影响范围最大。

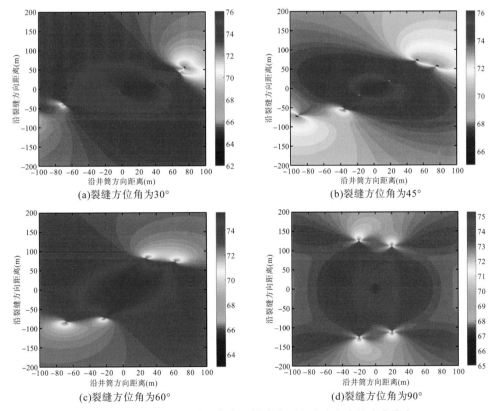

图 3-21　不同裂缝方位角下最大水平主应力方向地应力分布

3.1.1.2　射孔参数

在地层参数和施工参数分析的基础之上，进一步研究射孔参数对多簇射孔竞争起裂与扩展的影响。本节选取簇间距、孔眼直径和射孔密度 3 个射孔参数进行影响因素分析。

1. 簇间距

目前现场多采用水平井分段多簇对页岩进行改造，通过减小段长和簇间距实现"密切割"，打碎储层，增大渗流面积，进而对储层进行充分动用。本书分别选取 10 m、15 m、20 m、25 m 和 30 m 5 个簇间距来分析其对多簇射孔竞争起裂与扩展的影响，从而实现对簇间距的进一步优选。

图 3-22 所示为不同簇间距下各簇裂缝起裂时间。计算结果表明，随着簇间距的增加，三簇裂缝都起裂延伸。最后起裂的射孔簇起裂时间随着簇间距的增大而延长，这是由于簇间距越大，诱导应力的影响越小，导致计算得到的井底压力较小，需要更长的时间达到新计算的起裂压力，致使起裂时间延长。显然，随着簇间距的增大，第二簇的起裂时间延长，导致压裂液主要进入第一簇和第三簇，致使第一簇裂缝累计注液百分比逐渐增大；最后起裂的射孔簇累计注液百分比逐渐减小，结果如图 3-23 所示。

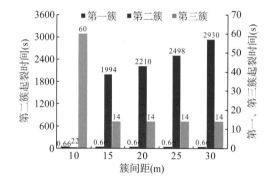

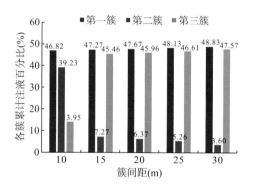

图 3-22　不同簇间距下各簇裂缝起裂时间　　　　　图 3-23　不同簇间距下各簇裂缝累计注液百分比

进一步分析不同簇间距下最大水平主应力方向地应力分布，如图 3-24 所示。计算结果表明，从图 3-24(a)到图 3-24(e)，云图中簇间距增加，先起裂簇对后续未起裂簇的诱导应力影响越来越小，但是影响范围越来越大。主要是因为距离裂缝越近，诱导应力干扰越明显。综合以上各簇起裂时间、累计注液百分比及地应力分布情况，推荐簇间距选取 10～20 m。

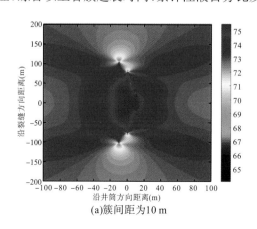

(a)簇间距为 10 m

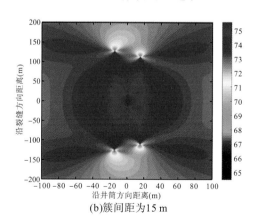

(b)簇间距为 15 m

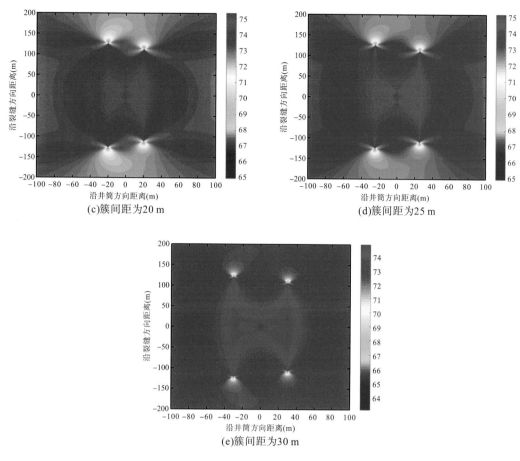

图 3-24　不同簇间距下最大水平主应力方向地应力分布

2. 孔眼直径

页岩水力压裂过程中，第一段采用连续油管射孔，其余各段采用电缆传输分簇射孔。当射孔枪达到预定位置时，进行螺旋射孔。本书分析 10 mm、12 mm、14 mm 和 16 mm 4 种孔眼直径对多簇射孔竞争起裂与扩展的影响。

图 3-25 所示为不同孔眼直径下各簇裂缝起裂时间。计算结果表明，当孔眼直径为 10 mm 时，三簇能够起裂延伸；而当孔眼直径取 12 mm、14 mm 和 16 mm 时，出现了三簇不能全部起裂的情况，孔眼直径为 16 mm 时，甚至只有第一簇起裂延伸，第二簇和第三簇始终没有起裂。主要原因是，随着孔眼直径的增大，射孔孔眼周向应力增加，导致最大拉应力较小较慢，进而使第一簇起裂时间也逐渐延长；同时，射孔孔眼直径越大，孔眼摩阻越小，从而计算得到的井底压力较小，达不到未起裂簇新计算的起裂压力，出现了起裂越困难的事实，最终导致孔眼直径增大时，部分射孔簇没有起裂。图 3-26 所示为不同孔眼直径下各簇裂缝累计注液百分比。计算结果表明，随着孔眼直径的增大，第一簇裂缝累计注液百分比呈上升趋势，并且当孔眼直径为 16 mm 时，压裂液主要进入第一簇裂缝。

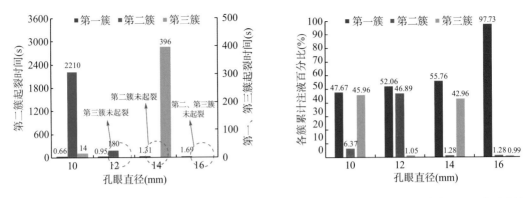

图 3-25 不同孔眼直径下各簇裂缝起裂时间   图 3-26 不同孔眼直径下各簇裂缝累计注液百分比

图 3-27 所示为不同孔眼直径下最大水平主应力方向地应力分布。结果表明，随着孔眼直径的增大，裂缝起裂难度增大，起裂簇数减小，孔眼直径为 16 mm 时，只有一簇起裂延伸。基于对以上计算结果的分析判断，当孔眼直径为 10 mm 时，三簇都起裂延伸。因此，可以优选出孔眼直径为 10 mm。

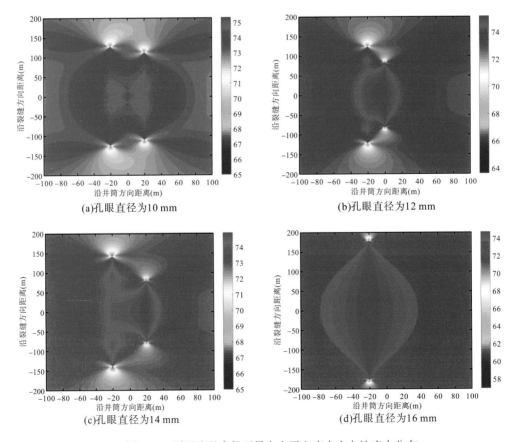

(a)孔眼直径为10 mm

(b)孔眼直径为12 mm

(c)孔眼直径为14 mm

(d)孔眼直径为16 mm

图 3-27 不同孔眼直径下最大水平主应力方向地应力分布

3. 射孔密度

射孔密度是重要的射孔参数，直接影响多簇流量动态分配和计算过程中新计算起裂压力的变化，选取 12 孔/m、14 孔/m、16 孔/m 和 18 孔/m 4 种射孔密度，研究其对多簇射孔竞争起裂的影响。

图 3-28 所示为不同射孔密度下各簇裂缝起裂时间。计算结果表明，随着射孔密度的增大，各簇竞争起裂难度增大，当射孔密度为 18 孔/m 时，第三簇未起裂。随着射孔密度的增大，各孔眼分得的流量减小，液体效率降低，各簇的起裂压力增加，导致竞争起裂困难。图 3-29 所示为不同射孔密度下各簇裂缝累计注液百分比。可以发现，射孔密度为 12 孔/m 时，三簇的累计注液百分比呈阶梯下降式分布；射孔密度为 14 孔/m 时，也有同样的结果；当射孔密度为 18 孔/m 时，第三簇未起裂，导致第三簇累计注液百分比最小。

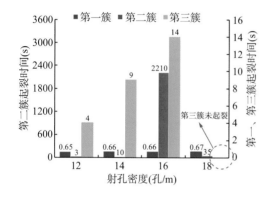

图 3-28　不同射孔密度下各簇裂缝起裂时间

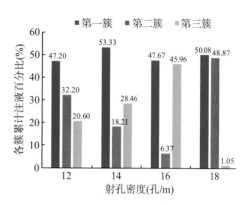

图 3-29　不同射孔密度下各簇裂缝累计注液百分比

图 3-30 展示了不同射孔密度下最大水平主应力方向地应力分布及各簇裂缝延伸情况。当射孔密度为 12 孔/m 和 14 孔/m 时，三簇裂缝延伸较好；而射孔密度为 16 孔/m 时，中间第二簇裂缝延伸较短；射孔密度为 18 孔/m 时，只有两簇起裂。综上，推荐射孔密度取 12 孔/m～16 孔/m，并且尽量减小射孔密度，以提高液体效率。

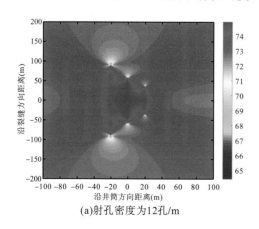

(a)射孔密度为12孔/m

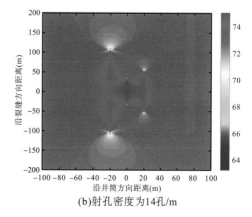

(b)射孔密度为14孔/m

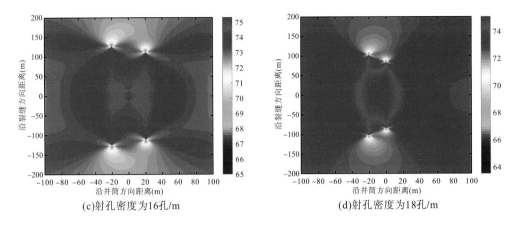

(c)射孔密度为16孔/m　　　　　　　　　　　　(d)射孔密度为18孔/m

图 3-30　不同射孔密度下最大水平主应力方向地应力分布

3.1.1.3　施工参数

本书主要分析页岩水力压裂过程中压裂液黏度和施工排量两个施工参数对多簇射孔竞争起裂与扩展的影响。

1. 压裂液黏度

压裂液黏度是页岩水力压裂过程中的重要施工参数，一般选取滑溜水作为压裂液。本书分别分析了不同压裂液黏度(1 mPa·s、3 mPa·s、7 mPa·s、10 mPa·s 和 20 mPa·s)对页岩多簇射孔竞争起裂与扩展的影响。

图 3-31 所示为不同黏度下各簇裂缝起裂时间。计算结果表明，当压裂液黏度为 1 mPa·s 时，第一、第三簇起裂，第二簇未起裂；压裂液黏度为 3 mPa·s 时，第一、第二簇起裂，第三簇未起裂；当压裂液黏度为 7 mPa·s、10 mPa·s 和 20 mPa·s 时，三簇都能起裂并扩展。压裂液黏度较低时，流体能量低，导致井底憋压不够，后续裂缝起裂压力较高，起裂困难。累计注液量主要分布在已经起裂延伸的射孔簇中，如图 3-32 所示。

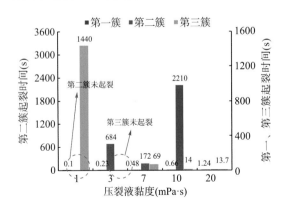

图 3-31　不同黏度下各簇裂缝起裂时间

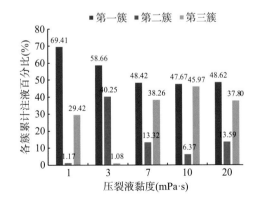

图 3-32　不同黏度下各簇裂缝累计注液百分比

图 3-33 所示为是不同压裂液黏度下最大水平主应力方向地应力分布。可以看出，黏度为 1 mPa·s 时，第三簇在第 1 440 s 时才起裂延伸，故而，压裂液主要进入了第一簇，导

致第一簇裂缝半长在施工 60 min 后达到 180 m。当压裂液黏度在 20 mPa·s 时，三簇裂缝都起裂延伸，但是压裂液黏度较高，施工过程中摩阻较大，因此推荐压裂液黏度取 7～10 mPa·s。

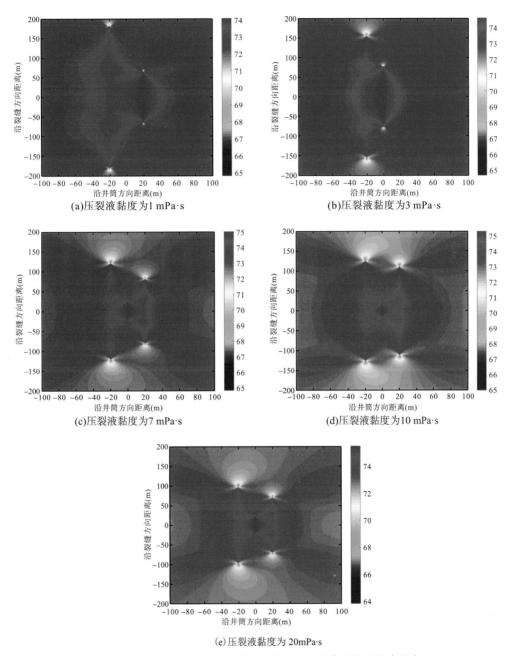

(a)压裂液黏度为1 mPa·s　　　　　　　　(b)压裂液黏度为3 mPa·s

(c)压裂液黏度为7 mPa·s　　　　　　　　(d)压裂液黏度为10 mPa·s

(e)压裂液黏度为20mPa·s

图 3-33　不同压裂液黏度下最大水平主应力方向地应力分布

2. 施工排量

施工排量是页岩水力压裂过程中重要的施工参数，本书选取 8 m³/min、10 m³/min、

12 m³/min 和 14 m³/min 4 个不同的排量，分析排量变化对多簇射孔竞争起裂与扩展的影响。

图 3-34 所示为不同施工排量下各簇裂缝起裂时间。计算结果表明，当排量为 8 m³/min 和 10 m³/min 时，分别为第一、第三簇和第一、第二簇起裂；而排量增加到 12 m³/min 和 14 m³/min 时，三簇都起裂延伸。同时，注意到，随着排量的增加，先起裂的第一簇起裂时间逐渐减小；后起裂的射孔簇起裂时间分别为 68 s、46 s、14 s 和 9 s，起裂时间也逐步减小。主要原因是，随着排量的增加，地层能量充足，井底憋压时间也相应减少。图 3-35 所示为不同排量下各簇裂缝累计注液百分比。随着排量的增加，未起裂或者后起裂射孔簇累计注液量百分比也逐渐增大，相应的起裂射孔簇累计注液量百分比逐渐减小。

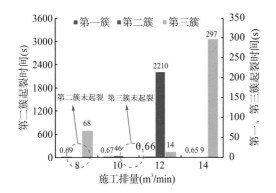

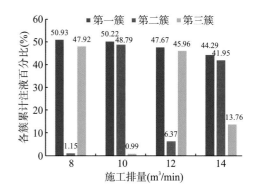

图 3-34 不同施工排量下各簇裂缝起裂时间　　图 3-35 不同施工排量下各簇裂缝累计注液百分比

图 3-36 所示为不同施工排量下最大水平主应力方向地应力分布。可以明显看到，随着排量的增加，施工 60 min 时，先起裂的第一簇裂缝延伸半长从 8 m³/min 时的 75.76 m 增大到 12 m³/min 时的 121.52 m，缝长逐渐增大。综上，结合不同排量情况下裂缝起裂时间和延伸情况，推荐施工排量为 12～14 m³/min。

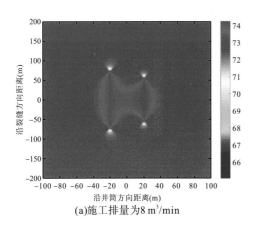

(a)施工排量为 8 m³/min

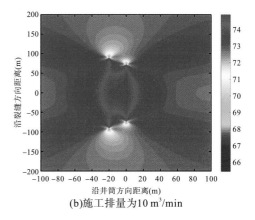

(b)施工排量为 10 m³/min

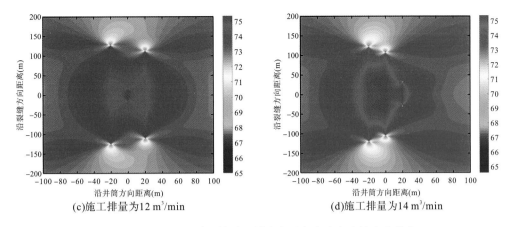

(c)施工排量为 12 m³/min　　　　　　　　(d)施工排量为 14 m³/min

图 3-36　不同施工排量下最大水平主应力方向地应力分布

3.1.2　页岩气水平井多簇射孔压裂均衡扩展调控

3.1.2.1　多簇射孔均衡扩展调控机制

3.1.1 节详细分析了地层参数、射孔参数和施工参数对多簇射孔竞争起裂与扩展的影响，并且优选出了一系列在水力压裂过程中可以调控的射孔参数和施工参数。但是，研究发现，在有些参数条件下，仍然存在三簇不能都起裂的情形；即使三簇都起裂，第一簇和后起裂簇的起裂时间较短，而最后起裂的射孔簇起裂时间较长。这样，将会导致最后起裂的射孔簇裂缝延伸较短，达不到对"甜点"充分动用的目的，进而难以达到较好的体积改造效果。

为实现页岩气水平井多簇射孔都能起裂延伸，本节将基于 3.1.1 节的计算结果，进一步分析影响多簇射孔竞争起裂与扩展的调控机制，并给出能使多簇射孔都能起裂延伸的调控方法。

图 3-37 所示为不同输入参数条件下，施工 60 min 后井底压力和新计算起裂压力的变化情况。当储层埋深为 2 500 m 时，第二簇的起裂时间为 2 210 s，此后第二簇裂缝延伸较短；其余参数条件下最后一簇均未起裂。

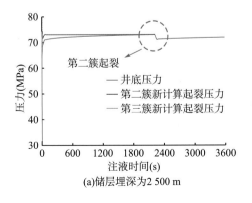

(a)储层埋深为 2 500 m

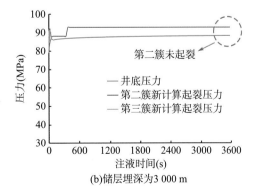

(b)储层埋深为 3 000 m

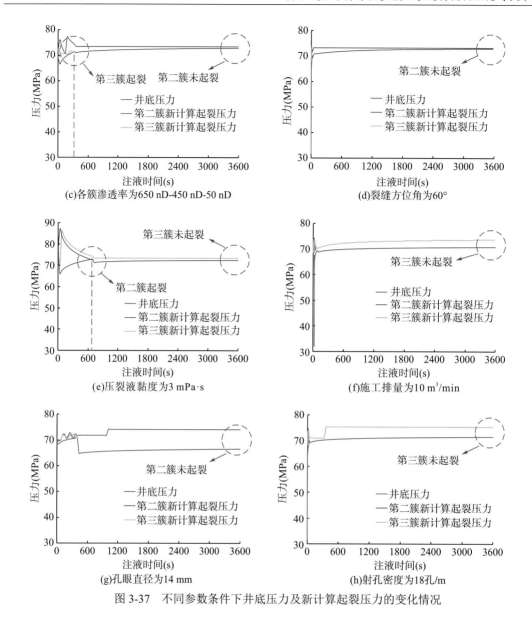

图3-37 不同参数条件下井底压力及新计算起裂压力的变化情况

为实现多簇射孔都能有效起裂延伸,优先调节射孔参数和施工参数;由于储层非均质和地应力等因素影响,导致调节射孔参数和施工参数也难以达到多簇射孔竞争起裂与扩展的目的时,可以考虑在施工 60 min 后加入暂堵剂,暂堵剂在缝内产生封堵压力,用以封堵已经起裂延伸的射孔簇,如图 3-38 所示。封堵已经起裂延伸的射孔簇之后,压裂液将会更多地在未起裂簇附近聚集,并在未起裂簇附近憋压,最后引起未起裂簇起裂延伸。缝内暂堵物理模型如图 3-39 所示。显然,裂缝内的暂堵剂能够产生一定的封堵压力,而设计的封堵压力取决于井底压力与未起裂簇起裂压力的差值。加入暂堵剂相当于增加了缝内摩阻,进而增大了井底压力,当井底压力大于未起裂新计算井底压力时,未起裂射孔簇才能起裂延伸。基于图 3-37 不同参数条件下井底压力及新计算起裂压力的变化情况,计算得到设计封堵压力为 7.5 MPa。

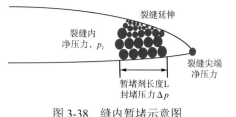
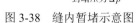

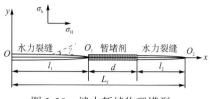

图 3-38　缝内暂堵示意图　　　　　　　　　　图 3-39　缝内暂堵物理模型

以位于四川盆地长宁区块的 Y1 页岩气水平井为例，基于本书建立的多簇射孔竞争起裂与扩展模型、竞争起裂与扩展影响因素分析和调控机制，对页岩气水平井分段多簇压裂的射孔参数和施工参数进行优化设计。

3.1.2.2　Y1 井多簇压裂均衡扩展实例

Y1 井位于四川盆地长宁背斜构造，垂深为 3 088～3 282 m，水平段长为 1 380 m。水平段以灰黑色碳质页岩为主，平均总孔隙度为 5.2 %，平均总有机碳含量为 4.1 %，平均总含气量为 5.0 m³/t，平均脆性指数（含碳酸盐）为 66.8 %，页岩中有机碳含量、含气量高，脆性矿物含量高，利于水力压裂。基于测井综合解释得到平均弹性模量为 45 000 MPa，泊松比为 0.24，龙一 ¹ 小层最大水平主应力为 85.2 MPa，最小水平主应力为 73.2 MPa，垂向主应力为 79.9 MPa，监测地层压力为 35.514 MPa。蚂蚁体追踪裂缝预测表明，本井水平段附近微裂缝不发育。本井井斜角为 85.7°，Y1 井随钻地质导向模型示意图如图 3-40 所示。

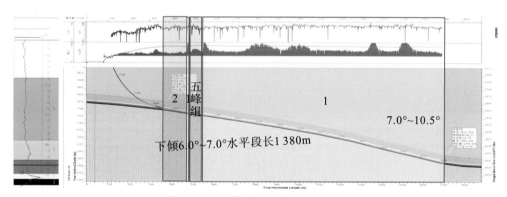

图 3-40　Y1 井随钻地质导向模型示意图

通过前期多簇射孔竞争起裂与扩展影响因素分析对页岩水力压裂过程中的射孔参数和施工参数进行了优化，同时在此基础上进一步开展竞争起裂与扩展调控机制研究，获取多簇射孔竞争起裂与扩展的调控方法，即在施工过程中加入暂堵剂。将前述的多簇射孔竞争起裂与扩展规律运用在 Y1 井中，得到了适合本井的具体改造思路和参数优化结果。

本井共设计压裂 26 段。采用滑溜水体系进行压裂，考虑本井较深，为了最大限度地打开储层，在压裂设备满足作业条件的情况下，设计施工排量为 14～16 m³/min，控制施工压力为 105 MPa 以下，第一段注酸 10 m³，以降低储层破裂压力。本井采用 50 m 段长密切割压裂，10～20 m 簇间距，每段 3 簇，每簇射孔段长 1 m，射孔密度为 16 孔/m，相位角为 60°，单段总孔数为 48 孔，孔径为 10 mm，尽可能确保每簇射孔孔眼均能有效开启；第 1 段采用连续油管传输射孔，后续段采用电缆泵送桥塞射孔。针对储层物性及地应力变化较大段（第 4、5、6、7、13、17、18、19 段）设计加入暂堵剂，以封堵已起裂射孔簇。

以第 13 段为例，模拟计算结果表明，第一簇起裂压力为 89.7 MPa，第二簇起裂压力为 90.9 MPa，第三簇起裂压力为 90.1 MPa。因此，第一簇先起裂延伸；在第 46 s 时，井底压力达到第三簇新计算起裂压力 86.9 MPa，第三簇起裂延伸；注液 60 min 后井底压力始终小于第二簇新计算起裂压力，此时加入暂堵剂，井底压力从 88.4 MPa 上升并达到第二簇新计算起裂压力 93.2 MPa，第二簇起裂延伸，如图 3-41 所示。

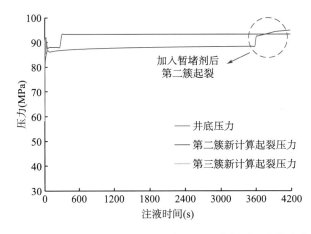

图 3-41　加入暂堵剂前后井底压力及新计算起裂压力的变化情况

基于模拟的第 13 段，阐述暂堵剂加入时机及施工过程中监测的微地震数据，如图 3-42 所示。压裂开始提排量之后起初裂缝在井筒东侧延伸明显，之后在井筒西侧延伸；施工 60 min 后加入暂堵剂，裂缝分布范围与之前相比发生了显著变化，原先未起裂的射孔簇起裂，并且裂缝复杂度更高。

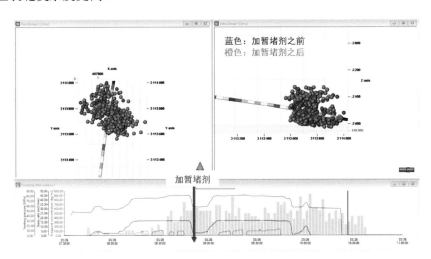

图 3-42　第 13 段暂堵剂加入前后微地震数据及施工曲线

运用以上设计思路对 Y1 井开展了压裂设计并成功实施。图 3-43 和图 3-44 所示为压裂后地面微地震监测结果。结果表明，前 20 段微地震事件多，后 6 段微地震响应事件较少。各段平均改造体积约为 $7.3 \times 10^6 \, m^3$，全井段整体计算改造体积约为 $96.37 \times 10^6 \, m^3$，整体改造充分。同时，基于连续油管分布式光纤 DTS&DAS 监测技术开展产液剖面测试。压后测试结果表明，采用 12 mm 油嘴求产，测试产量为 $18 \times 10^4 \, m^3/d$，全井 26 段 78 簇中，有效监测第 26 段至第 8 段第二簇，共计 56 簇，其中 52 簇有生产，产层生产占比 92.86 %。

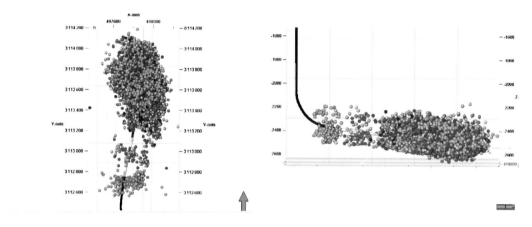

图 3-43　压裂后地面微地震结果(水平方向)　　　图 3-44　压裂后地面微地震结果(垂直方向)

3.2　页岩气水平井改进交替压裂缝网调控应用

在本节中，充分利用多簇射孔竞争起裂和扩展调控，作者提出了一种更加有效的水平井体积压裂技术[5,6,8,9]：首先建立水力裂缝与天然裂缝交互作用时天然裂缝的张开、剪切、穿过破坏准则，定量分析水平主应力差对天然裂缝破坏的影响；然后通过对同一压裂段内不同射孔簇的射孔密度优选，利用裂缝延伸压力和孔眼摩阻实现对裂缝起裂次序、裂缝延伸的实时控制，该方法能够显著增加水力裂缝的复杂程度，而且不需要专门的设备，也不会增加作业时间。

3.2.1　改进交替压裂提高缝网复杂程度

3.2.1.1　水力裂缝与天然裂缝交互机理

1. 物理模型和基本假设

图 3-45 描述了水力裂缝接近天然裂缝时，天然裂缝面上的应力分析。事实上，水力裂缝在地层中延伸过程中会对原地层产生诱导应力，因此，天然裂缝的受力实际上是原地应力和诱导应力的叠加，水力裂缝和天然裂缝的交互角度(逼近角)为 β。

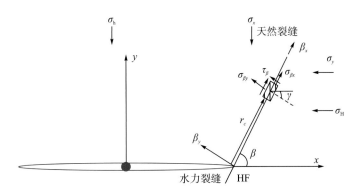

图 3-45　水力裂缝和天然裂缝交互模型

2. 水力-天然裂缝交互控制方程

假设水力裂缝和天然裂缝的逼近角为 β，且规定拉应力为正，压应力为负，则有

$$\sigma_x = \sigma_H + \frac{K_I}{\sqrt{2\pi r}} \cos\frac{\theta}{2}\left(1 - \sin\frac{\theta}{2}\sin\frac{3\theta}{2}\right) \tag{3-1}$$

$$\sigma_y = \sigma_h + \frac{K_I}{\sqrt{2\pi r}} \cos\frac{\theta}{2}\left(1 + \sin\frac{\theta}{2}\sin\frac{3\theta}{2}\right) \tag{3-2}$$

$$\tau_{xy} = \frac{K_I}{\sqrt{2\pi r}} \sin\frac{\theta}{2}\cos\frac{\theta}{2}\cos\frac{3\theta}{2} \tag{3-3}$$

式中，σ_x、σ_y、τ_{xy} 分别为在 x 和 y 坐标的下正应力和剪应力分量，MPa；σ_H、σ_h 为地层最大、最小水平主应力，MPa；K_I 为应力强度因子，其值为 $p_{net}\sqrt{\pi l_1}$（其中 p_{net} 为裂缝内流体净压力，l_1 为水力裂缝半长），$\mathrm{MPa \cdot m^{1/2}}$；$r$ 为天然裂缝壁面上的任意一点到水力裂缝尖端 O 的距离，m；θ 为天然裂缝壁面上的任意一点与水力裂缝尖端的连线与最大水平主应力方向的夹角，rad；

将式(3-1)和式(3-2)中的应力转化到坐标 β_x 和 β_y 下，从而得到天然裂缝壁面正应力和剪应力分布，天然裂缝面的正应力为

$$\begin{aligned}\sigma_{\beta y} &= \frac{K_I}{\sqrt{2\pi r}}\cos\frac{\theta}{2} + \frac{K_I}{\sqrt{2\pi r}}\cos\frac{\theta}{2}\sin\frac{\theta}{2}\sin\frac{3\theta}{2}\cos 2\beta - \frac{K_I}{\sqrt{2\pi r}}\cos\frac{\theta}{2}\sin\frac{\theta}{2}\cos\frac{3\theta}{2}\sin 2\beta \\ &\quad + \frac{\sigma_H + \sigma_h}{2} - \frac{\sigma_H - \sigma_h}{2}\cos 2\beta \end{aligned} \tag{3-4}$$

$$\begin{aligned}\sigma_{\beta x} &= \frac{K_I}{\sqrt{2\pi r}}\cos\frac{\theta}{2} + \frac{K_I}{\sqrt{2\pi r}}\cos\frac{\theta}{2}\sin\frac{\theta}{2}\sin\frac{3\theta}{2}\cos 2\beta - \frac{K_I}{\sqrt{2\pi}}\cos\frac{\theta}{2}\sin\frac{\theta}{2}\cos\frac{3\theta}{2}\sin 2\beta \\ &\quad - \frac{\sigma_H - \sigma_h}{2}\sin 2\beta \end{aligned} \tag{3-5}$$

$$\tau_\beta = \frac{K_I}{\sqrt{2\pi r}}\cos\frac{\theta}{2}\sin\frac{\theta}{2}\sin\frac{3\theta}{2}\sin 2\beta + \frac{K_I}{\sqrt{2\pi r}}\cos\frac{\theta}{2}\sin\frac{\theta}{2}\cos\frac{3\theta}{2}\cos 2\beta - \frac{\sigma_H - \sigma_h}{2}\sin 2\beta \tag{3-6}$$

3.2.1.2　压裂过程中天然裂缝演化

当水力裂缝与天然裂缝交互时，天然裂缝可能会发生张开、剪切滑移及穿透等，会极

大地影响水力裂缝的延伸路径，水力裂缝的扩展可能会导致天然裂缝发生张开、剪切和穿透等破坏模式，分别建立水力裂缝与天然裂缝交互时天然裂缝的张开、剪切和穿过破坏准则模型。

1. 天然裂缝重新张开

当水力裂缝内的流体压力 p 大于正应力 $\sigma_{\beta y}$ 时，原先闭合的天然裂缝便会张开：

$$p = \sigma_{\beta y} \tag{3-7}$$

根据裂缝扩展理论，在其他条件相同的情况下，线性裂缝扩展所需流体压力最小，则水力裂缝内的流体压力表示为

$$p = \sigma_h + p_{net} \tag{3-8}$$

同理，基于弹性力学理论，当天然裂缝发生张开破坏时，其裂缝张开宽度为

$$w = \frac{2(1-\nu)(p-\sigma_{\beta y})H_f}{E} \tag{3-9}$$

式中，w 为天然裂缝的张开宽度，m；ν 为泊松比；H_f 为天然裂缝高度，m；E 为弹性模量，MPa；

将式(3-8)代入式(3-9)中，整理得

$$w = \frac{2(1-\nu)(\sigma_h + p_{net} - \sigma_{\beta y})H_f}{E} \tag{3-10}$$

2. 天然裂缝滑移

若作用于天然裂缝壁面的剪应力过大，则天然裂缝容易发生剪切滑移，因此判断天然裂缝是否发生剪切破坏的临界状态表示为

$$|\tau_\beta| = s_0 - \mu\sigma_{\beta y} \tag{3-11}$$

而当 $|\tau_\beta| = s_0 - \mu\sigma_{\beta y}$ 时，天然裂缝会发生剪切滑移，根据断裂力学中的韦斯特加德函数，无限大介质中 II 型裂缝面(单面)剪切位移表达式为

$$u_s = \left(\frac{k+1}{4G}\right)|\tau_\beta|l_1\sqrt{1-\left(\frac{x}{l_1}\right)^2} \tag{3-12}$$

式中，s_0 为天然裂缝壁面的黏聚力，MPa；u_s 为剪切位移，m；k 为 Kolosov 常数，$k = (3\sim4)\nu$；G 为剪切模量，$G = E/2(1+\nu)$，MPa；x 为裂缝面上任意点的坐标，m；l_1 为天然裂缝半长，m。

3. 水力裂缝穿过天然裂缝

水力裂缝与天然裂缝相交时，当作用于天然裂缝壁面的最大主应力达到岩石抗张强度后，同时满足天然裂缝不发生剪切滑移时，水力裂缝将会穿过天然裂缝。

$$\sigma_1 = \frac{\sigma_x + \sigma_y}{2} + \sqrt{\left(\frac{\sigma_x - \sigma_y}{2}\right)^2 + \tau_{xy}^2} \tag{3-13}$$

临界穿过时 σ_1 达到抗张强度 T_0：

$$\sigma_1 = T_0 \qquad\qquad (3\text{-}14)$$

除满足式(3-14)外，还必须满足裂缝不发生剪切破坏，即 $|\tau_\beta| < s_0 - \mu\sigma_{\beta y}$。当两个条件同时满足时，水力裂缝将穿过天然裂缝而继续延伸。

下面讨论穿过临界距离和初始转向角。

令 $K = \dfrac{K_{\mathrm{I}}}{\sqrt{2\pi r}}\cos\dfrac{\theta}{2}$，$T = T_0 - \dfrac{\sigma_{\mathrm{H}} - \sigma_{\mathrm{h}}}{2}$，并将式(3-11)至式(3-13)代入式(3-14)中，整理得

$$\cos^2\frac{\theta}{2}K^2 + 2\left[\left(\frac{\sigma_{\mathrm{H}} - \sigma_{\mathrm{h}}}{2}\right)\sin\frac{\theta}{2}\sin\frac{3\theta}{2} - T\right]K + \left[T^2 - \left(\frac{\sigma_{\mathrm{H}} - \sigma_{\mathrm{h}}}{2}\right)^2\right] = 0 \qquad (3\text{-}15)$$

式(3-15)有两个解，一个为最大主应力等于岩石抗张强度时的解，另一个为最小主应力等于岩石抗张强度时的解，前者为所需的解，其对应的临界距离 r_{c} 和转向角度 γ 如下。

临界距离 r_{c}：

$$r_{\mathrm{c}} = \left(\frac{K_{\mathrm{I}}}{\sqrt{2\pi K}}\cos\frac{\theta}{2}\right)^2 \qquad\qquad (3\text{-}16)$$

转向角度 γ：

$$\gamma = \frac{1}{2}\arctan\left(\frac{2\tau_{xy}}{\sigma_x - \sigma_y}\right) \qquad\qquad (3\text{-}17)$$

式中，arctan 为反正切函数；γ 为转向角度，规定与最大水平主应力方向的夹角，逆时针为正，即向上穿过天然裂缝。

3.2.1.3　页岩气水平井改进交替压裂实施方式

为了解决页岩气藏水平井压裂难以形成复杂缝网的难题，本书作者在哈里伯顿交替压裂模式的基础上[2,10]，提出了改进的交替压裂射孔参数优化与实时控制技术。通过研究形成了一种提高水平井同一压裂段内水力裂缝复杂程度的实时控制方法。具体包括两个步骤来实现和完成[8,11]：

第一步：射孔参数优选。

优选射孔弹密度，并且控制每簇射孔段的长度小于 4 倍井眼直径，确保每一个射孔簇只形成 1 条裂缝；通过优选两段射孔簇的射孔密度高于中间射孔簇射孔密度，确保在压裂过程中，两端射孔簇裂缝优先起裂和延伸。

第二步：施工排量实时调节和控制。

在压裂实施过程中，通过 2～3 次阶梯升排量。在低排量时，首先压裂开两端射孔簇裂缝；随后提高排量，利用孔眼摩阻增加井底压力压开中间射孔簇裂缝来提高水力裂缝复杂程度。具体变排量步骤如下。

1. 低排量注入阶段

控制较小的排量向井筒中注入液体，随着压裂液的不断注入，井底压力逐渐升高；由于第一射孔簇和第三射孔簇的起裂压力小于第二射孔簇的起裂压力，因此井底压力首先达

到第一射孔簇和第三射孔簇的起裂压力，在开始注液到第一射孔簇、第三射孔簇起裂后，使用较小的排量维持井底压力满足式(3-18)。

$$p_{fr2} > p_w = p_{w1} = p_{w2} = p_{w3} \geqslant p_{fr1} = p_{fr3} \tag{3-18}$$

式中，p_{fr2} 为第二射孔簇的起裂压力，MPa；p_w 为井底流体压力，MPa；p_{w1} 为第一射孔簇对应的井底流体压力，MPa；p_{w2} 为第二射孔簇对应的井底流体压力，MPa；p_{w3} 为第三射孔簇对应的井底流体压力，MPa；p_{fr1} 为第一射孔簇起裂压力，MPa；p_{fr3} 为第三射孔簇起裂压力，MPa。

2. 较高排量注入阶段

当第一射孔簇和第三射孔簇的裂缝起裂后，为了保证第一射孔簇和第三射孔簇的裂缝正常延伸，随后将排量提高至一个较高的数值；此时注入的流体通过第一射孔簇、第三射孔簇的孔眼进入地层；在第一射孔簇和第三射孔簇裂缝的延伸过程中，井底流体压力为储层最小水平主应力、裂缝内流体净压力和射孔孔眼摩阻之和；在该阶段利用排量和射孔孔眼摩阻控制井底压力低于第二射孔簇裂缝的起裂压力，即

$$p_{fr2} > p_w = \sigma_h + p_{net} + p_{f1} = \sigma_h + p_{net} + p_{f3} \tag{3-19}$$

式中，σ_h 为储层最小水平主应力，MPa；p_{net} 为裂缝内流体净压力，MPa；p_{f1} 为射孔簇 1 的孔眼摩阻，MPa；p_{f3} 为射孔簇 3 的孔眼摩阻，MPa。

3. 高排量注入阶段

当第一射孔簇和第三射孔簇产生的裂缝延伸到预先设定的长度后，进一步提高排量，利用裂缝延伸时产生的净压力和射孔孔眼摩阻，调控井底压力高于第二射孔簇的破裂压力，促使第二射孔簇的裂缝起裂；随后进一步提高排量确保第一射孔簇、第二射孔簇、第三射孔簇产生的裂缝同时延伸；当裂缝延伸到预先指定的距离后，注入含有支撑剂的携砂液，按照正常的泵注程序完成施工。

$$p_w = \sigma_h + p_{net} + p_{f1} = \sigma_h + p_{net} + p_{f3} > p_{fr2} \tag{3-20}$$

式中，p_w 为井底流体压力，MPa。

3.2.2　页岩气水平井改进交替压裂应用实例

3.2.2.1　储层特征

脆性矿物含量是影响页岩气储层基质孔隙度、微裂缝和含气量的关键因素[12]。龙马溪组岩性以石英和长石为主，黏土矿物以伊利石为主，存在少量绿泥石与云母。孔隙度范围为 0.82%～4.86%(平均值为 2.44%)，渗透率范围为 0.006×10^{-3}～0.158×10^{-3} μm^2(平均值为 0.046×10^{-3} μm^2)[13]。图 3-46(a)和图 3-46(b)显示该区域的天然裂缝发育。

筇竹寺组页岩岩样中含有丰富的天然裂缝，可以分为两种类型。一种裂缝被完全填满，如图 3-46(a)所示；另一种裂缝未被充填，如图 3-46(b)所示。天然裂缝是潜在的薄弱点，外界应力扰动变化会导致微裂缝延伸，微裂缝上发生的剪切位移将会增加岩石渗透率[9]。

 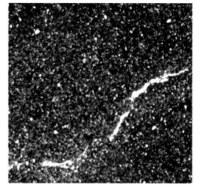

(a)完全填充的天然裂缝(2 307 m)　　　(b)未充填的天然裂缝(图像中白色区域,
2 310 m)

图 3-46　筇竹寺组页岩中含有大量天然裂缝

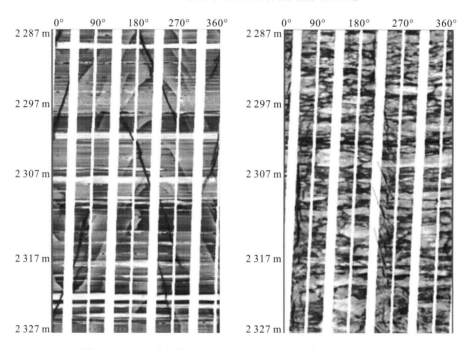

图 3-47　两口垂直井(2 287～2 317 m)测井图像中的天然裂缝实例

根据现场测井图像(图 3-47)分析,该地区天然裂缝包含两个方向:一个方向平行于该地区的最大水平主应力方向 N45°E,具有大倾角(大于 60°);另一个方向正交于该区域最大水平主应力。表 3-3 列出了计算中使用到的基础地层参数。

表 3-3　龙马溪组页岩气井的储层和压裂参数

参数	数值	参数	数值
油层厚度(m)	40	天然裂缝摩擦系数	0.9
储层渗透率($10^{-3}\,\mu m^2$)	0.0006	抗拉强度(MPa)	3
最大水平主应力σ_H(MPa)	50	压裂液黏度(Pa·s)	0.02

参数	数值	参数	数值
最小水平主应力σ_h（MPa）	45	水力裂缝内净压力 p_1（MPa）	5
最大水平主方位角（°）	90	水力裂缝内净压力 p_2（MPa）	5
水平井筒方位角（°）	0	水力裂缝半长 L_{f1}（m）	60
接触角（°）	60	水力裂缝半长 L_{f2}（m）	60
天然裂缝方位角（°）	140	水力裂缝高度 h_1（m）	20
泊松比	0.22	水力裂缝高度 h_2（m）	20
弹性模量（MPa）	20 000	天然裂缝半长 L（m）	5
岩石内摩擦力（MPa）	10	天然裂缝高度 h（m）	0.5

3.2.2.2　优化应用实例

对于低渗透页岩气藏，水力裂缝与天然裂缝系统的相互作用是水力压裂成功的关键因素。在页岩气水平井完井优化设计中，通过优化某些可控参数可以显著提高页岩储层改造效果。根据表 3-3 的基础参数，计算了水力裂缝与天然裂缝交互过程中天然裂缝上的应力分布，进一步分析了促使天然裂缝重张、剪切或穿过的可控参数，最后介绍了水力压裂过程中促使天然裂缝发生充分剪切滑移的实施方案和步骤。

1. 水力裂缝逼近天然裂缝时天然裂缝面上应力演变

当水力裂缝尖端接近天然裂缝时，剪切应力、法向应力和最大主应力逐渐增加，并在水力裂缝和天然裂缝交互时达到峰值。在水力裂缝与天然裂缝交互之前，天然裂缝处于压应力状态，正剪切应力在水力裂缝尖端后部 0.2 m 处达到峰值，如图 3-48（a）所示。当天然裂缝与水力裂缝相交后，剪切应力、法向应力和最大主应力逐渐增加，并且剪应力在裂缝尖端的前部达到峰值；同时最大主应力变为拉伸应力，如图 3-48（b）所示。

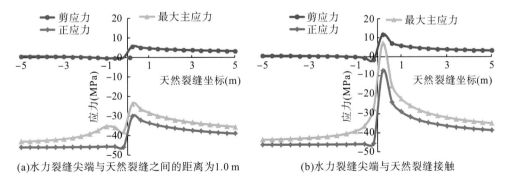

(a)水力裂缝尖端与天然裂缝之间的距离为1.0 m　　　(b)水力裂缝尖端与天然裂缝接触

图 3-48　天然裂缝表面应力分布图

2. 水力裂缝与天然裂缝相交后天然裂缝状态演化

根据以上分析可知，剪应力、正应力和最大主应力的峰值出现在水力裂缝尖端前缘。因此，接下来重点分析裂缝尖端附近区域的天然裂缝演化过程。

图 3-49 所示为不同应力差下沿天然裂缝上的开启宽度分布，图中 Δ 为最大水平主应力与最小水平主应力的差值。可以看出，最大张开裂缝宽度出现在水力裂缝与天然裂缝交点前端。天然裂缝的张开宽度随着水平主应力差的增大而减小。同时也可以看出，天然裂缝的张开宽度随着距离交点距离的增加而减小。

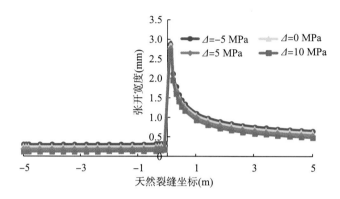

图 3-49　天然裂缝张开宽度与应力差的关系曲线

图 3-50 所示为不同逼近角度下沿天然裂缝上的张开宽度分布。可以看出，当逼近角为 0°时，天然裂缝张开宽度最大，天然裂缝的最大张开宽度在交点右侧。

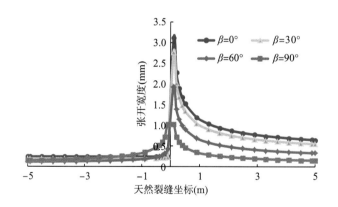

图 3-50　天然裂缝张开宽度与接触角度的关系曲线

图 3-51 所示为不同净压力下天然裂缝张开宽度分布曲线。可以看出，张开宽度随净压力的增加而增大，这有利于支撑剂在天然裂缝中输送，由于页岩储层中张开的裂缝会迅速闭合，因此在这些裂缝中填充支撑剂非常必要。由于净压力与水力压裂施工排量紧密相关，为优化控制水力裂缝排量参数提供了依据，通过优化施工排量可以进一步打开天然裂缝。

随着正应力逐渐减小，在剪应力占主导的区域可能会发生剪切滑移。图 3-52 所示为不同水平主应力差对天然裂缝剪切位移的影响。可以看出，最大剪切滑移出现在交点右侧，剪切位移随水平应力差的增大而减小。

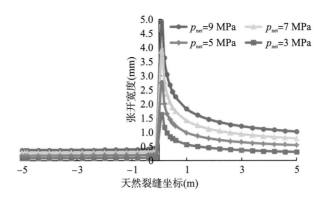

图 3-51　天然裂缝张开宽度与净压力的关系曲线

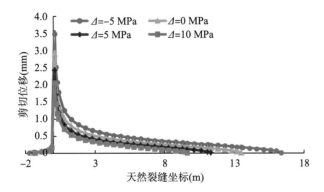

图 3-52　剪切位移与水平主应力差的关系曲线

从图 3-53 可以看出，沿天然裂缝方向的剪切位移随着逼近角的增大先增大后减小。当逼近角度为 30° 时，交互点剪切位移为 2.3 mm，沿天然裂缝方向剪切位移为 16.8 mm。当逼近角为 90° 时，剪切位移急剧减小至 1.25 mm。

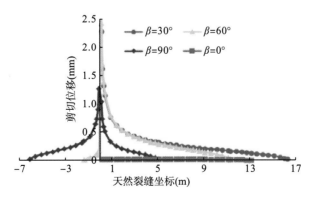

图 3-53　剪切位移与逼近角的关系曲线

图 3-54 显示了在不同净压力下沿天然裂缝长度方向上产生的剪切位移变化曲线。可以看出，剪切位移随着净压力的增加而增大，当净压力减小到 3 MPa 时，剪切位移为 0。

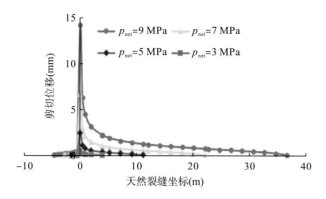

图 3-54　剪切位移与净压力的关系曲线

图3-55所示为应力比(最大水平主应力与最小水平主应力之比)大于0.1时在不同逼近角情况下的穿过准则图。每条曲线右侧区域表示水力裂缝穿过天然裂缝。从图 3-55 可以看出，当逼近角从 90° 减小到 15°，且应力比大于 1 时，对应的穿过区域急剧减少，即水力裂缝穿过天然裂缝的难度增大，水力裂缝更多的是沿着天然裂缝进行延伸；而在应力比小于 1 时，随逼近角的减小对应的穿过区域反而增大。考虑到天然裂缝壁面的摩擦系数较大，为使不同逼近角度下水力裂缝穿过天然裂缝，则应力比越小越有利，即减小最大水平主应力与最小水平主应力之差。

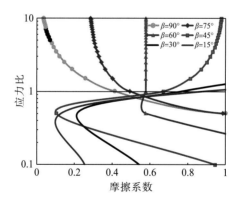

图 3-55　天然裂缝穿过准则与应力比的关系曲线

从图 3-56 可知，当作用在水力裂缝界面上的压应力足够大时，将会在天然裂缝界面上重新张开产生新裂缝。在图 3-56 中，进一步分析了相交位置临界半径与水平主应力差和净压力的关系。临界半径是指在天然裂缝面上产生新裂缝的位置与交互点的距离。临界半径越大，表示形成复杂裂缝网络的可能性越大。临界半径随水平主应力差的减小而增大，如图 3-56(a)所示；临界半径随净压力增加而增大，如图 3-56(b)所示。当逼近角为 60° 时，临界半径达到最大。由此可见，通过采取相应措施减小水平主应力的差异、增加净压力有助于提高裂缝网络的复杂性。

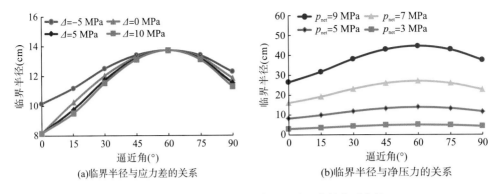

(a)临界半径与应力差的关系　　　　　　　(b)临界半径与净压力的关系

图 3-56　临界半径与应力差和净压力的关系曲线

当水力裂缝以穿过方式通过天然裂缝时，水力裂缝将从天然裂缝面上重新起裂并进一步扩展。水力裂缝转向角度代表了新裂缝的延伸方向，即与最大水平主应力方向的夹角。转向角度越大表示裂缝越复杂。从图 3-57(a)可知，当水平主应力差大于等于 0 MPa、逼近角小于 60°时，转向角度随着水平主应力差的减小而增大；当逼近角为 60°时，转向角度与水平主应力差无关。从转向角度与净压力的关系曲线可以看出，转向角度与净压力无关，如图 3-57(b)所示。

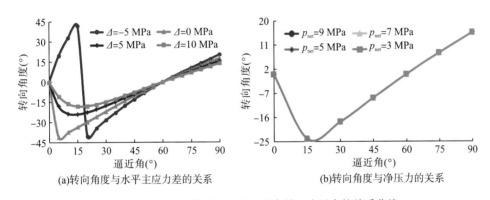

(a)转向角度与水平主应力差的关系　　　　　　(b)转向角度与净压力的关系

图 3-57　转向角度与水平主应力差、净压力的关系曲线

3. 完井模式优化

由上述分析可知，页岩储层中由于普遍发育有天然裂缝，天然裂缝通过改变水力裂缝在储层中的传播方式，在水力压裂过程中有助于形成复杂的裂缝网络。因此，作业者可以通过充分利用诱导应力，减小水平主应力差、增加净压力，从而促使形成复杂的裂缝网络。下面讨论形成复杂裂缝网络的具体操作参数。

1)射孔参数优化

为了成功地应用所提出的交替压裂模式，特别重要的参数是每个射孔簇的射孔长度和射孔密度。微裂缝形成复杂裂缝网络，推荐射孔策略如下。

(1)单段射孔簇优化：每个压裂段至少设置 2～5 个射孔簇，充分利用不同射孔簇裂缝产生的诱导应力减小水平主应力差。

(2) 射孔簇长度优化：射孔簇长度为 0.5 m，射孔相位角为 180°，以确保从每个射孔簇都能诱发单个平面裂缝[14]。

(3) 射孔密度和射孔弹：为了实施上面提出的改进型交替压裂模式，要求中间射孔簇起裂压力必须大于端部起始压力。结合现场射孔弹数据库，射孔深度为 725 mm，射孔直径为 6.87 mm，地层弹性模量为 2.0×10^4 MPa，泊松比为 0.22，岩石抗拉强度为 4 MPa，水平最大主应力为 50 MPa 和 45 MPa，垂向最大主应力为 47.2 MPa。根据起裂压力预测模型[15,16]，由于水力裂缝起裂压力随着射孔密度的增大而显著降低，因此通过调节射孔密度来控制裂缝起裂次序。根据储层参数，计算结果表明，当射孔密度从 12 孔/m 增大到 16 孔/m 和 20 孔/m 时，射孔簇起裂压力相应地从 60.2 MPa 降低为 58.5 MPa 和 55.2 MPa。在实际应用过程中，设置第一和第三射孔簇的射孔密度为 20 孔/m，第二射孔簇的射孔密度为 12 孔/m，如图 3-58 所示。

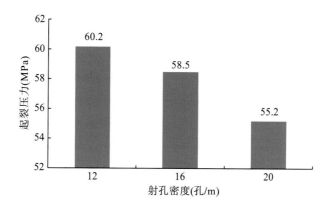

图 3-58　起裂压力与射孔密度的关系

2) 裂缝间距

根据前面的分析，增大诱导应力差是提高裂缝网络复杂性的重要手段。这里模拟了在两端裂缝长度为 60 m 的情况下，不同射孔簇裂缝间距对等诱导应力差线($\sigma_{yy}-\sigma_{xx}$ =5 MPa)的影响，即将 x-y 平面中诱导应力差为 5 MPa 的点连接成等诱导应力差线。图 3-59 显示了不同裂缝间距的应力反转区域的比较(即 σ_{lx} 和 σ_{ly} 的差等于 σ_H 减去 σ_h)。y 轴表示水平井筒，x 轴表示裂缝延伸方向，不同颜色的曲线反映了应力反转区域边界的大小。根据图 3-59，应力反转区面积越大，形成复杂裂缝网络的范围越广。当水力裂缝 1 和水力裂缝 3 间距为 40 m(L_d = 40 m)时，形成复杂裂缝区域的范围沿着水力裂缝长度方向是 50.5 m，而沿水平井眼方向长度为 17.86 m；当间距为 60 m 时，对应的值分别为 56.53 m 和 44.24 m；当裂缝间距为 80 m 时，对应的值分别为 62.12 m 和 60.26 m。可以看出，裂缝间距越大，5 MPa 等诱导应力差线面积越大，但是在靠近水平井筒附近区域会出现不被诱导应力范围包括到的区域，即不会在近井筒附近出现复杂裂缝，综合考虑在近井筒和远井筒附近形成复杂裂缝，为了建立近井筒到远场的复杂裂缝网络，推荐第一射孔簇和第三射孔簇的适当间距为 60~80 m。

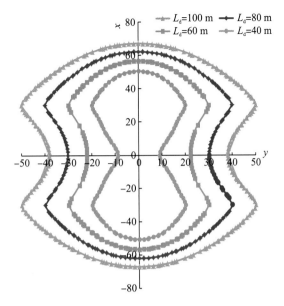

图 3-59　水力裂缝 1 和 3 的应力反转面积与裂缝间距的比较

3) 裂缝长度优选

图 3-60 模拟了在裂缝间距为 60 m 的情况下，第一射孔簇和第三射孔簇裂缝长度对应力反转区面积的影响。其中，y 轴表示水平井筒，x 轴表示裂缝延伸方向，不同颜色的曲线代表应力反转区域边界。可以看出，随着水力裂缝 1 和水力裂缝 3 长度的增加，诱导应力反向控制区沿裂缝扩展方向增大，而沿着井筒方向控制区域宽度方向减小。因此，为了综合考虑有利于形成近井筒和远井筒区域的复杂裂缝，推荐控制水力裂缝 1 和水力裂缝 3 的延伸范围至 60 m，然后诱导第二射孔簇起裂并延伸穿过裂缝转向区域形成复杂裂缝网络。

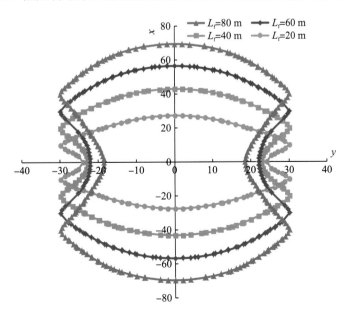

图 3-60　应力反转区面积与裂缝长度的比较

综合图 3-59 和图 3-60，考虑充分利用水力裂缝延伸和扩展形成的诱导应力，尽可能地减小地应力差，最终优选两端的裂缝长度为 60 m，两端的裂缝间距为 80 m，在这种情况下最有利于形成复杂裂缝，从而实现页岩储层水平井交替体积压裂施工形成复杂裂缝网络。

4）施工排量优选

在进行不同射孔簇射孔数量优选的基础上，可以利用施工排量通过射孔孔眼产生的摩阻实时调节井底压力变化，实现不同射孔簇裂缝的起裂次序。

图 3-61 所示为不同射孔数下压降与流量之间的关系。可以看出，射孔数和流量对射孔压降的影响非常显著。孔眼摩阻随着施工排量的增大而增大，而随着射孔数的增加而减小。因此，在水力裂缝扩展过程中，很容易通过实时调节注入排量来控制井底压力以调控不同射孔簇裂缝延伸和起裂。

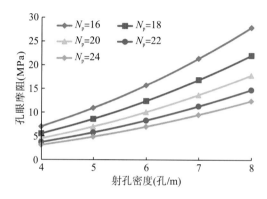

图 3-61　孔眼摩阻与射孔密度的关系曲线

图 3-62 所示为在不同裂缝长度下施工排量对净压力的影响。可以看出，净压力随着施工排量和裂缝长度的增加而增加。由于水力裂缝网络的复杂程度随净压力增加而增大（图 3-61、图 3-62），因此提高净压力对于形成裂缝复杂裂缝网络至关重要。例如，当注入速率为 6 m³/min 时，裂缝长度为 60 m 时，裂缝内净压力为 4.8 MPa，有助于提高水力裂缝复杂程度。

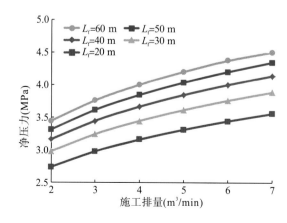

图 3-62　净压力与施工排量的关系曲线

3.2.2.3　现场应用效果分析

从同一井场中选择了两口井对常规压裂和本书提出的改进交替压裂效果进行对比。改进交替压裂水平井段长度为 1 159 m，该井钻遇了张开和闭合的天然裂缝区域。该井采用 127 mm 套管分段多簇射孔压裂。为了确保在水平井分段多簇压裂时形成复杂裂缝网络，优选在有效孔隙度和渗透率高的井段进行射孔。根据前述的优化设计理论，将水平井筒分为 12 段，每段 2～3 个射孔簇，射孔簇间距为 24～30 m。在每一段压裂时，通过优化射孔簇参数确保端部射孔簇裂缝优先起裂和延伸，随后通过提高排量促使中间射孔簇裂缝起裂和延伸形成复杂裂缝网络。表 3-4 中列出了改进交替压裂井的主要参数。

表 3-4　改进交替压裂井施工参数

井段	射孔簇	射孔段 (m)	簇间距(m)	射孔密度 (孔/m)	起裂压力 (MPa)	流量 (m³/min)	流体体积 (m³)	砂量 (m³)
1	1-1 1-2	3 726～3 726.5 3 696～3 696.5	30	16 16	58.5 58.5	5.6～9.2	1 130	67.1
2	2-1 2-2 2-3	3 659～3 659.5 3 629～3 629.5 3 599～3 599.5	30 30	20 12 20	55.2 60.2 55.2	6.1～12	1 900	80.1
3	2-1 2-2 2-3	3 572～3 574.5 3 542～3 544.5 3 515～3 515.5	30 29	20 12 20	55.2 60.2 55.2	9.0～12	1 872	56.7
4	2-1 2-2 2-3	3 490～3 490.5 3 465～3 465.5 3 440～3 440.5	25 25	20 12 20	55.2 60.2 55.2	12～13.5	1 785	80.1
5	5-1 5-2 5-3	3 411～3 411.5 3 381～3 381.5 3 352～3 352.5	30 29	20 12 20	55.2 60.2 55.2	9.5～13	1 918	80.6
6	6-1 6-2 6-3	3 330～3 330.5 3 305～3 305.5 3 276～3 276.5	25 29	20 12 20	55.2 60.2 55.2	11～12	1 862	80.1
7	7-1 7-2 7-3	3 251～3 251.5 3 222～3 224.5 3 197～3 197.5	27 27	20 12 20	55.2 60.2 55.2	12～13	1 897	82.1
8	8-1 8-2 8-3	3 172～3 174.5 3 142～3 144.5 3 115～3 115.5	30 29	20 12 20	55.2 60.2 55.2	10～12	1 672	82.6
9	9-1 9-2 9-3	3 090～3 090.5 3 066～3 066.5 3 040～3 035.5	24 31	20 12 20	55.2 60.2 55.2	11～12	1 759	84.4
10	10-1 10-2 10-3	3 018～3 018.5 2 988～2 988.5 2 957～2 957.5	30 31	20 12 20	55.2 60.2 55.2	12～14	1 926	86.7
11	11-1 11-2 11-3	2 939～2 939.5 2 909～2 909.5 2 882～2 883.5	30 26	20 12 20	55.2 60.2 55.2	12～14	1 792	82.1
12	12-1 12-2 12-3	2 857～2 861.5 2 831～2 831.5 2 805～2 801.5	30 30	20 12 20	55.2 60.2 55.2	12～14	1 819	82.6

为了确保施工结束后形成更加均匀的生产方式，使用桥塞分段将不同压裂段进行分开。该井总共注入了 21 332 m³ 滑溜水、945.2 m³ 40/70 目支撑剂，施工排量为 5.6～14 m³/min，井口压力为 64～78 MPa。为了更加详细地说明改进交替压裂的实施方式，这里以第 5 压裂段为例说明改进交替压裂的实施步骤和调控措施。

图 3-63 所示为第五段压裂施工曲线。该压裂段由 3 个射孔簇组成，射孔簇间距分别为 29 m 和 30 m。射孔簇基本参数如下：每个射孔簇长度为 0.5 m，射孔簇 1 和 3 的射孔密度为 20 孔/m，射孔簇 2 的射孔密度为 12 孔/m。根据图 3-63 可知，射孔簇 1 和 3 预测起裂压力为 55.2 MPa，射孔簇 2 为 60.2 MPa。整个施工过程中各参数变化如图 3-63 所示。在图 3-63 中，黑线表示流量，蓝线表示井口压力，红线表示井底压力。整个施工过程可以分为 3 个阶段。首先，随着注入速率从 0 m³/min 增加到 2.0 m³/min 和 10.0 m³/min，井底压力从 0 MPa 增加到 44.9 MPa 和 56.7 MPa，导致水力裂缝 1 和射孔簇 3 开启形成裂缝，由于井底压力低于射孔簇 2 的起裂压力，因此射孔簇 2 的裂缝并没有起裂形成裂缝；保持恒定排量 10.0 m³/min 注入 140 s，以确保水力裂缝 1 和射孔簇 3 的延伸长度为 60 m。其次，将注入速率从 10 m³/min 增加到 14 m³/min，射孔簇 1 和射孔簇 3 产生的摩阻压降为 13.7 MPa（图 3-61），净压力为 5 MPa。此时井底压力达到 45 MPa+13.7 MPa+5 MPa=63.7 MPa，确保水力裂缝 2 起裂。此后，水力裂缝 1、2 和 3 进入同时扩展阶段，此时井口压力在 60.0 MPa 和 62.6 MPa 之间波动，这也是水力裂缝在扩展过程中形成了复杂裂缝网络的一个重要指标。

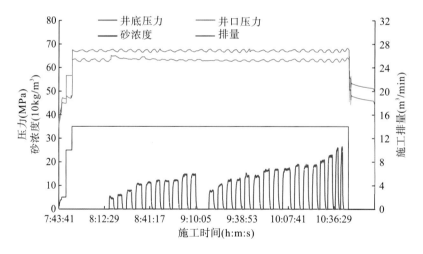

图 3-63　第五段压裂施工曲线

监测储层水力压裂过程产生的微地震是一种有效监测水力裂缝能量分布和传播的方法，微地震特征可以有效表征裂缝几何形状及水力裂缝与天然裂缝的相互作用，从而提供改造体积的估算值。图 3-64 对比了实验用两口相邻井改进交替压裂［图 3-64(a)］和常规压裂［图 3-64(b)］完井的微地震事件分布结果。这两口井均完成了 12 个压裂井段的施工，由于井距较近，两口井均形成了 N50°E 的复杂裂缝网络。裂缝网络半长为 180～220 m，裂缝网络宽度为 30～50 m。通过图 3-64(a)、图 3-64(b)对比可以看出，改进交替压裂比常规压裂诱发了更多的微震事件，意味着改进交替压裂会产生更复杂的裂缝网络。

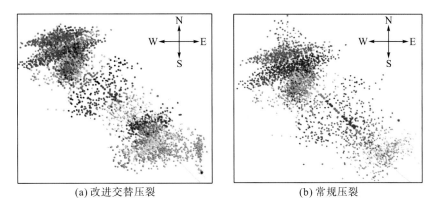

(a) 改进交替压裂　　　　　　　　　(b) 常规压裂

图 3-64　改进交替压裂和常规压裂产生的微震事件

从图 3-65 可以看出，压裂停泵后，改进交替压裂的井口压降速率高于常规压裂的压降速率。井口压降速度是模拟裂缝复杂程度的综合反映：压力下降越快，说明裂缝越复杂，压裂过程中滤失量越大。在实施的改进交替压裂工艺中，由于中间射孔簇裂缝在低应力区域中形成的第三条水力裂缝，使改进交替压裂形成了更为复杂的压裂网络(图 3-64)。这一结果也在分段产量测试中得到了很好的反映，分别在改进交替压裂和常规压裂一个月后进行了分段产气剖面测试，如图 3-65 所示。可以看出，改进交替压裂井段 4 至井段 10 贡献了绝大部分产量，而井段 1、11 和 12 贡献产量很少。而常规压裂井的生产测试表明，每个压裂段的产量都较低、贡献更加均匀，其中压裂井段 7 仅贡献了异常低的产量($0.42 \times 10^4 \, \mathrm{m^3/d}$)。

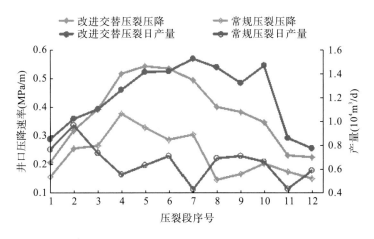

图 3-65　不同压裂方式下不同井段压降速率和产量对比

图 3-66 对比了改进交替压裂和常规压裂生产 210 天的井口压力和产量变化情况。结果表明，改进交替压裂不仅具有更高初期日产量和更早产量峰值，而且井口压力下降也更慢。这是因为改进交替压裂形成了更大的改造体积，在页岩储层中形成了更多的渗流通道，

有助于在早期生产阶段生产更多天然气[17,18]。常规压裂模式容易形成平面裂缝，将水平井筒与地层连接起来，只能从有限的改造区域采气，导致井口压力和产量急剧下降。

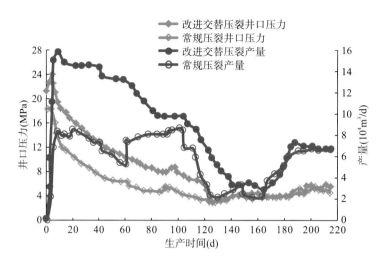

图 3-66　不同压裂模式下井口压力与产量的比较

改进交替压裂和常规压裂实施效果对比表明：

(1)改进交替压裂为水平井每一个压裂段的改造提供了新的思路。具体步骤是通过调节射孔密度促使两端射孔簇裂缝优先起裂并延伸一段距离,在两端射孔簇之间诱导形成低水平主应力差区域。通过提高施工流量从而提高射孔孔眼摩阻,进而提高井底压力保证中间射孔簇的起裂和延伸,中间裂缝在延伸过程中穿过了低水平主应力差区域,有助于形成复杂裂缝网络。

(2)在页岩气水平井分段压裂改造过程中，可以充分利用水力裂缝与天然裂缝的交互作用提高水力裂缝网络的复杂性。通过水力裂缝产生的应力干扰降低应力各向异性、提高净压力是在井筒和地层之间形成高导流区域的关键。改进交替压裂通过将射孔密度优化和施工排量实时调整相结合,控制不同射孔簇的起裂和延伸顺序,促使压裂过程中形成了复杂的裂缝网络。

(3)现场应用结果表明，改进交替压裂由于增加了近井筒和远井筒区域的水力裂缝复杂程度，使得压裂效果明显好于常规压裂效果。此外，在改进交替压裂过程中，不需要使用连续油管等附加设备，减少了潜在风险，提高了作业效率。

参 考 文 献

[1] Soliman M, Rafiee M, Pirayesh E. Methods and devices for hydraulic fracturing design and optimization: a modification to zipper frac: U.S. Patent 9, 394, 774[P]. 2016-7-19.

[2] Manchanda R, Sharma M M. Impact of completion design on fracture complexity in horizontal shale wells[J]. Spe Drilling & Completion, 2014, 29(1): 78-87.

[3] Roussel N P, Sharma M M. Optimizing fracture spacing and sequencing in horizontal-well fracturing[J]. Spe Production &

Operations, 2011, 26 (2): 173-184.

[4] Wu K, Olson J, Balhoff M T, et al. Numerical analysis for promoting uniform development of simultaneous multiple-fracture propagation in horizontal wells[J]. SPE production & operations, 2017, 32 (1): 41-50.

[5] 曾凡辉, 程小昭, 郭建春, 等. 一种实验页岩藏储层水平井交替体积压裂方法[P]. CN106650100B, 2020-01-10.

[6] Zeng F, Guo J. Completions for triggering fracture networks in shale wells[P]. US201816159146, 2018-10-12.

[7] Lei X, Zhang S, Xu G, et al. Impact of perforation on hydraulic fracture initiation and extension in tight natural gas reservoirs[J]. Energy Technology, 2015, 3 (6): 618-624.

[8] Zeng F, Zhang Y, Guo J, et al. Optimized completion design for triggering a fracture network to enhance horizontal shale well production[J]. Journal of Petroleum Science and Engineering, 2020 (190): 107043.

[9] 曾凡辉, 郭建春, 刘恒, 等. 致密砂岩气藏水平井分段压裂优化设计与应用[J]. 石油学报, 2013, 34 (5): 959-968.

[10] East L E, Soliman M Y, Augustine J R. Methods for enhancing far-field complexity in fracturing operations[J]. Spe Production & Operations, 2011, 26 (3): 291-303.

[11] Zeng F H, Guo J C. Optimized design and use of induced complex fractures in horizontal wellbores of tight gas reservoirs[J]. Rock Mechanics & Rock Engineering, 2016, 49 (4): 1411-1423.

[12] Xing L, Xi Y, Zhang J, et al. Reservoir forming conditions and favorable exploration zones of shale gas in the Weixin Sag, Dianqianbei Depression[J]. Petroleum Exploration & Development, 2011, 38 (6): 693-699.

[13] Huang J, Zou C, Li J Z, et al. Shale gas generation and potential of the lower cambrian qiongzhusi formation in the southern Sichuan basin, china[J]. Petroleum Exploration & Development, 2012, 39 (1): 75-81.

[14] Lecampion B, Desroches J. Simultaneous initiation and growth of multiple radial hydraulic fractures from a horizontal wellbore[J]. Journal of the Mechanics & Physics of Solids, 2015 (82): 235-258.

[15] Zeng F, Cheng X, Guo J, et al. Investigation of the initiation pressure and fracture geometry of fractured deviated wells[J]. Journal of Petroleum Science and Engineering, 2018, 165: 412-427.

[16] Zeng F, Peng F, Zeng B, et al. Perforation orientation optimization to reduce the fracture initiation pressure of a deviated cased hole[J]. Journal of Petroleum Science and Engineering, 2019 (177): 829-840.

[17] Chen Z, Liao X, Zhao X, et al. Performance of horizontal wells with fracture networks in shale gas formation[J]. Journal of Petroleum Science and Engineering, 2015 (133): 646-664.

[18] Zeng F, Peng F, Guo J, et al. Gas mass transport model for microfractures considering the dynamic variation of width in shale reservoirs[J]. SPE Reservoir Evaluation & Engineering, 2019, 22 (4): 1265-1281.

第4章 压裂液与页岩作用机理

本章通过扫描电镜、低温 N_2 吸附、高压压汞等实验方法对比水化 0 天、5 天、10 天、20 天后样品颗粒形态、孔径分布、比表面积等孔隙结构宏观演变过程，表征水化过程中页岩微纳米级孔隙至微裂缝等全孔径段结构的动态演化规律；并开展水化作用强烈的蒙脱石、伊利石单黏土矿物水化实验，对比不同黏土矿物的水化特征，揭示了页岩水化内在机理。

4.1 页岩黏土矿物水化机理研究

压裂液的浸入改变了原始孔隙流体离子类型和浓度分布，进而影响黏土矿物表面及晶层间离子类型和离子浓度分布，导致黏土矿物发生一系列物理化学反应。因此页岩水化的核心是黏土矿物水化，水化应变、应力特征及表面吸附水特性则是评价水化作用强度的关键参数。

黏土矿物种类不同水化特征也不同，绿泥石的晶体结构相对稳定且具有亲油性，高岭石吸水性弱，均不具有膨胀性；蒙脱石和伊利石水化作用强烈[1]，因此伊利石与蒙脱石的水化特征成为重点研究对象。

本研究采用的实验设备为黏土膨胀仪，采用对比分析的实验方法，记录蒙脱石与伊利石随浸泡时间变化而产生的应力和体积变化，结合伊利石与蒙脱石的晶体结构、X 衍射测定晶层间距变化、离子色谱仪分析水化过程中各离子分量变化等分析水化内在机理，分析压裂液与页岩的作用现象，揭示水与页岩的作用机理。

为了防止出现实验误差，避免蒙脱石粉和伊利石粉内掺杂杂质，实验所用的蒙脱石粉和伊利石粉都利用抽提法进行提纯。

将提纯后的 4 g 黏土样品放入圆柱形试样筒内，施加 1.5 MPa 的外界压力压紧黏土粉末，施压 10 min 后测量压实黏土样品的长度。将黏土样品置于试样桶内，并稳固于 NP-3 型黏土膨胀仪上，加入离子种类不同的溶液。使用位移传感器与应力传感器时刻记录不同浸泡时间下样品的膨胀高度与膨胀应力。其中，在测量膨胀应力时施加一定外压，保证样品体积不变。记录实验结果，计算自由线性膨胀率 S_R 与抑制率 I_R，如式 (4-1) 和式 (4-2) 所示。

$$I_R = \frac{(\Delta x - \Delta x_x)}{(\Delta x_h - \Delta x_0)} \tag{4-1}$$

$$S_R = \frac{\Delta H}{H_0} \tag{4-2}$$

式中，ΔH 为样品最大膨胀高度，mm；H_0 为样品的初始长度，mm；Δx_x 为试样在无机盐溶液中的最大膨胀高度或最大膨胀应力，mm 或 kN；Δx_h 为样品在纯水中的最大膨胀高度或最大膨胀应力，mm 或 kN；Δx_0 为样品在煤油中的最大膨胀高度或最大膨胀应力，mm 或 kN。

4.1.1　伊利石/蒙脱石体积膨胀特征

准备好实验所用的去离子水及浓度均为 1 mol/L 的无机盐溶液，包括 KC1、NaCl 和 $CaCl_2$ 溶液。在黏土膨胀仪中加入上述溶液，连续记录位移传感器上的数据，并记录下最大值，黏土样品在达到最大值后高度保持不变。为保证实验的准确性，每组实验进行两次并取平均值，再利用式(4-1)和式(4-2)计算样品的线性膨胀率和抑制率。实验结果见表 4-1。

表 4-1　不同溶液中蒙脱石和伊利石的膨胀高度

序号	黏土矿物	溶液	膨胀高度(mm)		
			第一次	第二次	平均值
1		H_2O	2.064	2.236	2.150
2	伊利石	KCl	1.271	1.303	1.287
3		NaCl	1.326	1.260	1.293
4		$CaCl_2$	1.720	1.548	1.634
5		H_2O	4.449	4.258	4.354
6	蒙脱石	KCl	3.612	3.956	3.784
7		NaCl	3.818	3.956	3.887
8		$CaCl_2$	3.967	4.237	4.102

从图 4-1 可以看出，蒙脱石试样在去离子水中最大膨胀高度约为4.4 mm；伊利石试样最大膨胀高度约为 2.2 mm，远低于蒙脱石。从图 4-1 中还可以看出，伊利石达到平衡状态，即最大高度所需时间远远小于蒙脱石；蒙脱石水化膨胀总量高，但反应时间要慢得多。

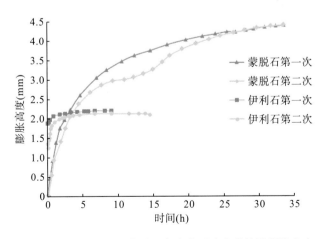

图 4-1　伊利石与蒙脱石在去离子水中的线性膨胀高度

由图 4-2 可知，伊利石与蒙脱石在 3 种无机盐溶液中的线性膨胀率均小于纯水，说明无机阳离子可以抑制黏土矿物的水化膨胀；两种试样在KC1、NaCl、CaCl₂溶液中的线性膨胀抑制率依次降低，说明KC1、NaCl、CaCl₂对黏土矿物体积膨胀的抑制效果依次变差；在相同溶液中伊利石的膨胀率均小于蒙脱石。

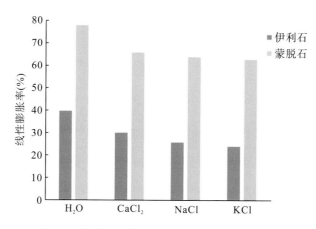

图 4-2　伊利石与蒙脱石在不同溶液中的线性膨胀率

应用表 4-1 的数据，结合式(4-1)，计算 3 种无机盐溶液对蒙脱石、伊利石水化膨胀的抑制率 I_R，计算结果见表 4-2。可以看出，溶液中的无机阳离子可以抑制黏土矿物的水化膨胀，其中 Ca^{2+} 离子对水化作用的抑制效果最差，K^+离子抑制效果最好。抑制率反映了黏土矿物发生水化作用时无机盐溶液对其体积膨胀的减小程度，可以用来表征约束水化作用的能力，抑制率与抑制结果呈正相关关系。相同浓度的无机阳离子对伊利石的抑制率大于蒙脱石，即伊利石对无机阳离子的抑制作用更为敏感。

表 4-2　无机盐对伊利石和蒙脱石的体积膨胀抑制率

序号	实验溶液	抑制率(%)	
		伊利石	蒙脱石
1	CaCl₂	24.00	15.62
2	NaCl	39.86	18.85
3	KCl	40.14	21.01

4.1.2　伊利石/蒙脱石膨胀应力特征

准备好实验所用的去离子水与浓度均为 1 mol/L 的无机盐溶液，包括 KC1、NaCl 和 CaCl₂ 溶液。在黏土膨胀仪中加入上述溶液，连续记录恒定体积下应力传感器的数据，并记录下最大值，黏土样品在达到最大值后膨胀应力保持不变。为保证实验的准确性，每组实验进行两次并取平均值，实验结果见表 4-3。应用表 4-3 的数据，绘制出蒙脱石及伊利石在 3 种无机盐溶液和纯水中的应力膨胀曲线，如图 4-3 和图 4-4 所示。

表 4-3　伊利石和蒙脱石在不同溶液中的膨胀应力

序号	黏土矿物	溶液	膨胀应力(kN)		
			第一次	第二次	平均值
1		H_2O	4.06	4.55	4.31
2	伊利石	KCl	3.60	3.41	3.51
3		NaCl	3.84	3.70	3.77
4		$CaCl_2$	4.02	3.80	3.91
5		H_2O	4.92	4.80	4.86
6	蒙脱石	KCl	3.97	3.51	3.74
7		NaCl	4.25	4.45	4.35
8		$CaCl_2$	4.81	4.55	4.68

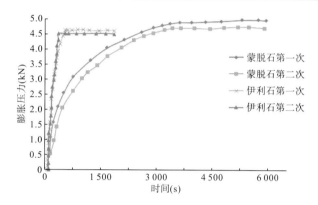

图 4-3　伊利石和蒙脱石在去离子水中的膨胀应力曲线

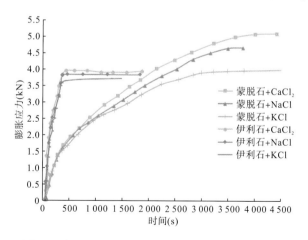

图 4-4　伊利石和蒙脱石在无机盐溶液中的膨胀应力曲线

　　由表 4-3 和图 4-3 可以看出，伊利石和蒙脱石在去离子水中浸泡初始时间内膨胀应力差距不大，分别为 1.14 kN 和 1.21 kN，而体积膨胀实验中在开始阶段两种试样的膨胀高度就相差甚多。但是，与黏土矿物体积膨胀实验相似的是，伊利石达到平衡状态的时间极短，在反应初期样品的水化膨胀应力就从 0 kN 增加到 0.5 kN，速度为 0.021 kN/s；蒙脱石膨胀应力增大速度依旧小于伊利石，为 0.01 kN/s。伊利石进行水化作用时反应速率基本保持不变，水化膨胀应力在 10 min 内就可以达到最大值。从去离子水黏土矿物膨胀应力曲线可以看出，随时间的增加，蒙脱石样品的曲线越来越平缓，表示其膨胀应力变化速率越来越慢。曲线平缓段蒙脱石的最大膨胀应力值略高于伊利石，但达到平衡状态的时间约为 1 h，远远大于伊利石达到最高膨胀应力的反应时间。与体积膨胀速率一致，蒙脱石膨胀应力的增大速率远远低于伊利石。

　　蒙脱石及伊利石浸泡于 KCl、NaCl 和 CaCl₂ 溶液中的膨胀应力随时间变化的曲线如图 4-4 所示。溶液浓度为 1 mol/L。从图中可以看出，浸泡于无机盐溶液中的蒙脱石、伊利石试样膨胀应力变化曲线与去离子水中的变化规律非常类似；伊利石达到平衡状态（即最大膨胀应力）所需时间小于蒙脱石，而且在相同溶液中伊利石的膨胀率下降程度更大，结果与体积膨胀实验一致。

　　伊利石和蒙脱石在 3 种无机盐溶液中的最大膨胀应力两次实验的平均值如图 4-5 所示。可以看出，3 种溶液中伊利石和蒙脱石的膨胀应力均小于去离子水中的，也说明了无机阳离子可以抑制黏土矿物的水化膨胀；CaCl₂、NaCl、KCl 溶液中黏土矿物膨胀应力依次变小，而且在相同溶液中伊利石的膨胀应力均小于蒙脱石，结果与体积膨胀实验一致。

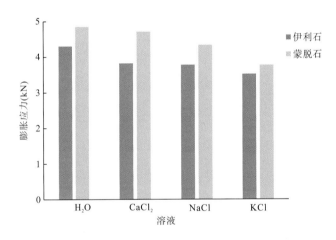

图 4-5　伊利石和蒙脱石在不同溶液中的最大膨胀应力

　　表 4-4 为 CaCl₂、NaCl 和 KCl 溶液对伊利石和蒙脱石膨胀应力的抑制率。结果表明，其中 Ca^{2+} 离子对膨胀应力的抑制效果最差，K^+ 离子抑制效果最好，且伊利石的抑制效果优于蒙脱石，即伊利石对无机阳离子更为敏感。

表 4-4　无机盐对伊利石和蒙脱石应力膨胀的抑制率

序号	无机盐	抑制率（%）	
		伊利石	蒙脱石
1	CaCl₂	14.62	3.72
2	NaCl	17.62	10.83
3	KCl	23.24	23.98

4.1.3　伊利石/蒙脱石表面吸附水状态

在黏土矿物晶体中会发生低价阳离子取代铝氧八面体或硅氧四面体晶片中央的高价 Al^{3+} 或 Si^{4+} 的现象，使颗粒表面带有负电荷，黏土表面微电场会吸附极性水分子。水分子在黏土表面定向、紧密排列，以与黏土表面的羟基或氧结合形成氢键的形式或由于静电吸附作用聚集在黏土表面，形成水膜。表面水化会形成约 4 个水分子层厚度的水膜，引起晶格膨胀，体积增大。黏土表面吸附的水膜受微观晶层间斥力与渗透水化力的影响。不同黏土表面吸附水的存在状态、含量均存在差异，通过剖析蒙脱石、伊利石表面吸附结合水的特征，定性地阐述伊利石、蒙脱石表面的水合力，确定其水化作用的特点。

可以表征黏土颗粒表面吸附水状态的实验方法有红外光谱法、容量瓶法、等温吸附法及热重分析法等。热重分析法是指在程序控制温度下测量试样质量随温度的变化，可用于定性或半定量研究试样的热稳定性与组分结构。由于其全面、准确的特点，在黏土矿物表面吸附水状态的实验研究中已被广泛应用。由于黏土颗粒表面负电荷密度不同，导致晶层间的斥力与水合力不同，对水分子的吸附能力也不同。伊利石、蒙脱石吸附水分子的能力不同，在实验中表现为蒸发表面吸附水时的温度及水分子的蒸发速度不同。通过记录不同温度下吸附水的蒸发速度，就可以定性判断出伊利石、蒙脱石表面结合水的存在状态。

实验过程如下：将干燥提纯后的伊利石粉、蒙脱石粉置于等温吸附仪中，在 20 ℃、相对湿度为 65% 的条件下吸附 7 天。用 STA449F3 型热重分析仪，在氮气保护环境下以 10 ℃/min 的升温速率测定各样品的热失重曲线，伊利石、蒙脱石实验结果如图 4-6 和图 4-7 所示。

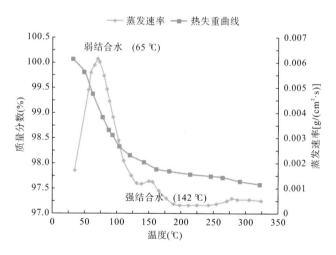

图 4-6　伊利石热失重曲线和失重变化率

如图 4-6 所示，伊利石热失重曲线的斜率代表吸附水的蒸发速率，可通过连续求导得出。由图 4-6 可以看出，伊利石的蒸发速率曲线上存在两段走向相同的区域，即先上升后下降，代表不同的蒸发阶段，存在两个质量分数降低相对较快的温度，表明伊利石表面的吸附水有两种状态，即强结合水与弱结合水。强结合水蒸发所需的能量高、难度大，宏观表现为蒸发温度高且速率低，表明伊利石表面具有较高的水合力；弱结合水蒸发所需的能量相对较低，蒸发温度低且速率高，表明伊利石对长程吸附水的吸附势能低。两段区域内最大值分别表示强结合水与弱结合所对应的特征温度。从图中读出伊利石强结合水的特征温度为 142 ℃，弱结合水的特征温度为 65 ℃。

图 4-7 表示蒙脱石在相同实验条件下，不同温度对应的质量分数与蒸发速率。可以发现蒙脱石与伊利石相似，也存在强结合水与弱结合水，对应的特征温度分别为 131 ℃、82 ℃。但是蒙脱石质量分数降低程度高于伊利石，表明蒙脱石吸附水量更多。这可能是蒙脱石表面负电荷密度大，阳离子容量高于伊利石，并且发生渗透水化，颗粒表面水膜更厚。

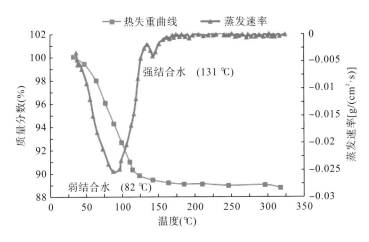

图 4-7　蒙脱石热失重曲线和失重变化率

热重分析实验结果表明，蒙脱石与伊利石表面均存在强结合水与弱结合水，但是蒙脱石弱结合水特征温度 82 ℃要高于伊利石弱结合水特征温度 65 ℃，强结合水的特征温度正好相反，伊利石 142 ℃要高于蒙脱石 131 ℃，表明伊利石表面吸附水分子的势能更大，水分子在黏土颗粒表面排列紧密，规则有序，蒸发结合水需更高的温度。此外，由于强结合水的定向排列，降低了晶层间的斥力与浓度差引起的渗透水化力，导致外层结合水的吸附势能降低，使其所需的蒸发温度降低。而蒙脱石恰恰相反，颗粒表面的水合力强度低，但长程作用力大于伊利石，即对外层结合水的吸附能力强，所需的蒸发温度较高，表明伊利石表面的水合强度大，物理化学活性高。

4.1.4　实验小结

(1) 伊利石、蒙脱石体积膨胀实验结果表明，伊利石水化膨胀总量虽然远远低于蒙脱石，但伊利石的体积膨胀速率却远高于蒙脱石；3 种无机盐均可以抑制伊利石、蒙脱石的体积膨胀，而且 K^+ 的抑制作用最好，其次是 Na^+，Ca^{2+} 最差；无机阳离子对伊利石体积膨胀的抑制率高于蒙脱石。

(2) 伊利石、蒙脱石膨胀应力实验结果表明，伊利石与蒙脱石最大的膨胀应力值相差不大；在水化作用开始阶段伊利石的水化膨胀应力增大速率大大超过蒙脱石；无机阳离子对伊利石膨胀应力的抑制率高于蒙脱石；伊利石在 4 种溶液中达到平衡状态所需时间均小于蒙脱石。

（3）热重分析实验结果表明，蒙脱石的吸附结合水总量远高于伊利石；蒙脱石对靠近晶层表面的强结合水的吸附能力远低于伊利石；蒙脱石外层结合水的吸附势能高于伊利石。

4.2 页岩水化前后微观表征

4.2.1 电镜扫描实验研究

4.2.1.1 实验目的及原理

环境电镜扫描仪可在高真空或低真空条件下对各种材料进行微观结构与微观形貌的表征，是研究各种材料的显微结构与性能关系所不可缺少的工具。加速电压为 200 V～30 kV，放大倍数为 6～100 000 倍，同时配备了 X 射线能谱仪、低温冷冻台等附件，能够结合形貌像进行点、线、面微区元素成分的定性、定量分析，也可直接观察含水、含油样品。

4.2.1.2 实验方案

为通过电镜扫描实验观察页岩岩心孔隙结构性质、微裂隙发育情况及浸泡后页岩微观孔隙结构的变化，设计两套实验方案，具体实施方案见表 4-5。电镜扫描样品如图 4-8 和图 4-9 所示。

表 4-5　电镜扫描实验方案

实验方案	岩样描述	井号/液体类型	取样时间(d)						备注
方案一	敲碎新鲜断面	宁 203	0	1	5	10	15	20	—	取样后将其烘干
		宁 216	0	1	5	10	15	20	—	
方案二	敲碎新鲜断面	井下液体	0	1	5	10	15	20	—	取样后将其烘干
		页研院液体	0	1	5	10	15	20	—	

备注：1. 岩样放在塑料袋中然后放入烧杯浸泡，方便取出；2. 温度平均为 95.3 ℃，由于压裂液注入会使地层温度降低，故水浴锅温度设定为 40 ℃，半天加一次水，一定保证水量充足，夜间尽量加满水持续加热

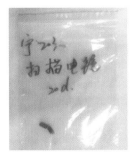

图 4-8　宁 203 井电镜扫描样品

图 4-9 宁 216 井电镜扫描样品

方案一：取长宁区块宁 203 和宁 216 两口井的岩心，在页岩气研究院提供的压裂液体系中(线性胶配方：0.35%瓜胶+0.2%黏土稳定剂+0.1%助排剂+0.01%杀菌剂)分别浸泡 0 天、1 天、5 天、10 天、15 天、20 天做电镜扫描实验。

方案二：取长宁区块露头，分别在页岩气研究院提供的压裂液体系中(线性胶配方：0.35%瓜胶+0.2%黏土稳定剂+0.1%助排剂+0.01%杀菌剂)和井下作业公司提供的液体体系中(滑溜水压裂液配方：0.1%降阻剂+0.1%防膨剂+1%助排剂)浸泡 0 天、1 天、5 天、10 天、15 天、20 天做电镜扫描实验。

4.2.1.3 实验结果

1. 井下岩样微观结构变化特征

1) 宁 203 井电镜扫描结果

宁 203 井页岩岩样电镜扫描观测结果如图 4-10 所示，可以看出，长宁区块页岩岩石致密，发现有大量的微孔隙发育并伴有溶蚀孔，局部见黄铁矿。随页岩浸泡天数增加，岩样表面附着有大量外来固相颗粒，并有充填于裂缝中的现象。

| （未浸泡）黄铁矿 | （未浸泡）微裂缝 | （未浸泡）溶蚀孔 |
| （浸泡5天）微裂缝 | （浸泡5天）固相颗粒 | （浸泡5天）固相颗粒 |

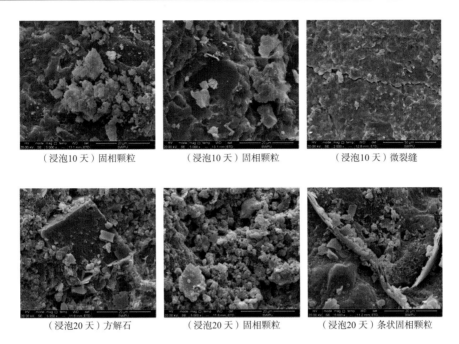

|（浸泡10天）固相颗粒|（浸泡10天）固相颗粒|（浸泡10天）微裂缝|
|（浸泡20天）方解石|（浸泡20天）固相颗粒|（浸泡20天）条状固相颗粒|

图 4-10　宁 203 井岩样电镜扫描结果

2）宁 216 井电镜扫描结果

宁 216 井页岩岩样电镜扫描观测结果如图 4-11 所示。可以看出，长宁区块页岩岩心结构致密，矿物碎屑（方解石）含量较高，局部见少量粒间孔，孔中充填黏土矿物，裂隙、溶洞发育，随浸泡天数增加有大量颗粒状、条带状聚合物黏附于岩石表面。

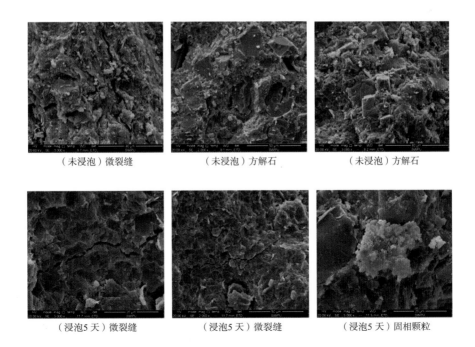

|（未浸泡）微裂缝|（未浸泡）方解石|（未浸泡）方解石|
|（浸泡5天）微裂缝|（浸泡5天）微裂缝|（浸泡5天）固相颗粒|

（浸泡10天）固相颗粒　　　　（浸泡10天）固相颗粒　　　　（浸泡10天）固相颗粒

（浸泡20天）条状固相颗粒　　　　　（浸泡20天）溶蚀孔

图 4-11　宁 216 井岩样电镜扫描结果

2. 露头岩样微观结构变化特征

露头岩样微观结构变化特征如图 4-12 和图 4-13 所示。可以看出，长宁区块页岩露头岩石结构致密，部分岩石存在微裂缝和溶蚀孔，局部见方解石；在井下液体、页研院液体浸泡后，露头表面都有不同程度的碎屑颗粒沉积，可能是因为露头随浸泡时间增加，岩石内部黏土膨胀，然后通过微裂缝运移到岩石表面。

未浸泡　　　　　　　　　　未浸泡　　　　　　　　　　未浸泡

浸泡5 天　　　　　　　　　浸泡5 天　　　　　　　　　浸泡5 天

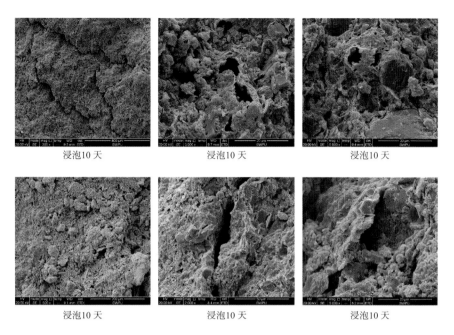

浸泡10 天　　浸泡10 天　　浸泡10 天

浸泡10 天　　浸泡10 天　　浸泡10 天

图 4-12　井下液体体系浸泡露头岩样电镜扫描结果

未浸泡　　未浸泡　　未浸泡

浸泡5 天　　浸泡5 天　　浸泡5 天

浸泡10 天　　浸泡10 天　　浸泡10 天

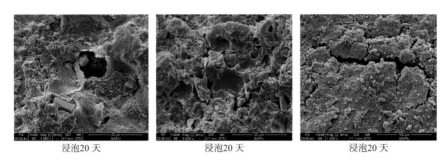

浸泡20 天　　　　　　　浸泡20 天　　　　　　　浸泡20 天

图 4-13　页研院液体体系浸泡露头岩样电镜扫描结果

4.2.2　孔隙结构压汞实验研究

4.2.2.1　实验目的及原理

岩样孔径大小与孔径分布可以通过压汞实验来确定,压汞实验是获得孔喉结构的重要实验方法。对不润湿的汞液施加的外界压力大于微小孔喉的毛管力,可以反映出孔隙微观结构。高压大于岩石的破裂压力时,会破坏岩样微观孔隙结构,如拉应力过大形成的微裂缝、汞液压力所造成的应力集中与孔喉表面物性变化等,使岩样孔径变大,测得的小孔径孔隙产生偏差。但压汞法可以连续衡量测试样品自纳米级孔隙到微孔、中孔再到大孔、微裂隙的完整储集空间特征,在低压下测试大孔径孔隙时实验误差会降低,准确度高,应用价值高。汞是非润湿相。页岩中连通的孔喉类似于毛细管,毛管力在汞进入和退出岩石时发挥作用。进行压汞时,毛管力与汞进入岩样的方向相反,为阻力,阻碍汞在孔喉中前进;进行退汞时,毛管力与汞退出岩样的方向相同,为动力,当外界压力小于毛管力时,汞从连通的孔喉中退出;随着进汞压力与退汞压力比值的降低,退汞率越高,压汞曲线和退汞曲线一致性越高,且两条曲线间距离越小,像一只细牛角,储层性质也就越好;似孔喉(进汞压力与退汞压力比值)越大,退汞率越低,进汞曲线和退汞曲线差距越大,退汞曲线不发育,储层性质较差;定量确定孔径的大小和孔喉的分布时可以采取利用汞饱和度(即在一定压汞压力下的进汞量)求解。

4.2.2.2　实验方案

为通过实验得到页岩岩心进退汞曲线和孔隙分布比例图,分析页岩孔隙结构性质及浸泡后页岩微观孔隙结构的变化情况,设计两套实验方案,具体方案见表4-6。压汞实验样品如图 4-14 和图 4-15 所示。

方案一: 取长宁区块宁 203 和宁 216 两口井的岩心,在页岩气研究院提供的压裂液体系中(线性胶配方:0.35%瓜胶+0.2%黏土稳定剂+0.1%助排剂+0.01%杀菌剂)分别浸泡 0 天、1 天、5 天、10 天、15 天、20 天做压汞实验。

方案二: 取长宁区块露头两组,分别在页岩气研究院提供的压裂液体系中(线性胶配方:0.35%瓜胶+0.2%黏土稳定剂+0.1%助排剂+0.01%杀菌剂)和井下作业公司提供的液体体系中(滑溜水压裂液配方:0.1%降阻剂+0.1%防膨剂+1%助排剂)浸泡 0 天、1 天、5 天、10 天、15 天、20 天做压汞实验。

表 4-6　压汞实验方案

实验方案	岩样描述	井号/液体类型	取样时间(d)						备注
方案一	小圆柱	宁 203	0	1	5	10	15	20	—	取样后将其烘干
		宁 216	0	1	5	10	15	20	—	
方案二	小圆柱	井下液体	0	1	5	10	15	20	—	取样后将其烘干
		页研院液体	0	1	5	10	15	20	—	

备注：1. 将岩样放在塑料袋中然后放入烧杯浸泡，方便取出；2. 地层平均温度为 95.3 ℃，由于压裂液注入会使地层温度降低，故水浴锅温度设定为 40 ℃，半天加一次水，一定保证水量充足，夜间尽量加满水持续加热

图 4-14　宁 203 井压汞岩样

图 4-15　宁 216 井压汞岩样

4.2.2.3　实验结果

1. 井下岩样孔隙结构变化特征

1)宁 203 井、宁 216 井压汞退汞实验

宁 203 井、宁 216 井压汞、退汞实验结果如图 4-16～图 4-19 所示。结合压汞、退汞曲线理论依据可知，压汞、退汞曲线在高压汞饱和度时(压汞饱和度大于 50%)，随着实验页岩浸泡在压裂液中天数的增加，斜率逐渐减小，说明孔的不均质性增加，微孔过渡成中孔的趋势明显，储层物性变好。

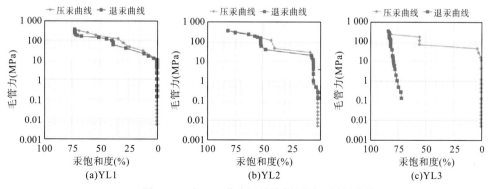

图 4-16　宁 203 井未浸泡岩样压汞、退汞曲线

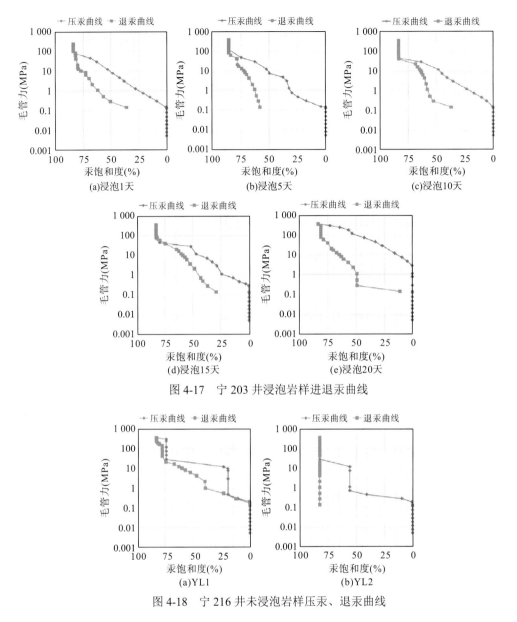

(a)浸泡1天　　　　(b)浸泡5天　　　　(c)浸泡10天

(d)浸泡15天　　　　(e)浸泡20天

图 4-17　宁 203 井浸泡岩样进退汞曲线

(a)YL1　　　　(b)YL2

图 4-18　宁 216 井未浸泡岩样压汞、退汞曲线

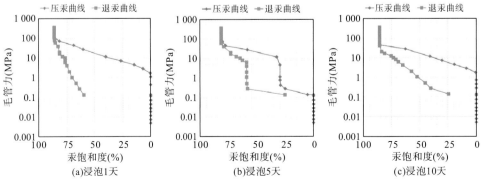

(a)浸泡1天　　　　(b)浸泡5天　　　　(c)浸泡10天

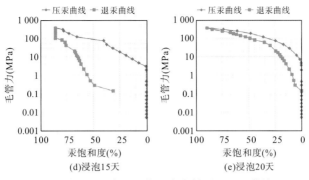

图 4-19　宁 216 井浸泡岩样压汞退汞曲线

2) 宁 203 井、宁 216 井孔隙分布比例直方图

宁 203 井、宁 216 井压汞测试实验结果如图 4-20 和图 4-21 所示。可以看出：①页岩孔径分布主要集中在微孔、中孔，其中 203 井微孔较发育，216 井中孔较发育；②宁 203 井岩样随浸泡天数增加，5～20 nm 微孔分布比例逐渐增加；宁 216 井岩样随浸泡天数增加，3～20 nm 微孔分布比例增加，说明本实验所取两口井岩样随压裂液浸泡天数增加，页岩微孔增加。

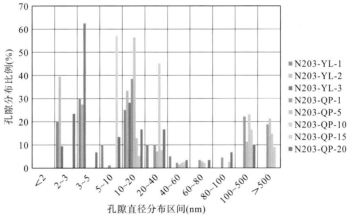

图 4-20　宁 203 井岩样浸泡后压汞实验孔隙分布比例直方图

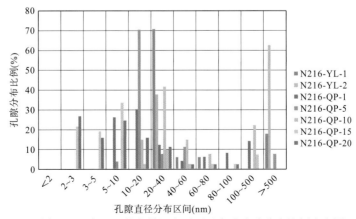

图 4-21　宁 216 井岩样浸泡后压汞实验孔隙分布比例直方图

2. 露头岩样孔隙结构变化特征

1) 页研院液体、井下液体浸泡压汞、退汞实验

长宁区块露头经页研院液体浸泡，压汞、退汞曲线如图 4-22 所示，进汞压力随浸泡天数增加而增加，说明有新微孔发育。经井下液体体系浸泡，压汞、退汞曲线如图 4-23 所示，随着浸泡时间增加，进汞压力增加，说明岩样产生新微孔。但随着浸泡天数增加，退汞曲线由阶梯状变光滑状，说明孔的非均质性增加，微孔过渡成中孔的趋势明显。采用两种不同液体体系对同一区块露头岩样进行浸泡，结果其孔隙特性变化有较大区别，就实验结果显示，两种液体体系对岩样孔隙结构都有不同程度的改善，都使微孔隙发育；页研院液体还使得孔隙分选性降低，非均质性增加，在一定程度上沟通微孔和中孔。

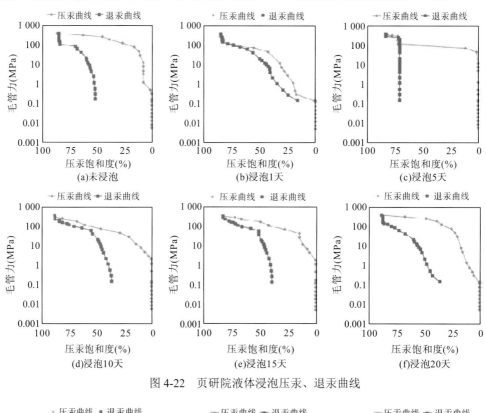

图 4-22　页研院液体浸泡压汞、退汞曲线

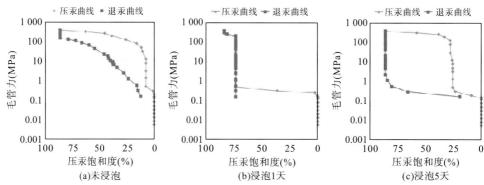

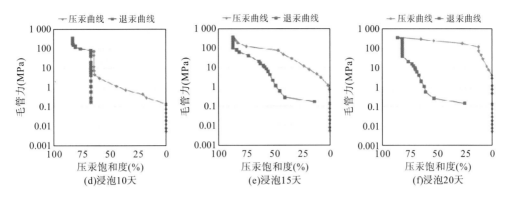

图 4-23　井下液体浸泡压汞、退汞曲线

2) 页研院液体、井下液体浸泡露头孔隙分布比例直方图(图 4-24、图 4-25)

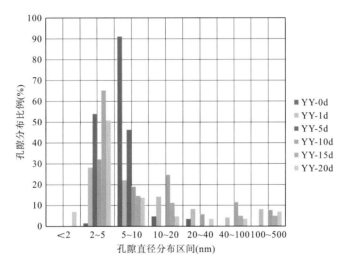

图 4-24　露头在页研院液体浸泡后压汞实验孔隙分布比例直方图

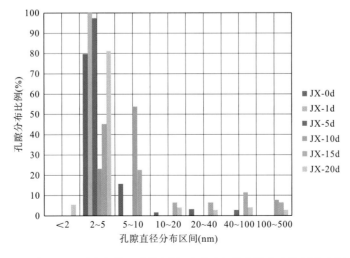

图 4-25　露头在井下液体浸泡后压汞实验孔隙分布比例直方图

长宁区块露头经页研院液体浸泡后，压汞分析结果如图 4-24 所示。结果表明，孔径分布曲线主要集中在微孔、中孔；随浸泡时间增加，岩样 3～20 nm 微孔比例逐渐增加；经井下液体浸泡后，压汞分析结果如图 4-25 所示。结果表明，孔径分布曲线主要集中在微孔、中孔；随浸泡时间增加，岩样 3～10 nm 微孔比例逐渐增加。

4.2.3 氮气吸附实验研究

4.2.3.1 实验目的及原理

全自动比表面积及孔隙度分析仪可完成对常温、高温、高压条件下岩石氮气吸附量的测定，用于测试岩石的孔喉比等岩石微观参数。孔隙进行低温氮气吸附时不会产生破坏，可以准确地表征纳米级孔隙。低温氮气吸附对 50 nm 以下孔隙(吸附孔)表征得更准确，孔隙结构形态还以利用回滞环特征来描述。

4.2.3.2 实验方案

为通过实验得到页岩岩心吸附、解吸附曲线，分析页岩孔隙结构性质及浸泡后页岩微观孔隙结构的变化情况，设计两套实验方案，具体实施方案见表 4-7。

表 4-7 氮气吸附实验方案

实验方案	岩样描述	井号\液体类型	取样时间(d)						备注
方案一	200 目页岩粉末	宁 203	0	1	5	10	15	20	取样后将其烘干
		宁 216	0	1	5	10	15	20	—
方案二	200 目页岩粉末	井下液体	0	1	5	10	15	20	取样后将其烘干
		页研院液体	0	1	5	10	15	20	—

备注：1. 将岩样放在塑料袋中然后放入烧杯浸泡，方便取出；2. 地层平均温度为95.3 ℃，由于压裂液注入会使地层温度降低，故水浴锅温度设定为40 ℃，半天加一次水，一定保证水量充足，夜间尽量加满水持续加热

方案一：取长宁区块宁 203 和宁 216 两口井的岩心，在页岩气研究院提供的压裂液体系中(线性胶配方：0.35%瓜胶+0.2%黏土稳定剂+0.1%助排剂+0.01%杀菌剂)分别浸泡 0 天、1 天、5 天、10 天、15 天、20 天做氮气吸附实验。

方案二：取长宁区块露头两组，分别在页岩气研究院提供的压裂液体系中(线性胶配方：0.35%瓜胶+0.2%黏土稳定剂+0.1%助排剂+0.01%杀菌剂)和井下作业公司提供的液体体系中(滑溜水压裂液配方：0.1%降阻剂+0.1%防膨剂+1%助排剂)浸泡 0 天、1 天、5 天、10 天、15 天、20 天做氮气吸附实验。

4.2.4 实验结果

4.2.4.1 井下岩样物性变化特征

1)宁 203 井、宁 216 井等温吸附、解吸附曲线

分别测出不同试验压力下，置于液氮中的烘干脱气处理后的岩样对氮气的吸附量，绘

出吸附和解吸附等温线。孔喉特征可以通过吸附等温线及解吸附曲线（滞后环）的形状得出。浸泡后宁 203 井、宁 216 井岩样等温吸附、解吸附曲线如图 4-26 和图 4-27 所示。

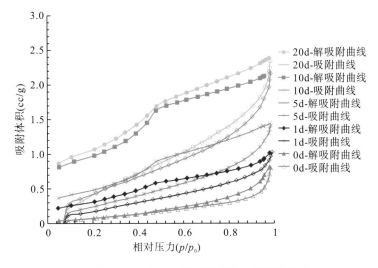

图 4-26　宁 203 井等温吸附、解吸附曲线

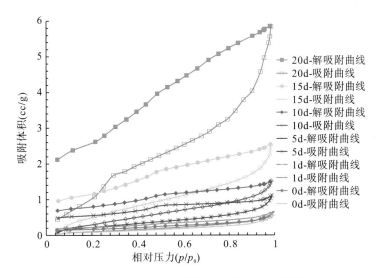

图 4-27　宁 216 井等温吸附、解吸附曲线

　　由于吸附等温线主要分为吸附和解吸附两部分，且吸附等温线的形状与岩样的微观孔隙结构有关，因此国际纯粹与应用化学联合会（IUPAC）将吸附等温线分为 6 种不同类型，如图 4-28 所示。其中，Ⅰ、Ⅱ、Ⅳ型曲线为凸形，Ⅲ、Ⅴ型为凹形。

　　通过宁 203 井、宁 216 井的等温吸附曲线（图 4-26、图 4-27）可以看出，各样品吸附等温线整体呈反 S 形，在低压阶段（$0 < p/p_0 < 0.2$）上升较为缓慢，曲线略向上凸，对应液氮在页岩样品表面的单分子层吸附及微孔填充阶段；在中等压力范围内（$0.2 < p/p_0 < 0.65$），吸附等温线对应为多分子层吸附阶段；随后，等温吸附线出现拐点，拐点后较高压力范围内（$0.65 < p/p_0 < 1$）吸附量急剧上升，直至相对压力接近 1 也未出现吸附饱和，

表明页岩样品含有一定量的中孔和大孔，由于毛细管凝聚导致大孔容积充填。反映小孔隙的分散程度，曲率越小，弧线越长，小孔隙所占比例越大。各样品吸附线与解吸附线均不完全重合，形成吸附回线，吸附回线的形貌可以反映孔隙的形态特征。

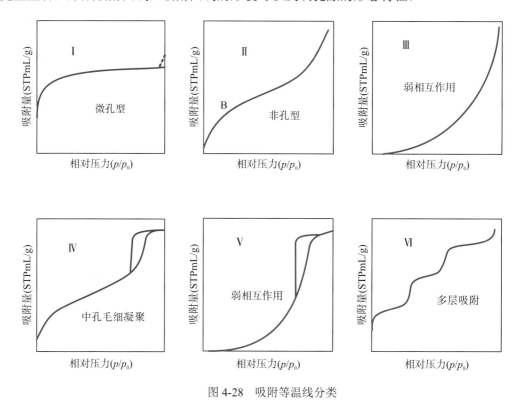

图 4-28　吸附等温线分类

样品吸附等温线的吸附曲线与解附曲线在压力较高的部分不重合，形成了脱附回线，De Boer 提出脱附回线分 5 类，IUPAC 在此基础上将脱附回线分为了 4 类，如图 4-29 所示。

根据宁 203 井、宁 216 井低温氮气吸附、解附附曲线可以看出，吸附曲线在相对压力接近 1 处很陡，而解附曲线在中等压力处很陡，均产生了脱附回线，因此该页岩气储层孔隙形态呈开放状态。测试结果与 IUPAC 脱附回线 H4 型相似，兼具 H3 型回线特征，同时与 De Boer 脱附回线 B 型特征相似。结果曲线为多个标准回线叠加而成，表明该页岩储层的孔隙以微孔为主，并且微观孔隙结构为无规则特征。颗粒内部孔结构具有平行壁的狭缝状孔特征，且含有其他形态的开放孔。

如图 4-26 所示，宁 203 井岩样随浸泡时间增加，氮气吸附曲线形态由 De Boer 脱附回线 B 型向 H3 型转化；在浸泡 20 天时，兼具 H4 型回线特征，表明在压裂液浸泡过程中，页岩样品中的孔由墨水瓶孔隙形状先向裂缝性孔隙转化，再向 V 形孔（一端或两端开口）转化，岩样整体孔隙物性有变好的趋势。

如图 4-27 所示，宁 216 井岩样随浸泡时间增加，氮气吸附曲线形态由 De Boer 脱附回线 B 型向 H3 型转化（在浸泡 10 天后），表明页岩样品中孔由墨水瓶孔隙形状向裂缝性孔隙转化，孔隙物性变好。

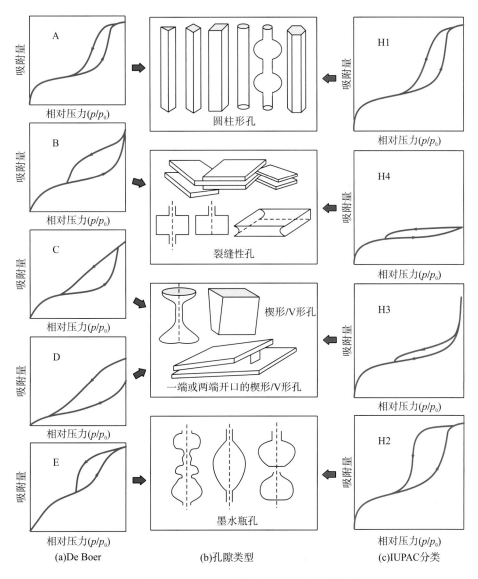

图 4-29　IUPAC 脱附回线分类及孔隙类型

2) 宁 203 井、宁 216 井孔隙体积分布

岩样浸泡过程中孔隙变化如图 4-30～图 4-33 所示。可以看出，岩样纳米孔发育，微孔、小孔发育数量众多，宁 203 井主要集中在 10 nm 以内，浸泡天数对页岩微观孔隙结构有较大影响，该岩样累积孔隙体积随浸泡天数先增大后减小，在 5 天时达到顶峰，在 5 天前可能是压裂液浸泡使得微裂隙增加，5 天后黏土矿物水化膨胀，使得孔喉变小；宁 216 井主要集中在 20 nm 以内，在 10 天时达到顶峰。

纳米孔的主要类型包括有机显微组分间孔、植物胞腔结构残余孔、颗粒矿物粒内纳米孔、黏土矿物孔、组分间孔和微裂隙等。纳米尺度下辨明孔隙类型具有一定难度，需要结合孔隙形貌特征、发育尺度、孔隙所依附的物质成分、图像灰度等信息。

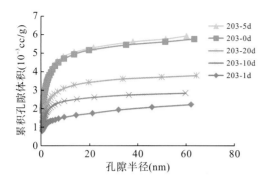

图 4-30　宁 203 井岩样浸泡孔隙变化

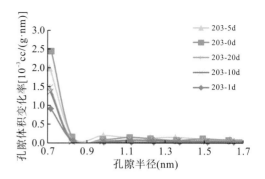

图 4-31　宁 203 井岩样浸泡孔隙变化率

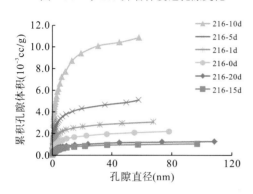

图 4-32　宁 216 井岩样浸泡孔隙变化

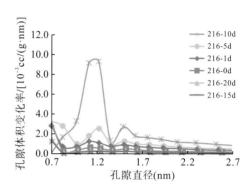

图 4-33　宁 216 井岩样浸泡孔隙直径变化率

3）宁 203 井、宁 216 井比表面积

通过氮气吸附实验结果计算得浸泡过程中岩样比表面积变化，如图 4-34 和图 4-35 所示。可以看出，宁 203 井、宁 216 井岩样比表面积随浸泡时间增加，都有不同程度的变化，宁 203 井在浸泡 5 天时，比表面积最大，氮气吸附量最多，孔喉发育；宁 216 井在浸泡 10 天时，比表面积最大，氮气吸附量最多，孔喉发育。

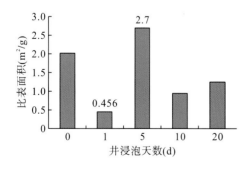

图 4-34　宁 203 井岩心浸泡比表面积变化

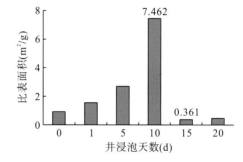

图 4-35　宁 216 井岩心浸泡比表面积变化

4.2.4.2　露头岩样物性变化特征

1）井下液体、页研院液体浸泡露头等温吸附、解吸附曲线

井下液体、页研院液体浸泡露头等温吸附、解吸附曲线如图 4-36 和图 4-37 所示。随

井下液体、页研院液体浸泡时间增加，露头岩样等温吸附曲线形态大致相同，为 H2 型墨水瓶状。其中，井下液体在浸泡 10 天时，氮气吸附量最多，孔喉发育；页岩气研究院液体浸泡 1 天时，氮气吸附量最多，孔喉发育。

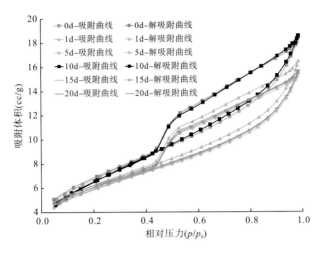

图 4-36　井下液体等温吸附曲线

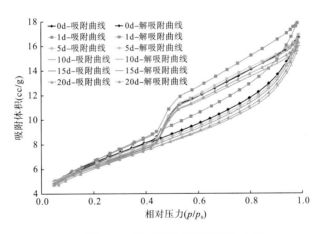

图 4-37　页研院液体等温吸附曲线

2）井下液体、页研院液体浸泡露头孔隙体积分布

露头岩样浸泡过程中孔隙变化如图 4-38～图 4-41 所示。可以看出，纳米孔发育，微孔、小孔发育数量众多。露头孔隙主要集中在 40 nm 以内，浸泡天数对页岩微观孔隙结构有较大影响。井下液体浸泡累积孔隙体积随浸泡天数在 10 天时达到顶峰；页研院液体浸泡累积孔隙体积随浸泡天数在 1 天时达到顶峰。

3）井下液体、页研院液体浸泡露头比表面积

露头氮气吸附实验结果计算得浸泡过程中岩样比表面积变化如图 4-42 和图 4-43 所示。可以看出，岩样比表面积随浸泡时间增加，都有不同程度的变化，井下液体浸泡在未浸泡和 10 天时，比表面积最大，氮气吸附量最多，孔喉发育；页研院液体浸泡在 1 天时，比表面积最大，氮气吸附量最多，孔喉发育。

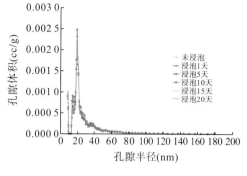

图 4-38 井下液体浸泡露头孔隙体积分布

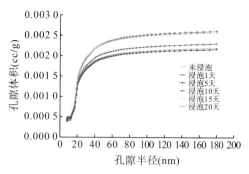

图 4-39 井下液体浸泡露头累积孔隙体积分布

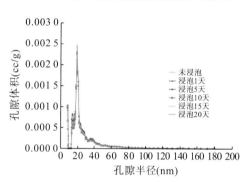

图 4-40 页研院液体浸泡孔隙体积分布

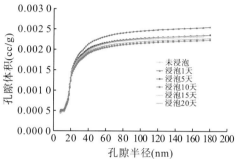

图 4-41 页研院液体浸泡累积孔隙体积分布

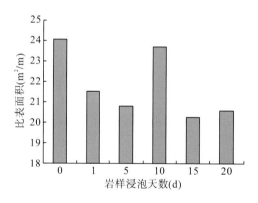

图 4-42 井下液体浸泡比表面积变化

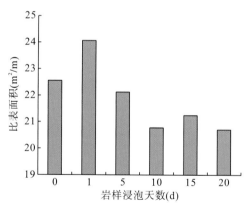

图 4-43 页研院液体浸泡比表面积变化

4.2.5 实验小结

（1）电镜扫描实验发现随页岩浸泡天数增加，岩样表面附着有大量碎屑颗粒沉积，并有充填于裂缝中现象；压汞实验结果表明，随着实验井下页岩岩样浸泡在压裂液中天数的增加，孔的不均质性增加，微孔过渡成中孔的趋势明显，页岩微孔数目增加。

（2）氮气吸附实验结果表明，页岩岩样纳米孔发育，微孔、小孔发育数量众多，孔隙形态呈开放状态。实验岩样累积孔隙体积随浸泡天数先增大后减小，宁 203 井孔隙半径主要集中在 10 nm 以内，在 5 天时达到顶峰，宁 216 井主要集中在 20 nm 以内，在 10 天时达到顶峰；宁 203 井在浸泡 5 天时，比表面积最大；宁 216 井在浸泡 10 天时，比表面积最大。

4.3　页岩水化微观机理研究

研究水化膨胀对应力作用下页岩裂缝生成的影响，对于揭示水力压裂液与页岩的实际相互作用，确定压裂液的含盐量，以增强或抑制页岩水化至关重要。

4.3.1　微观结构对黏土矿物水化特征的影响

微观角度上，黏土矿物是由含水的层状硅铝酸盐构成的，层片由硅氧四面体和铝氧八面体构成，并通过共价键结合在一起形成了晶层。晶层间充满了水与阳离子，单元晶层面与面堆积在一起形成黏土晶体。黏土矿物概括起来有三大类：高岭石、蒙脱石与伊利石。如图 4-44 和图 4-45 所示，高岭石的晶体结构由一个硅氧四面体晶片和一个铝氧八面体晶片构成，层间距较小，结构相对稳定；蒙脱石、伊利石的晶体结构为 2∶1 层型，由两个硅氧四面体晶片和一个铝氧八面体晶片构成，层间距为 1.45 nm，可以交换阳离子形成结晶水。

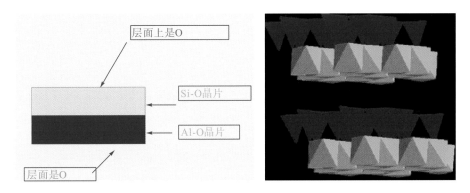

图 4-44　高岭石的晶体结构(1∶1 层型，层间距为 0.72 nm)

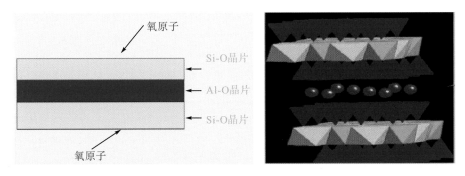

图 4-45　蒙脱石、伊利石的晶体结构(2∶1 层型，层间距为 1.45 nm)

黏土晶层间吸附水与溶液的浓度差会产生渗透压差，在黏土-水界面上发生阳离子交换吸附，如当压裂液 pH 下降时，黏土表面的 Na^+ 会与溶液中的 H^+ 发生交换吸附。离子交换吸附遵循同性离子交换吸附(阳离子交换阳离子)、等电量交换、过程可逆的原则。阳离子种类不同,其水化膜半径与吸附能力均不同,导致黏土矿物吸附水状态发生变化。

黏土矿物表面分布着负电荷,带电表面通过与液体介质相互作用的力会在颗粒表面形成双电层结构。将其置于溶液中时,双电层的膨胀会降低黏土颗粒对黏土颗粒的吸引力,但增强了对水分子的吸附力。同时,双电层也反映了黏土矿物为保持电中性,在表面吸附阳离子的性质。双电层结构如下:内层为固定层,黏土表面分布着紧密排列的水分子,在颗粒表面形成一层固定的水化膜;外层为扩散层,水分子受静电吸引力与扩散作用向介质运动力的共同影响,吸附势能低,水分子自由度高。整个体系保持电中性[11]。双电层结构如图 4-46 所示。

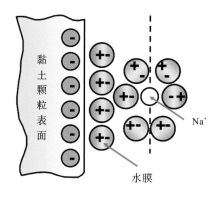

图 4-46　黏土矿物表面双电层示意图

在热重分析法分析矿物颗粒吸附结合水实验中,发现蒙脱石表面可以吸附水、结合水的总量比伊利石大得多。从双电层角度解释,黏土颗粒表面负电荷越多,对水分子的吸附势能越强,黏土颗粒的双电层厚度越大。蒙脱石理论化学组成为 $(Al, Mg)_2[(OH)_2Si_4O_{10}](Na·Ca)_x·nH_2O$,会发生低价态阳离子 Na^+、K^+、Mg^{2+}、Ca^{2+} 取代高价阳离子 Al^{3+}、Si^{4+} 的现象,阳离子容量为 $70\sim130$ mmol/100 g 土,黏土颗粒表面的负电荷多,能够吸附等量阳离子;伊利石理论化学组成为 $KAl_2[(SiAl)_4O_{10}]·(OH)_2·nH_2O$,晶层之间主要是通过 K^+ 离子来联结的,部分被 H^+、Na^+ 取代,阳离子容量为 $20\sim40$ mmol/100 g 土,表面负电荷数目小于蒙脱石,吸附结合水的能力相对较低,因此伊利石的双电层厚度较薄,吸附结合水总量小于蒙脱石。总而言之,阳离子交换容量反映了黏土晶体的晶格取代度,伊利石阳离子交换容量有限,水化过程晶层间的膨胀十分有限,仅需较少水分子就可达到平衡状态。

因此,在实验过程中发现伊利石体积膨胀、膨胀应力的减小程度明显大于蒙脱石[10]。水敏性与黏土砂岩的阳离子交换能力有关,高阳离子交换能力砂岩具有较高降低渗透率的潜力。由于伊利石属非膨胀性黏土矿物,阳离子交换能力弱于蒙脱石,因而在置于相同浓度的电解质溶液中时,伊利石被中和的负离子百分数高于蒙脱石,斥力降低引力增大,使抑制率高于蒙脱石。

在热重分析实验中发现,蒙脱石和伊利石表面存在两种状态的结合水,即靠近晶层表面的强结合水与外层的弱结合水,正如双电层结构所示的吸附层与扩散层。伊利石对强结合水的吸附能力明显强于蒙脱石(前者特征温度为 142 ℃,后者特征温度为 131 ℃)。根据离子交换吸附强弱规律,一般情况下,阳离子吸附在黏土表面的能力与离子价数呈正相关关系。由此看来,伊利石表面高价阳离子数目要高于蒙脱石,对吸附在带电阳离子上的极性水分子的吸附势能更大,水分子紧密定向排列,形成稳固紧密的水化膜,宏观表现为蒸发强结合水需要更高的温度。

研究表明[2]黏土晶层间静电斥力减小,会导致较不稳定的盐水膜。由于膨胀的双层效应,双电层斥力导致单元晶层分离,使水膜更加稳定。热重分析实验的另一个结果表明,伊利石弱结合水特征温度为 65 ℃,蒙脱石弱结合水特征温度为 82 ℃,伊利石对外层结合水的吸附势能低于蒙脱石。极性水分子吸附在带电粒子上,微观晶层内存在两种吸附阳离子的力:一种是由于晶层间吸附水与外界溶液的浓度差引起的渗透水化力;另一种是晶层上分布的负电荷对阳离子的静电吸引力。伊利石晶体片厚度为 0.995 nm,晶层间距为 0.34 nm。当初始作用距离为 0.34 nm 时,伊利石晶层间的水合排斥压力可达 51.3~57.7 MPa[3]。接近伊利石表面的结合水受到的静电引力非常大,吸附能力也强,需要较高的温度才能蒸发伊利石表面的强结合水。当晶层间距增大时,由于水合力衰减极快,当晶层间距增加到 1 nm 左右时,水合力仅有 1.5~3.6 MPa,不足以克服晶层间阳离子水化产生的膨胀力。同时,由于伊利石阳离子交换容量小,属非膨胀性黏土矿物,双电层斥力的强度不足以使晶层继续吸水膨胀。伊利石不能约束扩散层水分子的热运动,表现为弱结合水的吸附势能低,使其蒸发仅需较低温度。

蒙脱石的结构单元层厚度为 1.27~1.70 nm,其层间域为 0.63~1.05 nm。Viani 等[4]研究表明,蒙脱石的水合排斥压力低于伊利石,表面水分子自由度高,吸附能力较弱,吸附势能低,因此蒙脱石在蒸发强结合水时所需温度较低。由于蒙脱石晶层间吸引力弱,阳离子交换能力强,双电层斥力强度、作用范围更大,因此蒙脱石扩散层高于伊利石,吸水时产生长程膨胀,外层水分子蒸发所需的能量也相应高于伊利石,即对弱结合水吸附能力较强。

水化作用正是由晶层间静电斥力引起的。因为伊利石水化初始阶段水合斥力非常大,表面的水合能力与物理化学活性均高于蒙脱石,表现为伊利石水化反应剧烈,短时间内就达到最大膨胀高度与最大膨胀应力,蒙脱石虽然总的膨胀量远远大于伊利石,但蒙脱石短程水合斥力强度低,水化膨胀速度慢。

页岩水化本质上是指黏土矿物晶层间的水化作用,主要受到范德瓦耳斯力、双电层斥力和水合力控制。水化作用分为表面水化膨胀与渗透水化膨胀。

表面和渗透水化都能导致体积变化,称为晶体膨胀和渗透膨胀。表面水化作用是由于分子层的水吸附在晶层表面,这个过程大概有 4 个水分子层厚度的水被吸附,其作用的距离基本上约为 1 nm。这一过程主要是由黏土颗粒表面附近发生的可交换阳离子水化和固液相互作用(氢键、带电表面偶极吸引或两者的结合)所产生的能量驱动的[5]。如果矿物的表面或层间间距不存在水分或水分含量低,就会发生表面水化,表面水化基本存在于所有黏土矿物中。

由于最初的表面水化作用,阳离子在表面附近聚集,并随着离黏土矿物表面距离的增加而扩散,若溶液浓度小于黏土颗粒晶层间吸附水阳离子的浓度,则水分子会流入晶层之中，发生渗透水化作用。渗透水化是由于这些溶解离子在扩散层内与孔隙内的自由体水的浓度差引起的，双电层斥力与渗透水化力共同作用产生了渗透水化。渗透水化是一种长期的相互作用，主要取决于离子浓度、可交换离子类型、孔隙水 pH。渗透水化通常发生在基础间距大于 2.2 nm 的连续水层中，随着饱和度的增加，双电层随之发育。水化作用可交换离子的大小影响层间间距，进而影响水进入黏土层间。

伊利石、蒙脱石都存在表面水化作用。这就可以解释伊利石、蒙脱石膨胀应力在初期差距很小的实验现象。表面水化膨胀导致体积应变小，但内应力增大显著；而渗透膨胀则与体积应变大、内应力小有关[5]。事实上，表面水化作用主要通过晶体膨胀增加黏土矿物内部的内力。但只有蒙脱石表现出明显的渗透水化，随着水化反应进行，渗透膨胀为水化作用的主要机制，它的膨胀应力增大速率逐渐变慢，而伊利石只可以发生表面水化，膨胀应力急剧增加，速率保持不变。蒙脱石、伊利石性质的差异，与它们的分子结构有关。

伊利石为 2∶1 晶型，在硅氧四面体中发生 Al^{3+} 离子的晶格取代作用。复网层之间主要是通过 K^+ 来联结的，由于 K^+ 离子半径大小正好嵌入层间，晶格牢固，极性水分子进入晶层间的阻力大，表现为吸水性较差，膨胀程度有限。但伊利石的外表面布有密度较大的负电荷可以发生离子交换。因此，伊利石的水化过程只会发生表面水化，水化膨胀程度也比较弱。

蒙脱石类晶体结构与伊利石相似，不同的是蒙脱石的微观结构中存在较多离子取代现象，表面分布的负电荷数量多，晶层间距也较大，即蒙脱石的阳离子交换容量大于伊利石，具备渗透水化过程关键驱动力——双电层斥力与渗透水化力。

渗透膨胀造成的体积增加比表面水化大得多。发生渗透水化时，每克黏土可吸附表面水化所吸附水的 20 倍左右，使体积变大 20～25 倍，验证了蒙脱石总的膨胀量远远大于伊利石。

由于黏土颗粒表面带有电荷，极性水分子受微电场的影响，在每个颗粒周围会形成一层水化膜，黏土矿物呈现的体积比真实体积大得多。由于渗透压差，浸泡在 $CaCl_2$、$NaCl$、KCl 溶液中的黏土矿物双电层主要是对应的阳离子，由表 4-8 得出，Ca^{2+} 水合半径最大，其周围形成水化膜最厚，Na^+、K^+ 次之，所以 K^+ 的抑制黏土膨胀作用最好，其次是 Na^+，Ca^{2+} 最差。高矿化度 KCl 溶液可以降低页岩水化程度，并在一定程度上恢复页岩水化后的渗透率。

表 4-8 不同离子半径、水合半径的比较

半径	Na^+	K^+	Ca^{2+}
阳离子半径(Å)	0.98	1.33	1.06
水合阳离子半径(Å)	1.6	1	5.2

也可以用胶体的 DLVO 理论与微粒迁移的机理解释这一实验现象。当注入盐水的离子强度等于或小于临界絮凝浓度时，渗透率降低，临界絮凝浓度与 Ca^{2+}、Mg^{2+} 等离子的相对浓度密切相关。如果注入盐水的离子浓度小于临界絮凝浓度，就会发生微粒运移。二

价阳离子引力大，电荷密度较小，可以很好地稳定黏土。当浸泡于含 Na^+、K^+ 溶液中时，为了保持电荷平衡，两个一价阳离子才可与黏土表面的一个二价离子发生交换吸附，增加了表面电荷密度与粒子间斥力，导致伊利石等胶结较差的颗粒随水流动，使测得的黏土矿物体积变小。当页岩暴露在钠盐溶液中时，黏土表面吸附着大量的 Na^+，淡水淹没这些页岩时，双电层厚度迅速增加，导致黏土颗粒运移和渗透性急剧降低。然而，当盐溶液中也存在 Ca^{2+} 离子时，渗透率降低程度减小，地层损害甚至会消除。

综上所述，由于黏土矿物表面带有负电荷，压裂液中阳离子优先静电吸附在晶层上，形成双电层结构。双电层间的阳离子价数越高，引力越强，使扩散层变薄；当离子价数低时，需要更多阳离子才能保持电荷平衡，由于离子半径小，水化膜厚，双电层厚度变大。随着表面负电荷变少，静电吸附作用力变弱，由浓度差引起的渗透水化力占主要地位，压裂液无机盐浓度过高时，晶层净失水，水化作用受到抑制；相反，压裂液矿化度低时，水分子向晶层间扩散，增强黏土矿物的水化作用。

4.3.2　黏土水化对页岩微观结构影响机理

4.3.2.1　页岩微粒运移影响研究

页岩吸水主要有两个力。第一个是黏土矿物的吸附力[6]，包括渗透水化和表面水化。双电层理论通常用来解释渗透水化，水被吸附到黏土的晶间体中。第二个是黏土矿物的内力。晶体膨胀可以增加黏土矿物的内力，使黏土或周围的颗粒从断口表面分离出来，随后被流经断口的水冲刷出去。这反过来又增加了裂缝的有效孔径，从而增加了裂缝的渗透性，与对页岩岩样电镜扫描观测结果一致，随浸泡天数增加，宁 216 井、露头岩样表面均附着有大量外来固相颗粒；同时在压汞实验中发现本实验所取宁 203 井、宁 216 井两口井岩样随压裂液浸泡天数增加，页岩微孔增加。表明黏土矿物适当的颗粒运移会改善储层物性[7]。

Roshan[8]等在 NaCl 溶液中浸泡页岩岩样并没有发现裂缝孔径增大，NaCl 溶液在单矿物实验中被证实可以抑制黏土矿物水化膨胀，因此水化作用被认为是导致颗粒脱离的原因。黏土与淡水接触时容易水化膨胀，水中盐分过低不能防止黏土水化膨胀。根据 DLVO 理论，如果注入盐水的离子浓度小于临界絮凝浓度，就会发生微粒运移。电解质中的二价阳离子通过降低势能来降低斥力，稳定黏土。盐分较低的压裂液会使地层中的黏土分散，并产生堵塞。黏土在分散后，随水流动。单黏土矿物体积膨胀抑制实验表明伊利石是胶结较差的黏土颗粒，当胶体条件有利于释放时，伊利石会从岩石表面分离并迁移，在水流过程中会脱落[9]。因此，露头岩样表面都有不同程度的碎屑颗粒沉积，可能与高岭石、伊利石含量不同有关。这也启示我们，在水力压裂过程中，可以提高压裂液中稳态 Ca^{2+}、Mg^{2+} 离子的浓度，以降低颗粒运移。

研究表明[2]，在低 pH 下黏土的分散性最小。压裂液中含有低浓度盐时，会交换黏土颗粒表面吸附的 Na^+ 和溶液中的 H^+，导致 OH^- 浓度增加。当 pH 增大时，胶粒表面负电荷增多，打破胶粒表面吸力与斥力的平衡，使颗粒间斥力增大，加剧了微粒的释放，导致渗透率急剧下降。水优先沿高渗透通道或高渗透带流动。分散在水中的黏土滞留在较小的孔隙或孔喉中，降低地层渗透率，水被迫走其他的流动路线。胶结较差的黏土颗粒，如高岭石和伊利石，在水流过程中会脱落。因此，低 pH 会降低微粒运移，取得更好的驱油效果。

4.3.2.2 页岩微裂缝影响研究

页岩中黏土矿物吸水往往伴随着黏土矿物晶体尺寸的变化，表现为岩石的膨胀，导致裂缝发育。低矿化度水驱过程中，页岩自吸水化膨胀引发的张性裂缝，被认为是提高页岩油气藏采收率的一种方法[10]。研究黏土矿物水化膨胀对页岩微裂缝生成的影响，对于揭示水力压裂液与页岩的实际相互作用，确定压裂液的含盐量，以增强或抑制页岩水化是至关重要的[11]。

在对宁 203 井、宁 216 井页岩岩样进行的氮气吸附实验中发现，裂缝扩展有两个阶段：阶段 1，裂缝的宽度和长度在早期增大；阶段 2，裂缝的宽度和长度减小到稳定值甚至闭合。这与 Heidug 和 Wong 的观点[12]相同，裂缝具有两种几何形态的变化规律：①裂缝宽度和长度随水化应力的减小而减小，随残余水化应力和围压的作用而趋于稳定；②由于页岩基质水化膨胀导致裂缝闭合，没有足够的水化应力使页岩继续开裂。

Heidug 和 Wong 描述了页岩的水化膨胀应力，可由式(4-3)表示：

$$\frac{\partial \sigma_{ij}}{\partial t} = \left(K - \frac{2G}{3} \right) \frac{\partial \varepsilon_{kk}}{\partial t} \delta_{ij} + 2G \frac{\partial \varepsilon_{IJ}}{\partial t} + \sigma_{h}$$

$$\sigma_{h} = m \frac{w_0}{c} \left(\frac{1-2c}{1-c} \right) \frac{\sigma_{c}}{\sigma_{t}} \tag{4-3}$$

式中，$\partial \sigma_{ij}$ 为总应力张性分量，Pa；σ_h 为页岩水化应力，Pa；c 为溶质质量分数或含水量，%；K 为多孔介质的体积弹性模量，Pa；G 为多孔介质的剪切模量，Pa；w_0 为膨胀系数，%。

由式(4-3)可知，水化膨胀应力可以作为拉伸体积应力，引起页岩裂缝延伸。在孔隙溶质浓度(或页岩含水量)差异的驱动下，水在页岩流动通道中发生扩散，页岩水化及由此产生的水化应力使裂缝在开始阶段随时间推移而扩展。随着时间的推移，含水量变化 $\frac{\sigma_c}{\sigma_t}$ 减小，从而减少水化应力 σ_h。在围压作用下，裂缝开始闭合。此外，如果没有足够的水化应力使页岩开裂，黏土水化膨胀可能会减小天然裂缝的宽度和长度。

如图 4-37 和图 4-38 所示，浸泡过程中宁 216 井的比表面积的增大程度(约由 1.0 m²/g 增大到 7.4 m²/g)远大于宁 203 井(约由 2 m²/g 增大到 2.7 m²/g)，说明宁 216 井孔喉改善程度较高。

基于公式(4-3)，可以从含水饱和度与有效应力两个方面解释页岩微裂缝的扩展延伸。

1. 含水饱和度

由式(4-3)可以看出，页岩微裂缝扩展与含水量相关，页岩含水量受水化程度和时间的影响较大。Dehghanpour 等[13]报道，页岩水化过程中，含水量先大幅增加，然后增加速度变缓，直至趋于稳定。

有机质含量丰富是页岩的另一个重要特征。在固结成岩过程中，黏土矿物倾向于垂直于覆盖层压力的方向排列。黏土矿物和有机物的优先排列可以根据流动方向为流体流动创造障碍或通道。有机质也是影响裂缝扩展和黏土含量的重要因素。有机质表面有较强的油湿性，而黏土矿物有较强的亲水性，页岩整体通常具有混合润湿性，即有机质的油湿系统和无机矿物的水湿系统。双润湿系统使流体更容易通过自吸进入无机物孔隙，无机物孔隙中的气体可以被置换到有机质孔隙中。因此，有机物对水基流体的损伤具有屏蔽作用。随着黏土含量的增加，吸水量增加；随着总有机质含量的增加，吸水量减少。

有机质孔隙网络中气体含量和渗透率较高。当水渗入开放系统连通的孔喉时，气体被转移到最近的孔隙空间和喉道。Hu 等[14]研究发现，失活干酪根和石墨裂隙孔隙的非极化孔隙外存在水分子。水分子运移主要发生在无机孔隙中。由于页岩富含有机质，有机孔隙间的联系较少，黏土矿物水化膨胀过程产生的新裂缝才是主要的微裂缝，已有学者证实产生的油湿裂缝远远高于水湿裂缝，水没有能力进入这些新的油湿通道。页岩气流动通道和页岩气有效渗透率增大。在自吸过程中水填充的水湿通道的减少量小于因黏土膨胀而扩张的油湿通道的增加量。因此，随着关井时间的延长，产生的新的油湿孔隙提高了渗透率。

此外，黏土水化膨胀引起的微裂缝主要与岩石的层理面平行，这强调了页岩结构和各向异性对微观结构变化影响的重要性。由于页岩基质具有疏水性，在自吸作用下，大部分新的孔隙不能被液体所占据，气体流动通道大大增加。而复杂的裂缝网络将改变自吸和气体流动方向，其中气体流动方向与压裂液进入地层的方向相同，在自吸过程中润湿相和非润湿相的流动方向是相同的。总而言之，水分子进入润湿性不同的微裂缝的能力不同，增加了页岩的非均质性。

页岩吸水的另一个重要机理是纳米毛细管自吸，如图 4-47 所示。学者认为，页岩气藏中存在着丰富的微纳米孔隙，会产生更强的毛管力，诱导自吸。当毛管力是唯一主导自吸过程的力时，即发生自吸。毛细管自吸是润湿相自发取代非润湿相的过程。毛管力是驱动力，孔隙半径越小，毛管力越大，对压裂液的吸附力越大。

黏土矿物本身具有平衡阴阳离子浓度的特性，这种特性导致水向地层净流动，直到黏土晶层间吸附水与孔隙中流体的离子浓度达到平衡。毛细管现象也有助于页岩基质在不饱和水中发生自吸作用。

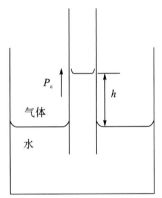

图 4-47　毛管力作用下液体的自吸

Roshan 等[8]实验表明，当页岩样品暴露于 5% NaCl 溶液中时，毛管力仍倾向于将水带入样品中，而表面水化作用力与毛管力相反，溶液中可交换 Na^+ 浓度较高，反过来又限制了水进入样品，结果在 5% NaCl 溶液中没有空气从样品中排出，表明与毛管力相比，表面水化是主要的作用机理。如果引入样品中的流体的阳离子浓度高于晶层的阳离子浓度，则也可以通过阳离子交换来阻止进一步的水吸附。

黏土水化膨胀的驱动力应该主要是层间阳离子的水合作用，尤其是 Na^+[15]。一部分学者提出了阳离子交换导致靠近黏土表面的局部水膜 pH 增大的假设。pH 增大是 H^+ 离子在水中与吸附的 Na^+ 离子交换导致的。矿物表面将与先前吸附的阳离子交换液相中的 H^+。这将导致液相中 H^+ 浓度降低，从而导致 pH 升高。pH 升高，会降低表面张力，毛管力与表面张力呈正相关关系，因此毛管力也会随之降低。阳离子表面活性剂增加了页岩岩心样品表面的接触角，表面润湿性发生变化，并趋于中性湿润，可能导致吸水性降低[16]。因此，Na^+离子的存在会降低毛管力，但系统的水湿性不变，导致页岩吸水速率减慢。这一点也验证了由于宁216井钠蒙脱石含量较高，导致氮气吸附实验中宁203井的孔径在5天时达到顶峰，而宁216井孔径在10天时达到顶峰（图4-26、图4-27），宁216井到达孔径峰值的时间大于宁203井这一观点。

在整个自吸过程中，构成压裂液的聚合物被吸附并包裹在多孔介质中。虽然岩石对水的渗透性由于聚合物的吸收而降低，但对碳氢化合物的渗透性几乎没有影响。聚合物与页岩表面接触后，岩心的水相对渗透率曲线明显低于聚合物接触前。黏土表面的多价阳离子与油相中存在的极性化合物(树脂和沥青质)结合，形成有机金属配合物，促进岩石表面的油湿性。同时，一些有机极性化合物被直接吸附到矿物表面，取代了黏土表面最不稳定的阳离子，提高了黏土表面的油湿性，这可能导致吸水性较低。此时，当压裂液中含有表面活性剂时，吸附在岩心颗粒表面，导致吸附的聚合物减少，从而提高页岩的水湿性。表面活性剂可以使压裂液在富含液体的页岩层中自吸，从而获得更多的油气储量，提高产量。同时，加速黏土矿物水化膨胀过程，使微裂缝延伸扩展。

2. 孔隙压力增大

孔隙压力增加也会导致有效应力增加，从而导致页岩基质中产生张力诱导的微裂缝。黏土矿物增加的压力是巨大的，因为渗透压差和毛管力产生更多的水侵，而且在水力压裂过程中孔隙压力很可能达到驱动微裂隙与张力裂缝连通的值。

基于页岩两种主要吸水性(毛管力、黏土矿物)，页岩主要包括两部分水：一部分是裂缝中残留的流体，这些流体在裂缝面保持为束缚水，在裂缝间隙保持为流动水；另一部分是基质中吸收的流体，这些流体维持在基质孔隙中。当水渗入连通的孔喉中时，气体被转移到最近的孔隙空间和喉道。然而，有学者在进行页岩岩样的吸水性实验时，发现由于页岩基质具有低孔低渗的特性，气体通过压力耗散而逸出的速度非常慢，甚至在水力压裂过程中不可能逸出，造成气体圈闭，会对附近的岩石施加额外的压力，使孔隙压力升高，如图4-48所示。氮气吸附试验测得宁203井、宁216井孔隙形态呈开放状态，但小孔隙所占比例更大，以纳米孔和微孔居多。由于页岩基质中黏土渗透水化力与微纳米孔巨大的毛管力，裂缝内吸水速度大于气体逸出速度，导致孔隙压力增大速度快，微裂缝进一步增多。原生裂缝表面周围孔隙内压力的增加也会产生张力裂缝。

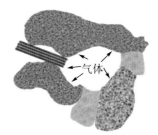

(a)开放系统：水侵所排出的气体　　(b)封闭系统：水侵引起气体圈闭

图4-48　开放系统和封闭系统的水侵示意图

氮气吸附试验结果(图 4-26、图 4-27)还表明，宁 216 井与宁 203 井页岩岩样在到达孔径峰值后，微裂缝会慢慢减少。结合 Heidug 和 Wong[12]的观点，当没有足够的水化应力使页岩开裂时，页岩基质水化膨胀导致裂缝闭合，进一步分析原因：一方面，由伊利石与蒙脱石在去离子水中的线性膨胀率与膨胀应力曲线可知，蒙脱石膨胀应力在 3 000 s 时趋于稳定，而膨胀高度在 7.5 h 前保持较快的增长速率，伊利石膨胀应力与膨胀高度的变化趋于一致，随浸泡时间的进一步延长，没有足够的水化应力使页岩开裂，黏土水化膨胀会减小天然裂缝的宽度和长度；另一方面，微裂缝增多，解除了页岩中的气相圈闭，孔隙压力降低，有效拉应力小于裂缝闭合压力，导致裂缝闭合。

4.3.3　实验小结

页岩的水化微裂缝发育有两个过程：前期裂缝宽度和长度不断增大，后期裂缝减小到稳定值甚至闭合。裂缝宽度和长度随着水化应力的增大而增大，而黏土矿物吸水体积膨胀导致在没有足够水化应力时裂缝闭合；新产生的亲油裂缝多于亲水裂缝，水化应力与含水饱和度随时间的变化率呈正相关关系。蒙脱石水化膨胀应力高于伊利石，更易产生微裂缝；蒙脱石水化膨胀能力大于伊利石，含有蒙脱石的页岩地层渗透率降低的潜力大；黏土矿物表面带有负电荷具有双电层结构，能够吸附分散介质中的阳离子形成水膜，晶层间的静电斥力与渗透水化作用是吸附结合水的根本原因；压裂液具有高矿化度或高 pH，会抑制黏土矿物的水化作用；溶液中的二价阳离子引力大，会减小双电层厚度，一定程度上能抑制黏土水化作用。本书对黏土矿物水化膨胀与膨胀应力的定量研究，在确定岩石闭合压裂力与伊利石、蒙脱石含量后，可以制定合理的压裂液种类与返排制度，指导现场生产。

(1)黏土颗粒表面带电性是发生水化作用的根本原因，渗透水化力与晶层间静电斥力是水化作用的关键驱动力，总的来讲，阳离子交换容量越大，黏土矿物的水化能力越强；由于黏土矿物表面带有负电荷，压裂液中阳离子优先静电吸附在晶层上，形成双电层结构。双电层间的阳离子价数越高，引力越强，越容易使扩散层变薄；当离子价数低时，需要更多阳离子才能保持电荷平衡，由于离子半径小，水化膜厚，导致双电层厚度变大。随着表面负电荷变少，静电吸附作用力变弱，由浓度差引起的渗透水化力占主要地位，压裂液无机盐浓度过高时，晶层净失水，水化作用受到抑制；相反，压裂液矿化度低时，水分子向晶层间扩散，增强黏土矿物的水化作用。

(2)Ca^{2+}、Mg^{2+}离子可以降低黏土间静电斥力，稳定黏土颗粒，减少微粒运移；水化过程中发生的微粒运移既会增大裂缝宽度，又会堵塞地层，降低渗透率，因此把握好关井时间确定合理的返排制度是非常重要的。

(3)钠蒙脱石含量越高，页岩应变越大，在第一阶段微裂缝越发育，但蒙脱石含量高的地层，减渗潜力也大。

(4)岩样有效应力大于闭合压裂时产生微裂缝，有效应力包括水化应力与孔隙压力，水化应力与含水量有关，孔隙压力与气相圈闭和润湿性有关。

(5)压裂液中含有一定量的无机阳离子会增大晶层间斥力与渗透水化力，加速微裂缝的延伸。

(6) 水化作用主要是 Na^+ 的水合反应,压裂液中的 H^+ 与 Na^+ 发生交换吸附,使溶液 pH 升高,降低表面张力,使毛管力与含水饱和度同时降低,抑制水化反应。

4.4　压裂液与页岩作用后性质演化特征

4.4.1　页岩润湿性变化特征

为了分析压裂液返排过程中页岩润湿性的变化,设计接触角测试实验,测量在压裂液中浸泡不同时长后页岩岩样的润湿角,并分析岩石润湿性的影响因素。

4.4.1.1　实验目及原理

本实验将标准岩样加入配制好的压裂液中,岩液充分反应不同时长后,采用光学投影法测定在压裂液中浸泡不同时长的岩石的润湿角,并判断其润湿性。

当液滴自由地处于不受力场影响的空间时,由于界面张力的存在而呈圆球状。但是,当液滴与固体平面接触时,其最终形状取决于液滴内部的内聚力和液滴与固体间的黏附力的相对大小。当液滴放置在固体平面上时,液滴能自动地在固体表面铺展开来,或以与固体表面成一定接触角的形式存在,如图 4-49 所示。

光学投影法测定岩石润湿角中,液体对固体表面的润湿情况可以通过直接测定接触角来确定。将待测矿物磨成光面,浸入油(或水)中,如图 4-50 所示。在矿物光面上滴一滴水(或油),直径为 1~2 mm,然后通过光学系统将一组光线投射到液滴上,将液滴放大、投影到屏幕上,直接测出润湿角。

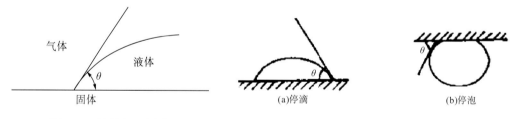

图 4-49　接触角示意图　　　　　　　图 4-50　投影法测定润湿角示意图

停泡和停滴为量角法测量岩石润湿角的两种方法。停泡是将岩样浸于液体中,在岩石表面滴定煤油,通过测量切线与相界面的夹角,从而得到润湿角的值。停滴是将液体直接滴定在岩样平整表面,在液体漫开前,通过截取滴定瞬时照片,直接测量岩石与压裂液的接触角,即得到润湿角的值。

4.4.1.2　实验方案

为分析岩石矿物和不同压裂液体系对润湿性的影响,设计了两套实验方案,具体实验方案见表 4-9。

表 4-9 岩石润湿性实验方案

实验方案	岩样描述	井号	取样时间(d)							备注
方案一	圆形端面光滑	宁 216	0	1	5	10	15	20	30	每次做完实验后放回容器继续浸泡
		宁 203	0	1	5	10	15	20	30	
方案二	标准岩样,端面光滑	页研院液体	0	1	5	10	15	20	—	每次做完实验后放回容器继续浸泡
		井下液体	0	1	5	10	15	20	—	

备注: 1. 将岩样放在塑料袋中然后放入烧杯浸泡,方便取出; 2.威远为 71.8~133.92 ℃,长宁平均为 95.3 ℃; 3. 水浴锅管理,温度设定为 40 ℃,半天加一次水,一定保证水量充足,夜间尽量加满水持续加热。

方案一分别采用长宁区块龙马溪组宁 216 井、宁 203 井岩心测定接触角,分析不同岩样润湿性的变化规律。采用现场压裂液,分别浸泡 0 天、1 天、5 天、10 天、15 天、20 天、30 天后测量岩心的两相接触角。其中,所使用的压裂液为井下作业公司现场提供的滑溜水压裂液(配方:0.1%降阻剂+0.1%防膨剂+1%助排剂)。

方案二分别采用井下作业公司和页岩气研究院提供的压裂液体系浸泡岩样后测定接触角,分析不同压裂液体系对润湿性的影响。岩样采用的是宜宾龙马溪组岩石露头制成的标准小圆柱,分别测量浸泡 0 天、1 天、5 天、10 天、15 天、20 天后测量岩心的两相接触角。其中,井下作业公司现场提供的压裂液配方为 0.3%稠化剂+0.3%防膨剂+0.3%助排剂+0.3%交联剂;页岩气研究院提供的线性胶配方为 0.35%瓜胶+0.2%黏土稳定剂+0.1%助排剂+0.01%杀菌剂。

4.4.1.3 实验结果

1. 不同岩心润湿性测试

实验分别对宁 203 井、宁 216 井的标准小圆柱岩心进行润湿性测试,采用浸泡后的液体测量润湿角,实验结果见表 4-10 和表 4-11。

表 4-10 宁 203 井岩石润湿性测试结果

测试时间(d)	0(停泡)	1(停泡)	5(停泡)	10	15(停滴)	20(停滴)	30(停滴)
润湿角(°)	73.5	57.3	54.6	52.5	51.3	30.2	32.8

注: 停泡法能更稳定地测量接触角,停滴法更能反映地层气液固三相的真实情况,故后面的测量均采用停滴法测量。两种方式测试结果相同。

表 4-11 宁 216 井岩石润湿性测试结果

测试时间(d)	0(停泡)	1(停泡)	5(停泡)	10	15(停滴)	20(停滴)	30(停滴)
润湿角(°)	77.6	58.4	51.3	36.6	42.3	33.2	26.2

为与实际情况相符,采用现场压裂液浸泡宁 203 井岩样。宁 203 井岩样润湿角随浸泡时间的变化如图 4-51 和图 4-52 所示。可以看出,岩样的润湿角由未浸泡的 73.5°逐渐

降低至 30°左右，可见随着岩样浸泡时间的增加，所测得的润湿角逐渐变小，岩石亲水性增强。

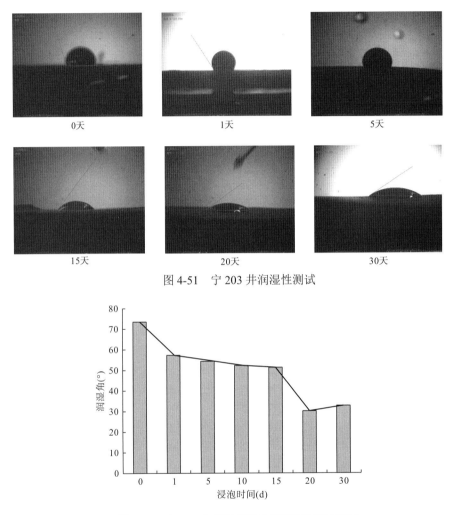

图 4-51   宁 203 井润湿性测试

图 4-52   宁 203 井岩样润湿角随浸泡时间的变化

宁 216 井岩样润湿角随浸泡时间的变化如图 4-53 和图 4-54 所示。可以看出，岩样的接触角由未浸泡的 77.6°逐渐降低至 30°以下，可见随着浸泡时间的增加，宁 216 井岩样所测得的接触角逐渐变小，岩石亲水性增强，且润湿性变化程度大于宁 203 井。

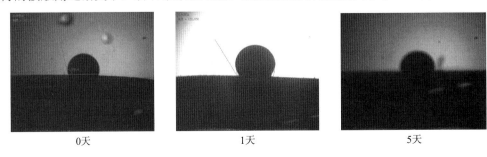

| 15天 | 20天 | 30天 |

图 4-53　宁 216 井润湿性测试

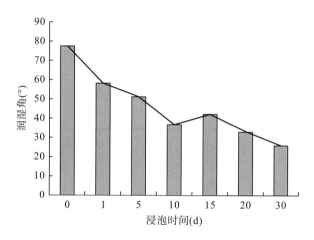

图 4-54　宁 216 井岩样润湿角随浸泡时间的变化

2. 不同液体浸泡后润湿性测试

润湿性实验还就不同压裂浸泡同一层位岩心后的润湿性进行了测试。岩样采用的是宜宾龙马溪组岩石露头制成的标准小圆柱，压裂液采用了井下液体和页研院液体。测量时采用浸泡后的液体测量润湿角。

1）井下压裂液体系

井下作业公司现场提供的压裂液配方为 0.3%稠化剂+0.3%防膨剂+0.3%助排剂+0.3%交联剂。采用停滴法测量岩样接触角，实验结果见表 4-12。

表 4-12　井下压裂液体系浸泡后岩石润湿性测试结果

测试时间（d）	0	1	5	10	15	20
润湿角（°）	39.7	36.1	33.6	32.5	27.7	36.1

取出与目标区块相同层位的岩石露头，制成标准岩样，采用不同压裂液体系浸泡，测量润湿性的变化。井下液体浸泡岩石后润湿角的变化如图 4-55 和图 4-56 所示。可以看出，所测岩样未浸泡时润湿角不到 40°，表现为强亲水，井下液体浸泡岩样后，岩石润湿角略有减小，亲水性进一步增强，但接触角变化弧度较小，润湿性变化小。

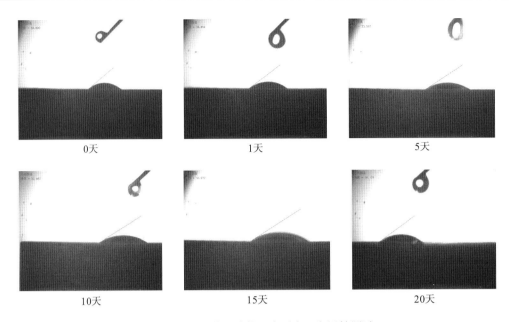

0天　　　　　　　　1天　　　　　　　　5天

10天　　　　　　　　15天　　　　　　　　20天

图 4-55　井下液体浸泡后岩石润湿性测试

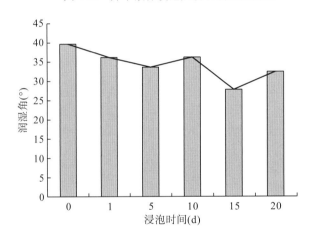

图 4-56　井下液体浸泡后岩石润湿角的变化

2) 页研院压裂液体系

页岩气研究院提供的线性胶配方为 0.35%瓜胶+0.2%黏土稳定剂+0.1%助排剂+0.01% 杀菌剂。采用停滴法测量岩样润湿角。实验结果见表 4-13。

表 4-13　页研院压裂液体系浸泡后岩石润湿性测试结果

测试时间(d)	0	1	5	10	15	20
润湿角(°)	53.3	47.0	42.3	43.3	40.0	34.6

页研院液体浸泡岩石后润湿角的变化如图 4-57 和图 4-58 所示。可以看出，未浸泡岩样润湿角为 53.3°，采用页研院液体浸泡后，岩石润湿角减小，但变化幅度逐渐减小，岩石亲水性增强。比较两种液体浸泡后岩石润湿性的变化，浸泡后岩石润湿性更强，但页研

院液体浸泡后岩石润湿角的变化幅度更大。

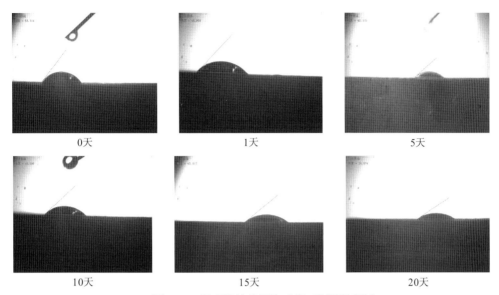

|0天|1天|5天|
|10天|15天|20天|

图 4-57　页研院液体浸泡后岩石润湿性测试

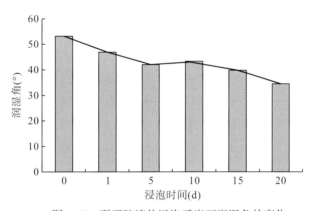

图 4-58　页研院液体浸泡后岩石润湿角的变化

从以上润湿性实验可以看出，压裂液浸泡后岩石润湿角都有所减小，但减小幅度不同。此外，不同井不同岩石浸泡前润湿角不一样，说明润湿性为岩石本身的属性，与岩石的组成和物性有关。不同压裂液浸泡同一批岩样后测得的润湿角变化程度不同，说明岩石的润湿性的变化与压裂液的性质相关，但从实验室测得的结果看，压裂液对岩石润湿性的影响较小。

研究发现，页岩矿物组分，石英、长石、方解石、白云岩、伊利石及伊蒙混层具有亲水性，黄铁矿具有弱亲水性，而有机质和含铁的绿泥石具有亲油性，因此不同页岩样品润湿性的差异可能与其矿物组成和有机质含量有关。因此分析页岩的润湿性还应结合矿物成分来分析。

通过调研，还发现页岩气藏中页岩岩石因存在有机质影响，页岩表面润湿性表现比较复杂，并非单一亲水性或亲油性，而是具有两亲性。页岩气藏不同于常规油气藏，页岩本身作为烃源岩，具有吸附气和游离气并存、特低孔渗、严重非均质性等特点，因此润湿性对页岩气藏的影响不同于对常规油气藏的影响。

4.4.2　压裂液矿化度特征变化

为了分析压裂液返排过程中离子浓度的变化，设计离子浓度测试实验，测量在压裂液中浸泡不同时长后压裂液的阴离子浓度和阳离子浓度，并分析其变化规律。

4.4.2.1　实验原理

本实验将岩粉及各类型岩样加入配制好的压裂液中。通过岩液充分反应，测量不同时间的液体阴、阳离子浓度，离子浓度变化能反映岩液作用进行的程度。

1. 阴离子浓度测试

离子色谱(ion chromatography, IC)是色谱法的一个分支，它是将色谱法的高效分离技术和离子的自动检测技术相结合的一种分析技术。离子色谱法以离子交换树脂为固定相，电解质溶液为流动相，通常采用电导检测器来进行检测。

本实验以阴离子交换树脂为固定相，以 $NaHCO_3$-Na_2CO_3 混合液为洗脱液，定性和定量分析水中 F^-、Cl^-、NO_3^- 和 SO_4^{3-} 4 种阴离子含量。当含待测阴离子的试液进入分离柱后，在分离柱上发生的交换过程如下：

$$R\text{-}HCO_3 + MX \xleftarrow{\quad}\text{交换}\xrightarrow{\quad} RX + MHCO_3 \tag{4-4}$$

式中，R 为离子交换树脂。

由于洗脱液不断流过分离柱，使交换在阴离子交换树脂上的各种阴离子又被洗脱而发生洗脱过程。各种阴离子在不断进行交换和洗脱过程中，由于与离子交换树脂的亲和力的不同，交换和洗脱过程有所不同，亲和力小的离子先流出分离柱，而亲和力大的离子后流出分离柱。因而使各种不同的离子得到分离。不同的离子被洗提的难易程度不同，一般阴离子洗出的顺序为 F^-、Cl^-、NO_3^-、Br^-、NO_3^-、SO_4^{2-}。

在使用电导检测器时，待测阴离子从柱中被洗脱而进入电导池，电导检测器随时检测出洗脱液中由于试液离子浓度变化所导致的电导变化，并通过一定的方法使试液中离子电导的测定得以实现。但是，从分离柱流出的溶液不仅含有被分离的待测离子，而且还包括洗涤液 $NaHCO_3$ 或 Na_2CO_3 的离子。因此，溶液在进入电导池之前流入纤维薄膜再生抑制柱。该薄膜仅允许阳离子渗透。分离柱出来的溶液由薄膜内流过，膜外以逆流方式通过一定浓度的硫酸。这样，Na^+、H^+ 分别透过薄膜，HCO_3^- 及 CO_3^{2-} 被中和，如式(4-5)所示：

$$HCO_3^- + H^+ \longrightarrow H_2CO_3$$
$$CO_3^{2-} + 2H^+ \longrightarrow H_2CO_3 \tag{4-5}$$

碳酸的离解度很小，其电导率很低，所以通过电导池的溶液主要显示待测离子的电导率。

采用离子色谱仪(瑞士万通公司 883 型)测定阴离子的浓度。测定步骤如下。

(1)测定条件。

分离柱：阴离子交换柱 Metrosep A supp5(250×4.0 mm i.d.)。

抑制器：Metrohm MSM II 抑制器+ CO_2 抑制器。

检测器：电导检测器。

洗脱液：$NaHCO_3$-Na_2CO_3，流速为 0.7 mL/min。

进样量：20 μL。

（2）按照离子色谱操作说明书，依次打开离子色谱的电源开关，IC Net2.3 色谱工作站，启动泵，调节流速为 0.7 mL/min，使系统平衡至少 30 min。

（3）基线平稳后，将仪器调至进样状态，点击"开始"分析，听到抑制器和六通阀"嘟嘟"的声音后，取约 2 mL 以上各阴离子混标液经 0.22 μm 微孔滤膜过滤后进样，仪器会自动分析，完成色谱数据采集，自动记录色谱图。

（4）工作曲线的绘制。分别取 4 种不同浓度的阴离子混合标准液进样，检测，记录色谱图。

（5）样品测定。取约 2 mL 水样经 0.22 μm 微孔滤膜过滤后以同样实验条件进样，检测，记录色谱图，分别测定水样中各种阴离子含量。

2. 阳离子浓度测试

原子发射光谱是价电子受到激发跃迁到激发态，再由高能态回到较低能态或基态时，以辐射形式放出其激发能而产生的光谱。

ICP 的基本部件包含 3 个主要部分：光谱仪、ICP 光源和进样系统，如图 4-59 所示。每个部分里面又可以分为几个不同的模块。光谱仪部分包含光学系统模块、光谱仪电子学模块和光谱仪气路模块。ICP 光源部分包含射频发生器模块、高压电源模块和等离子体气路模块。进样系统部分包含便于拆卸的炬管模块、雾室和雾化器模块、蠕动泵模块。

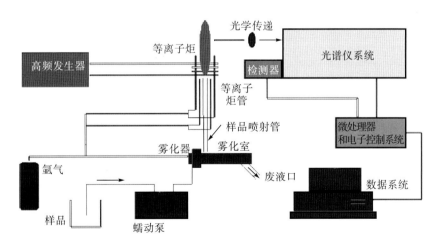

图 4-59　ICP 系统示意图

ICP 定量分析方法主要有外标法、标准加入法和内标法。外标法是利用标准试样测得常数后，又用该常数来确定试样的浓度。标准加入法又称添加法和增量法，以减小或消除基体效应的影响。内标法是在试样和标准试样中分别加入固定量的纯物质（即内标物），利用分析元素和内标元素谱线强化比与待测元素浓度绘制标准曲线，并进行样品分析。本实验采用外标法进行定量分析，检测取样图如图 4-60 所示。

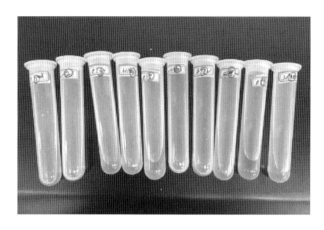

图 4-60　检测取样图

该实验所用实验装置包括烧杯、水浴加热锅、配液搅拌器、取液注射器、盛液试管、阴阳离子测试仪器、测试岩样性质的其他装置。

4.4.2.2　实验方案

为分析岩样和不同压裂液体系对离子浓度的影响，设计了两套实验方案，具体实验方案见表 4-14。

表 4-14　岩石离子浓度实验方案

实验方案	岩样描述	井号	取样时间(d)							备注
方案一	粉末	宁 216	0	1	5	10	15	20	30	取样过滤，送样，注意编号、获取数据结果
		宁 203	0	1	5	10	15	20	30	
方案二	粉末	页研院液体	0	1	5	10	15	20	—	取样过滤，送样，注意编号、获取数据结果
		井下液体	0	1	5	10	15	20	—	

备注：1. 威远地层温度为 71.8～133.92 ℃，长宁地层平均温度为 95.3 ℃；2. 水浴锅管理，温度设定为 40 ℃，半天加一次水，一定保证水量充足，夜间尽量加满水持续加热；3. 离子浓度实验，每次取上清液不同位置 3 个样，每次取完样及时进行有机物过滤，每 5 天送一次样品去测试，第 2、3 天也可取样。

4.4.2.3　数据处理与分析

绘制各标准离子的工作曲线，记录每种离子的出峰时间，作为离子检测定性依据；记录每种离子的峰值电导，作为离子检测定量依据。然后依据数据处理的方法，计算出实际水样中各种离子的含量。阴离子测试结果见表 4-15 和表 4-16；阳离子测试结果见表 4-17 和表 4-18。

表 4-15　方案一阴离子浓度测试结果　　　　　　　单位：mg/L

离子	0d	1d	5d	10d	15d	20d
宁 203 Cl^-	156.48	202.74	251.68	262.16	239.06	240.48
宁 203 SO_4^{2-}	100.08	541.52	728.80	484.00	551.04	507.76
宁 216 Cl^-	156.48	263.08	212.08	199.14	211.76	223.44
宁 216 SO_4^{2-}	100.08	587.02	339.56	400.44	377.96	543.54

表 4-16　方案二阴离子浓度测试结果　　　　　　　单位：mg/L

离子	0d	1d	5d	10d	15d	20d	0d
井下 Cl^-	333.864	342.678	370.874	389.495	393.349	402.165	408.145
井下 SO_4^{2-}	2.980	678.159	758.977	807.789	830.697	846.723	865.753
页研院 Cl^-	202.236	218.896	230.007	233.703	236.986	240.845	246.659
页研院 SO_4^{2-}	191.002	302.965	354.322	381.284	404.738	415.646	426.438

表 4-17　方案一阳离子浓度测试结果　　　　　　　单位：mg/L

离子	0d	1d	5d	10d	15d	20d
宁 203 Na^+	13.210	14.380	21.480	28.990	35.540	45.720
宁 203 K^+	2.980	3.190	4.140	5.252	6.484	7.938
宁 203 Ca^{2+}	2.007	2.235	3.263	4.686	6.938	8.659
宁 203 Mg^{2+}	0.758	0.829	1.469	2.137	3.042	4.403
宁 203 Ba^{2+}	0.004	0.005	0.009	0.010	0.012	0.017
宁 203 Sr^{2+}	0.056	0.063	0.142	0.207	0.280	0.366
宁 203 Fe^{2+}	0.157	0.163	0.194	0.223	0.280	0.308
宁 216 Na^+	14.20	15.35	20.12	26.49	30.740	36.870
宁 216 K^+	2.575	2.682	3.765	4.69	5.352	6.468
宁 216 Ca^{2+}	2.004	2.125	3.065	4.280	5.290	6.438
宁 216 Mg^{2+}	0.702	0.723	1.123	1.562	1.979	2.348
宁 216 Ba^{2+}	0.011	0.012	0.013	0.014	0.015	0.016
宁 216 Sr^{2+}	0.049	0.053	0.091	0.136	0.170	0.203
宁 216 Fe^{2+}	0.052	0.053	0.056	0.059	0.061	0.065

表 4-18　方案二阳离子浓度测试结果　　　　　　　单位：mg/L

离子	井下压裂液体系					页研院压裂液体系				
	0d	1d	5d	10d	15d	0d	1d	5d	10d	15d
Na^+	357	385.3	415.2	427.3	428.3	273	264.7	280.5	296.8	294
K^+	3.883	57.37	83.65	91.06	94.59	114.1	120.7	125	131.7	130.8
Ca^{2+}	43.9	153	178.6	189.8	189.5	38.34	94.34	117.6	127.4	128.7
Mg^{2+}	8.28	17.89	27.33	32.55	36.05	32.59	33.13	36.57	39.77	41.1
Fe^{2+}	0.356	0.703	1.141	1.633	1.658	0.02	0.12	0.15	0.17	0.18
Ba^{2+}	0.06	0.121	0.134	0.16	0.163	0.028	0.14	0.159	0.164	0.165
Sr^{2+}	0.153	0.656	0.894	0.972	1.011	0.144	0.429	0.628	0.74	0.753

1. 阴离子测试结果

实验过程中 Cl^-、SO_4^{2-} 浓度变化情况分别如图 4-61 和图 4-62 所示。可以看出，随着浸泡时间的增加，Cl^- 和 SO_4^{2-} 浓度都呈增大的趋势。其中，在前 5 天，两种离子浓度迅速增大；在后面 15 天，离子浓度缓慢增大。总体而言，井下液体体系的离子浓度大约是页研院液体体系相同离子浓度的 2 倍。

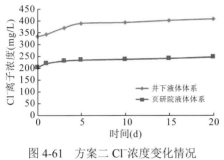

图 4-61 方案二 Cl^-浓度变化情况

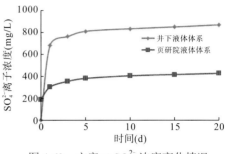

图 4-62 方案二 SO_4^{2-} 浓度变化情况

2. 阳离子测试结果

方案一中各种阳离子浓度变化情况如图 4-63～图 4-69 所示。可以看出，随着浸泡时间的增加，各阳离子浓度普遍呈增大的趋势。其中，在两种岩样浸泡的影响下，Na^+ 和 K^+浓度增大趋势基本一致。宁 203 井岩样浸泡后，部分离子(Ca^{2+}、Mg^{2+}、Fe^{2+})在实验后期增大趋势较实验前期更大。总体而言，除 Ba^{2+}外，宁 203 井岩样浸泡后离子浓度大于宁 216 井岩样浸泡后的相同离子浓度。

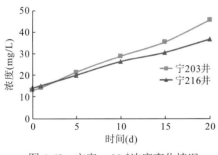

图 4-63 方案一 Na^+浓度变化情况

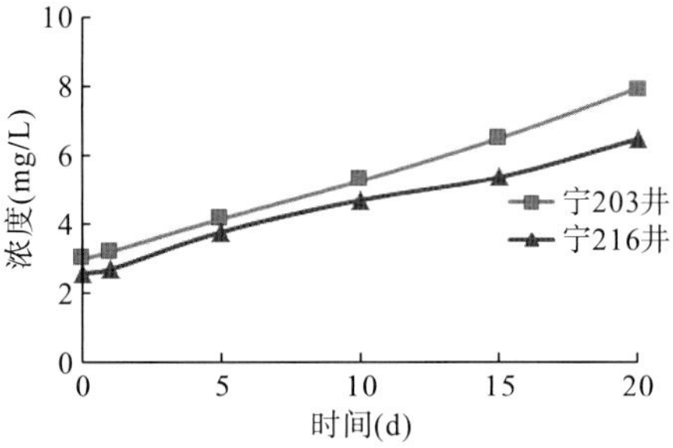

图 4-64 方案一 K^+浓度变化情况

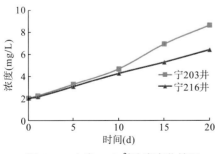

图 4-65 方案一 Ca^{2+}浓度变化情况

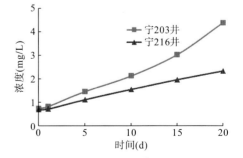

图 4-66 方案一 Mg^{2+}浓度变化情况

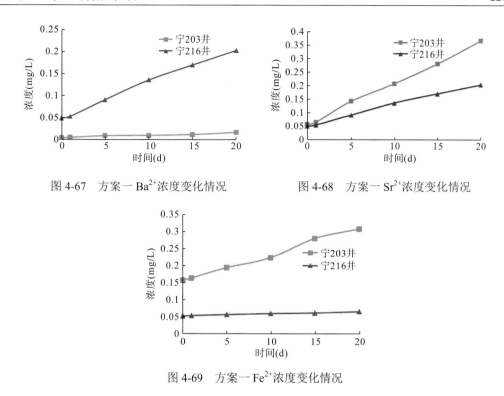

图 4-67　方案一 Ba^{2+} 浓度变化情况　　　　图 4-68　方案一 Sr^{2+} 浓度变化情况

图 4-69　方案一 Fe^{2+} 浓度变化情况

　　方案二中各种阳离子浓度变化情况如图 4-70～图 4-76 所示。可以看出，随着浸泡时间的增加，各阳离子浓度普遍呈增大的趋势；大部分离子浓度在浸泡前期迅速增大，在浸泡后期缓慢增大。总体而言，对相同离子，部分井下液体体系离子（Na^+、Ca^{2+}、Fe^{2+}、Sr^{2+}）浓度大于页研院液体体系离子浓度。

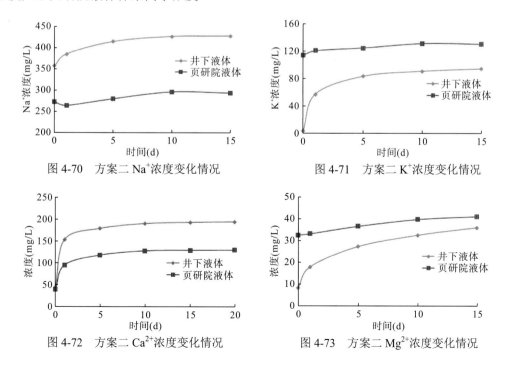

图 4-70　方案二 Na^+ 浓度变化情况　　　　图 4-71　方案二 K^+ 浓度变化情况

图 4-72　方案二 Ca^{2+} 浓度变化情况　　　　图 4-73　方案二 Mg^{2+} 浓度变化情况

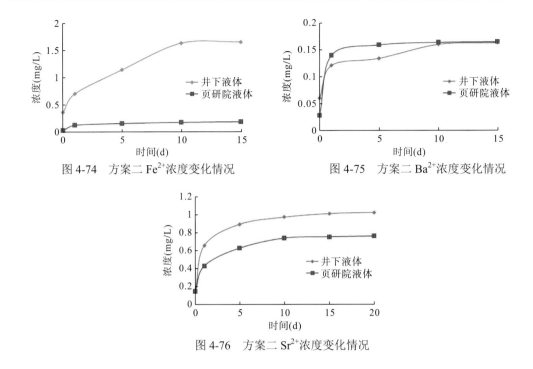

图 4-74　方案二 Fe^{2+} 浓度变化情况　　　　　图 4-75　方案二 Ba^{2+} 浓度变化情况

图 4-76　方案二 Sr^{2+} 浓度变化情况

总体而言，随着浸泡时间的增加，阴阳离子浓度普遍呈增大的趋势；大部分离子浓度在浸泡前期迅速增大，在浸泡后期缓慢增大。表明岩石与压裂液发生反应，造成岩石中的阴、阳离子运移到液体中。随着时间的增加，离子浓度增长趋势逐渐放缓，说明岩样与液体的反应呈减弱的趋势，到后期，阴、阳离子在岩样和液体之间的运移逐渐达到平衡。

4.4.3　压裂液表面张力特征

为了分析压裂液返排过程中表面张力的变化，设计表面张力测试实验。采用白金板测试浸泡过龙马溪组岩样的页研院和井下现场压裂液的表面张力，并分析其中的规律。

4.4.3.1　实验原理及方法

处于界面的分子与处于本体内的分子所受的力不同，在本体内的分子所受的力是对称平衡的，合力为零，但处在表面或界面的分子由于上、下层分子对它的吸引力不同，所受合力不等于零，其合力方向一般情况下垂直指向液体内部，如在无外力作用下的水滴、汞滴、杯子中的弧形水面等，这种力由液体分子间的内聚力引起，被称为界面张力。通常情况下，界面张力(interfacial tension)是指不相容两相间的张力，而表面张力(surfacial tension)是界面张力的一种特殊形式，是指气-液或气-固界面的张力。

表面张力是液体的属性之一，仅与温度有关，一般情况下温度越高，表面张力就越小。另外，杂质或添加剂会明显改变液体的表面张力，如洁净的水表面张力很大，沾有肥皂液的水表面张力就比较小。具有不同表面张力的液体呈现不同的物理现象和化学性质，液体的溶解性、润湿性、发泡性、涂布性及渗透性等性质也与表面张力有关。

本实验采用白金板法(又称 Wilhelmy 法)测试压裂液的表面张力。白金板法的测量步骤是将白金板逐渐浸入液体，在这个过程中由感应器感测平衡值，并将平衡值转化为表面张力值显示出来。当白金板浸入被测液体后，白金板周围就会受到液体表面张力的作用，将白金板尽量地往下拉，当液体表面张力和重力与所受的浮力达到均衡时，白金板就会停止向液体内部浸入，这时候，仪器的平衡感应器就会测量浸入深度，并将它转化为液体的表面张力值。

4.4.3.2　实验方案

为分析不同压裂液体系对表面张力的影响，设计了表面张力测试实验方案，具体实验方案见表 4-19。岩样采用的是宜宾龙马溪组岩石露头制成的标准小圆柱，压裂液采用了根据井下作业公司和页岩气研究院提供的配方配成的压裂液。

表 4-19　岩石表面张力测试实验方案

实验方案	岩样描述	液体	取样时间(d)					备注
表面张力测试	标准岩样，端面光滑	页研院液体	0	5	10	15	20	每次做完实验后倒回容器继续浸泡
		井下液体	0	5	10	15	20	

备注：1. 将岩样放在塑料袋中然后放入烧杯浸泡，方便取出；2.威远地层温度为 71.8～133.92 ℃，长宁地层平均温度为 95.3 ℃；3. 水浴锅管理，温度设定为 40 ℃，半天加一次水，一定保证水量充足，夜间尽量加满水持续加热

4.4.3.3　数据处理与分析

本次实验共进行了 10 组，分别测量了压裂液浸泡 0 天、5 天、10 天、15 天、20 天井下压裂液和页研院压裂液的表面张力。

1. 井下液体

井下作业公司现场提供的压裂液配方为 0.3%稠化剂+0.3%防膨剂+0.3%助排剂+0.3%交联剂，测试结果如表 4-20、图 4-77 所示。

表 4-20　井下液体表面张力测试结果

测试时间(d)	0	5	10	15	20
表面张力(mN/m)	47.23	45.38	40.04	43.26	48.52

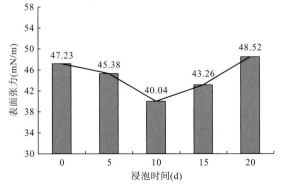

图 4-77　井下液体表面张力的变化情况

2. 页研院液体

页岩气研究院提供的线性胶配方为 0.35%瓜胶+0.2%黏土稳定剂+0.1%助排剂+0.01%杀菌剂，测试结果如表 4-21、图 4-78 所示。

表 4-21　页研院液体表面张力测试结果

测试时间(d)	0	5	10	15	20
表面张力(mN/m)	53.23	50.81	52.41	49.97	51.13

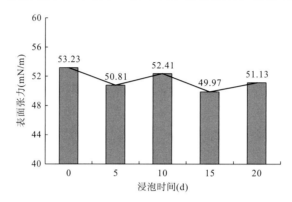

图 4-78　页研院液体表面张力的变化情况

从图 4-77 和图 4-78 压裂液表面张力的变化情况可知，井下液体表面张力随浸泡时间波动，但变化规律不明确；页研院液体表面张力随浸泡时间无明显变化。

参 考 文 献

[1] 曾凡辉, 张蓍, 陈斯瑜, 等. 水化作用下页岩微观孔隙结构的动态表征——以四川盆地长宁地区龙马溪组页岩为例[J]. 天然气工业, 2020, 40(10): 66-75.

[2] 付斌, 李进步, 张晨, 等. 强非均质致密砂岩气藏已开发区井网完善方法[J]. 天然气地球科学, 2020, 31(1): 143-149.

[3] 康毅力, 杨斌, 李相臣, 等. 页岩水化微观作用力定量表征及工程应用[J]. 石油勘探与开发, 2017, 44(2): 301-308.

[4] Viani B E, Low P F, Roth C B. Direct measurement of the relation between interlayer force and interlayer distance in the swelling of montmorillonite[J]. Journal of Colloid and Interface Science, 1983, 96(1): 229-244.

[5] Zhu L, Liao X, Chen Z, et al. Pressure-transient analysis of a vertically fractured well in a tight oil reservoir with rectangular stimulated reservoir volume[J]. SPE Production & Operations, 2018, 33(4): 697-717.

[6] Shen Y, Ge H, Zhang X, et al. Impact of fracturing liquid absorption on the production and water-block unlocking for shale gas reservoir[J]. Advances in Geo-Energy Research, 2018, 2(2): 163-172.

[7] 曾凡辉, 张蓍, 郭建春, 等. 页岩水化及水锁解除机制[J]. 石油勘探与开发, 2021, 48(3): 1-8.

[8] Roshan H, Ehsani S, Marjo C E, et al. Mechanisms of water adsorption into partially saturated fractured shales: An experimental study[J]. Fuel, 2015, 159: 628-637.

[9] Lillard R S, Enos D G, Scully J R. Calcium hydroxide as a promoter of hydrogen absorption in 99.5% Fe and a fully pearlitic 0.8%

C steel during electrochemical reduction of water[J]. Corrosion, 2000, 56(11): 1119-1132.

[10] Li G, Jia F, Yan H. Adaptive pseudo-color coding method base on rainbow-code for infrared measurement image[J]. Journal of Changchun University of Science and Technology (Natural Science Edition), 2011(4): 32, 36-39.

[11] Bingzhong S H I, Bairu X I A, Yongxue L I N, et al. CT imaging and mechanism analysis of crack development by hydration in hard-brittle shale formations[J]. Acta Petrolei Sinica, 2012, 33(1): 137-142.

[12] Heidug W K, Wong S W. Hydration swelling of water-absorbing rocks: a constitutive model[J]. International journal for numerical and analytical methods in geomechanics, 1996, 20(6): 403-430.

[13] Dehghanpour H, Lan Q, Saeed Y, et al. Spontaneous imbibition of brine and oil in gas shales: Effect of water adsorption and resulting microfractures[J]. Energy & Fuels, 2013, 27(6): 3039-3049.

[14] Hu Y, Devegowda D, Striolo A, et al. Microscopic dynamics of water and hydrocarbon in shale-kerogen pores of potentially mixed wettability[J]. Spe Journal, 2014, 20(01): 112-124.

[15] Binazadeh M, Xu M, Zolfaghari A, et al. Effect of electrostatic interactions on water uptake of gas shales: the interplay of solution ionic strength and electrostatic double layer[J]. Energy & Fuels, 2016, 30(2): 992-1001.

[16] Sun Y, Bai B, Wei M. Microfracture and surfactant impact on linear cocurrent brine imbibition in gas-saturated shale[J]. Energy & Fuels, 2015, 29(3): 1438-1446.

第5章 页岩储层自吸及返排规律研究

页岩储层具有低孔、低渗、难动用的特点，采用大规模体积压裂是开发页岩气的关键技术。富气页岩储层普遍含有大量有机质和黏土矿物，在毛管力和强制外力作用下，压裂液将会进入页岩矿物有机质和黏土矿物的微小毛细管。由于页岩有机质和黏土矿物特征不同，不同类型的矿物强制自吸作用机理不同。页岩储层具有特殊的压裂液自吸和返排特征，压裂液在毛管力、强制外力等作用下会被吸入地层[1-3]。水力压裂结束后，压裂液在返排压差作用下将返排出地层。返排率高低显著影响页岩储层气井的产量。在返排初期，返排液中只有压裂液；随着返排时间增加，裂缝中为气液两相流动，气体会驱替液体返排。因此从微观角度出发分析压裂液通过毛细管自吸作用进入页岩基质的长度、压裂液在页岩孔隙介质及页岩多孔介质中的气水两相流动能力，对于认识页岩储层压裂液的返排能力、提高页岩气井的生产效果具有重要意义。

本章通过对毛细管泊肃叶方程、纳维-斯托克斯方程进行了改进，考虑边界滑移效应等影响，结合分形理论，建立起综合考虑孔隙分形特征、迂曲度、滑移效应等因素综合影响的页岩自吸计算方法；在压裂投产后返排阶段，考虑页岩有机质孔、无机质孔润湿性差异及管径分布，建立了页岩储层返排预测模型，预测了不同储层的极限返排压差；针对压裂液返排初期出现的水相流动及返排后期的气水两相流动阶段，同时考虑液体在多孔介质流动过程中的滑移效应、纳米管内水黏度随管径的变化、页岩纳米储层孔径分布特征、含气饱和度和含水饱和度归一性、应力敏感、气体真实效应及受限气体黏度、束缚水饱和度及气水两相含水迂曲度的影响，建立了储层条件下水相渗透率和气水两相渗透率模型，为页岩储层压裂后的返排提供指导。

5.1 页岩储层强制自吸-返排模型

页岩储层普遍发育有不同长度和孔径的纳米级至微米级孔隙和微裂缝，表现出复杂几何形状和不同走向[4]。通常可以将页岩中纳米孔处理为圆形孔、椭圆孔或者平行平面裂缝，以方便采用数学方程近似描述流体的流动过程[5]。这里从圆形毛细管中的基本流动方程出发，推导压裂液在页岩储层中的自吸规律。

5.1.1 毛细管水相流动方程

压裂液在页岩储层中的流动可以近似地处理为压裂液在毛细管中的流动。由于压裂液分子大小与页岩毛细管尺寸接近，基于连续体、无滑动边界假设的泊肃叶方程不再适用于描述压裂液在页岩毛细管中的流动。这里考虑压裂液在纳米级和微米级毛细管内具有类似的主要流动机理，在泊肃叶方程的基础上，结合滑移边界条件和有效的黏度校正方法来模拟压裂液在纳米孔中的流动[6]。

5.1.1.1　圆管内层流流动方程

应用毛细管模型研究压裂液在页岩地层中的自吸和返排流动规律。圆管内单相流体流动物理模型如图 5-1 所示。

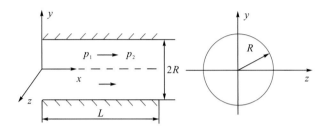

图 5-1　圆管内层流示意图

压裂液的自吸流动过程由表面能决定，并且受到黏性力的抵抗作用。由于页岩地层渗透率极低和自吸速度很慢，因此可以忽略惯性力的影响，从而将纳维-斯托克斯方程简化为斯托克斯方程[4]。考虑到无滑移边界条件和稳态不可压缩的层流情况，在半径为 R 的毛细管中液体自吸过程可以表示为[7]

$$\frac{\mu}{r}\left[\frac{\mathrm{d}}{\mathrm{d}r}\left(r\frac{\mathrm{d}u}{\mathrm{d}r}\right)\right]=\frac{\mathrm{d}p}{\mathrm{d}x}=-\frac{\Delta p}{L} \tag{5-1}$$

式中，μ 为压裂液黏度，mPa·s；r 为沿圆形毛细管半径方向上任意一点到圆心的距离，m；u 为不可压缩压裂液流动速度，m/s；$\dfrac{\mathrm{d}p}{\mathrm{d}x}$ 为流体在毛细管内流动时的压力梯度，MPa/m；Δp 为流体在毛细管内的流动压力差，MPa；L 为毛细管长度，m。

对式(5-1)进行变形展开可得到：

$$\frac{\mathrm{d}^2u}{\mathrm{d}r^2}+\frac{1}{r}\frac{\mathrm{d}u}{\mathrm{d}r}+\frac{1}{\mu}\frac{\Delta p}{L}=0 \tag{5-2}$$

对式(5-2)进行积分可得到：

$$u=\frac{1}{4\mu}\frac{\mathrm{d}p}{\mathrm{d}x}r^2+A\ln r+B \tag{5-3}$$

式中，A、B 为中间变量，无因次。

考虑到在圆管中心处速度最大，而速度梯度为 0，同时考虑流体在边界处无滑移，速度为 0，因此边界条件可以表示为

$$\begin{cases} r=0, \dfrac{\mathrm{d}u}{\mathrm{d}r}=0 \\ r=R, u=0 \end{cases} \tag{5-4}$$

式中，R 为圆形毛细管半径，m。

将式(5-4)代入式(5-3)，可以得到圆形毛细管内的流速分布表达式：

$$u = \frac{1}{4\mu}\frac{\Delta p}{L}\left(R^2 - r^2\right) \tag{5-5}$$

通过对整个圆形毛细管的速度分布进行积分可以得到圆形毛细管内的流量方程为

$$q = \int_0^R \frac{1}{4\mu}\frac{\Delta p}{L}\left(R^2 - r^2\right)2\pi r \mathrm{d}r = \frac{\pi R^4}{8\mu}\frac{\Delta p}{L} = \frac{\pi d^4}{128\mu}\frac{\Delta p}{L} \tag{5-6}$$

式中，d 为毛细管直径，m；q 为毛细管体积流量，m^3/s。

式 (5-6) 是基于连续流体力学和无滑动边界条件的基本假设获得的圆形截面、宏观毛细管流量方程[8]。

5.1.1.2　椭圆管内层流流动方程

式 (5-6) 是页岩圆形毛细管内考虑滑移边界、有效黏度变化的水相流动方程。在实际页岩储层中，普遍发育有大量不同形状的孔隙，如椭圆形纳米孔和矩形微裂缝纳米孔[9]。与圆形毛细纳米管相比，非圆形毛细管表现出显著不同的流动特征。一些研究人员通过引入几何校正因子或有效水力半径代替了泊肃叶方程中的毛细管半径来表征不同孔隙的形状对流量传输的影响[10, 11]。这种近似方法方便了对各种形状孔隙内流体复杂流动过程的数学建模和处理，但是缺乏严格的物理推导[12]。事实上，页岩储层中形成的同形状毛细管孔通常可以简化为椭圆形毛细管来描述流体在其中的流动规律和过程[5]。因此，为了更加准确地模拟压裂液在页岩储层中的自吸-返排规律，这里建立椭圆毛细管的质量传输方程。当椭圆管的长轴与短轴相等时，椭圆管简化为圆形管；当椭圆管长轴远大于短轴时，则可以用来模拟微裂缝的质量传输过程。椭圆管内单相流体流动物理模型如图 5-2 所示。

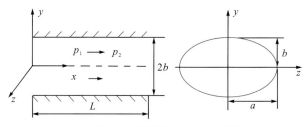

图 5-2　椭圆管内层流示意图

考虑页岩椭圆形毛细管内充满定常层流不可压黏性压裂液。由于直线通道中的牛顿流体平行于 x 轴，并且速度场可以表示为 $u = u(y,z)$。因此，速度 $u = u(y,z)$ 与压力梯度 $\dfrac{\mathrm{d}p}{\mathrm{d}x}$ 之间的关系由泊松方程给出：

$$\frac{\partial^2 u}{\partial y^2} + \frac{\partial^2 u}{\partial z^2} = \frac{1}{\mu}\frac{\mathrm{d}p}{\mathrm{d}x} \tag{5-7}$$

考虑到 $u = u(y,z)$ 与 x 无关，式 (5-7) 可等价为式 (5-8)：

$$\begin{cases} \dfrac{\partial^2 u}{\partial y^2} = \dfrac{c_1}{\mu}\dfrac{\mathrm{d}p}{\mathrm{d}x} \\[3mm] \dfrac{\partial^2 u}{\partial z^2} = \dfrac{c_2}{\mu}\dfrac{\mathrm{d}p}{\mathrm{d}x} \end{cases} \qquad (c_1 + c_2 = 1) \tag{5-8}$$

式中，c_1、c_2 为方程求解的中间变量，无因次。

方程(5-8)的一般形式解可以表示为

$$u = \frac{1}{2\mu}\frac{\mathrm{d}p}{\mathrm{d}x}(c_1 y^2 + c_2 z^2) + c_0 \tag{5-9}$$

式中，c_0 为方程求解的中间变量，无因次。

考虑在椭圆管中心处流速最大而流速梯度为零，采用式(5-10)描述其内边界条件：

$$\begin{cases} y=0, z=0, \dfrac{\partial u}{\partial y}=0 \\ y=0, z=0, \dfrac{\partial u}{\partial z}=0 \end{cases} \tag{5-10}$$

考虑到无滑移边界，即椭圆管壁处流速为零，外边界条件可以写成：

$$\begin{cases} y=\pm b, z=0, u=0 \\ z=\pm a, y=0, u=0 \end{cases} \tag{5-11}$$

将式(5-10)、式(5-11)代入式(5-9)可得 c_1、c_2 和 c_0 的表达式：

$$c_1 = \frac{a^2}{a^2+b^2}; \quad c_2 = \frac{b^2}{a^2+b^2}; \quad c_0 = -\frac{a^2 b^2}{2\mu(a^2+b^2)}\frac{\mathrm{d}p}{\mathrm{d}x} \tag{5-12}$$

将式(5-12)代入式(5-9)，可得压裂液在椭圆管中的速度分布：

$$u = \frac{a^2 b^2 \Delta p}{2\mu L(a^2+b^2)}\left(1 - \frac{y^2}{b^2} - \frac{z^2}{a^2}\right) \tag{5-13}$$

进一步使用椭圆极坐标变换方程式(5-14)和三角函数积分式(5-15)：

$$\begin{cases} z = ar\cos\theta \\ y = br\sin\theta \end{cases} \tag{5-14}$$

$$\begin{cases} \displaystyle\int \sin^2\theta \mathrm{d}\theta = \int \frac{1-\cos 2\theta}{2}\mathrm{d}\theta = \frac{\theta}{2} - \frac{\sin 2\theta}{4} + C \\ \displaystyle\int \cos^2\theta \mathrm{d}\theta = \int \frac{1+\cos 2\theta}{2}\mathrm{d}\theta = \frac{\theta}{2} + \frac{\sin 2\theta}{4} + C \end{cases} \tag{5-15}$$

联合式(5-13)、式(5-14)和式(5-15)，可以进一步得到椭圆管的流量方程[13]：

$$q = \int_{-a}^{a}\int_{-b}^{b} \frac{a^2 b^2 \Delta p}{2\mu L(a^2+b^2)}\left(1 - \frac{y^2}{b} - \frac{z^2}{a}\right)\mathrm{d}y\mathrm{d}z = \frac{\pi a^3 b^3}{4\mu(a^2+b^2)}\frac{\Delta p}{L} \tag{5-16}$$

式(5-16)即为不考虑滑移边界效应的椭圆管流量方程。通过椭圆长宽比(a/b)取值的不同，式(5-16)即可用于表征不同形状孔道内的水相流动。当椭圆管纳米孔的长轴和短轴相等，即 $a=b$ 时，式(5-16)就可以退化成圆形毛细管的流量方程[13]。

但是当页岩毛细管尺寸减小到纳米尺度与压裂液分子大小具有可比较尺寸时，压裂液在毛细管中流动时在毛细管壁面将会产生速度"跳跃"[14]，无滑移边界条件不再有效[15]。此外，当水在纳米孔的受限空间中流动时，纳米孔壁附近的液体黏度将会发生显著变化[16]。无机质亲水纳米孔表面水的有效黏度大于体相水，这是由于部分水分子黏附在无机质孔壁上[17]。相反地，对于受限水在有机质疏水纳米孔中流动时，水分子可以有效地在壁上滑动[18]。此外，纳米孔中受限水的流动由核心层水/边界层水作用及边界层水/纳米孔壁作用的综合效应共同决定，这与流体在宏观流动通道中的运动有本质区别[19]。值得庆幸的是，由于流体在纳米孔毛细管和宏观孔流动通道中具有相似的流动机制，通过对边界条件及黏度变化进行修正，仍然可以采用连续流体力学来研究水在纳米孔中的流动特性[20]。

5.1.1.3 边界滑移和有效黏度修正

液体在毛细管内流动时，在管壁处的边界滑移效应将对流动产生显著影响。当流体在页岩储层中流动时，纳维-斯托克斯公式(5-1)的连续流体力学描述仍然有效，而公式(5-4)中的外边界条件应通过纳维边界条件进行修正[21]，其真实滑移长度 L_s 如图 5-3 所示。可以用公式(5-17)表示：

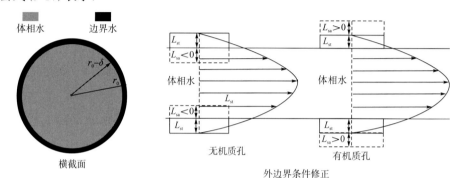

图 5-3 纳米孔内流动滑移速度和长度修正示意图

$$\begin{cases} y = \pm b, z = 0, u = -L_{st} \dfrac{\partial u}{\partial y} \\ z = \pm a, y = 0, u = -L_{st} \dfrac{\partial u}{\partial y} \end{cases} \tag{5-17}$$

式中，L_{st} 为真实滑移长度，用来描述滑移边界条件下与不考虑滑移效应时的偏离情况，nm。

将式(5-10)、式(5-17)代入式(5-9)可得 c_0、c_1 和 c_2 的表达式：

$$\begin{cases} c_0 = -\dfrac{ab(a+2L_{st})(b+2L_{st})}{2\mu\left[(a^2+b^2)+2(a+b)L_{st}\right]}\dfrac{\mathrm{d}p}{\mathrm{d}x} \\ c_1 = \dfrac{a^2+2aL_{st}}{(a^2+b^2)+2(a+b)L_{st}} \\ c_2 = \dfrac{b^2+2bL_{st}}{(a^2+b^2)+2(a+b)L_{st}} \end{cases} \tag{5-18}$$

将式(5-18)代入式(5-9)，可以得到考虑边界滑移效应的速度分布表达式：

$$u = \frac{\left(\dfrac{1}{2\mu}\right)(a^2+2aL_{st})y^2}{(a^2+b^2)+2(a+b)L_{st}}\frac{\mathrm{d}p}{\mathrm{d}x} + \frac{\left(\dfrac{1}{2\mu}\right)(b^2+2bL_{st})z^2}{(a^2+b^2)+2(a+b)L_{st}}\frac{\mathrm{d}p}{\mathrm{d}x}$$
$$- \frac{ab(a+2L_{st})(b+2L_{st})}{2\mu\left[(a^2+b^2)+2(a+b)L_{st}\right]}\frac{\mathrm{d}p}{\mathrm{d}x} \tag{5-19}$$

对式(5-19)沿着 y 轴和 z 轴进行积分，就可以得到椭圆管的体积流量方程：

$$q = \int_{-a}^{b}\int_{-a}^{b} u\mathrm{d}A = \left(\frac{1}{2\mu}\frac{\mathrm{d}p}{\mathrm{d}x}\right)\int_{-a}^{b}\int_{-a}^{b}\left\{\frac{\left(a^2+2aL_{\text{st}}\right)y^2}{\left(a^2+b^2\right)+2\left(a+b\right)L_{\text{st}}}+\frac{\left(b^2+2bL_{\text{st}}\right)z^2}{\left(a^2+b^2\right)+2\left(a+b\right)L_{\text{st}}}\right.$$
$$\left.-\frac{ab\left(a+2L_{\text{st}}\right)\left(b+2L_{\text{st}}\right)}{\left[\left(a^2+b^2\right)+2\left(a+b\right)L_{\text{st}}\right]}\right\}\mathrm{d}y\mathrm{d}z \tag{5-20}$$

联合式(5-14)、式(5-15)和式(5-20)，可以得到椭圆管的体积流量方程：

$$q = \frac{\pi a^2 b^2\left[ab+3\left(a+b\right)L_{\text{st}}+8L_{\text{st}}^2\right]}{4\mu\left[\left(a^2+b^2\right)+2\left(a+b\right)L_{\text{st}}\right]}\frac{\Delta p}{L} \tag{5-21}$$

式中，q 为椭圆管内的体积流量，m^3/s。

式(5-21)为考虑边界滑移效应的椭圆管体积流量方程，其结果与 Holt 等[15]的结果一致。令 $L_{\text{st}}=0$，式(5-21)退化为不含滑移边界的泊肃叶流量方程[22]。

1. 有效滑移长度修正

对于压裂液在页岩储层受限纳米孔中流动时，流体特性受毛细管壁面边界处的流体/流体及流体/壁面相互作用的显著影响。因此，准确描述流体在这些界面处发生的现象就变得尤其重要[23]。流体在受限空间内流动时液体与壁面的相互作用强烈，受毛细管表面形态和物理、化学性质的影响[24]，在低剪切速率下由毛细管的润湿性决定[25]。真实滑移表征了液体分子在毛细管壁处的有效滑移过程，对于某一种液体可以通过式(5-22)计算获得[26]：

$$L_{\text{st}} = \frac{C}{\left(\cos\theta+1\right)^2} \tag{5-22}$$

式中，L_{st} 为真实滑移长度，m；C 为液体常数，通过 MD 模拟确定为 0.41[26]；θ 为润湿角，(°)。

页岩储层纳米孔中的边界流体黏度与纳米孔中中心位置的黏度显著不同，这会导致在体相流体与边界层流体之间产生明显的滑移现象，即表观滑移长度。在实际应用过程中，通常采用有效滑移长度 L_{se} 来代替真实滑移长度 L_{st}。有效滑移长度是表观滑移长度和真实滑移长度之和[27]：

$$L_{\text{se}} = L_{\text{sa}} + L_{\text{st}} = \left[\frac{\mu_\infty}{\mu_e}-1\right]\left(\frac{d_h}{8}+L_{\text{st}}\right)+L_{\text{st}} \tag{5-23}$$

式中，L_{se} 为有效滑移长度，nm；L_{sa} 为表观滑移长度，nm；μ_∞ 为体相流体黏度，Pa·s；d_h 为水力学半径，m；μ_e 为纳米孔受限流体有效黏度，Pa·s。

从式(5-23)可以明显看出，有效滑移长度不仅与管壁润湿性有关，还与流体黏度和纳米孔孔径有关[28]。因此，压裂液在有机质和无机质纳米孔内的流动可以通过式(5-23)有效地进行表征。

2. 受限流体黏度修正

当受限流体在纳米孔中流动时，纳米孔中心位置处的体相流体黏度不能再有效表达边界层处的有效流体黏度[29]，通常采用体相流体黏度和边界层流体黏度加权平均来获得流体有效黏度[30]：

$$\mu_{\mathrm{d}} = \mu_{\mathrm{i}} \frac{A_{\mathrm{id}}}{A_{\mathrm{td}}} + \mu_{\infty} \left[1 - \frac{A_{\mathrm{id}}}{A_{\mathrm{td}}} \right] \tag{5-24}$$

式中，μ_{d} 为受限流体有效黏度，Pa·s；μ_{i} 为边界层流体黏度，Pa·s；A_{id} 为边界层流体区域所占的面积，$A_{\mathrm{id}} = \pi[ab - (a - d_{\mathrm{c}})(b - d_{\mathrm{c}})]$，$\mathrm{nm}^2$；$d_{\mathrm{c}}$ 为边界层流体厚度，该值通常设置为 0.7 nm；μ_{∞} 为体相流体黏度，Pa·s；A_{td} 为页岩储层有机质/无机质纳米毛细管总截面积，$A_{\mathrm{td}} = \pi ab$，nm^2。

边界层流体黏度同时也受到管壁润湿性的强烈影响，采用公式 (5-25) 描述[31]：

$$\frac{\mu_{\mathrm{i}}}{\mu_{\infty}} = -0.018\theta + 3.25 \tag{5-25}$$

式 (5-25) 表明，受限空间边界层流体黏度显著受到润湿角的影响。

进一步采用式 (5-26) 计算储层条件下流体的体相流体黏度，该式适用 273.15 ~ 423.15 K 的地层温度变化范围[32]。

$$\mu_{\infty} = \frac{(T - 273.15) + 246}{[0.05594(T - 273.15) + 5.2842](T - 273.15) + 137.37} \tag{5-26}$$

式中，T 为储层温度，K。

结合式 (5-21) 至式 (5-26)，进一步可以得到考虑滑移边界的椭圆管体积流量方程：

$$q_{\mathrm{s}} = \frac{\pi a^2 b^2 [ab + 3(a + b)L_{\mathrm{se}} + 8L_{\mathrm{se}}^2]}{4\mu_{\mathrm{e}}[(a^2 + b^2) + 2(a + b)L_{\mathrm{se}}]} \frac{\Delta p}{L} \tag{5-27}$$

式中，q_{s} 为考虑边界滑移效应的椭圆管体积流量，m^3/s。

需要指出的是，在公式 (5-27) 中，综合考虑了孔隙形状、孔隙尺寸、有效滑移及受限空间黏度变化对孔隙流动的影响。

5.1.2　页岩毛细管自吸-返排模型

5.1.2.1　页岩毛细管自吸模型

自吸是指仅在毛管力作用下润湿相进入多孔介质代替非润湿相的现象[33]。压裂液在页岩储层纳米孔受限空间内的自吸被认为是压裂液返排率低的重要原因[34]。因此研究压裂液在页岩毛细管中的自吸过程，首先需要研究压裂液在自吸过程中的受力。

对于椭圆形毛细管，其静态毛细管压力可由杨氏-拉普拉斯方程确定[35]。

$$\Delta p = p_{\mathrm{c}} = \sigma \cos\theta \left(\frac{1}{a} + \frac{1}{b} \right) \tag{5-28}$$

式中，p_{c} 为毛管压力，MPa；σ 为液体表面张力，N/m；θ 为水相润湿角，(°)；a、b 为椭圆管长轴、短轴，m。

基于体积平衡原理，椭圆管的总体积流量等于自吸流体占据的总孔体积[7]：

$$q_{\mathrm{s}} = \pi ab \frac{\mathrm{d}L}{\mathrm{d}t} \tag{5-29}$$

将式(5-27)、式(5-28)代入式(5-29)，并进行积分。同时考虑当 $t=0$ 时，$L=0$，进一步可以得到：

$$L=\sqrt{\frac{ab\Delta p\big[ab+3(a+b)L_{se}+8L_{se}^{2}\big]}{2\mu_{e}\big[(a^{2}+b^{2})+2(a+b)L_{se}\big]}}\sqrt{t} \tag{5-30}$$

式中，L 为毛细管自吸长度，m。

在假定无滑移边界条件的情况下，Washburn[36]应用泊肃叶定律得出以下结论：

$$L_{\infty}=\sqrt{\frac{d\sigma\cos\theta}{4\mu_{\infty}}}\sqrt{t} \tag{5-31}$$

式中，L_{∞} 为不考虑滑移效应的压裂液自吸长度，m。

公式(5-31)具有普适性，当椭圆长短轴相等时 $a=b$，同时 $L_{se}=0$，并且 $\mu_{e}=0$，式(5-31)即退化为 L-W 自吸模型[37]。

式(5-32)给出了考虑到滑移和有效黏度的毛细管自发长度增量表达式：

$$\varepsilon\equiv\frac{L_{sed}}{L_{\infty}}=\sqrt{\frac{\mu_{\infty}}{\mu_{d}}\left(1+\frac{8L_{se}}{d}\right)} \tag{5-32}$$

式中，ε 为增强系数，无因次。

5.1.2.2　页岩毛细管返排模型

页岩储层水力压裂结束后，压裂液要求返排出地层。压裂液的返排主要受毛细管力、强制外力和重力的影响。对于大多数页岩气藏重力的影响可以忽略，所以结合页岩自吸模型可得到页岩压后返排模型：

$$L_{f}=\sqrt{\frac{ab(p_{f}-p_{c})\big[ab+3(a+b)L_{se}+8L_{se}^{2}\big]}{2\mu_{e}\big[(a^{2}+b^{2})+2(a+b)L_{se}\big]}}\sqrt{t} \tag{5-33}$$

式中，L_{f} 为压裂液返排长度，m；p_{f} 为压裂液返排压差，MPa。

5.1.3　页岩储层自吸影响因素

大多数页岩气储层是完全亲水或部分亲水的[38]，因此，这里选择 0°～90°的润湿角进行分析。其他基本计算因素如下：温度为 25 ℃，自吸时间为 60 min，C 为 0.41，受限流体的临界厚度为 0.7 nm，气液界面张力为 50 mN/m。

图 5-4 所示为不同润湿角下有效黏度和体相黏度随管径的变化曲线图。孔径范围为 2～20 nm。边界水的有效黏度总是大于体相水的有效黏度。体相黏度与管径大小无关，有效黏度随管径的增大而降低，与体相流体黏度一致。我们的结果与 Shah 的结果[39]一致，他发现在润湿角为 0°，毛细管直径为 2 nm 时，体相水黏度增加了约 205%，并且随着管径的增大，这种增强作用迅速减弱。Shah 将表观黏度的增加归因于存在极性水分子在孔隙孔壁附近紧密排列形成了高黏滞边界层[39]。虽然大孔隙中也存在孔壁与流体的相互作用，但对流体性质的影响很小。其原因在于对于受限流体，有效黏度由体相水和边界水黏度的加权平均值确定。因此，大孔隙内受限流体的有效黏度比小孔隙内的低，因为大孔隙的孔隙中

心区域面积更大，存在更多的流体分子，导致黏度显著降低[30]。此外，润湿角对有效黏度也具有显著影响，特别是在孔隙尺寸较小时。上述现象全面反映了流体与孔壁之间的相互作用。亲水毛细管的存在使润湿角更小，有效黏度更高，因此流体接触层表现为固体层[40]。

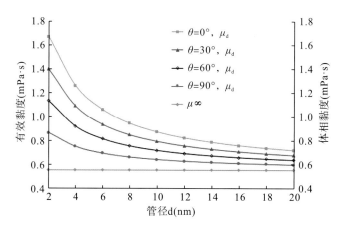

图 5-4 不同润湿角下有效黏度和体相黏度随管径的变化曲线图

滑移长度对纳米孔的约束自吸有重要影响，精确定量流体的滑移长度非常重要。图 5-5 是水与孔壁的相对位移(真实滑移 L_s)、水与水的相对位移(表观滑移 L_{sa})及上述两种情况的相对位移(有效滑移 L_{se})与管径的关系曲线。从图 5-5 可以看出，不同管径下有效滑移长度 L_{se} 随着润湿角的变化而变化。实验研究表明，边界流体的密度是波动的，孔壁与流体的相互作用势能会导致几个分子层被吸附并固定在固体表面，从而影响最大局部密度[41]。当润湿角较小时，孔壁与流体的相互作用会使有效边界位于高黏滞区域的边缘[40]，这意味着在孔壁附近存在不动层[41]。随着润湿角的增大，这种关系逐渐减弱。图 5-5 表明有效滑移长度随着润湿角的增大而增大，由于流体原子间的相互作用势能大于流体与孔壁的相互作用势能，使得流体与孔壁发生相对移动，产生较大的滑移长度，从而增强了滑移效应[42]。

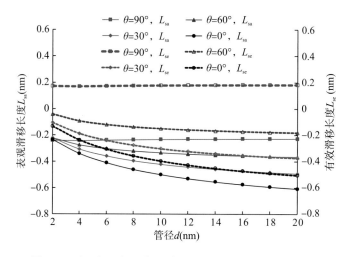

图 5-5 不同润湿角下表观/有效滑移长度随管径的变化曲线图

图 5-6 显示了当润湿角为 0°、30°、60° 和 90° 时，自吸长度增强系数 ε 与纳米孔直径的关系。可以看出，小纳米孔比大纳米孔的增强系数 ε 变化更为明显，较大的表面效应和滑移长度效应降低了自吸长度。与小孔相比，大孔的中心区域流体面积更大，增强系数变化更平稳。在润湿角为 90° 的纳米孔中，增强系数 ε 从 1.033 下降到 0.994，这是由于润湿角为 90° 时的压裂液与管壁的相互作用势能小于其他润湿角[43]。当润湿角为 0°、30°、60°，直径由 2 nm 增加到 20 nm 时，增强系数 ε 由 0.389 增大到 0.894。水与纳米孔壁的相互作用势能大小可能会导致增强系数大小的差异，而相互作用势能是由水与孔壁润湿角决定的[44]。

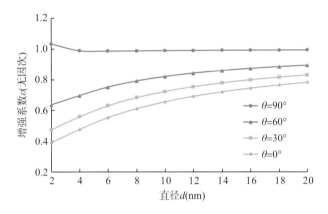

图 5-6　不同润湿角下增强系数 ε 与孔隙直径的关系曲线图

图 5-7 显示了当直径为 20 nm、14 nm、8 nm 和 2 nm，润湿角为 30° 时，压裂液自吸长度 L 随 $t^{1/2}$ 的变化曲线。可以看出，L 与 $t^{1/2}$ 呈良好的线性关系，孔径为 20 nm、14 nm、8 nm、2 nm 时，斜率分别为 0.4052、0.318、0.2108、0.0731。随着孔径的增大，自吸长度也随之增大，表明在水力压裂过程中，水更容易进入大孔隙，而不是小孔隙，这一点在之前的研究中得到了验证[45]。从图 5-7 还可以看出，考虑滑移效应后，自吸长度会减小。

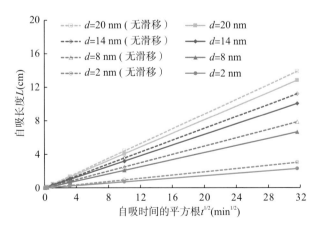

图 5-7　不同孔隙直径下自吸长度 L 与自吸时间的平方根 $t^{1/2}$ 的关系曲线图

图 5-8 所示为当润湿角为 0°、30°、60° 和 90°，孔隙直径为 2 nm 时，游离水自吸长度 L 与 $t^{1/2}$ 的关系曲线。L 与 $t^{1/2}$ 之间存在完美的线性关系，在 0°、30°、60° 和 90° 的润湿角下，直线的斜率分别为 0.0645、0.0731、0.0746 和 0.0012。从图 5-8 中可以看出，滑移效应和毛管力对自吸长度有综合影响。润湿角较小时液体分子会黏附在壁上，然而当毛管力较大时，润湿角是导致自吸长度变化的主要因素。与图 5-7 相比，可以看出孔隙大小对自吸长度有显著的影响。

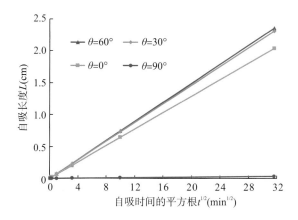

图 5-8　不同润湿角下自吸长度与自吸时间的平方根的关系曲线图

5.1.4　页岩储层返排影响因素

这里根据第 4 章测试结果，对比分析宁 203 井、宁 216 井返排能力。图 5-9 所示为宁 203 井、宁 216 井孔隙直径分布和累积孔隙分布结果。可以看出，宁 216 井的孔隙直径明显大于宁 203 井。

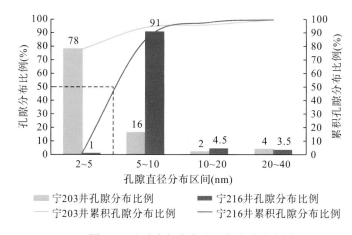

图 5-9　孔隙直径分布和累积孔隙分布图

如图 5-10 所示，有机孔与无机孔均存在最小返排压差。当返排压差小于这一最小值时，返排量为负值，说明页岩还处于自吸阶段，当返排压差大于最小值时，有机孔和无机孔返排量均与返排压差呈正相关关系，且最终都有趋于稳定的趋势，不同的是，无机孔孔隙度较小，故返排量较小，开始趋于稳定的时间较早。总的来说，页岩总自吸量变化规律与单一孔隙自吸量变化规律相似，且最小返排压差介于有机孔和无机孔之间。

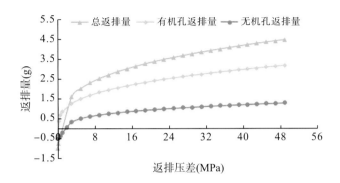

图 5-10　宁 203 井返排量与返排压差关系图

如图 5-11 所示，在返排时间为 5 000 min 时，返排长度与返排压差呈正相关关系。对于一定直径的单毛细管而言，存在最小返排压差，当返排压差小于最小返排压差时，毛细管返排长度为负值，处于自吸阶段，当返排压差大于最小返排压差后，毛细管开始返排。单毛细管直径对返排长度存在较大影响，在一定范围内，直径越小返排长度越容易达到稳定值；直径越大，返排长度增幅越大，稳定值出现时间越晚。

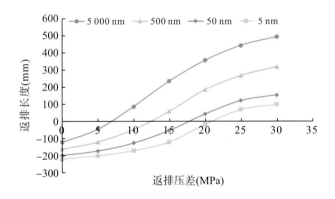

图 5-11　宁 203 井单毛细管返排长度与返排压差关系图

如图 5-12 和图 5-13 所示，对于有机孔而言，返排量随最大孔隙直径的变化而变化的规律在不同返排压差下具有相似特征，即在一定返排压差下，返排量随最大孔隙直径的增大而增大，且增长幅度逐渐减小。对于无机孔而言，在一定返排压差下，存在最大缝宽最小值，当返排压差小于最大缝宽最小值时，无机孔毛管力起主要作用，故页岩处于自吸阶段。当返排压差大于最大缝宽最小值时，返排压差起主要作用，故页岩处于返排阶段。此外，随着返排压差的增大，最大缝宽最小值在坐标轴上逐渐"左移"。

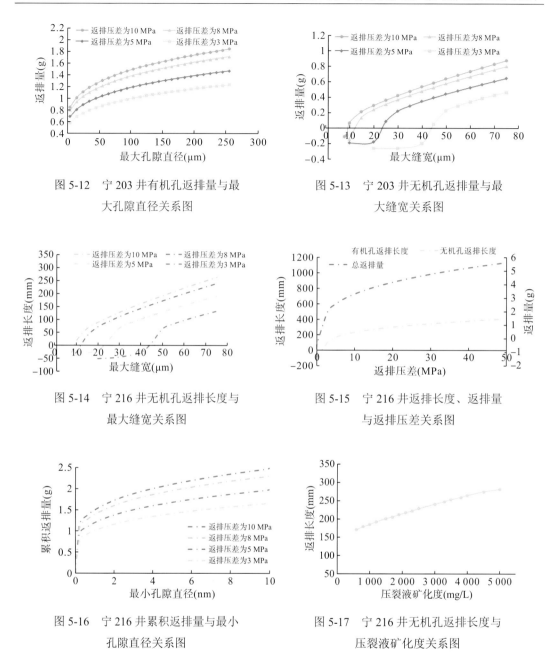

图 5-12 宁 203 井有机孔返排量与最大孔隙直径关系图

图 5-13 宁 203 井无机孔返排量与最大缝宽关系图

图 5-14 宁 216 井无机孔返排长度与最大缝宽关系图

图 5-15 宁 216 井返排长度、返排量与返排压差关系图

图 5-16 宁 216 井累积返排量与最小孔隙直径关系图

图 5-17 宁 216 井无机孔返排长度与压裂液矿化度关系图

从图 5-9～图 5-17 对比可以看出，受微裂缝形态及孔隙分布的影响，宁 216 井总体返排效果较好。

5.2 页岩储层返排液表观渗透率模型

在 5.1 节中推导皆为单毛细管的自吸-返排模型,模拟单个纳米孔中的流动能力仅限于较小的空间尺度。实际上页岩储层是具有复杂空间结构的多孔介质，显然不能将单个纳米孔的流动模拟结果扩展到表征页岩多孔介质的流动特性[46]。如何有效地将微观流动机理和宏观渗流现象有机结合，更加准确地模拟整个多尺度区域的流动一直是研究人员致力解决的难题。目前，宏观模拟通常是基于单尺度流动方程，通过逐步放大的方法获得宏观尺度的控制方程。研究人员指出，页岩多孔介质遵循分形比例定律，因此可以将分形理论用来研究页岩储层的返排规律 [47]。

5.2.1　分形基本理论

页岩多孔介质可以认为满足分形规律。页岩储层中横截面中孔径大于或等于 λ 的累积尺寸数 N 遵循分形定律[48]，如图 5-18 所示。

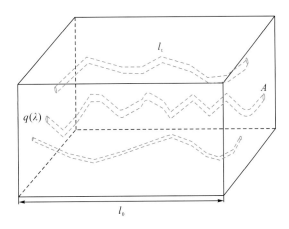

图 5-18　页岩多孔介质中不同大小的曲折毛细管的示意图

$$N(\geqslant \lambda) = \left(\frac{\lambda_{max}}{\lambda}\right)^{D_f}, \quad \lambda_{min} \leqslant \lambda \leqslant \lambda_{max} \tag{5-34}$$

式中，λ 为纳米孔直径，nm；λ_{min}、λ_{max} 为待分析页岩储层纳米孔最小和最大孔径，nm；D_f 为孔径尺寸分形维数，$0 < D_f < 2$。

将式(5-34)关于 λ 微分可得

$$-dN = D_f \lambda_{max}^{D_f} \lambda^{-(D_f+1)} d\lambda \tag{5-35}$$

式(5-35)中负号表示毛细管数目随孔径的增大而减少，且 $-dN > 0$。

从 λ_{min} 到 λ_{max} 的总毛细管数量为

$$N_T(\geqslant \lambda_{min}) = \left(\frac{\lambda_{max}}{\lambda_{min}}\right)^{D_f} \tag{5-36}$$

式中，N_T 为总毛细管数量，个。

将式(5-35)除以式(5-36)可得

$$\frac{-dN}{N_T} = D_f \lambda_{min}^{D_f} \lambda^{-(D_f+1)} d\lambda = f(\lambda) d\lambda \tag{5-37}$$

式中，$f(\lambda)$ 为概率密度函数，$f(\lambda) = D_f \lambda_{min}^{D_f} \lambda^{-(D_f+1)}$。

令 $\lambda_{\min}/\lambda_{\max}=\beta$，分形维数 D_{f} 可以写成：

$$D_{\mathrm{f}}=d-\frac{\ln\phi}{\ln\beta} \tag{5-38}$$

式中，d 为欧几里得维数，$d=2$；ϕ 为图 5-18 中的页岩储层孔隙度。

考虑到毛细管迂曲度满足分形理论，因此迂曲毛细管长度可以表示为

$$l_{\mathrm{t}}(\lambda)=l_0^{D_{\mathrm{T}}}\lambda^{1-D_{\mathrm{T}}} \tag{5-39}$$

式中，$l_{\mathrm{t}}(\lambda)$ 为毛细管迂曲长度，nm；l_0 为毛细管直线长度，nm；D_{T} 为迂曲度分形维数，无因次，可以写成：

$$D_{\mathrm{T}}=1+\frac{\ln\tau_{\mathrm{av}}}{\ln\left(\dfrac{l_0}{\lambda_{\mathrm{av}}}\right)} \tag{5-40}$$

式中，τ_{av} 为迂曲毛细管平均迂曲度，无量纲；λ_{av} 为毛细管平均直径，nm。

根据流体在页岩多孔介质中的流动路径，可以得出平均迂曲度的近似关系：

$$\tau_{\mathrm{av}}=\frac{1}{2}\left[1+\frac{1}{2}\sqrt{1-\phi}+\frac{\sqrt{\left(1-\sqrt{1-\phi}\right)^2+\dfrac{(1-\phi)}{4}}}{1-\sqrt{1-\phi}}\right] \tag{5-41}$$

毛细管平均直径可以表示为

$$\lambda_{\mathrm{av}}=\int_{\lambda_{\min}}^{\lambda_{\max}}\lambda f(\lambda)\mathrm{d}\lambda=\frac{D_{\mathrm{f}}\lambda_{\min}}{D_{\mathrm{f}}-1}\left[1-\left(\frac{\lambda_{\min}}{\lambda_{\max}}\right)^{D_{\mathrm{f}}-1}\right] \tag{5-42}$$

考虑到 $\lambda_{\min}/\lambda_{\max}=\beta$，式 (5-42) 可以修改为

$$\lambda_{\mathrm{av}}=\frac{\beta D_{\mathrm{f}}}{D_{\mathrm{f}}-1}\lambda_{\max}\left[1-\beta^{D_{\mathrm{f}}-1}\right] \tag{5-43}$$

利用式 (5-37) 计算横截面积：

$$A=\frac{\int_{\lambda_{\min}}^{\lambda_{\max}}\pi\left(\dfrac{\lambda}{2}\right)^2(-\mathrm{d}N)}{\phi}=\frac{\pi D_{\mathrm{f}}\left(1-\beta^{2-D_{\mathrm{f}}}\right)}{4(2-D_{\mathrm{f}})\phi}\lambda_{\max}^2 \tag{5-44}$$

将式 (5-35) 代入式 (5-44)，并进一步简化为

$$A=\frac{\pi D_{\mathrm{f}}\left(1-\phi\right)}{4(2-D_{\mathrm{f}})\phi}\lambda_{\max}^2 \tag{5-45}$$

考虑到图 5-18 中横截面积同时也可以表示为

$$A=l_0^2 \tag{5-46}$$

结合式 (5-45) 和式 (5-46)，毛细管直线长度 l_0 可以写成：

$$l_0=\sqrt{A}=\frac{\lambda_{\max}}{2}\sqrt{\frac{\pi D_{\mathrm{f}}}{2-D_{\mathrm{f}}}\frac{(1-\phi)}{\phi}} \tag{5-47}$$

结合式 (5-43) 和式 (5-47)，进一步可以得到毛细管直线长度和毛细管平均直径的关系：

$$\frac{l_0}{\lambda_{av}} = \frac{D_f - 1}{2\beta D_f (1 - \beta^{D_f - 1})} \sqrt{\frac{(1-\phi)}{\phi} \frac{\pi D_f}{(2 - D_f)}} \tag{5-48}$$

当流体通过随机和复杂多孔介质时，采用式(5-49)描述非均质介质弯曲流线的方程[49]：

$$l_t = l_0^{D_T} \lambda^{1 - D_T} \tag{5-49}$$

式中，D_T 为毛细管迂曲度分形维数，$1 < D_T < 2$。

5.2.2 页岩储层返排流量方程

单元横截面积内所有有机质/无机质纳米毛细管的总流量 Q，可以通过对所有毛细管的流量求和得到，即

$$Q = -\int_{\lambda_{min}}^{\lambda_{max}} q(\lambda) \mathrm{d}N \tag{5-50}$$

将式(5-6)、式(5-23)、式(5-24)、式(5-35)代入式(5-50)中，可以得到单元横截面积内流体的总流量：

$$Q = \int_{\lambda_{min}}^{\lambda_{max}} \frac{\pi \lambda^4}{128 \mu_d} \frac{\Delta p}{l_t} \left(1 + \frac{8 L_{se}}{\lambda}\right) D_f \lambda_{max}^{D_f} \lambda^{-(D_f + 1)} \mathrm{d}\lambda \tag{5-51}$$

式(5-51)是描述页岩储层压裂后流体的流量传输分形计算模型。需要注意的是，在式(5-51)中，有效黏度为 μ_d 是与页岩储层管径相关的变量，因此式(5-51)很难通过积分进一步进行化简。为了方便求得式(5-51)的解，这里将所述页岩储层所有的纳米孔管径分布离散化为 J 个微小单元，在每个微小单元内（$\lambda_{min,i} \leqslant \lambda_i \leqslant \lambda_{max,i}$）的流量 Q_i 可以写成式(5-52)：

$$Q_i = \frac{\pi \Delta p D_f}{128 l_0^{D_T}} \frac{\mu_\infty}{\mu_{d,i}^2} \left[\frac{\lambda_{max,i}^{2 + D_T} \left(1 - \beta_i^{3 + D_T - D_f}\right)}{3 + D_T - D_f} + \frac{8 L_s \lambda_{max,i}^{1 + D_T} \left(1 - \beta_i^{2 + D_T - D_f}\right)}{2 + D_T - D_f} \right] \tag{5-52}$$

式中，

$$\mu_{d,i}\left(\lambda_{av,i}\right) = \mu_{i,i} \frac{A_{id,i}}{A_{td,i}} + \mu_\infty \left[1 - \frac{A_{id,i}}{A_{td,i}}\right] \tag{5-53}$$

$$A_{id,i} = \pi \left[\left(\frac{\lambda_{av,i}}{2}\right)^2 - \left(\frac{\lambda_{av,i}}{2 - \lambda_c}\right)^2\right] \tag{5-54}$$

$$A_{td,i} = \pi \left(\frac{\lambda_{av,i}}{2}\right)^2 \tag{5-55}$$

$$\lambda_{av,i} = \int_{\lambda_{min,i}}^{\lambda_{max,i}} \lambda f(\lambda) \mathrm{d}\lambda = \frac{D_f \lambda_{min,i}}{D_f - 1} \left[1 - \beta_i^{D_f - 1}\right] \tag{5-56}$$

$$\beta_i = \frac{\lambda_{min,i}}{\lambda_{max,i}} \tag{5-57}$$

然后对式(5-52)通过代数叠加每个微小单元的流量，就可以得到总的体积流量表达式：

$$Q_f = \sum_{i=1}^{J} Q_i \tag{5-58}$$

式中，Q_f 为总的体积流量，nm^3/s；J 为纳米孔管径分布离散化的微小单元数，个。

将式(5-52)代入式(5-58)，即可得到总的体积流量表达式(流体流动模型)：

$$Q_f = \sum_{i=1}^{J} \frac{\pi \Delta p D_f}{128 l_0^{D_T}} \frac{\mu_\infty}{\mu_{d,i}^2} \left[\frac{\lambda_{max,i}^{2+D_T}(1-\beta_i^{2+D_T-D_f})}{3+D_T-D_f} + \frac{8L_s \lambda_{max,i}^{1+D_T}(1-\beta_i^{1+D_T-D_f})}{2+D_T-D_f} \right] \tag{5-59}$$

然后在式(5-59)中，考虑总有机碳含量对质量传输的影响，式(5-59)可以进一步改写为

$$\begin{aligned}
Q_{Tf} = & \alpha \sum_i^J \frac{\pi \Delta p D_f^{OM}}{128 l_0^{D_T^{OM}}} \frac{\mu_\infty}{(\mu_{d,i}^{OM})^2} \left\{ \frac{(\lambda_{max,i}^{OM})^{2+D_T^{OM}} \left[1-(\beta_i^{OM})^{2+D_T^{OM}-D_f^{OM}}\right]}{2+D_T^{OM}-D_f^{OM}} + \frac{8L_s^{OM}(\lambda_{max,i}^{OM})^{1+D_T^{OM}} \left[1-(\beta_i^{OM})^{2+D_T^{OM}-D_f^{OM}}\right]}{1+D_T^{OM}-D_f^{OM}} \right\} \\
& + (1-\alpha) \sum_i^J \frac{\pi \Delta p D_f^{IOM}}{128 l_0^{D_T^{IOM}}} \frac{\mu_\infty}{(\mu_{d,i}^{IOM})^2} \left\{ \frac{(\lambda_{max,i}^{IOM})^{2+D_T^{IOM}} \left[1-(\beta_i^{IOM})^{2+D_T^{IOM}-D_f^{IOM}}\right]}{2+D_T^{IOM}-D_f^{IOM}} + \frac{8L_s^{IOM}(\lambda_{max,i}^{IOM})^{1+D_T^{IOM}} \left[1-(\beta_i^{IOM})^{2+D_T^{IOM}-D_f^{IOM}}\right]}{1+D_T^{OM}-D_T^{OM}} \right\}
\end{aligned} \tag{5-60}$$

式中，Q_{Tf} 为考虑总有机碳含量后总的体积流量，nm^3/s；α 为总有机碳含量，%；D_f^{OM} 为有机孔孔隙分形维数；$\lambda_{max,i}^{OM}$ 为有机孔第 i 段纳米孔最大管径，nm；D_T^{OM} 为有机孔迂曲度分形维数；$\lambda_{min,i}^{OM}$ 为有机孔第 i 段纳米孔最小管径，nm；β_i^{OM} 为 $\lambda_{min,i}^{OM}/\lambda_{max,i}^{OM}$；$L_s^{OM}$ 为有机孔真实滑移长度，nm；D_f^{IOM} 为无机孔孔隙分形维数；$\lambda_{max,i}^{IOM}$ 为无机孔第 i 段纳米孔最大管径，nm；D_T^{IOM} 为无机孔迂曲度分形维数；$\lambda_{min,i}^{IOM}$ 为无机孔第 i 段纳米孔最小管径，nm；β_i^{IOM} 为 $\lambda_{min,i}^{IOM}/\lambda_{max,i}^{IOM}$；$L_s^{IOM}$ 为无机孔真实滑移长度，nm；$\mu_{d,i}^{OM}$ 为有机孔流体有效黏度，mPa·s；$\mu_{d,i}^{IOM}$ 为无机孔流体有效黏度，mPa·s。

5.2.3　返排液表观渗透率模型

5.2.3.1　分形渗透率模型

根据广义达西定律，可以得到页岩储层多孔介质的流量方程：

$$Q_{Tf} = \frac{kA\Delta p}{\mu_\infty l_0} \tag{5-61}$$

利用式(5-46)、式(5-61)，可得到页岩储层液相表观渗透率：

$$\begin{aligned}
k = & \sum_{i=1}^{J} \frac{\pi D_f^{OM} \mu_\infty^2}{128 \left[\frac{\lambda_{max}^{OM}}{2} \sqrt{\frac{\pi D_f^{OM}}{2-D_f^{OM}} \frac{(1-\phi)}{\phi}} \right]^{D_T^{OM}-1} (\mu_{d,i}^{OM})^2} \left[\frac{\lambda_{max,i}^{2+D_T}(1-\beta_i^{3+D_T^{OM}-D_f^{OM}})}{3+D_T^{OM}-D_f^{OM}} + \frac{8L_s^{OM} \lambda_{max,i}^{1+D_T}(1-\beta_i^{2+D_T^{OM}-D_f^{OM}})}{2+D_T^{OM}-D_f^{OM}} \right] \\
& + \sum_{i=1}^{J} \frac{\pi D_f^{OM} \mu_\infty^2}{128 \left[\frac{\lambda_{max}^{OM}}{2} \sqrt{\frac{\pi D_f^{OM}}{2-D_f^{OM}} \frac{(1-\phi)}{\phi}} \right]^{D_T^{OM}-1} (\mu_{d,i}^{OM})^2} \left[\frac{\lambda_{max,i}^{2+D_T}(1-\beta_i^{3+D_T^{OM}-D_f^{OM}})}{3+D_T^{OM}-D_f^{OM}} + \frac{8L_s^{OM} \lambda_{max,i}^{1+D_T}(1-\beta_i^{2+D_T^{OM}-D_f^{OM}})}{2+D_T^{OM}-D_f^{OM}} \right]
\end{aligned}$$

$$\tag{5-62}$$

式中，k 为页岩储层液相表观渗透率，μD。

式(5-62)可用于确定页岩储层压裂液返排过程中的液相渗透率。该模型在计算页岩储层液相渗透率时充分考虑页岩储层孔径分布、有机质孔与无机质孔的润湿差异，并且考虑了在页岩储层纳米孔中压裂液黏度随孔径的变化。

本书所建立的液相表观渗透率模型与 Cai 等[48]和 Wang 等[50]的模型之间有两个主要区别：首先，他们没有考虑有效滑动效应的影响，这对于页岩储集层纳米孔而言很重要；其次，本书提出的模型考虑了受限水黏度特性随孔径的变化特征，而他们的模型中只考虑了恒定黏度。

5.2.3.2　模型验证

将本书渗透率计算方法与 Wang 等[50]和 Cai 等[48]提出的模型进行对比，基本参数见表 5-1。

表 5-1　验证中使用的模拟数据

参数	符号	单位	值
流体类型	—	—	水
有机质最大孔径	$\lambda_{\max}^{OM}$	nm	500
有机质最小孔径	$\lambda_{\min}^{OM}$	nm	0.01
无机质最大孔径	$\lambda_{\max}^{IOM}$	nm	300
无机质最小孔径	$\lambda_{\min}^{IOM}$	nm	0.01
有机质润湿角	θ_{OM}	(°)	150
无机质润湿角	θ_{IOM}	(°)	60
孔隙度	ϕ	无量纲	10%
有机碳含量	α	无量纲	10%
地层温度	T	K	300

首先，对 Wang 等模型和 Cai 等模型进行单毛细管渗透率比较，如图 5-19 所示。

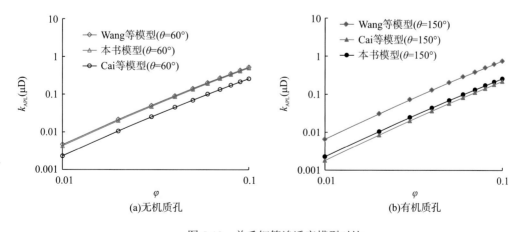

图 5-19　单毛细管渗透率模型对比

图 5-19(a)和图 5-19(b)是不同模型计算的页岩单个无机质孔($\theta=60°$)和有机质孔($\theta=150°$)在温度为 300 K、孔径为 0.01～500 nm 时的表观渗透率计算结果。可以看出，本书建立的模型分别与 Wang 等模型在润湿角为 60°、Cai 等模型在润湿角为 150°时的数据计算结果吻合度较高，证明了本书模型的合理性。本书模型和 Wang 等模型计算的数值相差不大，而与 Cai 等模型相差显著，这是由于本书模型考虑了流体在无机质纳米孔中流动时存在有效滑移效应，Wang 等模型考虑了真实滑移效应，而 Cai 等模型没有考虑滑移效应的影响。同时，对于有机质孔($\theta=150°$)，本书模型的计算结果比 Cai 等模型计算结果要小很多，并且随着孔隙直径的增大，这种差异变小。这是由于 Cai 等模型忽略了流体在纳米孔中流动时滑移效应对液相表观渗透率的影响：孔径越小，滑移效应将更显著地降低纳米孔表观渗透率，而且这种增强效应随着孔径的增大而减小。

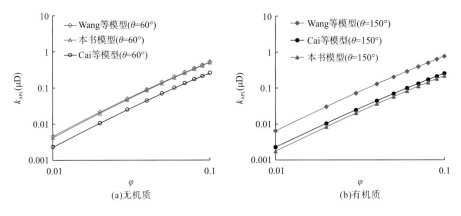

图 5-20　页岩多孔介质液相渗透率模型对比

图 5-20(a)和图 5-20(b)是本书模型计算的页岩储层液相表观渗透率与 Wang 等模型和 Cai 等模型分别针对无机质和有机质的计算结果对比情况。可以看出，页岩储层的液相表观渗透率随着孔隙度的增大而增大，这是因为大孔隙度对应着更多的流动通道。在润湿角为 60°时，本书模型计算结果与 Wang 等模型计算结果吻合较好；而在润湿角为 150°时，本书模型计算结果比 Cai 等模型和 Wang 等模型的计算结果要小。这是由于本书模型既考虑了边界层流体的有效滑移效应，又考虑了页岩储层液相渗透率同时受到纳米孔中压裂液黏度随纳米孔半径变化的综合影响。

此外，也将本书模型的计算结果与分子模拟及其实验结果进行了验证。为了方便表述，定义无量纲参数增强因子：

$$\varepsilon = \frac{k}{k_{HP}} \tag{5-63}$$

式中，k_{HP} 为使用不考虑滑移边界条件的泊肃叶方程计算出来的渗透率，$k_{HP}=(\lambda/2)^2/8$。

将式(5-62)代入式(5-63)，并且不考虑边界滑移效应($L_s^{OM}=L_s^{IOM}=0$)，可以得到增强因子表达式：

$$\varepsilon=\alpha\sum_{i=1}^{J}\frac{\pi D_{\mathrm{f}}^{\mathrm{OM}}\mu_{\infty}^{2}}{4(\lambda_{\max}^{\mathrm{OM}})^{2}\left[\frac{\lambda_{\max}^{\mathrm{OM}}}{2}\sqrt{\frac{\pi D_{\mathrm{f}}^{\mathrm{OM}}}{2-D_{\mathrm{f}}^{\mathrm{OM}}}\frac{(1-\phi)}{\phi}}\right]^{D_{\mathrm{T}}^{\mathrm{OM}}-1}(\mu_{\mathrm{d},i}^{\mathrm{OM}})^{2}}\left[\frac{\lambda_{\max,i}^{2+D_{\mathrm{T}}^{\mathrm{OM}}}(1-\beta_{i}^{3+D_{\mathrm{T}}^{\mathrm{OM}}-D_{\mathrm{f}}^{\mathrm{OM}}})}{3+D_{\mathrm{T}}^{\mathrm{OM}}-D_{\mathrm{f}}^{\mathrm{OM}}}\right]$$

$$+(1-\alpha)\sum_{i=1}^{J}\frac{\pi D_{\mathrm{f}}^{\mathrm{IOM}}\mu_{\infty}^{2}}{4(\lambda_{\max}^{\mathrm{IOM}})^{2}\left[\frac{\lambda_{\max}^{\mathrm{IOM}}}{2}\sqrt{\frac{\pi D_{\mathrm{f}}^{\mathrm{IOM}}}{2-D_{\mathrm{f}}^{\mathrm{IOM}}}\frac{(1-\phi)}{\phi}}\right]^{D_{\mathrm{T}}^{\mathrm{IOM}}-1}(\mu_{\mathrm{d},i}^{\mathrm{IOM}})^{2}}\left[\frac{\lambda_{\max,i}^{2+D_{\mathrm{f}}^{\mathrm{IOM}}}(1-\beta_{i}^{3+D_{\mathrm{T}}^{\mathrm{IOM}}-D_{\mathrm{f}}^{\mathrm{IOM}}})}{3+D_{\mathrm{T}}^{\mathrm{IOM}}-D_{\mathrm{f}}^{\mathrm{IOM}}}\right]$$

$$(5\text{-}64)$$

本书模型与分子模拟和实验结果的对比见表 5-2。

表 5-2　纳米约束水流行为的分子模拟和实验

模型	尺寸 (nm)	表面润湿性 (°)
本书模型	1.3～100	130～180
Holt 等[15]模型	1.3～2.0	150～165
Thomas 等[28]模型	1.66～4.99	130～150
Secchi 等[51]模型	30～100	130～150

图 5-21 所示是本书模型计算出的增强因子与文献发表结果增强因子的对比结果。

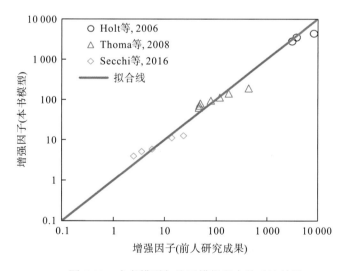

图 5-21　本书模型与分子模拟和实验对比结果

从图 5-21 可以看出，本书建立的模型与前人所提出的模型具有很好的可比性，增强因子随着孔径的减小而增大。另外，与疏水性纳米孔相比，水的输送能力随着润湿角的增大而增加。

5.2.4　渗透率液相影响因素分析

5.2.4.1　润湿角

页岩多孔介质由亲水性 IOM 和疏水性 OM 组成，润湿性差异导致双重润湿性，这与常规储层岩石的润湿性有很大不同。分析润湿性对页岩液相表观渗透率的影响具有重要意义。

页岩储层基质由亲水性无机矿物(石英、方解石、长石、黏土等)和疏水性有机质组成，与常规储集层岩石的均匀性润湿性相比，具有双重润湿性，因此需要区别分析无机质和有机质润湿性差异对页岩储层液相表观渗透率的影响。图 5-22 所示为增强因子与无机质($0°<\theta_{IOM}<90°$)和有机质($90°<\theta_{OM}<180°$)润湿角之间的关系。在无机质中，由于存在多层黏附效应，吸附在纳米孔表面边界层的水膜减少了流体的有效流动通道，限制了水相的流动能力，所以最大的增强因子小于 0.1，如图 5-22(a)所示；同时，随着润湿角的增大，增强因子略有增大。而在有机质中，随着纳米孔润湿角的增大，表面纳米孔更加疏水，使得流体在有机质纳米孔中的流动能力显著增强，因此增强因子大为改善，如图 5-22(b)所示。

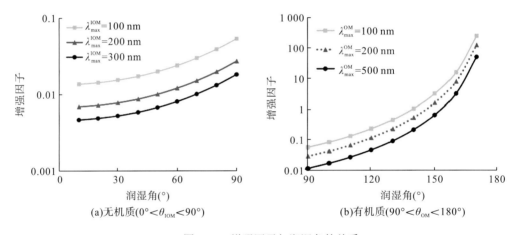

图 5-22　增强因子与润湿角的关系

5.2.4.2　滑移及变黏度效应

图 5-23(a)表示孔隙度为 4%时，页岩储层中考虑黏度变化效应和不考虑黏度变化效应时页岩储层有机质液相渗透率增强因子与润湿角的关系。可以看出，渗透率增强因子随着润湿角的增大而增大：当润湿角为 120°时，流动增强因子仅为 4.4；当润湿角大于 140°时，渗透率增强因子急剧增大；当润湿角为 160°时，流动增强因子大于 300，表明液相渗透率有了显著提高。图 5-23(b)表示孔隙度为 4%时，页岩储层中考虑黏度变化效应和不考虑黏度变化效应时页岩储层无机质液相渗透率增强因子与润湿角的关系。可以看出，当润湿角为 0°时，考虑流体在纳米孔中黏度变化时渗透率增强因子为–83.4，表明页岩储层无机质中考虑黏度变化将显著降低液相渗透率，同时也说明在无机物中不能忽略纳米孔中液体黏度变化对表观渗透率的影响。实际页岩储层既不能简单地作为单一有

机质处理，也不能作为无机质处理。因此，有机质含量对渗透率的影响是不可忽视的。本书模型在实际计算页岩储层基质液相表观渗透率时考虑了有机质含量和无机质含量之和为 1，使之更符合实际。

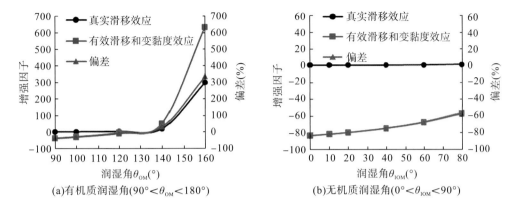

(a)有机质润湿角(90°<θ_{OM}<180°)　　　(b)无机质润湿角(0°<θ_{IOM}<90°)

图 5-23　滑移效应和变黏度效应对增强因子的影响

5.2.4.3　有机碳含量

在实际的页岩储层中，储层基质不能简单地视为仅由有机质组成，也不能视为完全由无机质组成。因此，有机质含量对基体渗透率的影响不容忽视。本书在实际的页岩地层渗透率计算中考虑了有机质含量的加权求和，使其更符合实际。页岩基质渗透率与有机质润湿性密切相关，如图 5-24 所示。页岩基质渗透率的双重润湿性随有机碳含量的增加而增加。当有机碳含量从 0 增加到 50%，润湿角分别为 60°和 150°时，基质渗透率从 0.0258 μD 增大到 0.549 μD，从 0.0292 μD 增大到 2.353 μD，显著增强了水的输送能力，特别是对于疏水性有机质，如图 5-24(b)所示。显然，富含有机质的页岩地层中的基质渗透率远大于在滑移边界条件下的绝对渗透率，导致页岩地层中压裂液体积损失大大超过预期[52]。

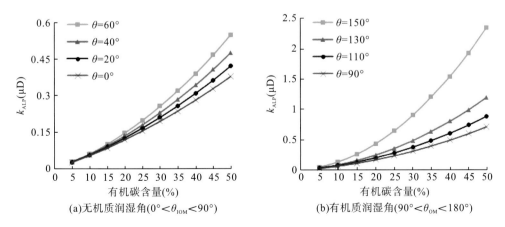

(a)无机质润湿角(0°<θ_{IOM}<90°)　　　(b)有机质润湿角(90°<θ_{OM}<180°)

图 5-24　有机碳含量对页岩基质渗透率的影响

5.2.4.4　岩石孔隙结构

页岩气储层的孔径分布复杂，显然单个纳米孔的渗透率不能有效反映页岩的真实渗透率。考虑页岩局部孔径分布和全部孔径分布具有自相似性，因此通过对孔径的简化，应用分形理论可以计算页岩储层的表观渗透率。在各种参数中，面积分形孔隙尺寸是分形理论的特征参数，因此有必要分析 D_f 和 D_T 对页岩孔隙渗透率的影响。

对于页岩储层来说，其孔隙尺寸分布复杂。通过引入部分和整体分形理论对页岩储层的孔隙尺寸及结构参数进行了有效表征，使得页岩储层纳米基质表观渗透率的计算得以实现。因此，有必要分析页岩储层孔径尺寸分形维数(D_f)和孔隙迂曲度分形维数 (D_T) 对页岩储层表观渗透率的影响。从图 5-25(a) 和 5-25(b) 可以看出，随着 D_f 和 D_T 增加，页岩储层液相的渗透率逐渐降低。孔径尺寸分形维数和迂曲度分形维数代表了页岩储层基质真实多孔介质的非均匀性，迂曲度分形维数越大表明页岩储层基质更加不均匀，因此对应的页岩储层液相表观渗透率更低。

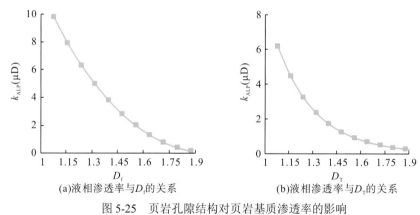

(a)液相渗透率与D_f的关系　　　　(b)液相渗透率与D_T的关系

图 5-25　页岩孔隙结构对页岩基质渗透率的影响

5.3　页岩储层返排气水两相渗透率模型

页岩储层在水力压裂后返排阶段属于典型的气水两相流动。准确获取页岩储层的气水两相相对渗透率对于预测页岩气井的返排及生产效果具有重要影响。国内外很多学者通过实验研究了页岩储层气水相对渗透率曲线，但由于致密砂岩孔隙结构非常复杂，在气水两相流动实验过程中，由于岩心物性差异及所采用研究手段不同，实验结果有较大差异。在本节中，充分考虑页岩孔径分布、含气饱和度和含水饱和度归一性、有机质含量、有效滑移效应、天然气的真实气体效应、纳米孔内水的黏度随孔径变化且受润湿角影响，建立了页岩储层分形多孔介质气水两相对渗透率的计算方法。

5.3.1　气水两相渗透率模型

5.3.1.1　纳米孔气水两相流量模型

毛细管纳米孔内流体的分布和流动状态如图 5-26 所示。毛细管长度为 L，内半径为

r_0，两相界面半径为 r_1，液膜厚度为 δ。

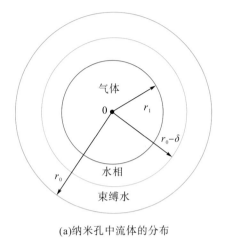
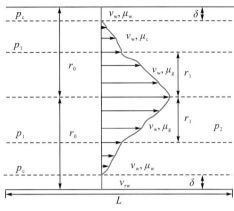

(a)纳米孔中流体的分布　　　　　　　　(b)纳米孔中流体的流动结构

图 5-26　气水两相流动模型示意图

1. 纳米孔气水两相流的流量

作用于流体层的驱动力为 $\pi r^2(p_1-p_2)$，黏滞力为 $2\pi rL\chi$。考虑气水两相流体没有加速度，黏滞力就是驱动力，则有

$$-2\pi rL\chi + \pi r^2(p_1 - p_2) = 0 \tag{5-65}$$

式中，r 为半径，m；L 为毛细管束长度，m；χ 为剪切应力，N/m^2；p_1 为进口端压力，Pa；p_2 为出口端压力，Pa。

式(5-65)可改写为

$$\chi = \frac{p_1 - p_2}{2L}r \tag{5-66}$$

式(5-66)同时适用于湿相流体和非湿相流体。由牛顿黏度剪切定律可知：

$$\chi = \frac{F}{A} = \mu\frac{\mathrm{d}u}{\mathrm{d}y} \tag{5-67}$$

式中，F 为相邻两流体层间内摩擦力，N；μ 为动力黏度，Pa·s；$\dfrac{\mathrm{d}u}{\mathrm{d}y}$ 为流体速度梯度，s^{-1}。

将式(5-67)代入式(5-66)可得到：

$$-\mu_w\frac{\partial v_w}{\partial r} = \frac{p_1 - p_2}{2L}r \tag{5-68}$$

$$-\mu_g\frac{\partial v_g}{\partial r} = \frac{p_1 - p_2}{2L}r \tag{5-69}$$

式中，μ_w 为湿相流体黏度，Pa·s；μ_g 为非湿相气体的黏度，Pa·s；v_w 为湿相流体速度，m/s；v_g 为非湿相气体速度，m/s。

负号表示速度大小与半径大小成反比，式(5-68)和式(5-69)可分别改写为

$$-\int\partial v_w = \int\frac{p_1 - p_2}{2\mu_w L}r\partial r \tag{5-70}$$

$$-\int \partial v_{\mathrm{g}} = \int \frac{p_1 - p_2}{2\mu_{\mathrm{g}}L} r\partial r \qquad (5\text{-}71)$$

对式(5-70)和式(5-71)分别积分可得

$$v_{\mathrm{w}} = -\frac{(p_1 - p_2)r^2}{4\mu_{\mathrm{w}}L} + C_{\mathrm{w}}; \quad r_1 < r < r_0 - \delta \qquad (5\text{-}72)$$

$$v_{\mathrm{rw}} = 0; \quad r_0 - \delta \leqslant r \leqslant r_0 \qquad (5\text{-}73)$$

$$v_{\mathrm{g}} = -\frac{(p_1 - p_2)r^2}{4\mu_{\mathrm{g}}L} + C_{\mathrm{g}}; \quad 0 \leqslant r \leqslant r_1 \qquad (5\text{-}74)$$

式中，v_{rw} 为边界水流体速度，m/s；δ 为边界液膜厚度，m；C_{w} 和 C_{g} 为积分常数，无量纲；r_1 为气水两相分界面半径，m。

边界滑移示意图如图 5-27 所示。

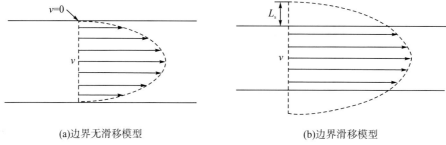

(a)边界无滑移模型　　　　　　　　　　(b)边界滑移模型

图 5-27　滑移长度对边界条件的修正示意图

考虑边界滑移和湿相与非湿相界面处速度相等，则边界条件变为

$$v_{\mathrm{w}}\big|_{r=r_1} = v_{\mathrm{g}}\big|_{r=r_1} \qquad (5\text{-}75)$$

$$v_{\mathrm{w}}\big|_{r=r_0-\delta} = -L_{\mathrm{s}}\frac{\partial v_{\mathrm{w}}}{\partial r}\bigg|_{r=r_0-\delta} \qquad (5\text{-}76)$$

将式(5-75)、式(5-76)代入式(5-72)、式(5-74)得

$$v_{\mathrm{w}} = -\frac{(p_1 - p_2)r^2}{4\mu_{\mathrm{w}}L} + \frac{(p_1 - p_2)(r_0 - \delta)(r_0 - \delta + 2L_{\mathrm{s}})}{4\mu_{\mathrm{w}}L}; \quad r_1 < r < r_0 - \delta \qquad (5\text{-}77)$$

$$v_{\mathrm{g}} = \frac{(p_1 - p_2)r_1^2}{4\mu_{\mathrm{g}}L} - \frac{(p_1 - p_2)r^2}{4\mu_{\mathrm{g}}L} + \frac{(p_1 - p_2)\big[(r_0 - \delta)^2 + 2L_{\mathrm{s}}(r_0 - \delta) - r_1^2\big]}{4\mu_{\mathrm{w}}L}; \quad 0 \leqslant r \leqslant r_1 \qquad (5\text{-}78)$$

考虑非湿润流体的半径 r_1 可表示为

$$r_1 = \left(\frac{\lambda}{2} - \delta\right)\sqrt{S_{\mathrm{g}}} = \left(\frac{\lambda}{2} - \delta\right)\sqrt{1 - S_{\mathrm{w}}} \qquad (5\text{-}79)$$

式中，λ 为纳米孔直径，m；S_{g} 为非润湿相饱和度；S_{w} 为润湿相饱和度，$S_{\mathrm{g}} = 1 - S_{\mathrm{w}}$。

然后将式(5-77)从 $r = r_1$ 到 $r = r_0 - \delta$ 进行积分，再将式(5-78)从 $r = 0$ 至 $r = r_1$ 进行积分。由此可以分别获得润湿相流体和非润湿相流体的体积流量。

$$q_{\mathrm{w}} = \int_{r_1}^{r_0-\delta} v_{\mathrm{w}}\mathrm{d}A = \frac{\pi(p_1 - p_2)\left(\dfrac{\lambda}{2} - \delta\right)^2 S_{\mathrm{w}}}{8\mu_{\mathrm{w}}L}\left[\left(\frac{\lambda}{2} - \delta\right)^2 S_{\mathrm{w}} + 4L_{\mathrm{s}}\left(\frac{\lambda}{2} - \delta\right)\right] \qquad (5\text{-}80)$$

$$q_g = \int_0^{r_1} v_g \mathrm{d}A$$

$$= \frac{\pi(p_1 - p_2)\left(\dfrac{\lambda}{2} - \delta\right)^4 S_g^2}{8\mu_g L} + \frac{\pi(p_1 - p_2)\left[\left(\dfrac{\lambda}{2} - \delta\right)^2 (1 - S_g) + 2L_s\left(\dfrac{\lambda}{2} - \delta\right)\right]\left(\dfrac{\lambda}{2} - \delta\right)^2 S_g}{4\mu_w L} \tag{5-81}$$

2. 真实气体效应修正

由于气体压缩系数和气体黏度的影响，真实气体效应与理想条件下的气体效应不同，这里采用拟温度和拟压力来确定气体黏度。

$$Z = 0.702 p_r^2 \mathrm{e}^{-2.5T_r} - 5.524 p_r \mathrm{e}^{-2.5T_r} + 0.044 T_r^2 - 0.164 T_r + 1.15 \tag{5-82}$$

$$p_r = \frac{p}{p_c} \tag{5-83}$$

$$T_r = \frac{T}{T_c} \tag{5-84}$$

式中，p_r 为拟压力，无量纲；T_r 为拟温度，无量纲；p_c 为临界压力，MPa；T_c 为临界温度，K。

纳米孔中气体传输的有效黏度可表示为[53]

$$\mu_g = 1 \times 10^{-7} K \exp(X \rho^Y) \tag{5-85}$$

$$K = \frac{(9.379 + 0.016\,07M)T^{1.5}}{(209.2 + 19.26M + T)} \tag{5-86}$$

$$\rho = 1.493\,5 \times 10^{-3} \frac{pM}{ZT} \tag{5-87}$$

$$X = 3.448 + \frac{986.4}{T} + 0.010\,09M \tag{5-88}$$

$$Y = 2.447 - 0.222\,4X \tag{5-89}$$

式中，μ_g 为气体在纳米孔中传输的有效黏度，Pa·s；K 为黏度计算的中间变量，无量纲；ρ 为气体密度，kg/m³；X 为密度乘积因子，无量纲；Y 为密度指数，无量纲。

5.3.1.2　页岩储层气水两相流量模型

引入分形理论后可知单位面积内所有纳米孔的总流量等于每个纳米孔的流量的总和[54]：

$$Q_w = -\int_{\lambda_{\min}}^{\lambda_{\max}} q_w(\lambda)\mathrm{d}N \tag{5-90}$$

$$Q_g = -\int_{\lambda_{\min}}^{\lambda_{\max}} q_g(\lambda)\mathrm{d}N \tag{5-91}$$

式中，Q_w 为单位面积内自由液体的总流量，m³/s；Q_g 为单位面积内气体的总流量，m³/s；N 为最小半径 $r_{\min}$ 到最大半径 $r_{\max}$ 的孔隙总数，个；q_w 为单个纳米孔中自由液体的流量，m³/s；q_g 为单个纳米孔中气体的流量，m³/s。

考虑含水饱和度与含气饱和度归一性、有效滑移效应及水相黏度随着孔径变化，将式(5-23)、式(5-24)、式(5-80)、式(5-81)、式(5-82)分别代入式(5-90)和式(5-91)可以得到气水两相流体的体积总流量。

$$Q_{\mathrm{w}} = -\int_{\lambda_{\min}}^{\lambda_{\max}} \frac{\pi(p_1 - p_2)\left(\dfrac{\lambda}{2} - \delta\right)^2 S_{\mathrm{w}}}{8\mu_{\mathrm{w}} L}$$
$$\times \left[\left(\frac{\lambda}{2} - \delta\right)^2 S_{\mathrm{w}} + 4L_{\mathrm{se}}\left(\frac{\lambda}{2} - \delta\right)\right]\mathrm{d}N \tag{5-92}$$

$$Q_{\mathrm{g}} = -\int_{\lambda_{\min}}^{\lambda_{\max}} \frac{\pi(p_1 - p_2)\left(\dfrac{\lambda}{2} - \delta\right)^4 S_{\mathrm{g}}^2}{8\mu_{\mathrm{g}} L} + \frac{\pi(p_1 - p_2)}{4\mu_{\mathrm{w}} L}$$
$$\times \left[\left(\frac{\lambda}{2} - \delta\right)^2 (1 - S_{\mathrm{g}}) + 2L_{\mathrm{se}}\left(\frac{\lambda}{2} - \delta\right)\right]\left(\frac{\lambda}{2} - \delta\right)^2 S_{\mathrm{g}}\mathrm{d}N \tag{5-93}$$

式(5-92)和式(5-93)是页岩纳米孔隙的气水两相传输分形计算模型。需要注意的是，在式(5-92)和式(5-93)中，有效黏度为 μ_{w}、μ_{g} 是与孔径相关的变量，式(5-92)和式(5-93)很难通过积分获得。为了得到式(5-92)和式(5-93)的显式求解式，将页岩储层的整个纳米孔孔径离散化为 J 个微小段，在每个微小段 $\lambda_{\min,i} \leqslant \lambda_i \leqslant \lambda_{\max,i}$ 的流量 $Q_{\mathrm{w},i}$ 和 $Q_{\mathrm{g},i}$ 可以写成：

$$Q_{\mathrm{w},i} = \frac{\pi D_{\mathrm{f}} \Delta p_{\mathrm{w}}}{4\mu_{d,i} l_0^{D_{\mathrm{T}}}} \lambda_{\max}^{D_{\mathrm{f}}} S_{\mathrm{w}} \left\{ \frac{1}{32}\left(\frac{\mu_\infty}{\mu_{d,i}} - S_{\mathrm{g}}\right)\lambda_{\max,i}^{D_{\mathrm{T}} - D_{\mathrm{f}} + 3}\frac{\beta_i^{D_{\mathrm{T}} - D_{\mathrm{f}} + 3}}{D_{\mathrm{T}} - D_{\mathrm{f}} + 3} \right.$$
$$+ \frac{1}{16}\left[(4L_{\mathrm{s}} - 3\delta)\frac{\mu_\infty}{\mu_{d,i}} + \delta(4S_{\mathrm{g}} - 1)\right]\lambda_{\max,i}^{D_{\mathrm{T}} - D_{\mathrm{f}} + 2}\frac{\beta_i^{D_{\mathrm{T}} - D_{\mathrm{f}} + 2}}{D_{\mathrm{T}} - D_{\mathrm{f}} + 2}$$
$$+ \frac{3}{8}\delta\left[(\delta - 4L_{\mathrm{s}})\frac{\mu_\infty}{\mu_{d,i}} - \delta(2S_{\mathrm{g}} - 1)\right]\lambda_{\max,i}^{D_{\mathrm{T}} - D_{\mathrm{f}} + 1}\frac{\beta_i^{D_{\mathrm{T}} - D_{\mathrm{f}} + 1}}{D_{\mathrm{T}} - D_{\mathrm{f}} + 1} \tag{5-94}$$
$$+ \frac{1}{4}\delta^2\left[(12L_{\mathrm{s}} - \delta)\frac{\mu_\infty}{\mu_{d,i}} + \delta(4S_{\mathrm{g}} - 3)\right]\lambda_{\max,i}^{D_{\mathrm{T}} - D_{\mathrm{f}}}\frac{\beta_i^{D_{\mathrm{T}} - D_{\mathrm{f}}}}{D_{\mathrm{T}} - D_{\mathrm{f}}}$$
$$\left. - \frac{1}{2}\delta^3\left[4L_{\mathrm{s}}\frac{\mu_\infty}{\mu_{d,i}} - \delta(1 - S_{\mathrm{g}})\right]\lambda_{\max,i}^{D_{\mathrm{T}} - D_{\mathrm{f}} - 1}\frac{\beta_i^{D_{\mathrm{T}} - D_{\mathrm{f}} - 1}}{D_{\mathrm{T}} - D_{\mathrm{f}} - 1} \right\}$$

$$Q_{\mathrm{g},i} = \frac{\pi D_{\mathrm{f}} \Delta p_{\mathrm{g}}}{4 l_0^{D_{\mathrm{T}}}} \lambda_{\max}^{D_{\mathrm{f}}} S_{\mathrm{g}} \left\{ \frac{1}{32}\left[\frac{S_{\mathrm{g}}}{\mu_{\mathrm{g}}} + (1 - 2S_{\mathrm{g}})\frac{1}{\mu_{d,i}} + 2\frac{\mu_\infty}{\mu_{d,i}^2}\right]\lambda_{\max,i}^{D_{\mathrm{T}} - D_{\mathrm{f}} + 3}\frac{\beta_i^{D_{\mathrm{T}} - D_{\mathrm{f}} + 3}}{D_{\mathrm{T}} - D_{\mathrm{f}} + 3} \right.$$
$$+ \frac{1}{16}\left[(4L_{\mathrm{s}} - 3\delta)\frac{\mu_\infty}{\mu_{d,i}^2} + \delta(8S_{\mathrm{g}} - 5)\frac{1}{\mu_{d,i}} - \frac{4\delta S_{\mathrm{g}}}{\mu_{\mathrm{g}}}\right]\lambda_{\max,i}^{D_{\mathrm{T}} - D_{\mathrm{f}} + 2}\frac{\beta_i^{D_{\mathrm{T}} - D_{\mathrm{f}} + 2}}{D_{\mathrm{T}} - D_{\mathrm{f}} + 2}$$
$$+ \frac{1}{8}\delta\left[(3\delta - 12L_{\mathrm{s}})\frac{\mu_\infty}{\mu_{d,i}^2} + (9\delta - 12\delta S_{\mathrm{g}})\frac{1}{\mu_{d,i}} + \frac{6\delta S_{\mathrm{g}}}{\mu_{\mathrm{g}}}\right]\lambda_{\max,i}^{D_{\mathrm{T}} - D_{\mathrm{f}} + 1}\frac{\beta_i^{D_{\mathrm{T}} - D_{\mathrm{f}} + 1}}{D_{\mathrm{T}} - D_{\mathrm{f}} + 1} \tag{5-95}$$
$$+ \frac{1}{4}\delta^2\left[-\frac{4\delta S_{\mathrm{g}}}{\mu_{\mathrm{g}}} + (12L_{\mathrm{s}} - \delta)\frac{\mu_\infty}{\mu_{d,i}^2} + \delta(8S_{\mathrm{g}} - 7)\frac{1}{\mu_{d,i}}\right]\lambda_{\max,i}^{D_{\mathrm{T}} - D_{\mathrm{f}}}\frac{\beta_i^{D_{\mathrm{T}} - D_{\mathrm{f}}}}{D_{\mathrm{T}} - D_{\mathrm{f}}}$$
$$\left. + \frac{1}{2}\delta^3\left[-4L_{\mathrm{s}}\frac{\mu_\infty}{\mu_{d,i}^2} - 2\delta(1 - S_{\mathrm{g}})\frac{1}{\mu_{d,i}} + \frac{\delta S_{\mathrm{g}}}{\mu_{\mathrm{g}}}\right]\lambda_{\max,i}^{D_{\mathrm{T}} - D_{\mathrm{f}} - 1}\frac{\beta_i^{D_{\mathrm{T}} - D_{\mathrm{f}} - 1}}{D_{\mathrm{T}} - D_{\mathrm{f}} - 1} \right\}$$

式中符号含义见式(5-54)～式(5-58)。

然后，代数叠加每个微小部分的总体积流量，得到以下公式：

$$Q_w = \sum_{i=1}^{J} Q_{w,i} \tag{5-96}$$

$$Q_g = \sum_{i=1}^{J} Q_{g,i} \tag{5-97}$$

将式(5-94)代入式(5-96)中，可以得到：

$$
\begin{aligned}
Q_w = \frac{\pi \Delta p_w D_f}{4 l_0^{D_T}} \lambda_{\max}^{D_f} S_w \sum_{i}^{J} \Bigg\{ & \frac{1}{32}\left(\frac{\mu_\infty}{\mu_{d,i}} - S_g\right) \lambda_{\max,i}^{D_T - D_f + 3} \frac{\beta_i^{D_T - D_f + 3}}{D_T - D_f + 3} \\
& + \frac{1}{16}\left[(4L_s - 3\delta)\frac{\mu_\infty}{\mu_{d,i}} + \delta(4S_g - 1)\right] \lambda_{\max,i}^{D_T - D_f + 2} \frac{\beta_i^{D_T - D_f + 2}}{D_T - D_f + 2} \\
& + \frac{3}{8}\delta\left[(\delta - 4L_s)\frac{\mu_\infty}{\mu_{d,i}} - \delta(2S_g - 1)\right] \lambda_{\max,i}^{D_T - D_f + 1} \frac{\beta_i^{D_T - D_f + 1}}{D_T - D_f + 1} \\
& + \frac{1}{4}\delta^2\left[(12L_s - \delta)\frac{\mu_\infty}{\mu_{d,i}} + \delta(4S_g - 3)\right] \lambda_{\max,i}^{D_T - D_f} \frac{\beta_i^{D_T - D_f}}{D_T - D_f} \\
& - \frac{1}{2}\delta^3\left[4L_s\frac{\mu_\infty}{\mu_{d,i}} - \delta(1 - S_g)\right] \lambda_{\max,i}^{D_T - D_f - 1} \frac{\beta_i^{D_T - D_f - 1}}{D_T - D_f - 1} \Bigg\}
\end{aligned}
\tag{5-98}
$$

式中，Δp_w 为湿相流体的压差，MPa。

同理，将式(5-95)代入式(5-97)中，可以得到：

$$
\begin{aligned}
Q_g = \frac{\pi \Delta p_g D_f}{4 l_0^{D_T}} \lambda_{\max}^{D_f} S_g \sum_{i}^{J} \Bigg\{ & \frac{1}{32}\left[\frac{S_g}{\mu_g} + (1 - 2S_g)\frac{1}{\mu_{d,i}} + 2\frac{\mu_\infty}{\mu_{d,i}^2}\right] \lambda_{\max,i}^{D_T - D_f + 3} \frac{\beta_i^{D_T - D_f + 3}}{D_T - D_f + 3} \\
& + \frac{1}{16}\left[(4L_s - 3\delta)\frac{\mu_\infty}{\mu_{d,i}^2} + \delta(8S_g - 5)\frac{1}{\mu_{d,i}} - \frac{4\delta S_g}{\mu_g}\right] \lambda_{\max,i}^{D_T - D_f + 2} \frac{\beta_i^{D_T - D_f + 2}}{D_T - D_f + 2} \\
& + \frac{1}{8}\delta\left[(3\delta - 12L_s)\frac{\mu_\infty}{\mu_{d,i}^2} + (9\delta - 12\delta S_g)\frac{1}{\mu_{d,i}} + \frac{6\delta S_g}{\mu_g}\right] \lambda_{\max,i}^{D_T - D_f + 1} \frac{\beta_i^{D_T - D_f + 1}}{D_T - D_f + 1} \\
& + \frac{1}{4}\delta^2\left[-\frac{4\delta S_g}{\mu_g} + (12L_s - \delta)\frac{\mu_\infty}{\mu_{d,i}^2} + \delta(8S_g - 7)\frac{1}{\mu_{d,i}}\right] \lambda_{\max,i}^{D_T - D_f} \frac{\beta_i^{D_T - D_f}}{D_T - D_f} \\
& + \frac{1}{2}\delta^3\left[-4L_s\frac{\mu_\infty}{\mu_{d,i}^2} - 2\delta(1 - S_g)\frac{1}{\mu_{d,i}} + \frac{\delta S_g}{\mu_g}\right] \lambda_{\max,i}^{D_T - D_f - 1} \frac{\beta_i^{D_T - D_f - 1}}{D_T - D_f - 1} \Bigg\}
\end{aligned}
\tag{5-99}
$$

式中，Δp_g 为非湿相流体的压差，MPa。

在真实的页岩基质中，不可能只有有机质(润湿角 $\theta > 90°$)或无机质(润湿角 $\theta < 90°$)，所以必须考虑有机碳含量对气水两相流量的影响：

$$Q_{Tw} = \alpha Q_w^{OM} + (1 - \alpha) Q_w^{IOM} = \frac{K_{Tw} A \Delta p_w}{\mu_w l_o} \tag{5-100}$$

$$Q_{Tg} = \alpha Q_g^{OM} + (1 - \alpha) Q_g^{IOM} = \frac{K_{Tg} A \Delta p_g}{\mu_g l_o} \tag{5-101}$$

式中，Q_{Tw} 为含有有机和无机物质的润湿相的总体积流量，m^3/s；Q_{Tg} 为含有有机质(润湿

角 $\theta>90°$ ）和无机质（润湿角 $\theta<90°$ ）的非润湿相的总体积流量，m^3/s；α 为有机碳含量，无因次；l_o 为页岩基质长度，m；Q_w^OM 为只含有有机质的润湿相体积流量，m^3/s；Q_w^IOM 为只含有无机质的润湿相体积流量，m^3/s；Q_g^OM 为只含有有机质的非润湿相体积流量，m^3/s；Q_g^IOM 为只含有无机质的非润湿相体积流量，m^3/s。

同时，利用广义达西定律，可以得到页岩储层返排过程中的两相流量方程：

$$Q_\text{Tw}=\frac{K_\text{Tw}A\Delta p_\text{w}}{\mu_\text{w}l_o} \tag{5-102}$$

$$Q_\text{Tg}=\frac{K_\text{Tg}A\Delta p_\text{g}}{\mu_\text{g}l_o} \tag{5-103}$$

5.3.1.3 页岩储层气水两相渗透率模型

根据式（5-102）和式（5-103）可以得到页岩气多孔介质的有效渗透率表达式：

$$K_\text{Tw}=\frac{Q_\text{Tw}\mu_\text{w}l_o}{A\Delta p_\text{w}} \tag{5-104}$$

$$K_\text{Tg}=\frac{Q_\text{Tg}\mu_\text{g}l_o}{A\Delta p_\text{g}} \tag{5-105}$$

式中，K_Tw 为润湿相有效渗透率，mD；K_Tg 为非润湿相有效渗透率，mD。

绝对渗透率是只含有单相气或者单相水时的流动能力。因此，选择当气体饱和度为 1 时来计算绝对渗透率，得到非润湿相的体积流量：

$$
\begin{aligned}
Q_\text{Tg}=\frac{\pi\Delta p_\text{g}D_\text{f}}{4l_o^{D_\text{T}}}\lambda_\text{max}^{D_\text{f}}\sum_i^J\Bigg\{ & \frac{1}{32}\left(\frac{1}{\mu_\text{g}}-\frac{1}{\mu_{\text{d},i}}+2\frac{\mu_\infty}{\mu_{\text{d},i}^2}\right)\lambda_{\text{max},i}^{D_\text{T}-D_\text{f}+3}\frac{\beta_i^{D_\text{T}-D_\text{f}+3}}{D_\text{T}-D_\text{f}+3} \\
& +\frac{1}{16}\left[(4L_\text{s}-3\delta)\frac{\mu_\infty}{\mu_{\text{d},i}^2}+3\delta\frac{1}{\mu_{\text{d},i}}-\frac{4\delta}{\mu_\text{g}}\right]\lambda_{\text{max},i}^{D_\text{T}-D_\text{f}+2}\frac{\beta_i^{D_\text{T}-D_\text{f}+2}}{D_\text{T}-D_\text{f}+2} \\
& +\frac{1}{8}\delta\left[(3\delta-12L_\text{s})\frac{\mu_\infty}{\mu_{\text{d},i}^2}+(9\delta-12\delta)\frac{1}{\mu_{\text{d},i}}+\frac{6\delta}{\mu_\text{g}}\right]\lambda_{\text{max},i}^{D_\text{T}-D_\text{f}+1}\frac{\beta_i^{D_\text{T}-D_\text{f}+1}}{D_\text{T}-D_\text{f}+1} \\
& +\frac{1}{4}\delta^2\left[-\frac{4\delta}{\mu_\text{g}}+(12L_\text{s}-\delta)\frac{\mu_\infty}{\mu_{\text{d},i}^2}+\frac{\delta}{\mu_{\text{d},i}}\right]\lambda_{\text{max},i}^{D_\text{T}-D_\text{f}}\frac{\beta_i^{D_\text{T}-D_\text{f}}}{D_\text{T}-D_\text{f}} \\
& +\frac{1}{2}\delta^3\left(-4L_\text{s}\frac{\mu_\infty}{\mu_{\text{d},i}^2}+\frac{\delta}{\mu_\text{g}}\right)\lambda_{\text{max},i}^{D_\text{T}-D_\text{f}-1}\frac{\beta_i^{D_\text{T}-D_\text{f}-1}}{D_\text{T}-D_\text{f}-1}\Bigg\}
\end{aligned}
\tag{5-106}
$$

考虑有机质含量对流量的影响，可以得到：

$$Q_{\text{T}K}=\alpha Q_K^\text{OM}+(1-\alpha)Q_K^\text{IOM} \tag{5-107}$$

式中，$Q_{\text{T}K}$ 为含有有机质和无机质的润湿相的总体积流量，m^3/s；α 为有机碳含量；Q_K^OM 为只含有有机质的非润湿相体积流量，m^3/s；Q_K^IOM 为只含有无机质的非润湿相体积流量，m^3/s。

同理，利用广义达西定律同样可以得到多孔介质的非润湿相流量：

$$Q_{TK} = \frac{KA\Delta p_{g}}{\mu_{g}l_{o}} \tag{5-108}$$

综合考虑式(5-107)、式(5-108)，结合式(5-106)，可以得到页岩气多孔介质的绝对渗透率：

$$K = \frac{Q_{TK}\mu_{g}l_{o}}{A\Delta p_{g}} \tag{5-109}$$

应用式(5-104)、式(5-105)、式(5-108)和式(5-109)可以得到两相相对渗透率为

$$K_{rw} = \frac{K_{Tw}}{K} \tag{5-110}$$

$$K_{rg} = \frac{K_{Tg}}{K} \tag{5-111}$$

式中，K_{rw} 为润湿相相对渗透率，无因次；K_{rg} 为非润湿相相对渗透率，无因次；

5.3.2　模型可靠性验证

这里将本书考虑有效滑移长度(L_{se})和滑移长度(L_s)的模型与已经广为认可的 Monte Carlo 模型[55]、Abaci 实验[56]进行对比，如图 5-28 所示。

从图 5-28(a)可知，本书模型(考虑有效滑移长度 L_{se})对于气相相对渗透率而言在 S_w=0.28～0.73 时与 Abaci 模型实验数据吻合较好，而在 S_w<0.28、S_w>0.73 时有些许差别，而水相相对渗透率从无机质(润湿角为 0°、40°、80°)逐渐变到有机质(润湿角为 120°)时由于有效滑移长度的增加而逐渐变大，正好在润湿角等于 80°时与 Abaci 模型实验数据吻合较好，说明 Abaci 模型选取的岩样是中间亲水的，从而也论证了多孔介质的本书模型从实验角度上的正确性。

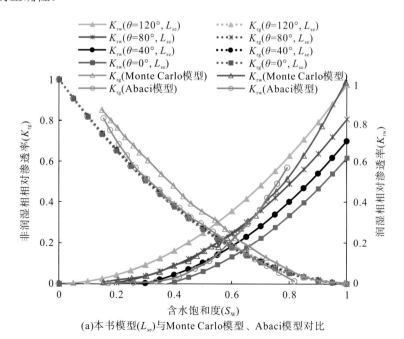

(a)本书模型(L_{se})与Monte Carlo模型、Abaci模型对比

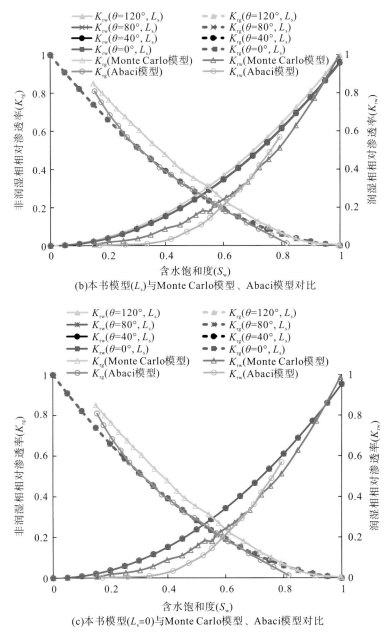

(b)本书模型(L_s)与Monte Carlo模型、Abaci模型对比

(c)本书模型($L_\text{s}=0$)与Monte Carlo模型、Abaci模型对比

图 5-28　多孔介质相对渗透率模型对比

　　然而本书模型［L_se，图 5-28(a)］之所以在含水饱和度为 1 或 0～0.15 时出现在不同润湿角下水相相对渗透率不等于 1 或 0，本书模型［L_s，图 5-28(b)］在含水饱和度为 1 或 0～0.15 时不出现在不同润湿角下水相相对渗透率不等于 1 或 0 及本书模型［$L_\text{s}=0$，图 5-75(c)］在含水饱和度为 1 或 0 时不出现在不同润湿角下水相相对渗透率等于 1 或 0，是因为在含水饱和度较小和岩石疏水时，一方面天然气通道压缩了核心水通道的流动，另一方面由于水相黏度和边界水黏度的较强力吸水性导致了有效滑移长度小于 0 的情况，在含水饱和度为 1，岩石疏水时有效滑移长度小于 0 导致水相相对渗透率小于 1，岩石亲水时有效滑移

长度大于 0 导致水相相对渗透率大于 1。

5.3.3　影响因素分析

5.3.3.1　变水相黏度

在实际页岩储层中，水相黏度随孔径变化并且与核心水黏度和边界水黏度相关，以及受润湿角影响，这个作用称为变水相黏度作用。因此，有必要分析变水相黏度的本书模型与水相黏度不变对气水两相相对渗透率的影响，如图 5-29 所示。

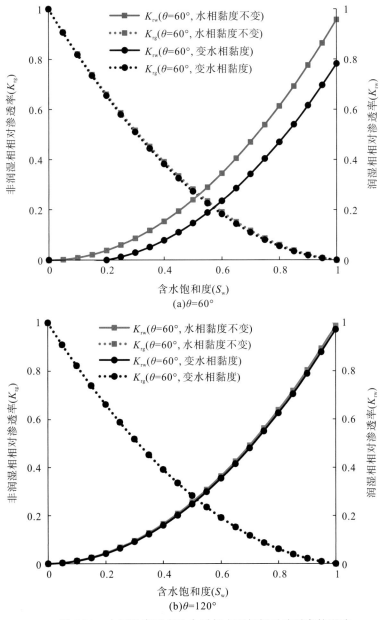

图 5-29　水相黏度对多孔介质气水两相相对渗透率的影响

　　从图 5-29 可以看出,在润湿角等于 60°时变水相黏度对多孔介质气水两相相对渗透率影响十分显著,且考虑了变水相黏度要小于水相黏度不变的水相相对渗透率。而在润湿角等于 120°时变水相黏度对多孔介质气水两相相对渗透率影响不大。这是因为润湿角等于 60°时岩石亲水,而润湿角等于 120°时岩石疏水,变水相黏度对无机孔影响较大,而对有机孔影响较小。另外,很容易看出在含水饱和度为 1 或 0～0.2 在润湿角等于 60°时出现水相相对渗透率小于 1 或 0 的情况,而在润湿角等于 120°时不出现水相相对渗透率小于 1 或 0 的情况,这是因为在润湿角等于 60°时岩石呈现亲水性,并且含水饱和度较大或小时,水相黏度和边界水黏度的强力吸水性导致有效滑移长度小于 0 的作用大于天然气通道压缩了核心水通道的流动;而在润湿角等于 120°时没有出现水相相对渗透率小于 1 或 0 的情况,是因为在润湿角等于 120°时岩石呈现疏水性,水相黏度和边界水黏度的强力吸水性导致有效滑移长度小于 0 的作用正好抵消了天然气通道压缩了核心水通道的流动。因此,本书模型中多孔介质中水的黏度随孔径变化及水相黏度是核心水黏度与边界水黏度的面积加权更加符合实际。

5.3.3.2　有机碳含量

　　在实际页岩储层中,不可能只有有机质或者只有无机质。因此,就有必要分析有机碳含量的本书模型在有机碳含量为 0.2、0.6 和 1 时对气水两相相对渗透率的影响。取无机质润湿角为 60°,有机润湿角为 120°,参数分析结果如图 5-30 所示。

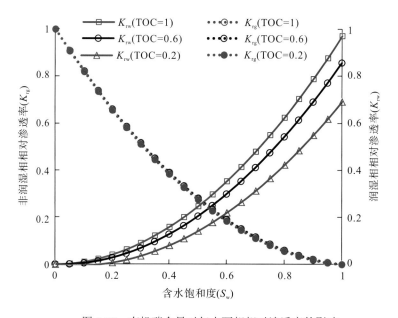

图 5-30　有机碳含量对气水两相相对渗透率的影响

　　从图 5-30 可以看出,有机碳含量对气相相对渗透率影响不大,而对水相相对渗透率影响十分显著。随着有机碳含量的增大,水相相对渗透率逐渐增大,这是因为随着有机碳含量的增大,岩石有机质含量增大,其疏水性更加明显,毛管力充当了驱动水相流动的动力,使得水流动流量逐渐增大。

5.3.3.3　岩石孔隙结构参数

在多孔介质中，由孔隙分形维数(D_f)和迁曲度分形维数(D_T)组成对多孔介质的表征，因此有必要分析结构参数对气水两相相对渗透率的影响。取无机质润湿角为 60°，有机质润湿角为 120°，有机碳含量为 0.05，参数分析结果如图 5-31 所示。

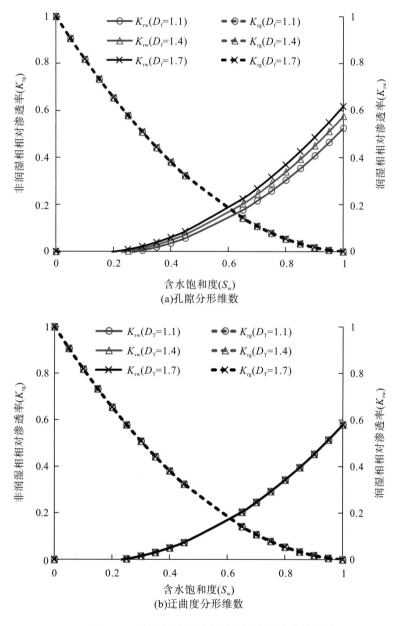

图 5-31　结构参数对气水两相相对渗透率的影响

从图 5-31 可以看出，结构参数对气相相对渗透率影响不大，而对水相相对渗透率的影响较大。随着 D_f 逐渐增大，水相相对渗透率逐渐增大，而随着 D_T 逐渐增大，水相相对渗透率的影响不大。

5.3.3.4 真实气体效应

将考虑真实气体效应的本书模型与不考虑真实气体效应(天然气黏度取 0.018 mPa·s)进行分析,如图 5-32 所示。

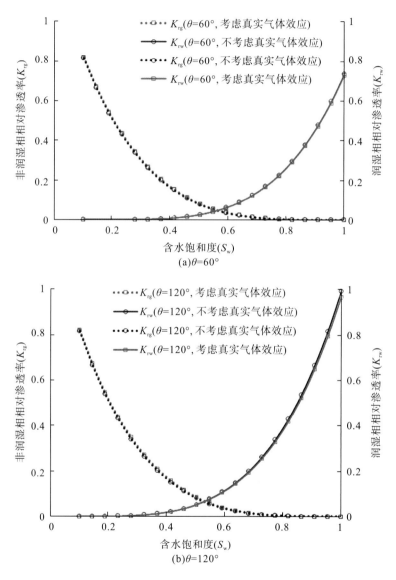

(a)$\theta=60°$

(b)$\theta=120°$

图 5-32 真实气体效应对多孔介质气水两相相对渗透率的影响

从图 5-32 可以看出,在润湿角为 60°和 120°时,气相相对渗透率随着含水饱和度的增加而减小,水相相对渗透率随着含水饱和度的增加而增大。考虑真实气体效应与不考虑真实气体效应的气水两相相对渗透率对比可以看出,真实气体效应对水相相对渗透率几乎没有影响。

参 考 文 献

[1] 曾凡辉, 郭建春, 文超, 等. 一种页岩储层强制自吸量预测方法[P]. CN109632578B, 2020-04-24.

[2] 曾凡辉, 张蔷, 郭建春, 等. 一种页岩有机质强制自吸量预测方法[P]. CN109520894B, 2020-04-24.

[3] Zeng F, Zhang Q, Guo J, et al. Capillary imbibition of confined water in nanopores [J]. Capillarity, 2020, 3(1): 8-15.

[4] Wang J, Rahman S S. Investigation of water leakoff considering the component variation and gas entrapment in shale during hydraulic-fracturing stimulation[J]. SPE Reservoir Evaluation & Engineering, 2016, 19(3): 511-519.

[5] Singh H, Javadpour F. Nonempirical apparent permeability of shale[J]. SPE Reservoir Evaluation & Engineering, 2014, 17(34): 414-424

[6] Feng D, Li X, Wang X, et al. Capillary filling of confined water in nanopores: coupling the increased viscosity and slippage [J]. Chemical Engineering Science, 2018, 186: 228-239.

[7] Benavente D, Lock P, Del Cura M Á G, et al. Predicting the capillary imbibition of porous rocks from microstructure [J]. Transport in Porous Media, 2002, 49(1): 59-76.

[8] Yang L J, Yao T J, Tai Y C. The marching velocity of the capillary meniscus in a microchannel [J]. Journal of Micro Mechanics and Micro Engineering, 2003, 14(2): 220.

[9] Curtis M E, Sondergeld C H, Ambrose R J, et al. Microstructural investigation of gas shales in two and three dimensions using nanometer-scale resolution imaging [J]. AAPG Bulletin, 2012, 96(4): 665-677.

[10] Mortensen N A, Okkels F, Bruus H. Reexamination of Hagen-Poiseuille flow: Shape dependence of the hydraulic resistance in microchannels [J]. Physical Review E, 2005, 71(5): 057301.

[11] Cai J, Perfect E, Cheng C L, et al. Generalized modeling of spontaneous imbibition based on Hagen–Poiseuille flow in tortuous capillaries with variably shaped apertures [J]. Langmuir, 2014, 30(18): 5142-5151.

[12] Landau L D, Lifshitz E M. Course of Theoretical Physics [M]. New York: Elsevier, 2013.

[13] Dietrich T, Kalke S, Richter W D. Stochastic representations and a geometric parametrization of the two-dimensional Gaussian law [J]. Chilean Journal of Statistics, 2013, 4(2): 27-59.

[14] Sedghi M, Piri M, Goual L. Molecular dynamics of wetting layer formation and forced water invasion in angular nanopores with mixed wettability [J]. The Journal of Chemical Physics, 2014, 141(19): 194703.

[15] Holt J K, Park H G, Wang Y, et al. Fast mass transport through sub-2-nanometer carbon nanotubes [J]. Science, 2006, 312(5776): 1034-1037.

[16] Gao J, Szoszkiewicz R, Landman U, et al. Structured and viscous water in subnanometer gaps [J]. Physical Review B, 2007, 75(11): 115415.

[17] Thompson P A, Robbins M O. Origin of stick-slip motion in boundary lubrication [J]. Science, 1990, 250(4982): 792-794.

[18] Romodina M N, Khokhlova M D, Lyubin E V, et al. Direct measurements of magnetic interaction-induced cross-correlations of two microparticles in Brownian motion [J]. Scientific Reports, 2015, 5(1): 1-7.

[19] Lorenz U J, Zewail A H. Observing liquid flow in nanotubes by 4D electron microscopy[J]. Science, 2014, 344(6191): 1496-1500.

[20] Falk K, Coasne B, Pellenq R, et al. Subcontinuum mass transport of condensed hydrocarbons in nanoporous media [J]. Nature Communications, 2015, 6(1): 1-7.

[21] Ortiz-Young D, Chiu H C, Kim S, et al. The interplay between apparent viscosity and wettability in nanoconfined water[J]. Nature Communications, 2013, 4(1): 1-6.

[22] Salwen H, Cotton F W, Grosch C E. Linear stability of Poiseuille flow in a circular pipe [J]. Journal of Fluid Mechanics, 1980, 98(2): 273-284.

[23] Sofos F, Karakasidis T E, Liakopoulos A. Surface wettability effects on flow in rough wall nanochannels [J]. Microfluidics and Nanofluidics, 2012, 12(1-4): 25-31.

[24] Cottin-Bizonne C, Barrat J L, Bocquet L, et al. Low-friction flows of liquid at nanopatterned interfaces [J]. Nature Materials, 2003, 2(4): 237-240.

[25] Maali A, Cohen-Bouhacina T, Kellay H. Measurement of the slip length of water flow on graphite surface [J]. Applied Physics Letters, 2008, 92(5): 053101.

[26] Huang D M, Sendner C, Horinek D, et al. Water slippage versus contact angle: A quasiuniversal relationship [J]. Physical Review Letters, 2008, 101(22): 226101.

[27] Wu K, Chen Z, Li J, et al. Wettability effect on nanoconfined water flow [J]. Proceedings of the National Academy of Sciences, 2017, 114(13): 3358-3363.

[28] Thomas J A, McGaughey A J H. Reassessing fast water transport through carbon nanotubes [J]. Nano Letters, 2008, 8(9): 2788-2793.

[29] Bocquet L, Tabeling P. Physics and technological aspects of nanofluidics [J]. Lab on a Chip, 2014, 14(17): 3143-3158.

[30] Shaat M. Viscosity of water interfaces with hydrophobic nanopores: application to water flow in carbon nanotubes [J]. Langmuir, 2017, 33(44): 12814-12819.

[31] Raviv U, Laurat P, Klein J. Fluidity of water confined to subnanometre films [J]. Nature, 2001, 413(6851): 51-54.

[32] Laliberté M. Model for calculating the viscosity of aqueous solutions [J]. Journal of Chemical & Engineering Data, 2007, 52(2): 321-335.

[33] Morrow N R, Mason G. Recovery of oil by spontaneous imbibition [J]. Current Opinion in Colloid & Interface Science, 2001, 6(4): 321-337.

[34] Birdsell D T, Rajaram H, Dempsey D, et al. Hydraulic fracturing fluid migration in the subsurface: A review and expanded modeling results [J]. Water Resources Research, 2015, 51(9): 7159-7188.

[35] Tas N R, Mela P, Kramer T, et al. Capillarity induced negative pressure of water plugs in nanochannels [J]. Nano Letters, 2003, 3(11): 1537-1540.

[36] Washburn E W. The dynamics of capillary flow[J]. Physical Review, 1921, 17(3): 273.

[37] Zhmud B V, Tiberg F, Hallstensson K. Dynamics of capillary rise [J]. Journal of Colloid and Interface Science, 2000, 228(2): 263-269.

[38] Ruppert L F, Sakurovs R, Blach T P, et al. A USANS/SANS study of the accessibility of pores in the Barnett Shale to methane and water [J]. Energy & Fuels, 2013, 27(2): 772-779.

[39] Shah D O. Thin liquid films and boundary layers: Special disc. of the Faraday Society, no. 1, 1970, Academic Press, New York (1971). 269 pages [J]. AIChE Journal, 1973, 19(6): 1283.

[40] Dimitrov D I, Milchev A, Binder K. Capillary rise in nanopores: molecular dynamics evidence for the Lucas-Washburn equation[J]. Physical Review Letters, 2007, 99(5): 054501.

[41] Chan D Y C, Horn R G. The drainage of thin liquid films between solid surfaces [J]. The Journal of Chemical Physics, 1985,

83(10): 5311-5324.

[42] Kannam S K, Todd B D, Hansen J S, et al. Slip flow in graphene nanochannels[J]. The Journal of Chemical Physics, 2011, 135(14): 016313.

[43] Thompson P A, Troian S M. A general boundary condition for liquid flow at solid surfaces [J]. Nature, 1997, 389(6649): 360-362.

[44] Shannon M A, Bohn P W, Elimelech M, et al. Science and technology for water purification in the coming decades [J]. Nature, 2008, 452(7185): 301-310.

[45] Hsu, ShaoYiu. Pore-scale study of the effect of the saturation history on fluid saturation and relative permeability of three-fluid flow in porous media [J]. Organometallics, 2001, 20(22): 4616-4622.

[46] Geng L, Li G, Tian S, et al. A fractal model for real gas transport in porous shale [J]. AIChE Journal, 2017, 63(4): 1430-1440.

[47] Zeng F H, Zhang Y, Guo J C, et, al. Prediction of shale apparent liquid permeability based on fractal theory [J]. Energy & Fuels, 2020, 34(6): 6822-6833.

[48] Cai J, Yu B, Zou M, et al. Fractal characterization of spontaneous co-current imbibition in porous media [J]. Energy & Fuels, 2010, 24(3): 1860-1867.

[49] Xu P, Yu B. Developing a new form of permeability and Kozeny-Carman constant for homogeneous porous media by means of fractal geometry [J]. Advances in Water Resources, 2008, 31(1): 74-81.

[50] Wang Q, Cheng Z. A fractal model of water transport in shale reservoirs [J]. Chemical Engineering Science, 2019(198): 62-73.

[51] Secchi E, Marbach S, Niguès A, et al. Massive radius-dependent flow slippage in carbon nanotubes [J]. Nature, 2016, 537(7619): 210-213.

[52] Vengosh A, Jackson R B, Warner N, et al. A critical review of the risks to water resources from unconventional shale gas development and hydraulic fracturing in the United States [J]. Environmental Science & Technology, 2014, 48(15): 8334-8348.

[53] Tran H, Sakhaee-Pour A. Viscosity of shale gas [J]. Fuel, 2017(191): 87-96.

[54] Tan X H, Li X P, Liu J Y, et al. Analysis of permeability for transient two-phase flow in fractal porous media [J]. Journal of Applied Physics, 2014, 115(11): 113502.

[55] Xu P, Qiu S, Yu B, et al. Prediction of relative permeability in unsaturated porous media with a fractal approach [J]. International Journal of Heat and Mass Transfer, 2013(64): 829-837.

[56] Abaci S, Edwards J S, Whittaker B N. Relative permeability measurements for two phase flow in unconsolidated sands [J]. Mine Water and the Environment, 1992, 11(2): 11-26.

第6章 页岩储层动态表观渗透率研究

页岩储层有机质发育，孔隙结构复杂多样，储集空间包括有机孔、无机孔和裂缝。页岩气主要以游离气和吸附气存在，在孔隙中流动时存在多重运移方式。本章以川南地区龙马溪组页岩储层为例，分析了页岩矿物组成、储层储集空间类型、页岩气赋存特征和储层含水特征，在此基础上，描述了多重孔隙介质中页岩气的运移及产出过程，为表观渗透率模型的建立奠定基础。进一步考虑页岩储层压裂后存在未改造储层区域和缝网改造区域，考虑页岩未改造区储层空间以纳米孔隙为主，确定了页岩纳米孔隙的流态为连续流、滑脱流和过渡流，根据不同孔径大小的分布频率，建立了页岩基质的多尺度运移模型，该模型可以计算不同流态条件下的页岩气表观渗透率[1]；页岩体积改造区经过压裂施工后形成大量人工裂缝与天然裂缝相互交错的缝网体系，根据微地震反演出的地层压裂裂缝及被激活的天然裂缝图，利用分形维数中的盒子法，确定了改造区的裂缝分形维数，在获取缝网裂缝基本参数的基础上，考虑应力敏感的影响，建立缝宽动态变化的单裂缝表观渗透率模型[2]，然后运用广义达西定律和分形理论升级研究尺度，建立组合不同宽度裂缝的复杂缝网表观渗透率计算模型[3]。

6.1 页岩气多尺度运移机理

页岩储层的渗透率极低，有机质毛细管及无机质毛细管共同构成了页岩的微观孔隙结构，但各自的毛细管直径大小不同，分别具有油湿或者水湿的特点，毛细管中气体的渗流原理和方式也不一样。

6.1.1 页岩气赋存特征

页岩气存在多种赋存机制，主要分为游离气、吸附气和溶解气3种。其中，游离态页岩气主要存在于微米至纳米孔隙和天然微裂缝中，吸附态页岩气主要存在于页岩固体颗粒表面和孔隙壁面，溶解态页岩气则主要存在于干酪根和水体中[4]，如图6-1所示。在页岩储层中，游离气和吸附气占据了绝大部分，占总地质储量的80%~95%，溶解气比例较少。

6.1.1.1 游离气

与常规天然气类似，储集在页岩微纳米孔隙、天然裂缝、人工裂缝中的游离气满足气体状态方程：

$$pV = ZnRT \tag{6-1}$$

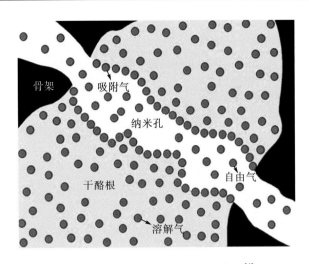

图 6-1 页岩气赋存方式示意图[4]

式(6-1)也可写成：

$$\rho = \frac{pM}{ZRT} \tag{6-2}$$

式中，ρ 为气体密度，kg/m³；p 为压力，Pa；M 为摩尔质量，kg/mol；Z 为偏差因子，无量纲；R 为气体常数，8.314 J/(mol·K)；T 为气体热力学温度，K。

6.1.1.2 吸附气

在页岩气藏中，纳米级孔隙发育的有机质和黏土矿物具有巨大的比表面积，吸附了大量的页岩气。研究表明，吸附气占页岩气总量的 20%～85%，一般可以达到 50%以上[5]。因此，在开发页岩气时，吸附气是不可忽略的因素[6]。吸附气在页岩储层中的吸附性与有机质含量和成熟度、储层孔隙类型和大小、储层温度、压力等因素密切相关。一般采用朗缪尔等温吸附方程来描述吸附气含量。

$$V = V_{\mathrm{L}} \frac{p}{p_{\mathrm{L}} + p} \tag{6-3}$$

式中，V_{L} 为朗缪尔吸附体积，m³/kg；p_{L} 为朗缪尔压力，MPa。

6.1.1.3 溶解气

溶解气一般赋存在页岩干酪根中和孔隙水体中，且溶解度一般较低。因此溶解气只占页岩气总量的很小一部分，大部分学者在研究页岩气储层机理时也都忽略了溶解气的影响，因此本书在研究页岩气运移机理时也不考虑溶解气的作用。

6.1.2 页岩气多重运移机制

6.1.2.1 页岩气流态划分

页岩气储层岩石致密，孔隙结构复杂多样，页岩气在基质孔隙和裂缝中都可以流动。复杂的孔隙结构也决定了页岩气藏的产出过程涉及多种复杂的渗流机理。由于不同流动过程孔径差异非常大，因此流动规律也有很大的差别。为了建立更加准确的页岩气藏产量预测模型，需要全面了解页岩气在不同孔径大小下的流动机理(图 6-2)。

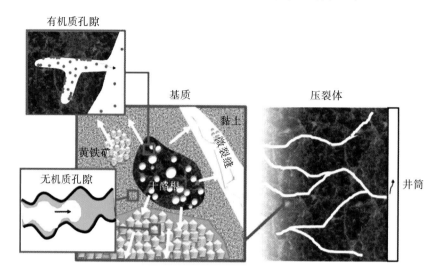

图 6-2 页岩气微观渗流途径

总体来说，页岩气的流动过程主要包括以下 3 个阶段[7]：

(1) 从微纳米孔隙到天然裂缝。该过程基质无机孔和有机孔中的气体向裂缝扩散，吸附气解吸与游离气共同流动。值得注意的是，无机孔一般存在束缚水膜，水的存在会减小气体有效流动半径，影响气体的产出。

(2) 从天然裂缝到人工裂缝。在气体由基质孔隙流向缝网改造区的过程中，分子与壁面的碰撞不可忽略，气体以扩散和滑脱流动的方式进入微裂缝。

(3) 从人工裂缝到井筒。在气体由人工裂缝流向井筒的过程中，裂缝尺度较大，气体以高速非达西渗流的方式进入井筒之中，由于注入的压裂液大量滞留，因此为气水两相流动。

综合以上 3 个过程，页岩气在储层中的主要流动机制见表 6-1。其中，吸附气存在解吸附和表面扩散作用。此外，在研究页岩气在储层中的渗流时还需区分气体在有机孔和无机孔中不同的渗流规律，考虑束缚水饱和度、应力敏感、气体有效黏度的影响。在本书中，关于页岩气在基质储层中的渗流过程，主要考虑游离气和吸附气的运移，见表 6-2。

表 6-1 不同渗流介质中页岩气流动模式

渗流介质	流体	流动模式
有机孔	吸附气、游离气	纳米孔隙内单相气体渗流
无机孔	吸附气(少量)、游离气、水	含束缚水纳米孔隙中的气相渗流
天然微裂缝	游离气、水	束缚水条件下气相渗流
人工裂缝	游离气、水	高速非达西气水两相流动

表 6-2　不同气体类型页岩气运移机制

气体类型	运移机制
游离气	黏性流动，滑脱流动，克努森扩散
吸附气	解吸，表面扩散

在页岩储层中，气体的流动受以上运移机制的综合作用。除此之外，孔径、压力、温度也是影响页岩气运移的因素，影响程度用克努森数来表征，其表达式为[4]

$$K_n = \frac{\lambda}{d} \tag{6-4}$$

其中，气体平均分子自由程的表达式为

$$\lambda(p,T) = \frac{k_B T}{\sqrt{2}\pi\delta^2 p} \tag{6-5}$$

式中，λ 为平均分子自由程，nm；d 为孔喉直径，nm；k_B 为玻尔兹曼常数，J/K；δ 为气体分子碰撞直径，m。

将式(6-5)代入式(6-4)，得到不同毛细管管径下气体 K_n 的表达式：

$$K_n = \frac{k_B T}{\sqrt{2}\pi\delta^2 p}\frac{2}{r} \tag{6-6}$$

Roy 等[8]根据克努森数将气体流态分为自由分子流、过渡流、滑脱流、连续流。不同流态下气体传输机理不同，渗流控制方程也不一样[9]，见表 6-3。

表 6-3　页岩气流态划分

项目	$K_n \leqslant 0.001$	$0.001 < K_n \leqslant 0.1$	$0.1 < K_n \leqslant 10$	$K_n > 10$
流态	连续流	滑脱流	过渡流	自由分子流
流动控制方程	达西方程	克林肯贝格方程	布莱恩特方程	克努森扩散方程

图 6-3 反映了不同孔隙直径、不同压力条件下对应的克努森数及相应流态。可以看出，当孔隙尺度较小和压力较低时，气体在孔隙中的渗流属于分子流，随着孔隙半径和孔隙压

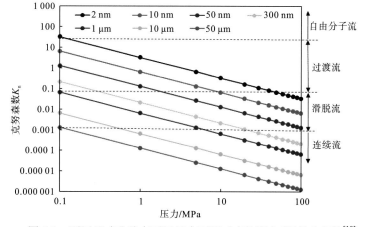

图 6-3　不同尺寸孔隙在不同压力下所对应的流态(据曾凡辉等[10])

力的增大，克努森数逐渐减小，气体流态逐渐由过渡流向滑脱流转变，当孔隙半径继续增大，气体流态转变为连续流。在页岩气生产过程中，地层压力的变化将导致孔隙大小和克努森数的变化，气体流态也随之改变。

为了将不同的传输机理统一起来，国内外相继有学者采用贡献系数的形式，将各种传输机理叠加起来。Rahmanian 等[11]在前人研究的基础上，引入贡献系数 ε，将纳米管中的质量流表示为黏性流和自由分子流两部分叠加而成，其表达式为

$$N_{\text{Tol}} = (1 - \varepsilon)N_{\text{Viscous}} + \varepsilon N_{\text{Free}} \tag{6-7}$$

$$\varepsilon = C_{\text{A}}\left[1 - \exp\left(\frac{-K_{\text{n}}}{K_{\text{nViscous}}}\right)\right]^{S} \tag{6-8}$$

式中，N_{Tol} 为总的质量流量，$\text{kg}/(\text{m}^2 \cdot \text{s})$；$N_{\text{Viscous}}$ 为连续流质量流量，$\text{kg}/(\text{m}^2 \cdot \text{s})$；$N_{\text{Free}}$ 为自由分子流质量流量，$\text{kg}/(\text{m}^2 \cdot \text{s})$；$\varepsilon$ 为贡献系数，取值范围为 $0.7 \sim 1$；C_{A} 为常数，一般取值为 1；K_{nViscous} 为从连续流到拟扩散流开始过渡的克努森数，一般取值为 0.3；S 为常数，一般取值为 1。

6.1.2.2　游离气运移机理

游离气赋存于基质孔隙及裂缝中，主要包括 3 种流动方式：黏性流、滑脱和克努森扩散作用。

1. 黏性流

分子间压力梯度引起气体黏性流动。当气体在孔隙通道中运动，孔隙直径远大于气体分子平均自由程时，分子间碰撞占分子运动的主导地位，大部分的气体分子运动受到分子力的作用，气体表现为黏性流，如图 6-4 所示。

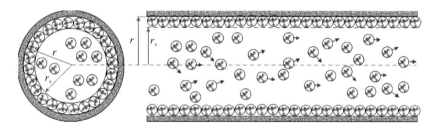

图 6-4　毛细管中黏性流示意图

页岩发育有大量的纳米级孔隙，可将纳米孔视为毛细管模型。当不考虑吸附气存在对毛细管半径的影响时，对于管径为 r 的单根毛细管，其固有渗透率可表示为[12]

$$k_{\text{D}} = \frac{r^2}{8} \tag{6-9}$$

则黏性流的质量流量 J_{Viscous} 可表示为

$$J_{\text{Viscous}} = -\rho \frac{k_{\text{D}}}{\mu}\nabla p = -\rho \frac{r^2}{8\mu}\nabla p \tag{6-10}$$

式中，k_{D} 为固有渗透率，m^2；J_{Viscous} 为黏性流质量流量，$\text{kg}/(\text{m}^2 \cdot \text{s})$；$r$ 为有效流动半径，

m；μ 为黏度，Pa·s。

对于页岩气在纳米管中的运移，考虑吸附气对纳米孔半径的影响（图 6-5）时，纳米孔隙的有效半径减小，通过式（6-11）来计算受吸附气影响时的纳米孔有效半径[13]。

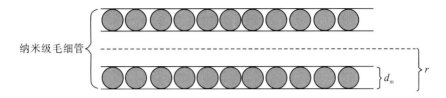

图 6-5　吸附气对纳米孔径的影响

$$r_{\mathrm{e}} = r - d_{\mathrm{m}} \frac{p}{p + p_{\mathrm{L}}} \tag{6-11}$$

式中，r_{e} 为考虑吸附气影响的纳米孔有效半径，m；d_{m} 为气体分子直径，m。

将式（6-11）代入式（6-10），可以得到：

$$
\begin{aligned}
J_{\mathrm{Viscous}} &= -\rho \frac{1}{8\mu} \left(r - d_{\mathrm{m}} \frac{p}{p + p_{\mathrm{L}}} \right)^2 \nabla p \\
&= -\rho \frac{k_{\mathrm{D}}}{8\mu} \left(1 - \frac{d_{\mathrm{m}}}{r} \frac{p}{p + p_{\mathrm{L}}} \right)^2 \nabla p
\end{aligned} \tag{6-12}
$$

根据图 6-3，在一定压力下，页岩气在人工裂缝和天然裂缝中都属于连续流状态，通过式（6-12）可以计算处于连续流阶段的气体质量流量。

2. 滑脱效应

气体在页岩纳米级孔道中运移时，由于孔隙尺度的减小，气体分子和孔壁之间的碰撞增加，页岩气在靠近孔隙壁面时的速度不再为零，此时气体运移表现出滑脱效应，如图 6-6 所示。

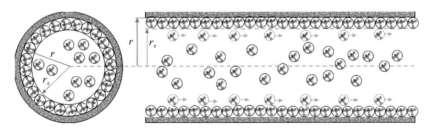

图 6-6　毛细管中滑脱效应示意图

考虑滑脱效应的多孔介质渗透率采用式（6-13）计算[14]：

$$k_{\mathrm{slip}} = k_{\mathrm{D}} \left(1 + \frac{b_{\mathrm{k}}}{p_{\mathrm{alg}}} \right) \tag{6-13}$$

式中，k_{slip} 为考虑滑脱效应的渗透率，m²；b_{k} 为滑脱系数，与气体性质、孔隙结构相关，

Pa；p_{alg} 为岩心进出口平均压力，Pa。

国内外学者在克林肯贝格模型的基础上，经过实验研究和理论研究得到了不同的滑脱系数表达式，见表 6-4。

表 6-4　不同学者研究的滑脱系数表达式

编号	滑脱系数表达式	作者
1	$$b_{\mathrm{k}}=\dfrac{\left(\dfrac{8\pi RT}{M_{\mathrm{g}}}\right)^{0.5}\mu}{r\left(\dfrac{2}{\alpha}-1\right)}$$	Javadpour[4]
2	$$b_{\mathrm{k}}=\mu\left[\dfrac{\pi RT\varphi}{\tau M_{\mathrm{g}}k_{\mathrm{d}}}\right]^{0.5}$$	Civan[15]
3	$$b_{\mathrm{k}}=\alpha K_{\mathrm{n}}+\dfrac{4K_{\mathrm{n}}}{(1-bK_{\mathrm{n}})}+\dfrac{4\alpha K_{\mathrm{n}}^{2}}{(1-bK_{\mathrm{n}})}$$	Jia 等[16]

这里采用 Javadpour 的模型来计算滑脱系数，引入无量纲滑脱系数 F，代入式(6-13)，得到渗透率的修正式：

$$k_{\mathrm{slip}}=k_{\mathrm{D}}(1+F)=k_{\mathrm{D}}\left[1+\left(\frac{8\pi RT}{M}\right)^{0.5}\frac{\mu}{p_{\mathrm{avg}}r}\left(\frac{2}{\alpha}-1\right)^{-1}\right] \tag{6-14}$$

式中，F 为滑脱系数，无量纲；p_{avg} 为平均压力，Pa；α 为切向动量调节系数，无量纲。

3. 克努森扩散

在低压条件下，孔隙直径越小，克努森数越大。气体分子间的碰撞减少，黏性流减弱，而与岩石壁面的碰撞明显增加，此时气体分子的运移表现出克努森扩散，如图 6-7 所示。

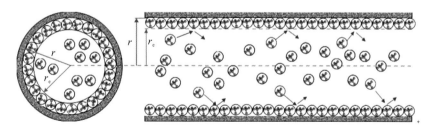

图 6-7　毛细管中克努森扩散示意图

对于单根圆形毛细管，气体由于克努森扩散产生的自由分子流流量为[17]

$$J_{\mathrm{knudsen}}=\alpha_{\mathrm{D}}v(\rho_{\mathrm{in}}-\rho_{\mathrm{out}}) \tag{6-15}$$

式中，α_{D} 为概率系数，无量纲；v 为平均分子速度，m/s；ρ_{in} 为毛细管进口处气体密度，kg/m³；ρ_{out} 为毛细管出口处气体密度，kg/m³。

气体平均分子运动速度为[18]

$$v = \sqrt{\frac{8RT}{\pi M}} \tag{6-16}$$

对于直径为 d、长度为 L 的圆形长直管 $(L \gg d)$，α_D 为 $d/3L$，可得

$$J_{knudsen} = \frac{d}{3L} \sqrt{\frac{8RT}{\pi M}} (\rho_{in} - \rho_{out}) \tag{6-17}$$

将式 (6-17) 写为微分形式：

$$J_{knudsen} = -\frac{d}{3} \sqrt{\frac{8RT}{\pi M}} \frac{d\rho}{dL} \tag{6-18}$$

Javadpour 等[4]定义了不同管径纳米孔隙中的克努森扩散系数 D_k：

$$D_k = \frac{2r}{3} \left(\frac{8RT}{\pi M} \right)^{0.5} \tag{6-19}$$

气体密度表达式为

$$\rho = \frac{pM}{ZRT} \tag{6-20}$$

将式 (6-19)、式 (6-20) 代入式 (6-18) 得

$$J_{knudsen} = \frac{M}{ZRT} D_k \nabla p \tag{6-21}$$

因此，克努森扩散质量运移方程可表述为

$$J_{knudsen} = -\rho \frac{D_k}{p} \nabla p \tag{6-22}$$

式中，$J_{knudsen}$ 为克努森扩散质量流量，kg/(m²·s)；D_k 为克努森扩散系数，m²/s。

6.1.2.3　吸附气运移机理

对于吸附在页岩孔隙壁面和岩石颗粒表面的页岩气，当孔隙内存在压力梯度或浓度梯度时，气体会发生解吸作用和表面扩散作用。

1. 页岩气解吸附

一般采用朗缪尔等温吸附模型来表征页岩气解吸附过程(图 6-8)。该模型表达式为[13]

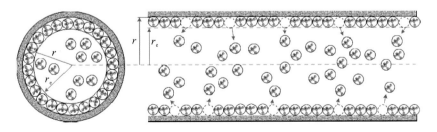

图 6-8　页岩气解吸附示意图

$$G = G_L \frac{p}{p_L + p} \tag{6-23}$$

式(6-23)可表示为吸附质量的表达形式:

$$q_{ads} = \frac{\rho M}{V_{std}} \frac{V_L p}{p + p_L} \tag{6-24}$$

在页岩气开发过程中,地层压力由 p_1 下降为 p_2 时吸附态页岩气的解吸量为

$$\Delta q_{ads} = \frac{\rho M V_L}{V_{std}} \left(\frac{p_1}{p_1 + p_L} - \frac{p_2}{p_2 + p_L} \right) \tag{6-25}$$

式中,q_{ads} 为单位体积页岩的吸附量,kg/m^3;V_L 为朗缪尔体积,m^3/kg。V_{std} 为页岩摩尔体积,m^3/mol;p_L 为朗缪尔压力,Pa。

2. 表面扩散作用

在页岩纳米孔隙内,孔隙或岩石颗粒表面的页岩气除发生解吸外,还会沿孔隙表面流动,即表面扩散现象,如图6-9所示。

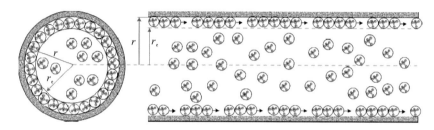

图6-9 表面扩散作用示意图

根据麦克斯韦尔-斯蒂芬的方法,表面扩散质量流量可表示为[19]

$$J_{surface} = -L_m \frac{C_s}{M} \frac{\partial \psi}{\partial l} \tag{6-26}$$

式中,$J_{surface}$ 为表面扩散质量流量,kg/(m^2·s);L_m 为迁移率,mol·s/kg。

当表面扩散气体运移方程表达为浓度梯度的形式时,等于表面扩散系数与浓度梯度的乘积形式,式(6-26)可写为

$$J_{surface} = MD_s \frac{dC_s}{dl} \tag{6-27}$$

式中,D_s 为表面扩散系数,m^2/s;C_s 为吸附气浓度,mol/m^3。

根据朗缪尔等温吸附模型,吸附气浓度可表示为

$$C_s = C_{smax} \frac{p}{p + p_L} \tag{6-28}$$

将式(6-28)代入式(6-27),得到微纳米孔隙中页岩气表面扩散质量运移方程:

$$J_{surface} = -MD_s \frac{C_{smax} p_L}{(p + p_L)^2} \nabla p \tag{6-29}$$

式中,C_{smax} 为吸附气最大吸附浓度,mol/m^3。

6.1.2.4 气体有效黏度

气体的黏度对流量传输的贡献来自气体分子之间的相互碰撞,然而页岩气藏基质区域

孔隙喉道极小，为纳微米级孔隙，与甲烷分子的直径(0.414 nm)相差不大。与常规储层相比，气体分子与孔隙壁面的碰撞频率增加，分子间的碰撞相对减少，此时毛细管内气体表现出来的黏度不是气体的宏观黏度，而是有效黏度[20]。同时在生产的过程中，随着地层压力的降低，气体分子之间发生碰撞的概率减小，实际气体的有效黏度下降。因此，有必要对实际气体的黏度做出适当修正。

为了表征纳微米级孔隙中管径大小和孔隙压力对气体黏度的影响，Huy 提出用黏度系数 $C(K_n)$ 来表征宏观气体黏度与真实气体黏度的比值[21]。

$$\frac{\mu_{eff}}{\mu_0} = C(K_n) \tag{6-30}$$

式中，μ_{eff} 为毛细管中气体的有效黏度，mPa·s；μ_0 为宏观气体黏度，mPa·s。

不同学者提出不同黏度系数模型来预测单根毛细管中真实气体的黏度，见表 6-5。根据龙马溪组岩样孔径分布，计算得到克努森数主要分布在 0～1 范围，采用 Veijola 提出的气体黏度系数表达式，写成黏度的形式：

$$\mu_{eff} = \frac{\mu_0}{1 + 2K_n + 0.2K_n^{0.788} \exp\left(-\dfrac{K_n}{10}\right)} \tag{6-31}$$

表 6-5　不同有效黏度计算公式

编号	黏度系数表达式	适用范围	作者
1	$\dfrac{1}{1 + 2K_n + 0.2K_n^{0.788} \exp\left(-\dfrac{K_n}{10}\right)}$	$0 < K_n < 1$	Veijola
2	$\dfrac{1}{1 + 2K_n}$	$0.1 < K_n < 10$	Chan 等[22]
3	$\dfrac{1 + 6K_n - 6K_n^2}{1 + 6K_n + 13.5K_n^2}$	$0 < K_n < 0.25$	Roohi 等[23]
4	$(0.5 + \alpha_m K_n)\dfrac{0.52969K_n + 1.20597}{0.52969K_n^2 + 1.62767K_n + 0.602985}$	$0 < K_n < 12$	Bahukudumbi[24]

从图 6-10 可以看出，毛细管内气体的有效黏度与克努森数有关，而气体的克努森数与分子的平均自由程和孔隙直径密切相关。随着克努森数的增大，气体的有效黏度减小，当克努森数趋近于零时，毛细管内气体的有效黏度也趋近于气体的宏观黏度。

图 6-11 所示为不同孔隙压力下，气体黏度系数 μ_{eff} / μ_0 随页岩孔隙直径的关系曲线。可以看出，宏观气体黏度与真实气体黏度的比值 μ_{eff} / μ_0 随着孔隙直径的增大而增大；管径越小，压力越低，气体真实黏度与气体宏观黏度的差异越大。这是由于岩石孔隙直径越小，气体分子之间的碰撞相对气体分子和通道表面的碰撞减少，气体有效黏度降低；压力降低，气体稀薄程度增加，气体分子间碰撞减少，造成气体有效黏度下降。因此，在页岩气井生产的过程中，必须考虑地层压力下降和页岩孔径的变化对基质纳微米孔隙中气体有

效黏度的影响。

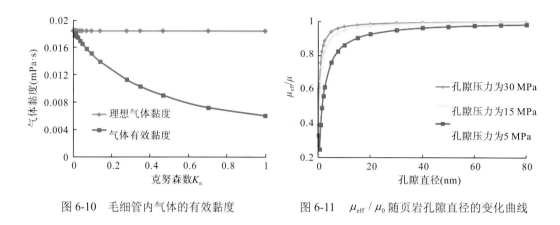

图 6-10　毛细管内气体的有效黏度   图 6-11　μ_{eff} / μ_0 随页岩孔隙直径的变化曲线

6.2　页岩纳米孔表观渗透率模型

页岩毛细管网络复杂，通过扫描电镜实验可知，圆形或椭圆形的纳米级孔隙布满了页岩表面。如图 6-12 所示考虑到不同大小孔隙的分布情况，这里将页岩处理为若干不同孔径毛细管的集合，从单根毛细管出发，研究页岩气在单根毛细管中的运移规律。

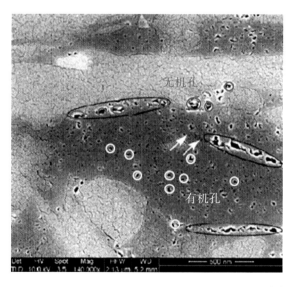

图 6-12　页岩储层中纳米级孔隙的分布(据 Wu 等[25]改)

本节首先对页岩毛细管管径进行修正，然后根据页岩气在不同状态下的质量传输方程，借鉴 Rahmanian 等[11]引入贡献系数的方法，考虑微通道中气体有效黏度、原始含水饱和度、应力敏感效应的影响，分别建立考虑页岩气多尺度运移机制的有机质和无机质单根毛细管质量传输模型。

6.2.1　有机质表观渗透率模型

有机质毛细管孔径很小，表面在大多数情况下为油湿，吸附和自由扩散是气体在有机质毛细管内占绝对地位的存在方式。考虑页岩气在有机孔内传输质量为游离态页岩气黏性流、滑脱流、克努森扩散和吸附气解吸、表面扩散作用所引起的传输质量叠加之和。采用贡献系数的方法，将式(6-12)、式(6-14)、式(6-22)、式(6-25)和式(6-29)代入式(6-7)，得到总的质量传输方程：

$$
\begin{aligned}
J_{\text{tol}} &= (J_{\text{Viscous}} + J_{\text{slip}})(1-\varepsilon) + J_{\text{knudsen}}\varepsilon + J_{\text{surface}} \\
&= -\frac{\rho}{\mu}\left[k_{\text{D}}\left(1 - \frac{d_{\text{m}}}{r}\frac{p}{p+p_{\text{L}}}\right)^2 F(1-\varepsilon) + D_{\text{k}}\frac{\mu}{p}\varepsilon + MD_{\text{s}}\frac{\mu}{\rho}\frac{C_{\text{smax}}p_{\text{L}}}{(p+p_{\text{L}})^2}\right]\nabla p
\end{aligned}
\tag{6-32}
$$

考虑气体在纳米管中有效黏度的变化，式(6-32)可写成：

$$
\begin{aligned}
J_{\text{tol}} &= (J_{\text{Viscous}} + J_{\text{slip}})(1-\varepsilon) + J_{\text{knudsen}}\varepsilon + J_{\text{surface}} \\
&= -\frac{\rho}{\mu_{\text{eff}}}\left[k_{\text{D}}\left(1 - \frac{d_{\text{m}}}{r}\cdot\frac{p}{p+p_{\text{L}}}\right)^2 F(1-\varepsilon) + D_{\text{k}}\frac{\mu_{\text{eff}}}{p}\varepsilon + MD_{\text{s}}\frac{\mu_{\text{eff}}}{\rho}\frac{C_{\text{smax}}p_{\text{L}}}{(p+p_{\text{L}})^2}\right]\nabla p
\end{aligned}
\tag{6-33}
$$

为了方便运用，将式(6-33)写成表观渗透率的形式：

$$
\begin{aligned}
k_{\text{app},i} &= k_{\text{D}}\left[\left(1 - \frac{d_{\text{m}}}{r_i}\frac{p}{p+p_{\text{L}}}\right)^2 + \left(\frac{8\pi RT}{M}\right)^{0.5}\frac{\mu}{p_{\text{avg}}r_i}\left(\frac{2}{\alpha}-1\right)\right](1-\varepsilon) + \frac{2r_i}{3}\left(\frac{8RT}{\pi M}\right)^{0.5}\frac{\mu_{\text{eff}}}{p}\varepsilon \\
&\quad + MD_{\text{s}}\frac{\mu_{\text{eff}}}{\rho}\frac{C_{\text{smax}}p_{\text{L}}}{(p+p_{\text{L}})^2} = k_{\text{D}}\left[\left(1 - \frac{d_{\text{m}}}{r_i}\frac{p}{p+p_{\text{L}}}\right)^2 + F\right](1-\varepsilon) + D_{\text{k}}\frac{\mu_{\text{eff}}}{p}\varepsilon \\
&\quad + MD_{\text{s}}\frac{\mu_{\text{eff}}}{\rho}\frac{C_{\text{smax}}p_{\text{L}}}{(p+p_{\text{L}})^2}
\end{aligned}
\tag{6-34}
$$

式中，$k_{\text{app},i}$ 为第 i 根毛细管的表观渗透率，$10^{-3}\,\mu\text{m}^2$；r_i 为第 i 根毛细管的管径，m。

从式(6-34)可以看出，当孔隙直径、孔隙压力发生变化时，单根毛细管渗透率随之改变。建立表观渗透率模型时需考虑孔隙压力和孔径的变化。

6.2.2　无机质表观渗透率模型

无机孔的毛细管直径与有机孔相比更大，孔隙表面一般情况下更为亲水，通常存在一层密集相排的吸附水膜。同时，由于无机孔壁面吸附能力很弱，滑脱流动和黏滞流动是气体在无机质毛细管中的主要渗流方式。考虑页岩气在单根毛细管中传输时的黏性流、滑脱流、克努森扩散等运移机制，将式(6-12)、式(6-14)和式(6-22)代入式(6-7)，建立无机孔气体质量传输方程：

$$
J_{\text{tol}} = (J_{\text{Visious}} + J_{\text{slip}})(1-\varepsilon) + J_{\text{knudsen}}\varepsilon = -\frac{\rho}{\mu}\left[k_{\text{D}}F(1-\varepsilon) + D_{\text{k}}\frac{\mu}{p}\varepsilon\right]\nabla p
\tag{6-35}
$$

考虑纳米管中气体有效黏度的变化，将式(6-31)代入式(6-35)得

$$J_{\text{tol}}=(J_{\text{Visious}}+J_{\text{slip}})(1-\varepsilon)+J_{\text{knudsen}}\varepsilon=-\frac{\rho}{\mu_{\text{eff}}}\left[k_{\text{D}}F(1-\varepsilon)+D_{\text{k}}\frac{\mu_{\text{eff}}}{p}\varepsilon\right]\nabla p \tag{6-36}$$

为了便于运用，将式(6-36)写成表观渗透率的形式：

$$k_{\text{app},i}=k_{\text{D}}\left[1+\left(\frac{8\pi RT}{M}\right)^{0.5}\frac{\mu_{\text{eff}}}{p_{\text{avg}}r_i}\left(\frac{2}{\alpha}-1\right)\right](1-\varepsilon)+\frac{2r_i}{3}\left(\frac{8RT}{\pi M}\right)^{0.5}\frac{\mu_{\text{eff}}}{p}\varepsilon$$

$$=k_{\text{D}}(1+F)(1-\varepsilon)+D_{\text{k}}\frac{\mu_{\text{eff}}}{p}\varepsilon \tag{6-37}$$

6.2.3 页岩毛细管孔径修正

6.2.3.1 含水饱和度影响

页岩储层富含纳米级微孔，且在储层条件下页岩孔隙(尤其无机孔)普遍含水[26,27]。实验测得页岩结合的水分占岩样总体积的 2.63%～7.19%[28]，因此在研究页岩孔隙中气体流动时必须考虑水的影响，不能忽略。

有研究表明，页岩孔隙具有含水饱和度时，无机孔壁面存在一层具有一定厚度的水膜[29]，水膜的形成将影响无机孔有效孔隙管道半径，如图 6-13 所示。当孔隙压力减小时，毛细管会产生渗吸作用把水吸入孔隙中，这一系列变化会使气体的有效渗流横截面积随孔隙内水膜厚度的增大而不断地变小。因此，在研究页岩气在纳米孔中的流动时必须考虑孔隙含水的影响。

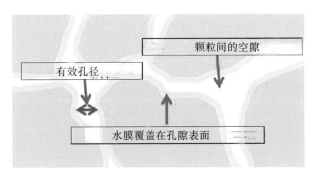

图 6-13 含水饱和度对有效孔径的影响

采用以下计算公式对毛细管中气相的有效流动半径进行修正[28]：

$$r_{\text{esw},i}=r_i\sqrt{1-S_{\text{w}}} \tag{6-38}$$

式中，$r_{\text{esw},i}$ 为考虑含水饱和度修正后的第 i 组毛细管对应的有效流动半径，nm；r_i 为第 i 组毛细管对应的半径，nm；S_{w} 为页岩孔隙含水饱和度，%。

从图 6-14 可以看出，毛细管中含水饱和度对有效管径的影响很大。随着含水饱和度的增大，气体有效流动半径逐渐减小，当毛细管中含水饱和度达到40%时，有效管径仅为原始管径的69.1%。有效流动半径的减小将直接阻碍气体在页岩纳米孔隙中的流动，因此页岩储层含水饱和度对孔隙中气体流动的影响不可忽略。

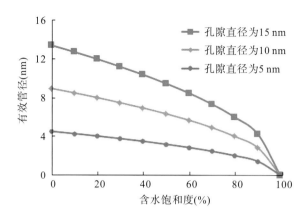

图 6-14　毛细管中含水饱和度对无机孔有效管径的影响

6.2.3.2　应力敏感影响

页岩开采过程中，随着页岩气的不断排出，储层压力下降，有效应力不断增大，应力敏感作用将变得显著，导致岩石孔隙变小，储层孔隙度和渗透率降低。Dong 等[30]基于岩心应力敏感实验，提出下列公式表征应力敏感效应对页岩孔隙度和渗透率的影响。

$$k = k_0 \left(\frac{p_e}{p_0} \right)^{-s} \tag{6-39}$$

$$\phi = \phi_0 \left(\frac{p_e}{p_0} \right)^{-q} \tag{6-40}$$

式中，k 为有效应力下的渗透率，$\times 10^{-3}\ \mu m^2$；k_0 为大气压下的渗透率，$\times 10^{-3}\ \mu m^2$；p_e 为有效应力，MPa；p_0 为大气压，MPa；ϕ 为有效应力下的孔隙度，%；ϕ_0 为大气压下的孔隙度，%；s 为渗透率修正系数，无量纲；q 为孔隙度修正系数，无量纲。

其中，页岩的孔隙半径可用下式表示[31]：

$$r_i = 2\sqrt{2\tau} \sqrt{\frac{k}{\varphi_e}} \tag{6-41}$$

联立式(6-39)至式(6-41)，考虑应力敏感效应的影响，页岩孔隙半径可表示为

$$r_{ep,i} = r_i \left(\frac{p_e}{p_0} \right)^{0.5(q-s)} \tag{6-42}$$

式中，$r_{ep,i}$ 为考虑应力敏感效应的第 i 组毛细管对应的有效流动半径，nm。

将式(6-38)代入式(6-42)，即可得考虑含水饱和度和应力敏感的页岩纳米孔有效半径表达式：

$$r_{e,i} = r_i \sqrt{1 - S_w} \left(\frac{p_e}{p_0} \right)^{0.5(q-s)} \tag{6-43}$$

至此，考虑应力敏感效应对页岩纳米孔半径的影响，将页岩毛细管孔径的修正式(6-43)代入式(6-34)，则有机孔表观渗透率 $k_{app,i}$ 的表达式可写成：

$$k_{\text{app},i}=k_{\text{D}}\left[\left(1-\frac{d_{\text{m}}}{r_{\text{eOM},i}}\frac{p}{p+p_{\text{L}}}\right)^2+\left(\frac{8\pi RT}{M}\right)^{0.5}\frac{\mu_{\text{eff}}}{p_{\text{avg}}r_{\text{eOM},i}}\left(\frac{2}{\alpha}-1\right)\right](1-\varepsilon)+\frac{2r_{\text{eOM},i}}{3}\left(\frac{8RT}{\pi M}\right)^{0.5}\frac{\mu_{\text{eff}}}{p}\varepsilon$$

$$+MD_s\frac{\mu_{\text{eff}}}{\rho}\frac{C_{\text{smax}}p_{\text{L}}}{(p+p_{\text{L}})^2}=k_{\text{D}}\left[\left(1-\frac{d_{\text{m}}}{r_{\text{eOM},i}}\frac{p}{p+p_{\text{L}}}\right)^2+F\right](1-\varepsilon)+D_k\frac{\mu_{\text{eff}}}{p}\varepsilon+MD_s\frac{\mu_{\text{eff}}}{\rho}\frac{C_{\text{smax}}p_{\text{L}}}{(p+p_{\text{L}})^2}$$

$$(6\text{-}44)$$

式中，$r_{\text{eOM},i}$ 为考虑应力敏感效应的第 i 条有机质毛细管的有效半径，m。

同理，考虑应力敏感效应和孔隙含水饱和度对页岩无机质纳米孔有效流动半径的影响，将式(6-43)代入式(6-37)，则无机孔表观渗透率 $k_{\text{app},i}$ 可写成：

$$k_{\text{app},i}=k_{\text{D}}\left[1+\left(\frac{8\pi RT}{M}\right)^{0.5}\frac{\mu_{\text{eff}}}{p_{\text{avg}}r_{\text{e},i}}\left(\frac{2}{\alpha}-1\right)\right](1-\varepsilon)+\frac{2r_{\text{eIOM},i}}{3}\left(\frac{8RT}{\pi M}\right)^{0.5}\frac{\mu_{\text{eff}}}{p}\varepsilon$$

$$=k_{\text{D}}(1+F)(1-\varepsilon)+D_k\frac{\mu_{\text{eff}}}{p}\varepsilon \qquad (6\text{-}45)$$

式中，$r_{\text{eIOM},i}$ 为考虑应力敏感效应和水膜影响的第 i 条无机质毛细管的有效半径，m。

图 6-15 和图 6-16 分析了毛细管中应力敏感效应和水膜对渗透率修正系数的影响。可以看出，在孔隙直径较小时，应力敏感效应和水膜对渗透率修正系数的影响显著。考虑应力敏感效应的有机孔渗透率修正系数明显小于忽略应力敏感效应的有机孔渗透率修正系数，考虑应力敏感效应和水膜影响的无机孔渗透率修正系数也明显偏小。这是因为应力敏感效应和水膜的存在减小了气体的有效流动半径，从而使气体的渗透率偏小。在孔隙直径大于 100 nm 时，应力敏感效应和水膜的影响则可忽略。因此与常规储层相比，页岩储层更需要考虑应力敏感效应和水膜的影响。

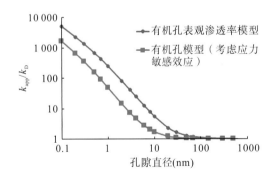

图 6-15　应力敏感效应对有机孔渗透率修正系数的影响

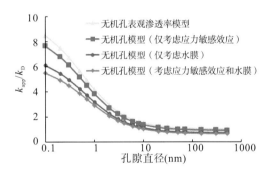

图 6-16　应力敏感效应和水膜对无机孔渗透率修正系数的影响

6.2.3.3　渗透率和孔隙度修正系数获取

为了获取不同围压下页岩孔隙度，采用波义耳单室法，通过上下活塞对岩样施加压力。该方法的实验装置如图 6-17 所示。其中，岩样的体积为 V_1，样品室的体积为 V_P，阀1 和阀 2 间管线的体积为 V_s，若平衡压力为 P_f，则岩石孔隙体积可表示为式(6-46)，从而计算得到岩样孔隙度。

$$V_p = \left(\frac{P_{i1} - P_f}{P_f - P_{i2}}\right)V_s - V_1 \tag{6-46}$$

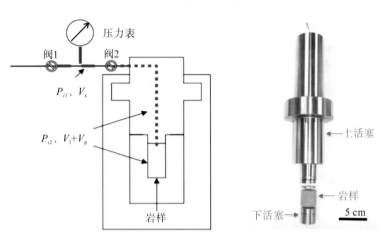

图 6-17　波义耳单室法实验装置

通过对不同有效应力下的页岩渗透率和孔隙度的实验数据进行分析计算,可以确定实验岩样对应的渗透率修正系数和孔隙度修正系数。实验测得岩样渗透率和孔隙度随有效应力的变化见表 6-6 和表 6-7。

表 6-6　实验测得不同有效应力对应的页岩渗透率　　　　　　　　　　　单位：$10^{-3}\mu m^2$

岩样	有效应力(MPa)			
	0.1	1.5	7.5	16.0
岩样 1	0.0165	0.0138	0.0122	0.0072
岩样 2	0.0147	0.0124	0.0109	0.0065
岩样 3	0.0219	0.0167	0.0144	0.0102
岩样 4	0.0436	0.0328	0.0247	0.0173

表 6-7　实验测得不同围压下的页岩孔隙度

岩样	围压(MPa)			
	1.0	2.5	8.0	20.0
岩样 1	0.053	0.048	0.045	0.042
岩样 2	0.066	0.059	0.054	0.051
岩样 3	0.065	0.055	0.052	0.048
岩样 4	0.072	0.069	0.065	0.063

结合式(6-39)和式(6-40)可得渗透率修正系数 s、孔隙度修正系数 q 可分别表示为

$$s = -\frac{\log\dfrac{k}{k_0}}{\log\dfrac{p_e}{p_0}} \tag{6-47}$$

$$q = -\frac{\log \dfrac{\phi}{\phi_0}}{\log \dfrac{p_e}{p_0}} \qquad\qquad (6\text{-}48)$$

通过实验数据求得渗透率修正系数 s 和孔隙度修正系数 q，见表 6-8。

表 6-8　4 个岩样的渗透率修正系数和孔隙度修正系数均值

岩样	渗透率修正系数 s	孔隙度修正系数 q
岩样 1	0.074	0.037
岩样 2	0.070	0.043
岩样 3	0.063	0.040
岩样 4	0.082	0.048

6.2.4　模型验证及影响因素分析

6.2.4.1　模型验证

Roy 等[8]通过实验的方式研究了气体在纳米管中的质量运移规律，Javadpour 等[4]则推导了页岩气在微纳米孔隙尺度下的表观渗透率经典理论模型，本书利用 Roy 等的实验数据和 Javadpour 等的经典理论模型对单根毛细管渗透率模型进行了验证。

1. 实验数据验证

Roy 等[8]在实验过程中通过改变纳米孔进口压力，测量不同压差条件下的纳米管质量流量，测试结果如图 6-18 所示。其中，采用惰性气体时，几乎没有表面扩散作用，因此采用无机孔渗透率模型与实验数据进行对比，模型计算基础参数见表 6-9。

图 6-18 为本书无机孔渗透率模型计算结果与实验数据对比情况，横坐标表示纳米管进出口压差，纵坐标表示通过纳米孔的运移质量流量。可以看出，本书无机孔渗透率模型的计算结果与实验结果趋势一致，拟合程度高，验证了单根毛细管模型的可靠性。

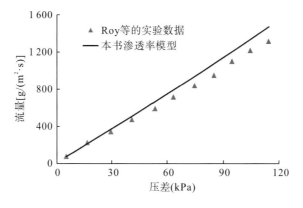

图 6-18　理论模型计算结果与实验数据对比图

表 6-9　模型计算基础参数

参数名	数值	参数名	数值
气体类型	Ar	孔隙直径(nm)	200
切向动量调节系数	0.85	临界温度(K)	150.86
气体常数 [Pa·m³/(mol·K)]	8.314	温度(K)	300
分子直径(m)	3.4×10^{-10}	临界压力(Pa)	4.834×10^{6}
气体黏度(Pa·s)	2.3×10^{-5}	出口压力(kPa)	4.8
气体摩尔质量(g/mol)	40	朗缪尔压力(Pa)	2.5×10^{6}

2. 理论模型验证

Javadpour 等[4]考虑纳米孔隙中气体的黏性流、滑脱流和克努森扩散作用，建立页岩气藏表观渗透率模型。

$$k_{\text{app},i} = k_{\text{D}} \left[1 + \left(\frac{8\pi RT}{M} \right)^{0.5} \frac{\mu}{p_{\text{avg}} r} \left(\frac{2}{\alpha} - 1 \right) \right] + \frac{2r}{3} \left(\frac{8RT}{\pi M} \right)^{0.5} \frac{\mu}{p} = k_{\text{D}}(1 + F) + D_{\text{k}} \frac{\mu}{p} \tag{6-49}$$

将式(6-34)、式(6-37)与式(6-49)进行对比可以看出，在 Javadpour 等渗透率模型的基础上，本书模型考虑了页岩储层中有机孔中表面扩散和解吸附过程对表观渗透率的影响，并采用贡献系数的方式，将多重运移机制结合起来，并非 Javadpour 模型的直接叠加。同时，本书有机孔和无机孔表观渗透率模型还考虑页岩气在低压微孔下有效黏度的影响。若不考虑有效黏度的影响与贡献系数，本书建立的无机质单根毛管渗透率模型则与 Javadpour 模型完全一致，说明 Javadpour 模型仅适用于无机孔中气体的渗流情况。

采用表 6-10 的基础参数对本书模型进行理论验证。为了便于分析，定义表观渗透率与页岩固有渗透率的比值为渗透率修正系数，表达式为 $k_{\text{app}}/k_{\text{D}}$。有机孔表观渗透率模型和无机孔表观渗透率模型与 Javadpour 模型的渗透率修正系数随克努森数的变化曲线如图 6-19 所示。

从图 6-19 可以看出，当 K_{n} 小于 0.01(孔隙尺度较大)时，本书模型与 Javadpour 模型吻合较好，这是因为当孔隙直径较大时，气体处于连续流阶段，表面作用较弱。随着克努森数的增大(孔隙直径减小)，当气体处于滑脱流和过渡流阶段时，表面扩散作用增强，此时相同尺寸下有机孔渗透率相对更大，这是因为本书模型在 Javadpour 模型的基础上考虑了页岩气表面扩散和解吸附的影响。同时从图 6-19 还可以看出，由于采用了贡献系数的形式，无机孔表观渗透率较 Javadpour 模型小，孔径越小，这种偏离程度越明显。因此在实际生产中，有必要对页岩储层的渗透率进行修正。

表 6-10　Javadpour 等模型验证基础参数

参数名	数值	参数名	数值
气体类型	CH₄	温度(K)	412
气体分子密度(kg/m³)	0.65	平均压力(MPa)	10
气体摩尔质量(kg/mol)	0.016	表面最大浓度(mol/m³)	24 080
气体黏度(Pa·s)	1.76×10^{-5}	表面扩散系数(m²/s)	2.73×10^{-10}
朗缪尔压力(MPa)	2.38	切向动量调节系数(无量纲)	0.8

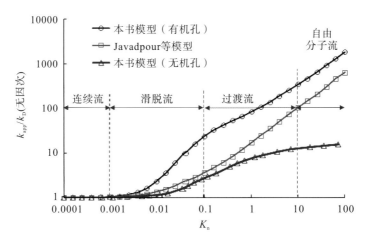

图 6-19　渗透率修正系数随克努森数的变化曲线

图 6-20 所示为滑脱系数、贡献系数和克努森扩散系数随孔径的变化曲线。可以看出，随着孔径的增大，单根毛细管的滑脱系数 F 和贡献系数 ε 逐渐减小，最后逐渐趋于 0；管径较小时，克努森扩散系数 D_k 很小，随着孔径的增大，D_k 逐渐加大。这是因为孔径增大，毛细管的克努森扩散系数逐渐减小，气体分子与壁面的相互作用越来越弱，因而滑脱效应不断减小，所占权重也越来越小；相反，随着页岩气流态逐渐趋于连续流，气体分子与壁面的作用越来越小，克努森扩散所占权重逐渐增大。

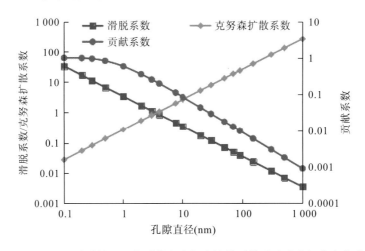

图 6-20　滑脱系数、贡献系数和克努森扩散系数随孔隙直径的变化曲线

图 6-21 反映了本书有机孔表观渗透率模型、Javadpour 模型、无机孔表观渗透率模型的渗透率修正系数曲线。可以看出，3 个模型中有机孔渗透率模型渗透率修正系数最大，这是因为有机孔渗透率模型在 Javadpour 模型基础上考虑了页岩气吸附解吸和表面扩散的作用。当孔隙尺度较小时，表面扩散作用较强，而 Javadpour 模型忽略了表面扩散作用的影响，所以 Javadpour 等模型渗透率修正系数更小；当孔隙尺度较大时，表面扩散作用变弱，3 种模型吻合性很好；同时，由于无机孔渗透率模型不考虑吸附和解吸作用，所得渗透率修正系

数为 3 种模型中最小，可见本书分别考虑有机孔和无机孔渗透率具有更好的适用性。

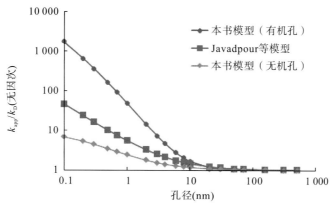

图 6-21　渗透率修正系数随孔隙直径的变化曲线

6.2.4.2　影响因素分析

基于单根毛细管渗透率模型，分析孔隙直径、孔隙含水饱和度、孔隙压力对毛细管表观渗透率的影响。

1. 孔隙直径

本书建立的有机孔表观渗透率模型和无机孔表观渗透率模型考虑了页岩气黏性流、滑脱流、克努森扩散、表面扩散等多重运移机制，分析无机孔和有机孔中不同运移机理流量占总流量的百分比随孔隙直径的变化，如图 6-22 和图 6-23 所示。

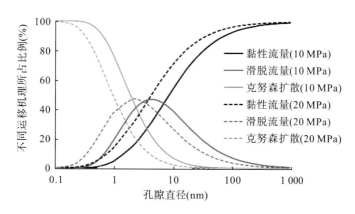

图 6-22　无机孔不同运移机理随孔隙直径的变化曲线

从图 6-22 可以看出，对于无机孔而言，随着孔隙直径的减小，黏性流对气体传输的贡献逐渐减小；而滑脱效应的贡献先增大后减小，克努森扩散对传输质量的贡献逐渐增强，当孔隙直径小于 1 nm 时，克努森扩散占主导地位，说明克努森扩散在小管径时对无机孔传输流量的影响显著。

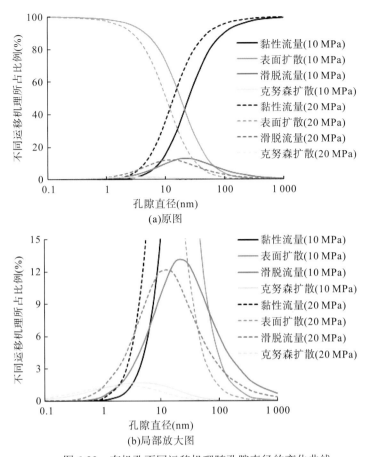

图 6-23　有机孔不同运移机理随孔隙直径的变化曲线

从图 6-23 可以看出，对于有机孔而言，随着孔隙直径的减小，黏性流逐渐减弱，表面扩散作用逐渐增强。当孔隙直径小于 10 nm 时，有机孔中表面扩散作用占主导，对于相同孔隙直径的有机孔，表面扩散对传输流量的贡献远大于克努森扩散作用和滑脱效应。此外，随着孔隙直径的减小，滑脱效应和克努森扩散作用先增大后减小，但对流量的贡献比例均不高。

从图 6-22 和图 6-23 还可以看出，孔隙压力越高，不同运移机理流量占总流量的百分比曲线整体左移。这是因为压力越高，分子间碰撞越剧烈，黏性流作用增强，克努森扩散作用和表面扩散效应则相对减弱。

2. 孔隙含水饱和度

由于有机质表面的疏水作用，水分子很难进入有机孔中，而页岩无机质具有极强的亲水能力，无机孔表面通常吸附水膜。因此，在页岩基质区域，含水饱和度主要影响无机孔中气体的流动能力。

图 6-24 所示为无机孔渗透率修正系数与含水饱和度的关系曲线。可以看出，对于单根无机质毛细管，渗透率修正系数随着含水饱和的增大而减小。这是因为含水饱和度增大，无机孔表面的水膜变厚，气体有效流动半径减小，导致气体流动能力降低。当含水饱和度

为 100%时，此时无机孔完全被地层水堵塞，气体不再流出。

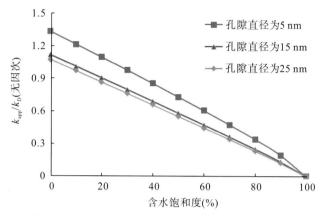

图 6-24　无机孔渗透率修正系数与含水饱和度的关系曲线

3. 孔隙压力

为了分析孔隙压力对毛细管渗透率的影响，在假设围压不变的情况下，分析有机孔修正系数和无机孔修正系数随孔隙压力的变化规律。图 6-25 和图 6-26 分别反映了不同孔隙直径下有机孔渗透率修正系数和无机孔渗透率修正系数与孔隙压力之间的关系。

从图 6-25 和图 6-26 可以看出，孔隙压力对毛细管渗透率的影响显著，随着孔隙压力的增大，有机孔和无机孔的渗透率修正系数都显著减小。这是因为当孔隙压力较小时，有效应力很大，导致毛细管孔隙直径显著减小，进而影响毛细管渗透率。同时孔隙压力越小，相同条件下克努森数越大，克努森扩散和表面扩散作用越明显，因此这时的渗透率修正系数较大。随着孔隙压力的增大，有效应力减小，表面扩散和克努森扩散作用逐渐减弱，气体更接近黏性流，渗透率修正系数降低。随着孔隙压力继续增加，有效应力对毛细管孔径的压迫作用进一步减弱，孔隙压力对孔道内的页岩气的压迫排除作用大于了毛细管孔径收缩对毛细管渗透率的影响，促进页岩气体排出，毛细管渗透率略有上升。这种现象在孔径较大的毛细管中表现明显。

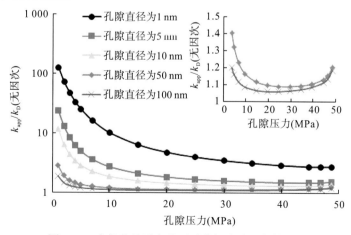

图 6-25　有机孔渗透率修正系数与孔隙压力的关系曲线

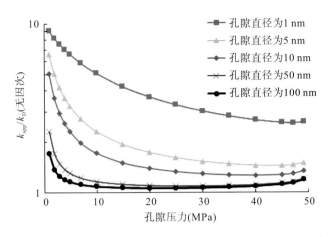

图 6-26　无机孔渗透率修正系数与孔隙压力的关系曲线

从图 6-26 还可以看出，在相同管径情况下，孔隙压力对有机孔渗透率的影响程度大于无机孔。毛细管管径越小，孔隙压力对渗透率修正系数的影响越显著。

综合可以得出，其他条件不变时，含水饱和度越高，应力敏感效应越强，毛细管渗透率降低程度越大。此外，由于传输机制的差异，在相同情况下，有机孔渗透率远大于无机孔渗透率。因此，在计算页岩气藏基质表观渗透率时，必须考虑多尺度效应、含水饱和度、应力敏感效应和有机孔分布的影响。

6.3　页岩基质表观渗透率模型

页岩基质毛细管网络极为复杂，其毛细管孔径呈现多尺度分布，单根毛细管渗透率不足以表征整个页岩基质的渗透率。为了更加准确地描述岩心尺度下的页岩气渗透率，需要在单根毛细管表观渗透率模型的基础上，对整个页岩毛细管网络的渗透率进行整合计算（图 6-27）。

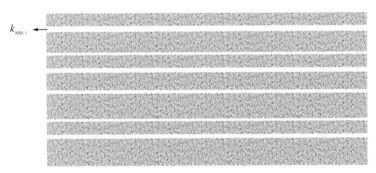

图 6-27　不同孔径下页岩基质渗流

6.3.1　表观渗透率模型

通过压汞实验和氮气吸附实验统计分析页岩储层的孔隙分布情况，根据孔隙分布情况计算不同孔隙尺度下的有机质和无机质毛细管渗透率，然后基于有机孔相对含量，对不同类别不同孔径下孔隙的渗透率进行叠加，得到岩心尺度下的渗透率[32]。

采用面积加权叠加有机孔和无机孔的流量贡献，考虑不同大小孔隙分布比例的影响，将单根毛细管渗透率进行加权综合后得到整个页岩的表观渗透率，计算公式如下：

$$k_{\text{app}} = \alpha \frac{\phi}{\tau} \sum_{i=1}^{N_{\text{or}}} k_{\text{app\_or},i} \lambda_{\text{or},i} + (1-\alpha) \frac{\phi}{\tau} \sum_{i=1}^{N_{\text{in}}} k_{\text{app\_in},i} \lambda_{\text{in},i} \tag{6-50}$$

$$\tau = 1 - m \ln \phi \tag{6-51}$$

式中，k_{app} 为页岩基质表观渗透率，$10^{-3}\,\mu\text{m}^2$；α 为横截面上有机质所占的百分比，%；ϕ 为孔隙度，无量纲。τ 为迂曲度，无量纲；N_{or} 为用于计算的有机质毛细管总组数，无量纲；N_{in} 为用于计算的无机质毛细管总组数，无量纲；$k_{\text{app\_or},i}$ 为有机孔第 i 条毛细管的表观渗透率，$10^{-3}\,\mu\text{m}^2$；$k_{\text{app\_in},i}$ 为无机孔第 i 条毛细管的表观渗透率，$10^{-3}\,\mu\text{m}^2$；$\lambda_{\text{or},i}$ 为第 i 组有机质通道的体积分数，无量纲。$\lambda_{\text{in},i}$ 为第 i 组无机质通道的体积分数，无量纲。m 为迂曲度拟合参数[32]，通常取 0.77。

根据式(6-50)对上述不同尺度下的有机孔和无机孔表观渗透率进行叠加，得到岩心尺度下页岩的表观渗透率模型，以此更加准确地描述页岩的渗透率。

$$k_{\text{app\_or},i} = k_{\text{D}} \left[\left(1 - \frac{d_{\text{m}}}{r_{\text{e},i}} \frac{p}{p+p_{\text{L}}} \right)^2 + F_i \right] (1-\varepsilon_i) + D_{\text{k}i} \frac{\mu_{\text{eff}}}{p} \varepsilon_i + M D_{\text{s}} \frac{\mu_{\text{eff}}}{\rho} \frac{C_{\text{smax}} p_{\text{L}}}{(p+p_{\text{L}})^2} \tag{6-52}$$

$$k_{\text{app\_in},i} = k_{\text{D}}(1+F_i)(1-\varepsilon_i) + D_{\text{k}i} \frac{\mu_{\text{eff}}}{p} \varepsilon_i \tag{6-53}$$

其中，

$$F_i = \left(\frac{8\pi RT}{M} \right)^{0.5} \frac{\mu_{\text{eff}}}{p_{\text{avg}} r_{\text{e},i}} \left(\frac{2}{\alpha} - 1 \right) \tag{6-54}$$

$$\varepsilon_i = C_{\text{A}} \left[1 - \exp\left(\frac{-K_{\text{n}i}}{K_{\text{nViscous}}} \right) \right]^{\text{S}} \tag{6-55}$$

$$K_{\text{n}i} = \frac{K_{\text{B}}T}{\sqrt{2}\pi\sigma^2 p} \frac{2}{r_{\text{e},i}} \tag{6-56}$$

$$D_{\text{k}i} = \frac{2r_{\text{e},i}}{3} \left(\frac{8RT}{\pi M} \right)^{0.5} \tag{6-57}$$

式中，F_i 为第 i 组毛细管孔隙有效流动半径对应的滑脱系数，无量纲；ε_i 为第 i 组毛细管孔隙有效流动半径对应的贡献系数，无量纲；$K_{\text{n}i}$ 为第 i 组毛细管孔隙有效流动半径对应的克努森数，无量纲；$D_{\text{k}i}$ 为第 i 组毛细管孔隙有效流动半径对应的克努森扩散系数，m^2/s。

6.3.2 模型验证

将基质表观渗透率模型计算结果对比实验测得的岩样渗透率，并与 Xu 等[33]、Civan[15] 的经典页岩表观渗透率模型结果进行比较，从实验和理论两个方面验证本书模型的可靠性。

6.3.2.1 实验验证

为了计算页岩基质的表观渗透率，需要首先获取页岩孔隙度、孔径分布、渗透率等基本岩性参数。选取川南地区奥陶系龙马溪组某页岩气井的井下岩心，并将其制成直径为 2.5 cm，长约 4.0 cm 的小圆柱，取其中 4 个样品分别测量其孔隙度、孔径分布及渗透率。

通过压汞实验和氮气吸附实验测定页岩的孔隙度（表 6-11）及孔径分布。为了区分有机孔和无机孔的分布，利用 NaClO 溶解岩样中的有机质成分，测量溶解前后样品的孔径分布[34]，实验测得不同岩样孔径分布比例见表 6-12～表 6-15。

表 6-11 不同岩样孔隙度（%）

孔隙度	岩样 1	岩样 2	岩样 3	岩样 4
无机孔孔隙度	2.97	3.44	3.17	4.98
有机孔孔隙度	1.01	1.48	1.56	1.25
总孔隙度	3.98	4.92	4.73	6.23

表 6-12 岩样 1 的孔径分布比例（%）

类别	孔径（nm）									
	<2	2～3	3～5	5～10	10～20	20～40	40～60	60～100	100～300	>300
无机孔	0.8	4.2	6.5	7.6	4.6	4.3	6.7	4.0	5.9	3.3
有机孔	4.1	11.8	17.8	10.4	4.3	3.2	0.5	0	0	0
总孔隙	4.9	16.0	24.3	18.0	8.9	7.5	7.2	4.0	5.9	3.3

表 6-13 岩样 2 的孔径分布比例（%）

类别	孔径（nm）									
	<2	2～3	3～5	5～10	10～20	20～40	40～60	60～100	100～300	>300
无机孔	0.2	3.4	6.2	8.3	4.8	6.3	8.4	8.01	4.8	2.2
有机孔	2.7	14.0	16.4	7.1	4.1	2.3	0.8	0	0	0
总孔隙	2.9	17.4	22.6	15.4	8.9	8.6	9.2	8.01	4.8	2.2

表 6-14 岩样 3 的孔径分布比例（%）

类别	孔径（nm）									
	<2	2～3	3～5	5～10	10～20	20～40	40～60	60～100	100～300	>300
无机孔	0.3	4.3	9.4	11.5	13.3	7.7	9.4	4.6	5.6	1.6
有机孔	6.1	8.3	11.1	2.3	2.6	1.9	0	0	0	0
总孔隙	6.4	12.6	20.5	13.8	15.9	9.6	9.4	4.6	5.6	1.6

表 6-15 岩样 4 的孔径分布比例（%）

类别	孔径（nm）									
	<2	2～3	3～5	5～10	10～20	20～40	40～60	60～100	100～300	>300
无机孔	0	5.3	12.8	15.32	7.21	6.01	6.43	5.2	4.21	4.44
有机孔	1.5	8.2	7.9	7.5	6.4	1.58	0	0	0	0
总孔隙	1.5	13.5	20.7	22.82	13.61	7.59	6.43	5.2	4.21	4.44

　　通过压汞实验测试分析,4 个页岩岩样孔径小于 300 nm 的孔隙占到岩样总孔隙的 95% 以上,说明页岩孔隙是以纳米级孔隙为主。从表中还可以看出,4 个岩样的无机孔尺寸主要分布在 2～300 nm,而有机孔尺寸范围为 5～60 nm,对于 10 nm 以上的孔隙,无机孔的尺度和含量均高于有机孔。说明在计算页岩基质表观渗透率时,必须考虑有机孔和无机孔的分布特征。

　　由压汞法测得实验数据作页岩孔隙直径分布比例直方图,如图 6-28 所示。

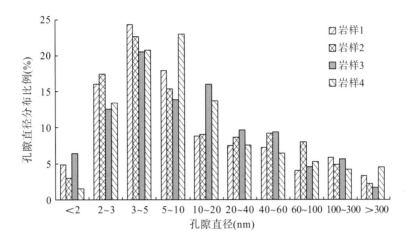

图 6-28　实验岩样孔隙直径分布比例直方图

　　利用非稳态衰减法测定岩样的渗透率,测试流程如图 6-29 所示。其中,气源提供上游压力,围压泵提供围压,当管线连通后,气体从上游腔室经岩心流入下游腔室,并最终达到压力平衡[35]。此后,打开阀门并连续监测岩心样品两端的压力变化,通过对获得的压力数据进行计算分析,获取岩心的渗透率。

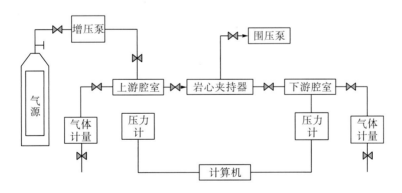

图 6-29　页岩非稳态衰减法渗透率测试流程

　　通过非稳态衰减法对本书所取的 4 个岩心样品进行渗透率测试,实验温度为室温 20 ℃,气体黏度约为 0.018 9 mPa·s,测试得到的渗透率数据见表 6-16。根据 4 个岩样有机孔和无机孔的分布规律,采用与实验相同的参数(温度、压力),使用本书模型计算得到不同孔径下的页岩基质表观渗透率。

表 6-16　不同岩样的渗透率对比

项目	岩样 1	岩样 2	岩样 3	岩样 4
实验测试(10^{-3} μm^2)	0.005 5	0.004 8	0.007 9	0.011 7
本书模型(10^{-3} μm^2)	0.005 7	0.004 9	0.008 2	0.012 4
模型误差(%)	3.13	2.99	3.19	6.00

通过图 6-30 比较可以发现，使用本书的模型计算出的页岩渗透率结果明显大于实验测得的渗透率。这是因为通过非稳态压力衰减法测定岩心渗透率，考虑了气体的滑脱效应，但忽略了气体的表面扩散作用和解吸附过程，因此通过本书模型计算得到的表观渗透率均明显大于实验室测得的渗透率。

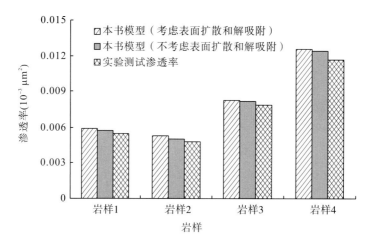

图 6-30　不同页岩岩心的渗透率对比

6.3.2.2　理论验证

Yu 等基于科泽尼-卡尔曼模型，分析了页岩岩样的分形特征和裂缝形态，通过引入孔隙度分形维数 C_f 和迂曲度分形维数 D_T[36]，建立了页岩基质的表观渗透率模型。该理论模型的表达式为

$$K = C_f \left(\frac{\phi}{1-\phi} \right)^{(1+D_T)/2} \lambda_{max}^2 \tag{6-58}$$

其中：

$$C_f = \frac{(\pi D_f)^{(1-D_T)/2} [4(2-D_f)]^{(1+D_T)/2}}{128(3+D_T-D_f)} \tag{6-59}$$

$$D_T = 2 + \frac{\ln \phi_{eff}}{\ln \left(\frac{2R}{d_0} \sqrt{\frac{1}{2(1-\phi_{eff})}} \right)} \tag{6-60}$$

$$\lambda_{\max} = d\sqrt{\frac{\phi_{\text{eff}}}{1-\phi_{\text{eff}}}} \tag{6-61}$$

式中，$\lambda_{\max}$ 为最大孔隙直径，μm；ϕ_{eff} 为有效孔隙度，无量纲；C_{f} 为孔隙度分形维数，无量纲；D_{f} 为孔径分形维数，无量纲；D_{T} 为迂曲度分形维数，无量纲；R 为孔径中值，nm；d_0 为页岩颗粒的最小粒径，nm；d 为页岩颗粒粒径，nm。

模型计算所需参数见表 6-17。

表 6-17　Yu 等模型中的基础参数

岩样	孔径中值(μm)	最小粒径(nm)	颗粒直径(nm)	有效孔隙度 ϕ_{eff}	孔径分形维数 D_{f}	迂曲度分形维数 D_{T}
1	0.055 2	1.3	1 700	0.039 8	1.15	1.3
2	0.061 3	1.4	1 500	0.049 2	1.20	1.3
3	0.077 6	1.4	1 550	0.047 3	1.29	1.4
4	0.098 5	1.6	1 650	0.062 3	1.29	1.4

Civan[15]将柏斯考克-卡尼亚达克斯模型用来模拟页岩气在纳米孔隙中的运移，研究了不同运移机理对页岩渗透率的影响程度。该理论模型为

$$K = K_{\infty}f\left(K_{\text{n}}\right) \tag{6-62}$$

$$K_{\infty} = \frac{\phi R_{\text{h}}^2}{8\tau} \tag{6-63}$$

$$f(K_{\text{n}}) = (1+\alpha K_{\text{n}})\left(1+\frac{4K_{\text{n}}}{1-bK_{\text{n}}}\right) \tag{6-64}$$

其中，

$$R_{\text{h}} = \frac{2}{\Sigma_{\text{g}}}\left(\frac{\phi}{1-\phi}\right) \tag{6-65}$$

$$K_{\text{n}} = \frac{\lambda}{R_{\text{h}}} \tag{6-66}$$

$$\alpha = \alpha_0\frac{2}{\pi}\tan^{-1}(\alpha_1 K_{\text{n}}^{\alpha_2}) \tag{6-67}$$

式中，Σ_{g} 为页岩比表面积，m²/g。α 为膨胀系数，α_1=4.0，α_2=0.4[15]；b 为滑移系数，通常取–1[15]。

根据表 6-18 计算出 Civan 模型 4 个岩样的表观渗透率，见表 6-19。

表 6-18　Civan 模型基础数据表

参数名	数值	参数名	数值
页岩比表面积(m²/g)	18.5	迂曲度	1.1
温度(K)	438	气体密度(kg/m³)	0.655
摩尔质量(kg/mol)	0.016	气体黏度(Pa·s)	1.92×10^{-5}

表 6-19 本书模型计算渗透率与 Yu 等模型、Civan 模型、实验测得渗透率的对比

岩样编号	渗透率 ($10^{-3}\,\mu m^2$)				
	本书模型(考虑表面扩散和解吸附)	本书模型(不考虑表面扩散和解吸附)	Yu 等模型	Civan 模型	实验测得
1	0.005 87	0.005 70	0.005 05	0.004 70	0.005 50
2	0.005 24	0.004 97	0.005 80	0.004 21	0.004 80
3	0.008 28	0.008 22	0.007 26	0.006 69	0.007 93
4	0.012 60	0.012 45	0.011 04	0.009 96	0.011 70

本书表观渗透率模型与 Yu 等模型、Civan 模型计算结果和实验测得渗透率对比(图 6-31)可以发现,本书模型渗透率值较其他模型偏大。究其原因,本书模型在计算页岩基质渗透率的过程中考虑了黏性流、滑脱流、克努森扩散和表面扩散 4 种流态,且考虑了温度和压力、应力敏感效应和含水饱和度对气体表观渗透率的影响。而 Yu 等和 Civan 模型均没有将页岩基质中存在的表面扩散和解吸附考虑在内,也无法考虑温度、压力的影响。因此通过本书模型计算出的页岩气基质渗透率会更加准确地反映页岩气在不同尺度下的流动特征,计算出的页岩储层渗透率结果也更加符合实际情况。

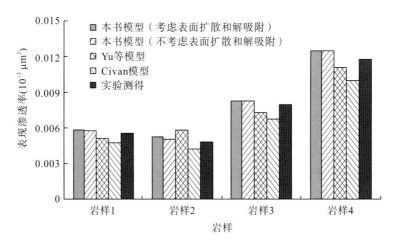

图 6-31 Yu 等模型、Civan 模型、实验测得和本书模型表观渗透率对比

6.3.3 影响因素分析

基于页岩气藏基质表观渗透率模型,分析孔隙压力、应力敏感、含水饱和度等地层参数及气体性质对基质表观渗透率的影响。

6.3.3.1 孔隙压力

通过对本书模型进行 VB 程序模拟,不考虑有效应力,改变孔隙压力,分析岩样在不同孔隙压力下各传输机理占比情况。表 6-20 为岩样 1 各流态传输比例。

表 6-20　岩样 1 各流态传输比例

孔隙压力(MPa)	基质渗透率(10^{-3} μm²)	黏性流(%)	滑脱流(%)	克努森扩散(%)	表面扩散(%)
1	0.007 61	68.51	22.56	4.04	4.88
2	0.006 57	81.78	14.48	1.64	2.11
3	0.006 22	87.33	10.66	0.91	1.10
4	0.006 05	90.33	8.44	0.58	0.64
5	0.005 94	92.20	6.99	0.41	0.41
7	0.005 82	94.37	5.20	0.23	0.19
10	0.005 74	96.03	3.76	0.12	0.08
20	0.005 64	97.99	1.96	0.03	0.01
30	0.005 61	98.65	1.33	0.02	0.00
40	0.005 59	98.99	1.00	0.01	0.00
50	0.005 58	99.19	0.80	0.01	0.00

岩样 1 不同孔隙压力下，各传输机理所占比例如图 6-32 所示。

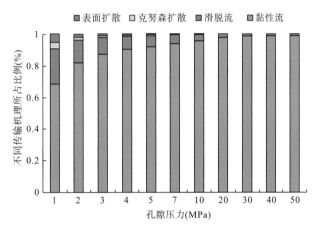

图 6-32　岩样 1 各传输机理所占比例随孔隙压力的变化情况

岩样 2 不同孔隙压力下，各传输机理所占比例如图 6-33 所示。

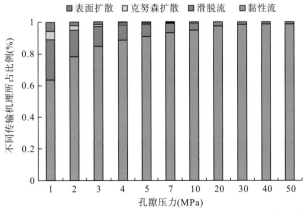

图 6-33　岩样 2 各传输机理所占比例随孔隙压力的变化情况

岩样 3 不同孔隙压力下，各传输机理所占比例如图 6-34 所示。

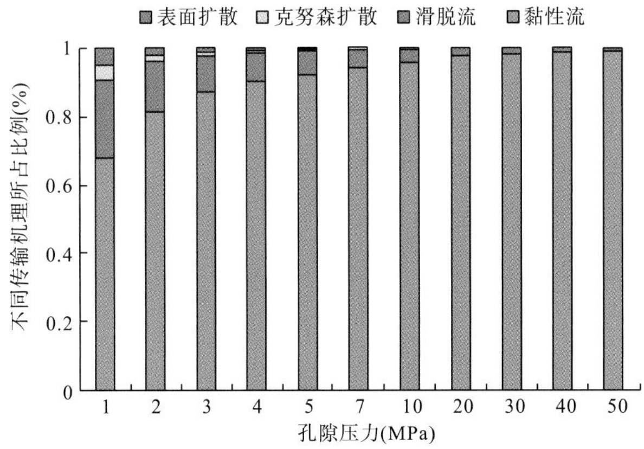

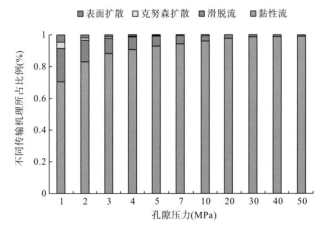

图 6-34　岩样 3 各传输机理所占比例随孔隙压力的变化情况

岩样 4 不同孔隙压力下，各传输机理所占比例如图 6-35 所示。

图 6-35　岩样 4 各传输机理所占比例随孔隙压力的变化情况

从图 6-32～图 6-35 可以看出，对于 4 个实验岩样，孔隙压力的大小由 1 MPa 逐渐增大到 50 MPa 的过程中，黏性流占主导，对岩样表观渗透率的贡献最大，滑脱流对渗透率的贡献次之；随着孔隙压力的增大，黏性流所占比例增大，当压力高于 30 MPa 时，黏性流所占比例达到 98%以上，滑脱效应、克努森扩散和表面扩散作用的影响随着压力的增大迅速减弱。此外，从图中还可以看出，压力较小时，滑脱流和表面扩散所占比例明显增大，页岩表观渗透率增大。当孔隙压力小于 5 MPa 时，滑脱效应作用效果比较明显；当孔隙压力继续减小时，克努森扩散作用和表面扩散作用逐渐增强，当孔隙压力为 1 MPa 时，表面扩散对总流量的贡献约为 5%。

图 6-36 反映了不考虑有效应力的影响时，岩样表观渗透率随孔隙压力的变化情况。可以看出，当孔隙压力较小时，表观渗透率随着压力的增大快速降低；而当隙压力继续增

大(大于 10 MPa)时，岩样渗透率几乎不变。这是因为围压为孔隙压力与有效应力之和，当孔隙压力增大时，对应的围压实际上也在随之增大，因此渗透率变化并不明显。在实际生产过程中，随着地层压力的衰减，页岩的渗透率反而增大。结合各流态传输比例随孔隙压力的变化情况可以看出，在低压区，滑脱流和表面扩散所占比例明显增大，将促使页岩渗透率增大。

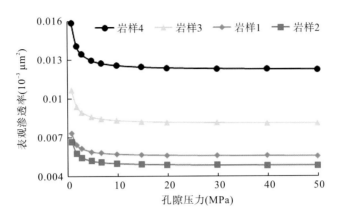

图 6-36　表观渗透率随孔隙压力的变化情况(不考虑有效应力的影响)

6.3.3.2　应力敏感

图 6-37 反映了页岩表观渗透率随有效应力的变化情况。可以看出，当有效应力由 0.1 MPa 缓慢增大至 20 MPa 的过程中，页岩表观渗透率逐渐减小；当有效应力达到 30 MPa 时，岩样渗透率约下降 30%。这是因为随着有效应力的增大，页岩孔隙受到的压力也随之增大，有效孔径和孔隙之间的连通性逐渐降低，影响了页岩毛细管网络的渗透率。

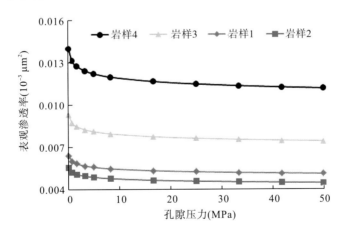

图 6-37　表观渗透率随有效应力的变化曲线

6.3.3.3　应力敏感效应

图 6-38 反映了围压恒定时(围压为 50 MPa)岩样渗透率随孔隙压力的变化情况。

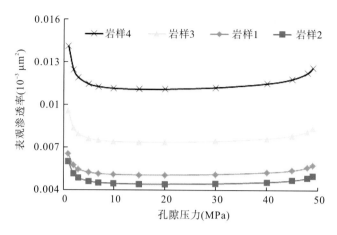

图 6-38　岩样表观渗透率随孔隙压力的变化曲线(考虑有效应力的影响)

如图 6-38 所示,对于实验的 4 个岩样,当围压保持恒定时,在低压区(压力小于 5 MPa),随孔隙压力的增大,页岩的渗透率逐渐下降。这是因为当孔隙压力较小时,有效应力很大,较高的有效应力将导致毛细管孔隙半径显著减小,进而影响毛细管渗透率。随后,随着孔隙压力继续增大,有效应力对毛细管孔径的压迫作用逐渐减弱,孔隙压力对孔道内的页岩气的压迫排除作用大于了毛细管孔径收缩对毛细管渗透率的影响,促进页岩气体排出的效果明显, 整个页岩的渗透率因而呈现缓慢上升的趋势。

6.3.3.4　含水饱和度

图 6-39 反映了不同页岩岩样表观渗透率随含水饱和度的变化情况。可以看出, 随着含水饱和度的增大, 4 个实验岩样的渗透率均呈现快速下降趋势。这是因为随着含水饱和度的增大,页岩毛细管孔道中的含水量逐渐增多,导致孔道中的水膜厚度增加,页岩孔道有效半径快速减小,页岩中单根孔道的渗透率也随之减小,最终通过加权系数叠加整合得到的页岩渗透率也相应减小;从另一方面来说,当含水饱和度处于高位时,页岩孔隙中含水体积逐渐增大,相当于含水量上升,含页岩气体积逐渐减小,因此也会导致渗透率明显

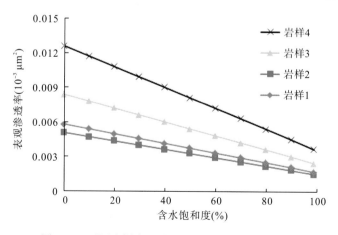

图 6-39　不同岩样表观渗透率随含水饱和度的变化曲线

下降。当含水饱和度继续增大至 100%时，岩样表观渗透率下降至一个较小的数值，但不为零。这是因为页岩有机质的疏水性，当含水饱和度接近 100%时，无机孔被水膜堵塞，有机孔仍具有渗透性。

图 6-40 反映了不同压力下岩样 4 表观渗透率随含水饱和度的变化情况。可以看出，孔隙压力越低，含水饱和度越大页岩表观渗透率下降越快。

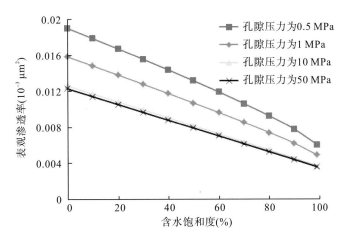

图 6-40　岩样 4 表观渗透率在不同孔隙压力下随含水饱和度的变化曲线

6.3.3.5　气体性质

图 6-41 反映了不考虑气体有效黏度影响时页岩表观渗透率与孔隙压力的关系。可以看出，当孔隙压力较低时，不考虑气体有效黏度时的表观渗透率明显大于考虑有效黏度时的表观渗透率。这是因为在小孔隙中，气体分子与孔隙壁面的碰撞增加，分子间的碰撞减少，表现出页岩气的有效黏度明显低于理想气体的宏观黏度，从而导致页岩的表观渗透率有所降低。当孔隙压力较高时(大于 4 MPa)，气体有效黏度的影响甚微，可忽略不计。

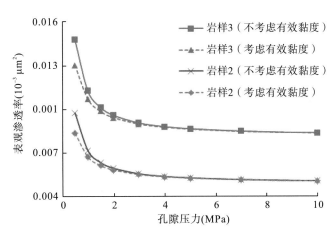

图 6-41　不考虑有效黏度影响时页岩表观渗透率与孔隙压力的关系曲线

6.4　页岩复杂缝网表观渗透率模型

龙马溪组页岩储层岩石致密，富含石英、长石等脆性矿物，并发育有天然裂缝。水力压裂后人工裂缝和天然裂缝相互交错，在缝网改造区形成复杂的裂缝网络。这些裂缝成为页岩气产出的主要渗流通道。本节基于分形理论生成离散裂缝网络模型，在此基础上建立页岩气藏复杂裂缝网络表观渗透率模型。

6.4.1　复杂缝网裂缝基本参数获取

压裂改造后近井地带裂缝网络分布十分复杂，如何合理地描述裂缝网络变得十分重要。由于缝网系统满足自相似原理，本书引入缝网分形维数来描述缝网复杂程度，在此基础上运用蒙特卡洛随机建模方法生成随机裂缝网络，通过对缝网裂缝进行平行化处理，为后续计算缝网渗透率提供基础。

6.4.1.1　获取缝网分形维数

本书以岩样露头样品为例，通过对扫描图像进行灰度处理和二值化处理，可得到由黑白像素点组成的缝网二值图，如图 6-42 所示（0 表示白色裂缝、1 表示黑色基质）[37]。

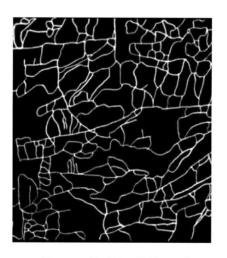

图 6-42　经过处理的缝网二值图

在得到处理的图像后，本书选用盒子法来计算缝网分形维数。整个图像是边长为 L_0 的正方形，用边长为 $l_0(l_0 < L_0)$ 的正方形盒子去覆盖缝网全部图像，l_0 是变化的，不同的 l_0 对图像的分割情况是不同的。在此基础上，统计不同大小盒子覆盖区域中包含的裂缝条数 $N(l_0)$，由于裂缝系统具有自相似性，因此该系统中不同尺度和局部的裂缝子系统满足同一分形特征，具有相同的分形维数，即满足[38]：

$$N(l_0) = \frac{C}{l_0^D} \tag{6-68}$$

式中，$N(l_0)$ 为 l_0 下包含裂缝的所有盒子的个数，无量纲；C 为常数，无量纲，一般取值为 4；l_0 为分割正方形盒子的边长，m；D 为缝网分形维数，无量纲。

对式(6-68)两边取对数，双对数坐标中 $\log N(l_0)$ 与 $\log(L_0/l_0)$ 的斜率即为分形维数 D，如图 6-43 所示。

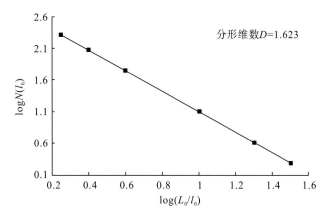

图 6-43　缝网分形维数 D 计算结果

6.4.1.2　生成二维离散裂缝网络

缝网裂缝的宽度、长度、空间位置等参数一般符合某种概率分布，本书引入以概率和统计理论方法为基础的蒙特卡洛随机建模方法来生成二维离散裂缝网络，从而得到与实际缝网裂缝分布相同的随机裂缝网络，方便对裂缝进一步进行描述和研究。蒙特卡洛随机建模法生成二维离散裂缝网络模型的步骤如下：①生成模拟网络区域；②确定裂缝条数；③确定裂缝位置；④确定裂缝的几何参数(倾向、倾角、宽度、裂缝位置等)；⑤生成裂缝网络。生成裂缝网络的基本参数和结果如表 6-21 和图 6-44 所示[39]。

表 6-21　二维离散裂缝网络的基本参数

缝网分形维数	最大裂缝长度 r_{max}(m)	最小裂缝长度 r_{min}(m)	区域大小(m×m)	裂缝密度(条/m²)
1.623	7.31	0.32	10×10	3.8

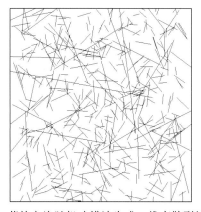

图 6-44　蒙特卡洛随机建模法生成二维离散裂缝网络示意图

6.4.1.3　复杂缝网渗透率计算参数

由于复杂裂缝网络中的裂缝方向不一，十分复杂，本书分别将缝长和缝宽处理成水平(x)和竖直(y)两个方向的等效量，得到两个方向的平行裂缝簇和相关参数，便于下一步利用平行裂缝分形理论对不同方向表观渗透率进行计算，处理过程如图6-45～图6-47所示[39]。

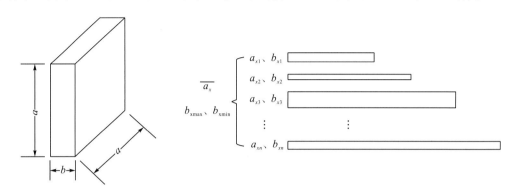

图6-45　单条裂缝示意图(假定缝长和缝高相等)　　　图6-46　水平(x)方向平行裂缝簇

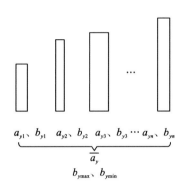

图6-47　竖直方向(y)平行裂缝簇

对裂缝长度进行分解：

$$a_{xi} = a_i \left| \cos\theta_i \right| \tag{6-69}$$

$$\overline{a_x} = \frac{1}{n}\sum_{i=1}^{n} a_{xi} \tag{6-70}$$

$$a_{yi} = a_i \sin\theta_i \tag{6-71}$$

$$\overline{a_y} = \frac{1}{n}\sum_{i=1}^{n} a_{yi} \tag{6-72}$$

式中，a_{xi}为第i条裂缝在x方向的长度分量，m；a_i为第i条裂缝长度，m；θ_i为第i条裂缝与x方向的夹角，(°)；$\overline{a_x}$为x方向裂缝长度平均值，m；a_{yi}为第i条裂缝在y方向的长度分量，m；$\overline{a_y}$为y方向裂缝长度平均值，m。

对裂缝宽度进行分解：

$$b_{xi} = b_i \sin\theta_i \tag{6-73}$$

$$b_{yi} = b_i \left| \cos\theta_i \right| \tag{6-74}$$

$$b_{x\max} = \max\left\{ b_{xi} \right\} \tag{6-75}$$

$$b_{x\min} = \min\left\{ b_{xi} \right\} \tag{6-76}$$

$$b_{y\max} = \max\left\{ b_{yi} \right\} \tag{6-77}$$

$$b_{x\min} = \min\left\{ b_{yi} \right\} \tag{6-78}$$

式中，b_{xi}为第i条裂缝在x方向的宽度分量，m；b_i为第i条裂缝宽度，m；b_{yi}为第i条裂缝在y方向的宽度分量，m；$b_{x\max}$为x方向最大缝宽，m；$b_{x\min}$为x方向最小缝宽，m；$b_{y\max}$为y方向最大缝宽，m；$b_{y\min}$为y方向最小缝宽，m。

6.4.2　单裂缝应力敏感渗透率计算模型

为了更好地研究应力敏感对页岩气传输的影响，本部分从固定初始缝宽的单裂缝出发，通过分析影响缝宽的不同因素，考虑了真实情况下气体黏度变化，得到缝宽动态变化下的单裂缝渗透率计算模型，为后续建立缝网表观渗透率模型奠定了基础[3]。

6.4.2.1　应力敏感效应对缝宽的影响研究

1. 物理模型

这里从弹性力学的角度出发，将裂缝储层划分为立方网格，研究应力敏感对岩石微裂缝宽度变化的影响。其中，裂缝和基质压缩性及气体解吸附性共同导致裂缝宽度变化，在此基础上对页岩裂缝中的气体传输特性开展研究[59]。

为了研究储层压力变化引起的应力敏感对页岩裂缝宽度和页岩基质压缩等方面的影响，将页岩储层进行网格化处理，得到若干个基质裂缝立方网格(图 6-48)；在网格中，基质单元是长度为 a 的正方体，基质之间是初始宽度为定值 b 的裂缝，最终得到理想化的页岩储层立方网格模型，该模型忽略基质孔隙的影响。

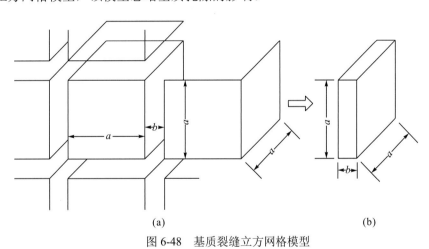

(a)　　　　　　　　　　　　　　(b)

图 6-48　基质裂缝立方网格模型

2. 页岩基质压缩性对裂缝宽度变化的影响

考虑页岩基质中孔隙极小，储层渗流空间全由裂缝提供，这里重点针对基质之间的裂缝进行讨论。该模型中，页岩裂缝宽度 b、裂缝高度 a、裂缝孔隙度 ϕ 满足以下关系：

$$\frac{3}{\phi} = \frac{a}{b} \tag{6-79}$$

式中，ϕ 为裂缝孔隙度，无量纲；a 为裂缝高度，m；b 为裂缝宽度，m。

页岩体积模量可由下式表示：

$$K = \frac{\Delta p_{\text{hydrostatic}}}{\dfrac{-\Delta V}{V_0}} \tag{6-80}$$

式中，K 为页岩体积模量，MPa；$\Delta p_{\text{hydrostatic}}$ 为储层静水压力，MPa；ΔV 为页岩体积改变量，m^3；V_0 为页岩初始体积，m^3。

由于储层孔隙压力变化对页岩基质压缩的影响远大于上覆岩石压力对基质压缩的影响，因此，可表达为

$$-\frac{V - V_0}{V_0} = \frac{p_{\text{p}} - p_{\text{p0}}}{K} \tag{6-81}$$

式中，V 为页岩体积，m^3；p_{p} 为页岩储层孔隙压力，MPa；p_{p0} 为页岩储层初始孔隙压力，MPa。

页岩体积机械应变可表达为

$$-\varepsilon_{\text{vm}} = -\frac{V - V_0}{V_0} = \frac{p_{\text{p}} - p_{\text{p0}}}{K} \tag{6-82}$$

式中，ε_{vm} 为页岩体积机械应变，无量纲。

页岩体积模量由岩石泊松比和弹性模量表示：

$$K = \frac{E}{3(1 - 2\nu)} \tag{6-83}$$

式中，E 为页岩弹性模量，MPa；ν 为页岩泊松比，无量纲。

可得

$$-\varepsilon_{\text{vm}} = \frac{3(1 - 2\nu)(p_{\text{p}} - p_{\text{p0}})}{E} \tag{6-84}$$

页岩线性应变为体积机械应变的 1/3，故其线性应变表示为

$$-\varepsilon_{\text{lm}} = \frac{(1 - 2\nu)(p_{\text{p}} - p_{\text{p0}})}{E} \tag{6-85}$$

式中，ε_{lm} 为页岩线性应变，无量纲。

页岩线性应变定义为

$$\varepsilon_{\text{lm}} = \frac{\Delta a_{\text{m}}}{a_0} \tag{6-86}$$

式中，Δa_{m} 为由页岩基质压缩性引起的基质长度变化量，m；a_0 为页岩初始基质长度，m。

页岩基质长度变化量与裂缝宽度变化量相等，但变化趋势相反：

$$\Delta a_{\text{m}} = -\Delta b_{\text{m}} \tag{6-87}$$

式中，Δb_{m} 为由页岩基质压缩性引起裂缝宽度变化量，m。

可得出在储层压力变化下，页岩基质压缩性引起的裂缝宽度变化 Δb_{m}：

$$\Delta b_{\text{m}} = \frac{a_0(1 - 2\nu)(p_{\text{p}} - p_{\text{p0}})}{E} \tag{6-88}$$

3. 页岩裂缝压缩性对裂缝宽度变化的影响

根据定义，储层净压力可由下式表示：

$$\sigma = p_{\text{ob}} - p_{\text{p}} \tag{6-89}$$

式中，σ 为净压力，MPa；p_{ob} 为页岩上覆岩石压力，MPa。

当孔隙压力和上覆岩石压力变化时：

$$\Delta\sigma = (p_{ob} - p_{ob0}) - (p_p - p_{p0}) \tag{6-90}$$

式中，$\Delta\sigma$ 为净压力变化量，MPa；p_{ob0} 为页岩初始上覆岩石压力，MPa。

页岩裂缝压缩系数可表示为

$$c_f = \frac{-1}{\phi_0}\frac{\Delta\phi}{\Delta\sigma} \tag{6-91}$$

式中，c_f 为页岩裂缝压缩系数，MPa^{-1}；$\Delta\phi$ 为页岩裂缝孔隙度变化量，无量纲；ϕ_0 为页岩裂缝初始孔隙度，无量纲。

在储层上覆岩石压力不变的情况下，页岩裂缝压缩系数也可表达为

$$c_f = -c_0\frac{1 - e^{\delta(p_p - p_{p0})}}{\delta(p_p - p_{p0})} \tag{6-92}$$

式中，c_0 为页岩裂缝初始压缩系数，MPa^{-1}；δ 为页岩裂缝压缩系数变化速率，MPa^{-1}。

页岩裂缝的压缩性引起的裂缝宽度变化为

$$\Delta b_f = -b_0 c_f\left[(p_{ob} - p_{ob0}) - (p_p - p_{p0})\right] \tag{6-93}$$

式中，Δb_f 为页岩裂缝的压缩性引起的裂缝宽度变化，m；b_0 为页岩裂缝初始宽度，m。

4. 吸附气体解吸附性对裂缝宽度变化的影响

由朗缪尔方程得

$$\varepsilon_{ls} = \frac{S_L p_p}{p_L + p_p} \tag{6-94}$$

式中，ε_{ls} 为吸附气体解吸附引起的应变，m；S_L 为朗缪尔应变，m；p_L 为朗缪尔压力，MPa。

从页岩储层初始孔隙压力到储层目前孔隙压力的线性应变可表示为

$$\varepsilon_{ls} = \frac{S_L p_p}{p_L + p_p} - \frac{S_L p_{p0}}{p_L + p_{p0}} = \frac{S_L p_L}{(p_L + p_{p0})(p_L + p_p)}(p_p - p_{p0}) \tag{6-95}$$

吸附气体解吸附引起的应变可表示为

$$\varepsilon_{ls} = \frac{\Delta a_s}{a_0} \tag{6-96}$$

式中，Δa_s 为吸附气体解吸附引起的页岩基质长度变化量，m。

可得

$$\Delta a_s = \frac{a_0 S_L p_L}{(p_L + p_{p0})(p_L + p_p)}(p_p - p_{p0}) \tag{6-97}$$

页岩基质长度变化与页岩自支撑裂缝宽度变化相等，但趋势相反，所以有

$$\Delta b_s = -\Delta a_s = \frac{-a_0 S_L p_L}{(p_L + p_{p0})(p_L + p_p)}(p_p - p_{p0}) \tag{6-98}$$

式中，Δb_s 为吸附气解吸附引起的页岩自支撑裂缝宽度变化量，m。

由式(6-88)、式(6-93)和式(6-98)可得压力变化导致的页岩裂缝宽度总变化量 Δb_t：

$$\Delta b_{\mathrm{t}} = b_0 c_{\mathrm{f}} [(p_{\mathrm{p}} - p_{\mathrm{p0}}) - (p_{\mathrm{ob}} - p_{\mathrm{ob0}})]$$
$$+ \frac{a_0(1 - 2\nu)(p_{\mathrm{p}} - p_{\mathrm{p0}})}{E} - \frac{a_0 S_{\mathrm{L}} p_{\mathrm{L}}}{(p_{\mathrm{L}} + p_{\mathrm{p0}})(p_{\mathrm{L}} + p_{\mathrm{p}})}(p_{\mathrm{p}} - p_{\mathrm{p0}}) \qquad (6\text{-}99)$$

式中，Δb_{t} 为由储层压力变化导致的页岩裂缝宽度总变化量，m。

6.4.2.2　裂缝宽度动态变化下单裂缝渗透率计算模型

页岩裂缝中的气体克努森数为气体平均分子自由程与裂缝宽度的比值：

$$K_{\mathrm{nb}}^* = \frac{\lambda}{b} \qquad (6\text{-}100)$$

考虑页岩裂缝宽度变化的气体克努森数表达为

$$K_{\mathrm{nb}} = \frac{\lambda}{b + \Delta b_{\mathrm{t}}} = \frac{k_{\mathrm{B}} T}{\sqrt{2}\pi \varGamma^2 p(b + \Delta b_{\mathrm{t}})} \qquad (6\text{-}101)$$

式中，K_{nb} 为考虑页岩裂缝宽度变化的气体克努森数，无因次。

在立方网格模型的基础上 [图 6-48(a)]，通过进一步简化，得到缝长、缝高均为 a，缝宽为 b 的长方体页岩裂缝简化模型 [图 6-48(b)]。考虑页岩裂缝有不同形状，定义长方体裂缝简化模型的截面几何参数为

$$\zeta = \frac{a}{b} \qquad (6\text{-}102)$$

式中，ζ 为页岩裂缝纵横比，无因次。

考虑缝宽变化下页岩裂缝纵横比为

$$\zeta_{\mathrm{b}} = \frac{a}{b + \Delta b_{\mathrm{t}}} \qquad (6\text{-}103)$$

式中，ζ_{b} 为考虑缝宽变化的页岩裂缝纵横比，无因次。

当气体克努森数 $K_{\mathrm{nb}} < 10^{-3}$，气体分子间碰撞占主导地位，气体流动满足连续性条件，为连续流动，可用泊肃叶方程表达为

$$J_{\mathrm{v}} = -A(\zeta_{\mathrm{b}}) \frac{\phi}{\tau \rho} \frac{a(b + \Delta b_{\mathrm{t}})^3}{12\mu_{\mathrm{r}}} \frac{pM}{RT} \frac{\mathrm{d}p}{\mathrm{d}a} \qquad (6\text{-}104)$$

式中，J_{v} 为考虑缝宽动态变化和气体黏度变化的裂缝气体连续流动体积流量，m^3/s；$A(\zeta_{\mathrm{b}})$ 为连续流动的裂缝截面形状因子，无因次；τ 为裂缝迂曲度，无因次。

$$A(\zeta_{\mathrm{b}}) = 1 - \frac{192}{\zeta_{\mathrm{b}} \pi^5} \sum_{i=1,3,5}^{\infty} \frac{\tanh\left(\dfrac{i\pi \zeta_{\mathrm{b}}}{2}\right)}{i^5} \qquad (6\text{-}105)$$

式中，$\tanh(x)$ 为双曲正切函数，$\tanh(x) = \dfrac{\mathrm{e}^x - \mathrm{e}^{-x}}{\mathrm{e}^x + \mathrm{e}^{-x}}$。

$$J_{\mathrm{vs}} = -A(\zeta_{\mathrm{b}}) \frac{\phi}{\tau} \frac{a(b + \Delta b_{\mathrm{t}})^3}{12\mu_{\mathrm{r}}} \frac{pM}{RT}(1 + \alpha K_{\mathrm{nb}})\left(1 + \frac{6K_{\mathrm{nb}}}{1 - mK_{\mathrm{nb}}}\right)\frac{\mathrm{d}p}{\mathrm{d}a} \qquad (6\text{-}106)$$

式中，J_{vs} 为考虑页岩缝宽动态变化的裂缝气体滑脱流动的质量流量，kg/s。

当克努森数 $K_{\mathrm{nb}} \geqslant 10$，气体分子与壁面碰撞占主导地位，为克努森扩散，则气体扩散量用克努森方程表达为

$$J_k = -B(\zeta_b) \frac{\phi}{\tau\rho} (b + \Delta b_t)^3 \left(\frac{M}{2\pi RT} \right)^{0.5} \frac{\mathrm{d}p}{\mathrm{d}a} \tag{6-107}$$

式中，J_k 为考虑缝宽动态变化和气体黏度变化的裂缝气体克努森流体积流量，m^3/s。

$$B(\zeta_b) = \left| \zeta_b^2 \ln\left(\frac{1}{\zeta_b} + \sqrt{1 + \frac{1}{\zeta_b^2}} \right) + \zeta_b \ln(\zeta_b + \sqrt{1 + \zeta_b^2}) - \frac{(\zeta_b^2 + 1)^{3/2}}{3} + \frac{1 + \zeta_b^3}{3} \right| \tag{6-108}$$

式中，$B(\zeta_b)$ 为克努森流的裂缝形状因子，无因次。

　　页岩气在尺度较小的裂缝表面存在沿吸附壁面的运移，即表面扩散作用。满足朗缪尔等温吸附方程的气体表面扩散运移方程为

$$J_{surface} = -ab \frac{MD_s}{\rho} \frac{C_{smax} p_L}{(p + p_L)^2} \frac{\mathrm{d}p}{\mathrm{d}a} \tag{6-109}$$

式中，$J_{surface}$ 为气体表面扩散的体积流量，m^3/s；D_s 为表面扩散系数，m^2/s；C_{smax} 为表面吸附气最大浓度，$\mathrm{mol/m}^3$。

　　为了合理地考虑页岩裂缝中气体不同传输机理对气体传输贡献的影响，基于滑脱流动和克努森扩散两种传输机理，分别以气体分子之间碰撞频率和气体分子与壁面碰撞频率占总碰撞频率的比值作为滑脱流动和克努森扩散的贡献权重系数，建立裂缝气体传输模型[40]。

　　裂缝中，气体分子间的碰撞频率为

$$f_m = \frac{v}{\lambda} na(b + \Delta b_t)\mathrm{d}a \tag{6-110}$$

式中，f_m 为气体分子之间的碰撞频率，s^{-1}；n 为单位体积气体分子数，m^{-3}；v 为气体平均热运动速度，$\mathrm{m/s}$。

　　裂缝中气体分子与壁面的碰撞频率为

$$f_w = \frac{1}{2} nv[a + (b + \Delta b_t)]\mathrm{d}a \tag{6-111}$$

式中，f_w 为气体分子与裂缝壁面的碰撞频率，s^{-1}。

　　滑脱流动的权重系数可由气体分子之间碰撞频率占总碰撞频率的比值来表示：

$$w_{vs} = \frac{f_m}{f_m + f_w} = \left| 1 + \frac{K_{nb}\left(1 + \frac{1}{\zeta_b}\right)}{2} \right|^{-1} \tag{6-112}$$

式中，w_{vs} 为气体滑脱流动的权重系数，小数。

　　克努森扩散权重系数可由气体分子与壁面碰撞频率占总碰撞频率的比值来表示：

$$w_k = \frac{f_w}{f_m + f_w} = \left| 1 + \frac{2}{K_{nb}\left(1 + \frac{1}{\zeta_b}\right)} \right|^{-1} \tag{6-113}$$

式中，w_k 为克努森扩散权重系数，小数。则考虑缝宽动态变化的裂缝气体总质量传输方程为

$$J_t = w_{vs} J_{vs} + w_k J_k + J_{surface} \tag{6-114}$$

式中，J_t 为考虑缝宽动态变化的裂缝气体总质量传输流量，$\mathrm{kg/s}$。

为探讨方便，以表观渗透率来表示各传输机理对气体传输的贡献。

$$K_{vs} = -w_{vs} \frac{\mu_r V_{std}}{Ma(b+\Delta b_t)} \frac{J_{vs}}{\dfrac{dp}{da}} = w_{vs} V_{std} A(\zeta_b) \frac{\phi}{\tau} \frac{(b+\Delta b_t)^2}{12} \frac{p}{RT}(1+\alpha K_{nb})\left(1+\frac{6K_{nb}}{1-mK_{nb}}\right) \quad (6\text{-}115)$$

$$K_k = -w_k \frac{\mu_r \rho V_{std}}{Ma(b+\Delta b_t)} \frac{J_k}{\dfrac{dp}{da}} = w_k \mu_r V_{std} B(\zeta_b) \frac{\phi}{\tau} \frac{(b+\Delta b_t)^2}{a}\left(\frac{1}{2\pi MRT}\right)^{0.5} \quad (6\text{-}116)$$

$$K_{surface} = MD_s \frac{\mu_r}{\rho} \frac{C_{smax} p_L}{(p+p_L)^2} \quad (6\text{-}117)$$

$$K_t = K_{vs} + K_k + K_{surface} \quad (6\text{-}118)$$

式中，V_{std} 为标准状态下气体摩尔体积，$\mathrm{m^3/mo1}$；K_{vs} 为考虑缝宽动态变化的裂缝气体滑脱流动表观渗透率，$\mathrm{m^2}$；K_k 为考虑缝宽动态变化的裂缝气体克努森扩散表观渗透率，$\mathrm{m^2}$；$K_{surface}$ 为考虑缝宽动态变化的裂缝气体表面扩散表观渗透率，$\mathrm{m^2}$；K_t 为考虑缝宽动态变化的裂缝气体传输总表观渗透率，$\mathrm{m^2}$。

6.4.3 页岩复杂缝网表观渗透率模型

分别针对平行化处理后的水平和竖直两个方向的裂缝簇，运用多裂缝宽度分布分形理论，通过对单条裂缝流量进行积分，得到不同流态下两个方向的平行多裂缝体积流量，再结合广义达西定律得到两个方向的表观渗透率，最终得到缝网表观渗透率[30]。

根据分形理论，在一个满足自相似的分形集合中，裂缝宽度大于等于 b 的裂缝条数表示为[30]

$$N = \left(\frac{b_{max}}{b}\right)^{D_f} \quad (6\text{-}119)$$

式中，N 为分形集合中裂缝宽度大于等于 b 的裂缝条数，无量纲；b_{max} 为分形集合中最大裂缝宽度，m；D_f 为裂缝宽度分形维数，$\mathrm{m^2}$。

两边积分：

$$-dN = D_f b_{max}^{D_f} b^{-(D_f+1)} db \quad (6\text{-}120)$$

多裂缝连续流动体积流量：

$$\begin{aligned}
Q_1 &= -\int_{b_{min}}^{b_{max}} J_v dN = -\frac{A(\zeta_b) D_f b_{max}^{D_f}}{12\mu_r} \frac{a\phi}{\tau\rho} \frac{pM}{RT} \frac{dp}{da} \int_{b_{min}}^{b_{max}} (b+\Delta b_t)^3 b^{-(D_f+1)} db \\
&= -\frac{A(\zeta_b) D_f b_{max}^{D_f}}{12\mu_r} \frac{a\phi}{\tau\rho} \frac{pM}{RT} \frac{dp}{da}\left[\frac{\Delta b_t^3 (b_{max}^{-D_f} - b_{min}^{-D_f})}{-D_f} + \frac{3\Delta b_t^2 (b_{max}^{-D_f+1} - b_{min}^{-D_f+1})}{-D_f+1}\right. \\
&\quad \left. + \frac{3\Delta b_t (b_{max}^{-D_f+2} - b_{min}^{-D_f+2})}{-D_f+2} + \frac{b_{max}^{-D_f+3} - b_{min}^{-D_f+3}}{-D_f+3}\right]
\end{aligned} \quad (6\text{-}121)$$

式中，Q_1 为多裂缝连续流动体积流量，$\mathrm{m^3/s}$；b_{min} 为分形集合中最小裂缝宽度，m。

多裂缝克努森流动体积流量：

$$Q_2 = -\int_{b_{\min}}^{b_{\max}} J_k \mathrm{d}N = -B(\zeta_b) D_f b_{\max}^{D_f} \frac{\phi}{\tau\rho} \left(\frac{M}{2\pi RT}\right)^{0.5} \frac{\mathrm{d}p}{\mathrm{d}a} \int_{b_{\min}}^{b_{\max}} (b + \Delta b_t)^3 b^{-(D_f+1)} \mathrm{d}b$$

$$= -B(\zeta_b) D_f b_{\max}^{D_f} \frac{\phi}{\tau\rho} \left(\frac{M}{2\pi RT}\right)^{0.5} \frac{\mathrm{d}p}{\mathrm{d}a} \left[\frac{\Delta b_t^3 (b_{\max}^{-D_f} - b_{\min}^{-D_f})}{-D_f} + \frac{3\Delta b_t^2 (b_{\max}^{-D_f+1} - b_{\min}^{-D_f+1})}{-D_f + 1} \right. \tag{6-122}$$

$$\left. + \frac{3\Delta b_t (b_{\max}^{-D_f+2} - b_{\min}^{-D_f+2})}{-D_f + 2} + \frac{b_{\max}^{-D_f+3} - b_{\min}^{-D_f+3}}{-D_f + 3} \right]$$

式中，Q_2 为多裂缝克努森流动体积流量，m^3/s。

多裂缝表面扩散体积流量：

$$Q_3 = -\int_{b_{\min}}^{b_{\max}} J_{\text{surface}} \mathrm{d}N = -a \frac{M D_f b_{\max}^{D_f} D_s}{\rho} \frac{C_{s\max} p_L}{(p + p_L)^2} \frac{\mathrm{d}p}{\mathrm{d}a} \int_{b_{\min}}^{b_{\max}} b^{-D_f} \mathrm{d}b$$

$$= -a \frac{M D_f b_{\max}^{D_f} D_s}{\rho} \frac{C_{s\max} p_L}{(p + p_L)^2} \frac{\mathrm{d}p}{\mathrm{d}a} \frac{(b_{\max}^{-D_f+1} - b_{\min}^{-D_f+1})}{-D_f + 1} \tag{6-123}$$

式中，Q_3 为多裂缝表面扩散体积流量，m^3/s。

多裂缝总体积流量：

$$Q = Q_1 + Q_2 + Q_3 \tag{6-124}$$

式中，Q 为多裂缝总体积流量，m^3/s。

用广义达西定律描述流量方程为

$$Q_D = -\frac{kA\Delta p}{\mu L} \tag{6-125}$$

对于平板裂缝，分形裂缝总面积 A_p 为

$$A_p = -\int_{b_{\min}}^{b_{\max}} ab \, \mathrm{d}N = ab_{\max} \frac{D_f}{(1 - D_f)} \left[1 - \left(\frac{b_{\max}}{b_{\min}}\right)^{D_f - 1} \right] \tag{6-126}$$

$$\delta_{\text{net}} = \frac{b_{\max}}{b_{\min}}$$

式中，A_p 为分形裂缝总面积，m^2；δ_{net} 为最大裂缝宽度与最小裂缝宽度的比值，无量纲。

分形集合截面积：

$$A = \frac{A_p}{\phi} = \frac{ab_{\max}}{\phi} \frac{D_f}{(1 - D_f)} (1 - \delta_{\text{net}}^{D_f - 1}) \tag{6-127}$$

式中，A 为分形集合截面积，m^2；ϕ 为裂缝孔隙度，无量纲。

裂缝宽度分形维数可表达为[30]

$$D_f = 2 + \frac{\ln\phi}{\ln\delta_{\text{net}}} \tag{6-128}$$

在平行多裂缝簇中，有最大缝宽 $b_{\max}$，最小缝宽 $b_{\min}$，则平均缝宽 b_{av} 可由下式表示：

$$b_{\text{av}} = \frac{D_f b_{\min}}{D_f - 1} \tag{6-129}$$

利用 $Q=Q_D$，可得出平行多裂缝渗透率 k：

$$k = -\frac{\mu_r \phi (1 - D_f)}{a b_{\max} D_f (1 - \delta_{\mathrm{net}}^{D_f - 1})} (Q_1 + Q_2 + Q_3) \tag{6-130}$$

对水平和竖直两个方向的平行裂缝簇，将 $b_{x\max}$、$b_{x\min}$、$\overline{a_x}$；$b_{y\max}$、$b_{y\min}$、$\overline{a_y}$ 等参数分别代入式(6-121)至式(6-130)，即可得到两个方向的渗透率 k_x、k_y。

缝网表观渗透率表达式为[39]

$$k_f = \frac{\sqrt{k_x^2 + k_y^2}}{2} \tag{6-131}$$

式中，k_f 为缝网表观渗透率，m^2；k_x 为 x 方向缝网渗透率，m^2；k_y 为 y 方向缝网渗透率，m^2。

6.4.4　模型验证及影响因素分析

6.4.4.1　单裂缝渗透率模型验证

1. 分子模拟验证

为了验证本书模型的可靠性，这里将本书模型计算结果与分子模拟结果进行对比。

本书所用分子模拟数据是 Sone 和 Hasegawa 基于分子动力学理论，采用漫反射边界条件，使用线性玻尔兹曼方法计算获得的矩形孔中稀薄气体传输的宏观参数，从而获得了全克努森数范围内的气体传输量。该方法并未探讨表面扩散和矩形孔宽度变化，为了方便讨论，同时更好地与分子模拟进行对比，在模型验证部分，本书采用退化的质量传输模型。

因此，微裂缝中气体无因次传输量可表达为

$$J_{t0} = w_{vs} J_{vs0} + w_k J_{k0} \tag{6-132}$$

$$\frac{J_{t0}}{J_{v0}} = w_{vs}(1 + \alpha K_{nb})\left(1 + \frac{6K_{nb}}{1 - mK_{nb}}\right) + w_k \frac{12\lambda B(\zeta)}{\pi a A(\zeta)} \tag{6-133}$$

$$\frac{J_{t0}}{J_{k0}} = w_{vs} \frac{\pi a}{12\lambda} \frac{A(\zeta)}{B(\zeta)}(1 + \alpha K_{nb})\left(1 + \frac{6K_{nb}}{1 - mK_{nb}}\right) + w_k \tag{6-134}$$

式中，J_{t0} 为微裂缝气体传输总质量流量，$\mathrm{kg/s}$；J_{t0}/J_{v0} 为以连续流动为基础的无因次气体传输量，无因次；J_{t0}/J_{k0} 为以克努森扩散为基础的无因次气体传输量，无因次。

模型计算基础参数见表 6-22，验证结果如图 6-49 和图 6-50 所示。

表 6-22　单裂缝模型计算基础参数表

参数名	符号	单位	数值
气体类型	CH_4	—	—
初始裂缝宽度	b_0	m	5×10^{-6}
初始裂缝高度	a_0	m	5×10^{-3}(模型验证：5×10^{-6}、1×10^{-5}、2×10^{-5})
微裂缝纵横比	ζ	—	1 000(模型验证：1、2、4)

续表

参数名	符号	单位	数值
初始裂缝压缩系数	c_0	Pa^{-1}	$0.104×10^{-6}$
裂缝压缩系数变化速率	δ	Pa^{-1}	$0.44×10^{-6}$
岩石泊松比	ν	—	0.3
岩石弹性模量	E	Pa	$1×10^{10}$
朗缪尔应变	S_L	—	0.002 51
初始地层压力	p_{p0}	Pa	$1.7×10^{7}$
最终地层压力	p_{final}	Pa	1.02
气体常数	R	J/(mol·K)	8.314
温度	T	K	423
气体摩尔质量	M	kg/mol	$1.6×10^{-2}$
理想气体黏度	μ	Pa·s	$1.18×10^{-5}$
标况下气体摩尔体积	V_{std}	$m^3·mol^{-1}$	$22.4×10^{-3}$
气体分子密度	ρ	kg/m^3	0.655
表面吸附气最大浓度	C_{smax}	mol/m^3	250 40
朗缪尔压力	P_L	Pa	$2.46×10^{6}$
表面扩散系数	D_s	m^2/s	$2.89×10^{-10}$
裂缝孔隙度	ϕ	—	0.003
裂缝迂曲度	τ	—	1.2
气体滑脱常数	m	—	−1
稀有气体效应系数	α	—	1.5

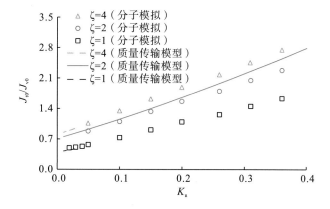

图 6-49　本书模型计算和分子模拟结果对比图(以连续流为基础)

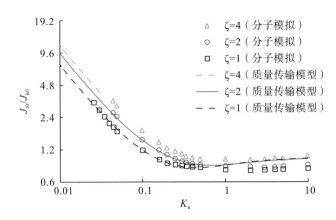

图 6-50 本书模型计算和分子模拟结果对比图(以克努森扩散为基础)

图 6-49 和图 6-50 是本书模型和分子模拟对比结果。可以看出:①当 $10^{-2}<K_n<1$ 时,本书模型计算结果与分子模拟结果具有较好的一致性,表明在不同截面形状微裂缝中,该模型能够合理地描述不同流态共存的气体传输过程;②在全克努森范围,当 K_n 的值在 1 附近时,无因次气体传输量最小,这与以往学者的气体传输能力存在最小值的研究结果一致;③当克努森数 $K_n \geqslant 1$ 时,气体分子与壁面碰撞占主导地位,克努森扩散作用贡献了气体总传输量的绝大部分,故在图 6-50 中,当 $K_n \geqslant 1$ 时,无因次气体传输量比值应逐渐接近于 1[41,42],该模型计算结果很好地反映了该特征,而同区域的分子模拟结果则表现出了一定程度的偏差,表明本书建立的模型在描述克努森数较大($K_n \geqslant 1$)的气体传输机理时更为合理。

2. 实验结果验证

为充分验证模型可靠性,利用 Tison 等的实验结果进行验证[41,42]。如图 6-51 和图 6-52 所示,本书模型与分子模拟和实验结果均能很好地拟合,具有相当好的可靠性。此外,由两图还可以看到,考虑气体黏度变化下的气体传输与不考虑黏度相比有一定偏差,因而不能忽略黏度对渗透率的影响。

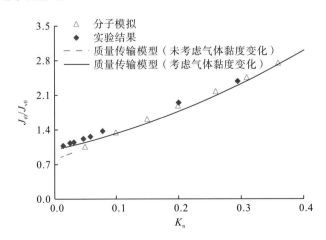

图 6-51 本书模型和实验结果等对比图(以克努森扩散为基础)

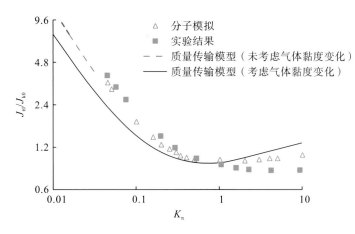

图 6-52　本书模型和实验结果等对比图（以克努森扩散为基础）

6.4.4.2　缝网渗透率模型验证

本书引入实验测试结果和其他理论模型来验证缝网渗透率模型的有效性。

1. 实验测试结果验证

朱维耀等[43]选取龙马溪组页岩岩样，采用巴西劈裂法进行人工造缝，然后通过覆压孔渗仪测量压裂前后孔隙度与渗透率。岩样的基础参数见表 6-23、表 6-24、图 6-53。本节通过确定岩样的裂缝参数，建立二维离散裂缝网络模型，通过缝网表观渗透率模型计算渗透率，并与实验结果进行对比验证。

根据岩样的 CT 扫描图像确定岩样裂缝形态，并获取岩样的裂缝参数（表 6-25 至表 6-32），通过蒙特卡洛随机建模法生成岩样 F-1、F-2、F-3 的二维离散裂缝网络模型，如图 6-54 所示。

表 6-23　岩样基础参数

编号	长度（cm）	直径（cm）	压裂前渗透率（mD）	压裂后渗透率（mD）
F-1	4.51	2.52	0.013 2	13.13
F-2	4.75	2.53	0.055 2	31.45
F-3	4.57	2.53	0.118 6	50.60

表 6-24　岩样裂缝参数

岩样	分形维数 D	最小缝长 a_{min}（cm）	最大缝长 a_{max}（cm）	区域大小（cm×cm）	裂缝数量（条/cm²）
F-1	1.11	2.24	2.24	2.2×2.2	0.2
F-2	1.23	2.22	2.30	2.2×2.2	0.6
F-3	1.37	0.10	2.22	2.2×2.2	2.3

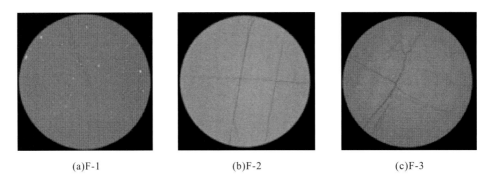

| (a)F-1 | (b)F-2 | (c)F-3 |

图 6-53　不同岩样的 CT 扫描图像(据朱维耀等[43])

表 6-25　岩样 F-1 每条裂缝具体参数

裂缝	缝长 a_i (cm)	缝宽 b_i (μm)	角度 θ_i (°)
1	2.24	123.7	111

表 6-26　岩样 F-2 每条裂缝具体参数

裂缝	缝长 a_i (cm)	缝宽 b_i (μm)	角度 θ_i (°)
1	2.26	310.2	67
2	2.30	3.1	66
3	2.22	207.5	171

表 6-27　岩样 F-3 每条裂缝具体参数

裂缝	缝长 a_i (cm)	缝宽 b_i (μm)	角度 θ_i (°)
1	0.66	12.5	115
2	1.66	36.7	113
3	1.66	453	50
4	0.78	212	71
5	2.22	41.8	5
6	0.10	405.9	161
7	1.20	62.3	129
8	0.60	81.7	96
9	0.52	4.3	46
10	1.44	10.0	47
11	1.18	207.2	52

表 6-28　岩样 F-1 每条裂缝水平和竖直方向等效参数

裂缝	a_{xi} (cm)	a_{yi} (cm)	b_{xi} (μm)	b_{yi} (μm)
1	0.80	2.09	115.5	44.3

表 6-29　岩样 F-2 每条裂缝水平和竖直方向等效参数

裂缝	a_{xi} (cm)	a_{yi} (cm)	b_{xi} (μm)	b_{yi} (μm)
1	0.88	2.08	285.5	121.2
2	0.94	2.10	2.8	1.3
3	2.19	0.35	32.5	204.9

表 6-30　岩样 F-3 每条裂缝水平和竖直方向等效参数

裂缝	a_{xi} (cm)	a_{yi} (cm)	b_{xi} (μm)	b_{yi} (μm)
1	0.28	0.60	11.3	5.3
2	0.65	1.53	33.8	14.3
3	1.07	1.27	347.0	291.2
4	0.25	0.74	200.4	69.0
5	2.21	0.19	3.6	41.6
6	0.09	0.03	132.1	383.8
7	0.76	0.93	48.4	39.2
8	0.06	0.60	81.3	8.5
9	0.36	0.37	3.1	3.0
10	0.98	1.05	7.3	6.8
11	0.73	0.93	163.3	127.6

表 6-31　岩样 F-2 水平和竖直方向统计学参数

岩样	$\overline{a_x}$ (cm)	$\overline{a_y}$ (cm)	$b_{x\min}$ (μm)	$b_{x\max}$ (μm)	$b_{y\min}$ (μm)	$b_{y\max}$ (μm)
F-2	1.34	1.51	2.8	285.5	1.3	204.9

表 6-32　岩样 F-3 水平和竖直方向统计学参数

岩样	$\overline{a_x}$ (cm)	$\overline{a_y}$ (cm)	$b_{x\min}$ (μm)	$b_{x\max}$ (μm)	$b_{y\min}$ (μm)	$b_{y\max}$ (μm)
F-3	0.68	0.75	3.1	347.0	3.0	383.8

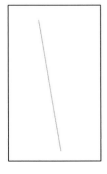
(a)F-1

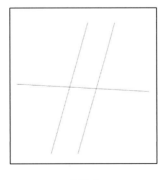
(b)F-2

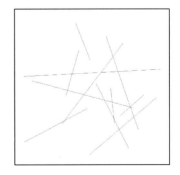
(c)F-3

图 6-54　岩样的二维离散裂缝网络模型

对岩样 F-1，直接将表 6-28 中的参数代入单裂缝渗透率模型计算；对岩样 F-2 和岩样 F-3，将表 6-31 和表 6-32 中岩样裂缝参数代入缝网表观渗透率模型计算裂缝渗透率，并与实验测得的渗透率相比较，结果如表 6-33、图 6-55～图 6-57 所示。

表 6-33　渗透率模型计算结果与实验测试结果对比表　　　　　　单位：mD

岩样	x 方向	y 方向	本书模型	实验结果
F-1	13.05	5.28	14.08	13.13
F-2	28.64	17.29	33.45	31.45
F-3	36.82	40.53	54.76	50.6

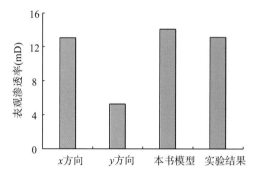

图 6-55　岩样 F-1 实验测试渗透率与本书模型计算结果对比

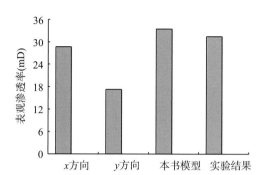

图 6-56　岩样 F-2 实验测试渗透率与本书模型计算结果对比

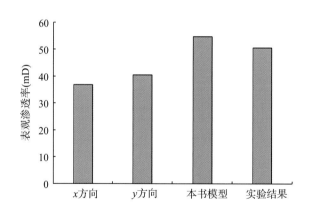

图 6-57　岩样 F-3 实验测试渗透率与本书模型计算结果对比

由图 6-55～图 6-57 可知，本书模型计算结果与实验测试结果较为接近，能较好地应用于实际的缝网渗透率计算。此外，本书模型考虑了微小裂缝表面气体解吸附和表面扩散，因而模型计算结果比实验结果稍大。

2. 理论模型验证

李玉丹等[43]在考虑应力敏感和滑脱效应的基础上，建立了页岩缝网表观渗透率模型。

其模型与 Fink 实验结果进行了对比，具有较好的可靠性。Fink 实验[43]选用富含天然裂缝页岩岩心作为实验样品，采用稳态气测法对渗透率进行测试，模型计算参数取值与实验真实岩样物性参数一致。将本书模型与两者进行了对比验证，具体参数和结果见表 6-34 和图 6-58。

表 6-34　缝网渗透率模型验证参数表

参数名	符号	单位	数值
最大裂缝宽度	b_{max}	m	2×10^{-6}
最小裂缝宽度	b_{min}	m	2×10^{-9}
裂缝高度	a	m	1.5×10^{-4}
裂缝孔隙度	ϕ	—	0.1
裂缝压缩系数	c_f	Pa^{-1}	0.027×10^{-6}
初始地层压力	P_{p0}	Pa	15×10^{6}
最终地层压力	P_{final}	Pa	0.3×10^{6}
气体常数	R	J/(mol·K)	8.314
温度	T	K	323
气体摩尔质量	M	kg/mol	1.95×10^{-2}
理想气体黏度	μ	Pa·s	1.18×10^{-5}

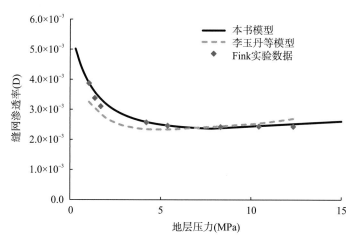

图 6-58　本书缝网模型有效性验证结果

由图 6-58 可知，在较高地层压力下，随着地层压力降低，由于应力敏感效应，缝网表观渗透率呈现轻微下降趋势；在低地层压力下，随着地层压力降低，缝网渗透率呈现迅速增大趋势，这是由于低压下滑脱效应、克努森效应、微小裂缝表面扩散等对气体传输产生很大影响。由于本书模型考虑克努森效应和表面扩散效应，在低压下本书模型表观渗透率要略大于李玉丹等的模型，与实验结果更为接近。

6.4.4.3　单裂缝影响因素分析

本书首先分析不同因素对缝宽的影响,代入基础数据可分别得出 Δb_f 、 Δb_m 、 Δb_s 、 Δb_t 的数值,如图 6-59 所示。

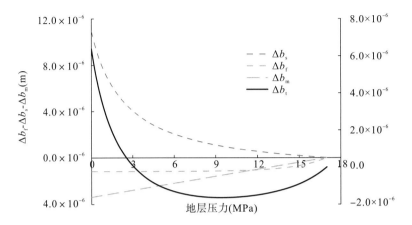

图 6-59　地层压力变化下各因素引起的缝宽变化量

由图 6-59 可知,随着平均地层压力的减小,缝宽先减小后增大,在地层压力为 10 MPa 附近时,有最小缝宽。其中,裂缝压缩性及基质压缩性均引起缝宽减小,气体解吸附却使缝宽变大。

为方便分析各影响因素引起的缝宽变化占总缝宽变化的比例,令 $|\Delta b_f| + |\Delta b_m| + \Delta b_s = \Delta b_{tt}$,结果如图 6-60 所示。

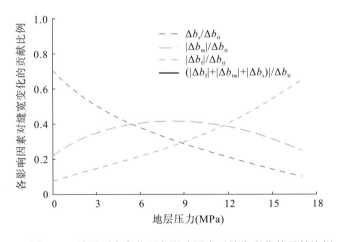

图 6-60　地层压力变化下各影响因素对缝宽变化的贡献比例

由图 6-60 可知,随着地层压力的降低,气体解吸附对缝宽变化的贡献比例逐渐增大,而裂缝压缩性的贡献比例却呈现相反趋势,基质压缩性的贡献比例先增大后减小;裂缝压缩性、基质压缩性、气体解吸附依次对缝宽变化贡献占主导地位。

缝宽变化导致气体质量传输发生变化,现分析缝宽动态变化下气体质量传输规律。为讨论方便,以 K_{tf}/K_o、K_{tm}/K_o、K_{ts}/K_o、K_t/K_o 分别表示仅考虑裂缝压缩性、仅考虑基质压缩性、仅考虑解吸附作用、三部分因素共同作用下的渗透率与未考虑缝宽变化下渗透率的比值。计算结果如图 6-61 所示。

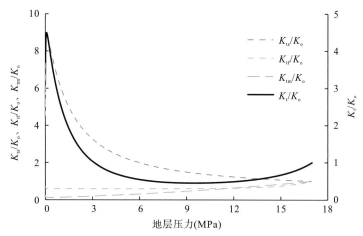

图 6-61　地层压力变化下各缝宽影响因素引起的渗透率变化图

由图 6-61 可知,地层压力大于 3.4 MPa 时,应力敏感下的缝宽变化导致气体传输能力下降;当地层压力为 9 MPa 时,传输能力有最大降幅,其值仅为未考虑缝宽变化时的 0.45 倍。地层压力小于 3.4 MPa 时,缝宽变化使气体传输能力反常增大;理论上,传输能力有最大增幅,为未考虑缝宽变化时的 4.5 倍。地层压力变化下,各缝宽影响因素引起的渗透率变化情况与各因素引起的缝宽变化情况的趋势基本一致,这是由于缝宽是影响渗透率的主要直接因素。

在缝宽变化的过程中,诸多基础参数,如裂缝压缩性、岩石泊松比、岩石弹性模量、气体解吸附性等均对缝宽产生影响,进而使表观渗透率发生变化。下面逐一分析各基础参数对表观渗透率的影响。

研究裂缝压缩性对表观渗透率的影响,代入基础数据,结果如图 6-62 所示。

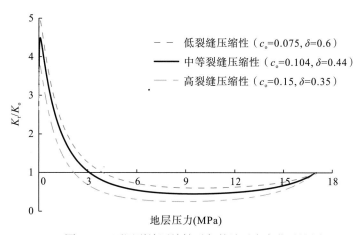

图 6-62　不同裂缝压缩性引起的渗透率变化对比图

由图 6-62 可知，裂缝压缩性对储层渗透率影响较大。其他条件相同时，裂缝压缩性越大（c_0 越大、δ 越小），裂缝越容易被压缩，K_t/K_o 值越小。总体而言，气体质量传输与裂缝压缩性呈负相关关系。

为了研究岩石泊松比与弹性模量对表观渗透率的影响，代入基础数据，结果如图 6-63 和图 6-64 所示。

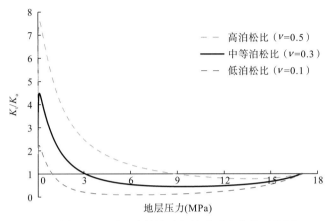

图 6-63　不同泊松比引起的渗透率变化对比图

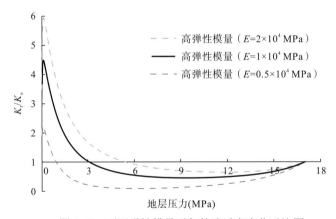

图 6-64　不同弹性模量引起的渗透率变化对比图

由图 6-63 和图 6-64 可知，岩石力学参数（泊松比和弹性模量）对渗透率有很大的影响。其他条件相同时，泊松比和弹性模量越大，K_t/K_o 值越大。总体而言，气体质量传输与弹性模量、泊松比呈正相关关系。

研究气体解吸附性对表观渗透率的影响，代入基础数据，结果如图 6-65 所示。

由图 6-65 可知，低地层压力下（小于 4 MPa），气体解吸附性对 K_t/K_o 值影响较大，地层压力大于 4 MPa 时，气体解吸附性对 K_t/K_o 值几乎不产生影响。这是由于地层压力较大时，气体解吸附性对缝宽变化的贡献比例较小，此时占主导作用的是裂缝压缩性和基质压缩性。地层压力较小时，气体解吸附性对缝宽变化的贡献比例很大，此时解吸附性占主导作用。总体而言，地层压力小于 4 MPa 时，气体质量传输与解吸附性呈正相关关系；地层压力大于 4 MPa 时，不同解吸附性对质量传输的影响几乎一致。

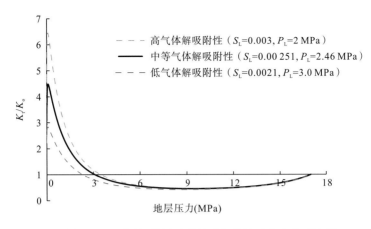

图 6-65　不同气体解吸附性引起的渗透率变化对比图

6.4.4.4　缝网渗透率影响因素分析

本书主要分析了缝网裂缝尺度、最大缝宽、最小缝宽、裂缝孔隙度等参数对缝网渗透率的影响。

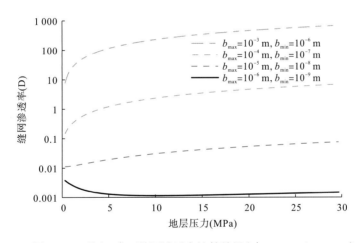

图 6-66　不同尺度下缝网渗透率计算结果（ϕ_{net}=0.1；δ_{net}=1 000）

由图 6-66 可知，在缝网裂缝孔隙度 ϕ_{net} 和 δ_{net} 为定值的情况下，相差一个数量级缝宽尺度的缝网渗透率差异显著；不同尺度渗透率差异随缝网尺度的减小而变小。此外，在较大尺度下，渗透率随地层压力降低而不断减小；在缝宽较小的微纳米尺度，缝网渗透率呈现先减小后增大的趋势。这是由于在小尺度、低压力下，一方面，应力敏感效应使缝宽反常增大，另一方面表面扩散作用对渗透率的贡献作用扮演相当重要的角色。下面详细探讨各流动机理对缝网渗透率的贡献。

由图 6-67 可知，当缝网最大缝宽在 1 μm 附近、最小缝宽在 1 nm 附近时，表面扩散作用对气体传输影响相当明显。随着地层压力减小，黏性流比重逐渐减小，克努森流比重先增大后减小，表面扩散作用比重呈增大趋势且增大幅度越来越大。该尺度下，在压力小于 3 MPa 时，表面扩散作用占据主导作用。

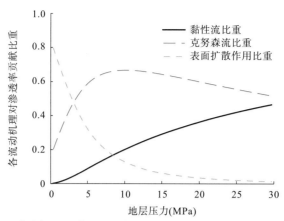

图 6-67　不同流动机理对缝网渗透率贡献图（ϕ_{net} =0.1；b_{max}=1×10^{-6}，b_{min}=1×10^{-9}）

由图 6-68 可知，随着缝网尺度增大，表面扩散作用所占比重有了较大下降，其仅在低地层压力下对缝网渗透率有一定贡献。黏性流和克努森流随地层压力下降，对缝网渗透率的贡献呈现此消彼长的趋势。

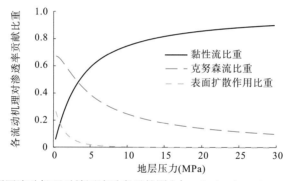

图 6-68　不同流动机理对缝网渗透率贡献图（ϕ_{net} =0.1；b_{max}=1×10^{-5}，b_{min}=1×10^{-8}）

如图 6-69 所示，在缝网裂缝孔隙度和最小缝宽一定的情况下，最大缝宽对渗透率影响巨大，最大缝宽每增大 1 个数量级，缝网渗透率增长接近 100 倍。

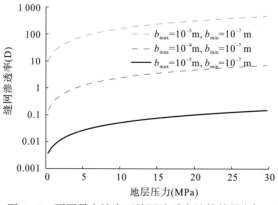

图 6-69　不同最大缝宽下缝网渗透率计算结果（ϕ_{net} =0.1）

　　如图 6-70 所示，在缝网裂缝孔隙度和最大缝宽一定的情况下，最小缝宽对渗透率的影响相对较小；最小缝宽尺度较大时，最小缝宽增大 1 个数量级，缝网渗透率增长接近 2 倍，但在低压下渗透率差异不大；最小缝宽尺度较小时，由于表面扩散的作用，其渗透率有一定程度的增大，在低压下甚至比更大尺度最小缝宽时的渗透率大。

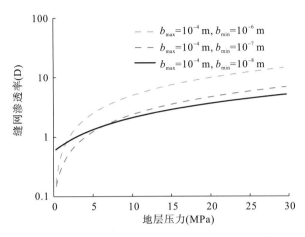

图 6-70　不同最小缝宽下缝网渗透率计算结果（ϕ_{net} =0.1）

　　如图 6-71 所示，在最大和最小缝宽一定的情况下，裂缝孔隙度对渗透的率影响较为明显。裂缝孔隙度越大，缝网裂缝宽度分布分形维数越大，裂缝分布更趋向于大裂缝，缝网区间气体整体渗流通道越大，其表观渗透率也越高。缝网孔隙度增大 1 倍，缝网表观渗透率增大约 1.7 倍。

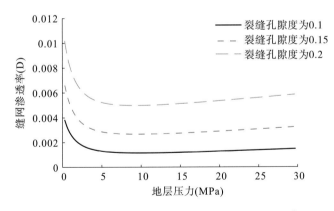

图 6-71　不同最小缝宽下缝网渗透率计算结果（$b_{max}=1\times10^{-6}$，$b_{min}=1\times10^{-9}$）

参 考 文 献

[1] 曾凡辉, 彭凡, 郭建春, 等. 一种页岩储层多孔介质表观渗透率的计算方法[P]. CN108710723B, 2019-11-08.

[2] Zeng F, Peng F, Guo J, et al. Gas mass transport model for microfractures considering the dynamic variation of width in shale reservoirs[J]. SPE Reservoir Evaluation & Engineering, 2019, 22(04): 1265-1281.

[3] 曾凡辉, 彭凡, 郭建春, 等. 一种页岩压裂自支撑裂缝缝网渗透率计算方法[P]. CN109902918B,2020-01-07.

[4] Javadpour F. Nanopores and apparent permeability of gas flow in mudrocks (shales and siltstone)[J]. Journal of Canadian Petroleum Technology, 2009, 48(8): 16-21.

[5] Montgomery S L, Jarvie D M, A B K, et al. Mississippian barnett shale, fort Worth basin, north-central Texas: gas-shale play with multi‐trillion cubic foot potential[J]. AAPG Bulletin, 2006, 89(2): 155-175.

[6] 曲占庆, 林珊珊, 张杰, 等. 多组分和吸附对页岩气储量计算的影响[J]. 特种油气藏, 2012, 19(3): 114-116.

[7] 李靖, 李相方, 陈掌星, 等. 页岩储层束缚水影响下的气相渗透率模型[J]. 石油科学通报, 2018, 3(2): 167-182.

[8] Roy S, Raju R, Chuang H F, et al. Modeling gas flow through microchannels and nanopores[J]. Journal of Applied Physics, 2003, 93(8): 4870-4879.

[9] Shi J, Zhang L, Li Y, et al. Diffusion and Flow Mechanisms of Shale Gas Through Matrix Pores and Gas Production Forecasting[C]. SPE Unconventional Resources Conference Canada. Calgary, Alberta, Canada; Society of Petroleum Engineers. 2013.

[10] 曾凡辉, 王小魏, 郭建春, 等. 基于连续拟稳定法的页岩气体积压裂水平井产量计算[J]. 天然气地球科学, 2018, 29(7): 1051-1059.

[11] Rahmanian M, Aguilera R, Kantzas A. A new unified diffusion--viscous-flow model based on pore-level studies of tight gas formations[J]. SPE Journal, 2012, 18(1): 38-49.

[12] Civan F, Devegowda D, Sigal R F. Critical Evaluation and Improvement of Methods for Determination of Matrix Permeability of Shale[C]. SPE Annual Technical Conference and Exhibition. New Orleans, Louisiana, USA; Society of Petroleum Engineers. 2013.

[13] Xiong X, Devegowda D, Michel Villazon G G, et al. A Fully-Coupled Free and Adsorptive Phase Transport Model for Shale Gas Reservoirs Including Non-Darcy Flow Effects[C]. SPE Annual Technical Conference and Exhibition. San Antonio, Texas, USA; Society of Petroleum Engineers, 2012.

[14] Li C, Xu P, Qiu S, et al. The gas effective permeability of porous media with Klinkenberg effect[J]. Journal of Natural Gas Science and Engineering, 2016(34): 534-540.

[15] Civan F. Effective correlation of apparent gas permeability in tight porous media[J]. Transport in Porous Media, 2010, 82(2): 375-384.

[16] Jia D, Zhu W, Qian M A. A new seepage model for shale gas reservoir and productivity analysis of fractured well[J]. Fuel, 2014, 124(15): 232-240.

[17] Wu K, Li X, Guo C, et al. A unified model for gas transfer in nanopores of shale-gas reservoirs: coupling pore diffusion and surface diffusion[J]. SPE Journal, 2016, 21(05): 1583-1611.

[18] 吴克柳, 陈掌星. 页岩气纳米孔气体传输综述[J]. 石油科学通报, 2016, 1(1): 91-127.

[19] 盛茂, 李根生, 黄中伟, 等. 考虑表面扩散作用的页岩气瞬态流动模型[J]. 石油学报, 2014, 35(2): 347-352.

[20] 曹炳阳. 速度滑移及其对微纳尺度流动影响的分子动力学研究[D]. 北京: 清华大学, 2005.

[21] Tran H, Sakhaee-Pour A. Viscosity of shale gas[J]. Fuel, 2017(191): 87-96.

[22] Chan W K, Yuhong S. Analytical modeling of ultra-thin-film bearings[J]. Journal of Micromechanics and Microengineering, 2003, 13(3): 463-473.

[23] Roohi E, Darbandi M. Extending the Navier‐Stokes solutions to transition regime in two-dimensional micro-nanochannel flows using information preservation scheme[J]. Physics of Fluids, 2009, 21(8): 082001.

[24] Bahukudumbi P. A unified engineering model for steady and quasi-steady shear-driven gas microflows[J]. Microscale Thermophysical Engineering, 2003, 7(4): 291-315.

[25] Wu K, Chen Z, Li X. Real gas transport through nanopores of varying cross-section type and shape in shale gas reservoirs[J]. Chemical Engineering Journal, 2015(281): 813-825.

[26] 方朝合, 黄志龙, 王巧智, 等. 富含气页岩储层超低含水饱和度成因及意义[J]. 天然气地球科学, 2014, 25(3): 471-476.

[27] 刘洪林, 王红岩. 中国南方海相页岩超低含水饱和度特征及超压核心区选择指标[J]. 天然气工业, 2013, 33(7): 140-144.

[28] 李靖, 李相方, 李莹莹, 等. 储层含水条件下致密砂岩/页岩无机质纳米孔隙气相渗透率模型[J]. 力学学报, 2015, 47(6): 932-944.

[29] 张雪芬, 陆现彩, 张林晔, 等. 页岩气的赋存形式研究及其石油地质意义[J]. 地球科学进展, 2010, 25(6): 597-604.

[30] Dong J J, Hsu J Y, Wu W J, et al. Stress-dependence of the permeability and porosity of sandstone and shale from TCDP Hole-A[J]. International Journal of Rock Mechanics and Mining Sciences, 2010, 47(7): 1141-1157.

[31] 吴克柳, 李相方, 陈掌星. 页岩气有机质纳米孔气体传输微尺度效应[J]. 天然气工业, 2016, 36(11): 51-64.

[32] Kazemi M, Takbiri-Borujeni A. An analytical model for shale gas permeability[J]. International Journal of Coal Geology, 2015(146): 188-197.

[33] Xu P, Yu B. Developing a new form of permeability and Kozeny-Carman constant for homogeneous porous media by means of fractal geometry[J]. Advances in water resources, 2008, 31(1): 74-81.

[34] Kuila U, Mccarty D K, Derkowski A, et al. Nano-scale texture and porosity of organic matter and clay minerals in organic-rich mudrocks[J]. Fuel, 2014(135): 359-373.

[35] 罗毅. 页岩储层渗流能力非稳态评价方法[D]. 成都: 成都理工大学, 2016.

[36] Yu B, Cheng P. A fractal permeability model for bi-dispersed porous media[J]. International Journal of Heat and Mass Transfer, 2002, 45(14): 2983-93.

[37] 杨洋. 基于分形维数的路面裂缝图像分割方法研究[D]. 西安: 长安大学, 2014.

[38] Rahman M K, Hossain M M, Rahman S S. A shear-dilation-based model for evaluation of hydraulically stimulated naturally fractured reservoirs[J]. International Journal for Numerical and Analytical Methods in Geomechanics, 2002, 26(5): 469-497.

[39] 王晨星. 基于复杂裂缝网络页岩气产量研究[D]. 成都: 西南石油大学, 2018.

[40] 吴克柳, 李相方, 陈掌星, 等. 页岩气和致密砂岩气藏微裂缝气体传输特性[J]. 力学学报, 2015, 47(6): 955-964.

[41] Singh H, Javadpour F, Ettehadtavakkol A, et al. Nonempirical apparent permeability of shale[J]. Spe Reservoir Evaluation & Engineering, 2013, 17(3): 414-424.

[42] Shahri M R, Aguilera R, Kantzas A. A new unified diffusion-viscous flow model based on pore level studies of tight gas formations[J]. Spe Journal, 2012, 18(1): 38-49.

[43] 李玉丹, 董平川, 周大伟等. 页岩气藏表观渗透率动态模型研究[J]. 岩土力学, 2018, 39(296s1): 51-59.

第 7 章　页岩气水平井体积压裂渗流规律研究

本章在页岩气藏基质表观渗透率模型和缝网表观渗透率模型的基础上,根据返排过程中基质区域为束缚水条件下的单相气体渗流,缝网区域为气水两相渗流,基于源函数思想推导封闭边界气藏点源函数。采用空间离散技术,将缝网系统离散成裂缝离散单元,考虑多尺度运移机制、应力敏感效应、含水饱和度、气藏物性动态变化和人工裂缝内高速非达西渗流的影响,结合裂缝段内压降方程得到裂缝内气水两相的压力和流量分布。根据基质与缝网交界处压力相等、流量连续原则,将瞬态产量模型的解应用时间叠加原理,建立基质系统-缝网系统耦合的页岩气压裂水平井气水两相非稳态产能预测模型,并编写了计算机求解程序。

7.1　压裂水平井物理模型

在气藏非稳态产能预测模型中,一般将气藏边界设置为圆形、矩形和椭圆形。页岩气藏由于储层渗透率极低,往往需要大规模压裂才能有效开发。一般页岩气水平井压裂段数达到 10 段以上,甚至达到 20 段,水平段长也在 1 000 m 以上。国内外学者因此将页岩气压裂水平井的渗流边界假设为矩形(图 7-1)来研究[1, 2]。

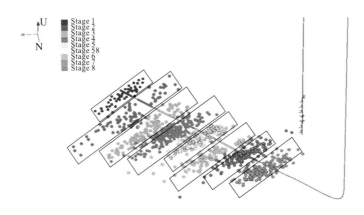

图 7-1　页岩气藏体积压裂水平井微地震检测图

页岩气藏压裂水平井物理模型如图 7-2 所示。模型假设如下:

(1)封闭页岩气藏中央有一口压裂水平井,压后储层存在若干矩形缝网改造区。

(2)压后储层人工主裂缝位于改造区中间,页岩气由基质流向缝网改造区,再由改造区经人工主裂缝流向井筒。

(3)基质区域为束缚水条件下的单相气体渗流,缝网改造区域为气水两相渗流。

（4）考虑水平井筒具有无限大导流能力，忽略重力。

（5）基质区域具有多重孔隙结构（有机孔、无机孔），考虑页岩气多尺度流动和缝内高速非达西效应；考虑应力敏感和储层物性参数的动态变化。

（6）不考虑温度变化。

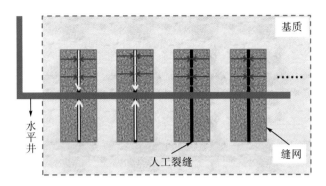

图 7-2　封闭箱形气藏压裂水平井物理模型

7.2　封闭箱型气藏点源函数

本节基于无限大地层点源函数，根据泊松求和、纽曼积分、镜像反映等原理等推导封闭边界箱形气藏点源函数。

7.2.1　无限大地层点源函数

在无限大地层中，当有一气相点源 O 以定产量生产时，渗流模型为[3]

$$\begin{cases} \dfrac{\partial^2 p}{\partial x^2} + \dfrac{\partial^2 p}{\partial y^2} = \dfrac{1}{\eta}\dfrac{\partial p^2}{\partial t} \\ p(x \to \infty, y \to \infty, t) = p_i \\ p(x, y, t = \tau) = \begin{cases} p_i \\ \infty \end{cases} \end{cases} \tag{7-1}$$

式中，η 为导压系数，$\text{m}^2 \cdot \text{MPa}/(\text{Pa·s})$；$t$ 为生产时间，10^3s；p_i 为原始地层压力，MPa。

气体拟压力可表示为

$$\psi = \psi(p) = \int_{P_m}^{p} \frac{2p}{\mu Z} \mathrm{d}p \tag{7-2}$$

则式（7-1）可表达为

$$\begin{cases} \dfrac{\partial^2 \psi}{\partial x^2} + \dfrac{\partial^2 \psi}{\partial y^2} = \dfrac{1}{\eta}\dfrac{\partial \psi}{\partial t} \\ \psi(x \to \infty, y \to \infty, t) = \psi_i \\ \psi(x, y, t = \tau) = \begin{cases} \psi_i \\ \infty \end{cases} \end{cases} \tag{7-3}$$

其中，导压系数 η 为

$$\eta = \frac{K}{\mu C_t \phi} \tag{7-4}$$

式中，ψ 为拟压力，$MPa^2/(Pa\cdot s)$；K 为储层渗透率，m^2；C_t 为综合压缩系数，MPa^{-1}；ϕ 为孔隙度，小数。

为求解非稳态渗流，引入变量 $\mu(x,y,t)$：

$$\mu = \frac{x^2 + y^2}{4\chi t} \tag{7-5}$$

则式(7-3)可写成：

$$\mu \frac{\mathrm{d}^2 \psi}{\mathrm{d}\mu^2} + \frac{\mathrm{d}\psi}{\mathrm{d}\mu}(1+\mu) = 0 \tag{7-6}$$

代入边界条件求得地层中瞬时点源的压力表达式：

$$\psi(x,y,t) = \psi_i + \frac{\delta V \mu}{4\pi K(t-\tau)} \exp\left[-\frac{(x-x')^2 + (y-y')^2}{4\eta(t-\tau)} \right] \tag{7-7}$$

设点源 O 的体积流量为 $q(\tau)$，对 τ 在区间 $[\tau_1,\tau_2]$ 上积分得到任意持续点源的压力解为

$$\psi(x,y,t) = \psi_i + \frac{\mu}{4\pi K} \int_{\tau_1}^{\tau_2} \frac{q(\tau)}{t-\tau} \exp\left[-\frac{(x-x')^2 + (y-y')^2}{4\eta(t-\tau)} \right] \mathrm{d}\tau \tag{7-8}$$

式中，$\psi(x,y,t)$ 为三维空间中 t 时刻任意一点的拟压力，$MPa^2/(Pa\cdot s)$。

7.2.2 无限大地层线源函数

对于无限大地层中的直线源 $x = x_w$，对式(7-7)中 y 积分可得无线大地层中瞬时直线源的压力表达式为

$$\psi(x,t) = \psi_i - \frac{\mathrm{d}s}{4\pi \phi C_t \eta(t-\tau)} \mathrm{e}^{-\frac{(x-x_w)^2}{4\eta(t-\tau)}} \int_{-\infty}^{\infty} \mathrm{e}^{-\frac{(y-y')^2}{4\eta(t-\tau)}} \mathrm{d}y' \tag{7-9}$$

根据高斯积分公式

$$\int_0^{\infty} \mathrm{e}^{-a^2 x^2} \mathrm{d}x = \frac{\sqrt{\pi}}{2a} \tag{7-10}$$

式(7-9)可以表示为

$$\psi(x,t) = \psi_i - \frac{\mathrm{d}s}{\phi C_t} \frac{\exp\left[-\frac{(x-x_w)^2}{4\eta(t-\tau)} \right]}{\sqrt{4\pi\eta(t-\tau)}} \tag{7-11}$$

令体积流量为 $q_1(\tau)$，对于从时间 $t=0$ 到任意时刻 t 的持续源，有

$$\frac{\mathrm{d}s(\tau)}{\mathrm{d}\tau} \mathrm{d}\tau = q_1(\tau)\mathrm{d}\tau \tag{7-12}$$

从而可以得到无限大地层中持续源直线源的压力解为

$$\psi(x,t) = \psi_i - \frac{1}{\phi C_t} \int_0^t q_1(\tau) \frac{\exp\left[-\dfrac{(x-x_w)^2}{4\chi(t-\tau)}\right]}{\sqrt{4\pi\chi(t-\tau)}} d\tau \tag{7-13}$$

7.2.3　封闭边界线源函数

在无限大地层线源函数的基础上，依据镜像反映原理和泊松求和公式推导地层中封闭边界下的线源函数。对于地层中位于 $x=x_w$ 的直线源，两条封闭边界分别位于 $x=0$ 和 $x=x_e$（图 7-3）。根据镜像反映原理，与实际线源函数等效的镜像线源位置为[4]

$$2nx_e + x_w, \quad 2nx_e - x_w \tag{7-14}$$

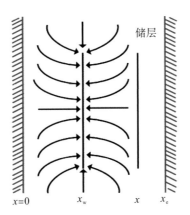

图 7-3　x 方向封闭边界的直线源

通过叠加无限大地层中持续线直线源，得到封闭边界中线源函数：

$$\psi(x,t) = \psi_i - \frac{ds}{\phi C_t \sqrt{4\pi\eta(t-\tau)}}$$
$$\sum_{n=-\infty}^{n=+\infty} \left\{ \exp\left(-\frac{[x-(2nx_e+x_w)]^2}{4\eta(t-\tau)}\right) + \exp\left(-\frac{[x-(2nx_e-x_w)]^2}{4\eta(t-\tau)}\right) \right\} \tag{7-15}$$

应用泊松求和，可得

$$\sum_{n=-\infty}^{n=+\infty} f(\alpha n) = \frac{1}{\alpha} \sum_{m=-\infty}^{\infty} F\left(\frac{2\pi m}{\alpha}\right) \tag{7-16}$$

其中，

$$F(\beta) = \int_{-\infty}^{\infty} f(y) e^{i\beta y} dy \tag{7-17}$$

根据式（7-16），可得

$$\sum_{n=-\infty}^{n=+\infty} \exp\left(-\frac{[x-(2nx_e-x_w)]^2}{4\eta(t-\tau)}\right) = \frac{1}{2x_e} \sum_{m=-\infty}^{m=\infty} F_1\left(\frac{\pi m}{x_e}\right) \tag{7-18}$$

根据傅里叶变换式（7-18），令 $y=\alpha n=2nx_e$，则

$$F_1(\beta) = \int_{-\infty}^{\infty} e^{-\frac{[y-(x-x_w)]^2}{4\eta(t-\tau)}} e^{i\beta y} dy \tag{7-19}$$

作变量变换，令

$$z = \frac{y-(x-x_w)}{\sqrt{4\eta(t-\tau)}} \tag{7-20}$$

$$y = (x-x_w) + z\sqrt{4\eta(t-\tau)} \tag{7-21}$$

则式(7-19)可写成：

$$\begin{aligned}
F_1(\beta) &= \int_{-\infty}^{\infty} \exp(-z^2) e^{i\beta\left[(x-x_w)+z\sqrt{4\eta(t-\tau)}\right]} \sqrt{4\eta(t-\tau)} dz \\
&= \sqrt{4\eta(t-\tau)} \left[e^{i\beta(x-x_w)} \int_{-\infty}^{\infty} \exp(-z^2) e^{i\beta z\sqrt{4\eta(t-\tau)}} dz \right]
\end{aligned} \tag{7-22}$$

其中，

$$\int_{-\infty}^{\infty} \exp(-z^2) e^{i\beta z\sqrt{4\eta(t-\tau)}} dz = \sqrt{\pi} e^{-\eta(t-\tau)\beta^2} = \sqrt{\pi} e^{-\frac{m^2\pi^2\eta(t-\pi)}{x_e^2}} \tag{7-23}$$

代入式(7-22)，可得

$$F_1(\beta) = \sqrt{4\pi\eta(t-\tau)} \left[\cos\frac{m\pi(x-x_w)}{x_e} + i\sin\frac{m\pi(x-x_w)}{x_e} \right] e^{-\frac{m^2\pi^2\eta(t-\pi)}{x_e^2}} \tag{7-24}$$

同理，对 $f_2(\alpha n)$ 积分求和变成 $F_2(\beta)$ 为

$$F_2(\beta) = \sqrt{4\pi\eta(t-\tau)} \left[\cos\frac{m\pi(x+x_w)}{x_e} + i\sin\frac{m\pi(x+x_w)}{x_e} \right] e^{-\frac{m^2\pi^2\eta(t-\pi)}{x_e^2}} \tag{7-25}$$

用式(7-24)和式(7-25)右端替换式(7-15)中的指数项，得到线源函数表达式：

$$\psi(x,t) = \psi_i - \frac{ds}{\phi C_t x_e} \left\{ 1 + 2\sum_{n=1}^{\infty} \exp\left(-\frac{n^2\pi^2\eta(t-\tau)}{x_e^2}\right) \cos\frac{n\pi x}{x_e} \cos\frac{n\pi x_w}{x_e} \right\} \tag{7-26}$$

通过式(7-26)得到在 $x=x_w$ 位置处的线源函数表示式：

$$\psi(x,t) = \psi_i - \frac{1}{\phi C_t x_e} \int_0^t \left\{ 1 + 2\sum_{n=1}^{\infty} \exp\left(-\frac{n^2\pi^2\eta(t-\tau)}{x_e^2}\right) \cos\frac{n\pi x}{x_e} \cos\frac{n\pi x_w}{x_e} \right\} d\tau \tag{7-27}$$

同理可得 y 方向(图 7-4)和 z 方向的线源函数：

$$\psi(y,t) = p_i - \frac{1}{\phi C_t y_e} \int_0^t \left\{ 1 + 2\sum_{n=1}^{\infty} \exp\left(-\frac{n^2\pi^2\eta(t-\tau)}{y_e^2}\right) \cos\frac{n\pi y}{y_e} \cos\frac{n\pi y_w}{y_e} \right\} d\tau \tag{7-28}$$

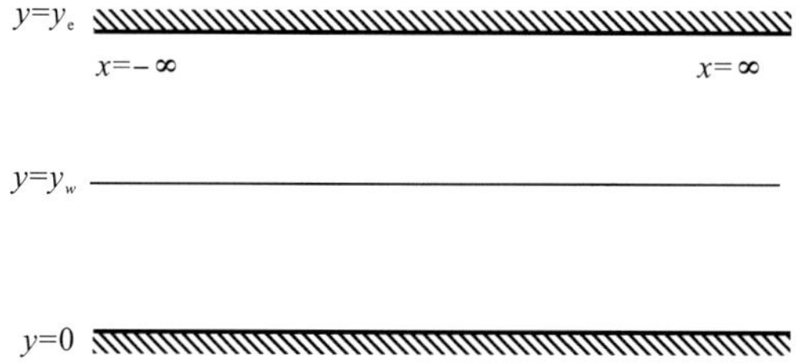

图 7-4　y 方向封闭边界的直线源

$$\psi(z,t) = p_{i} - \frac{1}{\phi C_{t} z_{e}} \int_{0}^{t} \left\{ 1 + 2\sum_{n=1}^{\infty} \exp\left(-\frac{n^{2}\pi^{2}\eta(t-\tau)}{z_{e}^{2}}\right) \cos\frac{n\pi z}{z_{e}} \cos\frac{n\pi z_{w}}{z_{e}} \right\} \mathrm{d}\tau \qquad (7\text{-}29)$$

7.2.4　封闭边界箱形气藏点源函数

如图 7-5 所示，封闭边界三维空间中的点源可视为 3 个方向封闭直线源相交得到。根据纽曼积分，空间点源可通过一维线源求积分得到：

$$\psi(x,y,z,t) = \psi_{i} - \frac{1}{\phi C_{t}} \int_{0}^{t-t_{0}} q(x_{0},y_{0},z_{0},t) S(x,\tau) S(y,\tau) S(z,\tau) \mathrm{d}\tau \qquad (7\text{-}30)$$

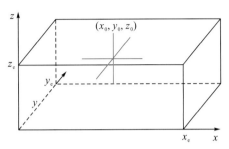

图 7-5　封闭空间中线源相交成点源示意图

其中，

$$S(x,\tau) = 1 + 2\sum_{n=1}^{\infty} \exp\left(-\frac{n^{2}\pi^{2}\eta(t-\tau)}{x_{e}^{2}}\right) \cos\frac{n\pi x}{x_{e}} \cos\frac{n\pi x_{w}}{x_{e}}$$

$$S(y,\tau) = 1 + 2\sum_{n=1}^{\infty} \exp\left(-\frac{n^{2}\pi^{2}\eta(t-\tau)}{y_{e}^{2}}\right) \cos\frac{n\pi y}{y_{e}} \cos\frac{n\pi y_{w}}{y_{e}} \qquad (7\text{-}31)$$

$$S(z,\tau) = 1 + 2\sum_{n=1}^{\infty} \exp\left(-\frac{n^{2}\pi^{2}\eta(t-\tau)}{z_{e}^{2}}\right) \cos\frac{n\pi z}{z_{e}} \cos\frac{n\pi z_{w}}{z_{e}}$$

根据式(7-2)，地面标况下的气体产量为

$$\psi_{i} - \psi = \frac{\rho_{sc}}{2p_{sc}} \frac{T_{sc} Z_{sc}}{TZ} (p_{i}^{2} - p^{2}) \qquad (7\text{-}32)$$

将式(7-32)代入式(7-30)，可得到封闭边界箱形气藏的点源函数：

$$p_{ini}^{2} - p^{2} = \frac{2q p_{sc} ZT}{\phi C_{t} Z_{sc} T_{sc}} \int_{0}^{t} S(x,\tau) S(y,\tau) S(z,\tau) \mathrm{d}\tau \qquad (7\text{-}33)$$

式中，p_{sc} 为标况下的压力，MPa；T_{sc} 为标况下的储层温度，K；Z_{sc} 为标况下的气体偏差因子，无量纲。

7.3　页岩气藏基质渗流模型

根据模型假设，在页岩气压裂水平井生产过程中，气相从基质流向缝网，再经人工主裂缝流向井筒；而水相则由缝网改造区流向人工主裂缝，最终流向井筒。这里在基质区域考虑为束缚水条件下多尺度气相渗流，建立页岩气藏压裂水平井基质渗流模型。

假设水平井筒位于封闭气藏的中心，裂缝完全穿透储层，采用空间离散技术，将缝网区域沿人工裂缝离散为若干个点源(图7-6)，通过每个点源的叠加得到缝网改造区的压力分布[5]。其中，位置 $O(x_{fk+1,j}, y_{fk+1})$ 由点源 $M(x_{fk,i}, y_{kf})$ 产生的压力响应为

$$\Delta p_{fk+1,j}^2(t)=p_i^2 - p_{fk+1,j}^2 = \frac{2\mu p_{sc}ZT}{abhT_{sc}}\int_0^{t-t_0} q_{fk,i}(x_0,y_0,z_0,t)S(x,\tau)S(y,\tau)S(z,\tau)\mathrm{d}\tau \tag{7-34}$$

式中，a、b、h 为气藏的长、宽、高，m。

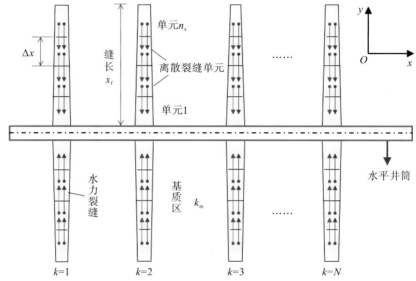

图7-6　储层离散裂缝单元示意图

采用空间离散的思想，在压裂水平井中存在 N 个缝网改造区时，每个缝网区离散为 $2n_s$ 个单元，每个离散单元在位置 O 处产生的压降都可用式(7-34)表示。

对于页岩气从基质向缝网改造区渗流的过程(图7-7)，由于缝网改造区渗透率远大于储层基质渗透率，且其主要物性参数随生产的进行而变化，为了建立形式统一的渗流方程，

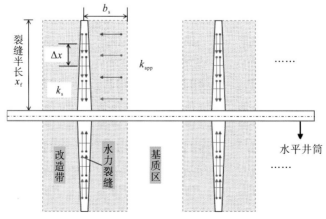

图7-7　页岩气藏压裂水平井渗流区域示意图

便于模型的求解，借鉴压裂液水锁伤害表皮系数的表征方法，将缝网改造区处理成人工裂缝周围的负表皮因子，即改造区的存在使裂缝附近产生负的附加压降，从而避免基质区域、缝网区域和人工裂缝 3 个区域渗流方程的耦合求解，简化渗流方程形式。

Cinco 等[6]用表皮系数来表征裂缝周围压裂液对储层的伤害，当伤害带垂直于人工裂缝时(图 7-8)，用 d_s 表示垂直裂缝方向压裂液伤害深度。对于压后页岩储层而言，将伤害带视作缝网改造区，则改造区负表皮计算公式为

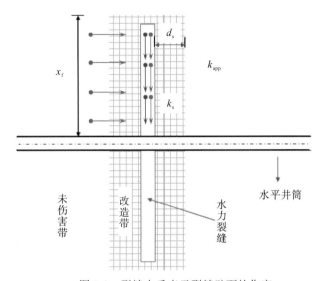

图 7-8 裂缝中垂直于裂缝壁面的伤害

$$S_f = \frac{\pi b_s}{x_f}\left(\frac{K_{app}}{K_f} - 1\right) \tag{7-35}$$

式中，S_f 为缝网改造区负表皮因子，无量纲；b_s 为缝网改造区宽度，m；K_f 为缝网改造区渗透率，$10^{-3}\,\mu m^2$。

由于水平井位于气层中央，裂缝完全穿过储层，气体线性渗流的基本微分方程为

$$q = \frac{K\Delta x h}{\mu}\frac{dp}{dl} \tag{7-36}$$

式中，q 为流过裂缝单元断面的流量，m^3/s；Δx 为每个裂缝单元的长度，m；h 为储层厚度，m。

将 $\rho = \frac{pM_{air}}{ZRT}$，$q = B_g q_{sc} = \frac{p_{sc}}{T_{sc}}\frac{ZT}{Z_{sc}p}q_{sc}$ 代入式(7-36)，积分可得改造带产生的压降为

$$\Delta p_s{}^2 = \frac{2p_{sc}ZT\mu q_{sc}}{K_f\Delta x h Z_{sc}T_{sc}}b_s \tag{7-37}$$

基质储层渗透率 K_{app} 小于缝网改造区渗透率 K_f，故缝网改造区产生的附加压降 $\Delta p_f{}^2$ 为

$$\Delta p_f{}^2 = \frac{2p_{sc}ZT\mu q_{sc}d_s}{\Delta x h Z_{sc}T_{sc}K_{app}}\left(\frac{K_{app}}{K_s} - 1\right) = \frac{2p_{sc}ZT\mu q_{sc}}{\pi h Z_{sc}T_{sc}K_{app}}S_f \tag{7-38}$$

考虑储层改造区产生的附加压降［式(7-38)］，可得到 $N \times 2n_s$ 个压力响应方程：

$$\Delta p_{fk+1,j}^2(t) = p_i^2 - p_{fk+1,j}^2 = \sum_{k=1}^{N} \sum_{i=1}^{2n_s} \frac{\mu p_{sc} ZT}{2\pi K_{app} h T_{sc}} \int_0^{t-t_0} q_{fk,i}(x_0, y_0, z_0, t) S(x,\tau) S(y,\tau) S(z,\tau) d\tau$$

$$+ \sum_{k=1}^{N} \sum_{i=1}^{2n_s} \frac{2\mu p_{sc} ZT}{\pi h K_{app} T_{sc} Z_{sc}} S_{fk,i} q_{fk,i} \qquad (7\text{-}39)$$

$$= \sum_{k=1}^{N} \sum_{i=1}^{2n_s} q_{fk,i} F_{fki\,fk+1\,j}(t)$$

式中，$p_{fk+1,j}$ 为第 $k+1$ 改造区第 j 离散单元的压力，MPa；N 为改造区个数；n_s 为每个改造区离散单元数；$q_{fk,i}$ 为第 k 改造区第 i 离散单元的产量，m^3/s；$(x_{fk,i},\ y_{kf})$ 为第 k 改造区第 i 离散单元的坐标；$(x_{fk+1,j},\ y_{fk+1})$ 为第 $k+1$ 改造区第 j 离散单元的坐标；K_{app} 为基质区域表观渗透率，$10^{-3}\ \mu m^2$。

其中，$F_{fki\,fk+1\,j}(t)$ 表示在 t 时刻，位置 $(x_{fk,i},\ y_{kf})$ 处离散单元对 $(x_{fk+1,j},\ y_{fk+1})$ 处离散单元的影响，表达式如下：

$$F_{fki\,fk+1\,j}(t) = \frac{\mu p_{sc} ZT}{2\pi K_{app} h T_{sc}} \int_0^{t-t_0} S(x,\tau) S(y,\tau) S(z,\tau) d\tau + \frac{2\mu_g p_{sc} ZT}{\pi \Delta x_{fk,i} K_{app} d_{fk,i} T_{sc}} \left(\frac{K_{app}}{K_s} - 1 \right) \quad (7\text{-}40)$$

7.4　页岩气藏缝网流动模型

在页岩气压裂水平井生产过程中，页岩气先由储层基质沿裂缝面非均匀流入人工裂缝，再通过裂缝流向井筒。基于页岩气藏压裂水平井物理模型，考虑矩形缝网改造区域为气水两相渗流，采用空间离散技术，将人工裂缝离散成若干裂缝单元，考虑缝网离散段相互干扰、缝内高速非达西流动和缝宽楔形变化特点，建立了页岩气藏压裂缝内压降模型，如图 7-9 所示。

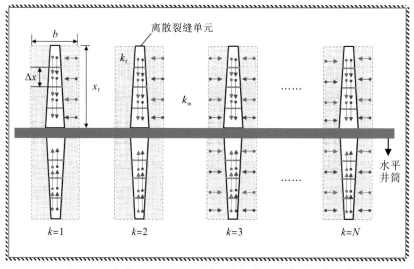

图 7-9　考虑矩形缝网形态的页岩气藏压裂水平井物理模型

考虑到人工裂缝宽度由井筒到裂缝尖端逐渐变窄的实际情况，将人工裂缝处理成缝宽沿缝长方向变化的楔形裂缝，如图 7-10 所示。

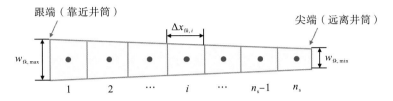

图 7-10　楔形人工裂缝示意图

因此，第 k 条人工裂缝第 i 离散单元的缝宽 $w_{fk,i}$ 可表示为[7, 8]

$$w_{fk,i} = w_{fk,\min} + \frac{i-1}{n_s}(w_{fk,\max} - w_{fk,\min}) \tag{7-41}$$

式中，$w_{fk,\max}$ 为第 k 条人工裂缝根端宽度，mm；$w_{fk,\min}$ 为第 k 条人工裂缝尖端宽度，mm；n_s 为第 k 条人工裂缝的离散单元总数。

7.4.1　气相流动模型

7.4.1.1　缝内高速非达西效应

在页岩气开采过程中，由于缝网中流量大、过流面积减小，且裂缝渗透率远大于基质渗透率，气体流经裂缝断面时，渗流速度急剧增大，产生高速非达西效应，气体渗流阻力增大，使压裂水平井的产量降低。基于非线性渗流方程，建立页岩气藏水平井缝内气体高速非达西流动方程为[9, 10]：

$$\frac{\mathrm{d}p_{fk,i}}{\mathrm{d}x_{fk,t}} = \frac{\mu v_{fk,i}}{K_{fk}} + \beta_{g,fk}\rho_g v_{fk,i}^2 \tag{7-42}$$

式中，$p_{fk,i}$ 为第 k 条裂缝上第 i 离散单元处的压力，Pa；K_{fk} 为第 k 条裂缝内渗透率，m^2；$\beta_{g,fk}$ 为第 k 条裂缝内速度系数，m^{-1}；$v_{fk,i}$ 为第 k 条裂缝上第 i 离散单元处的流体速度，m/s。其中，$\beta_{g,fk}$ 的计算公式为

$$\beta_{g,fk} = \frac{7.644 \times 10^{10}}{K_{fk}^{1.5}} \tag{7-43}$$

在式 (7-42) 中，总压力梯度 $(\mathrm{d}p_{fk,i} / \mathrm{d}x_{fk,i})$ 实际由两部分构成，第一部分为方程右端第一项的缝内达西流动压降，第二部分为方程右端第二项的缝内高速非达西效应产生的流动压降，将式 (7-42) 中的第二项 (即非达西流动压降) 用符号 $p_{D,fk,i}$ 表示，则有

$$\mathrm{d}p_{D,fk,i} = \beta_{g,fk}\rho_g v_{fk,i}^2 \mathrm{d}x_{fk,i} \tag{7-44}$$

其中，

$$\rho_g = \frac{M_{air}\gamma_g p_{fk,i}}{ZRT} \tag{7-45}$$

$$v_{\mathrm{f}k,i} = \frac{q_{\mathrm{f}k,i}}{w_{\mathrm{f}k,i}h_{\mathrm{f}k}} \tag{7-46}$$

$$q_{\mathrm{f}k,i} = B_{\mathrm{g}}q_{\mathrm{sc}} = \frac{p_{\mathrm{sc}}}{T_{\mathrm{sc}}}\frac{ZT}{p_{\mathrm{f}k,i}}q_{\mathrm{sc}} \tag{7-47}$$

式中，γ_{g} 为气体相对密度，无量纲；M_{air} 为空气分子质量，g/mol；$h_{\mathrm{f}k}$ 为第 k 条裂缝的高度，m；B_{g} 为体积系数，$\mathrm{m}^3/\mathrm{m}^3$。

将式(7-45)至式(7-57)代入式(7-44)中，计算人工裂缝内高速非达西流动的二次压降损失 $\mathrm{d}p_{\mathrm{D},\mathrm{f}k,i}^2$：

$$\mathrm{d}p_{\mathrm{D},\mathrm{f}k,i}^2 = \frac{2\beta_{\mathrm{g},\mathrm{f}k}M_{\mathrm{air}}\gamma_{\mathrm{g}}p_{\mathrm{sc}}^2 ZT}{R(w_{\mathrm{f}k,i}h_{\mathrm{f}k})^2 T_{\mathrm{sc}}^2}q_{\mathrm{f}k,i}^2\,\mathrm{d}x_{\mathrm{f}k,i} \tag{7-48}$$

7.4.1.2　缝内气相流动模型

缝网改造区由人工主裂缝和次级裂缝网络组成，由于人工主裂缝渗透率远大于次级裂缝渗透率，为了表征整个缝网改造区的渗透率，将主裂缝和次级裂缝组成的缝网改造区看作储层中的高渗透率带，如图 7-11 所示。根据等效渗流原理[11]，缝网改造区的平均渗透率可表征为

$$\overline{K_{\mathrm{f}}} = K_{\mathrm{f}}\frac{b_{\mathrm{s}}}{b_{\mathrm{s}}+w_{\mathrm{f}}} + K_{\mathrm{zf}}\frac{w_{\mathrm{f}}}{b_{\mathrm{s}}+w_{\mathrm{f}}} \tag{7-49}$$

式中，$\overline{K_{\mathrm{f}}}$ 为缝网系统平均渗透率，$10^{-3}\,\mu\mathrm{m}^2$；K_{f} 为次级裂缝网络渗透率，$10^{-3}\,\mu\mathrm{m}^2$；K_{zf} 为主裂缝渗透率，$10^{-3}\,\mu\mathrm{m}^2$；w_{f} 为主裂缝宽度，m。

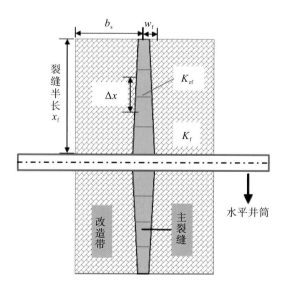

图 7-11　各段缝网改造区示意图

根据缝内气体高速非达西流动方程，可得第 $k+1$ 条人工裂缝第 j 微元段（点 $O_{\mathrm{f}k+1,j}$）到井筒（点 $O_{\mathrm{f}k+1,0}$）间产生的总压降损失 $\Delta p_{\mathrm{f}k+1,j-0}^2$ 为

$$\Delta p_{\mathrm{gf}k+1,j-0}^2 = p_{\mathrm{gf}k+1,j}^2 - p_{\mathrm{gf}k+1,0}^2$$

$$= \left[\frac{2\mu_{\mathrm g} p_{\mathrm{sc}} ZT}{k_{\mathrm{gf}k+1} h_{\mathrm{f}k+1} T_{\mathrm{sc}}} \frac{\Delta x_{\mathrm{f}k+1,1}}{w_{\mathrm{f}k+1,1}} q_{\mathrm{f}k+1,1} + \frac{2\mu_{\mathrm g} p_{\mathrm{sc}} ZT}{k_{\mathrm{gf}k+1} h_{\mathrm{f}k+1} T_{\mathrm{sc}}} \left(\frac{\Delta x_{\mathrm{f}k+1,1}}{w_{\mathrm{f}k+1,1}} + \frac{\Delta x_{\mathrm{f}k+1,2}}{w_{\mathrm{f}k+1,2}} \right) q_{\mathrm{gf}k+1,2} \right. $$

$$+ \cdots + \frac{2\mu_{\mathrm g} p_{\mathrm{sc}} ZT}{k_{\mathrm{gf}k+1} h_{\mathrm{f}k+1} T_{\mathrm{sc}}} \left(\frac{\Delta x_{\mathrm{f}k+1,1}}{w_{\mathrm{f}k+1,1}} + \frac{\Delta x_{\mathrm{f}k+1,2}}{w_{\mathrm{f}k+1,2}} + \cdots + \frac{\Delta x_{\mathrm{f}k+1,j}}{w_{\mathrm{f}k+1,j}} \right) q_{\mathrm{gf}k+1,j}$$

$$+ \frac{2\mu_{\mathrm g} p_{\mathrm{sc}} ZT}{k_{\mathrm{gf}k+1} h_{\mathrm{f}k+1} T_{\mathrm{sc}}} \left(\frac{\Delta x_{\mathrm{f}k+1,1}}{w_{\mathrm{f}k+1,1}} + \frac{\Delta x_{\mathrm{f}k+1,2}}{w_{\mathrm{f}k+1,2}} + \cdots + \frac{\Delta x_{\mathrm{f}k+1,j}}{w_{\mathrm{f}k+1,j}} \right) q_{\mathrm{gf}k+1,j+1}$$

$$+ \cdots + \frac{2\mu_{\mathrm g} p_{\mathrm{sc}} ZT}{k_{\mathrm{gf}k+1} h_{\mathrm{f}k+1} T_{\mathrm{sc}}} \left(\frac{\Delta x_{\mathrm{f}k+1,1}}{w_{\mathrm{f}k+1,1}} + \frac{\Delta x_{\mathrm{f}k+1,2}}{w_{\mathrm{f}k+1,2}} + \cdots + \frac{\Delta x_{\mathrm{f}k+1,j}}{w_{\mathrm{f}k+1,j}} \right) q_{\mathrm{gf}k+1,ns} \right]$$

$$+ \left[\frac{2\beta_{\mathrm{g,f}k+1} M_{\mathrm{air}} \gamma_{\mathrm g} p_{\mathrm{sc}}^2 ZT}{R h_{\mathrm{f}k+1}^2 T_{\mathrm{sc}}^2} \frac{\Delta x_{\mathrm{f}k+1,1}}{w_{\mathrm{f}k+1,1}^2} q_{\mathrm{f}k+1,1}^2 + \frac{2\beta_{\mathrm{g,f}k+1} M_{\mathrm{air}} \gamma_{\mathrm g} p_{\mathrm{sc}}^2 ZT}{R h_{\mathrm{f}k+1}^2 T_{\mathrm{sc}}^2} \left(\frac{\Delta x_{\mathrm{f}k+1,1}}{w_{\mathrm{f}k+1,1}^2} + \frac{\Delta x_{\mathrm{f}k+1,2}}{w_{\mathrm{f}k+1,2}^2} \right) q_{\mathrm{gf}k+1,2}^2 \right.$$

$$+ \cdots + \frac{2\beta_{\mathrm{g,f}k+1} M_{\mathrm{air}} \gamma_{\mathrm g} p_{\mathrm{sc}}^2 ZT}{R h_{\mathrm{f}k+1}^2 T_{\mathrm{sc}}^2} \left(\frac{\Delta x_{\mathrm{f}k+1,1}}{w_{\mathrm{f}k+1,1}^2} + \frac{\Delta x_{\mathrm{f}k+1,2}}{w_{\mathrm{f}k+1,2}^2} + \cdots + \frac{\Delta x_{\mathrm{f}k+1,j}}{w_{\mathrm{f}k+1,j}^2} \right) q_{\mathrm{gf}k+1,j}^2$$

$$+ \frac{2\beta_{\mathrm{g,f}k+1} M_{\mathrm{air}} \gamma_{\mathrm g} p_{\mathrm{sc}}^2 ZT}{R h_{\mathrm{f}k+1}^2 T_{\mathrm{sc}}^2} \left(\frac{\Delta x_{\mathrm{f}k+1,1}}{w_{\mathrm{f}k+1,1}^2} + \frac{\Delta x_{\mathrm{f}k+1,2}}{w_{\mathrm{f}k+1,2}^2} + \cdots + \frac{\Delta x_{\mathrm{f}k+1,j}}{w_{\mathrm{f}k+1,j}^2} \right) q_{\mathrm{gf}k+1,j+1}^2 + \cdots$$

$$+ \frac{2\beta_{\mathrm{g,f}k+1} M_{\mathrm{air}} \gamma_{\mathrm g} p_{\mathrm{sc}}^2 ZT}{R h_{\mathrm{f}k+1}^2 T_{\mathrm{sc}}^2} \left(\frac{\Delta x_{\mathrm{f}k+1,1}}{w_{\mathrm{f}k+1,1}^2} + \frac{\Delta x_{\mathrm{f}k+1,2}}{w_{\mathrm{f}k+1,2}^2} + \cdots + \frac{\Delta x_{\mathrm{f}k+1,j}}{w_{\mathrm{f}k+1,j}^2} \right) q_{\mathrm{gf}k+1,,ns}^2 \right]$$

$$= \frac{2\mu_{\mathrm g} p_{\mathrm{sc}} ZT}{k_{\mathrm{gf}k+1} h_{\mathrm{f}k+1} T_{\mathrm{sc}}} \left[\sum_{i=1}^{j} \left(q_{\mathrm{gf}k+1,i} \sum_{j=1}^{i} \frac{\Delta x_{\mathrm{f}k+1,j}}{w_{\mathrm{f}k+1,j}} \right) + \sum_{n=j+1}^{2n_{\mathrm s}} \left(q_{\mathrm{gf}k+1,n} \sum_{i=1}^{j} \frac{\Delta x_{\mathrm{f}k+1,i}}{w_{\mathrm{f}k+1,i}} \right) \right]$$

$$+ \frac{2\beta_{\mathrm{g,f}k+1} M_{\mathrm{air}} \gamma_{\mathrm g} p_{\mathrm{sc}}^2 ZT}{R h_{\mathrm{f}k+1}^2 T_{\mathrm{sc}}^2} \left[\sum_{i=1}^{j} \left(q_{\mathrm{gf}k+1,i}^2 \sum_{j=1}^{i} \frac{\Delta x_{\mathrm{f}k+1,j}}{w_{\mathrm{f}k+1,j}^2} \right) + \sum_{n=j+1}^{2n_{\mathrm s}} \left(q_{\mathrm{gf}k+1,n}^2 \sum_{i=1}^{j} \frac{\Delta x_{\mathrm{f}k+1,i}}{w_{\mathrm{f}k+1,i}^2} \right) \right]$$

$$(7\text{-}50)$$

式中，$p_{\mathrm{gf}k+1,j}$ 为第 $k+1$ 条人工裂缝第 j 个离散裂缝单元的气相压力，Pa；$k_{\mathrm{gf}k+1}$ 为第 $k+1$ 条人工裂缝气相有效渗透率，$10^{-3}\ \mu\mathrm{m}^2$；$w_{\mathrm{f}k+1,i}$ 为第 $k+1$ 条人工裂缝第 i 个裂缝离散单元的宽度，m；$q_{\mathrm{f}k+1,i}$ 为第 $k+1$ 条人工裂缝第 i 个离散裂缝单元的气相产量，m^3/s。

7.4.2　水相流动模型

考虑离散裂缝单元间的相互干扰和流量沿裂缝的不均匀分布，根据达西定律可得第 $k+1$ 条人工裂缝第 j 微元段（点 $O_{\mathrm{f}k+1,j}$）到井筒（点 $O_{\mathrm{f}k+1,0}$）间产生的水相压降损失 $\Delta p_{\mathrm{wf}k+1,j-0}$ 为

$$\Delta p_{\mathrm{wf}k+1,j-0} = p_{\mathrm{wf}k+1,j} - p_{\mathrm{wf}k+1,0}$$

$$= \frac{\mu_{\mathrm w} B_{\mathrm w}}{k_{\mathrm{wf}k+1} h_{\mathrm{f}k+1}} \frac{\Delta x_{\mathrm{f}k+1,1}}{w_{\mathrm{f}k+1,1}} q_{\mathrm{f}k+1,1} + \frac{\mu_{\mathrm w} B_{\mathrm w}}{k_{\mathrm{wf}k+1} h_{\mathrm{f}k+1}} \left(\frac{\Delta x_{\mathrm{f}k+1,1}}{w_{\mathrm{f}k+1,1}} + \frac{\Delta x_{\mathrm{f}k+1,2}}{w_{\mathrm{f}k+1,2}} \right) q_{\mathrm{wf}k+1,2}$$

$$+ \cdots + \frac{\mu_w B_w}{k_{wfk+1} h_{fk+1}} \left(\frac{\Delta x_{fk+1,1}}{w_{fk+1,1}} + \frac{\Delta x_{fk+1,2}}{w_{fk+1,2}} + \cdots + \frac{\Delta x_{fk+1,j}}{w_{fk+1,j}} \right) q_{wfk+1,j}$$

$$+ \frac{\mu_w B_w}{k_{wfk+1} h_{fk+1}} \left(\frac{\Delta x_{fk+1,1}}{w_{fk+1,1}} + \frac{\Delta x_{fk+1,2}}{w_{fk+1,2}} + \cdots + \frac{\Delta x_{fk+1,j}}{w_{fk+1,j}} \right) q_{wfk+1,j+1} \qquad (7\text{-}51)$$

$$+ \cdots + \frac{\mu_w B_w}{k_{wfk+1} h_{fk+1}} \left(\frac{\Delta x_{fk+1,1}}{w_{fk+1,1}} + \frac{\Delta x_{fk+1,2}}{w_{fk+1,2}} + \cdots + \frac{\Delta x_{fk+1,j}}{w_{fk+1,j}} \right) q_{wfk+1,ns}$$

式中，$p_{wfk+1,j}$ 为第 $k+1$ 条人工裂缝第 j 个离散裂缝单元的水相压力，Pa；k_{wfk+1} 为第 $k+1$ 条人工裂缝水相有效渗透率，$10^{-3}\ \mu m^2$；$q_{wfk+1,i}$ 为第 $k+1$ 条人工裂缝第 i 个离散裂缝单元的水相产量，m^3/s。

7.4.3　辅助方程

任意时刻裂缝系统中气相压力和水相压力满足：

$$P_{cfk+1,j} = p_{gfk+1,j} - p_{wfk+1,j} \qquad (7\text{-}52)$$

与孔隙尺寸分布对多孔介质毛细管行为的影响类似，裂缝的宽度变化对毛管力也有明显的影响。由于与天然裂缝的相对作用，部分水力的延伸受到限制，导致毛管力相对较高，在非平面裂缝的流动模型中不能忽略。在每个离散裂缝单元中的毛管力满足杨氏-拉普拉斯方程[12]：

$$P_{cfk+1,i} = \frac{2\gamma \cos\theta}{w_{fk+1,i}} \qquad (7\text{-}53)$$

式中，$P_{cfk+1,j}$ 为第 $k+1$ 条人工裂缝第 j 个离散裂缝单元的毛管力，Pa；γ 为气水两相的界面张力，N/m；θ 为气水两相的接触角，(°)。

通过式(7-52)即可将每个离散裂缝单元中气相压力和水相压力联系起来。此外，任意时刻裂缝系统中气相有效渗透率和水相有效渗透率还应满足以下关系：

$$k_{wfk+1} = k_f k_{rwk+1}(s_w) \qquad (7\text{-}54)$$

$$k_{wfk+1} = k_f k_{rgk+1}(s_g) \qquad (7\text{-}55)$$

$$S_w + S_g = 1 \qquad (7\text{-}56)$$

式中，$k_{rwk+1}(s_w)$ 为第 $k+1$ 条人工裂缝水相相对渗透率，$10^{-3}\ \mu m^2$；$k_{rgk+1}(s_g)$ 为第 $k+1$ 条人工裂缝气相相对渗透率，$10^{-3}\ \mu m^2$。

7.5　页岩气藏压裂水平井非稳态渗流模型

7.5.1　瞬态渗流模型

联立式(7-50)至式(7-53)和缝网系统的相渗曲线即可得到一个离散裂缝单元的气水两相流动方程，然后通过时间和空间的连续性，将对每一个离散单元建立起的储层-离散单元-井筒的渗流方程压力和流量的连续性组合起来，耦合页岩气藏储层瞬态非线性渗流和楔形裂缝内高速非达西流动(图 7-12)，代入约束条件，采用高斯-赛德尔法求解缝网系统气水两相瞬态渗流模型。

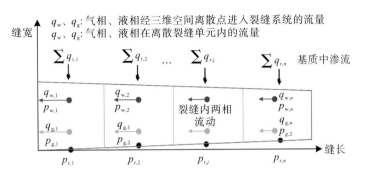

缝宽　　q_w, q_g：气相、液相经三维空间离散点进入裂缝系统的流量
　　　　q_w, q_g：气相、液相在离散裂缝单元内的流量

$\sum q_{\tau,1}$　　$\sum q_{\tau,2}$　…　$\sum q_{\tau,j}$　　$\sum q_{\tau,n}$　基质中渗流

$q_{w,1}$　　$q_{w,2}$　　裂缝内两相　　$q_{w,n}$
$p_{w,1}$　　$p_{w,2}$　　流动　　$p_{w,n}$

$q_{g,1}$　　$q_{g,2}$　　　　　$q_{g,n}$
$p_{g,1}$　　$p_{g,2}$　　　　　$p_{g,2}$

$p_{\tau,1}$　　$p_{\tau,2}$　　$p_{\tau,j}$　　$p_{\tau,n}$　缝长

图 7-12　基质-裂缝耦合流动示意图

根据在裂缝壁面处压力相等流量连续的原则，将储层和裂缝中的流动叠加起来。考虑水平井筒无压降，当定井底流压生产时，各缝网改造区与水平井筒相交处的压力相等，即

$$p_{fk+1,0} = p_{wf} \tag{7-57}$$

式中，$p_{fk+1,0}$ 为第 $k+1$ 条人工裂缝与水平井井筒相交处的压力，MPa；p_{wf} 为水平井井筒井底流压，MPa。

考虑气体沿裂缝面非均匀流到裂缝，再由裂缝流入井底的流动过程，联立式(7-50)、式(7-57)可得生产 t 时刻第 $k+1$ 条裂缝第 j 微元段的页岩气藏基质-缝网-水平井筒耦合流动的瞬态渗流模型：

$$\Delta p_{gfk+1,j}^2(t) = p_i^2 - p_{gfk+1,0}^2$$

$$= \sum_{k=1}^{N}\sum_{i=1}^{2n_s} \mu_g q_{gfk,i} p_{sc} ZT \left\{ \left\{ \frac{1}{2\pi h K_{app} T_{sc}} \int_0^{t-t_0} \left\{ \left[1 + 2\sum_{n=1}^{\infty} \exp\left(-\frac{n^2\pi^2\eta(t-\tau)}{x_e^2} \right) \cos\frac{n\pi x}{x_e} \cos\frac{n\pi x_w}{x_e} \right] \right. \right. \right.$$

$$\times \left[1 + 2\sum_{n=1}^{\infty} \exp\left(-\frac{n^2\pi^2\eta(t-\tau)}{y_e^2} \right) \cos\frac{n\pi y}{y_e} \cos\frac{n\pi y_w}{y_e} \right]$$

$$\times \left. \left[1 + 2\sum_{n=1}^{\infty} \exp\left(-\frac{n^2\pi^2\eta(t-\tau)}{z_e^2} \right) \cos\frac{n\pi z}{z_e} \cos\frac{n\pi z_w}{z_e} \right] \right\} d\tau$$

$$\left. + \frac{2d_{fk,i}}{\Delta x_{fk,i} K_{app} h T_{sc} Z_{sc}} \left(\frac{K_{app}}{K_d} - 1 \right) \right\}$$

$$+ \left\{ \frac{2\mu_g p_{sc} ZT}{k_{gfk} h_{fk+1} T_{sc}} \frac{\Delta x_{fk+1,1}}{w_{fk+1,1}} q_{gfk+1,1} + \frac{2\mu_g p_{sc} ZT}{k_{gfk} h_{fk+1} T_{sc}} \left(\frac{\Delta x_{fk+1,1}}{w_{fk+1,1}} + \frac{\Delta x_{fk+1,2}}{w_{fk+1,2}} \right) q_{gfk+1,2} \right.$$

$$+ \cdots + \frac{2\mu_g p_{sc} ZT}{k_{gfk+1} h_{fk+1} T_{sc}} \left(\frac{\Delta x_{fk+1,1}}{w_{fk+1,1}} + \frac{\Delta x_{fk+1,2}}{w_{fk+1,2}} + \cdots + \frac{\Delta x_{fk+1,j}}{w_{fk+1,j}} \right) q_{gfk+1,j}$$

$$
\begin{aligned}
&+ \frac{2\mu_{\mathrm{g}} p_{\mathrm{sc}} ZT}{k_{\mathrm{gf}k+1} h_{\mathrm{f}k+1} T_{\mathrm{sc}}} \left(\frac{\Delta x_{\mathrm{f}k+1,1}}{w_{\mathrm{f}k+1,1}} + \frac{\Delta x_{\mathrm{f}k+1,2}}{w_{\mathrm{f}k+1,2}} + \cdots + \frac{\Delta x_{\mathrm{f}k+1,j}}{w_{\mathrm{f}k+1,j}} \right) q_{\mathrm{gf}k+1,j+1} \\
&+ \cdots + \frac{2\mu_{\mathrm{g}} p_{\mathrm{sc}} ZT}{k_{\mathrm{gf}k+1} h_{\mathrm{f}k+1} T_{\mathrm{sc}}} \left(\frac{\Delta x_{\mathrm{f}k+1,1}}{w_{\mathrm{f}k+1,1}} + \frac{\Delta x_{\mathrm{f}k+1,2}}{w_{\mathrm{f}k+1,2}} + \cdots + \frac{\Delta x_{\mathrm{f}k+1,j}}{w_{\mathrm{f}k+1,j}} \right) q_{\mathrm{gf}k+1,ns} \Bigg\} \\
&+ \Bigg[\frac{2\beta_{\mathrm{g},\mathrm{f}k+1} M_{\mathrm{air}} \gamma_{\mathrm{g}} p_{\mathrm{sc}}^2 ZT}{R h_{\mathrm{f}k+1}^2 T_{\mathrm{sc}}^2} \frac{\Delta x_{\mathrm{f}k+1,1}}{w_{\mathrm{f}k+1,1}^2} q_{\mathrm{f}k+1,1}^2 + \frac{2\beta_{\mathrm{g},\mathrm{f}k+1} M_{\mathrm{air}} \gamma_{\mathrm{g}} p_{\mathrm{sc}}^2 ZT}{R h_{\mathrm{f}k+1}^2 T_{\mathrm{sc}}^2} \left(\frac{\Delta x_{\mathrm{f}k+1,1}}{w_{\mathrm{f}k+1,1}^2} + \frac{\Delta x_{\mathrm{f}k+1,2}}{w_{\mathrm{f}k+1,2}^2} \right) q_{\mathrm{gf}k+1,2}^2 \\
&+ \cdots + \frac{2\beta_{\mathrm{g},\mathrm{f}k+1} M_{\mathrm{air}} \gamma_{\mathrm{g}} p_{\mathrm{sc}}^2 ZT}{R h_{\mathrm{f}k+1}^2 T_{\mathrm{sc}}^2} \left(\frac{\Delta x_{\mathrm{f}k+1,1}}{w_{\mathrm{f}k+1,1}^2} + \frac{\Delta x_{\mathrm{f}k+1,2}}{w_{\mathrm{f}k+1,2}^2} + \cdots + \frac{\Delta x_{\mathrm{f}k+1,j}}{w_{\mathrm{f}k+1,j}^2} \right) q_{\mathrm{gf}k+1,j}^2 \\
&+ \frac{2\beta_{\mathrm{g},\mathrm{f}k+1} M_{\mathrm{air}} \gamma_{\mathrm{g}} p_{\mathrm{sc}}^2 ZT}{R h_{\mathrm{f}k+1}^2 T_{\mathrm{sc}}^2} \left(\frac{\Delta x_{\mathrm{f}k+1,1}}{w_{\mathrm{f}k+1,1}^2} + \frac{\Delta x_{\mathrm{f}k+1,2}}{w_{\mathrm{f}k+1,2}^2} + \cdots + \frac{\Delta x_{\mathrm{f}k+1,j}}{w_{\mathrm{f}k+1,j}^2} \right) q_{\mathrm{gf}k+1,j+1}^2 + \cdots \\
&+ \frac{2\beta_{\mathrm{g},\mathrm{f}k+1} M_{\mathrm{air}} \gamma_{\mathrm{g}} p_{\mathrm{sc}}^2 ZT}{R h_{\mathrm{f}k+1}^2 T_{\mathrm{sc}}^2} \left(\frac{\Delta x_{\mathrm{f}k+1,1}}{w_{\mathrm{f}k+1,1}^2} + \frac{\Delta x_{\mathrm{f}k+1,2}}{w_{\mathrm{f}k+1,2}^2} + \cdots + \frac{\Delta x_{\mathrm{f}k+1,j}}{w_{\mathrm{f}k+1,j}^2} \right) q_{\mathrm{gf}k+1,ns}^2 \Bigg]
\end{aligned}
$$

$$(7\text{-}58)$$

将式(7-58)整理得

$$
\begin{aligned}
\Delta p_{\mathrm{f}k+1,j}^2(t) &= p_{\mathrm{i}}^2 - p_{\mathrm{f}k+1,0}^2 \\
&= \frac{2\mu p_{\mathrm{sc}} ZT}{k_{\mathrm{f}k+1} h_{\mathrm{f}k+1} T_{\mathrm{sc}}} \left[\sum_{i=1}^{j} \left(q_{\mathrm{f}k+1,i} \sum_{j=1}^{i} \frac{\Delta x_{\mathrm{f}k+1,j}}{w_{\mathrm{f}k+1,j}} \right) + \sum_{n=j+1}^{2n_{\mathrm{s}}} \left(q_{\mathrm{f}k+1,n} \sum_{i=1}^{j} \frac{\Delta x_{\mathrm{f}k+1,i}}{w_{\mathrm{f}k+1,i}} \right) \right] \\
&\quad + \frac{2\beta_{\mathrm{g},\mathrm{f}k+1} M_{\mathrm{air}} \gamma_{\mathrm{g}} p_{\mathrm{sc}}^2 ZT}{R h_{\mathrm{f}k+1}^2 T_{\mathrm{sc}}^2} \left[\sum_{i=1}^{j} \left(q_{\mathrm{f}k+1,i}^2 \sum_{j=1}^{i} \frac{\Delta x_{\mathrm{f}k+1,j}}{w_{\mathrm{f}k+1,j}^2} \right) + \sum_{n=j+1}^{2n_{\mathrm{s}}} \left(q_{\mathrm{f}k+1,n}^2 \sum_{i=1}^{j} \frac{\Delta x_{\mathrm{f}k+1,i}}{w_{\mathrm{f}k+1,i}^2} \right) \right] \\
&\quad + \frac{\mu p_{\mathrm{sc}} ZT}{2\pi K_{\mathrm{app}} h T_{\mathrm{sc}}} \int_0^{t-t_0} S(x,\tau) S(y,\tau) S(z,\tau) \mathrm{d}\tau \\
&\quad + \frac{2\mu p_{\mathrm{sc}} ZT d_{\mathrm{f}k,i}}{\Delta x_{\mathrm{f}k,i} K_{\mathrm{app}} h T_{\mathrm{sc}} Z_{\mathrm{sc}}} \left(\frac{K_{\mathrm{app}}}{K_{\mathrm{s}}} - 1 \right) q_{\mathrm{f}k,i}
\end{aligned}
$$

$$(7\text{-}59)$$

由于各人工裂缝与井筒相交处压力相等，式(7-59)又可写成：

$$
p_{\mathrm{i}}^2 - p_{\mathrm{wf}}^2 = qA(t) + q^2 B(t) \tag{7-60}
$$

在基质-缝网耦合流动的气相瞬态渗流模型和水相渗流模型的基础上，通过毛管力方程将两者结合起来，运用时间叠加原理，建立起压裂水平井的基质-缝网耦合的气水两相非稳态渗流模型。其中，缝网区域渗流模型求解步骤(图7-13)如下。

(1)基于缝网区域相渗曲线计算得到初始时刻气相和水相有效渗透率，根据基质-缝网耦合流动的气相瞬态渗流模型，得到各个离散裂缝单元中气相的流量和压力。

(2)根据毛管力方程由气相压力得到各个离散裂缝单元水相的压力。

(3)基于缝网区域水相瞬态渗流模型和初始时刻水相渗透率，计算得到各个离散裂缝单元中水的流量。

（4）根据压裂水平井的累计产液量，由含水饱和度方程计算得到裂缝系统下一时刻的含水饱和度和含气饱和度。

（5）根据相对渗透率方程得到下一时刻的气相有效渗透率和水相有效渗透率，以及气体和水的状态参数，代入气相瞬态渗流模型和水相渗流模型迭代计算，依次循环。

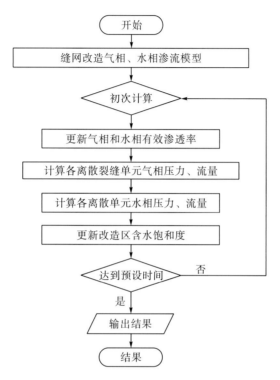

图 7-13　离散裂缝单元两相流动计算流程

7.5.2　非稳态渗流模型

页岩气的开发是一个不稳定渗流的过程，定井底流压生产时，压裂水平井的产量会随着地层压力的降低而逐渐减小，同时随着生产时间的增长，气体密度、偏差因子、体积系数等都会随地层压力的变化而发生变化。

为了推导压裂水平井非稳态渗流模型，采用时间叠加原理，假定一个微小的时间步长，将裂缝离散为许多微小的裂缝单元，每一个裂缝单元在每个时间步长内为稳态生产过程。通过封闭箱形气藏物质平衡方程，即可求得每一个离散时间段下的地层压力，从而得到各个时间段下的气体密度、偏差因子、体积系数等特征系数的值，将每一个微小时间段进行叠加，从而实现非稳态产能模型（图 7-14）求解。

将求解变产量问题转化为定产量问题的基本思想如下：在不同时刻以不同产量生产产生的压降，可以转化为每个产量都生产到最后产生的压降与在 t 时刻一系列产量增量（可为负）加 $(q_i - q_{i-1})$ $(i=1, 2, \cdots, n)$ 在裂缝单元上所产生的压降之和，如图 7-15 所示。

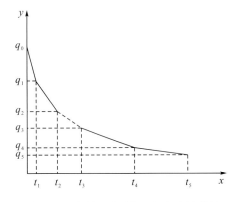

图 7-14　产量 q 随时间 t 任意变化曲线

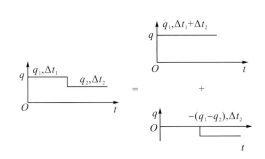

图 7-15　变产量生产与定产量生产转化示意图

7.5.2.1　页岩气藏物质平衡方程

页岩气藏基质的体积为

$$V_t = \frac{V_m}{\phi_m} \tag{7-61}$$

式中，V_t 为储层体积，m^3；V_m 为页岩基质储集空间的体积，m^3；ϕ_m 为基质孔隙度，m^3；

页岩气藏中游离气量为

$$G_m = \frac{V_m(1 - S_w)}{B_{gi}} \tag{7-62}$$

式中，G_m 为游离气在地面标准状况下的体积，m^3。B_{gi} 为原始地层压力下页岩气的体积系数，m^3/m^3。

页岩气藏中吸附气量为

$$G_a = V_t \rho_s \frac{V_L p_i}{p_L + p_i} \tag{7-63}$$

式中，G_a 为吸附气在地面标准状况下的体积，m^3；ρ_s 为基质的密度，kg/m^3。

联立式(7-61)、式(7-62)和式(7-63)，得到

$$G_a = \frac{G_m B_{gi}}{\phi_m(1 - S_w)} \rho_s \frac{V_L p_i}{p_L + p_i} \tag{7-64}$$

随着气井生产的进行，地层压力下降，储层中剩余游离气量为

$$G'_m = G_m \frac{B_{gi}}{B_g}(1 - C_m \Delta p) \tag{7-65}$$

页岩气藏剩余的吸附气量为

$$G'_a = \frac{G_m B_{gi}}{\phi_m} \rho_s \frac{V_L p}{p_L + p} \tag{7-66}$$

式中，G'_m 为剩余游离气在地面标准状况下的体积，m^3；C_m 为基质压缩系数，MPa^{-1}；B_g 为当前压力下气体的体积系数，m^3/m^3。

根据物质平衡原理，在地面标准状况下，原始地层压力下基质中的游离气量、吸附气

量之和等于采出气量、当前地层压力下基质中的游离气量、吸附气量之和[13]，即

$$G_m + \frac{G_m B_{gi}}{\phi_m} \rho_s \frac{V_L p_i}{p_L + p_i} = G_p + G_m \frac{B_{gi}}{B_g}(1 - C_m \Delta p) + \frac{G_m B_{gi}}{\phi_m} \rho_s \frac{V_L p}{p_L + p} \qquad (7\text{-}67)$$

式中，G_p 为页岩气累计产出量，m^3。

令 $C_{cm} = \dfrac{C_m + C_w S_w}{1 - S_w}$，则式 (7-67) 可写成：

$$\frac{p_i}{Z_i}\left[G_m - G_p \frac{G_m B_{gi} \rho_s}{\phi_m}\left(\frac{V_L p_i}{p_L + p_i} - \frac{V_L p}{p_L + p} \right) \right] = \frac{p}{Z}[G_m(1 - C_{cm}\Delta p)] \qquad (7\text{-}68)$$

通过计算不同时刻地层压力，代入式 (7-68) 可得每个时间段产出气量，通过时间叠加原理，得到压裂水平井的产气量。

7.5.2.2 气体物性参数变化

考虑了气体物性参数在生产过程中的变化，气体密度 ρ 可表示为[14]

$$\rho = \frac{pV}{nZRT} \qquad (7\text{-}69)$$

气体偏差因子的变化式可以用拟对比压力和拟对比温度表示[14]：

$$Z = 0.702 p_{pr}^2 e^{-2.5 T_{pr}} - 5.524 p_{pr} e^{-2.5 T_{pr}} + 0.044 T_{pr}^2 - 0.164 T_{pr} + 1.15 \qquad (7\text{-}70)$$

式中，p_{pr} 为拟对比压力，无量纲；T_{pr} 为拟对比温度，无量纲。

拟对比压力和拟对比温度的表达式为

$$p_{pr} = \frac{p}{p_c} \qquad (7\text{-}71)$$

$$T_{pr} = \frac{T}{T_c} \qquad (7\text{-}72)$$

式中，p_c 为临界压力，MPa；T_c 为临界温度，K。

气体黏度的变化式可表示为

$$\mu_{eff} = \frac{\mu_0}{1 + 2K_n + 0.2 K_n^{0.788} \exp\left(-\dfrac{K_n}{10} \right)} \qquad (7\text{-}73)$$

7.5.2.3 时间叠加方法

基于在生产时间 $t = \Delta t$ 下的瞬态渗流模型，根据时间叠加原理[5]，即可写出 $t = n\Delta t (n = 1, 2, 3, \cdots, n)$ 下的非稳态产能方程。

若 $t = \Delta t$，则式 (7-59) 可以写成：

$$\begin{cases} p_i^2 - p_1^2 = q_1(\Delta t)F_{1,1}(\Delta t) + q_2(\Delta t)F_{2,1}(\Delta t) + \cdots + [q_{n-1}(\Delta t)]F_{n-1,1}(\Delta t) + [q_n(\Delta t)]F_{n,1}(\Delta t) \\ p_i^2 - p_2^2 = q_1(\Delta t)F_{1,2}(\Delta t) + q_2(\Delta t)F_{2,2}(\Delta t) + \cdots + [q_{n-1}(\Delta t)]F_{n-1,2}(\Delta t) + [q_n(\Delta t)]F_{n,2}(\Delta t) \\ \qquad\qquad\qquad\qquad\qquad\qquad\qquad\qquad \vdots \\ p_i^2 - p_n^2 = q_1(\Delta t)F_{1,n}(\Delta t) + q_2(\Delta t)F_{2,n}(\Delta t) + \cdots + [q_{n-1}(\Delta t)]F_{n-1,n}(\Delta t) + [q_n(\Delta t)]F_{n,n}(\Delta t) \end{cases} \qquad (7\text{-}74)$$

若 $t = 2\Delta t$，式 (7-59) 可以写成：

$$
\left\{
\begin{aligned}
p_i^2 - p_1^2 &= q_1(\Delta t)F_{1,1}(2\Delta t) + [q_1(2\Delta t) - q_1(\Delta t)]F_{1,1}(\Delta t) + q_2(\Delta t)F_{2,1}(2\Delta t) + [q_2(2\Delta t) - q_2(\Delta t)]F_{2,1}(\Delta t) \\
&\quad + \cdots + q_n(\Delta t)F_{n,1}(2\Delta t) + [q_n(2\Delta t) - q_n(\Delta t)]F_{n,1}(\Delta t) \\
p_i^2 - p_2^2 &= q_1(\Delta t)F_{1,2}(2\Delta t) + [q_1(2\Delta t) - q_1(\Delta t)]F_{1,2}(\Delta t) + q_2(\Delta t)F_{2,2}(2\Delta t) + [q_2(2\Delta t) - q_2(\Delta t)]F_{2,2}(\Delta t) \\
&\quad + \cdots + q_n(\Delta t)F_{n,2}(2\Delta t) + [q_n(2\Delta t) - q_n(\Delta t)]F_{n,2}(\Delta t) \\
&\qquad\qquad\qquad\qquad\qquad \vdots \\
p_i^2 - p_n^2 &= q_1(\Delta t)F_{1,n}(2\Delta t) + [q_1(2\Delta t) - q_1(\Delta t)]F_{1,n}(\Delta t) + q_2(\Delta t)F_{2,n}(2\Delta t) + [q_2(2\Delta t) - q_2(\Delta t)]F_{2,n}(\Delta t) \\
&\quad + \cdots + q_n(\Delta t)F_{n,n}(2\Delta t) + [q_n(2\Delta t) - q_n(\Delta t)]F_{n,n}(\Delta t)
\end{aligned}
\right.
\tag{7-75}
$$

同理，$t = 3\Delta t$ 时，式(7-59)可以写成：

$$
\left\{
\begin{aligned}
p_i^2 - p_1^2 &= q_1(\Delta t)F_{1,1}(3\Delta t) + [q_1(2\Delta t) - q_1(\Delta t)]F_{1,1}(2\Delta t) + [q_1(3\Delta t) - q_1(2\Delta t)]q_1 F_{1,1}(\Delta t) \\
&\quad + q_2(\Delta t)F_{2,1}(3\Delta t) + [q_2(2\Delta t) - q_2(\Delta t)]F_{2,1}(2\Delta t) + [q_2(3\Delta t) - q_2(2\Delta t)]q_2 F_{2,1}(\Delta t) \\
&\quad + \cdots + q_n(\Delta t)F_{n,1}(3\Delta t) + [q_n(2\Delta t) - q_n(\Delta t)]F_{n,1}(2\Delta t) + [q_n(3\Delta t) - q_n(2\Delta t)]F_{n,1}(\Delta t) \\
p_i^2 - p_2^2 &= q_1(\Delta t)F_{1,2}(3\Delta t) + [q_1(2\Delta t) - q_1(\Delta t)]F_{1,2}(2\Delta t) + [q_1(3\Delta t) - q_1(2\Delta t)]q_1 F_{1,2}(\Delta t) \\
&\quad + q_2(\Delta t)F_{1,2}(3\Delta t) + [q_2(2\Delta t) - q_2(\Delta t)]F_{1,2}(2\Delta t) + [q_2(3\Delta t) - q_2(2\Delta t)]q_2 F_{1,2}(\Delta t) \\
&\quad + \cdots + q_n(\Delta t)F_{1,2}(3\Delta t) + [q_n(2\Delta t) - q_n(\Delta t)]F_{1,2}(2\Delta t) + [q_n(3\Delta t) - q_n(2\Delta t)]F_{1,2}(\Delta t) \\
&\qquad\qquad\qquad\qquad\qquad \vdots \\
p_i^2 - p_n^2 &= q_1(\Delta t)F_{1,n}(3\Delta t) + [q_1(2\Delta t) - q_1(\Delta t)]F_{1,n}(2\Delta t) + [q_1(3\Delta t) - q_1(2\Delta t)]q_1 F_{1,n}(\Delta t) \\
&\quad + q_2(\Delta t)F_{1,n}(3\Delta t) + [q_2(2\Delta t) - q_2(\Delta t)]F_{1,n}(2\Delta t) + [q_2(3\Delta t) - q_2(2\Delta t)]q_2 F_{1,n}(\Delta t) \\
&\quad + \cdots + q_n(\Delta t)F_{1,n}(3\Delta t) + [q_n(2\Delta t) - q_n(\Delta t)]F_{1,n}(2\Delta t) + [q_n(3\Delta t) - q_n(2\Delta t)]F_{1,n}(\Delta t)
\end{aligned}
\right.
\tag{7-76}
$$

以此类推，$t = n\Delta t$ 时，第 j 个裂缝单元非稳态产能方程可以写成：

$$
p_i^2 - p_{\mathrm{wf}}^2(n\Delta t) = \sum_{k=1}^{N}\sum_{i=1}^{2n_{\mathrm{s}}}\left\{ q_j(\Delta t)F_{i,j}(n\Delta t) + \sum_{k=2}^{n}\left\{ q_j(k\Delta t) - q_j[(k-1)\Delta t]\right\}F_{i,j}(n-k+1)\Delta t \right\}
\tag{7-77}
$$

7.5.3　模型求解

7.5.3.1　模型可解性分析

根据模型中采用的离散方法，整个裂缝网络一共有 $N \times 2n_{\mathrm{s}}$ 个离散裂缝单元。对于每一个裂缝单元，均满足式(7-77)，一共有 $N \times 2n_{\mathrm{s}}$ 个方程。其中，每个离散单元流量未知，存在 $N \times 2n_{\mathrm{s}}$ 个未知数，未知数个数与方程个数相等，模型可求解。从而可以得到任意时刻 t 每个离散裂缝单元的流量，叠加可得压裂水平井产量：

$$
Q = \sum_{k=1}^{N}\sum_{i=1}^{2n_{\mathrm{s}}} q_{\mathrm{rk},i}
\tag{7-78}
$$

式中，Q 为某一时刻 t 压裂水平井的产气量，m^3。

7.5.3.2　模型求解

本章建立的页岩气藏体积压裂水平井非稳态产能模型涉及非线性方程组,可以采用辛普森积分法、拟牛顿法和高斯-赛德尔迭代法求解,并编制 VB 程序,求解每条裂缝和每个离散裂缝单元的流量和压力分布。计算步骤如下。

(1)统计页岩储层、压裂水平井及缝网改造区的基本参数。

(2)采用时间和空间离散技术,将人工裂缝离散成若干个裂缝单元,并确定每个离散单元的位置坐标。

(3)计算某一时刻的储层渗流系数矩阵,用辛普森积分法和高斯-赛德尔迭代法计算得到该时刻下每个离散单元的气相流量和压力。

(4)通过杨氏-拉普拉斯方程得到各个裂缝单元的水相压力,根据缝网区域水相渗流方程组反演得到每个离散单元的水相流量;然后由该时刻产液量计算改造区的含水饱和度,进入下一时刻计算。

(5)重新计算储层压力、气相和水相有效渗透率及油管物性参数,重复步骤(3)、(4),得到每个时刻下离散裂缝单元的流量和压力,完成非稳态产量的计算。

(6)当储层压力低于井底流压,或达到预设时间,停止迭代,计算结束。

VB 程序的计算流程图如图 7-16 所示。

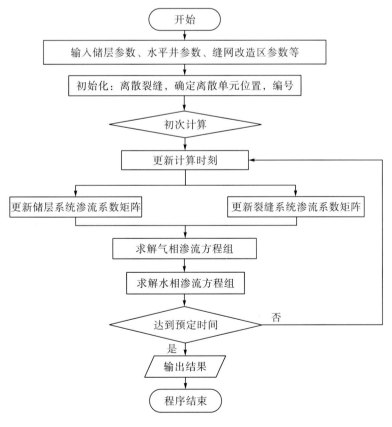

图 7-16　程序计算流程图

7.5.3.3 模型计算

为了比较体积压裂水平井气水两相渗流模型与单相气体渗流模型的差异，在本书两相渗流模型的基础上，不考虑缝网改造区水相渗流，对两相渗流模型进行简化，得到页岩气藏体积压裂水平井单相气体渗流模型，模型基质-缝网-井筒耦合的渗流方程与两相渗流模型中气体渗流方程类似，如式(7-79)所示。

$$
\begin{aligned}
p_{\text{ini}}^2 - p_{\text{wf}}^2 &= \frac{2\mu p_{\text{sc}} ZT}{k_{\text{f}} h T_{\text{sc}}} \times q_n \frac{\Delta x_n}{w_n} + \frac{2\mu p_{\text{s}} ZT}{k_{\text{f}} h T_{\text{sc}}} \times q_{n-1}\left(\frac{\Delta x_n}{w_n} + \frac{\Delta x_{n-1}}{w_{n-1}}\right) + \cdots + \frac{2\mu p_{\text{sc}} ZT}{k_{\text{f}} h T_{\text{sc}}} \\
&\quad \times q_{\text{k}}\left(\frac{\Delta x_n}{w_n} + \frac{\Delta x_{n-1}}{w_{n-1}} + \cdots + \frac{\Delta x_k}{w_k}\right) + \frac{2\mu p_{\text{sc}} ZT}{k_{\text{f}} h T_{\text{sc}}} q_{k-1}\left(\frac{\Delta x_n}{w_n} + \frac{\Delta x_{n-1}}{w_{n-1}} + \cdots + \frac{\Delta x_k}{w_k}\right) \\
&\quad + \cdots + \frac{2\mu p_{\text{sc}} ZT}{k_{\text{f}} h T_{\text{sc}}} \times q_1\left(\frac{\Delta x_n}{w_n} + \frac{\Delta x_{n-1}}{w_{n-1}} + \cdots + \frac{\Delta x_k}{w_k}\right) \\
&\quad + \sum_{j=1}^{2n_s} \frac{2q_{(j,t)} p_{\text{sc}} ZT}{\phi C_t abh T_{\text{sc}}} \int_0^\tau \left\{\left[1 + 2\sum_{n=1}^{\infty} \exp\left(-\frac{n^2\pi^2\chi(t-\tau)}{x_{\text{e}}^2}\right)\cos\frac{n\pi x}{x_{\text{e}}}\cos\frac{n\pi x_{\text{w}}}{x_{\text{e}}}\right] \right. \\
&\quad \times \left[1 + 2\sum_{n=1}^{\infty} \exp\left(-\frac{n^2\pi^2\chi(t-\tau)}{y_{\text{e}}^2}\right)\cos\frac{n\pi y}{y_{\text{e}}}\cos\frac{n\pi y_{\text{w}}}{y_{\text{e}}}\right] \\
&\quad \left. \times \left[1 + 2\sum_{n=1}^{\infty} \exp\left(-\frac{n^2\pi^2\chi(t-\tau)}{z_{\text{e}}^2}\right)\cos\frac{n\pi z}{z_{\text{e}}}\cos\frac{n\pi z_{\text{w}}}{z_{\text{e}}}\right]\right\} \mathrm{d}\tau \\
&= \sum_{m=k+1}^{n_s} \frac{2q_{m,\text{JL}} \mu x_{\text{f}} p_{\text{sc}} ZT}{k_{\text{f}} w_m n_s T_{\text{sc}}} + \frac{q_{k,\text{JL}} \mu x_{\text{f}} p_{\text{sc}} ZT}{k_{\text{f}} w_k n_s T_{\text{sc}}} \\
&\quad + \sum_{j=1}^{2n_s} \frac{2q_{(j,t)} p_{\text{sc}} ZT}{\phi C_t abh T_{\text{sc}}} \int_0^{t-t_0} S(x,\tau)S(y,\tau)S(z,\tau)\mathrm{d}\tau
\end{aligned}
\tag{7-79}
$$

编制单相气体渗流模型 VB 程序，采用表 7-1 中的基础参数，分别计算只考虑储层单相气体渗流与考虑储层气水两相渗流的体积压裂水平井的日产气量和累计产气量。

表 7-1 单相渗流模型基本参数

参数	数值	参数	数值
气藏长度(m)	1 200	主裂缝渗透率(μm^2)	20
气藏宽度(m)	400	主裂缝宽度(m)	0.006
气藏厚度(m)	50	气体的相对密度	0.6
储层温度(K)	350	气体摩尔质量(kg/mol)	0.016
孔隙度(%)	5.8	气体黏度(mPa·s)	0.018 4
地层压力(MPa)	35	朗缪尔体积(m^3/m^3)	10.0
井底流压(MPa)	20	朗缪尔压力(MPa)	4.0
水平段长度(m)	900	最大吸附浓度(mol/m^3)	24 000
裂缝段数(段)	15	表面扩散系数(m^2/s)	3.2×10^{-10}
缝网长度(m)	100	气体压缩系数(MPa^{-1})	0.044
缝网区宽度(m)	30	基质压缩系数(MPa^{-1})	0.000 1
缝网区渗透率($10^{-3}\ \mu m^2$)	30	井筒半径(m)	0.1

图 7-17 和图 7-18 所示为单相气体渗流模型与气水两相渗流模型产量对比曲线。从图 7-17 和图 7-18 可以看出，在采用相同基础参数的情况下，在压裂水平井生产初期，考虑储层气水两相渗流时的气井日产气量较只考虑储层单相气体渗流的情况偏低，产量下降更快；随着生产时间的增加，日产气量差距逐渐缩小；生产相同时间，只考虑单相气体渗流时的累计产气量也偏大。这是因为考虑气水两相渗流时，生产初期气相有效渗透率远小于绝对渗透率，导致气井产气量较单相气体渗流时更小；生产中后期，随着水相的排出，储层含水饱和度逐渐降低，气相有效渗透率逐渐增大，此时日产气量与只考虑单相气体渗流时的差距减小，但仍小于忽略两相渗流时的产气量。可以看出，储层气水两相渗流对压裂水平井产量影响较大，且这种影响长期存在。

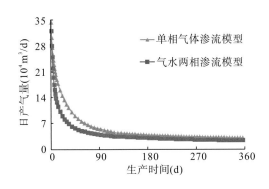

图 7-17　单相渗流模型与两相渗流模型日产气量对比

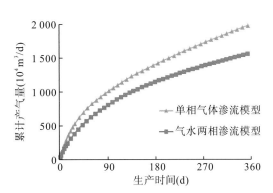

图 7-18　单相渗流模型与两相渗流模型累计产气量对比

基于页岩气藏体积压裂水平井单相气体渗流模型，分析多尺度效应(黏性流、滑脱效应、克努森扩散、解吸附和表面扩散等)对水平井日产气量和累计产气量的影响。图 7-19 和图 7-20 所示为考虑多尺度效应和只考虑黏性流时压裂水平井日产气量和累计产气量的对比。

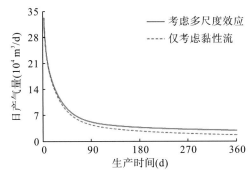

图 7-19　多尺度效应对压裂水平井日产气量的影响

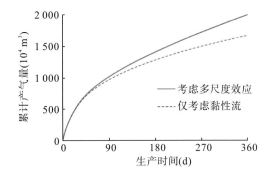

图 7-20　多尺度效应对压裂水平井累计产气量的影响

从图 7-19 和图 7-20 可以看出,考虑多尺度效应的压裂水平井日产气量和累计产气量较仅考虑黏性流时的日产气量和累计产气量偏大。在气井生产初期,产量偏差较小,随着生产时间的延长,产量偏差逐渐增大。这是因为生产初期,气井产出气量主要来自缝网改造区的游离气,储层多尺度效应不明显;随着生产的进行,地层压力逐渐降低,压力波由缝网改造区向基质储层逐渐扩散,储层多尺度效应逐渐增强,储层表观渗透率逐渐增大。

7.6 模型验证与应用

7.6.1 模型对比与验证

7.6.1.1 现场数据对比

为了验证建立的气水两相非稳态产能模型的有效性,以川南地区龙马溪组一口实际的页岩气压裂水平井 XA 为例计算产能,模型计算所需的基础参数见表 7-2。

表 7-2 压裂水平井 XA 基本参数

参数	数值	参数	数值
气藏长度(m)	2000	气体的相对密度	0.6
气藏宽度(m)	500	气体摩尔质量(kg/mol)	0.016
气藏厚度(m)	40	气体黏度(mPa·s)	0.0184
储层温度(K)	384	朗缪尔体积(m^3/m^3)	8.0
孔隙度(%)	6.3	朗缪尔压力(MPa)	5.0
地层压力(MPa)	53.2	气体常数〔J/(mol·K)〕	8.314
井底流压(MPa)	40	表面最大浓度(mol/m^3)	25040
水平井长度(m)	1440	表面扩散系数(m^2/s)	2.89×10^{-10}
裂缝段数(段)	21	含气饱和度	0.7
缝网长度(m)	90	气体压缩系数(MPa^{-1})	0.044
缝网区宽度(m)	40	基质压缩系数(MPa^{-1})	0.0001
缝网区渗透率($10^{-3}\ \mu m^2$)	30	裂缝初始含水饱和度	0.85
主裂缝宽度(m)	0.006	基质初始含水饱和度	0.3
主裂缝渗透率(μm^2)	10	井筒半径(m)	0.107

图 7-21 反映了本书建立的页岩气藏气水两相产能预测模型的计算结果与现场压裂水平井的生产数据的对比。从日产气量和累计产气量对比曲线可以看出,本模型计算结果与水平井 XA 生产数据变化趋势一致,且两者之间吻合度高,说明了本书页岩气藏压裂水平井非稳态渗流模型的可靠性。

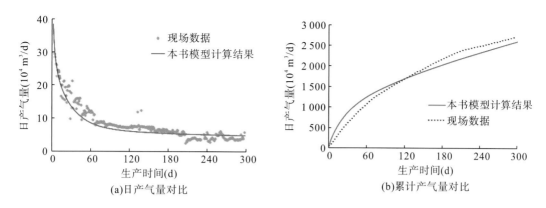

图 7-21　本书模型与川南 XA 井生产数据对比

从图 7-21 可以看出，压裂水平井日产气量呈 L 形下降。生产初期，页岩气的产量高，最大产量达 $37.5 \times 10^4 \, \mathrm{m^3/d}$，此时产出气主要来自缝网改造区和基质区的游离气，气体渗流阻力小。随着生产的进行，基质中的气体经缝网改造区逐渐流入井筒，由于基质渗透性极差，渗流阻力随波及区域的增加而增大，压裂区中不能及时补充气体，页岩气产量迅速降低。生产 150 天时的产量约为 $6.8 \times 10^4 \, \mathrm{m^3/d}$，与生产初期相比，产量递减了约 82%。生产 180 天后，压力波由裂缝区域向基质区域传播，压裂波传播减慢，同时页岩储层中吸附气不断解吸出来，气井产量逐渐趋于平稳，流动达到拟稳态阶段。

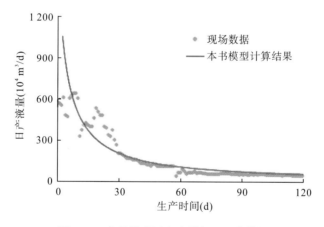

图 7-22　本书模型日产液量与 XA 井数据对比

图 7-22 反映了本书模型计算的页岩气压裂水平井日产液量与现场返排数据的对比。可以看出，本书模型计算结果与现场数据趋势一致，在排液中后期拟合程度高。从图 7-22 可以看出，页岩气压裂水平井在返排过程中的日产液量整体呈 L 形分布，且下降迅猛。返排 60 天后，日产液量从初期的 $700 \, \mathrm{m^3}$ 迅速降至不足 $80 \, \mathrm{m^3}$，递减率达到 89% 左右。但随着生产的继续进行，返排液量逐渐趋于一个较小值，但不为零，说明气水两相渗流伴随着页岩气压裂水平井的生产长期存在。

7.6.1.2　商业软件对比

本书在现场数据验证的基础上，采用 Eclipse 数值模拟软件来验证页岩气压裂水平井气水两相产能模型的正确性。其中，建立 Eclipse 模型所需要的网格参数和压裂水平井基础参数见表 7-3。

表 7-3　Eclipse 模型网格参数

变量	数值	变量	数值
基质 X 方向网格数	100	Z 方向渗透率 $(10^{-3}\ \mu m^2)$	0.1
Y 方向网格数	60	基质 X 方向渗透率 $(10^{-3}\ \mu m^2)$	0.5
Z 方向网格数	4	基质 Y 方向渗透率 $(10^{-3}\ \mu m^2)$	0.5
基质 X 方向网格步长 (m)	10	缝网 X 方向渗透率 $(10^{-3}\ \mu m^2)$	30
Y 方向网格步长 (m)	10	缝网 Y 方向渗透率 $(10^{-3}\ \mu m^2)$	30
Z 方向网格步长 (m)	10	储层埋深 (m)	3 150
缝网 X 方向网格数	21 段×10	缝网 X 方向网格步长 (m)	4

从图 7-23 可以看出，本书模型的日产气量计算结果与数值模拟软件 Eclipse 模拟的日产气量变化趋势一致，都表现为 L 形下降；Eclipse 软件模拟的日产气量略小于本书模型计算结果，且 Eclipse 模型产量下降更快，这是因为 Eclipse 模型不能考虑随着地层压力的下降，储层孔隙大小和渗透率的变化，同时也不能考虑页岩储层中气体多尺度流动效应，因此产量更低。

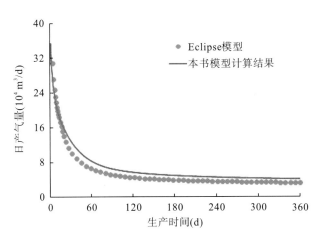

图 7-23　本书模型计算结果与 Eclipse 模拟结果对比

7.6.2　模型应用

7.6.2.1　产量分布特征

基于本书建立的页岩气藏压裂水平井气水两相非稳态产能预测模型，结合长宁区块一口实际的压裂水平井 XB，采用表 7-4 中的页岩气藏基本参数和表 7-5 中的页岩孔径分布比例，分析储层表观渗透率的变化和产能影响因素。其中，XB 井孔隙度为 0.048，改造段数为 13 段。

表 7-4　页岩气藏基本参数表

变量	数值	变量	数值
气藏长度(m)	1 500	含气饱和度	0.7
气藏宽度(m)	600	气体摩尔质量(kg/mol)	0.016
气藏厚度(m)	60	气体黏度(mPa·s)	0.018 4
储层温度(K)	340	朗缪尔体积(m³/m³)	7.0
岩石密度(kg/m³)	2 500	朗缪尔压力(MPa)	4.5
孔隙度	0.048	动量调节系数	0.85
初始压力(MPa)	30	气体的相对密度	0.6
井底流压(MPa)	20	表面最大浓度(mol/m³)	25 040
水平井长度(m)	900	表面扩散系数(m²/s)	2.89×10^{-10}
裂缝段数(段)	13	临界温度(K)	190
缝网长度(m)	90	临界压力(MPa)	4.59
缝网区宽度(m)	30	气体常数 [J/(molK)]	8.314
缝网区渗透率($10^{-3} \mu m^2$)	20	气体压缩系数(MPa^{-1})	0.044
主裂缝宽度(m)	0.006	基质压缩系数(MPa^{-1})	0.000 1
主裂缝渗透率(μm^2)	5	裂缝初始含水饱和度	0.7
井筒半径(m)	0.107	基质初始含水饱和度	0.3
地层水的密度(kg/m³)	1 100	地层水的体积系数(m³/m³)	1
地层水的黏度(mPa·s)	0.12	地层水的压缩系数(MPa^{-1})	5.8×10^{-4}

表 7-5　页岩孔径分布比例(%)

类别	孔径(nm)									
	<2	2~3	6~5	6~10	10~20	20~40	40~60	60~100	100~300	>300
无机孔	0	5.3	12.8	15.32	7.21	5.01	5.43	5.2	4.21	4.44
有机孔	1.5	8.2	7.9	7.5	6.4	1.58	0	0	0	0
总孔隙	1.5	13.5	20.7	22.82	13.61	6.59	5.43	5.2	4.21	4.44

从表 7-5 可以看出，XB 井岩样无机孔尺寸主要为 2~300 nm，而有机孔尺寸小于 40 nm，无机孔尺寸大于有机孔，且无机孔含量大于有机孔含量，孔隙结构以无机孔为主。

图 7-24 所示为压后缝网改造相对渗透率曲线。从图 7-24 可以看出，XB 井岩样为水湿，缝网气相和水相有效渗透率都小于岩石的绝对渗透率。在压裂水平井返排投产后，随着储层含水饱和度的下降，改造区气相有效渗透率逐渐增大，水相有效渗透率逐渐减小。

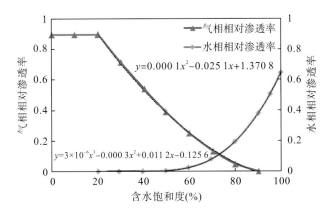

图 7-24　XB 井缝网改造区相对渗透率曲线

将表 7-4、表 7-5 中的气藏基础参数和图 7-24 中的缝网相渗曲线代入页岩气压裂水平井气水两相渗流模型，分析储层表观渗透率变化规律和产量分布特征。

图 7-25 反映了页岩气井地层压力和储层表观渗透率随生产时间的变化曲线。可以看出，随着生产的进行，页岩储层平均地层压力逐渐降低，当生产 360 天时，平均地层压力

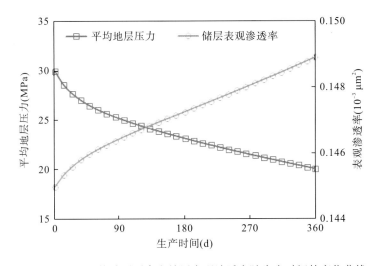

图 7-25　平均地层压力和储层表观渗透率随生产时间的变化曲线

由 30 MPa 下降至 22 MPa 左右，压力衰减率达 27%。而储层表观渗透率随着地层压力的下降逐渐升高，这是因为地层压力越低，克努森数越大，克努森扩散作用和表面扩散效应越明显，基质储层的表观渗透率越大。

1. 产气量分布特征

分析不同位置、不同生产时间(第 1 天、第 100 天、第 200 天)各条裂缝产量分布特征，其中第 1 条裂缝位于水平段的跟端或趾端，第 7 条裂缝位于水平段的中间。

图 7-26 和图 7-27 分别反映了不同位置和不同生产时间下离散裂缝单元的产量分布曲线。可以看出，缝网改造区气相流量沿人工裂缝方向呈 W 形分布，表现为靠近水平井筒

处的流量大,远离井筒处的流量呈现先减小后增大(增大幅度较小)的趋势。这是因为初始时刻压力波还没有向基质区域传播,地层中各点压力基本相等,为原始地层压力,当开始生产时,缝网中靠近井筒的位置生产压差最大,因此该处点单元流量贡献最大。随着生产的进行,压力波由缝网区域逐渐向外扩散,远离井筒处的流量逐渐增大。

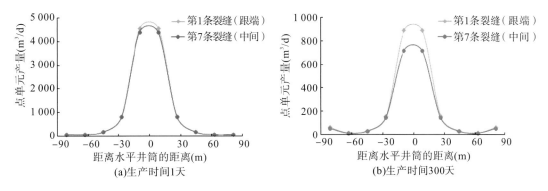

图 7-26　不同位置离散裂缝单元的产量分布

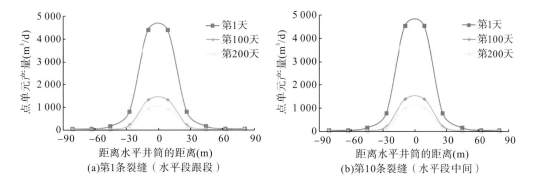

图 7-27　不同生产时间离散裂缝单元的产量分布

此外,从图 7-26 还可以看出,在生产初期,不同位置裂缝上的流量分布差异较小,生产 300 天时,不同位置间裂缝差异增大。这是因为初始时刻不同位置裂缝间干扰不明显,流量差异较小。随时生产的进行,压力波向外扩散,各裂缝之间相互干扰增强,不同位置裂缝的流量差异逐渐增大。

2. 产液量分布特征

图 7-28 反映了不同裂缝位置离散裂缝单元的产液量分布曲线。可以看出,靠近井筒处的裂缝点单元产液量较高,远离井筒处的裂缝单元产液量呈现先减小后增大(增大幅度较小)的趋势,整体呈现 W 形分布。由于裂缝间相互干扰,在水平井跟端裂缝的产液量大于水平井筒中间裂缝的产液量。对比生产 1 天和生产 100 天的产液量分布曲线可以发现,在生产初期,不同位置裂缝上的流量分布差异较小,这是因为初始时刻裂缝点单元间相互干扰不明显,随着生产时间的延长,产液量快速下降,且不同位置裂缝上的点单元产液量分布差距增大。

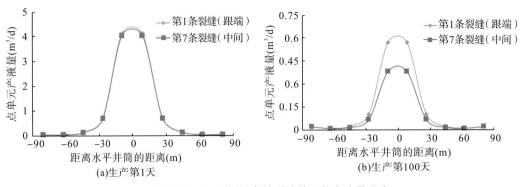

图 7-28　不同位置离散裂缝单元的产液量分布

图 7-29 反映了不同生产时间离散裂缝单元的产液量的分布曲线。可以看出，生产初期，由于缝网区域初始含水饱和度较高，裂缝产液量较大。随着地层水的不断排出，由于没有外来水补充，储层含水饱和下降，产液量迅速降低，但下降幅度逐渐减缓，说明地层将会长期产水。

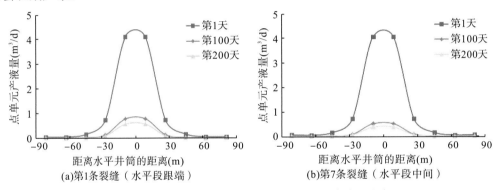

图 7-29　不同生产时间离散裂缝单元的产液量分布

7.6.2.2　产气量影响因素分析

1. 高速非达西效应

分别对考虑缝内高速非达西效应和不考虑主缝内高速非达西效应的情况进行分析，如图 7-30 和图 7-31 所示。

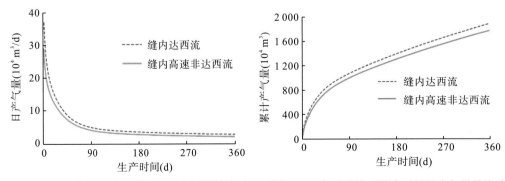

图 7-30　高速非达西效应对日产气量的影响　　　图 7-31　高速非达西效应对累计产气量的影响

　　从图 7-30 和图 7-31 可以看出,考虑缝内高速非达西效应的日产气量和累计产气量均低于不考虑非达西效应的压裂水平井的产气量,缝内非达西效应使累计产气量减小 8.6% 左右。这是因为缝内高速非达西效应增加了气体在裂缝内的流动压降,使得裂缝的导流能力减小。从图 7-30 还可以看出,考虑缝内为高速非达西流和达西流条件下,随着时间的增加,日产气量的差异逐渐减小。这是因为生产初期,裂缝内气体流速大,非达西效应明显,流动压降大;随着时间的增加,气体流量降低,高速非达西作用逐渐减弱。

　　2. 地层参数

　　1)储层厚度

　　储层厚度决定了气藏原始地质储量的大小,也影响着压力波在储层中的传播。取储层厚度为 30 m、40 m、50 m、60 m,分析储层厚度对日产气量和累计产气量的影响,如图 7-32 和图 7-33 所示。

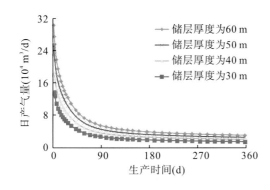
　　　　　　　　图 7-32　储层厚度对日产气量的影响

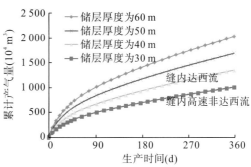
　　　　　　　　图 7-33　储层厚度对累计产气量的影响

　　图 7-32 和图 7-33 反映了储层厚度对页岩气压裂水平井日产气量和累计产气量的影响。可以看出,在其他条件相同的情况下,压裂水平井的日产气量和累计产气量随着储层厚度的增加而明显增大,总体上看,压裂水平井的产气量和气藏厚度呈正相关关系。此外,在其他条件不变时,储层越厚,水平井的日产气量越高,产量下降速度越慢。这是因为储层厚度越大,气藏容积越大,地层压力下降速度越慢,气井日产气量和累计产气量越高。

　　2)朗缪尔体积

　　分别取朗缪尔体积为 0.005 m³/m³、0.01 m³/m³、0.015 m³/m³,计算不同朗缪尔体积下的压裂水平井的平均地层压力和产量的变化,并与不考虑解吸附的情况做比较,分析页岩气解吸能力对气井产量的影响。

　　图 7-34 反映了不同朗缪尔体积下储层平均地层压力的变化情况。可以看出,不考虑解吸效应时储层平均压力下降较快,而考虑页岩气解吸附效应时,生产过程中吸附气逐渐解吸附,补充储层气量,减缓地层压力的下降速度。朗缪尔体积越大,吸附气量越大,相同压差下解吸气量越多,生产相同时间储层平均地层压力越高。

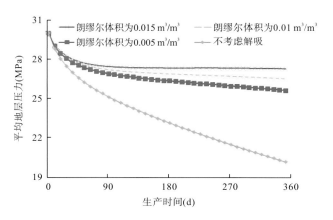

图 7-34 不同朗缪尔体积下储层平均地层压力的变化曲线

图 7-35 和图 7-36 反映了不同朗缪尔体积对压裂水平井产气量的影响。可以看出，当不考虑页岩气藏基质解吸效应时，压裂水平井日产气量和累计产气量都明显偏低；相同情况下，朗缪尔体积越大，页岩气解吸气量越多，压裂水平井日产气量和累计产气量越高，但产气量增加幅度逐渐减小。此外，从图 7-36 还可看出，朗缪尔体积主要影响压裂水平井生产中后期产气量，对生产初期产气量影响较小，这是因为生产初期气井产出气量主要来自裂缝系统中的自有气，吸附气解吸较少，随着生产时间的增加，压力波由储层向基质传播，页岩气逐渐从黏土矿物和有机质表面解吸出来，补充游离气量，降低日产气量的下降速度。

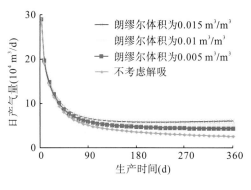

图 7-35 朗缪尔体积对压裂水平井日
产气量的影响

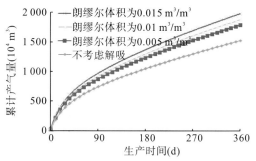

图 7-36 朗缪尔体积对压裂水平井累
计产气量的影响

3) 朗缪尔压力

图 7-37 反映了不同朗缪尔压力下储层平均地层压力的变化情况。可以看出，考虑页岩气解吸附效应，储层平均地层压力下降缓慢，而不考虑解吸效应时储层平均压力下降很快。说明在页岩气开发的过程中，解吸出的气量补充了地层亏空，极大地减缓了地层压力的下降。朗缪尔压力越大，相同条件下解吸气量越多，地层压力下降越慢。

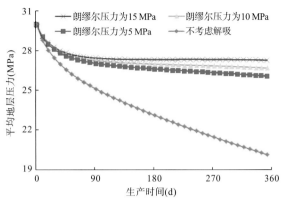

图 7-37　朗缪尔压力下储层平均地层压力的变化曲线

图 7-38 和图 7-39 分别表示不同朗缪尔压力下页岩气压裂水平井的日产气量和累产气量随时间的变化曲线。可以看出，朗缪尔压力越大，日产气量和累计产气量越大，但增长幅度逐渐减小。这是因为在其他条件相同时，朗缪尔压力越大，相同压差下储层解吸出的气体越多，压裂水平井日产气量和累计产气量也更高。

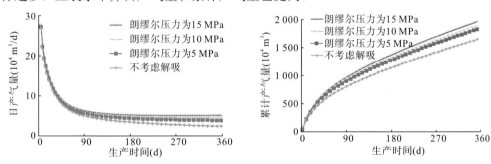

图 7-38　朗缪尔压力对压裂水平井日产气量的影响　　图 7-39　朗缪尔压力对累计产气量的影响

3. 缝网参数

在页岩气藏水平井压裂后，缝网(图 7-40)参数(缝网段数、改造区宽度、改造区渗透率、主裂缝长度等)对压后水平井产量具有重要影响。

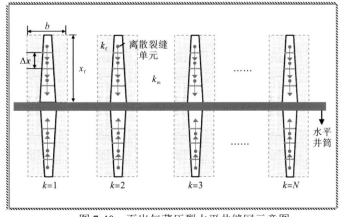

图 7-40　页岩气藏压裂水平井缝网示意图

1）缝网段数

缝网段数会直接影响页岩气藏改造区体积，从而对压裂水平井产量产生显著影响。设置压裂缝网段数为 10 段、13 段、16 段、19 段，分别计算页岩气压裂水平井日产气量和累计产气量。

图 7-41 和图 7-42 分别反映了缝网段数对水平井日产气量和累计产气量的影响。可以看出，不同缝网段数的日产气量差异较大，且在生产初期尤为明显，随着生产时间的延长，缝网段数对水平井日产气量的影响逐渐减小，这是由于生产初期气井主要产量来自缝网改造区，缝网改造段数对产量影响较大，中后期页岩气井产量更多来自基质中的吸附气和游离气，储层渗流逐渐变为拟径向流，缝网段数对产量的影响逐渐减弱。

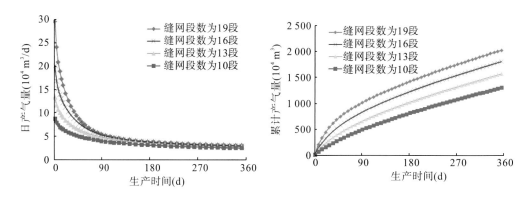

图 7-41　缝网段数对压裂水平井日产气量的影响　图 7-42　缝网段数对压裂水平井累计产气量的影响

2）改造区宽度

缝网改造区宽度直接影响页岩气井体积压裂的改造体积，从而对压裂水平井的产量产生显著影响。当压裂水平井的段间距为 50 m 时，分别取缝网改造区宽度为 10 m、20 m、30 m、40 m，分析体积压裂改造体积对水平井生产过程的影响。

图 7-43 和图 7-44 分别反映了缝网改造区宽度对日产气量和累计产气量的影响。可以看出，缝网改造区宽度越大，水平井日产气量和累计产气量越高，且增加幅度逐渐增大。此外，缝网改造区宽度对初期水平井产量的影响较大，随着生产的进行产量迅速降低，且

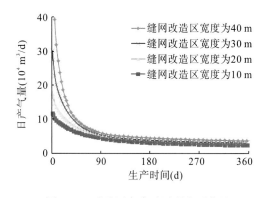

图 7-43　改造区宽度对压裂水平井日
产气量的影响

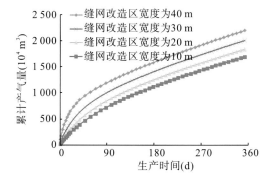

图 7-44　改造区宽度对压裂水平井累
计产气量的影响

改造区宽度越大，产量下降越快。这是因为缝网改造渗透率远大于基质渗透率，压力波在缝网改造区域的传播速度比基质区域快得多，气体渗流阻力小，因此产量高但下降快。随着生产时间的延长，压力波由缝网区域向基质扩散，扩散速度逐渐减缓，此时缝网改造区对产量的贡献降低，生产逐渐趋于稳定。

3）改造区渗透率

改造区渗透率直接影响缝网区域气体渗流能力，从而影响压裂水平井产能。取缝网改造区渗透率为 $10\times10^{-3}\ \mu m^2$、$20\times10^{-3}\ \mu m^2$、$30\times10^{-3}\ \mu m^2$、$40\times10^{-3}\ \mu m^2$，分析其对压裂水平井产量的影响。

图 7-45 和图 7-46 分别反映了改造区渗透率对日产气量和累计产气量的影响。可以看出，缝网改造区渗透率越大，压裂水平井的日产气量和累计产气量越高，但增加幅度逐渐减小。同时在生产初期，不同改造区渗透率的水平井日产气量差异较大，随着生产时间的增加，日产量差异逐渐缩小。说明改造区渗透率主要影响压裂水平井初期产量，当压力波在基质区域向外传播时，改造区渗透率对产量的影响逐渐减小。同时，与改造区宽度相比，缝网改造区渗透率对产量的影响相对较小。因此在对页岩气藏进行体积压裂时，没必要追求过高的缝网渗透率。

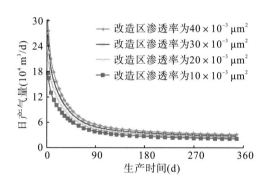

图 7-45　改造区渗透率对压裂水平井
日产气量的影响

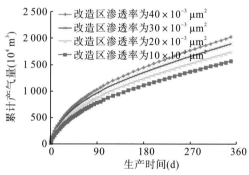

图 7-46　改造区渗透率对压裂水平井
累计产气量的影响

4）主裂缝长度

图 7-47 和图 7-48 反映了主裂缝长度对压裂水平井产量的影响。可以看出，主裂缝长度越大，日产气量和累计产气量越高，且增加幅度逐渐增大。这是因为缝网改造区域越大，压裂水平井初期产量越高。随着生产的进行，压裂波逐渐由改造区向基质传播，人工裂缝长度对水平井产气量的影响程度逐渐减小，不同改造区缝长的水平井产量逐渐趋于一致。

4. 生产压差

页岩气藏开发过程中地层压力逐渐降低，水平井生产压差逐渐增大。分别取生产压差为 5 MPa、10 MPa、15 MPa、20 MPa，分析生产压差对压裂水平井生产过程的影响。

图 7-49 和图 7-50 反映了不同生产压差对压裂水平井日产气量和累计产气量的影响。

可以看出，生产压差对压裂水平井的产量影响十分显著。这是因为水平井生产压差越大，气体在储层中渗流的驱动力越大，压裂水平井日产气量和累计产气量都逐渐增加。

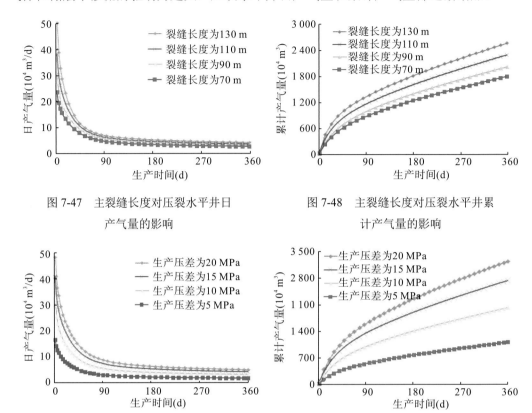

图 7-47　主裂缝长度对压裂水平井日　　　　图 7-48　主裂缝长度对压裂水平井累
　　　　　产气量的影响　　　　　　　　　　　　　　计产气量的影响

图 7-49　生产压差对水平井日产气量的影响　　图 7-50　生产压差对水平井累计产气量的影响

7.6.2.3　产液量影响因素分析

根据本书建立的页岩气压裂水平井气水两相非稳态渗流模型，分析地层参数、缝网参数、生产压差对压裂水平井排液量和改造区含水饱和度的影响。

1. 地层参数

1) 储层厚度

储层厚度对产气量影响较大，从而影响页岩气藏压裂水平井的产液量。分别取储层厚度为 20 m、30 m、40 m、50 m，分析储层厚度对排液量和改造区含水饱和度的影响。

图 7-51 和图 7-52 反映了储层厚度对日产液量和累计产液量的影响。可以看出，随着储层厚度的增大，压裂水平井的日产液量和累计产液量显著增大，总体上看，产液量和储层厚度呈正相关关系。这是因为储层厚度越大，气藏容积越大，日产气量和累产气量越高，其他条件不变时，气井排液量也越大。

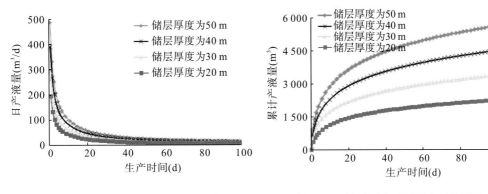

图 7-51　储层厚度对压裂水平井日产 图 7-52　储层厚度对压裂水平井累计
　　　　　液量的影响　　　　　　　　　　　　　产液量的影响

图 7-53 所示为不同位置缝网改造区含水饱和度随生产时间的变化曲线。可以看出，随着生产的进行，压裂井水平段两端的缝网改造区含水饱和度下降较快，而水平段中间的缝网改造区含水饱和度随生产时间的增加下降较慢，且这种差异随着时间的增加逐渐增大。这是因为在生产中后期，裂缝间的相互干扰逐渐增强，外部裂缝由于有更大的泄油面积，产液量更高，因此外侧改造区含水饱和度的变化更为剧烈。

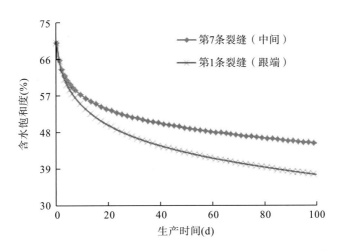

图 7-53　不同位置缝网改造含水饱和度随生产时间的变化曲线

2) 初始含水饱和度

页岩气井压裂后，分别取缝网改造区初始含水饱和度为 90%、70%、50%，分析含水饱和度、日产液量和累计产液量随生产时间的变化规律。

图 7-54 和图 7-55 分别反映了不同初始含水饱和度下日产液量和累计产液量随时间的变化情况。改造区初始含水饱和度可根据压裂液注入量和储层改造规模得到。从图中可以看出，缝网初始含水饱和度越大，压裂水平井返排液量越大；随着返排和生产的进行，返排液量快速下降。返排 60 天后，日产液量维持在一个很小的值。究其原因，生

产初期，缝网含水饱和度高，水相有效渗透率大；随着生产的进行，压裂水平井产液量和含水饱和度快速降低，逐渐趋于一个很小的值，说明后期产液量很少，但气水两相渗流长期存在。

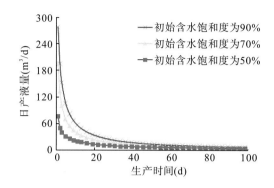 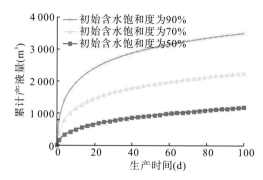

图 7-54　缝网含水饱和度对日产液量的影响　　图 7-55　缝网含水饱和度对累计产液量的影响

　　图 7-56 和图 7-57 分别反映了改造区含水饱和度变化曲线与含水饱和度对日产液量的影响。可以看出，缝网初始含水饱和度越高，气井排液量越大，生产初期改造区含水饱和度随时间的延长下降越快。

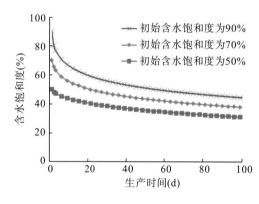 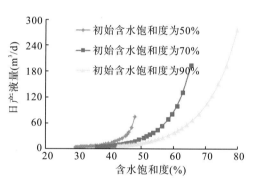

图 7-56　缝网改造区含水饱和度的变化曲线　　图 7-57　不同含水饱和度下日产液量的变化曲线

2. 缝网参数

1）改造区宽度

　　改造区宽度决定了压裂后缝网区域的大小，分别取缝网改造区宽度为 10 m、20 m、30 m、40 m，分析日产液量、累计产液量和缝网含水饱和度随生产时间的变化规律。

　　图 7-58 和图 7-59 分别反映了不同缝网改造区宽度下日产液量和累计产液量随时间的变化情况。可以看出，改造区宽度对气井累计产液量影响显著。气井生产初期，改造区宽度越大，压裂水平井的日产液量越大，累计产液量增长越快，随着生产的进行，累计产液量增长幅度逐渐变小，缝网改造区宽度的影响逐渐减小。

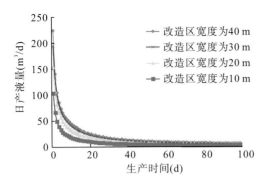

图 7-58　缝网改造区宽度对日产液量的影响

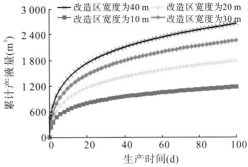

图 7-59　缝网改造区宽度对累计产液量的影响

图 7-60 反映了缝网改造区宽度对含水饱和度的影响。可以看出，改造区宽度越大，相同生产时间下改造区含水饱和度越大，但增加幅度逐渐减小；生产初期，不同缝网改造区含水饱和度的差异较小，随着生产的进行这种差异逐渐增大，这是因为缝网改造区范围越大，压裂过程中注入地层的压裂液越多。排液后期，由于不同改造区宽度的日产液量差距减小，含水饱和度之间的差距增大。

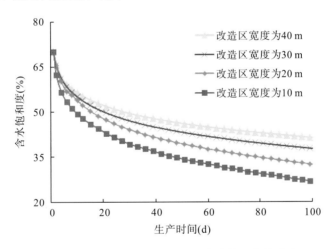

图 7-60　缝网改造区宽度对含水饱和度的影响

2)缝网渗透率

图 7-61 和图 7-62 分别反映了不同缝网渗透率对日产液量和累计产液量的影响。可以看出，缝网渗透率越大，压裂水平井日产液量和累计产液量越高。这是因为缝网绝对渗透率越大，同一含水饱和度下水相有效渗透率越大，水相渗流阻力越小，越容易从缝网流到人工裂缝，再由人工裂缝流向井筒。

图 7-63 反映了不同缝网渗透率下含水饱和度随生产时间的变化曲线。可以看出，缝网渗透率越小，气井产液量越小，改造区含水饱和度越大，且这种差异随着缝网渗透率的降低逐渐增大。这是因为水相有效渗透率越小，水相渗流阻力越大，相同条件下排液量越少，储层改造区含水饱和度越高。

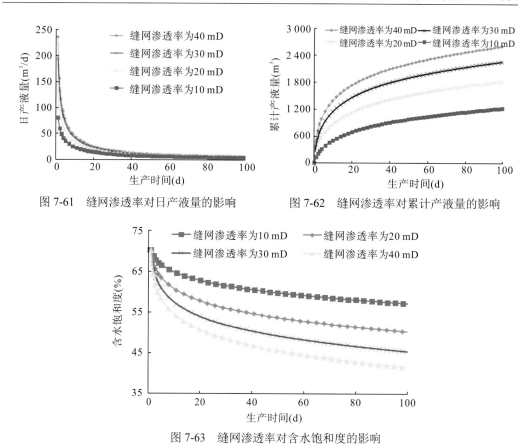

图 7-61　缝网渗透率对日产液量的影响　　　　　图 7-62　缝网渗透率对累计产液量的影响

图 7-63　缝网渗透率对含水饱和度的影响

3) 缝网段数

图 7-64 和图 7-65 分别反映了不同缝网段数对日产液量和累计产液量的影响。可以看出，缝网段数越多，压裂水平井日产液量和累计产液量越高。这是因为缝网段数越多，相同含水饱和度下，排液量越大，但增加缝网段数对每段改造区含水饱和度的影响很小。

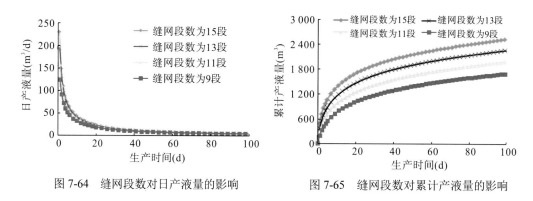

图 7-64　缝网段数对日产液量的影响　　　　　图 7-65　缝网段数对累计产液量的影响

图 7-66 反映了不同位置处缝网含水饱和度的变化规律。可以看出，压裂井水平段中间的改造区含水饱和度随生产时间下降较慢，而水平段两端的改造区含水饱和度下降较快，且这种差异随着时间的增加逐渐增大。究其原因，生产初期，裂缝间相互干扰，流量

差异小；随着时间的增加，裂缝间相互干扰增强，水平段两端的缝网改造区泄油面积更大，产液量更高。

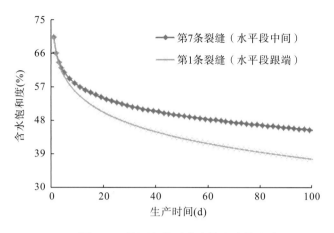

图 7-66　缝网段数对含水饱和度的影响

3. 生产压差

分别取生产压差为 5 MPa、10 MPa、15 MPa、20 MPa，分析生产压差对压裂水平井排液量和缝网改造区含水饱和度的影响。

图 7-67 和图 7-68 反映了生产压差对压裂水平井日产液量和累计产液量的影响。可以看出，生产压差对压裂水平井的影响十分显著。生产压差越大，压裂水平井日产液量和累计产液量显著增大，但增幅逐渐减小。究其原因，水平井生产压差越大，水相在缝网改造区流动的动力越大，压裂液越易排出。

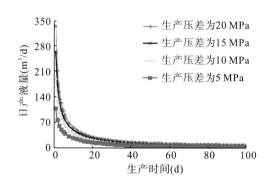

图 7-67　生产压差对日产液量的影响

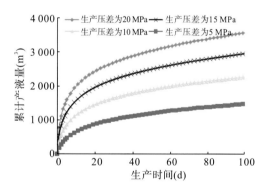

图 7-68　生产压差对累计产液量的影响

图 7-69 反映了生产压差对缝网改造区含水饱和度的影响。可以看出，由于生产压差对压裂水平井排液量影响很大，改造区含水饱和度随生产压差的变化显著。在生产初期，生产压差越大，气井日产液量越高，缝网改造区含水饱和度快速减小；在生产中后期，由于气井产液量长期维持在一个较小值，改造区含水饱和度降低趋势逐渐趋缓，但不同生产压差下缝网区的含水饱和度差距增大。

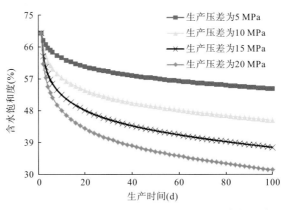

图 7-69　生产压差对改造区含水饱和度的影响

参 考 文 献

[1] Medeiros F, Ozkan E, Kazemi H. A semianalytical approach to model pressure transients in heterogeneous reservoirs[J]. SPE Reservoir evaluation & engineering, 2010, 13(2): 341-358.

[2] Yao S, Zeng F, Liu H, et al. A semi-analytical model for multi-stage fractured horizontal wells[J]. Journal of hydrology, 2013(507): 201-212.

[3] 龙川. 基于多尺度非线性渗流的页岩气压裂水平井产能研究[D]. 成都: 西南石油大学, 2017.

[4] 程林松. 高等渗流力学[M]. 北京: 石油工业出版社. 2011.

[5] Zeng F, Long C, Guo J. A novel unsteady model of predicting the productivity of multi-fractured horizontal wells[J]. International Journal of Heat and Technology, 2015, 33(4): 117-124.

[6] Cinco L H, Samaniego V F, Dominguez A N. Transient pressure behavior for a well with a finite-conductivity vertical fracture[J]. SPE Journal, 1978, 18(4): 253-264.

[7] 郭建春, 刘恒, 曾凡辉. 裂缝变缝宽形态对压裂井长期产能的影响[J]. 中国石油大学学报 (自然科学版), 2015 (1): 111-115.

[8] 郭建春, 路千里, 曾凡辉. 楔形裂缝压裂井产量预测模型[J]. 石油学报, 2013, 34(2): 346-352.

[9] Gil J A, Ozkan E, Raghavan R. Fractured-well-test design and analysis in the presence of non-Darcy flow[J]. SPE Reservoir Evaluation & Engineering, 2003, 6(3): 185-196.

[10] Luo W, Tang C. A semianalytical solution of a vertical fractured well with varying conductivity under non-Darcy-flow condition[J]. SPE Journal, 2015, 20(5): 1028-1040.

[11] 苟波, 郭建春. 页岩水平井体积压裂设计的一种新方法[J]. 现代地质, 2013, 27(1): 217-222.

[12] Chen T, Chiu M S, Weng C N. Derivation of the generalized Young-Laplace equation of curved interfaces in nanoscaled solids[J]. Journal of Applied Physics, 2006, 100(7): 074308.

[13] 曾凡辉, 王小魏, 郭建春, 等. 基于连续拟稳定法的页岩气体积压裂水平井产量计算[J]. 天然气地球科学, 2018, 29(7): 1051-1059.

[14] Wang J, Luo H, Liu H, et al. Variations of gas flow regimes and petro-physical properties during gas production considering volume consumed by adsorbed gas and stress dependence effect in shale gas reservoirs[C]. SPE Annual Technical Conference and Exhibition. Houston, Texas, USA: Society of Petroleum Engineers, 2015.

第8章　页岩气压裂水平井支撑剂回流规律研究

水力压裂使用支撑剂的目的是支撑水力裂缝，在地层中形成足够长的、有一定导流能力的填砂裂缝，从而实现气井的增产。然而，经过大量现场施工后发现，气井压后返排特别是生产过程中，常常会使支撑剂进入井筒而产生回流，有时甚至可以回流 10%～20% 的支撑剂。随着全球页岩气的蓬勃发展，"防砂"这一关键问题越来越被重视。尤其是近年来，针对该问题，国内外专家开展了大量的研究，但对其流动机理研究较少。而页岩气井裂缝中区别于常规砂岩而独有的气液两相流对支撑剂的受力影响显著。本章针对如何有效防止页岩气井压后返排过程中支撑剂回流，以减少压裂液对储层伤害为目标，考虑支撑剂在页岩气井主缝中气液两相流动时的受力情况，建立了支撑剂回流模型；分析了影响支撑剂回流的主控因素，并提出了相应降低支撑剂回流的措施。

8.1　支撑剂回流及控制机理

8.1.1　支撑剂回流机理

支撑剂回流是指人工裂缝中的支撑剂在地层能量的作用下被压裂液或地层流体从裂缝中代入井筒的过程。在地层流体的剪切作用下，井眼周围的疏松颗粒将形成半球状的"支撑拱"结构[1]，该结构能起到稳定周围地层的作用，当其因剪切作用而失稳时，地层将会在流体作用下发生出砂现象[2]。由于支撑剂的沉降作用导致裂缝顶部及其内部形成不规则的孔隙区和小通道，根据最小阻力原理[3,4]，压裂液倾向于沿阻力较小的孔隙区流动，当流体流速过大时，其力学平衡受到破坏，便会引起孔隙周围的颗粒发生流化，引起大量的支撑剂发生回流。

8.1.2　支撑剂回流的危害

压裂井出砂将导致支撑缝宽变窄，人工裂缝的导流能力下降，同时给压后排液、测试、求产阶段和压后采输气带来诸多不利影响。

（1）测试过程中出砂，可能刺坏地面部分闸阀、弯头，增加测试求产的难度和测试器材的费用，带来安全事故隐患。

（2）降低了压后排液的速度，使压裂液滞留于地层的时间延长，增加了压裂液对地层的伤害，不利于储层保护。

（3）压裂井采输气过程中出砂，可能刺坏采油树的油嘴阀门和弯管等，或与破胶液残渣混合堵塞油嘴或闸阀，给压裂井顺利投产和正常输气带来不利影响。尤其是对压力高、产量高的气井影响最大[5]。

（4）若压裂井出砂量大，则支撑剂沉入井底，可能砂埋产层，降低压裂井的产量甚至堵死产层，造成压裂井的产能损失。

因此，有效地预测、预防及控制回流尤为重要。

8.1.3 纤维稳砂控制机理

纤维增强加砂工艺技术近年来快速发展，随着施工现场各类先导性试验的进行，显现出纤维在防砂控砂方面高效的作用。把具有一定柔韧性的纤维物质混在携砂液中同时注入地层，在人工裂缝中形成复合性支撑剂，支撑剂是基体，纤维是增强相。混入的纤维通过多种机理来稳固支撑剂充填层，每根纤维与若干支撑剂颗粒相互接触，通过接触压力和摩擦力相互作用；纤维与支撑剂间的相互作用形成空间网状结构而增强支撑剂的内聚力，从而将支撑剂稳定在原始位置，而流体可以自由通过，达到预防支撑剂回流的目的。该作用可以从不同的角度来阐释。

(1) 从砂体变形来看，当不含纤维的砂体受到流体的横向拖曳作用时，砂体在横向发生压缩变形，在砂拱外沿(射孔孔眼附近)由于没有颗粒阻挡，直接表现为拉伸变形，随着拖曳作用的增强，砂体的变形程度增大，直到砂体抵挡不住流体压降产生的力的作用时，便因所受剪切和拉伸破坏而失稳；砂体中加入纤维后，纤维将与砂体一起承担流体的作用，由于纤维的抗拉和抗剪强度远高于砂体，因而当砂体受到流体的拖曳作用时，纤维与砂体间就会因为模量差异发生错动或错动趋势，纤维较强的抗拉强度和延性使得纤维在拉伸作用下被拉长，阻止砂体继续发生剪切变形，砂体抗剪切强度因此增大，故而能够抵御更强的外力作用。

(2) 从纤维变形来看，砂体是由不连续的多相性组成的，内部存在各种孔隙，在外部力的作用下，砂体极易沿着内部孔隙和裂缝发生开裂变形，且开裂面在力的作用下快速发展，直到脱离体离开砂体，引起砂体发生失稳破坏。而纤维无论是强度、韧性和延性都比砂体高很多，当其充填于孔隙和裂缝中时，可以承担因砂体开裂而转移的载荷，从而使砂体软弱部分的剪应力被扩散转移，延缓了开裂面的出现和扩展，即在砂体受到抗剪破坏之前，纤维承担了一大部分破坏作用力，增强了砂体的延性。当砂体中的开裂面逐渐扩大出现较大的裂缝时，纤维仍可利用其较强的抗拉性能将剪切面两端的砂体连接在一起，减缓裂缝的扩展速度。随着裂缝继续扩展，纤维与砂体之间将发生相对滑动，纤维与砂体间的摩擦力和黏结力将使裂缝面间保持一定的残余应力，直到纤维被拉开。纤维在不断被拉伸的过程中消耗大量能量，从而大幅提高砂体的断裂韧性。

8.2 压裂井支撑剂回流力学分析

8.2.1 基本假设

Bratli 等[1]提出，在裂缝端部，即靠近井筒区，充填好的支撑剂形成"圆球面"的支撑拱，但很多支撑拱形成并不完全，如果裂缝中流体流速过高，破坏裂缝中支撑拱力学稳定性而使支撑拱形态发生破坏，即使形成了完全的稳定支撑拱，但若毛管力或气液拖曳力过大都会使支撑拱失效，这是导致支撑剂回流的根本原因。因此，本书将以此为出发点对支撑剂回流机理模型进行研究。认为水力压裂施工完成后，页岩气井开始返排，压裂裂缝逐渐闭合，裂缝和支撑剂形成一个整体，成为一个大尺寸的"方柱状"体，随返排过程的进行及在各力的综合影响下，该"方柱状"体缓慢发生变形。

在返排过程中，支撑拱一般是横跨在裂缝端口的弯曲结构。在支撑拱的静态分析中，支撑拱保持稳定，直至某一影响因素变化程度大到使其平衡失效，支撑拱上的支撑剂失稳，支撑剂随着产层流体一起不断产出，造成支撑拱的持续变形，而支撑剂也进一步大量发生回流。所以，将研究页岩气井生产过程中支撑剂发生回流的问题，间接地转化为对支撑拱临界稳定性的分析。

其假设条件如下。

（1）支撑裂缝是垂直裂缝，缝宽和缝高始终保持恒定，为储层的有效厚度。

（2）缝中流体是高速非线性流。

（3）流体为牛顿流体，且从井筒到压裂裂缝端部的黏度不发生变化。

（4）大小均匀的支撑剂颗粒，保持相互为点接触，且不考虑变形和破碎。

（5）支撑剂重力忽略不计。

8.2.2　支撑剂回流力学模型分析

由 Jing 等[6]提出的离散单元的模型，假设某处某颗粒支撑剂的稳定性已经发生了破坏，就会在该位置发生回流，进而破坏充填层的整体力学稳定性，引发支撑剂的大量回流。因此，要研究支撑拱临界稳定性，只需要在某一支撑拱上建立单颗粒支撑剂力学稳定模型，再扩大到整个支撑拱上。由于重力的影响程度远小于其他因素，一般可以忽略重力[7]。研究页岩气井返排支撑剂受力时，可以将其划分为回流动力 F、回流阻力 f，对应物理模型如图 8-1 所示。

回流动力 F 包括：①压降产生的拖曳力 p_{drag}，是流速和压力的函数；②作用在支撑剂上的等效毛管力 σ_c，它与毛管力大小相等、方向相反。等效回流阻力 f_c，是缝宽的函数。综合考虑以上各力的情况如图 8-2 所示。

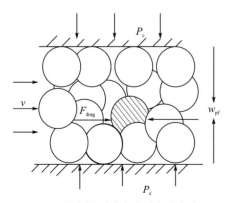
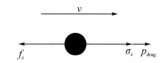

图 8-1　平板支撑裂缝中充填的支撑剂示意图　　图 8-2　单颗支撑剂在裂缝中的受力分析

即有

$$F = p_{drag} + \sigma_c \tag{8-1}$$

$$f = f_c \qquad (8\text{-}2)$$

式中，p_{drag} 为拖曳力，MPa；σ_c 为毛管力强度，MPa；f_c 为作用在支撑剂上的闭合应力沿流速方向的分力，MPa。

8.2.2.1　回流动力分析

压裂页岩气井返排过程中，产生的回流动力的主要来源是流体流动产生的拖曳力和裂缝内残余液体对支撑剂颗粒所产生的毛管力[8]。

流体在裂缝中流动时，会在支撑剂上产生一个与流体流动方向一致的拖曳力，拖曳力是回流动力的一部分，拖曳力的增大会使支撑剂颗粒由稳定状态逐渐过渡到不稳定状态，从而产生"流化"现象[9]。支撑拱结构上的支撑剂出现缺失，充填层稳定性就发生了破坏，导致更多的支撑剂沿着初始回流通道流失，而大量的支撑剂流失，稳定的结构也就产生更大面积的破坏，从而增大回流量和回流速度，出现严重出砂。此时的裂缝在闭合应力作用下，宽度减小，可能出现新的力学稳定结构，裂缝的导流能力下降，严重影响生产效率。因此，有必要对流体产生的拖曳力进行深入研究。

1. 拖曳力

致密气藏压裂井返排过程中，针对单颗支撑剂上的压降可以看为压力曲线上的一个微元，近似认为是线性变化。考虑均匀压力梯度时，流压随着距离线性变化，则有

$$p(x) = p_0 + kx = p_0 + \frac{\mathrm{d}p}{\mathrm{d}x}x \qquad (8\text{-}3)$$

式中，$p(x)$ 为在任意距离井筒 x 处的压力，MPa；p_0 为井底压力，MPa；$\dfrac{\mathrm{d}p}{\mathrm{d}x}$ 为压力梯度，MPa/m；x 为裂缝中任意位置到井筒的距离，m。

支撑剂颗粒表面所受的拖曳力由流体压降产生，考虑支撑剂受力面为半球面，如图 8-3 所示。

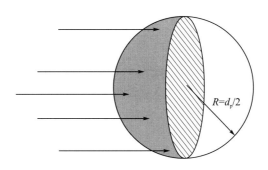

图 8-3　支撑剂所受拖曳力示意图

计算拖曳力时，将支撑剂颗粒受力半球面分成若干个微元，如图 8-4 所示。先算微元受力，然后由积分思想计算整个受力半球面上的拖曳力。

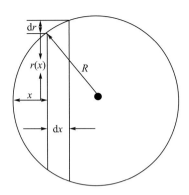

图 8-4　微元段拖曳力计算模型示意图

因此，压降在支撑剂颗粒上一段微元距离 $\mathrm{d}x$ 产生的拖曳力为

$$\mathrm{d}F_{\mathrm{drag}}(x) = \mathrm{d}A_{\mathrm{d}x}p(x) \tag{8-4}$$

式中，$F_{\mathrm{drag}}(x)$ 为距离颗粒边缘 x 处颗粒上的力，N；$A_{\mathrm{d}x}$ 为距离颗粒边缘 x 位置的压强对单颗粒支撑剂的作用面积，m^2；$p(x)$ 为支撑剂颗粒在任意位置受到的压力，MPa。

距离颗粒边缘 x 处支撑剂颗粒的微元面积为

$$\mathrm{d}A_{\mathrm{d}x} = \pi[r(x) + \mathrm{d}r]^2 - \pi r(x)^2 = \pi(\mathrm{d}r)^2 + 2\pi r(x)\mathrm{d}r \tag{8-5}$$

式中，$r(x)$ 为距离颗粒边缘 x 处的半径，m。

式(8-5)中，由于二次项 $\pi(\mathrm{d}r)^2$ 很小，忽略不计，则式(8-5)变为

$$\mathrm{d}A_{\mathrm{d}x} = 2\pi r(x)\mathrm{d}r \tag{8-6}$$

将式(8-3)、式(8-6)代入式(8-4)中可得

$$\mathrm{d}F_{\mathrm{drag}}(x) = p(x)\mathrm{d}A_{\mathrm{d}x} = \left(p_0 + \frac{\mathrm{d}p}{\mathrm{d}x}x\right)2\pi r(x)\mathrm{d}r \tag{8-7}$$

式(8-7)中是作用在支撑剂颗粒半球面上一段微元的拖曳力，而整个支撑剂颗粒受力半球面上的全部拖曳力由这些若干微元的集合组成：

$$F_{\mathrm{drag}} = 2\pi p_0 \int_0^{2R} r(x)\mathrm{d}r + 2\pi \frac{\mathrm{d}p}{\mathrm{d}x}\int_0^{2R} xr(x)\mathrm{d}r \tag{8-8}$$

根据图 8-4 的几何关系，$\mathrm{d}r$ 可以用支撑剂的半径 R 和距离 x 来表示：

$$r(x) = \sqrt{R^2 - (R-x)^2} \tag{8-9}$$

$$\mathrm{d}r = (2Rx - x^2)^{-1/2}(R-x)\mathrm{d}x \tag{8-10}$$

联立式(8-8)、式(8-10)可得

$$F_{\mathrm{drag}} = -\frac{4}{3}\pi\frac{\mathrm{d}p}{\mathrm{d}x}R^3 \tag{8-11}$$

因此作用在支撑剂受力半球面上的拖曳力强度为

$$p_{\mathrm{drag}} = \frac{F_{\mathrm{drag}}}{2\pi R^2} \tag{8-12}$$

将式(8-11)代入式(8-12)中得

$$p_{\mathrm{drag}} = -\frac{2R}{3}\frac{\mathrm{d}p}{\mathrm{d}x} \tag{8-13}$$

令支撑剂的颗粒直径为 d_p，则 $R=d_p/2$，代入式 (8-13) 中，并考虑液体、气体在支撑剂层中流动时，满足连续流动和分布，可以得到单相气体、液体分别作用在支撑剂颗粒上的作用力为

$$p_{drag(g)} = -\frac{d_p}{3}\frac{dp_g}{dx} \tag{8-14}$$

$$p_{drag(L)} = -\frac{d_p}{3}\frac{dp_L}{dx} \tag{8-15}$$

式中，$p_{drag(g)}$ 为单相气体产生的拖曳力强度，MPa；p_g 为单相气体压降，MPa；$p_{drag(L)}$ 为单相液体产生的拖曳力强度，MPa；p_L 为单相液体压降，MPa。

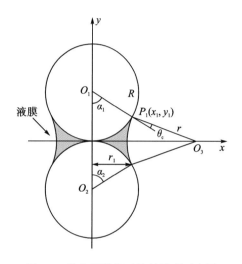

图 8-5 均匀颗粒相互接触模型示意图

2. 毛管力

页岩气井在压后返排过程中，乃至以产气为主的生产过程中，由于支撑剂具有亲水性[10]，因此支撑剂颗粒之间的空隙会因为残余液以水膜的形式存在而变小，流通通道变小，孔喉也会变小。当气体通过支撑剂充填层时，存在气阻效应，即贾敏效应，束缚在颗粒表面的水膜对气体的流动产生阻力，但是对于支撑剂而言，就是回流的动力。因此，在研究裂缝中支撑剂受力时，应考虑等效毛管力。

假设压裂裂缝中充填的支撑剂颗粒均匀，计算两个大小相同固相颗粒正切接触时的毛管力模型如图 8-5 所示。假设曲液面由半径 r、r_1 确定。常用计算毛管力的公式为

$$P_c = \sigma\left(\frac{1}{r_1} - \frac{1}{r}\right) \tag{8-16}$$

式中，P_c 为毛管力，Pa；σ 为两相流体间的界面张力，N/m；r_1 为其中一个弯曲液面的直径，m；r 为另外一个弯曲液面的直径，m。

毛管力引起的黏滞力：

$$F_{ci} = \pi x_i^2 P_c \tag{8-17}$$

F_{ci} 是颗粒 i 与液体界面上的黏滞力，i 取 1 或 2。毛细管连接最薄弱点是两个颗粒间毛管力中的最小值，所以根据图 8-5 均匀颗粒模型，有 $F_{ci} = F_{c1} = F_{c2}$，毛管力强度可以表示为

$$P_c = \lambda\frac{1-\phi}{\phi}\frac{F_{c1}}{4R^2} \tag{8-18}$$

式中，F_{c1} 为颗粒 1 与液体界面上的毛管力，N；ϕ 为裂缝中充填的支撑剂形成的孔隙度，无量纲；λ 为颗粒的不均匀系数 (反映颗粒均匀程度，均匀颗粒取 1)，无量纲；R 为颗粒半径，m。

由于支撑剂颗粒大小均匀，则 $\alpha_1 = \alpha_2 = \alpha_c$，接触角 θ_c 不等于 0，因此由图 8-5，根据几何关系计算出弯液面半径为

$$r = \frac{1 - \cos \alpha_c}{\cos \alpha_c} R \tag{8-19}$$

式中，α_c 为过颗粒圆心 O_1 和切点的连线与垂直方向的夹角，$(\degree)$。

令

$$f(\alpha_c) = \frac{1 - \cos \alpha_c}{\cos \alpha_c} \tag{8-20}$$

则

$$r = f(\alpha_c) R \tag{8-21}$$

当根据式 (8-16) 计算出毛管力时，必须确定另一弯液面半径 r_1，由于液相内部各处毛管力相等，因此选取 Q 点为弯液面中值点，其横坐标为

$$\begin{cases} r_1 = x_1 - r + r \sin(\theta_c + \alpha_c) \\ x_1 = R \sin \alpha_c \end{cases} \tag{8-22}$$

由式 (8-22) 得

$$r_1 = R \sin \alpha_c - r + r \sin(\theta_c + \alpha_c) \tag{8-23}$$

由单位体积的定义可知，在单位体系水中的体积等于所饱和的水的体积，即为 $V\phi S_w$，而 $V\phi$ 为单位体系中的孔隙体积，则

$$\begin{aligned} V\phi s_w = {} & 2R^2 \sin \alpha_c (1 - \cos \alpha_c) - R^2 (\alpha_c - \sin \alpha_c \cos \alpha_c) \\ & - r^2 \left[\pi - 2(\alpha_c + \theta_c) - 2\sin(\alpha_c + \theta_c)\cos(\alpha_c + \theta_c) \right] \end{aligned} \tag{8-24}$$

因此，

$$\phi s_w = -\frac{\alpha_c}{2} + \sin \alpha_c - \frac{1}{4}\sin(2\alpha_c) - \frac{(1 - \cos \alpha_c)^2}{\cos^2 \alpha_c}\left[\frac{\pi}{2} - (\alpha_c + \theta_c) - \frac{\sin 2(\alpha_c + \theta_c)}{2} \right] \tag{8-25}$$

联立式 (8-19)、式 (8-24)，消去 r，得到

$$r_1 = R \frac{1}{\cos \alpha_c} \left\{ \sin \alpha_c \cos \alpha_c + (1 - \cos \alpha_c)[\sin(\alpha_c + \theta_c) - 1] \right\} \tag{8-26}$$

令

$$f_1(\alpha_c) = \frac{1}{\cos \alpha_c} \left\{ \sin \alpha_c \cos \alpha_c + (1 - \cos \alpha_c)[\sin(\alpha_c + \theta_c) - 1] \right\} \tag{8-27}$$

则式 (8-26) 可化简为

$$r_1 = R f_1(\alpha_c) \tag{8-28}$$

因此，对于任意饱和度，将式 (8-19)、式 (8-26) 代入式 (8-16) 中，解出毛管力：

$$P_c = \frac{\sigma}{R}\left[\frac{1}{f_1(\alpha_c)} - \frac{1}{f(\alpha_c)} \right] \tag{8-29}$$

将式 (8-29)、式 (8-23) 代入式 (8-17) 中，确定支撑剂颗粒的毛管力为

$$P_c = \pi \sigma R \sin^2 \alpha_c \left[\frac{1}{f_1(\alpha_c)} - \frac{1}{f(\alpha_c)} \right] \tag{8-30}$$

将式(8-30)代入式(8-18)得到大小均匀的支撑剂颗粒切向接触时毛管力强度的表达式，并将其转化为 MPa，因此可写为

$$\sigma_c = \frac{1-\phi}{2\phi} \cdot \frac{\pi\sigma\sin^2\alpha_c}{d_p}\left[\frac{1}{f_1(\alpha_c)} - \frac{1}{f(\alpha_c)}\right] \tag{8-31}$$

式(8-31)只有一个未知变量 α_c，用式（8-25）求解 α_c，就能求解出支撑裂缝中支撑剂颗粒间由于束缚液而产生的毛管力 σ_c。

8.2.2.2　回流阻力分析

水力压裂施工结束后裂缝闭合，支撑剂充填层在靠近井筒区域形成半球形支撑拱，如图 8-6(a) 所示。裂缝对支撑剂充填层产生闭合压力，使得支撑剂压实更充分，同时也使支撑剂颗粒间的摩擦力增加，充填层结构更稳定，抑制支撑剂回流发生[9]。

为了研究方便，将单个支撑剂颗粒所受的闭合压力 p_c 分解为沿平行于气流方向的分力 p_{cx} 和垂直裂缝壁面方向分力 p_{cy}，如图 8-6(b) 所示。

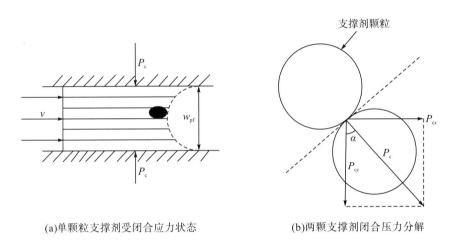

(a)单颗粒支撑剂受闭合应力状态　　　　　　(b)两颗支撑剂闭合压力分解

图 8-6　支撑剂受力状态示意图

根据图 8-5(b) 几何关系可知：

$$p_{cx} = p_c\sin\alpha \tag{8-32}$$
$$p_{cy} = p_c\cos\alpha \tag{8-33}$$

式中，p_{cx} 为闭合压力水平分量，MPa；p_{cy} 为闭合压力垂直分量，MPa；α 为闭合压力方向与垂直方向的夹角，(°)。

1. 闭合压力水平分量 p_{cx}

由图 8-6(b) 可知，p_{cx} 方向与支撑剂回流方向相反，它指向充填层内部，与拖曳力方向相反，表现为回流阻力，因此求解 α 是求解 p_{cx} 的必要条件。由于 α 的求解与支撑剂铺砂浓度、铺置层数及堆积方式有关，将支撑拱弯曲的结构面近似看作一段圆弧 $\overparen{MN}$，如图 8-7 所示。通过几何图形关系可知，圆弧 $\overparen{MN}$ 的圆心角是 2α，而 MN 为圆弧 $\overparen{MN}$ 对应的弦，也是支撑裂缝的缝宽。

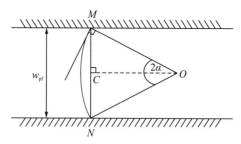

图 8-7　裂缝中支撑拱的模型

根据三角形几何关系可知：

$$\sin\alpha = \frac{MC}{R_{\mathrm{pf}}} = \frac{w_{\mathrm{pf}}}{2R_{\mathrm{pf}}} \tag{8-34}$$

式中，R_{pf} 为支撑拱半径，m；w_{pf} 为支撑裂缝宽度，m。

圆弧 $\overset{\frown}{MN}$ 所对应的圆心角为 2α，有

$$\overset{\frown}{MN} = nd_{\mathrm{p}} = 2\alpha R_{\mathrm{pf}} \tag{8-35}$$

几何计算 α 接近于 1，近似认为

$$R_{\mathrm{pf}} = \frac{nd_{\mathrm{p}}}{2} \tag{8-36}$$

联立式（8-34）、式（8-35）、式（8-36）得到：

$$\sin\alpha = \frac{w_{\mathrm{pf}}}{nd_{\mathrm{p}}} \tag{8-37}$$

在实际的排列中，支撑剂的堆积往往是复杂的、没有多少规则的，且由于裂缝闭合压力影响，使得支撑剂在堆积时，有一部分重叠，支撑剂在裂缝中的排列方式如图 8-8 所示。

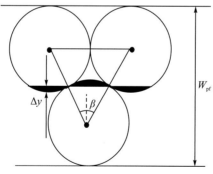

图 8-8　支撑剂在裂缝中的排列方式

根据假设情况，相互重叠的支撑剂在排列后存在高度损失，重叠高度损失表示为

$$\Delta y = R - R\cos\frac{\beta}{2} \tag{8-38}$$

式中，β 为堆积角，（°）。

假设支撑剂颗粒均是理想的圆形颗粒，因此 $R = \dfrac{d_{\mathrm{p}}}{2}$。由图 8-8 得到：当 $n=2$ 时，支撑

剂在裂缝内的宽度的损失为 $2\Delta y$ ，即

$$2\Delta y = 2\left(R - R\cos\frac{\beta}{2}\right) = d_p - d_p\cos\frac{\beta}{2} \tag{8-39}$$

而实际缝宽为

$$w_{pf}(i=2) = 2d_p - (2-1)\times 2\Delta y = 2d_p - 2\Delta y = d_p + d_p\cos\frac{\beta}{2} \tag{8-40}$$

同理，对于不同的铺砂层数，实际的缝宽都能以此类推。

当 $n=3$ 时，

$$W_{pf}(i=3) = 3d_p - (3-1)\times 2\Delta y = 3d_p - 2\left(d_p - d_p\cos\frac{\beta}{2}\right) \tag{8-41}$$

当 $n=4$ 时，

$$W_{pf}(i=4) = 4d_p - (4-1)\times 2\Delta y = 4d_p - 3\left(d_p - d_p\cos\frac{\beta}{2}\right) \tag{8-42}$$

当 $n=n$ 时，

$$W_{pf}(i=n) = nd_p - (n-1)\times 2\Delta y = nd_p - (n-1)\left(d_p - d_p\cos\frac{\beta}{2}\right) \tag{8-43}$$

式中， $w_{pf}(n=i)$ 为铺砂层数为 i 时，支撑裂缝宽度，m。

将式(8-36)代入式(8-40)，得到：

$$\sin\alpha = \frac{1 + (n-1)\cos\dfrac{\beta}{2}}{n} \tag{8-44}$$

根据式(8-44)可以确定支撑剂的实际的铺砂层数：

$$n = \frac{w_{pf}(n) + d_p\cos\dfrac{\beta}{2} - d_p}{d_p\cos\dfrac{\beta}{2}} \tag{8-45}$$

根据模型，若支撑裂缝宽度 $w_{pf}(n=i)$ 已知，可利用式(8-45)计算 n ；而如果知道铺砂的层数，则可利用式(8-43)确定 $w_{pf}(n=i)$ 。

2. 闭合压力垂直分量 p_{cy}

由于 p_{cy} 与回流方向垂直，因此只增加支撑剂颗粒之间的挤压力，使支撑剂铺置层与裂缝壁面之间、支撑剂铺置层与层之间产生滑动摩擦力。而摩擦力 f_{cy} 总是阻碍支撑剂的运移，因此表现为回流阻力，当支撑剂回流或者出现回流趋势时，其大小为

$$f_{cy} = \mu_f p_{cy} \tag{8-46}$$

式中， f_{cy} 为等效摩擦阻力，MPa； μ_f 为平均摩擦系数，无因次。

3. 闭合压力等效阻力强度 f_c

综上所述，闭合压力的水平分力和垂直分力的作用效果都是回流阻力，因此闭合压力综合阻力强度 f_c 为

$$f_c = p_{cx} + f_{cy} p_{cy} \qquad (8\text{-}47)$$

式中，f_c 为闭合压力的等效阻力强度，MPa。

由于 f_{cy} 起维持支撑剂充填层稳定的作用，其作用很微弱，因此一般取 $f_{cy}=0$，所以有

$$f_c = p_{cx} = p_c \sin \alpha \qquad (8\text{-}48)$$

8.2.3 压裂井射孔孔眼处支撑剂拱破坏准则

8.2.3.1 支撑拱剪切强度

剪切力包括相邻颗粒间物理结合的黏附力和颗粒间摩擦力。地层闭合压力的作用是维持颗粒稳定性，但剪切失效对处于弱胶结状态的支撑剂影响作用很大，遭到破坏时其失效机理与砂岩一样，因此对孔眼支撑拱模型中的失效，对剪切强度依旧采用岩样失效准则计算[11]。对松软地层，岩石表现出屈服性质；对致密地层，又展现为弹性性质。岩层若发生剪切失效，会产生直径不同的岩石颗粒，而在岩层失效的一侧，地层开始坍塌，其力学示意图如图 8-9 所示。

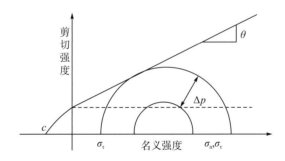

图 8-9　引起出砂的临界压力降力学示意图

依据莫尔-库伦失效准则，当岩石一侧内部的剪切应力达到临界剪切应力时，稳定的结构产生破坏时剪切应力为

$$\tau = c + \sigma_n \tan \theta \qquad (8\text{-}49)$$

式中，τ 为剪切应力，MPa；c 为内聚力，MPa；σ_n 为剪切面的法向应力，MPa；θ 为颗粒内摩擦角，(°)。

对式 (8-49) 引入主应力概念而变形为

$$\sigma_r = \frac{1+\sin\theta}{1-\sin\theta} \sigma_3 + C_0 \qquad (8\text{-}50)$$

式中，σ_r 为有效应力，MPa；C_0 为单轴应力强度，MPa。

C_0 和 θ 为参数表确定的线性化系数。对支撑拱上的任意一点，利用有效应力的准则有

$$\sigma_r = p_{wf} - p_f \qquad (8\text{-}51)$$

式中，p_{wf} 为井底压力，MPa；p_f 为地层压力，MPa；σ_r 为有效径向应力，MPa。

考虑两种破坏的极限情况，$\theta=0$ 和 $\theta=\pi/4$ 时的有效切应力。

$\theta=0(\sigma'_{H,max})$：

$$\sigma_{\theta=0}=3\sigma_{H,min}-\sigma_{H,max}-p_{wf}+p_f \tag{8-52}$$

$\theta=\dfrac{\pi}{4}(\sigma'_{H,min})$

$$\sigma_{\theta=90}=3\sigma_{H,max}-\sigma_{H,min}-p_{wf}+p_f \tag{8-53}$$

联立得到：

$$-\Delta p=p_{wf}-p_f=\frac{3\sigma_{H,max}-\sigma_{H,min}-C_0}{1+\dfrac{1+\sin\theta}{1-\sin\theta}} \tag{8-54}$$

在支撑剂回流模型中，认为支撑剂回流要克服的剪切强度应满足 $\tau=\Delta p$，则临界条件有

$$\tau=\frac{3\sigma_{H,max}-\sigma_{H,min}-C_0}{1+\dfrac{1+\sin\theta}{1-\sin\theta}} \tag{8-55}$$

把具有一定柔韧性的纤维物质混在携砂液中同时注入地层，在人工裂缝中形成复合性支撑剂，支撑剂是基体，纤维是增强相。混入的纤维通过多种机理来稳固支撑剂充填层，每根纤维与若干支撑剂颗粒相互接触，通过接触压力和摩擦力相互作用；纤维与支撑剂间的相互作用形成空间网状结构而增强支撑剂的内聚力，从而将支撑剂稳定在原始位置，而流体可以自由通过，达到预防支撑剂回流的目的。国内外研究表明纤维对支撑拱的强度贡献主要来源于支撑拱黏聚力 c 的增加，而纤维加筋对内摩擦角 θ 的影响无明显规律[12]。所以，对于裂缝中支撑剂颗粒堆积而成的支撑拱而言，因纤维加入引起的强度变化可仅视为支撑拱黏聚力的增量。基于此，支撑拱剪切强度等于支撑拱剪切强度和纤维增强支撑拱剪切强度之和，对应的纤维剪切强度增量表示为[13]

$$p_{zsf}=2p_c\frac{A_f}{A}\frac{1-\sin\delta_1-\sin(\delta_1-2\theta_1)}{3\pi\cos^2\delta_1}\frac{l_f}{d_f}\tan\delta_2\sin\theta_1(\cos\theta+\sin\theta\tan\delta_1) \tag{8-56}$$

其中，纤维剪切位移角表示为

$$\theta=\arcsin\frac{\sin\theta_1}{1+2\dfrac{p_c}{E_f}\dfrac{1-\sin\delta_1\sin(\delta_1-2\theta_1)}{\cos^2\delta_1}\dfrac{l_f}{d_f}\tan\delta_2\sin\theta_1} \tag{8-57}$$

式中，p_{zsf} 为纤维剪切强度增量，MPa；A_f 为支撑拱横截面上纤维所占面积，m²；A 为支撑拱横截面面积，m²；δ_1 为颗粒表面摩擦角，(°)；θ_1 为纤维初始倾斜角，(°)；l_f 为纤维长度，m；d_f 为纤维直径，m；δ_2 为纤维表面摩擦角，(°)；θ 为纤维剪切位移角，(°)；E_f 为纤维弹性模量，Pa。

在页岩气井生产过程和返排过程中，支撑拱上沿最小水平主应力方向上的有效应力决定了支撑剂是否会发生回流。因此，通过优选、调节井底压力能够有效防止支撑拱破坏的发生。

8.2.3.2　支撑拱破坏准则

根据支撑剂回流受力模型，产生支撑剂回流力学平衡条件为

$$F \geqslant f \tag{8-58}$$

即

$$P_{\text{drag}} + \sigma_{\text{c}} - f \geqslant \tau \tag{8-59}$$

进一步整理可得

不加纤维支撑剂力学平衡条件：

$$-\frac{d_{\text{p}}}{3}\frac{\mathrm{d}p}{\mathrm{d}x} + 5\pi \times 10^{-7}\frac{1-\phi}{\phi}\frac{\sigma\sin^2\alpha_{\text{c}}}{d_{\text{p}}}\left(\frac{1}{f_1(\alpha_{\text{c}})} - \frac{1}{f(\alpha_{\text{c}})}\right)$$
$$\geqslant \frac{3\sigma'_{\text{H,max}} - \sigma'_{\text{H,min}} - C_0}{1+\dfrac{1+\sin\theta}{1-\sin\theta}} + (\sin\alpha + \mu_{\text{f}}\cos\alpha)p_{\text{c}} \tag{8-60}$$

纤维稳砂力学平衡条件：

$$-\frac{d_{\text{p}}}{3}\frac{\mathrm{d}p}{\mathrm{d}x} + 5\pi \times 10^{-7}\frac{1-\phi}{\phi}\frac{\sigma\sin^2\alpha_{\text{c}}}{d_{\text{p}}}\left(\frac{1}{f_1(\alpha_{\text{c}})} - \frac{1}{f(\alpha_{\text{c}})}\right)$$
$$\geqslant \frac{3\sigma'_{\text{H,max}} - \sigma'_{\text{H,min}} - C_0}{1+\dfrac{1+\sin\theta}{1-\sin\theta}} + p_{\text{zsf}} + (\sin\alpha + \mu_{\text{f}}\cos\alpha)p_{\text{c}} \tag{8-61}$$

裂缝中总压降是气水两相流动共同造成的，拖曳力与气液两相压降相关，通过分别计算 $\dfrac{\mathrm{d}p_{\text{g}}}{\mathrm{d}x}$ 和 $\dfrac{\mathrm{d}p_{\text{w}}}{\mathrm{d}x}$，即可得到支撑剂回流的临界流速。下面介绍如何计算裂缝内的气液两相压力降梯度。

8.3　页岩气返排裂缝中流体高速流动模型

在页岩气井生产过程中，流体在裂缝中的流动表现为气液两相流，由支撑拱力平衡方程可知，要求解支撑剂回流临界流速，必须要将支撑剂受力模型与裂缝内气液两相流动模型相结合，建立完整的支撑剂回流模型，因此本节着重介绍裂缝内气液两相流动模型。

8.3.1　裂缝中流体流动方程

8.3.1.1　气相流动方程

考虑到靠近井筒裂缝端口无支撑剂充填段缝长远远小于整个充填段缝长，不考虑这段缝长，即支撑缝长近似等于井筒到裂缝尾端的距离。其物理模型如图 8-10 所示。假设：

(1)流动过程中，温度始终保持恒定，为储层温度。

(2)支撑剂颗粒没有发生挤压破碎。

(3)裂缝为平板裂缝，且长、宽、高分别表示为 L_{pf}、w_{pf}、h。

(4)流体流动符合非达西渗流规律，且为稳定流动。

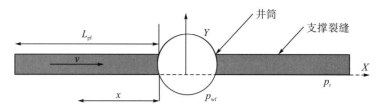

图 8-10　裂缝中气体渗流模型示意图

根据以上假设条件，气体在裂缝中的微分方程为

$$\frac{\mathrm{d}^2\psi}{\mathrm{d}x^2} = 0 \tag{8-62}$$

式中，ψ 为拟压力函数，$\psi = 2\int_{p_0}^{p} \frac{p}{\mu Z}\mathrm{d}p$。

流动边界条件：

$$\begin{cases} x = -L_{\mathrm{pf}}, & \psi = \psi_{\mathrm{r}} \\ x = 0, & \psi = \psi_{\mathrm{wf}} \end{cases} \tag{8-63}$$

对整个缝长，求解式(8-63)，可得裂缝中任意 x 处都有

$$\psi = \psi_{\mathrm{r}} + \frac{\psi_{\mathrm{r}} - \psi_{\mathrm{wf}}}{L_{\mathrm{pf}}}x \tag{8-64}$$

将式(8-64)转化为压力形式：

$$p^2 = p_{\mathrm{r}}^2 - \frac{p_{\mathrm{r}}^2 - p_{\mathrm{wf}}^2}{L_{\mathrm{pf}}}x \tag{8-65}$$

对式(8-65)求导可得

$$-\frac{\mathrm{d}p}{\mathrm{d}x} = \frac{p_{\mathrm{r}}^2 - p_{\mathrm{wf}}^2}{2pL_{\mathrm{pf}}} \tag{8-66}$$

页岩储层普遍属于高压地层，所以在支撑裂缝中，气体都是做高速非线性流动。另外，气液两相间流动存在滑脱效应，其流动也不满足达西定律。在靠近井筒端被压实的支撑拱可以看作弱胶结的多孔介质，假设流体在多孔介质中的流动同样适用于支撑拱，用 Forcheimer 方程描述流体在支撑拱中的非达西流动。

对于支撑裂缝，气相压力梯度与渗流速度之间符合以下关系：

$$-\frac{\mathrm{d}p}{\mathrm{d}x} = \left(\frac{\mu_{\mathrm{g}}}{\widetilde{k}_{\mathrm{g}}}\tilde{v} + \beta'\rho_{\mathrm{g}}\tilde{v}^2\right) \tag{8-67}$$

式中，μ_{g} 为气体的黏度，mPa·s；$\tilde{v}$ 为气体在裂缝中的流动速度，m/s；$\widetilde{k}_{\mathrm{g}}$ 为支撑拱中气体的有效渗透率，mD；ρ_{g} 为裂缝中的气体密度，kg/m³；β' 为间歇阻力系数，1/m。

式(8-67)中的压力梯度是根据裂缝中的流体体积而平均的压力梯度，速度为平均微观速度，为了减少由于平均时带来的误差，根据孔隙体积平均流速和渗透率计算公式：

$$\begin{cases} \tilde{v} = \dfrac{v}{\phi} \\ \widetilde{k_g} = \dfrac{k_g}{\phi} \end{cases} \tag{8-68}$$

式中，ϕ 为充填层孔隙度，无量纲。

式(8-67)将气体在支撑裂缝中流动的压降梯度分为两部分：达西流动和非达西流动。对于非达西流动，Forcheimer 认为对于在支撑裂缝中高速流动的流体而言，尤其是对于气液两相流动，其惯性阻力系数 β' 有别于传统的计算公式，是关于孔隙度的函数。因此，在本模型计算气液两相流方程中使用惯性阻力系数 β' 可以表示为

$$\beta' = \phi^2 \beta \tag{8-69}$$

式中，β 为描述孔隙介质高速非达西流动影响系数，1/m。

计算 β 的通式为

$$\beta = \frac{7.644 \times 10^{10}}{k_g^{1.5}} \tag{8-70}$$

综合式(8-66)和式(8-67)，得到：

$$\frac{p_r^2 - p_{wf}^2}{2pL_{pf}} = \frac{\mu_g}{\widetilde{k_g}} \tilde{v} + \beta' \rho_g \tilde{v}^2 \tag{8-71}$$

储层裂缝中的气体处于地层高温、高压的条件下，且气体为自由气状态，根据气体状态方程可知：

$$pV = RnZ_iT_i \tag{8-72}$$

$$n = \frac{\rho_{gi}V}{M_g} \tag{8-73}$$

有

$$p = \frac{\rho_{gi}Z_iRT_i}{M_g} \tag{8-74}$$

式中，ρ_{gi} 为地层条件下的密度，kg/m^3；T_i 为地层温度，℃；p 为地层压力，MPa；Z_i 为气体的偏差系数，无量纲；R 为气体普适常数，8.314J/(mol·K)；M_g 为气体的分子量，g/mol。

下标 i 表示在储层条件下，综合式(8-71)和(8-74)得

$$\frac{p_r^2 - p_{wf}^2}{2L_{pf}} = \frac{\mu_{gi}Z_iRT_i\rho_{gi}}{\widetilde{k_g}M_g} \tilde{v} + \frac{Z_iRT_i\rho_{gi}^2\beta'}{M_g} \tilde{v}^2 \tag{8-75}$$

根据裂缝内气体的摩尔质量可知，$M_g = 29$ g/mol。代入式(8-75)，整理得到：

$$\frac{p_r^2 - p_{wf}^2}{2L_{pf}} = \frac{\mu_{gi}Z_iRT_i\rho_{gi}}{29\widetilde{k_g}} \tilde{v} + \frac{Z_iRT_i\rho_{gi}^2\beta'}{29} \tilde{v}^2 \tag{8-76}$$

综合式(8-66)、式(8-68)、式(8-76)，解得井筒与裂缝处压降：

$$-\frac{dp}{dx} = \frac{\mu_{gi}Z_iRT_i\rho_{gi}}{29k_g p_{wf}} \tilde{v} + \frac{Z_iRT_i\beta'\rho_{gi}^2}{29\phi^2 p_{wf}} \tilde{v}^2 \tag{8-77}$$

式(8-77)表示气体在支撑裂缝中高速流动状态时的压降方程。利用流体流动方程，代入支撑拱破坏临界数学模型(下一节介绍)，再通过支撑拱破坏准则，求取支撑拱破坏时，流体的临界流速。

8.3.1.2 液相流动方程

液体在裂缝内流动，依据高速非达西定律，有

$$-\left(\frac{\mathrm{d}p}{\mathrm{d}x}\right)_{\mathrm{w}} = \frac{\mu_{\mathrm{w}}}{k_{\mathrm{w}}}v_{\mathrm{w}} + \beta_{\mathrm{w}}\rho_{\mathrm{w}}v_{\mathrm{w}}^2 \tag{8-78}$$

$$\beta_{\mathrm{w}} = \frac{c}{k_{\mathrm{w}}^a \phi^b} \tag{8-79}$$

式中，a、b、c 为常数，取值：a 为 3.5，b 为 0.3，c 为 2。k_{w} 为液体裂缝中的渗透率，mD；μ_{w} 为液体的黏度(储层条件下)，mPa·s。

8.3.2 支撑剂回流临界流速计算模型

前面已经对支撑剂回流物理模型和裂缝中流体的流动方程做了研究与分析。现在需要将两者统一起来，实现对支撑剂回流模型的转化，通过中间参数 $\mathrm{d}p/\mathrm{d}x$，实现支撑剂颗粒回流的静态分析向动态分析的转化，建立支撑剂回流模型，求取支撑剂回流临界流速。

裂缝中总压降是气液两相流动共同造成的，拖曳力与气液两相压降相关，此时砂拱破坏的临界条件可以表示为

$$p_{\mathrm{drag(g)}} + p_{\mathrm{drag(L)}} + \sigma_{\mathrm{c}} - f_{\mathrm{c}} \geqslant \tau \tag{8-80}$$

将式(8-14)、式(8-15)、式(8-31)、式(8-47)和式(8-55)代入式(8-80)中，得

$$-\frac{d_{\mathrm{p}}}{3}\cdot\left(\frac{\mathrm{d}p_{\mathrm{g}}}{\mathrm{d}x} + \frac{\mathrm{d}p_{\mathrm{L}}}{\mathrm{d}x}\right) + 5\pi\times10^{-7}\frac{1-\phi}{\phi}\cdot\frac{\sigma\sin^2\alpha_{\mathrm{c}}}{d_{\mathrm{p}}}\cdot\left[\frac{1}{f_1(\alpha_{\mathrm{c}})} - \frac{1}{f(\alpha_{\mathrm{c}})}\right] - (\sin\alpha + \mu_{\mathrm{f}}\cos\alpha)p_{\mathrm{c}}$$
$$= \frac{3\sigma_{\mathrm{H,max}} - \sigma_{\mathrm{H,min}} - C_0}{1 + \dfrac{1+\sin\theta}{1-\sin\theta}} \tag{8-81}$$

将式(8-77)、式(8-78)代入式(8-81)中，整理可得

$$-\frac{d_{\mathrm{p}}}{3}\left(\frac{Z_{\mathrm{i}}RT_{\mathrm{i}}\beta'\rho_{\mathrm{gi}}^2}{29\phi^2 p_{\mathrm{wf}}}v_{\mathrm{g}}^2 + \frac{\mu_{\mathrm{gi}}Z_{\mathrm{i}}RT_{\mathrm{i}}\rho_{\mathrm{gi}}}{29k_{\mathrm{g}}p_{\mathrm{wf}}}v_{\mathrm{g}} + \frac{\mu_{\mathrm{w}}}{k_{\mathrm{w}}}v_{\mathrm{w}} + \beta_{\mathrm{w}}\rho_{\mathrm{w}}v_{\mathrm{w}}^2\right) + 5\pi$$
$$\times10^{-7}\frac{1-\phi}{\phi}\frac{\sigma\sin^2\alpha_{\mathrm{c}}}{d_{\mathrm{p}}}\left[\frac{1}{f_1(\alpha_{\mathrm{c}})} - \frac{1}{f(\alpha_{\mathrm{c}})}\right] \tag{8-82}$$
$$-\frac{3\sigma_{\mathrm{H,max}} - \sigma_{\mathrm{H,min}} - C_0}{1 + \dfrac{1+\sin\theta}{1-\sin\theta}} - (\sin\alpha + \mu_{\mathrm{f}}\cos\alpha)p_{\mathrm{c}} = 0$$

因此，对式(8-82)求解，得到的方程根即是气相的临界流速。令

$$N_1 = \frac{d_{\mathrm{p}}}{3}\frac{Z_{\mathrm{i}}RT_{\mathrm{i}}\beta'\rho_{\mathrm{gi}}^2}{29\phi^2 p_{\mathrm{wf}}} \tag{8-83}$$

$$N_2 = \frac{d_p}{3} \frac{\mu_{gi} Z_i R T_i \rho_{gi}}{29 k_g p_{wf}} \tag{8-84}$$

$$N_3 = -\frac{d_p}{3}\left(\frac{\mu_w}{k_w}v_w + \beta_w \rho_w v_w^2\right) + 5\pi \times 10^{-7} \frac{1-\phi}{\phi}\frac{\sigma \sin^2 \alpha_c}{d_p}\left[\frac{1}{f_1(\alpha_c)} - \frac{1}{f(\alpha_c)}\right]$$
$$-\frac{3\sigma_{H,max} - \sigma_{H,min} - C_0}{1 + \dfrac{1+\sin\theta}{1-\sin\theta}} - (\sin\alpha + \mu_c \cos\alpha)p_c \tag{8-85}$$

式 (8-85) 经过简化后，可以得到方程为

$$N_1 v^2 + N_2 v + N_3 = 0 \tag{8-86}$$

将式 (8-82)、式 (8-83)、式 (8-84) 代入式 (8-86) 中，即得临界流速：

$$v_{lin} = \frac{-N_2 + \sqrt{(N_2^2 - 4N_1 N_3)}}{2N_1} \tag{8-87}$$

式中，v_{lin} 为支撑拱破坏气相临界流速，m/s。

通过式 (8-87) 求出气相对应的临界流速，裂缝中的气体流速必须是低于临界流速 v_{lin}，即 $v_g \leqslant v_{lin}$，才能保障支撑剂的稳定性，若气流在裂缝中的流速超过该临界值，则支撑拱的受力平衡就会被破坏，使得在裂缝中充填的支撑剂发生回流。压裂页岩气井的临界流速 v_{lin} 越大，则该井的支撑裂缝中的支撑剂越稳定，砂拱越不容易被破坏。

8.3.3　支撑剂回流临界产量计算模型

通过求解 (8-87) 可以得到支撑剂发生回流的临界流速 v_{lin}，而临界产量 Q 是临界流速 v_{lin} 乘以裂缝的渗流面积，那么临界产量为

$$Q_{地下} = v_{lin} A \tag{8-88}$$

$$A = n w_{pf} h_{pf} \tag{8-89}$$

$$Q = \frac{Q_{地下}}{B_g} = \frac{n w_{pf} h_{pf}}{B_g} v_{lin} \tag{8-90}$$

式中，Q 为临界流速对应的地面临界产量，m³；$Q_{地下}$ 为临界流速对应的地下临界产量，m³；B_g 为天然气的压缩系数，m³/m³；n 为压裂裂缝数量，条；w_{pf} 为支撑裂缝缝宽，m；h_{pf} 为支撑裂缝缝高，m。

8.4　压裂井支撑剂回流影响因素分析

根据以上数学模型，编写计算程序，就可以对影响支撑剂回流的各影响因素进行分析。

8.4.1　基本参数

基本参数见表 8-1。

表 8-1　地面/地层参数表

地面/地层参数表				
地面温度(K)	地层温度(K)	地面压力 p_0(MPa)	地层压力 p_r(MPa)	空气密度(kg/m³)
288	370.5	0.1	48.87	1.293

储层天然气物性参数					
偏差因子 Z	相对密度 γ_g	气体黏度 μ_g (mPa·s)	气体压缩系数 B_g(m³/m³)	内摩擦角 θ(°)	界面张力 σ(N/m)
0.93	0.65	0.04	0.044	30	0.06

支撑剂物性参数			
颗粒直径 d_p(mm)	相对密度	支撑剂强度(MPa)	接触角 α(°)
0.4	3.34	20.7～34.5	45

支撑剂充填层物性参数						
孔隙度 ϕ(%)	最大水平主应力 $\sigma_{H,max}$(MPa)	最小水平主应力 $\sigma_{H,min}$(MPa)	剪切模量 c_0(MPa)	缝高 H_{pf}(m)	缝长 L_{pf}(m)	含水饱和度 S_w(%)
25.9	69.2	63.5	10	40	150	70

其他参数的取值范围			
井底压力 p_{wf} (MPa)	气体渗透率 k_g (D)	液体渗透率 k_w (mD)	颗粒表面摩擦系数 μ_f
43	20	10	1.1

8.4.2　模型验证

8.4.2.1　液测实验数据验证

本书是以支撑拱模型为基础,结合页岩气井生产特点,考虑液相流动,计算裂缝中支撑剂回流临界流速。利用支撑裂缝长期导流能力测试系统进行了支撑剂回流临界流速室内实验研究,模拟实验方案采用分析有效闭合应力(夹持力)为 2.5 MPa、5 MPa、7.5 MPa、10 MPa,裂缝宽度为 0.9 mm、1.7 mm、2.6 mm、3.4 mm,压裂液黏度为 3 mPa·s、9 mPa·s、15 mPa·s、21 mPa·s 的三因素四水平正交试验手段,其实验样品为 20/40 目陶粒,基础数据见表 8-2。本书将实验数据与模型计算结果进行对比,结果见表 8-3。

表 8-2　基础数据

参数	取值	参数	取值	参数	取值
最大水平主应力(MPa)	10	支撑拱内摩擦角(°)	30	支撑拱内聚力(MPa)	20
裂缝高度(cm)	3.8	支撑剂直径(mm)	0.9	气液比(固定气体体积)	0.01
充填层孔隙度(%)	20	液相有效渗透率(mD)	1	气相有效渗透率(D)	5

表 8-3　不含纤维支撑剂的回流临界流速模拟结果与实验结果对比

序号	有效夹持力 (MPa)	裂缝宽度 (mm)	支撑剂粒径 (mm)	破胶液黏度 (mPa·s)	临界流速 (m/s)	
					实验结果	模型结果
1	2.5	0.9	0.7	3	0.414	0.209
2	2.5	1.7	0.7	9	0.035	0.110
3	2.5	2.6	0.7	15	0.018	0.086
4	2.5	3.4	0.7	21	0.029	0.072
5	5	0.9	0.7	9	0.414	0.294
6	5	1.7	0.7	3	0.059	0.141
7	5	2.6	0.7	21	0.033	0.106
8	5	3.4	0.7	15	0.044	0.094
9	7.5	0.9	0.7	15	0.118	0.314
10	7.5	1.7	0.7	21	0.414	0.204
11	7.5	2.6	0.7	3	0.118	0.185
12	7.5	3.4	0.7	9	0.044	0.160
13	10	0.9	0.7	21	0.414	0.331
14	10	1.7	0.7	15	0.414	0.244
15	10	2.6	0.7	9	0.142	0.235
16	10	3.4	0.7	3	0.075	0.214

　　根据表 8-3 中数据，假设返排过程中只含液体，通过程序模拟，其结果与实验结果对比如图 8-11 所示。结果表明，模型单相液体临界流速随闭合应力与破胶液黏度的增大而增大、随裂缝宽度的增大而减小，均与室内实验结果变化趋势一致。其数值上也大体相同，平均误差为 7.4%。因此本模型在研究单相液体流动时，具有一定的可靠性。

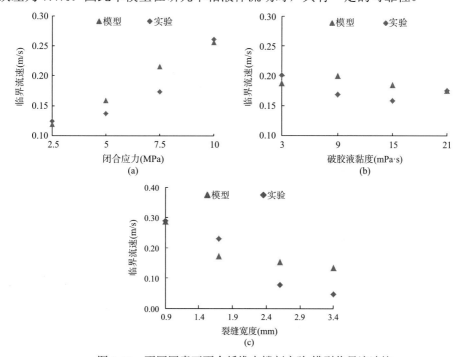

图 8-11　不同因素下不含纤维支撑剂实验/模型临界流速比

8.4.2.2 纤维控砂实验数据验证

将支撑剂和不同含量纤维混合均匀以后,利用支撑裂缝长期导流能力测试系统用不同流速的压裂液冲刷人工裂缝,记录人工裂缝支撑剂产出的临界出砂流量。实验采用浓度为0~1.5 %的纤维与支撑剂混合模拟支撑剂的返排过程,基础数据见表8-4。分析不同裂缝闭合压力情况下,纤维加量对支撑剂稳定性的影响,本书将实验数据与模型计算结果进行对比,结果见表8-5。

表 8-4 基础数据

参数	取值	参数	取值	参数	取值
最大水平主应力(MPa)	10	支撑拱内聚力(MPa)	5	裂缝高度(cm)	3.8
压裂液黏度(mPa·s)	6	支撑剂直径(mm)	0.7	气液比(固定气体体积)	0.01
充填层孔隙度(%)	20	液相有效渗透率(mD)	1	纤维长径比	1 500
纤维表面摩擦角(°)	36	颗粒内摩擦角(°)	45	纤维弹性模量(MPa)	20

表 8-5 不同纤维加量下支撑剂回流临界流速模拟结果与实验结果对比

有效夹持力(MPa)	纤维浓度(%)	临界流量(mL/min)	临界流速(m/s) 实验结果	临界流速(m/s) 模型结果
1	0	20	0.17	0.17
	0.5	30	0.26	0.25
	1	40	0.34	0.32
	1.5	50	0.41	0.37
7	0	40	0.31	0.26
	0.5	50	0.48	0.54
	1	60	0.63	0.73
	1.5	100	0.87	0.89

根据表8-5中数据,假设返排过程中只含液体,则通过程序模拟,其结果与实验结果对比如图8-12所示。

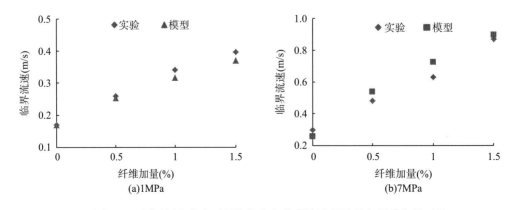

图 8-12 不同闭合应力下纤维稳砂实验/模型临界流速与纤维加量对比

通过图 8-12 可知，纤维稳砂方式显著增强了支撑拱的稳定性，单型单相液体临界流速随纤维加量的增大而增大，与室内实验结果变化趋势一致，其数值上也大体相同，平均误差为 7.5%。因此本模型在研究高、低闭合应力及纤维控砂条件下支撑剂回流临界液相流动时，具有一定的可靠性。

8.4.3　影响因素分析

8.4.3.1　支撑剂粒径

图 8-13 为在闭合应力为 63 MPa，缝宽为 3 mm 的情况下，临界流速/临界流量与支撑剂粒径的关系曲线。

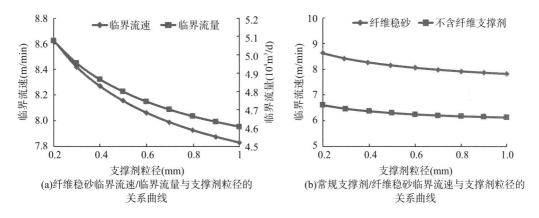

(a)纤维稳砂临界流速/临界流量与支撑剂粒径的关系曲线　(b)常规支撑剂/纤维稳砂临界流速与支撑剂粒径的关系曲线

图 8-13　临界流速/临界流量与支撑剂粒径的关系曲线

图 8-13(a) 和图 8-13(b) 是常规支撑剂与纤维稳砂两种方式下不同颗粒粒径条件下的临界流速情况。可以看出，随着支撑剂颗粒粒径的增大，气流临界流速降低，表明裂缝中的支撑颗粒稳定性随着颗粒的增大而变差，稳定性变弱。这是因为砂体的孔隙度会随着支撑剂粒径的增大而增大，此时，加入的纤维更容易抱团堆积在孔隙中，而不是以单丝架桥连接的方式起到稳固作用，因此，随着颗粒粒径的增大，纤维因其网络作用减弱而使其增强作用相应降低。这也是现场实践发现不同粒径支撑剂组合掺纤维后的控砂作用相较于单粒径支撑剂掺纤维效果更好的原因。

8.4.3.2　裂缝宽度

图 8-14 是在闭合应力为 63 MPa，颗粒粒径为 0.4 mm 的情况下，临界流速/临界流量与缝宽的关系曲线。

由图 8-14 可知，在同一闭合应力条件下，临界流速随缝宽的增大而减小，而临界流量随缝宽的增大而增大；图 8-14(c) 表明，随着闭合应力的增加，临界流速增大，支撑剂充填层稳定性增加，表明高闭合应力利于保持支撑剂的稳定性。

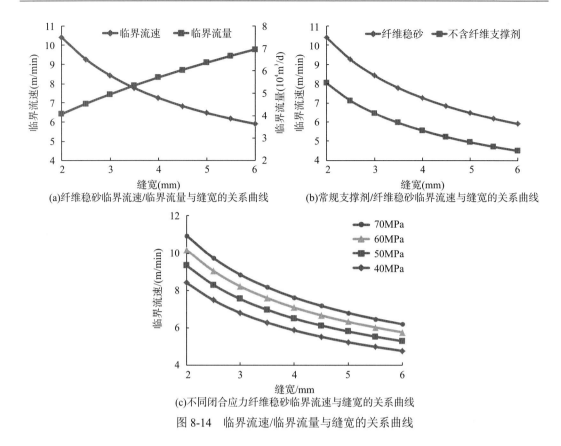

(a)纤维稳砂临界流速/临界流量与缝宽的关系曲线

(b)常规支撑剂/纤维稳砂临界流速与缝宽的关系曲线

(c)不同闭合应力纤维稳砂临界流速与缝宽的关系曲线

图 8-14　临界流速/临界流量与缝宽的关系曲线

8.4.3.3　孔隙度

图 8-15 是在闭合应力为 63 MPa，缝宽为 3 mm 的情况下，临界流速/临界流量与孔隙度的关系曲线。

由图 8-15 可知，随着孔隙度的增大，临界流速与临界流量均逐渐降低，这可能是由于当孔隙度过大时，无法形成致密充填层，流体对颗粒的冲刷能力增大。而且充填层的孔隙度越大，纤维更容易抱团堆积在孔隙中，而不是以单丝架桥连接的方式起到稳固作用，这就需要在大颗粒支撑剂间填充较低粒径的支撑剂，以降低孔隙度。图 8-15(c)表明，随着充填层含水饱和度增大，支撑剂充填层稳定性降低。

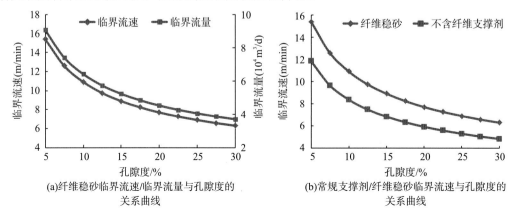

(a)纤维稳砂临界流速/临界流量与孔隙度的
关系曲线

(b)常规支撑剂/纤维稳砂临界流速与孔隙度的
关系曲线

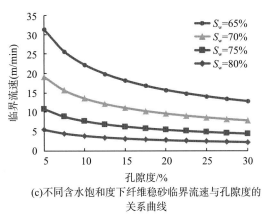

(c)不同含水饱和度下纤维稳砂临界流速与孔隙度的
关系曲线

图 8-15 临界流速/临界流量与孔隙度的关系曲线

8.4.3.4 生产气液比

图 8-16 是在闭合应力为 63 MPa，缝宽为 3 mm 的情况下，临界流速/临界流量与地下气液比(固定气量)的关系曲线。

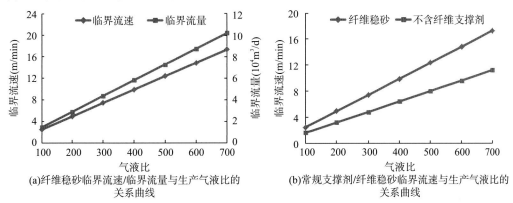

(a)纤维稳砂临界流速/临界流量与生产气液比的
关系曲线

(b)常规支撑剂/纤维稳砂临界流速与生产气液比的
关系曲线

图 8-16 临界流速/临界流量与生产气液比的关系曲线

由图 8-16 可知，随着气液比的增大，临界流速与临界流量逐渐增大，支撑拱更稳定，这与室内模拟实验结果的变化趋势相同。当裂缝中的流体为气液两相流动时，由于液相的存在导致支撑砂拱的抗剪切能力减弱，使得液体含量越高，充填层稳定性越低。当地层流体流速过大时，充填层因剪切作用而失稳，便会引起孔隙周围的颗粒发生流化，从而导致出砂现象。

8.4.3.5 铺砂层数

图 8-17 是在闭合应力为 63 MPa，临界流速/临界流量与支撑剂铺砂层数的关系曲线。

由图 8-17 可知，在同一闭应力条件下，临界流速随铺砂层数的增加而减小；而临界流量随铺砂层数的增加而增大，这是由于铺砂层越多，过流面积越大。

8.4.3.6 纤维加量

图 8-18 是闭合压力为 63 MPa，缝宽为 3 mm 的条件下，纤维加量对临界流速/临界流

量的影响趋势。

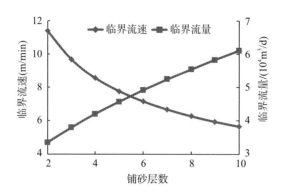

图 8-17　纤维稳砂临界流速/临界流量与铺砂层数的关系曲线

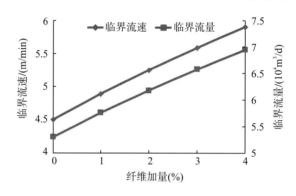

图 8-18　临界流速/临界流量与纤维加量的关系曲线

纤维加量为支撑拱截面纤维面积占总截面积的百分数。在纤维加量从 0 增加到 4% 的过程中,引起支撑拱抗剪切强度线性增大。这是因为当纤维加量很少时,纤维只能通过摩擦作用来增强砂体的强度,但是当纤维加量逐渐变大时,较多的纤维还可以起到对颗粒的网络作用,被缠绕在一起的颗粒能够抵御的流体拖曳作用也就更强。尤其是当闭合压力过大时,颗粒被压碎的可能性相应增大,颗粒的粒径变得不再均匀,暂堵剂极易发生运移,纤维穿插其中,通过较强的网络作用,可以解决此问题的发生。

8.4.3.7　纤维长径比

图 8-19 是在闭合压力为 63 MPa,缝宽为 3 mm 的条件下,临界速度/临界流量与纤维长径比的关系曲线。

纤维长径比为纤维材料长度和直径的比值。考虑纤维在压裂液中的分散性能,以及射孔孔眼较小的直径,纤维长度一般控制在 20 mm 之内,直径为 10~30 μm。图 8-40 表明,支撑拱强度随纤维长径比的增大而线性增加。纤维长径比主要影响纤维加入后的剪切强度增量,进而影响支撑拱的剪切强度。纤维长径比越大,纤维之间更易交织并形成网架结构,充填层剪切变形过程中纤维内部形成的拉应力越高,在未达到纤维抗拉强度的条件下其导致的纤维剪切强度增量越大。

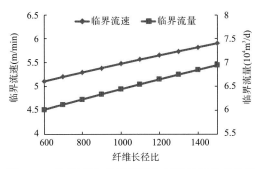

图 8-19　临界流速/临界流量与纤维长径比的关系曲线

8.5　本章小结

生产压差增大气井产量增大，同时生产压差越大支撑拱稳定性减弱，导致气井中支撑剂回流的临界流速和临界流量减小。因此，如果一味追求返排时的初期高产极易引起支撑剂回流，最终导致在长期生产过程中裂缝导流能力降低，后期产量下降，导致修井工作困难，而成本提高。因此，应该综合考虑各影响因素，实现气井产量的最大合理配产。通过模型计算可知，当地层流体流速过大时，支撑拱因剪切作用而失稳，从而导致支撑剂回流；纤维通过与颗粒之间接触产生的摩擦和黏结作用使得支撑拱抗剪强度增强；支撑拱稳定性随着有效闭合压力、生产气液比的增大而增大，随支撑剂粒径、孔隙度、含水饱和度、铺砂层数的增大而减小；在纤维性质的影响下，纤维加量、纤维长径比均与支撑拱稳定性呈正相关关系。

参 考 文 献

[1] Bratli R K, Risnes R. Stability and failure of sand arches[J]. Society of Petroleum Engineers Journal, 1981, 21(2): 236-248.

[2] Gidley J L, Penny G S, Mcdaniel R R. Effect of proppant failure and fines migration on conductivity of propped fractures[J]. Spe Production & Facilities, 1995, 10(1): 20-25.

[3] Sparlin D D, Hagen R W. Proppant selection of fracturing and sand control[J]. World Oil, 1995, 2: 37-40.

[4] Milton-Tayler D. Factors affecting the stability of proppant in propped fractures: results of a laboratory study[J]. SPE Annual Technical Conference and Exhibition, Washington D C, 1992.

[5] 汪卫东, 袁长忠. 油气田压裂返排液处理技术现状及发展趋势[J]. 油气田地面工程, 2016, 35(10): 1-5.

[6] Jing L, Stephansson O. Distinct element modelling of sublevel stopping 7th ISRM Congress[M]. International Society for Rock Mechanics and Rock Engineering, 1991.

[7] Schipper W T. 42nd Annual Conference & Technical Exhibition[J]. Health Facilities Management, 2005.

[8] 汪伟英, 张公社, 何海峰, 等. 毛管力与含水饱和度对岩石出砂的影响[J]. 中国海上油气工程, 2003, 15(3): 47-49.

[9] 胡景宏. 压裂液返排模型及应用研究 [D]. 成都: 西南石油大学, 2007.

[10] 姜春河, 郎学军, 易明新, 等. 支撑剂回流控制技术研究与应用[J]. 钻采工艺, 2008, 31(6): 151-153.

[11] 焦国盈, 王嘉淮, 潘竟军, 等. 压裂井支撑剂回流预测研究[J]. 海洋石油, 2007, 27(4): 46-49.

[12] Yang Y H, Cheng S G, Gu J Y, et al. Triaxial tests research on strength properties of the polypropylene fiber reinforced soil[J]. International Conference on Multimedia Technology, Hangzhou, 2011: 1869-1872.

[13] 许成元. 裂缝性储层强化封堵承压能力模型与方法[D]. 成都: 西南石油大学, 2015.

第9章　页岩气水平井体积压裂返排制度优化

以页岩气井水平段、造斜段、垂直段典型的"三段"式气液两相压降计算模型为目标，结合页岩气井返排前期气液比低、后期气液比高但一直伴随有产水现象的特点，优选并改进了气液两相管流压降计算模型，从气液两相流机理出发，判断了页岩气井各个返排阶段井筒内气液两相流流型，并采用位置迭代的方法分段计算了水平段、造斜段、垂直段各种流型对应下的井筒压力分布；进一步结合页岩储层自吸及返排规律、页岩储层动态表观渗透率、页岩气水平井体积压裂渗流规律及页岩气压裂水平井支撑剂回流规律研究成果，建立储层-裂缝-井筒-油嘴耦合的流动模型，编制了页岩气水平井体积压裂后返排制度优化设计软件，分析了影响页岩气藏压裂后支撑剂回流的主控因素，实现了对支撑剂回流控制的油嘴定量优化和实时控制。

9.1　页岩气井气液两相流井筒压降模型

在页岩气井生产过程中，只考虑气体单相存在，则压力分布计算方法较为简单。但在页岩气实际生产过程中，一直伴随有产水现象，生产管柱中压力变化会导致气液两相流动在不同井型中呈现出不同的流态。不同的流态直接影响持液率、气液混合物密度及黏度、沿程压降等。因此，准确计算气液两相流在生产管柱中的压力分布对页岩气井地面生产制度调节具有重要的指导意义。

9.1.1　水平段压降计算模型

页岩气井大多为水平井，其水平段的管流状态与垂直管存在很大不同，水平管没有势能压降，并且在页岩气生产过程中，基本一直保持气水两相流动。实践表明气水两相流动在油管中压降要比单相流动压降大很多，在相同产气量情况下，前者可达到后者的5～10倍[1]。所以，为了研究页岩气井返排过程中管柱沿程压力分布及井底压力与支撑剂临界流速之间的关系，实现页岩气井的长期稳产高产，在经济成本内减少气液混输管道的压降、合理选择管道直径，研究气水两相在水平管中的流动规律就显得尤为重要。目前常用的预测水平管气液两相流压降计算方法见表9-1。

肖恩布里在前人研究的基础上，对水平井筒及接近水平井筒中的气液两相流动进行了改进研究，较全面地考虑了流型转变的影响因素，对摩阻压降计算方法具有极大的改善，在水平管中精确度较高，因此本书采用此方法计算水平管井筒压力分布。水平井筒中气液两相流动型态划分为分层流、间歇流、环状流和泡状流4种主要形式(图9-1)，并通过大量实验给出了流型判别方法和计算各种流型下气液两相管流的压降模型。

表 9-1 气液两相管流计算方法具体分类及其特点

方式	模型	特点	适用范围
气体-牛顿液体两相流动	洛克哈特-马蒂内利[2]方法	气液两相混合物分相计算压降	实验管径比较小
	贝克[3]方法	考虑了气液两相的流态	该方法数据大部分来自6～10 in① 的管道，更适于大管径
	阻力系数法[4]	气液均匀掺混，不考虑相间滑脱	适用于液相黏度低、气液比低；气液平均流速为1～5 m/s的情况
	杜克勒第一法[5]	气液两相无滑脱且均匀混合	用混合物的物性参数按照单相流体方法计算
	杜克勒第二法	利用因次分析，从 10 个无因次群中选取 4 个有意义的无因次群	对深度或压差很大的井，需进行分段计算，适用于高气液比井
	格雷戈里-阿济慈[6]	对于不同的流态，推荐同一种综合方法	不同流态相差较大，综合方法会造成较大误差
	泰特尔-杜克勒	无量纲力平衡方程式在水平管基础上引入了倾角	对流型机理转变进行研究，适用于倾斜管
	肖恩布里[7]方法	从流型转变机理和特点出发，建立流动模型，并给出了判别方法	较全面地考虑了流型转变的影响因素，对摩阻压降计算方法具有极大的改善，在水平管中精确度较高
气体-非牛顿液体两相流动	奥利弗-胡恩方法	气体-非牛顿液体两相流早期研究	理论上分析了冲击流和环状流流型，用实验测定了两相流动压降和持液率，并提出其简单模型
	艾森伯格-温伯格方法	对奥利弗的模型进行总结和修正	用实验修正了奥利弗环状流模型；认为压降主要损失在于气液不光滑、不规则的波动界面
	穆贾沃-饶方法[8]	对洛克哈特方法修正	将洛克哈特方法修正扩展到气体-非牛顿液体两相流动
	DPI[9]方法	国内学者陈家琅对气体-幂律液体进行研究	从流动机理入手，给出了各种流型判别式

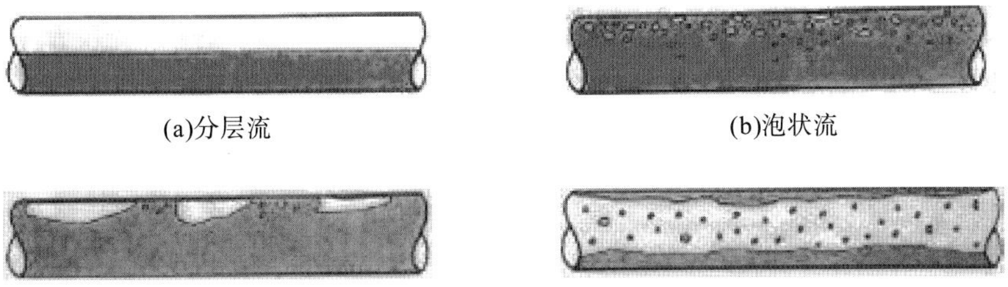

(a)分层流   (b)泡状流

(c)间歇流   (d)环状流

图 9-1 水平管中气液两相的流动型态

　　肖恩布里在气液两相水平管流中流型的判别主要是通过大量的实验对泰特尔-杜克勒提出的判别方法进行修正和改良，使之更适合现场的实际情况。肖恩布里的流动型态分布图如图 9-2 所示。

---

① 1in=2.54cm。

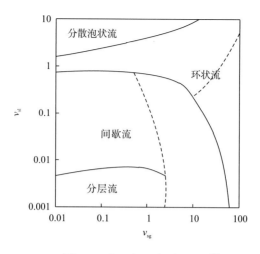

图 9-2 肖恩布里流型分布图[7]

9.1.1.1 分层流

1. 流型判断

肖恩布里根据泰特尔-杜克勒提出的判别准则来判断分层流向间歇流的转变,应用波浪生长机理来分析层流气液界面上的动态变化,当气体流量增加时,负压抽吸力大于重力,波浪有增大趋势,被气体吹起的波浪达到管顶,从而阻碍整个井筒过流断面,形成液体段塞,就很难再维持层流状态。

如图 9-3 所示,根据伯努利现象可知,流体流经某处的流速越大,该处的压力就越低。图中在波浪顶点处,气体通道变小,气体流速增大,该处压力降低,则存在:

$$p - p' = \frac{1}{2}\rho_g\left(v_g'^2 - v_g^2\right) \tag{9-1}$$

式中, p 为无波浪处的压力,MPa; p' 为波峰处的压力,MPa; v_g 为无波浪处的气体速度,m/s; v_g' 为波峰处的气体速度,m/s。

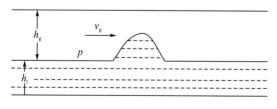

图 9-3 单个波浪形成示意图

波浪在受到气流负压作用的同时,还受到自身重力作用,重力作用对波浪表现有恢复正常液面的趋势。当负压压差大于波浪在气流中的重力作用时,波浪将增大。因此波浪增大的条件为[1]

$$p - p' \geqslant \left(h_g - h_g'\right)\left(\rho_l - \rho_g\right)g \tag{9-2}$$

式中，h_g 为无波浪处气体所占位置高度，m；h_g' 为波峰处气体所占位置高度，m。

根据物质平衡方程可知：

$$v_g A_g = v_g' A_g' \tag{9-3}$$

式中，A_g 为无波浪处气体过流断面的面积，m^2；A_g' 为波峰处气体过流断面的面积，m^2。

将式(9-3)代入式(9-1)可得

$$p - p' = \frac{1}{2} \rho_g v_g^2 \frac{A_g^2 - A_g'^2}{A_g'^2} \tag{9-4}$$

联立式(9-2)和式(9-4)，可得

$$v_g \geqslant \left[\frac{2g\left(h_g - h_g'\right)\left(\rho_1 - \rho_g\right)}{\rho_g} \frac{A_g'^2}{A_g^2 - A_g'^2} \right]^{\frac{1}{2}} \tag{9-5}$$

当波峰比较小时，可用泰勒级数将 A_g' 在 A_g 处展开，整个过流断面的面积是不变的，即 $A = A_1 + A_g = A_1' + A_g'$，因此，波浪增大的临界判别式可以表示为[1]

$$v_g \geqslant C_2 \left[\frac{gA_g\left(\rho_1 - \rho_g\right)}{\rho_g \dfrac{\mathrm{d}A_1}{\mathrm{d}h_1}} \right]^{\frac{1}{2}} \tag{9-6}$$

式中，h_1 为液面在水平管中的高度，m；A_1 为过流断面液相的过流面积，m^2。$\dfrac{\mathrm{d}A_1}{\mathrm{d}h_1}$ 为 A_1 随 h_1 的变化率，无量纲。

油管内液体位置较高时，波浪接近管顶，则 $C_2 \approx 0$；油管内液体位置较低时，波浪很小，对气体流过油管过流断面的干扰就小，C_2 可以采用下式计算：

$$C_2 = 1 - \frac{h_1}{D} \tag{9-7}$$

因此，分层流向间歇流转变，其气相临界流速判别表达式为

$$v_g \geqslant \left(1 - \frac{h_1}{D}\right) \left[\frac{gA_g\left(\rho_1 - \rho_g\right)}{\rho_g \dfrac{\mathrm{d}A_1}{\mathrm{d}h_1}} \right]^{\frac{1}{2}} \tag{9-8}$$

2. 压降计算

在分层流模型中，由于重力作用，液相在油管底部流动，而气相在油管上部流动，如图 9-4 所示。假设气液两相速度不随井筒变化，则气液两种流体的平衡方程式分别为[1]

$$\begin{cases} -A_1 \dfrac{\mathrm{d}p}{\mathrm{d}x} + \tau_1 S_1 - \tau_{w1} S_1 - A_1 \rho_1 g \sin\theta = 0 \\ -A_g \dfrac{\mathrm{d}p}{\mathrm{d}x} - \tau_g S_g - \tau_{wg} S_g - A_g \rho_g g \sin\theta = 0 \end{cases} \tag{9-9}$$

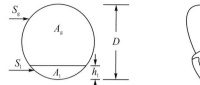
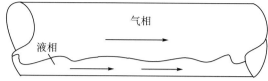

图9-4 分层流物理模型

在忽略液相界面上的表面张力的基础上，两相中的压力梯度相等。于是根据式(9-9)可得

$$\tau_{wl}\frac{S_l}{A_l}-\tau_{wg}\left[\frac{S_g}{A_g}+\frac{\tau_{wl}}{\tau_{wg}}\left(\frac{S_l}{A_l}+\frac{S_g}{A_g}\right)\right]+\left(\rho_l-\rho_g\right)g\sin\theta=0 \tag{9-10}$$

式中，θ 为管线与水平面的夹角，水平井筒 θ 取 $0°$；τ_{wl} 为液相与管壁之间的剪切应力，MPa；τ_{wg} 为气相与管壁之间的剪切应力，MPa。

式(9-10)是关于 $\dfrac{h_l}{D}$ 的隐式方程，可以利用迭代法求解，然后根据几何关系便可以求得持液率 H_l 的值为

$$H_l=\frac{\alpha-\sin\alpha}{2\pi} \tag{9-11}$$

$$\alpha=2\cos^{-1}\left(1-2\frac{h_l}{D}\right) \tag{9-12}$$

通过式(9-11)可以求得 H_l，便可以由式(9-9)求出压力梯度 $\dfrac{dp}{dx}$。另外，将式(9-9)中的两式相加可以消去界面切应力，得到压力梯度为

$$-\left(\frac{dp}{dx}\right)=\frac{\tau_{wl}S_l+\tau_{wg}S_g}{A}+\left(\frac{A_l}{A}\rho_l+\frac{A_g}{A}\rho_g\right)g\sin\theta \tag{9-13}$$

式(9-13)中右边第一项表示水平管中摩阻压降，第二项为势能压降梯度。由此可知要计算总的压降梯度，则需要先求出式中的剪切应力 τ_{wl}、τ_{wg}。

1)剪切应力计算方法

$$\tau_{wl}=f_l\frac{\rho_l v_l^2}{2} \tag{9-14}$$

$$\tau_{wg}=f_g\frac{\rho_g v_g^2}{2} \tag{9-15}$$

$$\tau_i=f_i\frac{\rho_g v_g^2}{2} \tag{9-16}$$

式中，液相范宁系数和气相范宁系数 f_l、f_g 可由如下公式来计算。

当 $Re\leqslant 2\,000$ 时，

$$f=\frac{16}{Re} \tag{9-17}$$

当 $Re > 2\,000$ 时，

$$\frac{1}{\sqrt{f}}=3.48-4\lg\left(\frac{2\varepsilon}{D}+\frac{9.35}{Re\sqrt{f}}\right) \qquad (9\text{-}18)$$

$$Re_\mathrm{l}=\frac{D_\mathrm{l}v_\mathrm{l}\rho_\mathrm{l}}{\mu_\mathrm{l}} \qquad (9\text{-}19)$$

$$Re_\mathrm{g}=\frac{D_\mathrm{g}v_\mathrm{g}\rho_\mathrm{g}}{\mu_\mathrm{g}} \qquad (9\text{-}20)$$

$$D_\mathrm{l}=\frac{4A_\mathrm{l}}{S_\mathrm{l}} \qquad (9\text{-}21)$$

$$D_\mathrm{g}=\frac{4A_\mathrm{g}}{S_\mathrm{g}+S_\mathrm{i}} \qquad (9\text{-}22)$$

式中，ε 为管壁的相对粗糙度，无量纲；Re_g、Re_l 为气相、液相雷诺数，无量纲；D_g、D_l 为气相、液相水力相当直径，m。

2）气液界面范宁摩阻系数计算方法

当水力直径 $D \leqslant 0.127\,\mathrm{m}$ 时，采用汉拉蒂提出的关系式计算 f_i，即

当 $v_\mathrm{sg} \leqslant v_\mathrm{sgt}$ 时，

$$\frac{f_\mathrm{i}}{f_\mathrm{wg}}=1 \qquad (9\text{-}23)$$

当 $v_\mathrm{sg} > v_\mathrm{sgt}$ 时，

$$\frac{f_\mathrm{i}}{f_\mathrm{wg}}=1+15\sqrt{\frac{h_\mathrm{l}}{D}}\left(\frac{v_\mathrm{sg}}{v_\mathrm{sgt}}-1\right) \qquad (9\text{-}24)$$

$$v_\mathrm{sgt}=5\sqrt{\frac{101\,325}{p}} \qquad (9\text{-}25)$$

式中，v_sgt 为分层流向间歇流转变时的临界气相折算速度，m/s；p 为管内的压力，MPa。

当水力直径 $D > 0.127\,\mathrm{m}$ 时，采用贝克提出的方法计算 ε_i，即

当 $N_\mathrm{we}N_\mu \leqslant 0.005$ 时，

$$\varepsilon_\mathrm{i}=\frac{34\sigma}{\rho_\mathrm{g}v_\mathrm{l}^2} \qquad (9\text{-}26)$$

当 $N_\mathrm{we}N_\mu > 0.005$ 时，

$$\varepsilon_\mathrm{i}=\frac{170\sigma\left(N_\mathrm{we}N_\mu\right)^{0.3}}{\rho_\mathrm{g}v_\mathrm{l}^2} \qquad (9\text{-}27)$$

式中，ε_i 为气液界面的相对粗糙度，无量纲，其值在 ε 和 $0.25\left(\dfrac{h_\mathrm{l}}{D}\right)$ 之间。其中，韦伯数 N_we 和液相黏度准数 N_μ 可由下式求得：

$$\begin{cases} N_{\mathrm{we}} = \dfrac{\rho_{\mathrm{g}} v_{\mathrm{l}}^2 \varepsilon_{\mathrm{i}}}{\sigma} \\[3mm] N_{\mu} = \dfrac{\mu_{\mathrm{l}}^2}{\rho_{\mathrm{g}} \sigma \varepsilon_{\mathrm{i}}} \end{cases} \tag{9-28}$$

因此，可以根据气液两相界面的相对粗糙度 ε_{i} 和气相雷诺数 Re_{g}，通过式(9-17)求得范宁摩阻系数 f_{i}（对于平衡分层流，可取 0.014 2）。

9.1.1.2 间歇流

1. 间歇流向泡状流转变

当间歇流流型中的波浪不稳定，液相的紊流脉动作用大到足以克服浮力作用时，气体就不能一直稳定地保持在管子的上部，从而形成泡状流，因此其判断依据[10]为

$$v_{\mathrm{g}} \geqslant \left(1 - \frac{h_{\mathrm{l}}}{D}\right)\left[\frac{g A_{\mathrm{g}}\left(\rho_{\mathrm{l}} - \rho_{\mathrm{g}}\right)}{\rho_{\mathrm{g}} \dfrac{\mathrm{d}A_{\mathrm{l}}}{\mathrm{d}h_{\mathrm{l}}}}\right]^{\frac{1}{2}} \tag{9-29}$$

2. 压降计算

气液两相以段塞形式在井筒中交替流动，称为间歇流。在管子底部会存在液膜，称为液膜区，如图 9-5 所示。

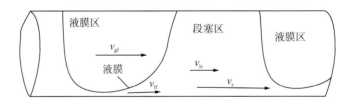

图 9-5　间歇流模型

根据质量守恒定律，对于整个断面来说有[4]

$$v_{\mathrm{sl}} L_{\mathrm{u}} = v_{\mathrm{ls}} H_{\mathrm{ls}} L_{\mathrm{s}} + v_{\mathrm{lf}} H_{\mathrm{lf}} L_{\mathrm{f}} \tag{9-30}$$

式中，L_{u}、L_{s}、L_{f} 为段塞单元、段塞体、液膜区长度，m；v_{sl} 为液相折算速度，m/s；v_{ls} 为段塞体中的液相速度，m/s；v_{lf} 为液膜区的液相速度，m/s；H_{ls} 为段塞体的持液率，无量纲；H_{lf} 为液膜区的持液率，无量纲。

在横截面上，由液相物质平衡方程[1]可知：

$$\left(v_{\mathrm{t}} - v_{\mathrm{ls}}\right) H_{\mathrm{ls}} = \left(v_{\mathrm{t}} - v_{\mathrm{lf}}\right) H_{\mathrm{lf}} \tag{9-31}$$

在段塞单元的任一横截面上总体积流量恒定不变，则有

$$v_{\mathrm{s}} = v_{\mathrm{sl}} + v_{\mathrm{sg}} = v_{\mathrm{ls}} H_{\mathrm{ls}} + v_{\mathrm{b}}\left(1 - H_{\mathrm{ls}}\right) \tag{9-32}$$

式中，v_{s} 为段塞内混合物速度，m/s；v_{b} 为段塞内气泡的运动速度，m/s。

液膜区横断面上有

$$v_s = v_{lf} H_{lf} + v_{gf} \left(1 - H_{lf} \right) \tag{9-33}$$

式中，v_{gf} 为液膜区的气相速度，m/s。

段塞单元的平均持液率被定义为

$$H_l = \frac{H_{ls} L_s + H_{lf} L_f}{L_u} \tag{9-34}$$

根据式(9-31)、式(9-32)、式(9-33)，可以得出 H_l 的关系式为

$$H_l = \frac{v_t H_{ls} + v_t \left(1 - H_{ls} \right) - v_{sg}}{v_t} \tag{9-35}$$

假定液膜区液面均匀不变，则对于液膜区可以得出复合动能方程式为

$$\tau_f \frac{S_f}{A_f} - \tau_g \left[\frac{S_g}{A_g} + \frac{\tau_i}{\tau_g} \left(\frac{S_i}{A_f} + \frac{S_i}{A_g} \right) \right] + \left(\rho_l - \rho_g \right) g \sin \theta = 0 \tag{9-36}$$

式中，τ_f、τ_g 为液膜、气体与管壁的剪切应力，MPa；S_f、S_g 为横截断面上液膜、气体的湿周，m；S_i 为横截断面上气体与液膜分界线的长度，m；A_f、A_g 为液膜、气体占据过流断面的面积，m^2。

根据式(9-36)可以求得液膜区持液率，进而计算液体与气体的速度及剪切应力。段塞体长度已知，根据式(9-33)和 $L_u = L_s + L_f$，可以得到段塞单元长度：

$$L_u = L_s \frac{v_{ls} H_{ls} - v_{lf} H_{lf}}{v_{sl} - v_{lf} H_{lf}} \tag{9-37}$$

根据单元体受力平衡，计算间歇流平均压力梯度为

$$-\frac{\mathrm{d}p}{\mathrm{d}x} = \frac{1}{L} \left[\frac{\tau_s \pi D}{A} L_s + \left(\frac{\tau_f S_f + \tau_g S_g}{A} \right) L_f \right] \rho_u g \sin \theta \tag{9-38}$$

式中，τ_s 为段塞体与管壁的剪切应力，MPa；ρ_u 为段塞单元内气液混合物的平均密度，kg/m^3。

1) 混合气体的物性

段塞单元内气液混合物的平均密度为

$$\rho_u = H_l \rho_l + \left(1 - H_l \right) \rho_g \tag{9-39}$$

段塞体内气液混合物的密度为

$$\rho_s = H_{ls} \rho_l + \left(1 - H_{ls} \right) \rho_g \tag{9-40}$$

段塞体内气液混合物的黏度为

$$\mu_s = H_{ls} \mu_l + \left(1 - H_{ls} \right) \mu_g \tag{9-41}$$

2) 剪切应力

剪切应力计算方法与分层流中方法相似，即

$$\tau_f = f_f \frac{\rho_l \left| v_{lf} \right| v_{lf}}{2} \tag{9-42}$$

$$\tau_g = f_g \frac{\rho_g \left| v_{gf} \right| v_{gf}}{2} \tag{9-43}$$

$$\tau_s = f_s \frac{\rho_g v_s^2}{2} \tag{9-44}$$

$$\tau_i = f_i \frac{\rho_g \left| v_{gf} - v_{lf} \right| \left(v_{gf} - v_{lf} \right)}{2} \tag{9-45}$$

上式中，f_f、f_g 为液膜区内液膜、气体与管壁的范宁摩阻系数，无量纲；f_s 为段塞体内的气液混合物与管壁的范宁摩阻系数，无量纲；f_i 为气体与液膜界面的范宁摩阻系数，通常取为常数 $f_i = 0.0142$，无量纲。

式(9-42)和式(9-43)中的 f 按照式(9-17)或者式(9-18)计算，对应的雷诺数计算方法为

$$Re_f = \frac{\rho_l v_{lf} D_f}{\mu_l} \tag{9-46}$$

$$Re_g = \frac{\rho_g v_{gf} D_g}{\mu_g} \tag{9-47}$$

$$D_f = \frac{4A_f}{S_f} \tag{9-48}$$

$$D_g = \frac{4A_g}{S_g + S_i} \tag{9-49}$$

3) 气泡、分散气泡的运动速度

Bendiksen 提出，液膜区泰勒气泡[1]为

$$v_t = C v_s + 0.35 \sqrt{gD} \sin \theta + 0.54 \sqrt{gD} \cos \theta \tag{9-50}$$

式中，C 为速度分布常数，层流取 2，紊流取 1.2。

段塞体内分散气泡运动速度 v_b 可由下式表示：

$$v_b = 1.2 v_s + 1.35 \left[\frac{\sigma g \left(\rho_l - \rho_g \right)}{\rho_l^2} \right]^{\frac{1}{4}} H_{ls}^{0.1} \sin \theta \tag{9-51}$$

式中，$H_{ls}^{0.1}$ 为考虑了段塞体内"气泡群"效应的持液率。

4) 段塞体长度及持液率

采用格雷戈里提出的关系式计算段塞体的持液率：

$$H_{ls} = \frac{1}{1 + \left(\dfrac{v_s}{8.66} \right)^{1.39}} \tag{9-52}$$

式中，v_s 为段塞体内混合物速度，m/s。

段塞体长度为

$$\ln L_s = -26.8 + 28.5 (\ln D + 3.67)^{0.1} \tag{9-53}$$

式中，L_s 为段塞体长度，m；D 为管径，m。

当 $D \leqslant 0.0381$ m，可以采取近似值 $L_s = 30D$。

9.1.1.3 环状流

1. 流型判别

在环状流中，气液界面有可能是平滑的，也有可能是波浪式的，因而在持液率和压差方面就会产生完全不同的结果，其判断式[1]为

$$v_{\mathrm{g}} > \left[\frac{4\mu_{\mathrm{l}}\left(\rho_{\mathrm{l}} - \rho_{\mathrm{g}}\right)\mathrm{g}\cos\theta}{s\rho_{\mathrm{l}}\rho_{\mathrm{g}}v_{\mathrm{l}}}\right]^{\frac{1}{2}} \tag{9-54}$$

式中，s 为掩蔽系数，s 取 0.01，无量纲。

2. 压降计算

在环状流模型中，液体以沿管壁流动的液膜与被气流夹带的液滴的形式存在，气体则夹带着液滴从环形液膜中流过，如图 9-6 所示。

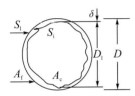 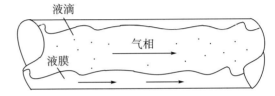

图 9-6　肖等的环状流模型

通常水平管底部的液膜要比顶部厚一些，为了便于研究，肖等假定液膜均匀分布于水平管壁面，被页岩气气流夹带的液滴与气相速度相同，将气液看成均一混相流体。因此研究环状流的方法类似于层流，区别是两者具有不同的几何形状，其两种流体分别为夹带液滴的气流和管壁周围的液膜，由动量平衡式可得

$$-A_{\mathrm{f}}\left(\frac{\mathrm{d}p}{\mathrm{d}x}\right) + \tau_{\mathrm{i}}S_{\mathrm{i}} - \tau_{\mathrm{wl}}S_{\mathrm{l}} - A_{\mathrm{f}}\rho_{\mathrm{l}}\mathrm{g}\sin\theta = 0 \tag{9-55}$$

$$-A_{\mathrm{c}}\left(\frac{\mathrm{d}p}{\mathrm{d}x}\right) - \tau_{\mathrm{i}}S_{\mathrm{i}} - A_{\mathrm{c}}\rho_{\mathrm{c}}\mathrm{g}\sin\theta = 0 \tag{9-56}$$

式中，A_{f}、A_{c} 为液膜、气流占据过流断面的面积，m^2；ρ_{c} 为气流中气液混合物的密度，$\mathrm{kg/m}^3$。

联立式(9-55)、式(9-56)消去压力梯度，得到复合动量方程式，即

$$\tau_{\mathrm{wl}}\frac{S_{\mathrm{l}}}{A_{\mathrm{f}}} - \tau_{\mathrm{i}}S_{\mathrm{i}}\left(\frac{1}{A_{\mathrm{f}}} + \frac{1}{A_{\mathrm{c}}}\right) + \left(\rho_{\mathrm{l}} - \rho_{\mathrm{c}}\right)\mathrm{g}\sin\theta = 0 \tag{9-57}$$

$$\rho_{\mathrm{c}} = H_{\mathrm{lc}}\rho_{\mathrm{l}} + \left(1 - H_{\mathrm{lc}}\right)\rho_{\mathrm{g}} \tag{9-58}$$

$$H_{\mathrm{lc}} = \frac{v_{\mathrm{sl}}FE}{v_{\mathrm{sg}} + v_{\mathrm{sl}}FE} \tag{9-59}$$

式中，H_{lc} 为气流中的持液率，无量纲；FE 为液体夹带率，无量纲。

求解式(9-57)中无量纲平均液膜厚度 $\dfrac{\delta}{D}$，然后根据下式计算持液率：

$$H_1 = 1 - \left(1 - 2\frac{\delta}{D}\right)^2 \frac{v_{sg}}{v_{sg} + v_{sl}FE} \tag{9-60}$$

联立式(9-55)、式(9-56)消去界面剪切力，得到压力梯度：

$$-\left(\frac{\mathrm{d}p}{\mathrm{d}x}\right) = \tau_{wl}\frac{S_1}{A} + \left(\frac{A_f}{A}\rho_1 + \frac{A_c}{A}\rho_c\right)g\sin\theta \tag{9-61}$$

式(9-61)中剪切应力由下式计算：

$$\tau_{wl} = f_f \frac{\rho_1 v_f^2}{2} \tag{9-62}$$

$$\tau_i = f_i \frac{\rho_c(v_c - v_f)^2}{2} \tag{9-63}$$

$$v_f = \frac{v_{sl}(1 - FE)}{4\dfrac{\delta}{D}\left(1 - \dfrac{\delta}{D}\right)} \tag{9-64}$$

$$v_c = \frac{v_{sg} + v_{sl}FE}{\left(1 - 2\dfrac{\delta}{D}\right)^2} \tag{9-65}$$

$$Re_f = \frac{\rho_1 v_f D_f}{\mu_1} \tag{9-66}$$

$$D_f = \frac{4\delta(D - \delta)}{D} \tag{9-67}$$

液体夹带率和界面摩阻系数采用 Rodriguez 等[11]根据环状流动实验所提出的关系式确定液体夹带率和气流-液膜界面范宁摩阻系数：

$$\frac{FE}{1 - FE} = 10^{-2.52}\rho_1^{1.08}\rho_g^{0.18}\mu_1^{0.27}\mu_g^{0.28}\sigma^{-1.8}D^{1.72}v_{sl}^{0.7}v_{sg}^{1.44}g^{0.46} \tag{9-68}$$

$$f_i = f_c\left[1 + 2250\frac{\dfrac{\delta}{D}}{\dfrac{\rho_c(v_c - v_f)^2\delta}{\sigma}}\right] \tag{9-69}$$

式中，f_c 为气流范宁摩阻系数，无量纲。

其范宁摩阻系数可由式(9-79)计算，气流雷诺数为

$$Re = \frac{\rho_c v_c D_c}{\mu_c} \tag{9-70}$$

$$\mu_c = H_{lc}\mu_1 + (1 - H_{lc})\mu_g \tag{9-71}$$

$$D_c = D - 2\delta \tag{9-72}$$

9.1.1.4　泡状流

1. 流型判别

当间歇流流型中的波浪不稳定，液相的紊流作用大于其浮力作用时，气体就不能稳定

地保持在管子上部，这时间歇流逐渐向分散泡状流转变，因此其判断依据为

$$v_g > \frac{4A_g g \cos\theta}{S_i f_1}\left(1 - \frac{\rho_g}{\rho_1}\right)^{\frac{1}{2}}$$　(9-73)

2. 压降计算

泡状流中气液两相没有相对滑动，因此平均性质的均相流方法适用于该种流态，故持液率为无滑动持液率[6]：

$$H_1' = \frac{v_{sl}}{v_m}$$　(9-74)

式中，v_m 为气液混合物的平均流速，$\mathrm{m/s^2}$。

其压降梯度为

$$-\left(\frac{\mathrm{d}p}{\mathrm{d}x}\right) = \frac{2f_m \rho_m v_m^2}{D} + \rho_m g \sin\theta$$　(9-75)

式中，ρ_m 为泡状流中气液混合物的平均密度，$\mathrm{kg/m^3}$；f_m 为泡状流中气液混合物的范宁摩阻系数，无量纲。

9.1.1.5　实例分析

通过利用长宁区块页岩气井基本地质、施工参数，对垂直管、水平管压降模型编程判断了页岩气井生产过程中不同产气量、产液量下气液的流型并求解了该种流型下气液两相井筒中的压降，分析了不同产气量、产液量、管壁相对粗糙度对压降的影响规律。

通过调查分析长宁—自贡区块典型页岩气井生产数据（图 9-7～图 9-9），通过产气量、产液量判断在不同井段气液两相流流型，并利用相应流型计算井筒摩阻压降。

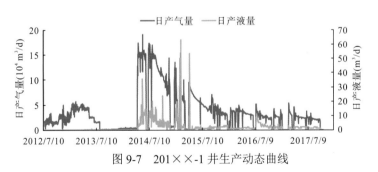

图 9-7　201××-1 井生产动态曲线

图 9-8　202××-4 井生产动态曲线

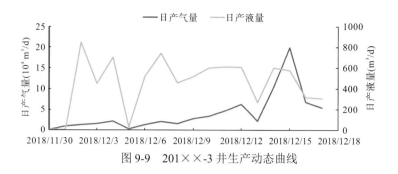

图 9-9 201××-3 井生产动态曲线

通过长宁区块典型页岩气井气、液动态生产曲线可以求得水平段井筒内表观流速,再利用水平井筒气液两相流流型划分图版(图 9-10)判断气液两相流流型,然后利用相应的压降模型求得井筒压降。

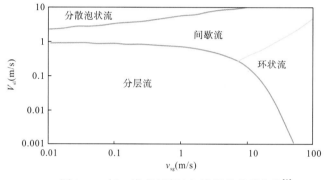

图 9-10 气、液表观流速与流型的关系曲线[1]

通过计算产气量、产液量的最大、最小极限速度发现长宁区块部分典型井在压裂后水平段基本都处于分层流、段塞流两个区间内,见表 9-2。

表 9-2 长宁—自贡区块典型页岩气井生产数据

位置	井号	日产气量(10^4m^3)	日产液量(m^3)	$v_{sl}(m^3/s)$	$v_{sg}(m^3/s)$	水平段流型
长宁	宁 201××-1	1~15	1~50	0.058 7	1.852 6	分层流
	宁××-2	1~20	2~60	0.074 9	2.470 1	分层流
	宁××-3	1~10	2~30	0.035 2	1.235 1	分层流
	宁××-4	1.5~15	2~60	0.074 9	1.852 6	分层流
	宁××-1	0.5~7	1~45	0.052 9	0.864 5	分层流
	宁××-2	1~12	2~50	0.058 7	1.482 1	分层流
	宁××-3	1~10	1~50	0.058 7	1.235 1	分层流
威远	威 202××-4	3~30	7~450	0.528 7	1.228 3	分层流、间歇流
	威 204××-1	0.5~32	3~300	0.352 4	3.705 2	分层流
自贡	自××	6~12	30~150	0.176 2	1.482 1	分层流
	自 201××-3	1~20	300~800	0.939 8	2.470 1	分层流、间歇流
	自 201××-4	0.2~5	400~700	0.822 4	0.617 5	分层流、间歇流
	自××-2	2~7	10~100	0.117 5	0.864 5	分层流
	自××-3	1~13	10~60	0.070 5	1.605 6	分层流

利用肖恩布里方法，通过编程判断了宁××-1 页岩气井水平段气液两相流流型，计算了生产过程中水平段沿程压降，并分析了产气量、气液比、管径及管壁粗糙度对压降的影响规律。该井基本参数见表 9-3。

表 9-3　流体物性参数

产液量(m³/d)	2	A 靶点压力(MPa)	15	管壁粗糙度(mm)	0.05
产气量(10⁴ m³/d)	20	液相密度(kg/m³)	1 050	表面张力(N/m)	0.06
造斜段起点垂深(m)	3 000	偏差因子	0.935	天然气密度(kg/m³)	0.717 4
水平段起点垂深(m)	3 500	地温梯度(K/100 m)	2	气相黏度(mPa·s)	0.041 4
井口温度(K)	293	套管直径(mm)	139.7	液相黏度(mPa·s)	0.89

1. 产气量对压力的影响

取产液量为 2 m³/d，再分别取产气量为 $50×10^4 m^3/d$、$40×10^4 m^3/d$、$30×10^4 m^3/d$、$20×10^4 m^3/d$，其余参数与表 9-3 相同，计算水平井筒的压力分布，如图 9-11 所示。由图可知，井筒压降随产气量的增加而增加。

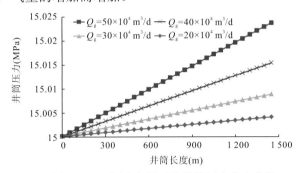

图 9-11　不同产气量下的井筒压力分布曲线

2. 水气比对压力的影响

取产气量为 $20×10^4 m^3/d$，再分别取产液量为 2 m³/d、20 m³/d、100 m³/d、200 m³/d，其余参数与表 9-3 相同，计算水平井筒的压力分布，如图 9-12 所示。结果表明，水气比越大，水平井筒压降越大；当水气比小于 $1 m^3/10^4 m^3$ 时，降低水气比对水平井沿程压降影响不大，因为当产液量较小时，水平井筒压降主要受产气量控制，此时液相带来的压降基本可以忽略不计。

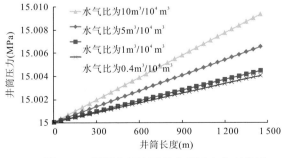

图 9-12　不同水气比下的井筒压力分布曲线

3. 管径对压力的影响

取产气量为 $20 \times 10^4 \, \mathrm{m}^3/\mathrm{d}$，产液量为 $2 \, \mathrm{m}^3/\mathrm{d}$，再分别取油管直径为 49.66 mm、62 mm、76 mm、100.53 mm、139.7 mm，其余参数与表 9-3 相同，计算水平井筒的压力分布，如图 9-13 所示。结果表明，井筒压降随油管直径的增大而降低。当产量不变时，油管直径增大会降低产气、产液速度，流体与管壁的摩阻压降也会降低；由图 9-13 可知，在油管直径小于 76 mm 时，水平井筒压降对其比较敏感，在大于 76 mm 时，井筒压降随油管直径的增大变化不明显，因此在页岩气生产过程中，应在控制井筒积液与防止支撑剂回流的情况下合理优化油管直径，以便能达到页岩气井的高产与稳产。

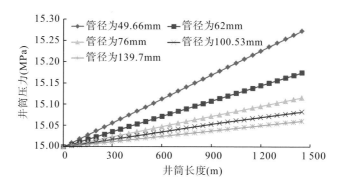

图 9-13　不同管径下的井筒压力分布曲线

4. 管壁粗糙度对压力的影响

取产气量为 $20 \times 10^4 \, \mathrm{m}^3/\mathrm{d}$，产液量为 $2 \, \mathrm{m}^3/\mathrm{d}$，再分别取油管粗糙度为 0.02 mm、0.04 mm、0.06 mm、0.08 mm，其余参数与表 9-3 相同，计算水平井筒的压力分布，如图 9-14 所示。结果表明，井筒压降随油管粗糙度的增大而增加，在粗糙度大于 0.02 mm 时，压降对粗糙度变化较为敏感，管壁粗糙度增大，压降增加幅度较大，在小于 0.02 mm 时，随管壁粗糙度增大，压降增加幅度较小。原因是当管壁粗糙度较低时，水平段摩阻压降是气液两相之间产生的摩阻占主要，气液与管壁之间的摩阻占次要。

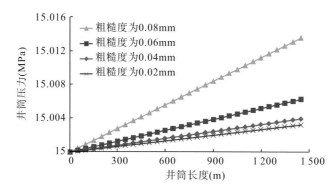

图 9-14　不同管壁粗糙度下的井筒压力分布曲线

9.1.2　斜段压降计算模型

页岩气水平井造斜段为水平段和垂直段的过渡段,对于造斜段上的一个细小的微元可以考虑成是具有一定角度的水平倾斜直管,忽略角度变化引起的气液流态变化,其具体压降计算方法与水平管相似,在水平管压降计算公式中引入 θ , $\theta \in \left[0, \dfrac{\pi}{2}\right]$ 且 $\theta \neq 0$ 。

9.1.2.1　流型划分

根据倾斜管中气液两相在流动过程中的分布特点,可以依次分为如图 9-15 所示的 4 种流型,即倾斜管泡状流、倾斜管段塞流、倾斜管过渡流、倾斜管环雾流。各流型的特点如表 9-4 所示。

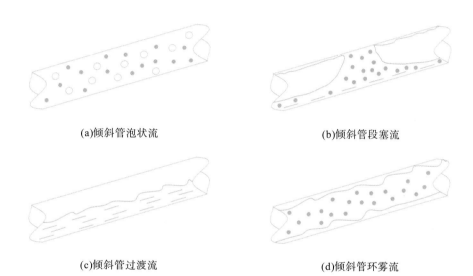

(a)倾斜管泡状流　　　　　　　　　　　　　(b)倾斜管段塞流

(c)倾斜管过渡流　　　　　　　　　　　　　(d)倾斜管环雾流

图 9-15　倾斜管中气液两相流动型态

表 9-4　气液两相倾斜管典型流型特点

流型分类	流型特点
倾斜管泡状流	连续相中带有分散的细小气泡
倾斜管段塞流	小气泡聚集在一起形成长气泡结构,连续的液相逐渐被长气泡隔开
倾斜管过渡流	气液两相均为连续相;气液界面上存在较大的波动
倾斜管环雾流	倾斜管周围有一层薄液膜,中间气流夹带着液滴流动

9.1.2.2　流型判别

1. 判别准则

文献[9]中通过大量实验得出,当井筒中持气率 $H_g > 0.25$ 时,泡状流向段塞流转变;

当 $H_g > 0.75$ 时，段塞流向过渡流转变；当无因次气相速度大于临界值 $N_{GV} > N_{GVSM}$ 时，过渡流向环雾流转变。根据持气率与持液率的定义可知：

$$H_g + H_1 = 1 \tag{9-76}$$

由 Mukherjee 和 Brill[8]提出的 M-B 持液率可知：

$$H_1 = \exp\left[\left(c_1 + c_2\sin\theta + c_3\sin^2\theta + c4N_L^2\right)\frac{N_{GV}^{c_5}}{N_{LV}^{c_6}}\right] \tag{9-77}$$

式中，θ 为倾斜管倾斜角，(°)；N_L 为无因次液相黏度，无量纲；N_{LV} 为无因次液相速度，无量纲；N_{GV} 为无因次气相速度，无量纲；c_1、c_2、c_3、c_4、c_5、c_6 为回归系数，无量纲。

通过式(9-77)可以看出持液率是 N_L、N_{GV}、N_{LV} 3 个无因次量的函数，则

$$N_L = \mu_l\left(\frac{g}{\rho_l\sigma^3}\right)^{\frac{1}{4}} \tag{9-78}$$

$$N_{LV} = v_{sl}\left(\frac{\rho_l}{g\sigma}\right)^{\frac{1}{4}} \tag{9-79}$$

$$N_{GV} = v_{sg}\left(\frac{\rho_g}{g\sigma}\right)^{\frac{1}{4}} \tag{9-80}$$

式中，v_{sl}、v_{sg} 为液相、气相表观速度，m/s；σ 为气液表面张力，N/m。

M-B 模型中无因次临界气相速度为

$$N_{GVSM} = 10^{1.401 - 2.694N_L + 0.521N_{LV}^{0.329}} \tag{9-81}$$

式(9-81)中回归系数取值见表 9-5。

表 9-5　持液率公式回归系数取值[12]

流型		向下流		向上、水平流
		分层流	其他	全部流型
系数值	c_1	−1.330 2	−0.516 6	−0.380 1
	c_2	4.808 1	0.789 8	0.129 9
	c_3	4.171 6	0.561 6	−0.119 8
	c_4	56.262 2	15.519 2	2.343 2
	c_5	0.079 9	0.371 7	0.475 7
	c_6	0.504 9	0.393 8	0.288 7

2. 判别流程

编程判断倾斜管判别流程如图 9-16 所示。

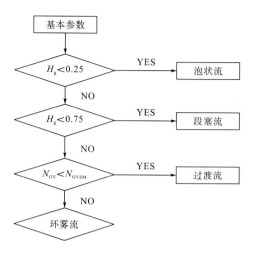

图 9-16　倾斜管流型判别流程图

（1）通过编程输入计算需要的相关参数。

（2）计算持气率 H_g，若满足 $H_g < 0.25$，则该斜井段气液两相流为泡状流；若不满足 $H_g < 0.25$，则进行下一步判断。

（3）继续比较，若 $H_g < 0.75$，则该斜井段气液两相流为段塞流；若不满足 $H_g < 0.75$，则进行下一步判断。

（4）分别计算 N_{GVSM}、N_{GV} 的值，并比较两者大小，若 $N_{GV} < N_{GVSM}$，则该斜井段为过渡流；若不满足 $N_{GV} < N_{GVSM}$，则该斜井段气液两相流为环雾流。

通过以上方法编制程序对造斜段倾斜管气液两相管流流型进行判定，如图 9-17 所示。

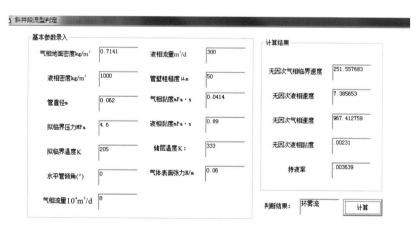

图 9-17　造斜段倾斜管气液两相流流型判别程序

9.1.2.3　压降计算

1. 计算方法

本书采用 M-B 压降计算方法进行计算，倾斜管气液两相流压降梯度可以表示为

$$\frac{\mathrm{d}p}{\mathrm{d}x} = \frac{\rho_{\mathrm{m}} g \sin\theta + \dfrac{f_{\mathrm{m}} \rho_{\mathrm{m}} v_{\mathrm{m}}^2}{2D}}{1 - \dfrac{\rho_{\mathrm{m}} v_{\mathrm{m}} v_{\mathrm{sg}}}{p}} \tag{9-82}$$

$$\rho_{\mathrm{m}} = \rho_{\mathrm{l}} H_{\mathrm{l}} + \rho_{\mathrm{g}}\left(1 - H_{\mathrm{l}}\right) \tag{9-83}$$

式中，f_{m} 为气液两相摩阻系数，无量纲；ρ_{m} 为气液两相流在倾斜管中的混合密度，$\mathrm{kg/m^3}$。式 (9-83) 中的 H_{l} 由式 (9-77) 求得。

　　页岩气井造斜段压降计算方法与倾斜管压降计算方法相似，若倾斜管流型为泡状流、过渡流、段塞流，则式 (9-82) 中两相摩阻系数 f_{m} 可以由无滑脱摩阻系数计算：

$$f_{\mathrm{m}} = f_{\mathrm{R}} f_{\mathrm{ns}} \tag{9-84}$$

式中，f_{R} 为相对持液率，无量纲；f_{ns} 为无滑脱摩阻系数，无量纲。相对持液率与持液率之间的关系见表 9-6。

表 9-6　持液率与相对持液率的关系[12]

H_{l}	0.01	0.2	0.3	0.4	0.5	0.7	1
f_{R}	1	0.98	1.2	1.25	1.3	1.25	1

　　若倾斜管中气液两相流为环雾流，则式 (9-84) 中两相摩阻系数 f_{m} 和无滑脱摩阻系数 f_{ns} 可以表示为[9]

$$f_{\mathrm{m}} = f_{\mathrm{ns}} = \left[1.14 - 2\lg\left(\frac{\varepsilon}{D} + \frac{21.25}{Re_{\mathrm{m}}^{0.9}}\right)\right]^{-2} \tag{9-85}$$

式中，ε 为倾斜管管壁粗糙度，m；D 为管径，m；Re_{m} 为气液混合雷诺数，无量纲。

　　2. 计算步骤

　　造斜段压降计算方法与垂直井段相同，同样采用压力增量迭代计算，但是选择的压降计算模型有所不同，并且考虑井斜角 θ 随井深在 $0° \sim 90°$ 内不断变化。本书利用长宁、自贡区块页岩气井井斜数据与产量数据，认为造斜段每个微元段内为倾斜直管 (图 9-18)，按照管长增量通过编程计算造斜段气液两相管流压力分布与持液率。

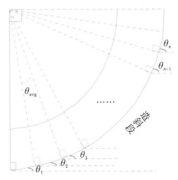

图 9-18　页岩气井造斜段微元划分简化示意图

（1）将造斜段按照其井斜角平均分成 n 个微元段，每段视为倾斜直管。

（2）由第一段微元前端压力 T_1、温度 T_0（由地温梯度计算）与后端压力 p_1（自动赋初值），温度 T_1 计算第一段 Δz_1 的平均压力与温度：$\overline{p}=(p_0+p_1)/2$，$\overline{T}=(T_0+T_1)/2$。

（3）计算气体在 $\overline{p}$、$\overline{T}$ 下的各类物性参数。

（4）计算气液两相表观速度 v_{sg}、v_{sl} 与混合物速度 $v_m=v_{sg}+v_{sl}$。

（5）计算持液率与无因次量 N_{GVSM}、N_{GV} 的值并判断流型。

（6）计算对应流态下的摩阻系数及 θ_1、θ_2、θ_3 等的值，并利用式（9-92）计算压力梯度。

（7）计算该段压降 Δp_1，若 $|\Delta p_1-|p_1-p_0||/\Delta p_1 \leqslant 0.05$，则 p_1 为所求；若 $|\Delta p_1-|p_1-p_0||/\Delta p_1 > 0.05$，则令 $p_1=p_0-\Delta p_1$，再重复步骤（2）～（7）直到满足条件，再输出 p_1。

（8）重复上述步骤将造斜段计算完成，输出造斜段顶端压力 p_n。

造斜段气液两相流压力分布计算流程如图 9-19 所示。

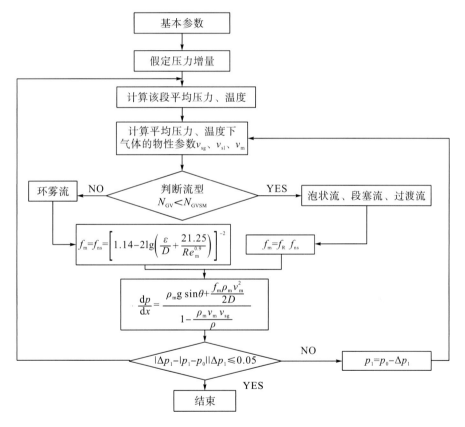

图 9-19　造斜段气液两相流压力分布计算流程图

9.1.2.4　实例分析

根据造斜段计算模型，利用 VB 编制了计算程序。利用该程序对宁××-H1 井页岩气井进行了实例分析，其基本数据见表 9-7。

表 9-7　宁××-H1 基础数据

参数	取值	参数	取值	参数	取值
产液量(m^3/d)	2	造斜点压力(MPa)	15	管壁粗糙度(mm)	0.05
产气量($10^4 m^3$/d)	20	液相密度(kg/m^3)	1 050	表面张力(N/m)	0.06
造斜段起点垂深(m)	3 000	偏差因子	0.935	天然气密度(kg/m^3)	0.717 4
水平段起点垂深(m)	3 500	地温梯度(K/100 m)	2	气相黏度(mPa·s)	0.041 4
井口温度(K)	293	套管直径(mm)	139.7	液相黏度(mPa·s)	0.89

　　表 9-7 中数据导入编制的造斜段压降计算程序中，如图 9-20 所示。通过以上数据用编写的程序进行计算，获得不同井深下的井筒压力分布，并将计算值与动态监测数据进行对比，如图 9-20 所示。由图 9-21 可知，计算值与现场实测值差别不大。

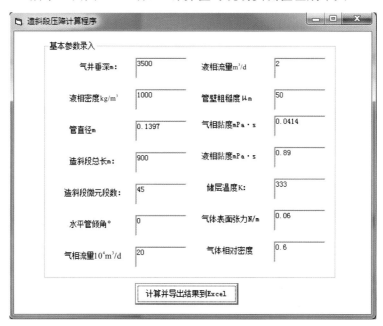

图 9-20　造斜段压降计算程序界面

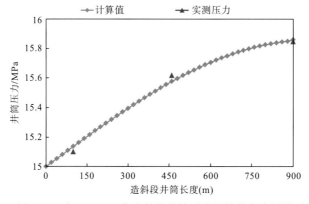

图 9-21　宁××-H1 井造斜段井筒压力计算值与实测值对比

根据表 9-7 中数据对该井造斜段进行了影响因素分析，分别取不同产气量、管径、气液比、表面张力进一步分析其对井筒压力的影响。

1. 压力与压降

图 9-22 所示为宁×××页岩气井在产气量为 $20\times10^4\,\mathrm{m^3/d}$，产液量为 $2\,\mathrm{m^3/d}$ 时，造斜段井筒压力与压降随井筒长度的变化。可以看出，造斜段井筒压降随井筒长度的增加而增加。由压降曲线可知，在造斜段顶端压降增加快，造斜段底端压降增加较慢，因为水平井在垂直向水平转换过程中，势能压降逐渐降低，对总压降的贡献逐渐减小，直至水平状态，势能压降完全消失，这与实际情况是完全吻合的。

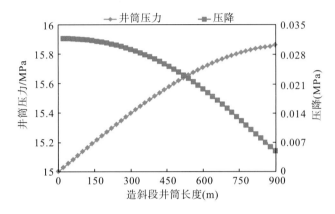

图 9-22　造斜段井筒压力、压降分布曲线

2. 产气量

取产液量为 $2\,\mathrm{m^3/d}$，再分别取产气量为 $30\times10^4\,\mathrm{m^3/d}$、$20\times10^4\,\mathrm{m^3/d}$、$10\times10^4\,\mathrm{m^3/d}$，其余参数同表 9-7，计算造斜段井筒的压力分布，如图 9-23 所示。由图 9-23 可以看出，井筒压力随产气量的增加而增加，并且压降增加幅度随产气量增加而越来越大。因为产气量增加，气体在井筒内的流速增大，气液两相产生的滑脱效应就增强，故在井筒内气体与管壁之间的摩阻压降、气体与液体之间的滑脱压降都会增加，因而总压降梯度增大。

3. 产液量

取产气量为 $20\times10^4\,\mathrm{m^3/d}$，再分别取产液量为 $2\,\mathrm{m^3/d}$、$5\,\mathrm{m^3/d}$、$50\,\mathrm{m^3/d}$、$100\,\mathrm{m^3/d}$、$200\,\mathrm{m^3/d}$，其余参数同表 9-7，计算造斜段井筒的压力分布，如图 9-24 所示。由图可知，造斜段井筒压降随产液量的增加而增加，并且在产液量大于 $5\,\mathrm{m^3/d}$ 时，压降对产液量变化比较敏感；在产液量小于 $5\,\mathrm{m^3/d}$ 时，压降变化较小，因为在产气量为 $20\times10^4\,\mathrm{m^3/d}$、产液量为 $2\,\mathrm{m^3/d}$ 时气液两相在造斜段中为环雾流，当产液量进一步减小时，压降主要是受气相影响，因此此时产液量改变，压降表现出不敏感。

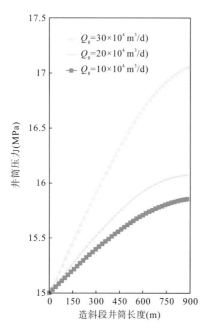

图 9-23 不同产气量下造斜段井筒的
压力分布曲线

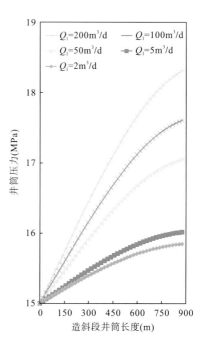

图 9-24 不同产液量下造斜段井筒的
压力分布曲线

4. 管径

取产气量为 $20 \times 10^4 \, \text{m}^3/\text{d}$，产液量为 $2 \, \text{m}^3/\text{d}$，再分别取管径为 $49.66 \, \text{mm}$、$62 \, \text{mm}$、

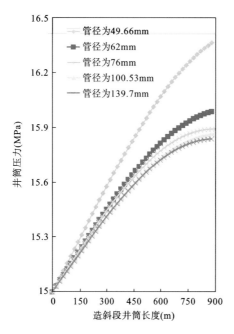

图 9-25 不同管径下造斜段井筒的压力分布曲线

$76 \, \text{mm}$、$100.53 \, \text{mm}$、$139.7 \, \text{mm}$，其余参数同表 9-7，计算造斜段井筒的压力分布，如图 9-25 所示。可以看出，随管径的增大，井筒压降逐渐降低；在井筒管径小于 $62 \, \text{mm}$ 时，改变井筒直径，压降变化幅度较小，在井筒直径大于 $62 \, \text{mm}$ 时，改变井筒直径，压降变化幅度较大。因为在气液产量不变时，管径变小，气液混合物的密度、速度都会相应变大，因此气液混合物在井筒中流动的摩阻与重力势能都将增加，井筒直径越小，压降增加幅度越大。

9.1.3 垂直段压降计算模型

目前常用的预测垂直管气液两相管流压降的计算方法主要分为经验模型和机理模型两种研究方法[1]。经验模型：根据因次分析等方法得到反映某一特征流动过程中的一些无因次参数,再依据实验数据整理出描述这一流动过程的经验关系式;机理模型:依据流体力学的基本原理,对多相流体流动现象进行严格的描述,并与部分实验结果相结合得到流型判别模型和流动参数计算公式。通过大量调研得出两种计算方法的具体分类、使用条件及范围,见表 9-8。

表 9-8　气液两相管流压降计算方法具体分类、使用条件及范围

方法	模型	计算条件	评价及应用
经验模型	Poettmann-Carpenter 摩擦损失系数法[2]	将气液两相混合物视为均相介质	20 世纪 60 年代以前的经典垂直多相管流模型,适用于高流量低气液比井
	摩擦损失系数法[13]	考虑了液体黏度和气液两相雷诺数	对 Poettmann-Carpenter 模型在考虑气液比、密度及黏度等影响因素后的修正
机理模型	Hagedorn-Brown[14]	以气液两相滑脱为基础,通过计算持液率来修正摩擦系数从而求解滑移增大的静压梯度(滑移模型)	相关规律完全是经验的,适用于垂直井及近似垂直的油气井
	Beggs-Brill[15]	基于能量守恒方程,每种流型具有相应的公式	对持液率的计算结果偏大,摩阻系数不连续,在流型分界处持液率也不连续,适用于任意倾角的井筒
	Duns-Ros[10]	利用因次分析,从 10 个无因次群中选取 4 个有意义的无因次群	实验管段较短,对深度或压差很大的井,需进行分段计算才能应用,适用于高气液比井
机理模型	Orkiszewski[16]	每种流型具有对应的计算方法	率先对每个流型单独进行计算并定义了液体分布系数,使 Griffith-Walks 的段塞流计算延伸到高流量范围
	Mukherjee-Brill[8]	以均相稳定流动为基础	每种流型有相应的计算公式,适用于定向井及起伏管两相流压力计算
	机理模型	从流型转变机理出发	解释和预测了转变条件,提出了描述转变的物理模型,发展了理论基础的转变方程来构造流型图,较全面地考虑了流型转变的影响因素
	Hasan-Kabir[17]	采用 Taitel 等在流型转变机理方面的研究成果	每种流型有对应的压降梯度的计算方法,进一步量化和扩大了两相流的应用范围(适用于高气液比井)
	DunsKaya[18]	对前人的力学模型进行总结和修正	利用扩大的 TUFFP 油井数据库进行评价,研究结果表明该模型与数据较吻合

通过表 9-8 可以看出,前面的学者对于垂直油管中井筒两相流模型方面已经做了大量的工作,但是大都是根据实验数据或者部分现场数据的综合处理来划分流型,因此在使用时都必须谨慎。大多数实验表明一个精确的计算方法应该建立在机理性分析之上,并且能够灵活应用于多相流动的各种流动型态。由于页岩气井在生产过程中,长期处于两相流状态,其流态可能随井筒垂深的改变发生动态变化,而且长期处于高气液比状态,为了让计算结果更接近于现场实际情况,本书采用 Hasan-Kabir 方法计算垂直段的压力分布。

Hasan 研究了垂直管中气液两相流动的相关规律,Hasan-Kabir 对以上成果进行了改进和扩充,对铅直圆管中气液两相流动形态转变的机理性进行分析,得出了每一种流动形态的判别准则,提出了流动形态的判别方法,进而给出了各种流动形态下压力梯度的计算方法,同时对铅直环空中气液两相流动的个别问题也进行了讨论。Orkiszewski 在此基础上

对比分析了多个气液两相流计算方法,应用 148 口井的实测数据对这些主要的方法进行了综合评价,发现 Hasan-Kabir 方法适用范围较广,适合于高气液比的油气井。近年来很多专家和学者在这方面也做了许多工作,如 2016 年王竞崎[19]就粗糙壁微型水平井气液两相垂直管流进行了深入的研究。发展到目前大部分学者一致认为垂直管中的总压差为摩阻压降、势能压降、动能压降之和[1]。

在垂直管的不同位置,气液两相流态可能不同,因为流态受各相速度、密度、气液两相流动的形成过程、偏离水动力学平衡的程度和少量杂质存在的影响。很多学者通常用流动形态分布图来描述不同流动形态存在的范围。为了使流动形态分布图具有一般性,对其坐标参数加以选择,使其足以能够反映各种流动形态的转变。但是,由于不同的流动形态受到不同水动力学条件的控制,因此真正广义的流动形态分布图其实是得不到的。于是Kabir 将垂直管中的气液两相的流动形态分为泡状流、段塞流、搅动流、环状流 4 种,并通过机理分析得到流动形态判别准则及对应流态下的压降梯度,如图 9-26 所示。

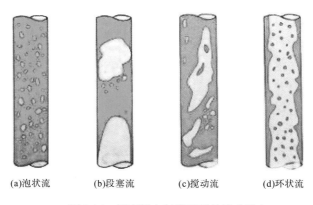

(a)泡状流   (b)段塞流   (c)搅动流   (d)环状流

图 9-26　铅直管中气液两相的流动型态

9.1.3.1　泡状流

1. 流型判断

泡状流的特点是液相为连续相,小气泡分散在整个过流断面中,以不规则的路线在液体中上升,小气泡之间会发生碰撞,随之发生聚集,形成大气泡[13]。这种聚集的过程随着气体流量的增大而加快,当达到一定程度时,泡状流将变成段塞流。许多专家和学者证实,这一临界转变发生在孔隙度为 0.25～0.3 时,Kabir 发现转变时的孔隙度为 0.25,并将孔隙度为 0.25 作为由泡状流变为段塞流的准则[17]。Kabir 模型中的泡状流孔隙度与气体折算速度之间的关系式为

$$v_g = \frac{v_{sg}}{\phi} = 1.2 v_m + v_{0\infty} \tag{9-86}$$

$$v_{sg} = \frac{1.2 v_{sl}\phi + v_{0\infty}\phi}{1 - 1.2\phi} \tag{9-87}$$

式中,v_g 为气相的真实速度,m/s;v_{sg} 为气相的折算速度,m/s;v_m 为气相混合物的速度,m/s;$v_{0\infty}$ 为单个气泡的极限上升速度,m/s;ϕ 为孔隙度,无量纲。

当 ϕ 取 0.25 时，得到：

$$v_{\text{sg}} = 0.429v_{\text{sl}} + 0.357v_{0\infty} \tag{9-88}$$

Kabir 通过理论分析和借助前人的工作，得出泡状流的判别准则为

$$\begin{cases} v_{\text{sg}} \leqslant 0.429v_{\text{sl}} + 0.357v_{0\infty} \\ v_{0\infty} \leqslant v_{\text{T}} \end{cases} \tag{9-89}$$

其中，$v_{0\infty}$ 可以由 Harmathy 公式确定：

$$v_{0\infty} = 1.53\left[\frac{g\left(\rho_{\text{l}} - \rho_{\text{g}}\right)\sigma}{\rho_{\text{l}}^2}\right]^{\frac{1}{4}} \tag{9-90}$$

式中，ρ_{l} 为液相的密度，kg/m^3；ρ_{g} 为气相的密度，kg/m^3；σ 为表面张力，N/m。

根据尼克林公式有

$$v_{\text{T}} = 0.35\sqrt{\frac{gD\left(\rho_{\text{l}} - \rho_{\text{g}}\right)}{\rho_{\text{l}}}} \tag{9-91}$$

式中，v_{T} 为泰勒气泡的极限上升速度，m/s；D 为油管直径，m。

在大流量情况下，管内产生的紊流对已聚集的气泡具有破碎作用，会阻止小气泡的聚集，抑制泡状流向段塞流转变。当孔隙度超过 0.25 时，仍然保持泡状流流态，所以称之为泡状流，这时的判别准则为

$$\begin{cases} v_{\text{sg}} \leqslant 0.52 \\ v_{\text{m}} > 5.88D^{0.48}\left[\dfrac{g\left(\rho_{\text{l}} - \rho_{\text{g}}\right)}{\sigma}\right]^{0.5}\left(\dfrac{\sigma}{\rho_{\text{l}}}\right)^{0.6}\left(\dfrac{\rho_{\text{m}}}{\mu_{\text{l}}}\right)^{0.08} \end{cases} \tag{9-92}$$

式中，ρ_{m} 为气液混合物密度，kg/m^3；μ_{l} 为液相的黏度，Pa·s。

2. 压力梯度

气液两相流动和单相流动一样，其总压力梯度是势能压降梯度、摩阻压降梯度、动能压降梯度之和。

$$\frac{\text{d}p}{\text{d}z} = \left(\frac{\text{d}p}{\text{d}z}\right)_{\text{h}} + \left(\frac{\text{d}p}{\text{d}z}\right)_{\text{f}} + \left(\frac{\text{d}p}{\text{d}z}\right)_{\text{v}} \tag{9-93}$$

化简为

$$-\frac{\text{d}p}{\text{d}z} = \rho_{\text{m}}g + \frac{2f_{\text{m}}v_{\text{m}}^2\rho_{\text{m}}}{D} + \rho_{\text{m}}v_{\text{m}}\frac{\text{d}v_{\text{m}}}{\text{d}z} \tag{9-94}$$

式中，$\dfrac{\text{d}p}{\text{d}z}$ 为总压降梯度，Pa/m；$\left(\dfrac{\text{d}p}{\text{d}z}\right)_{\text{h}}$ 为势能压降，Pa/m；$\left(\dfrac{\text{d}p}{\text{d}z}\right)_{\text{f}}$ 为摩阻压降，Pa/m；$\left(\dfrac{\text{d}p}{\text{d}z}\right)_{\text{v}}$ 为动能压降，Pa/m。

由式(9-94)可知，在计算势能压降、摩阻压降、动能压降时，都要已知气液混合物的密度，则气液混合物的密度为

$$\rho_{\text{m}} = H_{\text{g}}\rho_{\text{g}} + \left(1 - H_{\text{g}}\right)\rho_{\text{l}} \tag{9-95}$$

然而持气率的计算是计算混合物密度的重要参数。因此泡状流持气率计算方法[1]为

$$H_g = \frac{v_{sg}}{C_0 v_m + v_{0\infty}} \qquad (9\text{-}96)$$

式中，C_0 为管形常数，圆管取 1.2。

将两相视为均相流动，根据范宁公式，气液两相摩阻压降为

$$\left(\frac{dp}{dz}\right)_f = \frac{2f_m v_m^2 \rho_m}{D} \qquad (9\text{-}97)$$

式中，f_m 为范宁系数(按照标准的范宁公式求取)，无因次；D 为油管直井，m。

9.1.3.2 段塞流

1. 流型判断

在段塞流中，聚集的小气泡逐渐变成大气泡几乎占据了管子的整个过流断面，液体被气泡分割成段塞，并且在气泡与管壁接触处形成具有下落趋势的液膜。随着流量的增加，上升的气流与下落的液膜之间的相互作用也会增加，当气流作用大到足以破坏气泡时，将会出现段塞流的上限，段塞流开始向搅动流转变。根据 Hasan[20] 流动型态分布图中段塞流向搅动流转变的界限，可以得出段塞流的判别准则为

$$\begin{cases} v_{sg} > 0.429 v_{sl} + 0.357 v_{0\infty} \\ \rho_g v_{sg}^2 < 25.4 \lg\left(\rho_l v_{sl}^2\right) - 38.9 \end{cases} \qquad (9\text{-}98)$$

2. 压力梯度

为段塞流流型时，持气率计算为

$$H_g = \frac{V_{sg}}{C_0 v_m + v_T} \qquad (9\text{-}99)$$

$$v_T = 0.35 \sqrt{\frac{gD(\rho_l - \rho_g)}{\rho_l}} \qquad (9\text{-}100)$$

在段塞流中，大部分液体随液体段塞向上流动，但也有少部分液体沿着附着于管壁上的液膜向下流动，所以，液体实际流动的距离为 $z(1-H_g)$，因此段塞流摩阻压降梯度为

$$\left(\frac{dp}{dz}\right)_f = \frac{2f_m v_m^2 \rho_m}{D}\left(1 - H_g\right) \qquad (9\text{-}101)$$

式(9-111)中 f_m、ρ_m 的求取与泡状流相同。

9.1.3.3 搅动流

1. 流型判断

当气体的流量足够大时，段塞流或者搅动流将开始向环状流转变，既有液体沿管壁流动形成液膜，同时气体在管壁中央核心部分向上流动。液膜具有不平整的波形表面，并且有时会破坏而以小液滴的形式进入中央气流，并且以悬浮液滴的形式随气流一起流动，如果气流的速度不足以维持液滴的悬浮状态，则液滴会下落、聚集，形成液桥，最终成为搅动流。维

持液滴处于悬浮状态所需要的气流最低速度可以由作用在液滴上的拖曳力与重力之间的平衡来确定，以此作为判别搅动流与环状流之间转变的依据[20]。该最低速度可以表示为

$$v_{sg} = 3.1 \left[\frac{\sigma g (\rho_1 - \rho_g)}{\rho_g^2} \right]^{0.25} \tag{9-102}$$

因此，搅动流的判别准则为

$$\begin{cases} v_{sg} < 3.1 \left[\dfrac{\sigma g (\rho_1 - \rho_g)}{\rho_g^2} \right]^{0.25} \\ \rho_g v_{sg}^2 > 25.41 g (\rho_1 v_{sl}^2) - 38.9 \end{cases} \tag{9-103}$$

2. 压力梯度

对于搅动流，学者研究很少，大多都是参照段塞流计算持气率，但是在搅动流中，液体流动的混掺作用使得混合物的速度分布和气体的浓度分布趋于平坦[1]，因此 $C_1 = 1$。摩阻压降梯度为

$$\left(\frac{dp}{dz} \right)_f = \frac{2 f_m v_m^2 \rho_m}{D} (1 - H_g) \tag{9-104}$$

9.1.3.4　环状流

1. 流型判断

根据上述泡状流、段塞流、搅动流三种流态的分析，得出环状流判别准则[12]为：

$$v_{sg} > 3.1 \left[\frac{\sigma g (\rho_1 - \rho_g)}{\rho_g^2} \right]^{0.25} \tag{9-105}$$

2. 压力梯度

在环状流中，中央气流携带了以液滴形式存在的大部分液体，称之为气芯，所以气芯中混合物流体的密度不同于单相气体的密度；同时管壁四周的液膜表面也不是一个稳定的"粗糙"面。但是可以忽略气芯中液滴与气流的速度差，近似地认为液滴速度与气流速度相等[21]。因此，环状流中总压力梯度表达式为

$$-\frac{dp}{dz} = \rho_c g + \frac{2 f_c v_g^2 \rho_c}{D} + \rho_c v_g \frac{dv_g}{dz} \tag{9-106}$$

根据气体状态方程，式 (9-116) 可变为

$$-\frac{dp}{dz} = \frac{\rho_c g + \dfrac{2 f_c v_g^2 \rho_c}{D}}{1 - \dfrac{v_g^2 \rho_c}{p}} \tag{9-107}$$

式中，ρ_c 为中央核心部分的流体密度，kg/m^3；f_c 为气体沿液膜"粗糙"面流过的摩阻系数，无量纲；p 为绝对压力，MPa。

根据式(9-107)中各参数分析可知，要求取环状流压降梯度，就必须先计算气芯混合流体的密度 ρ_c 和气芯与管壁液膜的摩阻系数 f_c。

1) 流体密度 ρ_c

为了计算核心部分流体密度，需要知道被携入气体核心的液体量占总液量的比例 FE。Steen 指出：在液膜呈现完全紊流的情况下，即液相雷诺数大于 3 000 时，FE 是 v_{sgc} 的函数[1]。v_{sgc} 定义如下：

$$v_{sgc} = \frac{v_{sg}\mu_g\left(\dfrac{\rho_g}{\rho_l}\right)^{0.5}}{\sigma} = \frac{G_m x \mu_g}{\sigma\sqrt{\rho_l\rho_g}} \tag{9-108}$$

式中，μ_g 为气相黏度，Pa·s。

如果 $v_{sgc} < 4\times10^{-4}$，则

$$FE = 0.0055\left(v_{sgc}\times10^4\right)^{2.86} \tag{9-109}$$

如果 $v_{sgc} > 4\times10^{-4}$，则

$$FE = 0.8571\lg\left(v_{sgc}\times10^4\right) - 0.2 \tag{9-110}$$

根据式(9-109)或者式(9-110)可以得出：

$$\rho_c = \frac{v_{sg}\rho_g + FE v_{sl}\rho_l}{v_{sg} + FE v_{sl}} \tag{9-111}$$

2) 摩阻系数 f_c

计算环状流摩阻系数 f_c 可以采用沃利斯相关公式[1]，即

$$f_c = f_g\left[1 + 75(1-H)\right] = \frac{0.079\left[1 + 75(1-H)\right]}{\left(Re_g\right)^{0.25}} \tag{9-112}$$

式中，f_g 为气相摩阻系数，无量纲；Re_g 为气相雷诺数，无量纲。

持气率 H 按照哈特-马蒂内利[2]相关规律计算，即

$$H = \left(1 + X^{0.8}\right)^{-0.378} \tag{9-113}$$

式中，X 为哈特-马蒂内利参数，无量纲。X 可以按照质量含气率和流体性质计算，即

$$X = \left(\frac{1-x}{x}\right)^{0.9}\left(\frac{\rho_g}{\rho_l}\right)^{0.5}\left(\frac{\mu_l}{\mu_g}\right)^{0.1} \tag{9-114}$$

由于两相垂直管流中流体密度、黏度及混合物速度等各项物理参数都随压力和温度的变化而变化，沿程压力梯度并不是常数[9]。因此，气液两相垂直管流压降需要分段计算，并需要预先求得相应段的流体物性参数。但这些参数又随温度、压力的变化而发生变化，压力却又是计算中需要求得的未知数。所以，两相垂直管流常采用迭代法进行计算。

有两种不同的迭代途径：一是按压力增量迭代，二是按深度增量迭代。本书采用按压力增量迭代方法进行计算，其计算步骤如下。

(1) 本书选择井口油压 p_0 为初始值，选取 50 m 作为垂直深度间隔 Δh。

(2) 根据当地地温梯度计算方法计算该段下端的温度，同时任意选取一个对应于计算深度间隔的压力增量 $\Delta p'$。

(3) 利用初始压力、温度并结合计算的该段下端的温度和选取的压力计算该段的平均温度和平均压力，以及对应状态下天然气体积系数、黏度、密度、混合物黏度及表面张力等各项流体物性参数。

(4) 利用相应流态的压降计算公式计算该管段的压力梯度。

(5) 根据压力梯度计算对应于该管段长度的总压力增量 Δp。

(6) 将上步计算的总压力增量估计值 $\Delta p'$ 与计算值 Δp 进行比较，若两者之差不在允许范围内，则将计算值 Δp 作为新的估计值，再重复第 (2)～(6) 步，直到两者的误差在允许范围内。

(7) 计算该管段下端对应的压力和深度。

(8) 以该段下端点处的压力和温度作为起始点，重复第 (2)～(7) 步，计算下一段的压力和深度，直到每段累加深度等于或者大于管长时结束。

9.1.4　水平井返排井筒积液判断模型

由于页岩气井压后投产一般为套管生产，管径较大，在生产过程中长期为气液两相流动，且产气量、产液量随页岩气井生产阶段的变化而发生变化。因此，积液现象一般发生在井筒的造斜段、垂直段，如图 9-27 所示。当页岩气井发生积液现象时，井底液面将会迅速上升，导致井口压力迅速下降，影响生产效率，降低产能，严重时可能会直接导致页岩气井停产。气井开始积液时的气流速度称为气井携液临界流速，对应的流量为携液临界流量。只有当井筒中气体实际流速大于携液临界流速时，气流才能将井筒内的液体夹带到井口，使气井能连续携液，恢复气井产能。

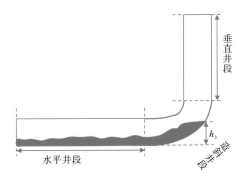

图 9-27　页岩气水平井积液简化模型示意图

9.1.5　携液临界流量计算模型

前人在分析气井携液临界流量方面也做了深入的研究，总结出液膜模型和液滴模型两种计算携液临界流量的模型[22]。液膜模型描述了液膜沿管壁上升的机理过程，计算比较复杂；液滴模型认为只要气流的速度达到某一临界值时，液滴将会被气流夹带出井口，并总结了计算该临界气流速度的方法。这两种模型在实际情况下都有可能出现，垂直管中的气流夹带的液滴和管壁上的液膜之间将会发生动态交换，液膜下降最终又破碎成液滴。

液滴模型假设，排除气井积液所需最低条件是使气流中的最大液滴能连续向上运动。因此，根据最大液滴受力情况可确定气井携液临界流速，即气体对液滴的拖曳力等于最大液滴的沉降重力。

气体对液滴的拖曳力 F 为

$$F = \frac{\pi}{4} d^2 C_d \frac{u_{cr}^2}{2} \rho_g \tag{9-115}$$

液滴的沉降重力 G 为

$$G = \frac{\pi}{6} d^3 \left(\rho_l - \rho_g \right) g \tag{9-116}$$

式中，u_{cr} 为气井携液临界流速，m/s；d 为最大液滴直径，m；C_d 为拖曳力系数，一般取 0.44；ρ_l 为液体的密度，kg/m³；ρ_g 为气体的密度，kg/m³；g 为重力加速度，m/s²。

根据气体对液滴的拖曳力 F 等于液滴的沉降重力 G，得页岩气井垂直段携液临界流速为

$$u_{cr} = \left[\frac{4gd \left(\rho_l - \rho_g \right)}{3C_d \rho_g} \right]^{0.5} \tag{9-117}$$

由式(9-117)可知，所需的携液临界流速与液滴直径成正比，因此，要先确定最大液滴直径，才能计算出液滴向上运动的气流临界速度。根据研究发现，气流的惯性力与液体表面张力同时控制着液滴直径的大小，惯性力有使液滴破碎的趋势，而表面张力试图使液体聚拢。因此为了综合考虑这两个方面的因素，学者就提出了韦伯数这一无量纲的物理量，表示为惯性力与表面张力之比，研究发现当韦伯数超过临界值 30 时，液滴破碎，井筒内就不存在稳定液滴[12]。

韦伯数表示为

$$N_{we} = \frac{u_{cr}^2 \rho_g d}{\sigma} \tag{9-118}$$

式中，N_{we} 为韦伯数，无量纲；σ 为气液表面张力，N/m。

根据式(9-118)可以求出 d，并将结果代入式(9-117)，则气体的临界流速为

$$u_{cr} = 3.1 \times \left[\frac{\sigma g \left(\rho_l - \rho_g \right)}{\rho_g^2} \right]^{0.25} \tag{9-119}$$

因此，气井的携液临界流量为

$$q_{cr} = 2.5 \times 10^4 \times \frac{A p u_{cr}}{ZT} \tag{9-120}$$

式中，q_{cr} 为携液临界流量，10⁴ m³/d；A 为油管横截面积，m³；p 为井底压力，MPa；T 为井底温度，K；Z 为气体偏差系数，无量纲。

通过式(9-120)可知页岩气井携液临界流量与压力、温度、油管直径有关，与气液比无关。对于产液量小的气井，可以根据井口条件来计算临界流速和临界流量，这类气井在

开始发生积液到气井完全停喷需要几天时间；对于产液量较大的气井，可根据井底条件来判断是否积液，这类气井开始积液到停喷的间隔时间只有几个小时，气液比会直接影响积液和停喷的时间。

9.1.6　实例分析

根据上面垂直段计算模型，利用 VB 编制了计算程序，利用该程序对长宁现场宁×××
×页岩气井进行了实例分析，基本数据见表 9-9。

表 9-9　宁×××井基础数据

参数	取值	参数	取值	参数	取值
产液量（m³/d）	2	井口油压（MPa）	15	管壁粗糙度（mm）	0.05
产气量（10⁴ m³/d）	20	液相密度（kg/m³）	1 050	表面张力（N/m）	0.06
造斜段起点垂深（m）	3 000	偏差因子	0.935	天然气密度（kg/m³）	0.717 4
水平井垂深（m）	3 500	地温梯度（K/100 m）	2	气相黏度（mPa·s）	0.041 4
井口温度（K）	293	套管直径（m）	0.139 7	液相黏度（mPa·s）	0.89

根据表 9-9 数据对该井垂直段进行了分析，并结合气井携液临界流速模型与垂直段井筒压降模型分别得到井筒各点携液临界流速（临界流量）与井筒内各点压力分布曲线，对井筒是否发生积液进行了判定，同时分析了产气量、产液量、管径等因素对井筒压力分布的影响规律。

1. 垂直段积液判定

根据表 9-9 中宁×××井基本数据利用携液临界流量计算模型计算该井沿井深方向的临界流速，结果见表 9-10。

表 9-10　宁×××井携液临界流速

深度（m）	压力（MPa）	温度（K）	气体密度（kg/m³）	气体流速（m/s）	临界流速（m/s）	产气量（10⁴ m³/d）	临界流量（10⁴ m³/d）
0	15.00	293	114.99	4.82	1.40	20	5.74
250	15.29	298.	115.20	4.81	1.39	20	5.74
500	15.58	303	115.48	4.78	1.38	20	5.75
750	15.87	308	115.77	4.77	1.38	20	5.75
1 000	16.16	313	116.05	4.76	1.37	20	5.76
1 250	16.45	318	116.32	4.75	1.37	20	5.76
1 500	16.75	323	116.58	4.74	1.37	20	5.77
1 750	17.04	328	116.85	4.73	1.37	20	5.77
2000	17.33	333	117.10	4.72	1.37	20	5.78
2 250	17.63	338	117.36	4.71	1.37	20	5.78
2 500	17.92	343	117.61	4.70	1.36	20	5.78
2 750	18.22	348	117.85	4.69	1.36	20	5.79
3 000	18.51	353	118.10	4.68	1.36	20	5.79

通过表 9-10 可知，宁×××井在垂直段 0～3 000 m 任何地方的临界流速和临界流量都分别小于气体的流速和流量，因此该井在生产过程中可以连续携液，不会造成井底积液现象。当气井产气量下降至 $6×10^4\,m^3/d$ 时，井筒有可能会积液，因此需要及时更换油嘴控制好产气量。

2. 井筒压力计算及影响因素分析

1）压力

取产气量为 $20×10^4\,m^3/d$，产液量为 $2\,m^3/d$，其余参数同表 9-9，计算垂直段井筒的压力分布，如图 9-28 所示。由图可知，垂直段计算压力与实测压力相差不大，该压降计算模型准确度较高；垂直段井筒压力随井筒垂深的增加而增加，因为井筒垂深增加，气体密度增大，气液混合物的密度随之增大，导致井筒内气液势能压降与摩阻压降均增加，总压降增加。

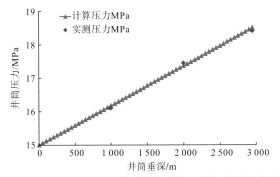

图 9-28   宁×××垂直段井筒计算压力与实测压力对比

2）持液率

取产液量为 $2\,m^3/d$，产气量分别为 $18×10^4\,m^3/d$、$19×10^4\,m^3/d$、$20×10^4\,m^3/d$，其余参数同表 9-9，计算垂直段井筒的持液率如图 9-29 所示。由图可知，持液率随产气量的增加而减小，随井筒垂深的增加而增大。原因是井筒垂深增加，井筒压力增加，根据气体状态方程可知，相同质量的气体体积就越小，液体体积随压力增加基本不变，故在同一井筒截面上，气体体积相对减小，液体体积相对增加，持液率增大。这个认识也是与前人的研究观点相一致[21]，同时这也能证明模型的正确性。

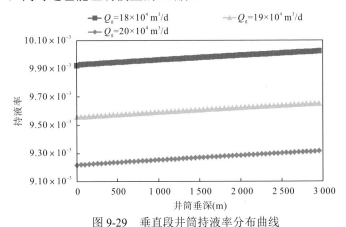

图 9-29   垂直段井筒持液率分布曲线

3) 产气量

取产液量为 2 m³/d，产气量分别为 $30×10^4$ m³/d、$20×10^4$ m³/d、$15×10^4$ m³/d、$10×10^4$ m³/d、$5×10^4$ m³/d，其余参数同表 9-9，计算垂直段井筒的压力分布如图 9-30 所示。由图可知，井筒压力随产气量的增加而增加，但压降增加幅度随产气量增加并不明显。因为气体产量虽然增加，但是气体在井筒内的密度增大得并不明显，所以势能压降变化不大；由于产气量增加，故井筒内气体流速增加，摩阻压降增加明显，但由于在垂直井筒中气液摩阻压降大约为势能压降的 10%[1]，因此产气量增加，总压降增加但增加幅度小。

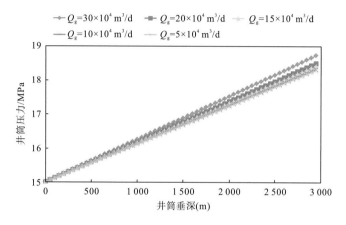

图 9-30　不同产气量下垂直段井筒的压力分布曲线

4) 产液量

取产气量为 $20×10^4$ m³/d，产液量分别为 2 m³/d、5 m³/d、50 m³/d、100 m³/d、200 m³/d，其余参数同表 9-9，计算垂直段井筒的压力分布，如图 9-31 所示。井筒压力随产液量的增加而明显增加，在产液量大于 50 m³/d 时，井筒压降增加较为明显，因为产液量增加，井筒中液相流量增加，摩阻压降增加，又由于液相密度较大，因此势能压降增加明显，故总压降随产液量增加而明显增加。

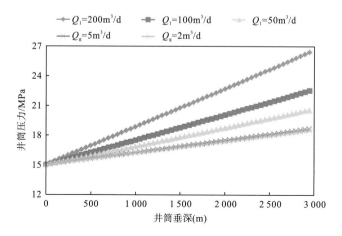

图 9-31　不同产液量下垂直段井筒的压力分布曲线

5) 管径

取产气量为 $20 \times 10^4 \, \text{m}^3/\text{d}$，产液量为 $2 \, \text{m}^3/\text{d}$，再分别取管径为 49.66 mm、62 mm、76 mm、100.53 mm、139.7 mm，其余参数同表 9-9，计算垂直段井筒的压力分布，如图 9-32 所示。由图可以看出，随管径增加，井筒压降逐渐降低；在井筒直径小于 100.53 mm 时，改变井筒直径，压降变化幅度较小，在井筒直径大于 100.53 mm 时，改变井筒直径，压降变化幅度较大。因为在气液产量不变时，管径变小，气液混合物的密度、速度都会变大，因此气液混合物在井筒中流动的摩阻与重力势能都将增加，井筒直径越小，压降增加幅度越大。

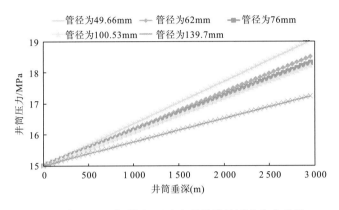

图 9-32　不同管径下垂直段井筒的压力分布曲线

9.2　页岩气水平井体积压裂返排制度优化软件

在页岩气井压后，如何选择合适的油嘴返排生产一直是困扰现场施工人员的难题，因为油嘴过小不能保证日产量，油嘴过大，井口油压过小，井底生产压差增加，有可能会造成支撑剂的回流，不利于页岩气的增产。因此，在页岩气返排后期乃至生产过程中有必要及时调整井口油嘴尺寸。

9.2.1　井口油嘴节流模型

由于气液两相嘴流理论比单相气体复杂，而且也没有统一的理论公式能准确地描述各个气田区块的实际生产情况，一般都是根据现场测试数据得出经验公式，再回归实际情况指导现场生产施工。根据嘴流特性可知，嘴流动态分为临界流与亚临界流两种，在临界流动下，嘴流下游压力变化对流体流量没有影响。页岩气返排时嘴流下游压力较小，其嘴流为临界流动，产量的变化主要取决于油嘴前压力[43]（油压）：

$$P_{\text{t}} = \frac{aR_{\text{p}}^{b}}{d^{c}} q_{\text{w}} \tag{9-121}$$

式中，P_{t} 为油压（油嘴前压力），MPa；R_{p} 为生产气液比，m^3/m^3；d 为油嘴直径，mm；q_{w} 为产液量，m^3/d；a、b、c 为经验系数，无量纲。

1954 年 Gilbert、1960 年 Ros、1961 年 Achong 根据不同油田大量的现场数据统计分析，得到的经验系数见表 9-11。

表 9-11　气液两相流经验系数

模型	a	b	c
Gilbert	0.194	0.546	1.89
Ros	0.282	0.500	2.00
Achong	0.089 7	0.650	1.88

　　虽然这 3 种方法来源于大量的现场数据，但是不具有普适性，当研究某一具体的区块时，有可能会造成较大的偏差，因此本书将利用长宁区块的排液资料，使用线性回归法计算嘴流经验常数。

　　将式(9-121)两边取对数可得

$$\ln P_t - \ln q_w = \ln a + b\ln R_p - c\ln d \tag{9-122}$$

　　再对式(9-122)进行整理可得

$$Y = AX_1 + BX_2 + CX_3 \tag{9-123}$$

其中，$Y = \ln P_t - \ln q_w$，$A = \ln a$，$B = b$，$C = -c$，$X_1 = 1$，$X_2 = \ln R_p$，$X_3 = \ln d$。

　　采用最小二乘法多维回归将式(9-133)两边分别对 A、B、C 求导，然后令导函数等于 0，可以求解 A、B、C，进而可以求得系数 a、b、c，本书以长宁区块为例，选取该区块某平台典型井 H13-5 井返排数据，得到回归常数 $a = 0.070\,35$，$b = 0.659\,12$，$c = 1.774\,15$，因此，适合该井的经验公式为

$$P_t = \frac{0.070\,35 R_p^{0.659\,12}}{d^{1.774\,15}} q_w \tag{9-124}$$

　　利用式(9-134)对该井数据进行验证，并与前人方法进行对比，如图 9-33 所示。

　　通过对现场页岩气井 H13-5 井 400 个实际生产数据点进行分析，得出适用于该井的嘴流公式，并与 Achong 模型、Gilbert 模型、Ros 模型对比，如图 9-33 和图 9-34 所示。结果表明，本书模型误差最小，能更准确地描述长宁区块页岩气嘴流特性。

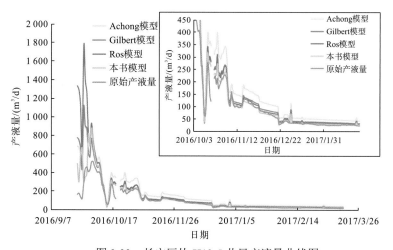

图 9-33　长宁区块 H13-5 井日产液量曲线图

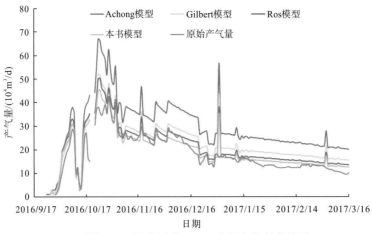

图 9-34　长宁区块 H13-5 井日产气量曲线图

　　本书利用嘴流新模型再次选取了长宁区块另一口典型井 H13-2 井(伴有出砂)的数据进行分析，结果如图 9-35 和图 9-36 所示。

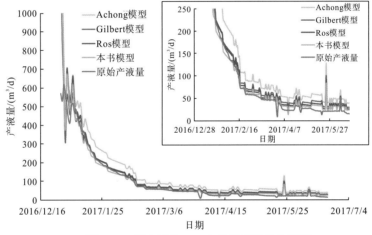

图 9-35　长宁区块 H13-2 井日产液量曲线图

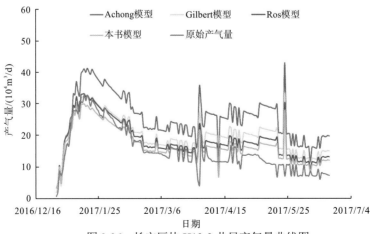

图 9-36　长宁区块 H13-2 井日产气量曲线图

通过图 9-36 与图 9-37 可以看出，本书的嘴流模型在 H13-2 井具有更好的适应性，更接近原始生产情况。

9.2.2　返排制度实时调整优化软件

通过联合前面章节建立的页岩气水平井体积压裂后气水两相流动模型、支撑剂回流模型、井筒压降模型及油嘴节流模型，建立裂缝-井筒-油嘴耦合模型。以井筒与井筒裂缝位置处为节点，忽略页岩气射孔孔眼处压降，将气井系统隔离为两部分：节点流入部分是从油层 $\overline{p_r}$ 计算到射孔处岩面油压 p_{wfs}；另一部分从井口油嘴压力 p_0 计算到油管吸入压力 p_{wfs}，这两条曲线之间的交点反映了在当前油嘴尺寸下气井的产气量 q_g，再结合支撑拱破坏准则及井筒内临界携液流速，得到页岩气井不出砂临界产气量 q_{glin}，就可以实现通过调节地面油嘴尺小来调节流入、流出曲线协调点对应的产气量 q_g，让产气量保持在不出砂临界产气量之内，有效控制页岩气井返排过程中裂缝内支撑剂回流。具体计算步骤如图 9-37 所示。

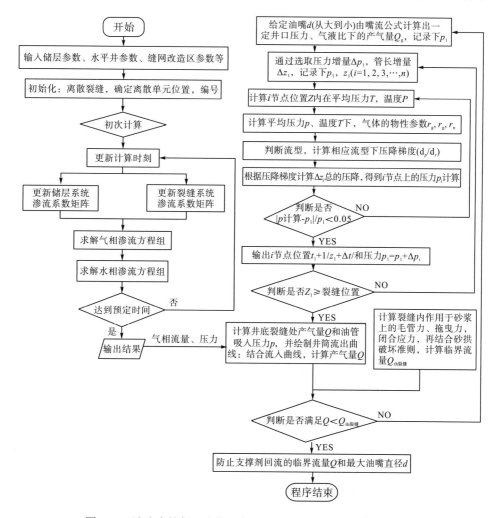

图 9-37　防止支撑剂回流临界产气量与最大油嘴尺寸计算程序流程图

根据上述计算流程，研制完成了"页岩气井体积压裂后返排制度设计与优化软件"，软件界面如图 9-38 所示，可以用于指导页岩气井体积压裂后返排和生产制度的实时调整。

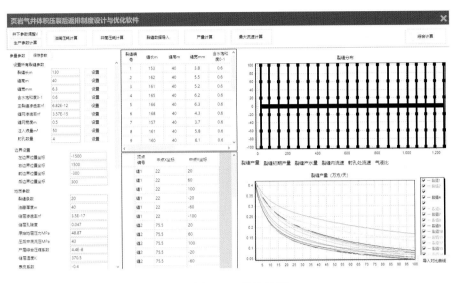

图 9-38 软件界面

步骤一：采用已有的井口油嘴后 Q_1、P_1、T_1，根据能量守恒定律计算油嘴前 Q_f、P_f、T_f，考虑井筒压耗、测井监测的裂缝参数计算出每条压裂裂缝跟部端的压力、流量，与生产资料拟合反复验证裂缝参数的合理性，如图 9-39 所示。

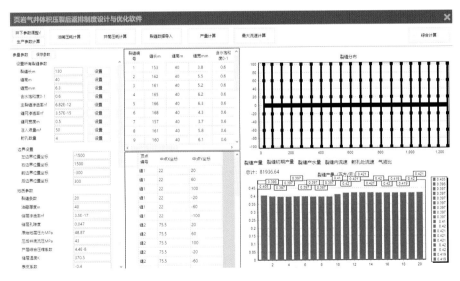

图 9-39 反演裂缝参数

步骤二：根据临界流速、出砂压差判断是否出砂，如果出砂则需要降低井底流压，使得不出砂，如图 9-40 所示。

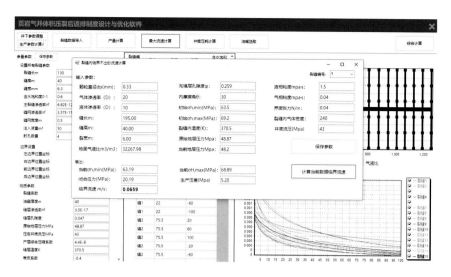

图 9-40　计算临界流速

步骤三：反算到油嘴前的 Q_2、P_2、T_2，与油嘴后的 Q_1、P_1、T_1 就可以确定油嘴尺寸，如图 9-41 所示。

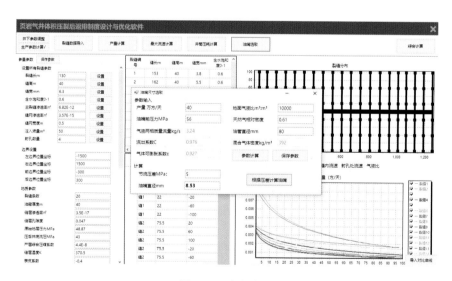

图 9-41　确定油嘴尺寸

9.3　页岩气水平井体积压裂返排制度实例

由于页岩气水平井分段多簇压裂后一次返排，返排量较大，返排过程中容易出砂，即便是在返排后期生产过程中，若过分加大油嘴尺寸，也会有出砂的风险，因此需要对压裂返排时的油嘴进行实时调控。这里通过两口井的实际应用，说明软件的使用流程和结果。

9.3.1　宁H5-5井返排制度优化设计

宁H5-5井位于四川省宜宾市珙县上罗镇二龙村2组，构造位于长宁背斜构造中奥顶构造南翼。该井为一口开发水平井，钻探的目的是开发长宁区块龙马溪组页岩气资源。该井于2015年8月24日开钻，2016年6月25日钻至井深5 380.00 m完钻（垂深：3 433.23 m，水平段长：1 924.00m），2016年11月3日完井，完井方法为套管射孔完井。

宁H5-5井共压裂27段，分段长度为66~82 m，平均段长为71.3 m，采用复合大通径桥塞作为分段工具、滑溜水压裂液体系、70/140 目石英砂+40/70 目陶粒，设计施工排量为12~14 m³/min，采用段塞式加砂模式，设计最高砂浓度为240 kg/m³；设计单段注入液量1 800 m³、酸液10 m³、加砂量80~120 t。第1段采用连续油管射孔，分3簇射孔，每簇射孔段长1 m，16孔/m，相位角为60°，总孔数为48孔。第24~27段采用定向射孔；其余各段采用电缆传输射孔（常规螺旋布孔），分3簇射孔，每簇射孔段长1.0 m，16孔/m，相位角为60°，总孔数为48孔，该井第5段、第6段、第9段、第10段、第14段、第15段、第17段、第18段、第19段、第20段、第25段处可能存在天然发育微裂缝。经放喷排液、监测气量、向管网输气，累计排液18 641.40 m³，占应排液量51 742.40 m³的36.03%，余液33 101.00 m³。2017年6月6日09:00至2017年6月21日08:00用12 mm、13 mm油嘴，146.4 mm丹尼尔压差式流量计装59.69 mm及60.33 mm孔板放喷测试，测试时间为360 h，平均套压为20.20 MPa，测试产量为34.030 2×10⁴ m³。

结合现场井参数，利用返排制度实时调整优化设计软件对该井的生产数据进行拟合，通过数据反演，可得该井的缝网参数和主裂缝参数，从而计算临界流速，并合理优化井口油嘴尺寸。

9.3.1.1　现场生产数据拟合

根据生产数据、储层参数和压裂裂缝模拟结果（表9-12），对宁H5-5井进行裂缝参数拟合（表9-13），拟合结果如图9-42～9-48所示

表9-12　宁H5-5井基本参数

参数类型	参数	单位	数值
气体参数	气体相对密度	—	0.56
	气体黏度	mPa·s	0.04
	气液表面张力	N/m	0.04
	偏差因子	—	0.99
	气体临界压力	MPa	4.61
	气体临界温度	K	191.32
	朗缪尔体积	m³/kg	0.05
	朗缪尔压力	Pa	2.46×10⁶
储层参数	储层孔隙度	%	5.9
	储层渗透率	mD	0.203
	原始地层压力	MPa	49.03

续表

参数类型	参数	单位	数值
储层参数	最小水平主应力	MPa	84.2
	最大水平主应力	MPa	101.2
压裂参数	压裂段长度	m	1924
	造斜段长度	m	646
	直井段垂深	m	2 760
	压裂段数	—	27
	套管直径	mm	139.7
	管壁粗糙度	μm	0.06
生产参数	瞬时产气量	$10^4 m^3/d$	34.03
	套管压力	MPa	20.20
	井底温度	K	376.65
	生产气液比	m^3/m^3	47 264.17

表 9-13　宁 H5-5 井各压裂段拟合参数

段序	井段 (m)	主裂缝半长 (m)	主裂缝宽度 (mm)	主裂缝渗透率 (D)	改造区宽度 (m)	改造区渗透率 (mD)
1	5 330~5 260	204	4.8	22	64	14
2	5 260~5 192	213	5.9	20	63	13
3	5 192~5 119	212	5.4	25	65	18
4	5 119~5 047	225	6.6	26	67	17
5	5 047~4 978	258	6.6	28	64	19
6	4 978~4 906	242	6.1	26	67	20
7	4 906~4 833	219	5.0	26	66	16
8	4 833~4 757	237	7.1	30	71	18
9	4 757~4 687	277	6.9	33	65	21
10	4 687~4 615	266	7.9	34	67	23
11	4 615~4 548	236	6.9	31	62	18
12	4 548~4 466	234	6.6	30	77	17
13	4 466~4 399	211	5.5	26	62	15
14	4 399~4 329	245	6.7	31	63	21
15	4 329~4 256	232	6.3	27	68	23
16	4 256~4 190	227	5.8	24	61	19
17	4 190~4 118	240	5.8	26	64	23
18	4 118~4 048	247	6.9	27	65	26
19	4 048~3 981	265	6.8	33	62	21
20	3 981~3 910	249	7.2	36	66	29
21	3 910~3 839	233	6.9	28	66	17
22	3 839~3 762	227	6.6	27	73	19
23	3 762~3 689	230	6.4	24	68	18
24	3 689~3 623	221	6.0	26	61	17

续表

段序	井段 (m)	主裂缝 半长(m)	主裂缝 宽度(mm)	主裂缝 渗透率(D)	改造区宽度 (m)	改造区 渗透率(mD)
25	3 623～3 550	245	5.4	28	67	23
26	3 550～3 480	240	6.0	27	65	20
27	3 480～3 406	245	6.1	26	69	16

图 9-42　宁 H5-5 井压裂裂缝模拟结果(3 D)　　图 9-43　宁 H5-5 井压裂裂缝支撑剂铺置模拟结果

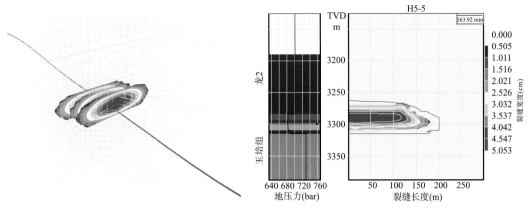

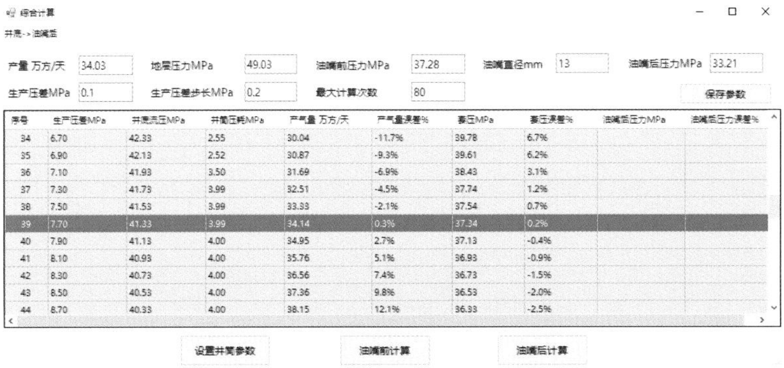

图 9-44　产量综合计算

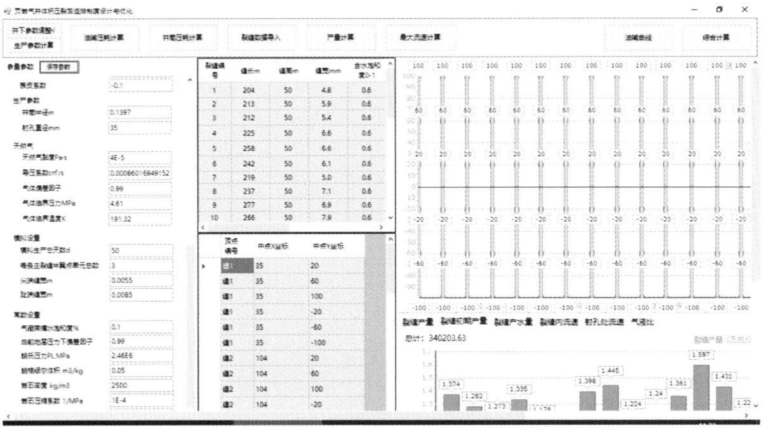

图 9-45　裂缝参数拟合

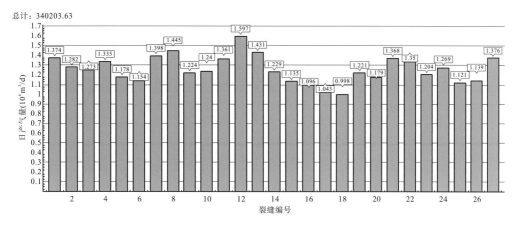

图 9-46　裂缝初期产量分布

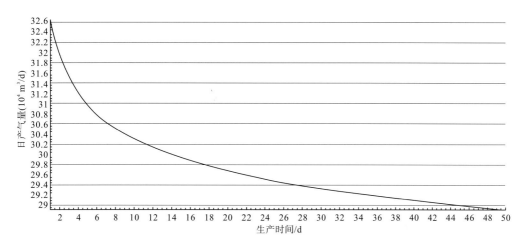

图 9-47　日产气量计算

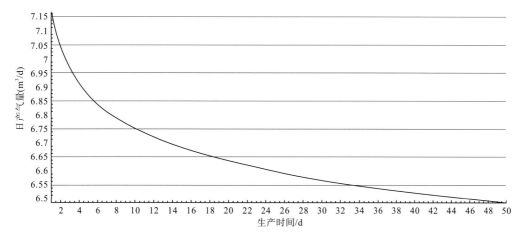

图 9-48　日产液量计算

9.3.1.2 油嘴实时优化

通过生产数据拟合得到压裂裂缝参数后，利用油嘴选取模块对油嘴进行实时优化，优化结果如图 9-49～图 9-51 和表 9-14 所示。

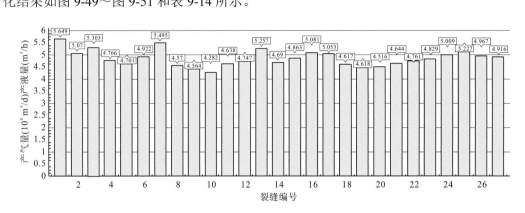

图 9-49 裂缝临界产气量

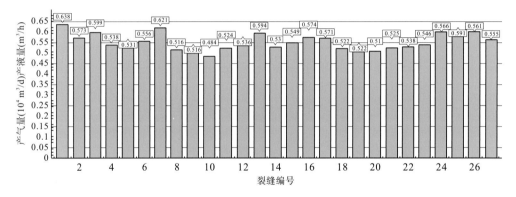

图 9-50 裂缝临界产液量

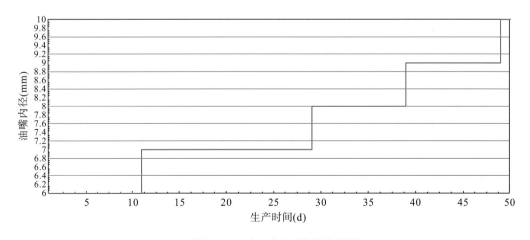

图 9-51 不出砂油嘴优化结果图

表 9-14　不出砂油嘴优化结果

生产时间(d)	油嘴(mm)	不出砂流速比例(%)	生产时间(d)	油嘴(mm)	不出砂流速比例(%)
1	6	86.00	26	7	85.80
2	6	86.30	27	7	85.90
3	6	86.00	28	7	86.00
4	6	85.80	29	8	86.20
5	6	85.60	30	8	86.30
6	6	85.50	31	8	86.50
7	6	85.40	32	8	86.70
8	6	85.30	33	8	86.90
9	6	85.20	34	8	85.20
10	6	85.20	35	8	85.40
11	7	85.10	36	8	85.70
12	7	85.10	37	8	86.00
13	7	85.10	38	8	86.30
14	7	85.10	39	9	86.60
15	7	85.10	40	9	86.90
16	7	85.10	41	9	85.30
17	7	85.10	42	9	85.60
18	7	85.10	43	9	86.00
19	7	85.20	44	9	86.40
20	7	85.20	45	9	86.90
21	7	85.30	46	9	85.30
22	7	85.40	47	9	85.80
23	7	85.40	48	9	86.40
24	7	85.50	49	10	86.90
25	7	85.70	50	10	85.50

　　由表 9-14 可知，不出砂流速比例均在 90%以下，单井出砂率为 0，油嘴程序符合设计要求。

9.3.2　威 204H12-1 井返排制度优化设计

　　威远页岩气示范区威 204H12-1 井在压后有出砂现象，出砂时间 27 天，出砂率最高可达 127.8 g/s。威 204H12-1 井完钻井深 4 550 m，完钻层位为龙马溪组，采用 Φ139.7 mm 套管完井，水平段长 1 500 m。威 204H12-1 井设计压裂 25 段，主体平均段长 63.2 m，采用可溶桥塞作为分段工具、滑溜水+线性胶+弱凝胶体系、100 目石英砂+40/70 陶粒，设计施工排量为 10～13 m³/min。对于天然裂缝发育段(8~12 段、19~21 段)，设计排量为 10 m³/min，最高砂浓度为 160 kg/m³，用液强度为 23～25 m³/m，加砂强度为 1.5～1.7 t/m，40/70 目陶粒占比为 60%；对于天然裂缝不发育段(2~7 段、13~18 段、22~24 段)，设计排量为 12～13 m³/min,最高砂浓度为 180 kg/m³,用液强度为 23～25 m³/m,加砂强度为 1.5～1.7 t/m,40/70 目陶粒占比为 70%;对于第 1 段及末段(狗腿度大),设计排量为 10 m³/min,最高砂浓度为 160 kg/m³,用液强度为 23～25 m³/m,加砂强度为 1.5～1.7 t/m,40/70 目陶粒占比为 60%。综合考虑威 204H12-1 井射孔参数如下:第 2～22 段每段 5 簇,单簇长度为 0.45 m;第 23～25 段每段 4 簇,单簇长度为 0.6 m。

结合现场井参数,利用返排制度实时调整优化设计软件对该井的生产数据进行拟合,通过数据反演,可得该井的缝网参数和主裂缝参数,从而计算临界流速,并合理优化井口油嘴尺寸。

9.3.2.1 现场生产数据拟合

将威 204H12-1 井基本参数(表 9-15)导入返排制度实时调整优化设计软件,以该井 2019 年 11 月 8 日至 2019 年 12 月 11 日的生产数据(表 9-16)作为参考(该井在这一生产阶段的初始产气量为 19.6512×10^4 m³/d,初始产液量为 6.09 m³/d),通过井筒压耗计算、临界流速计算、产量拟合等进行裂缝参数反演。

表 9-15 威 204H12-1 井基本参数

参数类型	参数	单位	数值
气体参数	气体相对密度	—	0.65
	气体黏度	mPa·s	0.04
	气液表面张力	N/m	0.04
	偏差因子	—	0.93
	气体临界压力	MPa	4.48
	气体临界温度	K	190
	朗缪尔体积	m³/kg	0.05
	朗缪尔压力	Pa	2.46×10^6
储层参数	储层孔隙度	%	4.7
	储层渗透率	mD	0.035
	原始地层压力	MPa	48.87
	最小水平主应力	MPa	63.5
	最大水平主应力	MPa	69.2
压裂参数	压裂段长度	m	1 579
	造斜段长度	m	321
	直井段垂深	m	2 447
	压裂段数	—	25
	套管直径	mm	139.7
	管壁粗糙度	μm	0.06
生产参数	瞬时产气量	10^4 m³/d	19.65
	套管压力	MPa	11.12
	井底温度	K	370.5
	生产气液比	m³/m³	32 267.98

表 9-16 威 204H12-1 井具体生产数据

时间	油压(MPa)	套压(MPa)	油嘴(mm)	产液量(m³/d)	瞬时气量(10⁴m³/d)
2019/11/8	—	11.12	13.0	6.09	19.651 2
2019/11/9	—	10.86	13.0	6.05	19.052 0
2019/11/10	—	10.72	13.0	5.64	18.554 0
2019/11/11	—	10.53	13.0	5.37	18.030 1
2019/11/12	—	10.26	13.0	5.20	17.459 7
2019/11/13	—	10.05	13.0	5.04	17.201 4
2019/11/14	—	9.89	13.0	4.87	16.825 8
2019/11/15	—	9.63	13.0	4.57	16.505 5
2019/11/16	—	9.49	13.0	4.25	16.259 7
2019/11/17	—	9.35	13.0	3.99	16.214 5
2019/11/18	12.06	9.26	13.0	3.87	15.695 2
2019/11/19	11.86	9.11	13.0	3.58	15.368 2
2019/11/20	11.71	8.93	13.0	3.45	15.234 1
2019/11/21	11.55	8.81	13.0	3.43	15.015 5
2019/11/22	11.38	8.71	13.0	3.28	14.836 7
2019/11/23	11.24	8.59	13.0	3.20	14.841 1
2019/11/24	11.14	8.47	13.0	3.14	14.532 0
2019/11/25	11.03	8.34	13.0	3.12	14.491 6
2019/11/26	10.92	8.23	13.0	3.02	14.225 0
2019/11/27	10.81	8.16	13.0	2.85	13.963 4
2019/11/28	10.75	8.08	13.0	2.65	13.807 7
2019/11/29	10.71	8.07	13.0	2.52	13.454 4
2019/11/30	10.57	7.92	13.0	2.42	13.493 1
2019/12/1	10.43	7.79	13.0	2.42	13.468 8
2019/12/2	10.31	7.69	13.0	2.22	13.523 7
2019/12/3	10.22	7.62	13.0	2.19	13.012 7
2019/12/4	10.15	7.53	13.0	2.03	13.115 2
2019/12/5	10.21	7.57	13.0	1.88	12.956 2
2019/12/6	10.31	7.60	13.0	1.69	12.621 3
2019/12/7	10.23	7.51	13.0	1.67	12.385 2
2019/12/8	10.17	7.49	13.0	1.65	12.286 1
2019/12/9	10.16	7.44	13.0	1.50	12.352 1
2019/12/10	10.03	7.34	13.0	1.37	12.208 7
2019/12/11	9.99	7.36	13.0	1.35	12.102 7

现场生产数据拟合在井下参数调整模块内实现,主要包括油嘴压差计算、井筒压耗计算、裂缝数据导入、综合计算、产量计算、产量拟合等部分。

1. 油嘴压差计算

油嘴压差计算结果如图 9-52 所示。

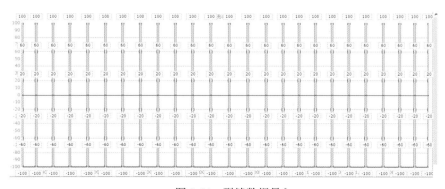

图 9-52 油嘴压差计算

2. 井筒压耗计算

井筒压耗计算结果如图 9-53 所示。

图 9-53 井筒压耗计算

3. 裂缝数据导入

裂缝数据导入结果如图 9-54 所示。

图 9-54 裂缝数据导入

4. 综合计算

由综合计算结果(图 9-55)可知,生产压差为 10 MPa 时,初始产气量误差和套压误差均最小,故初步拟定井底流压为 38.87 MPa。

图 9-55 综合计算

5. 产量计算

产量计算结果如图 9-56~图 9-58 所示。

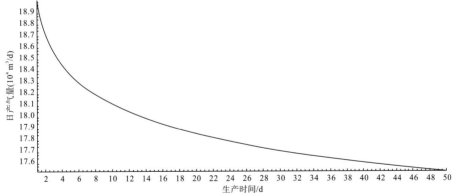

图 9-56 日产气量计算

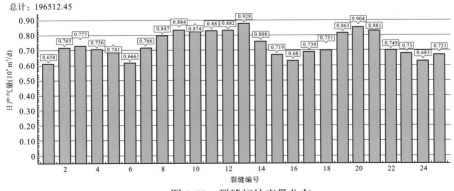

图 9-57 裂缝初始产量分布

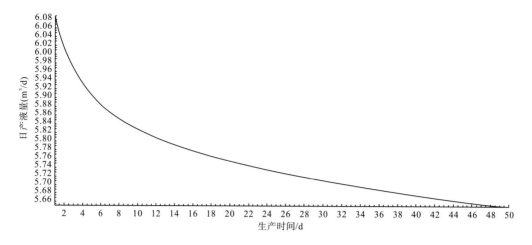

图 9-58　日产液量计算

6. 产量拟合

通过调整缝网参数(图 9-59),使初始日产气量接近 $19.651\,2\times10^4\,\text{m}^3/\text{d}$,初始日产液量接近 $6.09\,\text{m}^3/\text{d}$,可以得到威 204H12-1 井各压裂段拟合参数,见表 9-17。

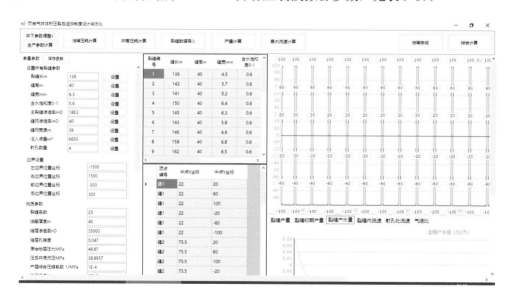

图 9-59　缝网参数调整

表 9-17　威 204H12-1 井各压裂段拟合参数

段序	井段 (m)	主裂缝半长 (m)	主裂缝宽度 (mm)	主裂缝渗透率 (D)	改造区宽度 (m)	改造区渗透率 (mD)
1	4 508~4 464	136	4.5	18	39	38
2	4 464~4 401	142	5.7	20	55	42
3	4 401~4 337	141	5.2	20	61	45

续表

段序	井段 (m)	主裂缝半长 (m)	主裂缝宽度 (mm)	主裂缝渗透率 (D)	改造区宽度 (m)	改造区渗透率 (mD)
4	4 337～4 270	150	6.4	21	60	50
5	4 270～4 203	145	6.3	21	58	53
6	4 203～4 136	143	5.8	19	59	61
7	4 136～4 070	146	4.9	20	62	46
8	4 070～4 004	158	6.8	26	61	55
9	4 004～3 937	162	6.5	27	60	50
10	3 937～3 871	159	7.5	29	60	63
11	3 871～3 805	157	6.7	28	61	58
12	3 805～3 737	156	6.5	28	60	57
13	3 737～3 668	136	5.3	21	61	33
14	3 668～3 599	152	6.4	23	62	51
15	3 599～3 532	147	5.9	20	63	56
16	3 532～3 472	151	5.6	19	56	51
17	3 472～3 412	144	5.5	21	57	53
18	3 412～3 350	139	6.5	22	55	56
19	3 350～3 288	154	6.5	28	56	58
20	3 288～3 224	150	6.8	31	59	69
21	3 224～3 160	161	6.7	30	59	65
22	3 160～3 095	151	6.4	21	61	52
23	3 095～3 035	153	6.2	22	53	54
24	3 035～2 983	147	5.7	21	46	55
25	2 983～2 929	140	5.2	20	49	45

通过对威 204H12-1 井的产量拟合可知,该井主裂缝半长、主裂缝宽度、主裂缝渗透率分别为 136～162 m、4.5～7.5 mm、18～31 D,缝网宽度、缝网渗透率分别为 39～63 m、33～69 mD。

9.3.2.2　油嘴实时优化

在获取裂缝参数之后,便可根据裂缝参数进行油嘴实时优化,以达到减少出砂的目的。油嘴实时优化在生产参数计算模块内实现,主要包括裂缝数据导入、输入裂缝参数、临界参数计算、油嘴计算、油嘴选取综合计算等部分。

1. 裂缝数据导入

裂缝数据导入结果如图 9-60 所示。

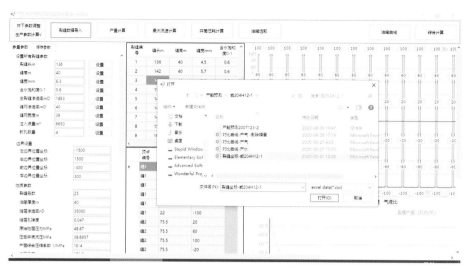

图 9-60　导入裂缝数据

2. 输入裂缝参数

输入裂缝参数结果如图 9-61 和图 9-62 所示。

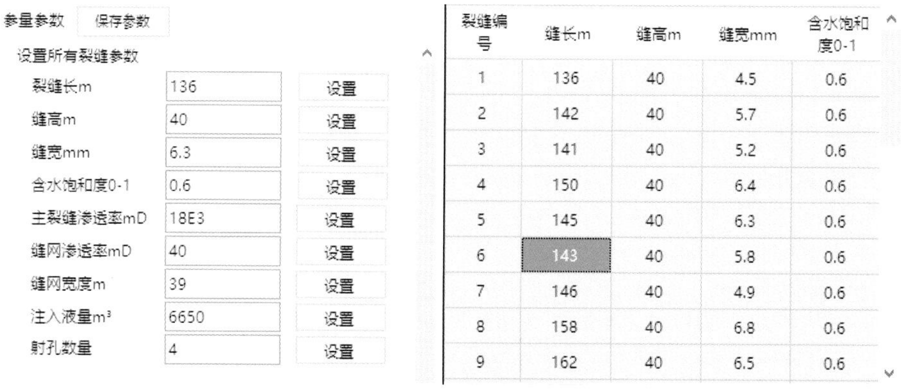

参量参数　保存参数

设置所有裂缝参数

裂缝长m	136	设置
缝高m	40	设置
缝宽mm	6.3	设置
含水饱和度0-1	0.6	设置
主裂缝渗透率mD	18E3	设置
缝网渗透率mD	40	设置
缝网宽度m	39	设置
注入液量m³	6650	设置
射孔数量	4	设置

裂缝编号	缝长m	缝高m	缝宽mm	含水饱和度0-1
1	136	40	4.5	0.6
2	142	40	5.7	0.6
3	141	40	5.2	0.6
4	150	40	6.4	0.6
5	145	40	6.3	0.6
6	143	40	5.8	0.6
7	146	40	4.9	0.6
8	158	40	6.8	0.6
9	162	40	6.5	0.6

图 9-61　输入裂缝参数

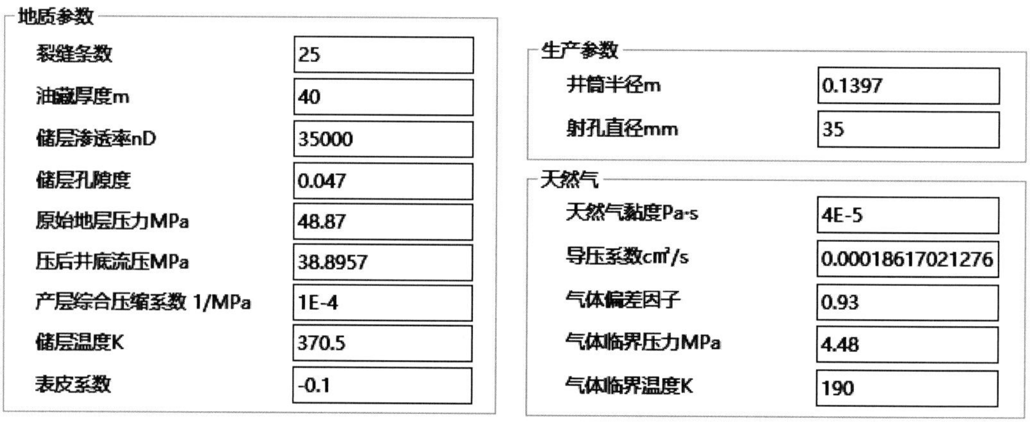

地质参数

裂缝条数	25
油藏厚度m	40
储层渗透率nD	35000
储层孔隙度	0.047
原始地层压力MPa	48.87
压后井底流压MPa	38.8957
产层综合压缩系数 1/MPa	1E-4
储层温度K	370.5
表皮系数	-0.1

生产参数

| 井筒半径m | 0.1397 |
| 射孔直径mm | 35 |

天然气

天然气黏度Pa·s	4E-5
导压系数cm²/s	0.00018617021276
气体偏差因子	0.93
气体临界压力MPa	4.48
气体临界温度K	190

图 9-62　输入基础参数

3. 临界参数计算

临界参数计算结果如图9-63~图9-65所示。

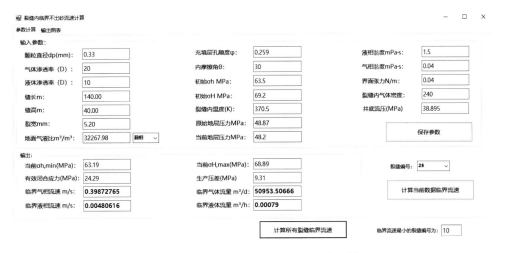

图9-63 裂缝内临界不出砂流速计算

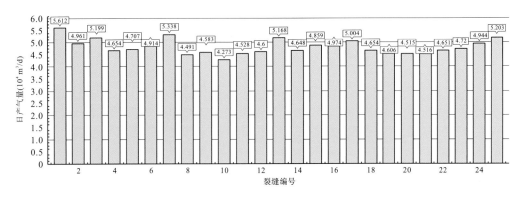

图9-64 裂缝临界日产气量分布图

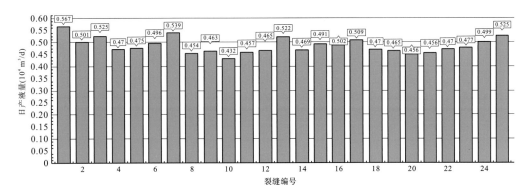

图9-65 裂缝临界日产液量分布图

临界参数可作为生产压差和油嘴直径选择的依据。

4. 油嘴计算

根据产量计算和井筒压耗计算可得到节流压差，进而计算油嘴直径，如图 9-66 所示。

图 9-66　油嘴直径计算

5. 油嘴选取综合计算

油嘴选取综合计算可以实现井筒参数设置、油嘴参数设置、最大流速参数设置、油嘴选取计算、计算结果输出、导入对比数据等功能，并可输出油嘴变化曲线等，如图 9-67、图 9-68、表 9-18 所示。

表 9-18　不出砂油嘴优化结果表

生产时间 (d)	油嘴 (mm)	射孔处流速比例 (%)	生产时间 (d)	油嘴 (mm)	射孔处流速比例 (%)
1	5	87.2	17	6	86.9
2	6	88.7	18	6	86.6
3	5	85.4	19	6	86.2
4	5	86.4	20	6	85.9
5	5	85.1	21	6	85.6
6	5	87.1	22	6	85.4
7	5	86.2	23	6	85.1
8	5	85.4	24	6	87.9
9	5	87.8	25	6	87.6
10	5	87.2	26	6	87.4
11	6	86.6	27	6	87.2
12	6	86.1	28	6	87
13	6	85.6	29	6	86.9
14	6	85.2	30	6	86.7
15	6	87.8	31	6	86.6
16	6	87.3	32	6	86.5

续表

生产时间 (d)	油嘴 (mm)	射孔处流速比例 (%)	生产时间 (d)	油嘴 (mm)	射孔处流速比例 (%)
33	6	86.4	42	7	86.9
34	7	86.4	43	7	87.2
35	7	86.3	44	7	87.4
36	7	86.3	45	7	87.8
37	7	86.4	46	8	88.1
38	7	86.4	47	8	85.4
39	7	86.5	48	8	85.9
40	7	86.6	49	8	86.5
41	7	86.8	50	8	87.1

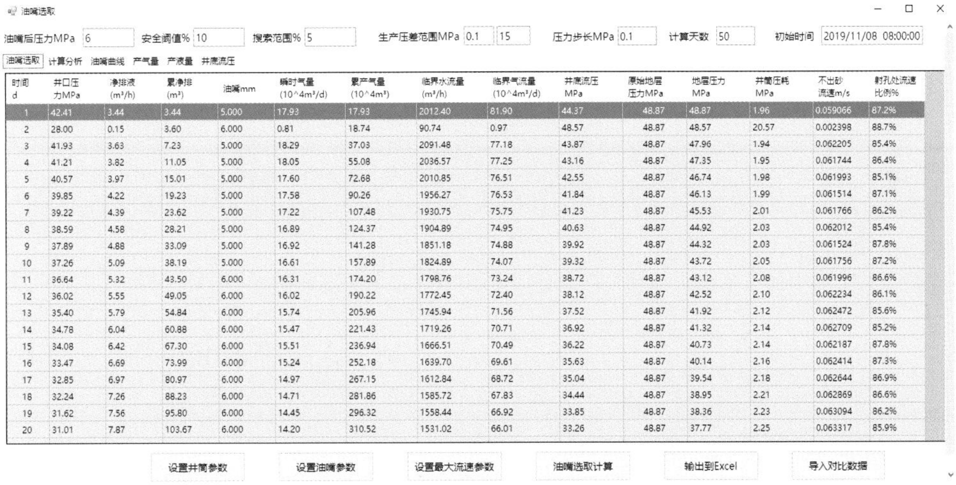

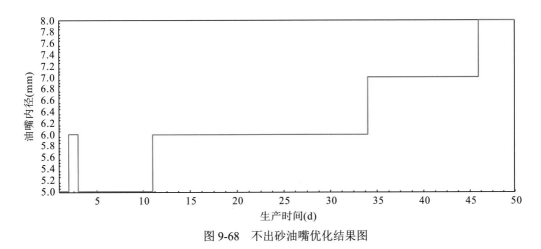

图 9-67　油嘴选取综合计算主界面

图 9-68　不出砂油嘴优化结果图

由表 9-18 可知，不出砂流速比例为 85.1%~88.7%，单井出砂率为 0，油嘴程序符合设计要求。

参 考 文 献

[1] 陈家琅. 石油气液两相管流[J]. 北京: 石油工业出版社, 2010, 30(2): 66-68.

[2] Poettmann F H, Katz D L. Phase behavior of binary carbon dioxide-paraffin systems[J]. Industrial & Engineering Chemistry, 37(9): 847-853.

[3] Baker and Ovid. Design of pipelines for the simultaneous flow of oil and gas[R]. Fall Meeting of the Petroleum Branch of AIME, Dallas, Texas, USA. Society of Petroleum Engineers, 1953.

[4] 陈家琅. 油、气、水混合物垂直管流的压降计算——阻力系数法[J]. 石油勘探与开发, 1979(6): 51-56.

[5] Maron D M, Dukler A E. Flooding and upward film flow in vertical tubes—II. Speculations on film flow mechanisms[J]. International Journal of Multiphase Flow, 10(5): 599-621.

[6] Brill J P , Doerr T D , Hagedorn A R , et al. Practical Use of Recent Research in Multiphase Vertical and Horizontal Flow[J]. Journal of Petroleum Technology, 1966, 18(4): 502-512.

[7] Xiao J J, Shonham O, Brill J P. A comprehensive mechanistic model for two-phase flow in pipelines[C]. SPE Annual Technical Conference and Exhibition, New Orleans, Louisiana, UAS, Society of Petroleum Engineers, 1990.

[8] Mukherjee H , Brill J P. Empirical equations to predict flow patterns in two-phase inclined flow[J]. International Journal of Multiphase Flow, 1985, 11(3): 299-315.

[9] 陈家琅. 定向井中的倾斜气液两相管流[J]. 大庆石油地质与开发, 1990, 9(2): 43-48.

[10] Spindler, K. Flooding behaviour in countercurrent gas-liquid flow in vertical tubes with turbulence promoters[J]. Applied Thermal Engineering, 2017, 115: 1363-1371.

[11] Rodriguez O M H, Oliemans R V A. Experimental study on oil–water flow in horizontal and slightly inclined pipes[J]. International Journal of Multiphase Flow, 32(3): 323-343.

[12] 李士伦. 天然气工程[M]. 北京: 石油工业出版社, 2008.

[13] 李安万, 楼浩良. 铅直气液两相管流研究现状综述[J]. 石油钻采工艺, 2000(4): 45-47.

[14] Gu D, Hagedorn Y C, Meiners W, et al. Densification behavior, microstructure evolution, and wear performance of selective laser melting processed commercially pure titanium[J]. Acta Materialia, 2012, 60(9): 3849–3860.

[15] Beggs H E, Schahin-Reed D, Zang K, et al. FAK deficiency in cells contributing to the basal lamina results in cortical abnormalities resembling congenital muscular dystrophies[J]. Neuron, 2003, 40(3): 501-514.

[16] Orkiszewski J. Predicting two-phase pressure drop in vertical pipe[J]. Journal of Petroleum Technology, 2013, 19(6): 829-838.

[17] Hasan, Abbas. Multiphase flow rate measurement using a novel conductance Venturi meter : experimental and theoretical study in different flow regimes[D]. West Yorkshire: University of Huddersfield, 2010.

[18] Dunskaya N V, Pyatnitskij E S. Adaptive manipulator control（movement learning algorithms）[J]. Automation & Remote Control, 1983(2): 124-134.

[19] 王竞崎. 粗糙壁微型水平井筒气液两相流动实验研究[D]. 北京: 中国石油大学(北京), 2016.

[20] Hasan T , Sun Z , Wang F , et al. Nanotube-Polymer Composites for Ultrafast Photonics[J]. Advanced Materials, 2010, 21(38-39): 3874-3899.

[21] 张荣军, 孙卫. 垂直管流中的气液两相流压力计算[J]. 西北大学学报:自然科学版, 2007, 37(1): 123-126.

[22] 田巍, 杜利, 王明,等. 井筒积液对储层伤害及产能的影响[J]. 特种油气藏, 2016, 23(2): 124-127.